U0251312

风场-物源-盆地系统沉积动力学

——沉积体系成因解释与分布预测新概念

姜在兴 等 著

科学出版社

北京

内 容 简 介

本书在现代与古代沉积研究的基础上，把风场引入沉积作用中并强调其与物源和盆地动力的共同作用控制了沉积体系的形成与分布，进而提出了风场-物源-盆地系统沉积动力学的概念及其研究方法。从而由传统沉积相、沉积模式的一维属性、源-汇体系的二维属性，提升到了风场-物源-盆地系统的三维属性，使得对沉积体系（包括陆相和海相、碎屑岩和碳酸盐岩）的成因解释更加合理、对未知区沉积体系（储集体）的分布预测更加全面和准确。本书提出的古风场定量恢复方法弥补了古气候学中古大气环流场研究的空白。同时含油气盆地中的生、储、盖组合关系也受到风场-物源-盆地系统动力学作用的约束，这为石油地质评价提供了新的视角。

本书读者对象为沉积学、石油地质学、气候学工作者。

图书在版编目（CIP）数据

风场-物源-盆地系统沉积动力学：沉积体系成因解释与分布预测新概念/姜在兴等著. —北京：科学出版社，2016.11

ISBN 978-7-03-050606-1

Ⅰ. ①风… Ⅱ. ①姜… Ⅲ. ①沉积体系-动力学-研究 Ⅳ. ①P588.2

中国版本图书馆 CIP 数据核字（2016）第 271146 号

责任编辑：孟美岑　韩　鹏　陈姣姣／责任校对：何艳萍
责任印制：肖　兴／封面设计：北京图阅盛世

科 学 出 版 社 出版
北京东黄城根北街 16 号
邮政编码：100717
http://www.sciencep.com
中国科学院印刷厂 印刷
科学出版社发行　各地新华书店经销

*

2016 年 11 月第 一 版　　开本：889×1194　1/16
2016 年 11 月第一次印刷　　印张：28 1/4
字数：863 000

定价：339.00 元
（如有印装质量问题，我社负责调换）

序　一

稳定的能源供应体系是实现中国梦的物质保障，中国油气工业的二次创业方兴未艾，而沉积学作为其基础学科，其理论和方法的创新往往引领着油气等能源行业的新发现。姜在兴教授近年来在沉积动力学方面的思考，特别是关于风场对水沉积环境的影响，是对现有沉积学理论的重要补充和完善，有望成为未来沉积学研究的一个持续的热点。我有幸提前拿到书稿，通读全文，体会有以下创新性进展：

（1）目前沉积学界对风成沉积研究日趋成熟，但风对水沉积环境的影响过程及其沉积响应仍是研究的薄弱环节。该书在传统的湖泊、海洋及其过渡沉积环境中引入"风场"概念，强调其与物源和盆地动力的共同作用控制了大部分沉积体系，包括碎屑岩和碳酸盐岩的形成及分布。

（2）定量沉积学研究是沉积学发展的基本方向，该书对古风场的研究从开始就进入了定量级别，十分难得。其古风场定量恢复方法填补了古气候学中大气环流场研究的空白。

（3）油气勘探领域是沉积学应用的重要战场，书中举例分析了风场-物源-盆地系统动力学对含油气盆地中的生、储、盖组合关系的约束和影响，为石油地质评价提供了新的视角。

（4）全书内容丰富，既有对出露地表的青海湖现代沉积和露头的研究成果，也有对埋藏地下数千米的胜利油田、辽河油田、华北油田中新生界不同类型沉积物的深入解剖。地质学、地球物理学、水文学和气象学等多学科资料皆包含其中，体现了科学研究的"系统"内涵。

作为姜在兴教授的同行，多年来我一直关注着他学术成就的积累。他带领他的研究团队潜心研究沉积学几十年，著述丰富且低调严谨。书中成果是他和他团队扎实工作、不断创新的结果。本人愿意推荐给沉积学和石油地质学同行研读。

中国工程院院士　马永生

2016 年 5 月 25 日

序　二

中国作为石油、天然气生产与消费大国，能源需求日益增加，尽管油气资源比较丰富，但仍难以满足国民经济持续快速发展的需要，油气供需矛盾加大。另外，中国重点含油气盆地逐步进入较高油气勘探程度，陆上油气勘探以岩性地层油气藏为主，勘探目标更为隐蔽，特别是东部成熟盆地油气勘探程度提高，储、产量难以稳定，油气接替的新领域、新类型难以寻找。面对勘探目标日趋复杂、勘探难度不断加大的严峻形势，如何拓宽石油地质学研究新视野与油气勘探开发新领域，尝试从新的途径、新的方法技术指导油气勘探新发现与新突破，是目前摆在石油勘探家和地质学家面前的重大课题，是中国石油地质理论发展与油气勘探面临的挑战和机遇。

科学新发现来源于现场工作的第一手资料，勘探新思想来源于生产中的找油实践。正是这些科学新发现和勘探新思想，推动着新的石油地质与勘探理论的形成，指导着油气勘探事业的发展。姜在兴教授及其团队在长期从事中国东部含油气盆地沉积学研究过程中，将"风生而水起"这一朴素的自然现象与沉积盆地砂体预测相结合，提出了风场-物源-盆地系统沉积动力学的概念，用以指导沉积体系成因解释与分布预测，具有原创性。

"风场-物源-盆地系统沉积动力学"认为，沉积过程发生在风（气候）-源（物源）-盆（盆地）系统中，涉及了古气候、古物源、古地貌、古水深等控制要素。古风场及其控制下的古气候控制了沉积体的构造、结构特征；古物源是物质基础；古地貌和古水深决定了沉积体发育位置、范围与规模，各因素相互制约、相互影响、不断变化。风场-物源-盆地系统沉积动力学的研究思路正是通过对这些要素的研究，探讨它们对沉积的控制作用。该书首先全面论述了一百多年来沉积体系理论的发展，重点是其分布的多重控制因素，认为风场是一个重要的参数，提出了风场-物源-盆地系统动力学的概念；进一步地详细阐述了风场-物源-盆地系统动力学要素的构成、对沉积作用的影响及研究方法。在此理论的指导下，对青海湖现代沉积体系、渤海湾盆地古近系沉积体系进行了研究，建立了现代和古代的风场-物源-盆地系统沉积动力学模式。

姜在兴教授通过引入"风场"，使沉积学研究从"一元"传统相模式、"二元"源-汇体系推进到综合考虑风场-物源-盆地的"三元"沉积动力学体系，使得对沉积体系（包括碎屑岩和碳酸盐岩）的成因解释更加合理、对未知区沉积体系（储集体）的分布预测更加全面和准确。风场-物源-盆地系统沉积动力学的研究理念和研究思路发展了沉积相、沉积体系、源-汇体系的理论，丰富和扩展了陆相湖泊沉积学理论，填补了该领域国内外研究的空白，具有重要的沉积学和古气候学意义，将对成熟含油气盆地砂体的进一步勘探提供新的理论和方法。

中国科学院院士　李承造

2016 年 9 月 3 日

序　三

　　自 Charles Lyell 在 James Hutton 的基础上继承和发展了"均变论"，"将今论古"这一信条影响了后世至今的地质科学领域，也成为了沉积学研究的指导思想。翻阅各权威沉积学与石油地质学杂志不难发现，有关水槽实验模拟、现代沉积考察的报道层出不穷，两者通过直观地重现复杂的沉积过程，完善了沉积动力学研究，建立了各类相模式，影响深远。然而，"将今论古"并非绝对可靠，如古新世-始新世界线事件、白垩纪大洋缺氧事件与大洋红层等重大沉积地质事件，难以在现代沉积中找到类比，这些地层沉积记录的客观存在，对于不断挖掘控制沉积过程复杂的边界条件提供了资料基础。因此，"现在是过去的钥匙"并不能完整表达古代地质过程，"古今结合"同样重要。

　　沉积学从西方引入，相、相模式、层序地层学、沉积体系、源-汇体系等具有里程碑意义的概念或研究理念均由西方沉积学家开拓，我国沉积学则以借鉴和跟踪性研究为主，"标新立异"鲜见。该书以我国陆相湖盆为研究对象，以青海湖现代沉积和渤海湾盆地古近系沉积体系为例，"古今结合"，把风场对沉积体系的控制作用单列，强调其与物源和盆地动力的共同作用，在传统相模式、沉积体系的基础上，提升到了风场-物源-盆地系统沉积动力学的三元体系，这不仅适用于陆相也适用于海相沉积。该体系基于我国陆相湖泊体系而生，使沉积学研究打破了局部相模式、沉积体系、源-汇体系的束缚，是我国陆相湖泊沉积学理论的一次提升和创新。同时，古风场是古气候研究中不可缺少的一个环节，但却是薄弱的一个环节，在风场-物源-盆地系统框架下，使古风场的恢复成为可能。在含油气盆地中合理运用风场-物源-盆地系统沉积动力学的研究思路，也将会为油气储层预测提供新的思路。

　　风场-物源-盆地系统沉积动力学是姜在兴教授及其团队多年工作的结晶，是沉积学研究秉承纵向深入、横向交叉拓展理念的良好典范，具有代表性和可推广性。在该书出版之际，谨表祝贺！

中国科学院院士

2016 年 10 月 18 日

前　言

沉积作用发生在沉积环境或沉积盆地中，形成沉积物、沉积岩，它们的形成和分布受控于沉积盆地自身的条件、物源及气候条件。岩相、沉积相、沉积模式、沉积体系等概念的提出能在一定程度上解决盆地局部沉积体的形成、分布甚至预测的问题。源-汇体系的提出把盆地沉积体与供给沉积体的物源及搬运路径结合起来，更好地解释了沉积体形成的过程。气候对沉积作用的控制众所周知，特别是温度与湿度对母岩区风化作用及其产物的影响和对盆地物理、化学甚至生物条件的影响，进而对沉积物特征的影响已有大量文献出版。然而风场，包括风向和风力作为气候的重要组成部分，对沉积作用的影响研究程度还很低。虽然目前对陆上风成沉积研究日趋成熟，但风对水沉积环境的影响过程及其沉积响应是沉积学领域的薄弱环节。究其原因，第一，这涉及气象学与沉积学的交叉领域；第二，风场作用的记录难以在古代地层中识别，造成了古风场恢复的困难。研究发现，海洋和湖泊环境中的滨岸和浅海（湖）地区的迎风侧在风的吹动下形成波浪，而这些波浪在由海（湖）向陆的传播过程中受海（湖）底地貌的影响，形成一系列平行或斜交于岸线的沙坝，沙坝的几何形态和大小与波浪及风力等有关。因此，通过沙坝的识别和测量就可以定量恢复古风力和古风向，从而为古风场恢复提供了方法。在一个沉积盆地中，盆地自身的参数和物源条件固然控制沉积，但是迎风侧和背风侧沉积体系的分布差别很大，而且大部分滨岸和浅水沉积体系本身也受到风浪的作用，因此风场是一个重要的控制沉积的参数，三者共同作用才是全面控制了沉积体系的成因和分布，因此本书提出了"风场-物源-盆地"系统沉积动力学的概念。该理论的核心是把风场引入沉积作用中，并强调其与物源和盆地动力的共同作用，由传统沉积相、沉积模式的一维属性，源-汇体系的二维属性，提升到风场-物源-盆地系统的三维属性，使得对沉积体系（包括碎屑岩和碳酸盐岩）的成因解释更加合理，对未知区沉积体系（储集体）的分布预测更加全面和准确。另外，本书提出的古风场定量恢复方法弥补了古气候学中古大气环流场研究的空白。同时，含油气盆地中的生、储、盖组合关系也受到风场-物源-盆地系统动力学作用的约束，这为石油地质评价提供了新的视角。

本书共 7 章。第 1 章（姜在兴、王俊辉、李庆执笔）通过对一百多年来沉积学发展主脉络的梳理，指出了沉积学的研究重点从最初的建立科学的相模式、解释沉积环境，逐渐转移到了解释沉积作用发生过程的控制因素上来，这些控制因素包括了气候、构造、物源等方面，认为风场作为一个重要的气候参数，对沉积体系的控制具有普遍性，应当予以重视并单列，因此沉积体系形成与分布可以概括为受风场、物源、盆地三者控制，进而提出了风场-物源-盆地系统沉积动力学的概念。第 2 章（姜在兴、王俊辉执笔）详细阐述了风场-物源-盆地系统内的要素构成（风向、风力、物源、地貌、水深等）及其对沉积过程的影响，并分析了各要素间的相互作用及其沉积响应；总结并提出了各要素的恢复方法，完善了综合考虑风场、物源、盆地的"三元"沉积动力学体系，建立了基于风场-物源-盆地系统沉积动力学的沉积体系分类方案。第 3 章（陈骥、姜在兴执笔）通过青海湖现代沉积体系考察研究，建立了现代风场-物源-盆地系统沉积动力学模式，包括强物源背风体系模式和弱物源迎风体系模式。强物源背风体系由冲积扇、扇三角洲、河流、三角洲等组成。弱物源迎风体系由风成沙丘、障壁和无障壁滨岸、潟湖、喇叭状河口等组成。为本书风场-物源-盆地系统沉积动力学概念的提出提供了现代沉积的实例。第 4 章（王俊辉、姜在兴、张元福执笔）以东营凹陷古近系沙四上亚段为例，以岩心、测录井、地震等为资料基础，开展高精度层序地层学与沉积体系研究。应用风场-物源-盆地系统沉积动力学的研究思路与研究方法，通过古水深、古地貌、古物源和古风场等参数的恢复，对该区的沉积体系进行综合性研究，确定了各类沉积体系的成因机制和控制因素，建立了该区风场-物源-盆地系统沉积动力学模型；首次发现并提出了始新世中期古东亚季风存在的证据，并论证了其对沉积体系的控制作用。第 5 章（王夏斌、张元福、姜在兴执笔）在对辽河西部凹陷古近系沙四段沉积体系研究的基础上，对滩坝砂体的沉积特征、成因类型以及控制因素进行了综合研究。认为辽河西部凹陷滩坝砂体主要发育于低位体系域和湖侵体系域早期，按其沉积成因分为侧缘改造型、前缘改造型、基岩改造型、淹没改造型和风暴改造型五种滩坝类型。滩坝砂体的分布主要受风场-物源-盆地三端元系统的共同控制。第 6、第 7 章为弱风场、强物源-盆地作用背景下粗碎屑岩形成作用的例子。第 6 章（刘晖、姜在兴执笔）以廊固凹陷古近系大兴砾岩沉积特征分析为基础，通过重建古物源和古地貌，建立了断槽重力流、碎屑流型近岸水下扇和泥石流型近岸水下扇三种砾岩体成因模式。物源-盆地系统控制下的砾岩储层特征和油气产能由好到差依次为：碎屑流型近岸水下扇、断槽重力流和泥石流型近岸水下扇。第 7 章（郑丽婧、姜在兴执笔）对束鹿凹陷古近系沙三段碳酸盐质致密角砾岩沉积特征、构造活动和物源-盆地作用进行了研究，从成因上将砾岩分为两大类；一类是冲积扇与湖泊作用形成的扇三角洲砾岩；另一类是地震作用形成的滑塌扇砾岩及震积岩。探讨了不同成因的砾岩储层特征和含油性的差异。全书由姜在兴统稿。

本书是作者团队十多年研究成果的体现，得到了国家科技重大专项"大型油气田及煤层气开发"、"十一五"课题（油气勘探新领域储层地质与油气评价，2009ZX05009-002）、"十二五"课题（油气勘探新领域储层地质与评价，2011ZX05009-002），以及国家自然科学基金（基于沉积模拟的湖相滩坝沉积动力学研究 41102089、湖相滩坝砂体地质定量预测研究 41572029）和中石化胜利油田分公司、中石油华北油田分公司和中石油辽河油田分公司及教育部油气沉积地质创新团队、博士点基金相关研究课题的资助。在本书研究过程中，贾承造、马永生、康玉柱、高德利、李廷栋、王成善、杨树锋、彭苏萍、蔡美峰、赵文智等院士给予了深入指导，胜利油田张善文、宋国奇、王永诗、刘惠民教授级高工，大港油田赵贤正教授级高工，华北油田张以明、张瑞锋教授级高工，辽河油田孟卫工、陈振岩、单俊峰教授级高工，美国得克萨斯大学奥斯汀分校 R. Steel、C. Fulthorpe 教授，俄亥俄大学 E. Gierlowski-Kordesch 教授，科罗拉多矿业学院 D. Nummedal 教授，壳牌石油公司 H. Lu 博士，德国纽伦堡-艾尔伦根大学 R. Koch 教授，中国地质大学（北京）邓宏文教授、中国石油大学（华东）邱隆伟教授等专家的支持、指导和帮助，罗冬梅、许文茂提供了封面照片，在此深表感谢。通过这些研究还培养了一批博士、硕士研究生，他们为本成果的形成做出了重要贡献，他们是：杨伟利、彭兴鹏、刘娅铭、李国斌、田继军、张乐、陈桂菊、向树安、刘立安、苑桂亭、郑宁、王升兰、秦兰芝、赵伟、冯磊、李维岭、周浩玮、魏小洁、袁帅、高维维、李俊杰、孙晓玮、孙祥鑫、宋珊、李海鹏、许文茂、刘超等。

最后感谢贾承造、马永生、王成善院士在百忙中为本书作序。

由于作者水平有限，风场-物源-盆地系统沉积动力学的原理、方法和应用可能存在不妥当之处，欢迎读者批评指正。

姜在兴

2016 年 5 月 1 日

目　　录

第1章 风场–物源–盆地系统沉积动力学的提出

1.1 沉积体系研究进展

在近两个世纪的沉积学发展过程中，相、沉积环境、相模式、沉积体系、源–汇体系等概念依次提出，并成为沉积学不同发展时期的重要里程碑。

1. 相（facies）

"相"这一概念最初由瑞士地质学家 Gressly 于 19 世纪 30 年代末引入沉积岩研究中。他认为"相是沉积物变化的总和，表现为这种或那种岩性的、地质的或古生物的差异"。不同的沉积学家对这一概念有着不同的理解。在我国一般认为"相"即"沉积相"（sedimentary facies），定义为"沉积环境及在该环境中形成的沉积岩（物）特征的综合"（姜在兴，2003）。从定义来看，相既包含了描述属性（物质组成），又包含了解释属性（沉积环境）。

在地质记录中，某一特定的"相"有相似的岩性的、物理的及生物构造等特征，可区别于与其相邻近的上覆的、下伏的及侧向的"相"（图 1-1）。因此，特定的"相"形成于特定的环境。通过对"相"的分析，可以推演其形成时的沉积环境。实际上，"相"的概念产生以后，沉积相研究的目的就集中在沉积环境的解释上，以判定相参数或环境边界条件为手段。例如，可以通过研究某沉积单元的平面形态是否为朵状、有无海陆生物混生现象、沉积相序是否为向上变粗的序列等，来判定一个沉积体是否属于三角洲环境。沉积相的分析过程受控于第一手资料，更多地用于局部沉积过程恢复、沉积环境的解释上。例如，要研究图 1-1 中相 A 与相 B 沉积时期的沉积过程与沉积环境，需要分别对其岩性、结构、构造、古生物等资料进行详细的研究，对于相 A、相 B 之外的沉积过程与沉积环境，需要借助其他资料进行研究。

图 1-1 岩性不同的两种相（陕西省咸阳市旬邑县三水河剖面三叠系）

2. 沉积环境（sedimentary environment）

物理上、化学上及生物学上均有别于相邻地区的一块地球表面的地理景观单元即为沉积环境（Selley，1976）。沉积环境由下述一系列环境条件组成：①自然地理条件；②气候条件；③构造条件；④沉积介质的物理条件；⑤介质的地球化学条件等（姜在兴，2003，2010a）。地表沉积环境的分类如图1-2所示。

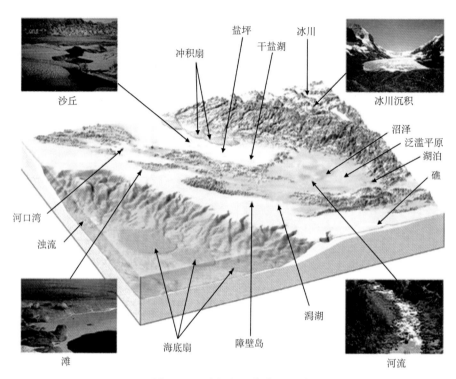

图 1-2　地表沉积环境类型汇总

沉积环境是沉积作用发生的场所，也是形成沉积岩的基本原因与决定性要素。相的概念中，其解释属性已经包含了沉积环境。例如，三角洲相是指海（湖）陆过渡沉积环境下河流与蓄水体之间相互作用产生的物质记录。相解释的最终目的是为了恢复古沉积环境（何起祥等，1988）。但这个过程在实际工作中是比较困难的，因为如上所述，限制某一沉积环境的充分必要条件很少。有些条件是必要而非充分的；也有些条件是充分而非必要的（何起祥等，1988）。因此，沉积环境的解释是一个多种边界条件综合解释的结果，具有多解性。另外，由于沉积环境的恢复很大程度上依赖于相分析的研究方法，因此沉积环境的解释通常也是高度依赖于第一手资料的、局部范围的研究。

3. 相模式（facies model）

相模式的概念由著名沉积学家 Roger Walker 提出。自 1979 年《Facies Models》（Walker，1979）一书出版以来，相模式一直被视作现代沉积学史上的一座丰碑。相模式是以图解、文字或数学等方法表现的一种理想的和概括的沉积相，并有助于了解复杂的沉积水动力机制和作用过程。相模式是基于沉积过程中水动力机制的变化会产生不同的物质记录（包括沉积物的结构、构造等），是对沉积环境、沉积过程及其产物的高度概括（Walker，1979）。不同的沉积环境，具有不同的沉积过程和水动力机制，形成不同的物质记录，因此具有不同的相模式。

沉积学家已经通过地质记录的观察、现代沉积作用的研究和实验模拟，建立了各类沉积相的标准模式或一般模式，用以解释沉积环境。例如，著名的鲍马序列，描述了浊流沉积时的水动力学状态（图1-3）。相模式从水动力学解释的角度，在沉积相研究过程中，为沉积相的解释提供了模板和参考。由此可见，相模式的研究仍然属于相分析和沉积环境解释的研究范围，是对相对独立的点上的、局部范围的研究。

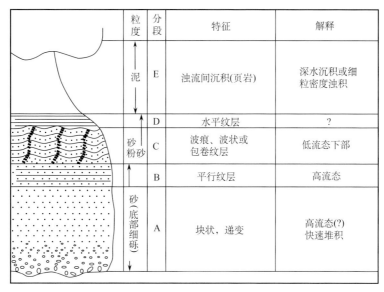

粒度	分段	特征	解释
泥	E	浊流间沉积(页岩)	深水沉积或细粒密度浊积
砂粉砂	D	水平纹层	？
砂粉砂	C	波痕、波状或包卷纹层	低流态下部
砂粉砂	B	平行纹层	高流态
砂(底部细砾)	A	块状，递变	高流态(?)快速堆积

图 1-3　鲍马序列及解释（Bouma，1962；冯增昭，1993）

4. 沉积体系 (depositional system)

这一概念首先由美国得克萨斯经济地质局于 20 世纪 60 年代末期应用于墨西哥湾，之后定义为过程或成因相关的沉积相的组合体，或者沉积环境及沉积过程具有成因联系的三维岩相组合体（Davis，1983；Posamentier et al.，1988），这一概念目前仍被广泛应用。因此，具有成因联系的相，是构成沉积体系的基本单位。鉴于"相"的概念使用已十分广泛，Galloway（1986）建议使用"成因相"来表示沉积体系的基本构成单元（李思田等，2004），即特定的沉积体系由特定的"成因相"组合而成。在沉积体系内部，不同的成因相在空间上是相互联系、有规律配置的（图 1-4）。构成同一沉积体系的各种成因相，并非孤立存在，而是彼此之间具有成因联系；它们由一种或几种沉积作用联系起来。沉积体系也暗含了时间的概念，强调了沉积过程和成因联系的沉积相组合体的演化过程。一个沉积体系的物质表现是由不整合或沉积间断面限定的一个三维沉积地质体。

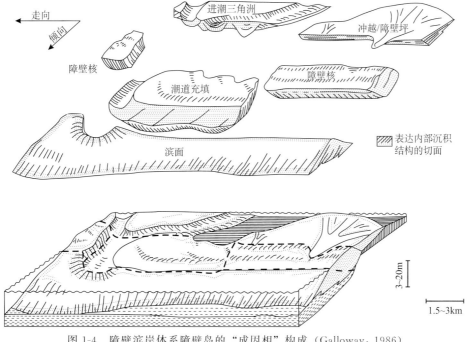

图 1-4　障壁滨岸体系障壁岛的"成因相"构成（Galloway，1986）

进行沉积体系综合研究，是对沉积相分布规律概括的过程，也是盆地分析与中尺度古地理复原的基础。因此，沉积体系概念的提出，使沉积学的研究尺度在局部相模式的建立、沉积环境解释的基础上，进一步扩大（何起祥，2003），是沉积相研究的继续和发展（王成善和李祥辉，2003）。沉积体系分析方法站在了各类沉积过程的制高点上，以更高的视角进行沉积过程研究，指出有成因联系的相是作为体系而存在的。因此，沉积体系研究以研究沉积过程、成因关联的沉积相组合体的演化过程为重点。沉积体系逐渐成为沉积过程研究的基本单位。

5. 源-汇体系（source to sink system）

造山带或隆起区的剥蚀地貌与盆地区的沉积地貌，是地球表面的两个基本地貌单元（林畅松等，2015），两者之间通过沉积物搬运系统来进行物质变迁和交换。从剥蚀区形成的物源，包括机械风化剥落的颗粒沉积物和化学风化的溶解物，被搬运到沉积盆地中最终沉积下来的过程构成了源-汇系统（Source to Sink，也被简称为"S2S"）。源-汇系统是当前国际地球科学领域的一个热点课题。沉积物从剥蚀区（源）到最终沉积在盆地中（汇），不外乎剥蚀、搬运、沉积三种作用。沉积物在统一的源-汇体系中扩散，受到一系列内动力、外动力过程作用及反馈机制的控制，源-汇体系正是以此为研究对象（Sømme et al.，2009）。20 世纪 90 年代由美国自然科学基金会（U.S. National Science Foundation，NSF）主导了大陆边缘研究计划（MARGINS Program），"从源到汇"作为其中的一个核心子计划，在过去十多年取得了显著成果。该计划的核心科学目标是在各类沉积过程发生的时间尺度内综合研究，关联了陆地与海洋的沉积物分散体系，通过观察、实验、理论综合研究系统内的各要素组成。核心问题围绕构造作用、气候变化、海平面升降等外部作用如何影响沉积物（包含颗粒沉积物和溶解物）的产生、搬运、堆积，揭示地球表面侵蚀作用发生与物质迁移的过程，以及沉积过程中的相互作用如何造就地层记录。源-汇体系研究理念开始强调地表过程的定量化，并将沉积物通量与地质过程结合起来。目前，源-汇系统的研究是当前地球科学领域的重要课题。

在源-汇系统中保存下来的地质信息，是从剥蚀区到沉积区的整个地球表层动力学过程的记录，应当把沉积物的形成、搬运到最终沉积保存作为一个整体的过程来研究。例如，对现今从陆到洋的源-汇系统的研究，就是要揭示沉积物如何从物源区形成，又如何从物源区搬运至陆架区并最终沉积到深海区（如形成深海扇）（Sømme et al.，2009，2013；Sømme and Jackson，2013）。这一源-汇系统包括了从汇水（剥蚀）区、冲积-滨海平原区、浅海陆架区、大陆斜坡区及深海盆地等多个沉积体系（图 1-5）。在这一地表动力学过程中，会受到构造作用、气候变化、海平面升降等外部作用的控制。因此研究学科涉

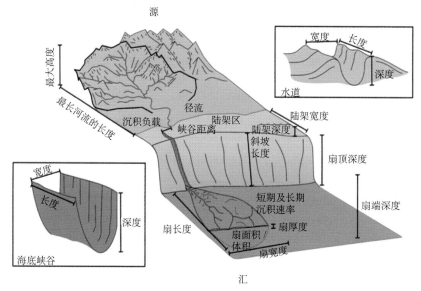

图 1-5　陆-洋源-汇系统的地貌带分布与剥蚀-沉积作用（Sømme et al.，2009）

及了固体地球地质学、地貌学、大气学、环境学及海洋学等的广泛联系和交叉，研究内容围绕外部作用对侵蚀作用的发生与物质迁移过程的控制作用（林畅松等，2015）。这一理念的提出，使沉积学的研究在沉积体系的基础上进一步整体化。各类沉积体系在统一的源-汇系统中相互作用，互为因果。由此可见，在研究尺度上，源-汇系统的提出比沉积体系进一步扩大。然而，源-汇体系仍然偏重于沉积特征的研究，解释沉积过程（纵向上的，即从源到汇），对区域上（横向上的）沉积体系分布的解释研究偏弱。

1.2　风场对沉积体系的作用

以上讨论的各概念：①沉积相的研究侧重于局部的岩相类型的描述，多以沉积环境的解释为目的；②相模式强调点上或垂向水动力条件，是沉积相研究过程的重要补充；③沉积体系强调相之间的组合，指出有成因联系的相作为体系而存在，沉积学研究的单位逐渐由沉积相转变到沉积体系；④源-汇体系的研究内容是沉积物从物源区到沉积区的整个过程中，构造作用、气候变化、海平面升降等外部作用如何影响侵蚀、搬运、沉积作用的，强调一维空间上（沉积路径）的各类沉积体系的串联关系。以上研究内容由简单到复杂、由局部到整体，逐渐由对沉积物本身的研究转移到对控制侵蚀-搬运-沉积作用的要素上来。

各种沉积控制要素包括气候、构造、物源、海平面升降等，充分研究各控制要素对沉积体系的控制作用，对沉积体系的展布、不同沉积体系的匹配关系将会有更加深刻的认识。其中古气候对沉积的控制是目前研究相对薄弱的一个环节。对气候，特别是风场中的风向、风力对沉积作用的影响往往被忽略了。但是，风作为一种重要的地质营力，不但具有侵蚀、搬运、沉积的作用，它还可以作用于水体产生波浪和风生水流，在水盆地中形成广阔的滨岸带，控制着滨岸及浅水地带沉积作用的发生。风场对沉积体系的作用在多数情况下是普遍存在的，主要表现在以下几个方面。

1.2.1　风场对碎屑沉积体系的作用

1. 风与风成沉积体系

风场对碎屑沉积体系最直接的作用是形成风成沉积体系或沙漠体系。干旱地区强烈的物理风化作用使地表广泛发育砂质风化物，同时，这里降水稀少、蒸发量大、缺乏植被，地表常处于干燥状态，所以风的作用十分强烈。风对地表的作用表现为风蚀作用、搬运作用和风积作用三种方式，相应地风对地表物质产生侵蚀、搬运和堆积过程。地表蜂窝石、风蚀穴、风蚀蘑菇、风蚀柱、风蚀洼地、风蚀谷地、岩漠及戈壁滩的形成都是风蚀作用的结果。风的搬运力虽然比流水小得多，但它的搬运量巨大。一次大风暴可以搬运重达几十万吨至上亿吨的物质（陈效述，2006）。随着风的长途吹送或者风遇到各种障碍物如山体、树木等，风力减弱，风所搬运的物质便沉积下来，形成风积物。其中，以推移和跃移方式搬运的砂质沉积物的堆积，将形成沙丘甚至沙漠；以悬移方式搬运的粉砂和尘土，将形成风成黄土沉积。

2. 风对湖泊体系的作用

风力除了直接作用于沉积物，还可以驱动其他介质运动并影响沉积体系的分布。在湖泊体系中，湖浪和湖流是受风驱动的最为明显的水动力作用。

在湖泊中存在这样几个重要的物理界面：洪水面、枯水面、正常浪基面、风暴浪基面（图1-6）。其中，正常浪基面之上的滨岸带，是湖浪显著作用的地区，会对湖岸和湖底的沉积物进行侵蚀、搬运和再沉积，形成各种侵蚀和沉积地貌单元，如浪蚀湖岸、滩坝沉积等。在风暴浪活动时期，在正常浪基面到风暴浪基面之间会发育风暴沉积（图1-6）。这些都是风场对湖泊沉积体系沉积物改造作用的结果。另外，发育于浅水地区的三角洲体系，在风浪的作用下也能发生沉积物的再分配。例如，三角洲前缘发育的席状砂、河口两侧平行岸线分布的沙嘴，都是波浪作用对三角洲改造的结果。如果波浪较强，克服了河流作用，甚至会发生河口偏移。在整个湖泊沉积体系中，除了浪基面之下的近岸水下扇、湖底扇部分几乎不受波浪作用的影响之外，浪基面之上的各类沉积都会或多或少受到风浪作用的影响。

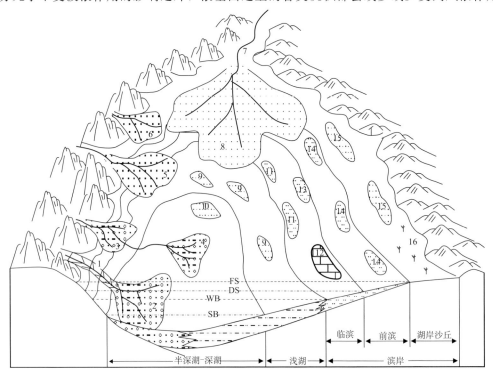

图 1-6　湖盆沉积模式示意图（姜在兴，2010a）

1. 湖缘峡谷；2. 近岸水下扇；3. 扇三角洲；4. 湖底扇；5. 辫状河三角洲；6. 冲积扇；7. 曲流河；8. 曲流河三角洲；9. 风暴岩；10. 滑塌浊积岩；11. 远岸坝；12. 碳酸盐岩滩坝；13. 近岸坝；14. 沿岸坝；15. 风成沙丘；16. 沼泽；FS. 洪水面；DS. 枯水面；WB. 正常浪基面；SB. 风暴浪基面

除了波浪的作用，风对湖面的摩擦力和风对波浪迎风面的压力作用会使表层湖水向前运动，形成风生流。风生流是大型湖泊中常见的一种湖流，能引起全湖广泛的、大规模的水流流动。最新的研究表明（Nutz et al.，2015），风生流有表流（surface current）和底流（bottom current）之分，并能作用于沉积物，改造湖泊沉积体系（图 1-7）。表流一般在风的作用下，在湖泊范围内指向下风向，会对岸线附近的沉积物发生改造，以形成沙嘴、障壁沙坝为特征；表流最终会在迎风岸线汇聚，并形成下降流（downwelling），由底流补偿。底流一般与风向相反，与表流一起形成"风生水流循环"（wind-induced water circulation）（Nutz et al.，2015）。补偿底流一般发生在浪基面之下，在风暴作用期间会携带沉积物向深水方向搬运，依次形成水下前积楔（subaqueous prograding wedge）和沉积物牵引体（sediment drift）。这种受风生流控制显著的湖泊可称为"风驱水体"（wind-driven water bodies）（Nutz et al.，2015）。实际上，风生流的流动方式可能更加复杂（韩元红等，2015）。

3. 风对海陆过渡体系组的作用

世界上 80% 的海岸和陆架地区都受到波浪的作用，相当一部分来自风的作用。海陆过渡体系组是受风浪作用比较显著的沉积体系组之一。海陆过渡体系组包含三角洲体系、河口湾体系、滨岸体系三种。这三种体系在一定程度上是统一的（图 1-8）。在海退过程中，物源作用凸显。此时河流入海容易形成三角洲体系，进而根据潮汐作用、波浪作用、河流作用三者的相对强弱，三角洲体系进一步可分为河控三角洲、潮控三角洲、浪控三角洲。

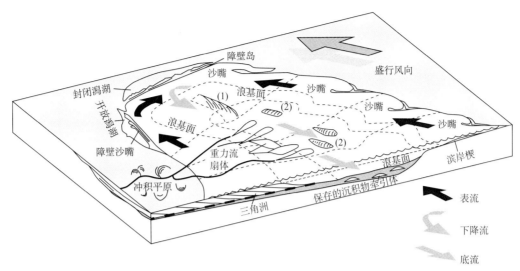

图 1-7　"风驱水体"（wind-driven water bodies）控制下的沉积模式图（Nutz et al.，2015）

浪基面以上，岸线附近的沉积物在风生表流作用下形成沙嘴、障壁沙坝等；在下风向岸线处形成补偿底流（下降流），在浪基面之下发生回流（底流），相应地形成水下前积楔（subaqueous prograding wedge）和沉积物牵引体（sediment drift）；（1）水下前积楔；（2）沉积物牵引体

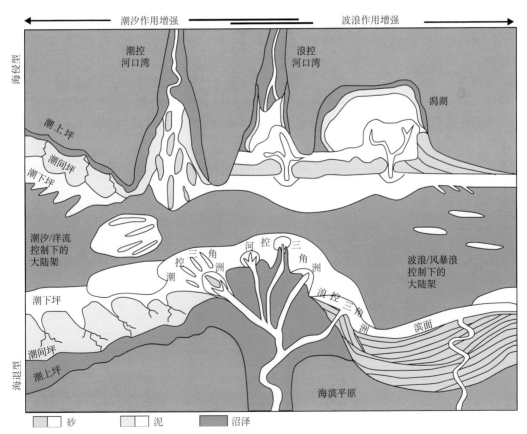

图 1-8　依据海水进退及潮汐、波浪、河流作用相对强弱的滨浅海环境分类

（James and Dalrymple，2010）

上部是海侵背景下的滨浅海环境分类；下部是海退背景下的滨浅海环境分类。向左表示潮汐作用增强；向右表示波浪作用增强

　　风场对海陆过渡体系组的作用之一体现在波浪对三角洲体系的改造上。由河流输入的泥沙会在波浪作用下再分配，在河口两侧形成一系列平行于海岸分布的海滩脊砂；而只在河口处才有较多的砂质堆积，形成向海方向突出的河口，形成弓形或鸟嘴状，巴西圣弗兰西斯科河三角洲或罗纳河三角洲是典型的代表。若波浪作用进一步加强，几乎完全克服了河流作用，同时又有单向的强沿岸流，则会使砂体的分布和排列发生强烈变化，河口将发生偏移，甚至与海岸平行，在河口前面建造成直线型障壁岛或障壁沙坝，形成掩闭型的鸟嘴状三角洲，如非洲线的塞内加尔河三角洲。波浪作用进一步加强，远远强于河流作用或河流作用可以忽略不计。

　　风场对海陆过渡体系组的作用之二是形成无障壁滨岸沉积体系。此时，沉积物的侵蚀、搬运、沉积完全受波浪作用的控制，按照波浪水动力作用机制的不同可进一步分为临滨、前滨、后滨等沉积环境。

　　风场对海陆过渡体系组的作用之三体现在对河口湾体系的影响上，使河口湾变得封闭。

　　在海侵过程中，物源作用削弱，海水作用增强，河口区往往形成河口湾体系。根据潮汐作用与波浪作用的相对强弱，河口湾体系可进一步分为潮控型和浪控型。在潮控河口湾环境中，涨潮、落潮作用在河口湾形成了顺流向展布的冲刷沟和狭长形的线状潮汐砂脊。但是随着波浪作用的增强，波浪的往复运动和伴生的沿岸流，使潮汐砂脊的分布和排列发生强烈变化，砂体的走向逐渐由垂直岸线变得平行于海岸，最终形成障壁沙坝，形成障壁岛-潟湖-河口湾的沉积环境。

4. 风对硅质碎屑陆棚沉积体系的作用

　　风场对沉积体系的影响同样体现在硅质碎屑陆棚沉积体系中（图1-9）。季节性的台风或飓风所引起的风暴浪波及的深度远远大于正常浪基面，一般超过40m，最大可以达到200m。猛烈的风暴浪在向岸方向传播时，巨大的能量可以在沿岸地带形成壅水，使水平面大幅度抬升形成风暴潮，对海岸地带进行强烈的冲刷。风力减退时，风暴回流（退潮流）携带大量从临滨带冲刷侵蚀下来的碎屑物质呈悬浮状态向海洋方向搬运，形成一个向海流动的密度流。这种流体的流速很快，在大陆架上穿越的距离可达几十千米甚至几百千米，对海底有着明显的侵蚀和冲刷。随着能量衰减，流速变小，密度流中的碎屑物质发生再沉积作用，形成浅海风暴流沉积。

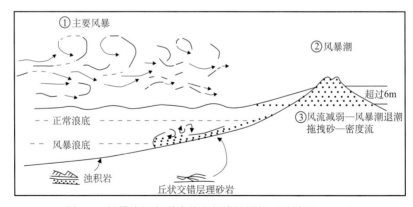

图1-9　风暴流沉积形成的理想成因图解（冯增昭，1993）

5. 风（浪）场对碎屑沉积体系的作用——以滩坝为例

　　滩坝是滨浅湖（海）区常见的砂体，是滩和坝的总称，在其形成过程中主要受波浪和沿岸流作用控制（Komar，1998；姜在兴，2010a）。滩坝在形成过程中，沉积环境相似且常常共生，并且由于水平面的大面积扩张与收缩，"滩""坝"砂体通常相互叠置出现，有时很难将"滩"与"坝"分开，习惯用"滩坝"来描述这类砂体（吴崇筠，1986；朱筱敏等，1994），也可统称为滩坝复合体（Deng et al.，2011）。但两者在成因机制与沉积特征等方面有很大的不同：坝通常是沉积物汇聚的结果，而滩的形成则没有显著的沉积物汇聚过程；在平面上，坝通常以条带状产出，滩则常以席状包围于坝周围。

1)"坝"的形成

滨岸带沉积物的搬运方向及运动轨迹严格受到水动力条件的支配，因此滩坝的形成是水动力条件综合效应的结果。结合滨岸带的波浪机制，关于沙坝的成因机制目前主要存在以下几种观点：亚重力波成因机制、破浪成因机制（或自组织模型机制）、冲浪成因机制、沿岸螺旋流成因机制。另外，沿岸浪生流系统会对沙坝进行改造。

（1）亚重力波成因机制

这种机制认为沙坝是在亚重力波的影响下形成，包括冲浪振荡（surf beat）、约束长波（bound long wave）、边缘波（edge wave）等，可以驻波（standing wave）为特征（Carter et al.，1973）。沙坝形成于驻波的波节或波腹处；若沉积物以底床搬运形式为主则在波节处沉积，而当沉积物以悬浮搬运形式为主时在波腹处沉积（Carter et al.，1973；Short，1975）。这种机制很好地解释了滨岸带多列沙坝的现象，并解释了沙坝间距随着离岸距离的增加而增加的现象（Carter et al.，1973；Short，1975；Aagaard，1990）。

但是，亚重力波成因机制存在一些缺陷。首先，亚重力波产生的水流流速远小于重力波和浪生流产生的水体流速；其次，这种模型的建立需要驻波波能集中在特定的波频段内，而实际观测中的亚重力波是宽频的。因此，亚重力波可能不是形成沙坝的主控因素。尽管起到了较好的解释效果，这种机制并没有在室内水槽实验（Dally，1987）或者现代滨岸沉积考察（Osborne and Greenwood，1993；Houser and Greenwood，2005）中得到很好的证实。

（2）破浪或自组织成因机制

近年来，解释沿岸沙坝成因的"破浪模型"（breakpoint model）或"自组织模型"（self-organizational model）得到了广泛的认可（Dyhr-Nielsen and Sorensen，1970；Coco and Murry，2007）。波浪在向岸传播的过程中，至浪基面附近开始触及水底发生遇浅变形。随着波浪的继续传播，当水深减小到某临界值，波浪的波陡值达到极限，波浪发生倒卷和破碎，形成破浪。一方面，从波浪遇浅带传播而来的波浪，向破浪带输送沉积物；另一方面，向岸方向波浪破碎之后，还有可能再次形成振荡波，并在破浪线向岸一侧形成环流。另外，波浪向岸传播，会形成离岸的补偿流（底流）。这样一来，在破浪带中，水从两个方向流向破浪线（汇流），破浪带陆侧产生的离岸搬运与海（湖）侧的向岸搬运汇聚在一起，沉积物在破浪线附近集中（Dyhr-Nielsen and Sorensen，1970；Dally and Dean，1984；Dally，1987），结果将在破浪带中形成沙坝，坝后形成凹槽（图1-10）。因此，该模型认为，破浪控制着沙坝的离岸位置、规模及其产生的水深范围，是形成破浪沙坝的最重要因素。沙坝的形成又会反作用于破浪带。早在1948年，Keulegan的研究发现，破浪沙坝（远岸坝）增长并向陆迁移，破浪位置也随之移动（Keulegan，1948）。破浪沙坝总与破浪相应。

破浪模型可简单表达为：沉积物从波浪对床底的扰动开始，在向岸流与离岸流的作用下向破浪线聚集开始形成沙坝，并在水动力、沉积物搬运、沙坝形态的相互反馈作用下生长，最终在坝顶破浪处达到向岸搬运与离岸搬运的平衡（Houser and Greenwood，2005），在破浪线处形成沙坝，坝后形成凹槽（槽谷）。在低坡度的滨岸带，波浪在破浪沙坝（远岸坝）处破碎后，在较深的坝后凹槽中常常能够恢复而重新形成振荡波。重生波在碎浪带之前可能会发生第二次甚至第三次破碎，形成内破浪带（钱宁和万兆惠，1991）或碎浪带及相应的近岸坝（图1-11）。这样在滨岸带可能形成多列几乎与岸线平行的沙坝。尽管沙坝的自组织模型成因机制是基于海相环境提出，在一定条件下，这种模型也能应用于湖泊沉积中，这已经在室内水槽实验（Keulegan，1948）与现代湖泊沉积考察（Greenwood et al.，2006）中得到了证实。

（3）冲浪成因机制

波浪破碎之后的最终归宿是变成冲浪，形成"冲浪回流带"。波浪借惯性力冲向岸边，没有渗入沉

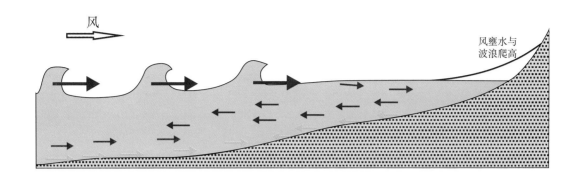

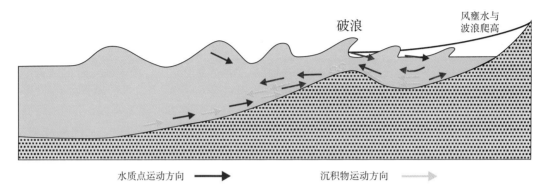

　　水质点运动方向　■■■►　　　　　　沉积物运动方向　▷▷▷

图 1-10　破浪沙坝成因模式示意

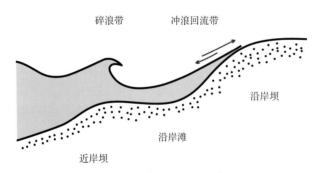

图 1-11　碎浪带-冲浪回流带地貌特征示意

积物中的水直接回头沿坡而下成为退浪或回流（backwash），直至水分消失，或与下一个冲浪相撞。在冲浪回流带，冲流的搬运能力要强于退流（Masselink et al.，2005），因此，波浪有效地将较粗的沉积物搬运向岸。泥沙被向上带到冲浪达到的最高位置并在那里堆积下来，形成沿岸线展布的沙坝，称为沿岸坝（图 1-11）。沿岸坝的沉积物组成包括来自盆地内部的沉积物，还包括原地的蚀余沉积物，标志着冲浪搬运泥沙所能达到的高度。

（4）沿岸螺旋流成因机制

沙坝的螺旋流成因机制由 Schwartz（2012）提出。Schwartz（2012）通过研究北美 Michigan 湖，提出了在风浪低角度斜交岸线入射的情况下，会产生沿岸方向前进的螺旋流（图 1-12）。根据波流性质的不同，这种螺旋流由三部分组成：入射波产生的振荡流、风生沿岸流、破浪导致的沿岸流。在这种沙坝体系中，受到平行岸线前进的螺旋流的控制，沉积物发生发散与堆积：沉积物堆积形成沙坝，沉积物发散形成坝间凹槽。在沙坝-坝间凹槽微地貌中，凹槽主要受沿岸流控制，而沙坝则主要受波浪振荡流控制。从凹槽中线向坝顶沿岸流减弱、水质点轨道速度（振荡流）增强。在这样的条件下，沉积物从凹槽中剥离，向两侧搬运、爬坡形成沙坝，因此在凹槽中以侵蚀作用为主，粗碎屑集中甚至形成滞留沉积，沙坝则主要由剥选出来的较细沉积物沉积而成，最终形成了以侵蚀作用为主的凹槽和以沉积作用为主的沙坝。在这种机制中，净输沙量是沿岸方向的，坝顶处虽然主要受振荡流控制，但也会受到沿岸流的影响。在现代滨岸沉积的考察中，这种机制已被证实（Greenwood and Sherman，1984；Greenwood and Osborne，1991；Schwartz，2012），但将这种机制应用到古代沙坝的成因解释，尚未见报道。

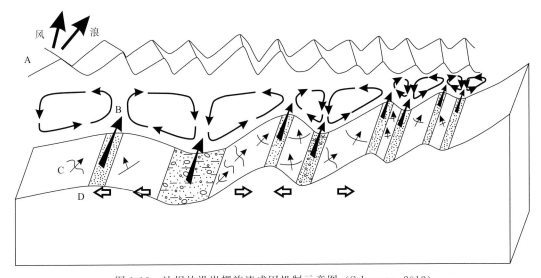

图 1-12　沙坝的沿岸螺旋流成因机制示意图（Schwartz，2012）

A. 斜向入射的风浪；B. 水动力状态，由与岸线平行的沿岸流和旋转流组成；

C. 沉积构造指示了沉积物从凹槽内迁离，堆积于沙坝；D. 沉积物的运动方向

（5）沿岸浪生流的改造作用

近岸带由波浪产生的流动在平面上的分布十分复杂，除了直接由波浪产生的波浪运动，还有两种浪生流系统。它们是：①裂流及其伴生的沿岸流共同组成的环流系统；②向岸的斜射波所产生的沿岸流（Komar，1998）[图 1-13（a）、（b）]。这两种浪生流系统通常同时存在，发生相应的侵蚀、搬运、沉积作用，对于滨岸带沉积物重新分配也起着重要作用。

在波浪破碎之后由于近岸带地形的复杂性，以及波高沿岸线方向不同而导致岸边增水的不一致性等原因，会产生波能沿岸线方向的梯度，这就形成了一种动力，导致了平行岸线方向的水流运动，这是起补偿作用的沿岸流。水流会在动力较弱的地点汇集向离岸方向流出，形成裂流，可以穿过破浪带并常作扇形扩散（Komar，1998）[图 1-13（a）]。裂流向离岸方向流失的水量由裂流之间来自破浪带的水体向岸方向的质量输送进行补偿。向岸质量输送的水体、补偿沿岸流与裂流共同构成了近岸带的环流系统（Shepard and Inman，1951）。环流系统中的裂流与伴随的沿岸流能使滨岸带沉积物重新分配，形成被裂流槽分开的、型式规则的沙坝和相应的尖角状岸线（Bowen and Inman，1969；Komar，1971）[图 1-13（c）]。

当波浪斜交岸线入射，同样会产生与岸线几乎平行流动的沿岸流，沿着沙坝–沟槽系统流动。沿岸流对于滨岸带泥沙输运也起着重要作用。当斜向波传到近岸带时，裂流及其水道、沙坝走向就会受到作用 [图 1-13（b）]，向与入射波峰平行的方向上作调整，发生沿岸迁移，形成斜交岸线的沙坝 [图 1-13（d）]。

2）"滩"的形成

对比于"坝"是沉积物聚集的结果，"滩"的形成通常没有明显的沉积物汇聚。滩主要以席状的形式包围于沙坝周围，即"坝间和坝外为滩"（姜在兴等，2015）。

除了滨岸带坝间的滩砂之外，波浪在传播过程中，遇到水下隆起，波能由于触底而衰减，携带而来的沉积物将发生沉积，并在波浪的作用下形成波纹，也具有水下沙滩的特征。在东营凹陷中央隆起区沙四段（田继军和姜在兴，2009）、惠民凹陷中央隆起区沙四段（张鑫和张金亮，2009）解释了这种成因的滩砂体。一般来说，这些隆起相对远离物源区，也可能形成碳酸盐岩沙滩（朱筱敏等，1994；杨剑萍等，2010）。

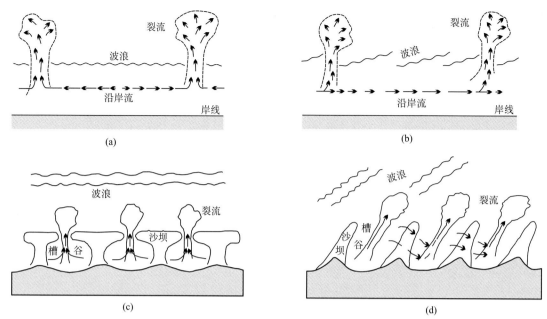

图 1-13　近岸环流系统与斜射波浪及其对沙坝的改造（Komar and Inman，1970；Komar，1998）

（a）正向波造成的近岸环流系统；（b）斜射波造成的近岸环流系统；

（c）正向波近岸环流系统对沙坝的改造；（d）斜射波近岸环流系统对沙坝的改造

通过对滩坝形成原因进行总结，体现了风（浪）动力特征对滩坝的控制作用。

1.2.2　风场对碳酸盐岩沉积体系的作用

碳酸盐岩沉积作用的影响因素复杂，受构造、生物、水文和自然地理等多种条件的控制。其中，风和波浪作用是控制碳酸盐岩沉积的重要因素，其对碳酸盐岩台地及沉积物类型等具有重要的影响。

1. 风和波浪对碳酸盐岩台地和沉积物类型的影响

1）对碳酸盐岩台地类型的影响

在碳酸盐岩台地发育过程中，水动力的变化可以改造台地的坡度和形态。在水动力能量增强的情况下，原来较低的、平坦的岸坡因侵蚀作用的加强而变陡，其结果是沉积物由细变粗；相反，在原来岸坡较陡的地区，由于水动力减弱，使得较细的沉积物在坡上堆积，促使坡度变缓，沉积物则由粗变细。因此，构造作用下形成的原始坡度，在水动力的作用下会发生变化，从而改变沉积物的性质（顾家裕等，2009）。

风场及波浪较强的高能环境有利于造礁生物的发育生长，而且因生物格架和快速的海水胶结作用，常常可以形成抗浪性很强的结构，沿岸高能带常形成岸礁，发育在陆架和斜坡的转折处，可形成碳酸盐岩镶边台地。与镶边碳酸盐岩台地相比，无镶边陆架或开阔台地常发育在背风一侧，波浪作用相对较弱，在陆架边缘缺少类似于镶边碳酸盐岩台地相模式中的台地边缘颗粒滩相带和台地边缘礁相带构成的"镶边"（姜在兴，2010a）。

2）对碳酸盐岩台地沉积相带的影响

水体能量是控制碳酸盐岩沉积分带的主要因素。Shaw（1964）首次论述了陆表海的水能量特征，提出陆表海碳酸盐岩沉积分异主要取决于海水的能量；陆表海内波浪、海流及潮汐作用是控制碳酸盐分带的主要因素。Irwin（1965）进一步提出了陆表海沉积模式和能量带的理想序列，按照能量把陆表海从广海到滨岸方向划分为 X、Y、Z 三个带（图 1-14）（刘宝珺和曾允孚，1985）。

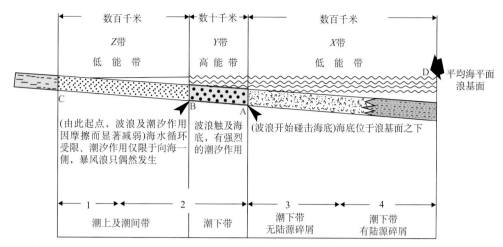

图 1-14　陆表海台地和缓坡碳酸盐岩沉积模式（刘宝珺和曾允孚，1985；Flügel，2004）
A. 浪基面；B. 平均低潮线；C. 平均海平面；D. 平均高潮线

　　X 带：低能带，广海浪基面以下，宽约数百千米。该带很少受到扰动，只有海流才能作用于海底。沉积物主要是从高能带（Y）带来的细粒碎屑物质，形成粉屑灰泥沉积。该带一般沉积速率较慢，沉积物厚度较小。沉积物一般呈暗色，发育典型的水平层理。

　　Y 带：高能带，宽约数十千米，波浪和潮汐作用都十分活跃，阳光充足，氧气充分，底栖生物及藻类大量繁盛，常形成生物礁或生物滩。向滨岸一侧，由于水动力较强形成各种较粗的碳酸盐异化颗粒，如鲕粒、生物碎屑和内碎屑等。粒屑主要由砂砾级粗碎屑组成，泥质很少。由于生物碎屑或鲕粒受到波浪和水流的牵引、簸选，往往形成具交错层理的、分选良好的颗粒灰岩。

　　Z 带：低能带，宽度可达数百千米，该带海水较浅，不超过几米，海水循环不畅，主要受潮汐的影响，波浪的作用很小，只有风暴才能引起局部的波浪作用。此带的碳酸盐沉积物主要是低能的灰泥，其中一部分是从高能带中搬运而来的，另一部分是以物理化学方式从海水中直接沉淀下来的。所形成的岩石主要是泥晶灰岩或纹层状灰岩及白云岩。

　　威尔逊（Wilson，1975）综合了古代及现代碳酸盐岩的大量沉积模式、吸收了按水体能量划分碳酸盐岩相带的优点，根据海底地形、潮汐、波浪、氧化界面、盐度、水深、海水循环、气候条件等因素建立了综合的碳酸盐岩沉积的标准相带模式。把海洋碳酸盐岩划分为三大相区和十个标准相带（图1-15）。它的基本格局仍是低能、高能、低能这三大相区。其中，盆地相区的盆地相、深水陆架相、台地斜坡脚相带，其海底深度均位于浪基面之下，水体运动很弱，属低能带，与 Irwin 的 X 相带相当。台地边缘相区的台地前斜坡相、台地边缘生物礁相、台地边缘滩相带，其海底深度均位于波基面之上，波浪作用强烈，均属高能带，与 Irwin 的 Y 相带相当。台地相区的开阔台地相、局限台地相、台地蒸发相，均位于台地边缘相区之后（靠陆一侧），这里波浪能量消失（潮汐为主），水体运动均比较弱，属低能带，与 Irwin 的 Z 相带相当。但是开阔台地相带也可能有部分地区海底水动能较高。

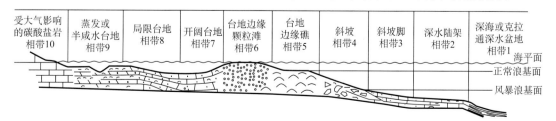

图 1-15　镶边碳酸盐岩台地：经修正的 Wilson 相模式的标准相带（Flügel，2004）

3）对原地生物礁生长的影响

生物作用是碳酸盐岩沉积物重要的成因之一，其中有些生物能适应较高水能环境，甚至具有抗浪的生态本能，它们能在高能环境下就地生长聚集成为礁体。在高能带，由于向岸风及潮汐作用，使波浪搅动及海水压力变化，沿着斜坡上升来的深部海水，温度骤然升高，水压降低，CO_2 迅速释放，促进了 $CaCO_3$ 大量沉淀，同时从深水还带来大量其他养料，有利于造礁生物的发育生长。所以在沿岸高能带常形成岸礁，在滨外或陆棚边缘高能带常出现堤礁或堡礁（陈建强等，2004）。而且因生物格架和快速的海水胶结作用，常常可以形成抗浪性很强的结构，发育在陆架和斜坡的转折处，形成碳酸盐岩镶边台地。

另外水动力条件对生物礁相带的发育程度和特点也会产生影响。依据地形坡度及与其相应的水动力条件和礁相组成特点，可以划分出三个基本类型（图1-16）。

类型Ⅰ：斜坡灰泥丘，位于陆棚台地边缘前斜坡，由生物碎屑灰泥或生物障积灰泥组成，呈带状分布。斜坡坡度较缓，为 $2°\sim25°$，水能量较弱。

类型Ⅱ：缓坡圆丘礁，由台地边缘缓坡上生长的线状生态圆丘礁带组成。它们形成于向海平缓倾斜（几度到约 $15°$）的正常海底，或在稍远的斜坡下部数十米深度开始生长。由于缺乏强波浪或水流的作用，很少有块状造架生物，但有很多固着的和包壳的生物。

类型Ⅲ：陡斜坡骨架礁，位于陡的斜坡边缘带，坡度为 $45°$ 甚至直立。这是一种生长到海平面或波浪搅动带的带状生物骨架礁。

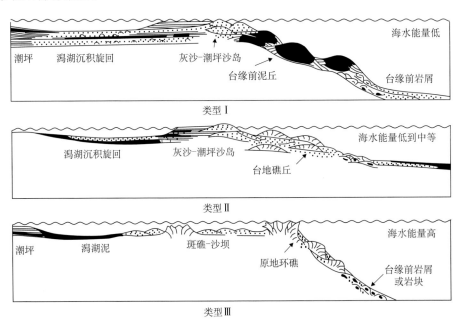

图1-16　水体能量和沉积作用速率控制造礁生物的生长形式和生长方式（Wilson，1975）

4）对沉积组构的影响

水体能量条件的差异会产生不同的沉积组构。台地边缘浅滩碳酸盐岩沉积环境是台地边缘相区的一种高能环境，处于开阔浅海，没有障壁和广阔藻席，碳酸盐岩沉积作用直接受海洋波浪和潮汐等作用的控制。由于波浪（包括潮汐）及其伴生的沿岸流、底流作用，使碳酸盐岩沉积物发生簸选，常形成纯净的碳酸盐砂堆积。将其中的细屑碳酸盐岩物质带走，而留下各种砂砾级碳酸盐岩颗粒，形成各种砂砾屑滩、介壳滩、沿岸沙坝等。岩石类型以亮晶颗粒灰岩为主，颗粒分选、磨圆度均好，常见鲕粒灰岩及其他颗粒灰岩，有时为磨圆的生物碎屑灰岩，岩石一般色浅。从浅水陆棚高能带簸选出来的细屑碳酸盐岩物质（即灰泥、粉屑）堆积在陆棚边缘或障壁沙坝前缘的较深水盆地区以及障壁后的潟湖及潮坪区。

Flügel（2004）研究了贝壳灰岩中海水簸选强度、分选性、磨圆度与波浪或海流强度的关系（图1-17）。在低能条件下形成的灰泥，缺乏簸选（A），在波动能量条件下具有不完全簸选（B），在高能环境下簸选较好（C 和 D）。波浪和潮流强度增加导致沉积物从无分选（C）到有分选（D），并且形成具有不同粒度的层。磨圆度增加（E）可以反映出水体能量的增加，如在波浪作用带。在异常的水体能量（如强风暴作用）影响沉积物的时候，碳酸盐岩颗粒的分选和磨圆度将降低（F 和 G）。

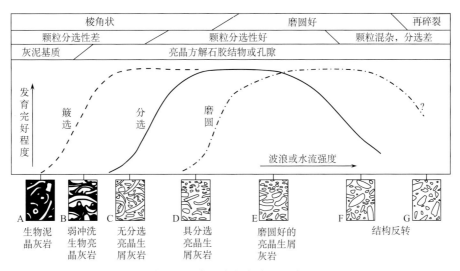

图 1-17　簸选、分选性和磨圆度与水动力的关系（Flügel，2004）

5）风暴成因的浅海碳酸盐岩沉积

大的风暴会和海底发生作用并可达到几十米以下的风暴浪基面，产生的波浪和水流能够影响海底、搅动沉积物并产生特殊的沉积构造（丘状交错层理）和沉积产物（如风暴岩）。强烈的风暴侵蚀海岸线、毁坏热带岛屿与生物礁，参与临滨和滨外沉积物搬运，并可造成大规模潮上沉积。强风暴的主要结果表现为：①风暴沉积物在陆棚上的搬运和沉积，并且将这些沉积物搬运到斜坡和盆地；②礁构造的破坏。

向海岸的风暴会引起水团的上涌，当风暴缓和时，形成离岸方向的回流，临滨沉积物被再悬浮形成高密度流体向远离海岸的方向搬运至风暴浪基面以下，到达低能的沉积环境，形成风暴成因的浊积岩。这种沉积在迎风的陆棚和斜坡更常见，原因是由于满载沉积物的风暴搅动通过反方向的回流将沉积物从海岸搬运到深水的离岸外斜坡中。在风暴结束后，这些沉积物沿着斜坡发生重新分布，最后在风暴浪基面之下的低能环境中形成有延展状态的席状沉积（图 1-18）。这些沉积物呈现出明显的近源-远源分布趋势，如 Arabian 海峡的沉积。镶边台地的风暴沉积（如 Florida）在内部组成上有很大的变化。在孤立台地上风暴的作用（如巴哈马群岛）主要发生于台地边缘。

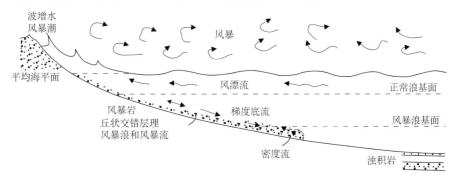

图 1-18　风暴影响斜坡和台地的沉积过程（Tucker and Wright，1990，修改）

在受海洋风暴巨浪控制的滨岸、浅滩及潮下带沉积物均可受到强劲风暴潮流的袭击、冲刷和破碎，形成各式各样的风暴砾屑灰岩、风暴再沉积复鲕粒灰岩、风暴成因的具丘状交错层理的颗粒泥晶灰岩、风暴浊积灰岩等（陈建强等，2004）。并且风暴会对生物礁产生影响，形成礁前角砾岩，以及位于斜坡位置孤立的礁体碎块等。

6）风成碳酸盐岩

风成碳酸盐岩主要是指大量浅海生物成因的碳酸盐岩碎屑被风力改造而成的海岸沙丘灰岩（Brooke，2001；赵强等，2014）。风成碳酸盐岩通常由多期沙丘沉积构成，古土壤、浅海沉积及沼泽沉积夹层和洞穴堆积是其中的不整合面。风成碳酸盐岩通常以长条状、平行海岸的横向沙脊的形式出现于海岸，这些沙脊通常为侧向并生的复合体，并在局部堆叠成倾斜的、抛物线形或新月形沙丘，形成第四纪特征性的海岸地貌，它们记录了浅海碳酸盐岩生产及海岸环境变化的历史（Fairbridge，1995；Vacher and Rowe，1997）。

风成碳酸盐岩可分为陆地海岸风成碳酸盐岩和岛屿风成碳酸盐岩两类，在全球广泛分布（图1-19）。风成碳酸盐岩在纬度上的分布很不均匀，超过80%的风成碳酸盐岩位于南北纬20°～40°，而更高和更低纬地区的风成碳酸盐岩发育相对较差。全球风成碳酸盐岩在少数几个地区集中分布，如澳大利亚南部和西南海岸、地中海地区。

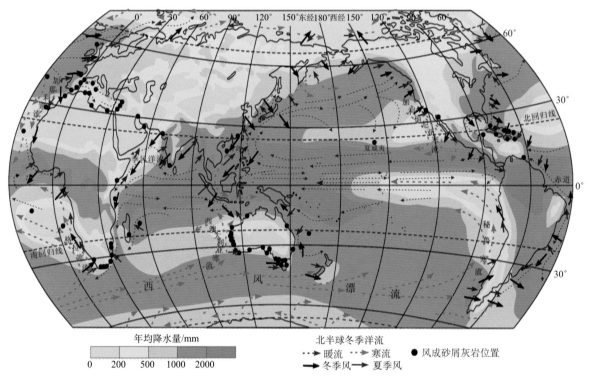

图1-19　全球风成碳酸盐岩与年平均降水量和洋流及风向的分布（Brooke，2001；赵强等，2014）

风成碳酸盐岩的发育需要温暖的适合碳酸盐岩发育的条件，并且还要具备稳定的向岸风，从而能够把海滩沉积物持续不断地向岸搬运并建造沙丘（McKee and Ward，1983）。此外，风成碳酸盐岩的发育还需要地形地貌、气候与海洋条件的综合配合（Brooke，2001；赵强等，2014）。风力的强度以及波浪能量的大小还会影响碳酸盐岩的堆积速率，以及风成砂屑灰岩的厚度。因为高能波浪提高了沉积物向岸运移的能力，尤其是波浪能量越高反映了该地风力越强，因此，在波浪能量较小的地中海西岸地区风成砂屑灰岩的厚度最多几十米（Fumanal，1995），而波浪能量相对较高的澳大利亚南部海岸上（在中-晚更新世期间），风成砂屑灰岩沉积序列的厚度可达150m（Belperio，1995）。

2. 以巴哈马台地及大堡礁为实例

巴哈马台地属于孤立台地，周围被深水环境围绕，没有明显的陆源碎屑供给；澳大利亚的大堡礁地区为缓坡碳酸盐岩镶边台地，大堡礁是与海岸大致平行但与海岸有一定距离的礁，内侧为局限台地，外侧为开阔台地，但有明显的陆源碎屑物供给（Flügel，2004）。

1）巴哈马台地

巴哈马群岛位于佛罗里达州东南外海的大巴哈马岛（Grand Bahama Island）和海地北部的大印纳瓜岛（Great Inagua Island）之间，绵延超过 1200km。群岛由一系列碳酸盐岩台地上发育起来的数量众多的岛屿与沙洲组成，其中最大的台地为大巴哈马滩（the Great Bahama Bank），水深约 20m。巴哈马属亚热带气候，平均气温 24～32℃。

巴哈马群岛（Bahama）大小 700km×300km 为典型的海中孤立台地，其东侧为佛罗里达海峡，西侧为普罗维登斯海峡，海峡中水深大约 200m。台地由盖在白垩系、古近系和新近系的灰岩、白云岩之上的更新统灰岩构成，在其上又覆盖了现代碳酸盐岩沉积。

巴哈马地区终年吹拂着东北信风，并受赤道暖流的影响，降雨相对充沛，年降水量在 1000mm 以上，无明显的季节变化。但该地紧邻两个副热带高压带干旱区，该地气候对洋流变化非常敏感，如果洋流减弱，该地很容易被干旱的气候控制。

大巴哈马滩的沉积物与沉积环境、风向和水动力能量有关，巴哈马台地沉积物分布的控制因素包括迎风方向和背风方向的朝向、开阔或受局限的水循环，以波浪或风暴为主导的条件等。珊瑚藻礁分布于迎风一侧，即安得罗斯岛东侧（Newell et al.，1959）。台缘发育骨架颗粒（珊瑚藻）、鲕粒和礁，鲕粒生长在水动力强的地区，如海舌南端潮汐沙坝区和台地西北边缘；骨屑砂环台地边缘呈环带分布，宽数千米（Flügel，2004）。巴哈马台地内部区域为局限台地，水动力弱，以细的团粒和灰泥沉积为主，盐度也比正常海高（图 1-20、图 1-21）（顾家裕等，2009）。

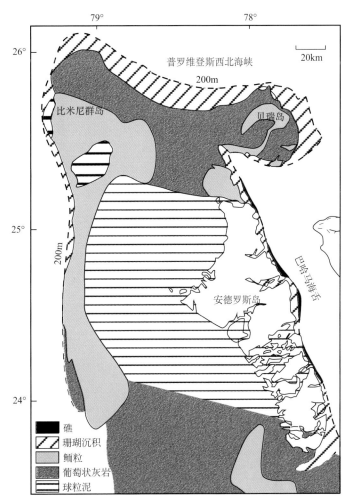

图 1-20　巴哈马滩沉积物平面分布图（Newell et al.，1959）

全新世风成碳酸盐岩沉积在巴哈马非常普遍。按照 Rao 的碳酸盐岩划分方案（Rao，1996），巴哈马风成碳酸盐岩是热带碳酸盐岩区发育起来的实例。巴哈马地区构造相对稳定，风成碳酸盐岩普遍发育成侧向连续、垂向叠置的复合体（Hearty et al.，1998）。巴哈马群岛的风成碳酸盐岩岛屿常发育一个连续延伸的海岸沙脊，通常在早期风成碳酸盐岩形成的海角之间发育，或者在高能背景下由沙丘单元垂向叠加而成。巴哈马地区起伏平缓且规模宏大的滩相沉积为海滩-沙丘复合体的发育提

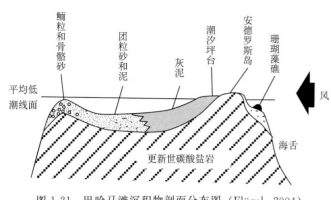

图 1-21　巴哈马滩沉积物剖面分布图（Flügel，2004）

供了足够的碎屑物质，温暖的海水和强烈的滨岸流为海滩上鲕粒的发育创造了条件，进而增加了沉积物的供应。

新月形沙丘主要形成于以单向风为主的区域，并且沙丘脊指向顺风的方向（McKee，1979）。Kinkler 和 Strasser（2000）对巴哈马晚更新统地层的新月形沙丘研究表明，该区沙丘脊线一致向 N245°方向倾斜。这个方向与巴哈马地区终年吹拂着东北信风一致，表明沙丘的堆积主要控制于区域的东北风及东风的影响。

2）大堡礁台地

大堡礁位于澳大利亚昆士兰州以东，沿海岸呈北西-南东走向，是堡礁复合体，分布于澳大利亚东北海岸外的大陆架上（图 1-22），绵延 2000 余千米，东西宽 20～240km，是世界上最长、最大的珊瑚礁区（Orpin and Ridd，2012），大约由 2500 个礁组成。大堡礁占据的陆架一般向北部变窄，朝南变宽。通过对大堡礁碳酸盐岩台地的研究，得出的主要结论是：从北往南，礁体厚度明显变薄，礁的初始生长年龄变轻。

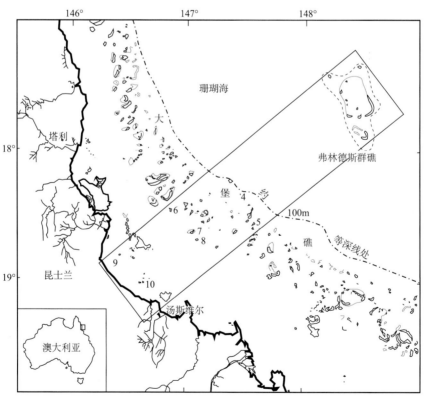

图 1-22　澳大利亚东北部大堡礁位置及特征图（Done，1982）

大堡礁位于巴布亚湾与南回归线之间的热带海域，太平洋珊瑚海西部，属于热带气候，主要受南半球气候控制（Puga-Bernabeu et al.，2013），盛行风为东风到东南风。

大堡礁台地边缘风场及波浪较强，有利于造礁生物的发育生长，形成抗浪性很强的大型生物礁的边缘，构成碳酸盐岩镶边台地。大堡礁不是一个完整的大礁，而是由成千上万个小生物礁组成（Davi和刘健，1990）。礁体与礁体之间有海沟相隔，水体可以连通，但水流受到一定的阻滞，水动力减弱。因此，在礁后广阔的台地地区主要沉积了细粒的生物屑泥、灰泥或细粒的生物碎屑，台内水深 10～20m。在滨岸地区，由于地势平坦和波浪的效能，大部分地区为潮坪沉积，主要为泥晶灰岩和泥质灰岩，潮下带发育细粒砂屑灰岩或少量的细粒生屑灰岩（图 1-23）。

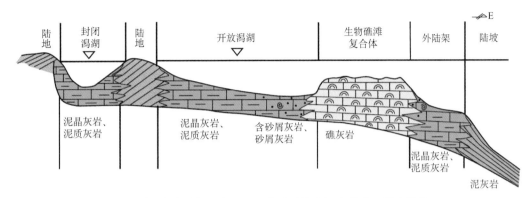

图 1-23　澳大利亚东海岸凯恩斯地区现代碳酸盐岩沉积模式（顾家裕等，2009）

Done（1982）将大堡礁从离岸方向到近岸方向的生物礁划分了四个区域（图 1-24），区域 1 为珊瑚海区域迎风礁，波浪作用强烈，发育部分水下环礁，邻海深度约 2000m，礁体边缘斜度为陡峭到垂直，潟湖深度约 60m。区域 2 为外陆架生物礁，波浪作用强烈，邻海深度 80～100m，礁体在北东及背风处较陡，潟湖水深 15～20m，向迎风方向变浅。区域 3 为中陆架生物礁，波浪作用中等，邻海深度约 50m，礁体在北东及背风处较陡，潟湖水深 15～20m。区域 4 为内陆架生物礁，波浪作用弱，邻海深度约 20m，礁体边缘坡度平缓，具有陆源物质输入，发育碳酸盐岩及陆源碎屑岩。可见，风场及波浪在影响整个台地形态的同时，对每个礁体的形态及沉积特征也有影响。在每个礁体上，迎风坡发育抗浪性很强的垂直生长的障壁礁体，在垂直礁体之后形成小型潟湖。

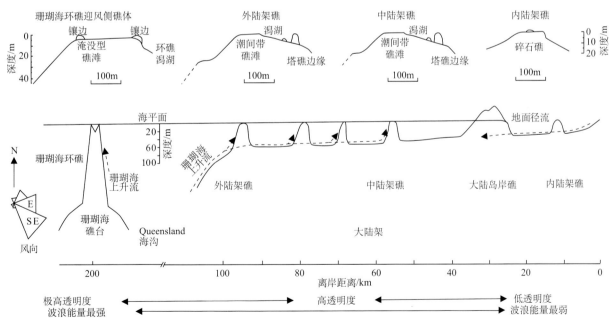

图 1-24　大堡礁从广海到海岸方向形态、风及波浪等综合剖面（Done，1982）

1.3 沉积体系成因与分布的多重控制

沉积学的发展使研究对象由单一变得多样化、由简单变得复杂化、由局部变得整体化，在继承、发展的基础上逐步深入。沉积学家的研究目的，从最初的区分相类型、建立科学的相模式、解释沉积环境，逐渐转移到了以解释沉积作用发生的成因机制为重点上来，即外部条件（如构造、海平面变化、物源、气候等）如何影响沉积环境与沉积过程。但是在以往的沉积控制因素研究中，更多的关注集中在盆地本身物源特征、地貌特征、层序演化等的控制作用，以局部的或区域的沉积体系为研究对象作成因解释，而对资料欠缺的未知区域的预测性研究不足。沉积体系的展布特征受到气候（含风场）、物源供给、构造特征、海平面升降等因素的控制，通过对这些控制因素重点研究，会对沉积体系的分布特征作出合理的预测。

在以往的沉积学研究中，随着层序地层学的兴起，海平面升降、构造运动、物源供给，构成三位一体，它们对沉积体系的控制作用得到了极大程度的研究。比较而言，气候变化对沉积过程的研究则相对薄弱。然而，气候变化贯穿整个地质历史，很大程度上控制了沉积物的形成（风化作用）、搬运过程，其对沉积过程乃至产物的控制作用毋庸置疑。所以一直以来，关于气候与陆地之间的关系都是科学家关注的重点（Clift et al.，2008；Wang et al.，2008）。

古气候恢复及其与沉积产物的耦合关系，近年来也取得了可喜的进展。但前人的研究主要侧重于探讨气候变化的沉积记录，即通过沉积物（岩）中记录的沉积物属性（如粒度等）、古生物资料、地球化学资料来判断沉积物来源与古气候演化系列，并进行气候波动、周期性变化和气候事件的研究，多数是侧重于古环境恢复的研究。近年来，许多学者也在注意气候变化从正向上对沉积过程和沉积产物的影响，并已取得了重要进展。例如，古气候变化对陆相湖盆古地理环境和沉积充填的影响（Wang et al.，2013a，2013b；Chamberlain et al.，2013），以及季风气候对河流体系（Plink-Björklund，2015）、三角洲体系（Ventra et al.，2015）的控制等。

沉积相、沉积体系和源-汇体系是沉积学研究中最常用的概念。沉积相强调沉积记录和盆地自身沉积环境的特点，对物源和气候考虑得不够；沉积体系强调以物源为基础，成因或过程相关，很少去考虑气候因素；源-汇体系研究以沉积物从物源区到沉积区的一系列侵蚀、搬运、沉积过程为重点，逐渐考虑气候对剥蚀过程、沉积过程和沉积结果的影响，但此时主要考虑的是气候的温度、湿度要素对沉积记录的影响，而对普遍存在的大气流场活动对沉积过程的影响则研究不足。然而，源-汇体系研究理念的进步之一，是认为沉积物形成和分布不是沉积盆地中的孤立现象，而是在一定系统中的产物。沉积过程发生在风（气候）-源（物源）-盆（盆地）系统（简称"风-源-盆"系统）中，涉及古气候、古物源、古地貌、古水深等控制要素（姜在兴，2010b；姜在兴等，2015）。基于此，作者提出风场-物源-盆地系统沉积动力学的研究思路和研究方法，半定量-定量地研究以上控制因素对沉积物的特征与分布的控制。

本节以渤海湾盆地东营凹陷古近纪沙四上亚段简述风场-物源-盆地系统沉积动力学对沉积体系的控制（图1-25），详见第4章。

1.3.1 风场对沉积体系的控制

东营凹陷沙四上亚段时期，古东亚季风已经形成。其中，冬季风（偏北风）的强度要强于夏季风（偏南风）。在冬季风的作用下，波浪由东营凹陷北部向南部方向传播，从而在南部缓坡带（迎风侧）形成大范围的波浪影响区。由于东营凹陷南部地形相对平缓，水体浅，波浪作用及冲浪回流作用强烈，在鲁西隆起北部形成大面积滩坝。这种持续的波浪作用，也能够将凹陷东南部发育的三角洲前缘的沉积物再分配，形成三角洲前方和侧缘的滩坝。夏季风一般要弱于冬季风，在夏季风驱动下的向北传播的波浪将北部滨县凸起南坡的扇三角洲砂体进行二次分配，形成扇三角洲前的滩坝。由于偏弱的风场

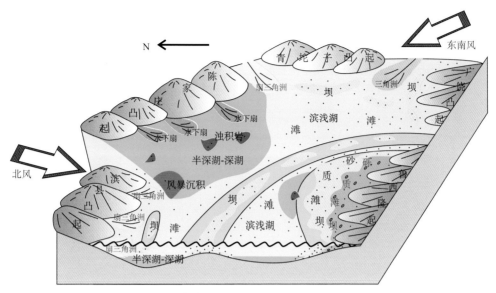

图 1-25　东营凹陷沙四上亚段滩坝沉积模式图

及较陡的地形,东营凹陷北部的滩坝沉积较南部发育局限。波浪在传播过程中,遇到正向地貌单元能量衰减,并可能作用于湖底,发生沉积物的侵蚀、搬运、卸载,在中央凸起带也将形成滩坝。

1.3.2　物源供给对沉积体系的控制

物源是控制沉积物的类型及其分布的基本因素之一,是物质基础。东营凹陷西部沙四上亚段,沉积物以近岸水下扇(陈家庄凸起南坡)、扇三角洲(陈家庄凸起南坡)、三角洲(青坨子凸起与广饶凸起之间)、湖岸侵蚀(鲁西隆起北坡)等方式进入盆地。正是由于这些沉积提供的物源,经波浪持续不断地改造搬运和再分配,从而在北部陡坡带、中央凸起带及南部缓坡带等地区形成大面积滩坝。特别是在低位体系域低可容空间下,物源供应充足;在湖侵体系域和高位体系域,可容空间大物源供应相对不足,甚至在高位体系域出现了缺少陆源碎屑的碳酸盐岩滩坝。

1.3.3　盆地特征对沉积体系的控制

东营凹陷为一典型的箕状断陷湖盆,呈北东-南西走向。北陡南缓,地势上北高南低,盆地边缘有北部陡坡带、南部缓坡带、东西轴向带之分,其物源供给方式、物源供给强度、砂体成因类型与分布范围也不尽相同:①北部陡坡带受盆缘断裂控制,靠近高山陡崖,湖泊的水深梯度大,由陈家庄凸起提供的物源直接以重力流的形式进入深水区,形成近岸水下扇、湖底扇等水下重力流体系;东营凹陷北部边界断层自东向西断距减小,坡度减缓,至滨县凸起南坡,古地形坡度减缓,水深梯度较东侧变小,此处以发育扇三角洲体系为主。②南部缓坡带,鲁西隆起坡脚处线状发育的基岩及冲积扇裙提供了大量陆源碎屑,在冬季风盛行时产生较强的向南传播的波浪的作用下由岸线向浅湖方向依次形成了砾质滩坝和砂质滩坝。③东西轴向正常三角洲体系。在东西两侧的盆地长轴物源入口区坡度缓、水深梯度小,河流作用大于蓄水体作用,形成了正常三角洲体系。凹陷中部发育中央水下低凸起带,是滩坝发育的有利场所。在凹陷的深水区(浪基面以深的范围),物源作用和风场作用对沉积作用的控制可以忽略不计,此处的沉积作用以盆地自身的作用为主,包括沉积物的自然悬浮沉降、生物、化学作用沉积而成的细粒沉积岩与化学岩等。

沉积体系的形成过程受控于风场-物源-盆地系统内各要素的作用:古风场是风控沉积体系的源动力;古物源是物质基础;古地貌与古水深决定了沉积体发育位置、范围、规模。实际上,地球表面的动力既单独作用,又相互制约、相互影响、不断变化(王成善和向芳,2001)。鉴于风场-物源-盆地系统的普遍存在性，可以考虑从对沉积物的局部研究中抽离出来，在区域上以新的视角研究风场-物源-盆地系统及各控制要素的特征，应当可以对区域范围内沉积体系的分布特征具有更加深刻的认识，甚至能够预测未知区沉积体系特别是储集体类型，指导油气勘探开发。

1.4 研究意义

1.4.1 沉积学意义

沉积过程发生在风场-物源-盆地系统中，涉及古气候、古物源、古地貌、古水深等因素：古风场及其控制下的古气候控制了沉积体的构造、结构特征；古物源是物质基础；古地貌与古水深决定了沉积体发育位置、范围与规模，各因素相互制约、相互影响、不断变化。风场-物源-盆地系统沉积动力学的研究思路正是通过对这些要素的研究，探讨它们对沉积的控制作用（本书第2章）。通过引入"风场"，使沉积学研究从"一元"传统相模式，"二元"源-汇体系，推进到综合考虑风场-物源-盆地的"三元"沉积动力学体系。风场-物源-盆地系统沉积动力学丰富和扩展了陆相湖泊沉积学理论，填补了该领域国内外研究的空白。

风场-物源-盆地系统沉积动力学为在更大系统内开展沉积学研究提供了新的研究思路与研究方法。研究分为两条独立的主脉络：①沉积体系分析，以沉积学理论、层序地层学理论为指导，以大量的岩心、测录井资料为基础，结合目标研究区已有的诸多成果，确定研究区目的层段的层序地层格架，并在此格架内识别主要的沉积相类型，详细研究各类沉积相的沉积特征并建立其沉积模式，研究沉积相随层序地层的演化过程，确定各沉积体系分布、发育特征；②沉积体系发育的控制因素研究，以岩心、古生物、测录井、地震等资料为基础，通过对风场-物源-盆地系统内各单要素的半定量-定量恢复（本书第2章），包括古风场恢复、古物源恢复、古地貌恢复、古水深恢复，将各单要素的恢复结果与沉积体系演化特征对比，明确风场、古地貌、层序演化、物源供给等对沉积体形成的控制作用，进而解释和预测新的沉积体系。

1.4.2 古气候学意义

古气候的研究内容主要包括古温度、古湿度、古风力及古风向（庞军刚和云正文，2013）。但在古气候研究中，现有成果多集中在温度与湿度的恢复上，而对与气温和降水同样重要的古风场则研究较少（刘立安和姜在兴，2011），所以长期以来，古风场的研究在古气候研究中一直处于次要地位（Allen，1993）。古风场是大气环流的直接结果，它可以为大气压力梯度、风暴路径、大气环流模式提供信息（Thompson et al.，1993），对于了解气候变迁、现代气候的形成有重要作用。

古风场的研究应当基本包含两个方面的内容：古风向与古风力。在古风场的恢复过程中，有关古风向重建的替代性指标比较容易获得（刘平等，2007；Scherer and Goldberg，2007；王勇等，2007；张玉芬等，2009；刘立安和姜在兴，2011；江卓斐等，2013），但古风力的研究则相对薄弱。国内外极少见有关古风力恢复的报道。通过仪器测量、记录，很容易获得当今的风场特征，但这仅限于过去几十年的时间尺度范围。对于地质历史某一时期的古风力，只有通过分析能够反映古风力大小的替代性指标来获取。

但由于空气的低黏度，古大气流场活动遗留下来的有效信息极少，难以从地质记录中加以解读古风场。目前已报道的古风力恢复多偏重于定性研究，如风级大小可以通过其搬运沉积物的能力反映出来，因此可以通过研究地质记录中的风尘沉积物，近似地了解相应时期内风力的强弱。

风场-物源-盆地系统动力学的研究思路可以为定量恢复古风场提供新的方法。依据：①风作用于水体产生波浪，而风力的大小与波浪要素之间存在定量的关系；②滩坝沉积物可以为古波况的恢复提供线索，进而可以根据风浪关系，进一步了解古风力。基于此，本书从理论上提出了利用古湖泊中滩坝沉积定量恢复古风场的方法，填补了古气候研究中古风场定量恢复的空白。包括：①根据破浪沙坝的走向及横向不对称性恢复古风向；②根据破浪沙坝的厚度定量恢复古风力；③根据沿岸砾质沙坝的厚度定量恢复古风力。

本书提出的方法为古风场乃至古气候的恢复开辟了新的思路，这是一个综合性较强的方法，需要综合古地貌恢复、古水深恢复、沉积相分析等方法开展，在滩坝发育的大型陆相湖盆中可以普遍应用。例如：①通过在东营凹陷沙四上亚段应用破浪沙坝厚度恢复古风力的方法，发现了 6.4～21.9m/s 的偏北风与 6.3～14.6m/s 的东南风在约 45Ma 前同时存在，并且风力大小呈旋回性的反相关关系，将其解释为古东亚季风；②通过在东营凹陷沙四上亚段应用沿岸砾质沙坝厚度恢复古风力的方法，发现古北风在整个沙四上亚段时期，经历了低位体系域的两次加强、湖侵体系域的削弱、高位体系域的再次加强这样一个演化过程，并且控制了研究区的温度与湿度的变化，进而控制了细粒沉积岩的类型。

1.4.3　油气意义

1. 风场-物源-盆地系统与成藏要素

风场-物源-盆地系统进一步可以分为七个子系统，每个子系统可以单独或者相互作用控制沉积体系的展布，进而约束油气生、储、盖组合关系。

1) 盆控体系控油源

烃源岩的形成主要受控于盆地内部的作用，陆源碎屑所占的比重较小。这些盆地内部的作用主要包括：①沉积物的自然悬浮沉降、生物和化学作用沉积，形成了中-高有机质含量的细粒烃源岩；②发育于湖侵体系域和高位体系域的深水区，水体的不断加深与强还原环境，有利于有机质的保存，本书将其理解为"盆控体系控油源"。需要说明的是，"盆控体系控油源"仅强调盆地自身的作用对烃源岩形成的重要性，并不排除物源作用与气候作用对烃源岩形成过程的影响，因为气候作用与物源作用贯穿了沉积过程的始终。

同时，这些烃源岩也可以起到盖层作用。例如，烃源岩在向岩性圈闭供油的同时，又起到了封盖的作用。

2) 风场-物源-盆地体系控储、运

（1）风场-物源-盆地系统控制储层质量

首先，形成于风场-物源系统中的风成沙丘，分选好、成熟度高，常能形成优质储层；其次，盆地的古构造形态决定了物源的方向，进而决定了骨架砂体的展布。大型油气田往往植根于骨架砂体之上，这里往往砂岩厚度大、砂岩含量高，发育优质储层。因此，在含油气盆地的勘探过程中，有物源输入的地方，即主物源方向一度是勘探的重点。

另外，除了主物源注入的方向上发育骨架砂体之外，发育于"非主物源体系"控制区的滨岸带滩坝砂体也能形成良好的储集层（李国斌，2009）。这些砂体的形成与风场-物源-盆地各要素关系密切。滩坝砂体也一度成为了油气增储上产的新领域，在我国东部盆地取得了较好的勘探开发效果。

除了储层的发育范围受到风场-物源-盆地系统的控制之外，储层的物性也受到物源与盆地等因素的控制。例如，物源条件的差异会影响到储层岩性、成熟度、填隙物类型和组合，乃至成岩作用，这些都是储集岩储集性能重要的控制作用（贺静等，2011；Liu et al.，2012；刘杰等，2014）。

（2）物源-盆地系统控制油气输导体系

骨架砂体既是油气聚集成藏的主要场所，又能作为油气运移的通道。平面上大面积分布、垂向上多层叠置、物性相对较好的骨架砂体，油气疏导效率高。烃类在从生油岩进入骨架砂体后就会产生从高势区向低势区的运移聚集。油气疏导体系还与构造作用形成的断裂带的发育关系密切：断裂、裂隙发育带能够沟通垂向上连通性差的砂体。

（3）盆控系统影响成藏动力

地层异常高压往往成为油气运移的动力，其形成的原因之一可能是由于物源性质的变化。例如，以东营凹陷为例，沙四段沉积之后，东营三角洲快速进积，使沙三段、沙四段的前三角洲及深湖泥岩处于欠压实状态，并且由于厚层的上覆三角洲砂岩与下部接触的厚层泥岩之间充分压实而形成致密的壳或封闭层，东营凹陷自 2200m 埋深处开始出现地层异常高压（冯有良等，2006；王永诗等，2012），并在沙三段—沙四上亚段存在着一个异常压力封存箱（王永诗等，2012）。这些异常高压带通常出现在二级构造带的深部位（如洼陷带）。压力封存箱中的流体压力在烃类生成、黏土矿物转化过程中不断增大，当接近或超过其边界岩层的破裂压力时，即可从高势区（烃源岩区）向低势区（储层发育区）转化。

2. 风场-物源-盆地系统与弱物源地区砂体预测

我国大部分油田已进入探明程度达 70% 以上的中、晚期阶段，"发现大构造，分析主物源"的勘探方法已不再适用。然而，勘探实践也已证实，在主物源影响较弱的地区，也能形成储集砂体，这些地区薄互层砂体较发育。其中，"非主物源体系"的浅水薄层滩坝砂体即是其中之一，现已成为我国油气勘探重要的接替目标，潜力和意义巨大。但该类油藏储层薄、颗粒细、难识别。国内外对该类砂体的研究仍处于半空白状态，缺少行之有效的理论模型指导。

本书研究成果表明，滩坝的形成主要受控于风浪、物源、地貌（包括宏观地貌与微观地貌）、水深等因素，其发育受控于风场-物源-盆地系统（李国斌等，2008；李国斌，2009；姜在兴等，2015），是风场-物源-盆地系统综合作用的结果。

首先，风浪是滩坝形成的源动力。滩坝砂岩形成于滨浅湖区，波浪（风浪）及其派生的沿岸流等是它的主要水动力作用机制（操应长等，2009）。在不同环境和不同水深区，波浪的能量不同，对沉积物的搬运、沉积作用也不同。比重、形状相似的沉积颗粒聚集，在不同的波浪水动力带内，形成滩-坝相间的格局，这种沙坝的堆积由于水动力的不同具有明显的分带性（Komar，1998）。发育于偏离主物源方向上的滩坝砂体，正是由于风浪作用侵蚀附近主物源区沉积物，进而发生二次搬运、沉积过程而形成。

其次，物源是控制沉积物类型及其分布的基本因素之一，是物质基础。对于二次搬运沉积而形成的滨浅湖滩坝，其物源主要来自波浪对附近砂体和沉积物的改造和二次分配，因此周边物源的富集和贫乏对滩坝的形成起到决定性作用。在物源充足供应的情况下，砂质滩坝非常发育，而在物源供应匮乏处，则常形成碳酸盐岩滩坝（姜正龙等，2009；王延章等，2011；杨勇强等，2011）。

最后，盆地自身的构造格局、微地貌特征、水深、层序演化，控制着滩坝发育的位置与分布范围。盆地的古构造特点及宏观古地貌对滩坝的形成和分布有重要影响。滩坝在湖泊缓坡带发育好、分布广，而在陡坡带发育较差（Soreghan and Cohen，1996）。盆地的微观古地貌特征，对滩坝的发育同样具有明显的控制作用。整体上，在凸岸、正向构造单元周围与斜坡单元的迎风面一般为波浪运动能量突然减弱的消能带，是滩坝发育的有利场所（王延章等，2011），而凹岸带与负向构造单元水动力能量相对较低，形成滩坝砂体的可能性较低。水体深度决定了水动力的分带，岸线和浪基面共同决定了滩坝砂体的分布范围（姜在兴，2010b），而岸线与浪基面的位置又受到层序演化的控制而发生大幅度迁移。滩坝的发育同样受控于层序地层及沉积古环境因素。陆相盆地滩坝沉积旋回的形成与演化是可容纳空间与沉积物供给速率比值（A/S）动态变化的产物，与其有明显的因果关系。滩坝体系出现在滨岸地区，对基底沉降和湖水面变化导致盆地可容纳空间的变化反应更为灵敏（林会喜等，2010）。不同层序演化阶段，物源区的变化影响沉积作用，在相对湖平面下降/上升的转换面附近最有利于滩坝砂体的发育，此时，物源供给充分，水动力条件开始增强。

上述的各控制因素并非单独起作用，而是共同作用控制了滩坝的发育。其中，风浪是滩坝形成的动力，波浪的水动力分带控制滩坝砂体的分布格局；物源是形成滩坝的物质基础，物源的强弱、方位会影响滩坝平面上的分布特征与沉积模式；盆地演化过程中古地貌与古水深决定了滩坝发育位置与范围。平面上，宏观古地貌决定了滩坝砂体的有利发育区，微观古地貌影响了局部的水动力能量变化，控制了局部砂体展布。整体上，迎风面、缓坡带、正向地形、周边物源充足，并且处于湖平面下降—上升的转换阶段时，容易形成面积大、厚度大的滩坝砂体。而在物源供应不足、水动力条件较弱的地区，可以形成广泛分布的碳酸盐岩滩坝。

因此，滩坝沉积体系是风场-物源-盆地系统的典型产物，运用风场-物源-盆地系统动力学可以针对此类沉积体作出更为全面合理的解释，从新的角度预测薄互层砂体油气储层的分布。风场-物源-盆地系统建立滩坝的地质预测模型，可以古物源、古地貌、古风力、古风向和古水深作为滩坝砂体预测的主要手段，恢复和推演滩坝砂体的形成和演化，可以对非主物源体系控制区的滩坝砂体发育的可能性进行预测，结合地球物理手段对滩坝砂体发育的有利区进行进一步的识别和预测。通过风场-物源-盆地系统沉积动力学模型的建立、地球物理手段的应用，能够突破油气勘探中薄互层砂体难于预测和识别的瓶颈。

参 考 文 献

操应长，王建，刘惠民，等.2009.东营凹陷南坡沙四上亚段滩坝砂体的沉积特征及模式.中国石油大学学报（自然科学版），33（6）：5-10.

陈建强，周洪瑞，王训练.2004.沉积学及古地理学教程.北京：地质出版社.

陈效述.2001.自然地理学.北京：北京大学出版社.

陈效述.2006.自然地理学.北京：高等教育出版社.

冯有良，李思田，邹才能.2006.陆相断陷盆地层序地层学研究——以渤海湾盆地东营凹陷为例.北京：科学出版社.

冯增昭.1993.沉积岩石学.北京：石油工业出版社.

顾家裕，马锋，季丽丹.2009.碳酸盐岩台地类型、特征及主控因素.古地理学报，11（1）：21-27.

韩元红，李小燕，王琪，等.2015.青海湖水动力特征对滨湖沉积体系的控制.沉积学报，33（1）：97-104.

何起祥.2003.沉积地球科学的历史回顾与展望.沉积学报，21（1）：10-18.

何起祥，业治铮，张明书.1988.比较沉积学的理论与实践.海洋地质与第四纪地质，8（1）：1-8.

贺静，冯胜斌，黄静，等.2011.物源对鄂尔多斯盆地中部延长组长6砂岩孔隙发育的控制作用.沉积学报，29（1）：80-87.

江卓斐，伍皓，崔晓庄，等.2013.四川盆地古近纪古风向恢复与大气环流样式重建.地质通报，32（5）：734-741.

姜在兴.2003.沉积学（第一版）.北京：石油工业出版社.

姜在兴.2010a.沉积学（第二版）.北京：石油工业出版社.

姜在兴.2010b.沉积体系及层序地层学研究现状及发展趋势.石油与天然气地质，31（5）：535-541.

姜在兴，王俊辉，张元福.2015.滩坝沉积研究进展综述.古地理学报，17（4）：427-440.

姜正龙，邓宏文，林会喜，等.2009.古地貌恢复方法及应用——以济阳坳陷桩西地区沙二段为例.现代地质，23（5）：865-871.

李国斌.2009.东营凹陷西部古近系沙河街组沙四上亚段滩坝沉积体系研究.北京：中国地质大学（北京）博士学位论文.

李国斌，姜在兴，陈诗望，等.2008.利津洼陷沙四上亚段滩坝沉积特征及控制因素分析.中国地质，35（5）：911-921.

李思田，解习农，王华，等.2004.沉积盆地分析基础与应用.北京：高等教育出版社.

林畅松，夏庆龙，施和生，等.2015.地貌演化、源-汇过程与盆地分析.地学前缘，22（1）：9-20.

林会喜，邓宏文，秦雁群，等.2010.层序演化对滩坝储集层成藏要素与分布的控制作用.石油勘探与开发，37（6）：680-689.

刘宝珺，曾允孚.1985.岩相古地理基础和工作方法.北京：地质出版社.

刘杰，操应长，樊太亮，等.2014.东营凹陷民丰地区沙三段中下亚段物源体系及其控储作用.中国地质，41（4）：1399-1410.

刘立安，姜在兴.2011.古风向重建指征研究进展.地理科学进展，30（9）：1099-1106.

刘平，靳春胜，张松，等.2007.甘肃龙担早第四纪黄土-古土壤序列磁组构特征与古风场恢复.科学通报，52（24）：2922-2924.

庞军刚，云正文. 2013. 陆相沉积古气候恢复研究进展. 长江大学学报（自科版），10（20）：54-56.

钱宁，万兆惠. 1991. 泥沙运动力学. 北京：科学出版社.

田继军，姜在兴. 2009. 东营凹陷沙河街组四段上亚段层序地层特征与沉积体系演化. 地质学报，83（6）：836-846.

王成善，李祥辉. 2003. 沉积盆地分析原理与方法. 北京：高等教育出版社.

王成善，向芳. 2001. 全球气候变化新生代构造隆升的结果. 矿物岩石，21（3）：173-178.

王延章，宋国奇，王新征，等. 2011. 古地貌对不同类型滩坝沉积的控制作用——以东营凹陷东部南坡地区为例. 油气地质与采收率，18（4）：13-16.

王永诗，刘惠民，高永进，等. 2012. 断陷湖盆滩坝砂体成因与成藏：以东营凹陷沙四上亚段为例. 地学前缘，19（1）：100-107.

王勇，潘保田，高红山. 2007. 祁连山东北缘黄土磁组构记录的古风向重建. 地球物理学报，50（4）：1161-1166.

吴崇筠. 1986. 湖盆砂体类型. 沉积学报，4（4）：1-27.

杨剑萍，杨君，邓爱居，等. 2010. 河北饶阳凹陷中央隆起带古近系沙三段上部碳酸盐岩沉积模式研究. 沉积学报，28（4）：682-687.

杨勇强，邱隆伟，姜在兴，等. 2011. 陆相断陷湖盆滩坝沉积模式——以东营凹陷古近系沙四上亚段为例. 石油学报，32（3）：417-423.

张鑫，张金亮. 2009. 惠民凹陷中央隆起带沙四上亚段滩坝与风暴岩组合沉积. 沉积学报，27（2）：246-253.

张玉芬，李长安，陈亮，等. 2009. 长江中游砂山沉积物磁组构特征及其指示的古风场. 地球物理学报，52（1）：150-156.

赵强，许红，华清峰，等. 2014. 风成碳酸盐岩的全球分布及其对西沙的启示. 海洋地质与第四纪地质，34（1）：153-163.

朱筱敏，信荃麟，张晋仁. 1994. 断陷湖盆滩坝储集体沉积特征及沉积模式. 沉积学报，12（2）：20-27.

Aagaard T. 1990. Infragravity waves and nearshore bars in protected, storm-dominated coastal environments. Marine Geology, 94（3）：181-203.

Allen J R L. 1993. Palaeowind: geological criteria for direction and strength. Philosophical Transactions of the Royal Society of London, Series B（341）：235-242.

Belperio A P. 1995. The Quaternary. Geological Survey of South Australia, 2：218-281.

Bouma A H. 1962. Sedimentology of Some Flysch Deposits: A Graphic Approach to Facies Interpretation. Amsterdam: Elsevier.

Bowen A J, Inman D L. 1969. Rip currents, 2: laboratory and field observations. Journal of Geophysical Research, 74（23）：5479-5490.

Brooke B. 2001. The distribution of carbonate eolianite. Earth-Science Reviews, 55：135-164.

Carter T G, Liu P L F, Mei C C. 1973. Mass transport by waves and offshore sand bedforms. Journal of the Waterways, Harbors and Coastal Engineering Division, 99（2）：165-184.

Chamberlain C P, Wan X, Graham S A, et al. 2013. Stable isotopic evidence for climate and basin evolution of the Late Cretaceous Songliao basin, China. Palaeogeography, Palaeoclimatology, Palaeoecology, 385：106-124.

Clift P D, Hodges K V, Heslop D, et al. 2008. Correlation of Himalayan exhumation rates and Asian monsoon intensity. Nature Geoscience, 1：875-880.

Coco G, Murray A B. 2007. Patterns in the sand: From forcing templates to self-organization. Geomorphology, 91（3-4）：271-290.

Dally W R. 1987. Longshore bar formation-surf beat or undertow//American Society of Civil Engineering. Advances in Understanding of Coastal Sediment Processes, Coastal Sediments. New York: ASCE：71-86.

Dally W R, Dean R G, 1984. Suspended sediment transport and beach profile evolution. Journal of Waterway, Port, Coastal, and Ocean Engineering, 110（1）：15-33.

Davi P J, 刘健. 1990. 澳大利亚东北部碳酸盐台地的演化. 海洋地质译从，5：38-49.

Davis R A. 1983. Depositional systems: A genetic approach to sedimentary geology. Englewood Cliffs, NJ: Prentice-Hall.

Deng H W, Xiao Y, Ma L X, et al. 2011. Genetic type, distribution patterns and controlling factors of beach and bars in the Second Member of the Shahejie Formation in the Dawangbei Sag, Bohai Bay, China. Geological Journal, 46：380-389.

Done T J. 1982. Patterns in the distribution of coral communities across the central Great Barrier Reef. Coral Reefs，1（2）：95-107.

Dyhr-Nielsen M，Sorensen T. 1970. Sand transport phenomena on coast with bars//American Society of Civil Engineering. Proceedings of the 12th International Conference on Coastal Engineering. New York：ASCE.

Fairbridge R W. 1995. Eolianites and eustasy：early concepts on Darwin's voyage of HMS Beagle. Carbonates and Evaporites，10（1）：92-101.

Flügel E. 2004. Microfacies of Carbonate Rocks：Analysis，Interpretation and Application. New York：Springer-Verlag.

Fumanal M P. 1995. Pleistocene dune systems in the Valencian Betic cliffs（Spain）. INQUA Subcomission on Mediterranean and Black Sea Shorelines Newsletter，17：32-38.

Galloway W E. 1986. Reservoir facies architecture of microtidal barrier systems. AAPG Bulletin，70（7）：787-808.

Greenwood B，Osborne P D. 1991. Equilibrium slopes and cross-shore velocity asymmetries in a storm-dominated，barred nearshore system. Marine Geology，96（3）：211-235.

Greenwood B，Sherman D J. 1984. Waves，currents，sediment flux and morphological response in a barred nearshore system. Marine Geology，60（1-4）：31-61.

Greenwood B，Permanand-Schwartz A，Houser C A. 2006. Emergence and migration of a nearshore bar：sediment flux and morphological change on a multi-barred beach in the Great Lakes. Géographie Physique et Quaternaire，60（1）：31-47.

Hearty P J，Neuman A C，Kaufman D S. 1988. Chevron ridges and run up deposits in the Bahamas from storms late in oxygen isotope substage 5e. Quaternary Research，50：309-322.

Houser C，Greenwood B. 2005. Hydrodynamics and sediment transport within the inner surf zone of a lacustrine multiple-barred nearshore. Marine Geology，218：37-63.

Irwin M L. 1965. General theory of epeiric clear water sedimentation. AAPG Bulletin，49：445-459.

James N P，Dalrymple R W. 2010. Facies Models（4rd edition）. St. John's：Geological Association of Canada.

Keulegan G H. 1948. An experimental study of submarine sand bars. U. S. Army Corps of Engineers，Beach Erosion Board Tech. Report，（3）：40.

Kinkler P，Strasser A. 2000. Palaeoclimatic significance of co-occurring wind-and waterinduced sedimentary structures in the last-interglacial coastal deposits from Bermuda and the Bahamas. Sedimentary Geology，131：1-7.

Komar P D. 1971. Nearshore cell circulation and the formation of giant cusps. GSA Bulletin，82（9）：2643-2650.

Komar P D. 1998. Beach Processes and Sedimentation. Upper Saddle River，NJ：Prentice Hall.

Komar P D，Inman D L. 1970. Longshore sand transport on beaches. Journal of Geophysical Research，75（30）：5914-5927.

Liu H，Jiang Z，Zhang R，et al. 2012. Gravels in the Daxing conglomerate and their effect on reservoirs in the Oligocene Langgu Depression of the Bohai Bay Basin，North China. Marine and Petroleum Geology，29：192-203.

Masselink G，Evans D，Hughes M G，et al. 2005. Suspended sediment transport in the swash zone of a dissipative beach. Marine Geology，216（3）：169-189.

McKee E D. 1979. Sedimentary structures in dunes. In：McKee E D（ed.）. A study of Global Sand Seas. United States Geological Survey，1052：83-113.

McKee E D，Ward W C. 1983. Eolian environment. American Association of Petroleum Geologists，Tulas，OK：132-169.

Newell N D，Imbrie J，Purdy E G，et al. 1959. Organism communities and bottom facies，Great Bahama Bank. Bulletin of the AMNH：117.

Nutz A，Schuster M，Ghienne J F，et al. 2015. Wind-driven bottom currents and related sedimentary bodies in Lake Saint-Jean（Québec，Canada）. GSA Bulletin，127（9-10）：1194-1208.

Orpin A R，Ridd P V. 2012. Exposure of inshore corals to suspended sediments due to wave-resuspension and river plumes in the central Great Barrier Reef：A reappraisal. Continental Shelf Research，47：55-67.

Osborne P D，Greenwood B. 1993. Sediment suspension under waves and currents-time scales and vertical structure. Sedimentology，40：599-622.

Plink-Björklund P. 2015. Morphodynamics of rivers strongly affected by monsoon precipitation：Review of depositional style and forcing factors. Sedimentary Geology，323：110-147.

Posamentier H W, Jervey M T, Vail P R. 1988. Eustatic controls on clastic deposition I-conceptual framework. In: Wilgus C K, Hastings B S, Kendall C G St C, et al. (eds.). Sea Level Changes-An Integrated Approach. SEPM, Special Publication, 42: 109-124.

Puga-Bernabeu A, Webster J M, Beaman R J, et al. 2013. Variation in canyon morphology on the Great Barrier Reef margin, north-eastern Australia: The influence of slope and barrier reefs. Geomorphology, 191: 35-50.

Rao C P. 1996. Modern Carbonates Tropical, Temperate, Polar: Introduction to sedimentology and Geochemistry. University of Tasmania, Hobart.

Scherer C M S, Goldberg K. 2007. Palaeowind patterns during the latest Jurassic-earliest Cretaceous in Gondwana: Evidence from aeolian cross-strata of the Botucatu Formation, Brazil. Palaeogeography, Palaeoclimatology, Palaeoecology, 250 (1): 89-100.

Schwartz R K. 2012. Bedform, texture, and longshore bar development in response to combined storm wave and current dynamics in a nearshore helical flow system. Journal of Coastal Research, 28 (6): 1512-1535.

Shaw A B. 1964. Time in Stratigraphy. New York: McGraw-Hill.

Selley R C. 1996. Ancient Sedimentary Environments and Their Sub-Surface Diagnosis (Fourth Edition). New York: Routledge.

Shepard F P, Inman D L. 1951. Nearshore circulation. In: Johnson J W (ed.). Procedings of First Conference on Coastal Engineering, California. San Francisco: Council on Wave Research: 50-59.

Short A D. 1975. Multiple offshore bars and standing waves. Journal of Geophysical Research, 80: 3838-3840.

Soreghan M J, Cohen A S. 1996. Textural and compositional variability across littoral segments of Lake Tanganyika: the effect of asymmetric basin structure on sedimentation in large rift lakes. AAPG Bulletin, 80 (3): 382-409.

Sømme T O, Jackson C A L. 2013. Source-to-sink analysis of ancient sedimentary systems using a subsurface case study from the Møre-Trøndelag area of southern Norway: Part2-sediment dispersal and forcing mechanisms. Basin Research, 25: 512-531.

Sømme T O, Helland-Hansen W, Martinsen O J, et al. 2009. Relationships between morphological and sedimentological parameters in source-to-sink systems: a basis for predicting semi-quantitative characteristics in subsurface systems. Basin Research, 21 (4): 361-387.

Sømme T O, Jackson C A L, Vaksdal M. 2013. Source-to-sink analysis of ancient sedimentary systems using a subsurface case study from the Møre-Trøndelag area of southern Norway: Part1-depositional setting and fan evolution. Basin Research, 25: 489-511.

Thompson R S, Whitlock C, Bartlein P J, et al. 1993. Climatic changes in the Western United States since 18, 000 yr B. P. In: Wright H E, et al. (eds.). Global Climates Since the Last Glacial Maximum. Minneapolis, MN: University of Minnesota Press. 468-513.

Tucker M E, Wright V P. 1990. Cari Donate Sedimentology. London: Blackwell Scientific Publications.

Vacher H L, Rowe M P. 1997. Geology and hydrogeology of Bermuda. Amsterdam: Elsevier. 54: 35-90.

Ventra D, Cartigny M J B, Bijkerk J F, et al. 2015. Supercritical-flow structures on a Late Carboniferous delta front: Sedimentologic and paleoclimatic significance. Geology, 43 (8): 731-734.

Walker R G. 1979. Facies Models: Geoscience Canada Reprint Series, 1, (1st edition). Geological Association of Canada.

Wang C, Feng Z, Zhang L, et al. 2013a. Cretaceous paleogeography and paleoclimate and the setting of SKI borehole sites in Songliao Basin, northeast China. Palaeogeography, Palaeoclimatology, Palaeoecology, 385: 17-30.

Wang C, Scott R W, Wan X, et al. 2013b. Late Cretaceous climate changes recorded in Eastern Asian lacustrine deposits and North American Epieric sea strata. Earth-Science Reviews, 126: 275-299.

Wang C, Zhao X, Liu Z, et al. 2008. Constraints on the early uplift history of the Tibetan Plateau. PNAS, 105 (13): 4987-4992.

Wilson J L. 1975. Carbonate facies in Geologic History. New York: Springer-Verlag.

第2章 风场-物源-盆地系统沉积动力学要素构成及研究方法

沉积过程发生在风(气候)-源(物源)-盆(盆地演化)系统（简称"风-源-盆"系统）中，涉及古气候、古物源、古地貌、古水深等因素（姜在兴，2010b）。风场-物源-盆地系统研究的目的在于明确各因素对于沉积过程的控制作用，研究的重点与难点在于各单因素的定量恢复。

风场-物源-盆地系统各要素的研究方法中，物源分析相对成熟，而研究与盆地相关的古地貌、古水深和古构造运动（如地震）等难度相对较大，研究程度也相对较低，古气候中尤其是古风场的恢复更是长久以来未解决的难题（姜在兴，2010b）。本章主要综述各单因素对于沉积过程，尤其是对滩坝沉积的控制作用，总结并进一步提出和丰富各单因素的恢复方法。以期通过对以上几个因素进行系统的、半定量-定量的研究，更准确地再现沉积过程。

2.1 风 场

2.1.1 风的产生与三种风场

简单地讲，大气的水平运动形成风。太阳辐射能是地球大气各种运动的基本动力来源。由于地表受热不均，在同一水平面上会形成气压差异，进而形成水平气压梯度；水平气压梯度产生的水平压力会促使大气发生运动，在水平方向上由高压流向低压。在这一过程中会受到科里奥利力和摩擦力的作用，发生偏转，这是风形成的直接原因。风场活动受不同尺度作用的控制可以有不同的规模。

1. 大气环流与行星风系及其对沉积的控制

大气环流与行星风系指全球范围的大气运动状态，反映大气运动的基本状态和变化特征，并孕育和制约着较小规模的气流运动。

其形成的根本原因可大致解释为：将地面和对流层大气看成是一个整体，在这个地气系统中，高、低纬吸收的净太阳辐射能的总量不同。表现在：①在赤道附近，空气吸收的净太阳辐射能大，受热上升，在高空自低纬流向高纬，一方面，空气在向两极流动的过程中，会受到地转偏向力（科里奥利力）的影响逐渐向纬向偏转，随着偏转程度的增加会对经向气流产生阻挡作用；另一方面，空气受冷下沉，在低空向南北分流，在地转偏向力的影响下分别形成信风带和西风带。②在极地，情况与此相反，空气受冷下沉，沿低空向低纬方向流动，在地转偏向力的影响下很快变为东风，形成极地东风带。极地东风与低纬而来的相对高温的西风相遇后，迫使其抬升。这是大气环流的理想模式，构成了三个环流圈（图2-1）。它不仅是各种规模气候系统形成和发展的基础，而且是各地天气、气候形成和演变的背景（赵锡文，1992）。

从大气环流的三圈环流模式可以看到（图2-1），赤道附近因空气受热上升将形成赤道低压带，南北纬30°附近由于空气下沉形成副热带高压带，南北纬60°附近由于暖空气被冷空气抬升，气流流出而形成副极地低压带，极地地区寒冷，空气受冷下沉，地面气压高，形成极地高压带。同时，南北半球自低纬向高纬呈对称性地分布着三个风带：信风带、盛行西风带和极地东风带。这种在全球范围内呈纬向带状分布的气压带和风带，称为行星风系。

大气环流很大程度上控制着全球的气候。例如，全球降水的分布有两个高峰，一个是在赤道低气压带，因为这里有辐合上升气流，能产生大量的对流雨；另一个是中纬度西风带，它处于冷暖气团交接的锋带上，降水量较多。而在两者之间的副热带高压带，盛行下沉气流，降水量很少，地球上最大

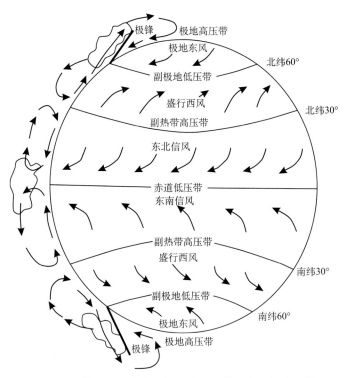

图 2-1　大气环流的三圈模式与地球表面气压带和风带分布（伍光和等，2008，修改）

的干旱带的形成是其直接的结果。沉积学家早已注意到气候条件对沉积作用及沉积环境的影响。反过来沉积物中也包含着大量古气候的记录，如风成沉积、古土壤、动植物标志、盐类沉积（钾盐、岩盐和石膏）和煤层等，它们具有明确的古环境意义（刘东生等，1998），可用于帮助还原古气候。全球气候变化的研究已经开展得如火如荼，对于古气候的研究除了应当了解气候的温度、湿度对沉积的控制之外，还应当根据大气环流的动力理论，还原地质历史中古大气流场的特征。进而可以了解古风场的动力背景，对研究沉积体系的类型、分布打好基础。

2. 气旋和反气旋及其对沉积的控制

气旋（cyclone）和反气旋（anticyclone）是大气环流的组成部分，其生成、移动、强弱的变化与大气环流背景密切相关。气旋是指大气中水平气流的旋转产生的、中心气压比四周低的水平空气涡旋。气旋在气象学领域已经有了系统全面的研究，在此仅就其形成机制进行简单阐述，其余不再赘述。

在热带或副热带的海洋上，由于近洋面气温高，大量空气受热膨胀上升，使近洋面气压变低，形成了一个低压中心，在水平气压梯度力的作用下外围空气源源不断地补充进去。受科里奥利力的影响，外围空气在流入过程中会旋转起来。另外，低压中心的空气在上升过程中变冷，其携带的水汽冷却凝结形成水滴时，要放出热量，这又加剧低层空气不断上升。这样近洋面的低压中心气压下降得更低，指向低压中心的水平气压梯度力不断增大，外围空气在流入过程中旋转得更加剧烈，最后可能形成台风（发生在西北太平洋称为台风；发育在大西洋或太平洋东部称为飓风；发生在南半球称为旋风）。

与气旋相反，反气旋是指大气中水平气流的旋转产生的、中心气压比四周高的水平空气涡旋。由于中心部位的高压，反气旋的水平气压梯度力由中心指向四周。反气旋一般活动在中、高纬度地区，以冬季最多见，吹向低纬。规模较大的移动性反气旋，可以影响到较低纬度地区形成大风降温。

强大的热带气旋或反气旋有足够的能量搅动湖盆或海洋中正常浪基面之下的沉积物。据记载，由气旋诱发的底流流速在大陆架和大陆坡分别可达到 1～3m/s 和 2～70m/s，足以对砾级沉积物进行侵蚀搬运，形成风暴沉积。研究表明，现代热带气旋的影响范围限制在赤道两侧 5°～45°范围之内，而冬季反气旋普遍发生在超过 25°纬度范围，因此 25°～45°的纬度区域是气旋与反气旋共同作用的范围（Marsaglia and Klein，1983；Duke，1987）。据统计，约有 70%的古代风暴沉积发生在此范围（Marsaglia and Klein，1983）。假定古代风暴产生条件与现代相同以及天文现象不随时间推移而变化，Marsaglia 和 Klein（1983）重塑了古生代和中生代风暴沉积的全球性古地理分布特征。

3. 季风及其对沉积的控制

季风是大气环流的组成部分，定义为大范围盛行的、风向或气压系统随季节有显著变化的风系（高国栋和陆渝蓉，1988）。季风实际上可分为两类，即海陆季风和行星季风（江新胜等，2000）。海陆季风由海陆热力差异而形成；行星季风由行星风带位置的季节移动而形成。目前讨论较多的季风属海陆季风的范畴。在夏季，大陆比热小，接受太阳辐射温度很快上升，而相毗邻的海水因比热大，温度上升慢，与大陆相比较低，因此陆地上的空气因地面的加热作用而向高空上升形成低压，形成由海向陆的水平气压梯度力，周围海面上的相对较冷的空气在此水平气压梯度力作用下流向陆地而形成夏季风。而在冬季，陆地相对海洋降温快，形成由陆向海的水平气压梯度力，情况相反。20 世纪末以来，随着对区域季风研究的深入，国内外先后将季风作为全球性现象进行深入的研究，全球季风概念得到了广泛的认可，季风的定义也有所改变，全球季风的研究也已经取得了一些进展，本书在此不再赘述，仍以传统的海陆季风定义为基础。

地球上季风最显著的区域多分布在热带、亚热带。在这些季风盛行的地区，季风气候可以对该地区的沉积分散系统起到决定性的影响。例如，印度北部的恒河流域，其源-汇体系就受到印度季风的控制，在季风控制的短短 4 个月之内，恒河流量就占全年的 80%，由恒河流域向孟加拉湾输送的沉积物总量更是占到全年的 95%。据研究，印度季风所导致的大气环流的局部改变所产生的影响，相对于当地的因素如物源、岸线等更为重要（Goodbred，2003）。

2.1.2　风的直接作用

风作为一种重要的地质营力，对地表物质的作用，有三种形式。

1. 风蚀作用

风蚀作用包括吹蚀与磨蚀两种方式。风吹过地面，由于风压力与气流紊动而引起沙粒吹扬，这种作用称为吹蚀。并非所有的风都可以产生吹蚀作用，只有当风力达到足以使沙粒移动的临界速度时才能发生吹蚀，这时的风称为起沙风。起沙风的大小并不是一成不变的，而因地表起伏、碎屑颗粒的湿度及颗粒粒径大小不同而异。起伏不平的粗糙地面摩擦阻力大，起沙风风速也大；平坦光滑地面摩擦阻力小，起沙风风速也小。沙粒湿度大则黏滞性强，需要较大风速才能启动，同样粒度的干燥沙粒的起沙风则较湿润颗粒明显减小。以粒径 0.25～0.5mm 沙粒为例，干燥状态下起沙风风速为 4.8m/s，含水量较高时起沙风风速可达 12m/s。起沙风的大小同样取决于颗粒的粒度，不同粒径的颗粒具有不同的起沙风风速（图 2-2）。我国的沙漠沙多为粒径 0.1～0.25mm 的细砂，通常情况下起沙风风速为 4m/s，而粒径为 0.25～0.5mm 的沙粒的启动风风速为 5.6m/s，当粒径大于 1mm 时，起沙风风速高达 7.1m/s。风的吹蚀使中砂级以下的碎屑物质集中于下风向，形成风成沙沉积，不能被搬运的砾石、卵石、粗砂将残留下来，形成"石漠"或"戈壁"，最终使基岩裸露。

起沙风，即携带沙粒的风，不仅对地面进行吹蚀，更主要的是进行磨蚀，这种磨蚀使砾石表面形成风棱，甚至可深入岩石孔隙发生旋磨，形成风蚀龛、风蚀穴一类特殊的地貌现象，或使石柱基部变细而成蘑菇状。

2. 搬运作用

空气是仅次于水的一种很重要的搬运营力和沉积介质。风的搬运作用主要是通过风沙流即携带沙

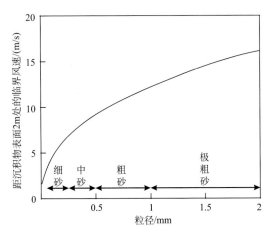

图 2-2 临界风速（距沉积物表面 2m）
与沉积物粒径关系图（Bagnold, 1941）

粒气流的运动实现的。空气与流水在搬运和沉积机理上有相同之处，也有一些重要的差别。首先，空气只能搬运碎屑物质，而不能搬运溶解物质。其次，空气的密度、黏度比水小很多，从而导致空气只能搬运细颗粒，相同速度情况下，空气的搬运能力只有流水的 1/300。再次，空气的作用空间大，不受固体边界限制；也不像流水那样明显受重力控制，所以风也可将沉积物由地势低处移向高处。

碎屑在空气中的搬运方式主要是跳跃，其次是悬浮和滚动（在风搬运中常称为蠕动）。绝大部分沙粒是在离地面 30cm 高度内，尤其是 10m 以内。观测表明，跳跃沙粒颗粒粒径一般小于 0.5mm，尤其细砂（0.1～0.3mm）跳动得最为活跃，约占风力搬运作用的 3/4；蠕动沙粒颗粒都在 0.5mm 到 2～3mm 之间，约占风力搬运作用的 1/4，更大的颗粒一般就留在原地不动；小于 0.1mm 的颗粒可悬浮搬运，悬移沙粒仅占 1%～5%。即使粒径是不足 0.1mm 的细砂，往往也只能接近悬移状态。粒径小于 0.05mm 的粉砂与黏土可以像尘埃一样弥散在空气里长距离搬运，当发生风暴时，这种搬运作用就更为强烈。当尘埃物质只被短距离搬运沉积在沙漠中时，可被下次风暴搬运；如被带到沙漠以外的地区沉积下来，就有可能保存，我国北方广布的黄土大部分属于这种成因。尘埃物质可搬运到海中与深海物质混合沉积在深海盆地中。

随着风速的变化，三种搬运方式可相互转化。但根据观察现代沙漠沉积发现，在一般情况下，搬运方式与粒度之间的关系相当恒定。风力搬运沙粒的风沙流强度数量级与起沙风速的三次方成正比。这意味着风速显著超过起沙风速时，搬运沙粒数量将急剧增加。

3. 风积作用

当风力减弱或风沙流遇阻，或者两股风相遇，风的负荷力降低，风中挟带的沙粒沉降于地面，这种现象就是风积作用。风的搬运能力决定了搬运的粒径范围较窄，风成沙粒级多在黏土至沙之间，主要有风成沙和风成黄土两类。颗粒的分选好，磨圆度高，常具霜面、棱面，堆积成各种沙丘。

2.1.3 风浪

1. 波浪的形成与特征

风除了作为一种地质营力直接产生侵蚀、搬运、沉积作用外，作用于水体还会产生波浪。对于湖泊而言，几乎只有受到风的作用才会出现波浪。看到过现代湖泊的人很容易理解，湖面有时平滑如镜，有时却会掀起浪花，但这种波浪只有在有风时才有，只要风一停息，波浪马上消失，所谓是"无风不起浪"。在风力直接作用下，水面受到风的摩擦，产生能量传递，发生起伏，形成波浪。

波浪形成时，水质点受到扰动，离开原来的平衡位置而作周期性的向上、向下、向前和向后运动，并会向四周传播。描述波浪的大小和形状是用波浪要素来说明的（图 2-3）。波浪的基本要素有波峰、波谷、波高、波幅、波长、波陡、周期、频率、波速等。

（1）波峰：波面的最高点。

（2）波谷：波面的最低点。

（3）波高（H）：相邻波峰与波谷之间的垂直距离。

（4）波幅（a）：波高的一半，$a = H/2$。

（5）波长（L）：相邻两波峰或相邻两波谷之间的水平距离。

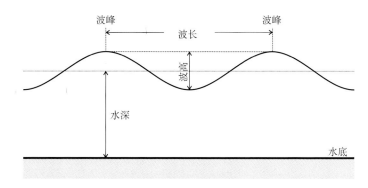

图 2-3　波浪要素示意

（6）波陡（δ）：波高与波长之比，$\delta = H/L$。

（7）周期（T）：波形在传播过程中，相邻的两波峰或两波谷相继通过一固定点所需要的时间。

（8）频率（f）：周期的倒数，$f = 1/T$。

（9）波速（C）：波峰或波谷在单位时间内的水平位移（波形传播的速度），$C = L/T$。

风成波浪的发生、停息、强度和范围主要受三个因素的控制：①风速；②风程，又称风的吹程，是指风速、风向近似一致的风作用于水域的范围，即风与水面摩擦的距离；③风时，风速、风向近似一致的风连续作用于风区的时间。另外，风浪大小还受水深及湖盆条件等因素影响，风速、风程、风时相同时，浅水区形成的风浪尺寸比深水区的小得多。大多数湖泊的面积小于风的吹程，以至于限制风程的因素是在风向上湖泊的长度。一般地，风速大、风程长（湖泊面积大）、风时长、湖水深，则产生大浪。但风浪不会因为风时的无限延长而无限增大。这里的风时有一个临界值，当大于这个临界值时，风浪的大小不再增加。风浪此时达到了定常状态，称为定常波。

定常波的形态不会是任意的曲线形态，因为波浪不会无限变陡，而是有一个临界波陡值，超过这个波陡就会破碎。1849 年 Stokes 指出波陡应有一个极限值 $\delta_{\lim}$，大于这个极限波陡值的波浪将发生破碎，此时在波峰顶所呈现的夹角为 120°。1893 年，Mitchell 将 Stokes 提出的波浪的极限波陡值计算为 $\delta_{\lim} = 0.142$，或（H/gT^2）$= 0.027$（T 为波周期）。

2. 波浪的演变

波浪在从深水区向浅水区传播并逐渐接近岸线的过程中，会产生一系列的变化。由于水深的减小波速会减慢，波浪还会发生变形，如波峰变陡、波高增加直到破碎。由于滨岸带地形变化等原因，波浪还会发生折射。

1）波浪的遇浅变形

按照水质点的运动方式，水面波可分成两类：①在一个波浪周期内，水质点只以圆形或椭圆形的轨迹发生振荡而没有明显净位移，这种波浪叫做振荡波；②在移动着的波峰处，水质点沿波浪前进方向发生位移，这种波浪叫做推进波，或孤立波。

振荡波主要发生在深水区。一个理想的波列穿过水面时，波浪剖面呈一系列对称的波峰和波谷，近似于正弦曲线。当波峰通过，水面上升，所有位于波峰下面的水质点都随波浪前进而向前运动。波峰通过之后，水面逐渐下降，运动着的水质点也向下运动。当波谷到来，其带动水质点向逆波浪前进的方向运动。波谷通过之后，水质点继续向上运动。在每个波浪周期内，水质点会在垂直于波浪走向的垂直平面中，画出一个圆形轨道，如此周而复始。

由此可见，水表面处水质点圆形轨道的直径即为深水波的波高。但这个圆形轨道的直径，随水深的增加呈指数减小。根据计算，当水深达到 1/2 深水波波长（L_0）的深度，轨道直径变为其水面上数值的 1/23，水体质几乎静止。因此，一般将 $L_0/2$ 对应的水深处称为浪基面。从浪基面向离岸方向，波浪不再影响水底；浪基面向岸方向，波浪开始与水底相互作用。

地质学领域一般认为波浪传播至浪基面之上，波浪触及水底，发生遇浅变形，深水波变为浅水波（图 2-4）。波浪向浅水区传播时，因水深递减，波浪要素发生变化的现象称为波浪遇浅变形。波浪的遇浅变形是一个循序渐进的过程。波浪发生遇浅变形后，水体质点的运动轨迹由圆形变为椭圆形。椭圆半径随水深的增加越来越小，而且椭圆的垂直半径越来越小于水平半径，直至水底椭圆的垂直半径几乎为零，水质点沿水底做往复运动。另外，随着遇浅变形过程的深入，水质点的椭圆轨迹逐渐由封闭变为不封闭。并且在同一波浪周期中，水体质点向岸运动的速度大于向海运动的速度，即水质点发生向岸方向的位移，振荡波开始变为推进波。越靠近岸线，这种不对称性越明显，波浪变形也就越严重，直至波浪破碎。

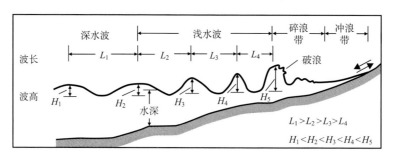

图 2-4 波浪传播过程中的波形变化

理想条件下，在波浪行进至岸线的过程中，几乎全部的波浪要素都会随着水深的减小发生变化，但波浪的周期始终保持不变。其中，波速、波长会不断减小。另外，在波浪向浅水区传播的过程中，波高会经历短暂的减小（钱宁和万兆惠，1991）；在 h（水深）/L_0（深水波波长）<0.15 之后，波高开始增大（图 2-4）。由于周期不变，水质点的运动速度会随着波高的增大、波长的减小而加快，直到波浪破碎。

因此，在波浪进入浅水区以后，一方面波速不断减小，另一方面水质点的运动速度加快。这样，总有一个时刻波峰的水质点运动速度将会赶上并超过波形的传播速度，此时波浪将发生破碎并消耗大量的能量，形成破浪带，这也是遇浅波浪向岸一侧的界限。

关于波浪遇浅发生破碎的临界条件，在海岸工程领域有着比较复杂的计算，不同的学者对此也有不同的看法，对波浪破碎指标曾有着比较大的争论与分歧。1970 年日本著名的不规则波理论学者 Goda 根据几种海滩坡度的试验资料，绘制成经验曲线，并提出经验性的计算公式，来计算破浪发生的临界水深：

$$\frac{H_b}{d_b} = \frac{A\{1 - \exp[-1.5\pi d_b/L_0(1 + 15\tan^{4/3}\alpha)]\}}{d_b/L_0} \tag{2-1}$$

式中，d_b 为破浪带水深；H_b 为破浪波高；A 为系数，Goda 认为应该取 0.17；L_0 为深水波长；α 为坡度。

将式（2-1）作成曲线如图 2-5 所示。

式（2-1）以及图 2-5 已被我国海港水文规范引用。以后各学者如李玉成和董国海（1993）根据实验，修正了式（2-1）。认为系数 A 应取 0.15，于是《海港水文规范 98》规定，按图 2-5 查得 H_b/d_b 应乘以 0.88 的系数。

波浪在破碎以后，由于能量的消耗，波高急剧减小（Grilli et al.，1997），但仍具有一定可供传递的能量。根据滨岸带地形的不同，波浪破碎以后可以有不同的水流情况。

（1）若滨岸带坡陡，由于破浪带紧靠岸线，会形成一股冲击流，顺着岸滩上涌到一定高度后回流。

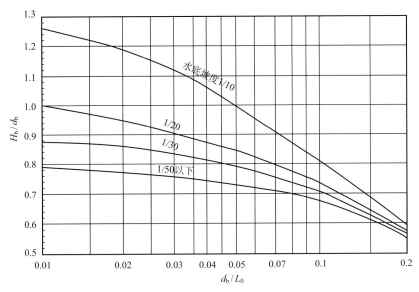

图 2-5　破浪波高与破浪水深比值（H_b/d_b）、破浪水深
与深水波波长比值（h_b/L_0）、坡度之间的关系（Goda，1970）

在上涌和回落过程中，波浪的能量损耗殆尽。

（2）若滨岸带坡度平缓，波浪破碎以后还会再一次形成，继续向前传播（图 2-6）。如果破浪线向岸一侧的水深足够大，则破浪中的水有可能重新形成较小的振荡波，这种重生振荡波在水深更浅的地区，会再一次破碎，在特殊情况下，这种重生过程甚至可能会重复好几次，最后转化为冲浪回流。破浪中的水也可能直接变成孤立波，向波浪前进的方向传播，直至形成冲浪回流。冲流直扑滩面，逐渐减弱直至停止。

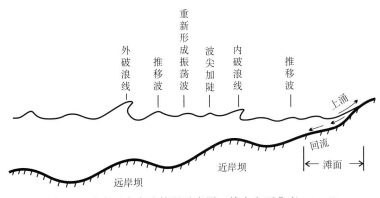

图 2-6　破浪区中水流情况示意图（钱宁和万兆惠，1991）

2）波浪折射

波浪折射（refraction）指波浪从深水区向近岸传播时，因水深变化而发生波向线和波峰线转折的现象。波峰线在深水区是和引起波浪的作用力的方向即波浪前进方向相垂直的。但在浅水区，波浪前进方向常常与岸线斜交，此时，同一波列两端的水深就可能有较大的差异。例如，当深水波进入浅水区，波峰线与底部地形等深线常常不平行而成一偏角 α_0（或波向线与等深线不垂直而成 $90° - \alpha_0$）。波向线指垂直于波峰、指向波浪前进和能量传播方向的线；Komar，1998），同一波峰线上各点的水深则不同。由于波浪在遇浅时波速随水深的减小而减小，因此同一波峰线上各点的波速不同，首先到达浅水

部分的波浪先变慢，而位于较深处波浪的波峰移动速度大于较浅处，造成波峰线和波向线的转折，转折的方向是使波峰线逐渐趋于与等深线平行，最后趋于与岸线一致，而波向线趋于与等深线垂直（α_0逐渐变小），最后趋于与岸线垂直。

波浪折射能够引起波能的分散或集中。只要集中研究波向线的变化，就能很好地考察这种影响。两条波向线之间的能通量不变，因此由于折射引起的波向线扩展，要求同样大小的能通量扩散到更大的波峰长度上，使能量扩散；如果波向线集中则情况相反（图2-7）。

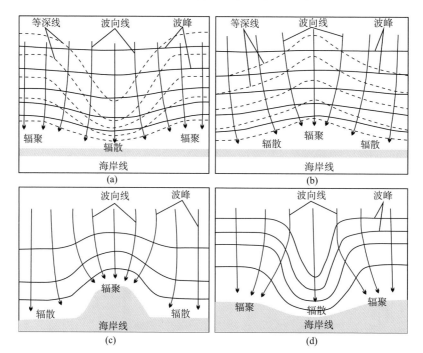

图 2-7　微地形起伏对波浪折射的影响（Komar，1998，修改）

由于岸线的不规则和水下地形的复杂形态，波向线与波峰线在浅水区的扭曲变形将呈现极其多样的变化，发生复杂的折射，并使波高和能量发生沿岸变化。图 2-7(a) 和 (b) 为不同水下地形对波浪折射的影响，岸线较为平直，但水底呈峡谷状则使波向线向两侧辐散，波能分散，波高降低［图 2-7(a)］；而水底呈脊岭状将使波向线向中间（脊岭处）辐聚，波能集中，波高增大［图 2-7(b)］。图 2-7(c) 和 (d) 为不规则岸线情况下波浪折射的变化，波向线在岬角处辐聚［图 2-7(c)］，而在海（湖）湾处辐散［图 2-7(d)］，波能集中于岬角。因此，波浪折射的实际形式决定于近岸地形的特征。

2.1.4　风浪动力控制下的滩坝砂体分布

波浪进入浅水区后发生变形甚至破碎，对水底沉积物的冲刷、搬运、沉积起到重要作用。

波浪发生遇浅变形后，水质点的运动方式逐渐变为不封闭的椭圆，存在向岸方向的净位移。这种作用会作用于水底沉积物，因为水底沉积物表层松散的颗粒之间的填隙水也会卷入这种不完全封闭的扁椭圆轨道中（对主要由无黏性沉积物组成的滨岸环境而言）。这会对水底的沉积物造成四个效应：①向上抬起；②向岸剪切；③向下压迫；④离岸剪切。随着每个波形的通过，这四个效应依次重复（Friedman and Sanders，1978）：当波峰接近时，底部水质点向上运动。在每个浅水波峰之下，底水施加向岸方向的剪切应力。当波峰通过之后，底水向下迅速地涌流，导致在每一个浅水波谷之下，底水对水底沉积物施加离岸方向的剪切力。当底水对沉积物施加的应力达到沉积颗粒的临界起动剪切力，沉积颗粒就开始运动并形成波痕。

底沉积物的运动除了形成波痕之外，还被系统地分选开来。水的往复运动的强度会随波长和水深而变化，沉积颗粒的运动方式就会不同。按照水底沉积物颗粒和水相互作用的方式，可以把沉积物颗粒分成五组（表 2-1）。

表 2-1　波浪作用下沉积颗粒的运动方式（Friedman and Sanders，1978，修改）

组别	沉积颗粒的运动
5	颗粒悬浮，并在向岸流或离岸流和重力的作用下向岸或离岸运动
4	颗粒摆动，但净位移是离岸的
3	颗粒摆动，但并不向岸边或岸外移动，在波峰下的向岸运动量和在波谷下的离岸运动量相等
2	颗粒摆动，但净位移是向岸的（只在波峰下向岸运动；在波谷下不向岸外移动，最终将落到海滩上）
1	颗粒不动

在不同环境和不同水深区，波浪的能量不同，波浪特征及对沉积物搬运、沉积作用也不同。密度、形状相似的沉积颗粒聚集，形成沙坝堆积。浅水区的沙坝在后续的波浪要素发生改变的新波的影响下，在形态上会做出相应的调整。这种沙坝的堆积由于水动力的不同具有明显的分带性。

1. 风暴动力带

季节性的气旋和反气旋所引起的风暴具有很大的能量，由此产生的风暴浪所能波及的水深远远大于正常浪基面所示的深度，其所能影响的极限水深称为风暴浪基面。

在海洋环境中，风暴向滨岸带传播时，与风暴伴生的水平气压梯度所引起的气压效应会使滨岸带水面上升，同时，风暴会产生向岸方向传播的风漂流和风暴浪，也可以在沿岸地带形成壅水，使水平面大幅度抬升形成风暴潮，升高的幅度与风速的平方成正比，并对海岸地带进行强烈的冲刷，沿岸、近岸或远岸等砂体都会受到搅动。在海洋环境中，由气压效应、风漂流、风暴浪产生的水面倾斜由近水底处的风暴回流补偿，也称为梯度流（Aigner，1985）。而在湖泊中，与海洋环境不同的是，在风暴作用下，湖泊中不仅仅产生大规模的波浪，湖水还会发生晃动，造成湖水振荡（seiche activity）。湖水振荡的形成是由于受到来自某一方向的风暴的持续作用，在湖泊的迎风侧形成壅水，湖面抬升；相反地，在湖泊的背风一侧则湖面下降。当风暴作用减弱，湖水反方向运动，形成湖水振荡，直至恢复水平。梯度流或者湖水振荡（湖震）将携带大量从滨岸带冲刷侵蚀下来的碎屑物质向深水方向搬运，形成一个向深水方向流动的密度流，并对水底沉积物有着明显的侵蚀和冲刷，直达正常浪基面之下，形成风暴沉积。风暴沉积在形成过程中也会受到风暴浪的影响，兼具重力流与牵引流的特点。

2. 波浪遇浅带

在正常天气下，一般认为波浪在浪基面以浅就开始接触水底而发生遇浅变形，并能起动沉积颗粒。这里是波浪刚刚开始作用到海底的较低能带。这里的沉积物颗粒一方面因波浪的作用而有向岸运动的趋势；另一方面又在重力的作用下有离岸运动的趋势。沉积物运动的方向决定于这两种力量对比消长，在波浪和重力的作用恰相抵消的平衡点，沉积物在原地来回摆动，净位移为零。在平衡点以外的颗粒逐渐向离岸方向运动，离岸越远，波浪的作用力越弱，当沙粒进入更深的水区时，泥沙颗粒处于静止状态。而处于平衡点以内的颗粒，受到波浪的作用水底沉积物会受到越来越强的剪切力，并以越来越快的速度向岸运动。在此过程中，沉积颗粒受到剪切力而形成波痕，波痕的特征与底水的波浪所施加的向岸或离岸剪切力相对强度有关。一般而言，波痕变化的趋势逐渐由对称变得不对称，在规模上逐渐由小变大，反映了波浪不对称性的增强与波浪对水底沉积物作用的增强。从平衡点向岸线方向搬运的沉积物，将进入破浪带附近。波浪遇浅带的水不仅经历轨道运动，而且还经历整体运动形成水流：在底部形成向岸流，在表面形成离岸流（图 2-8）。该带的沉积物主要是细的粉砂和砂，并含有粉砂质泥的夹层，发育波痕与浪成沙纹层理，形成宽阔的沙滩，在本书中称为外缘滩。

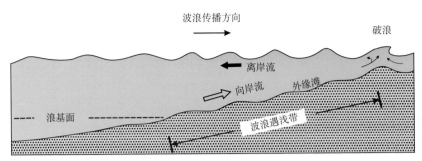

图 2-8　波浪遇浅带垂直岸线剖面示意图（Friedman and Sanders，1978，修改）

3. 破浪带

自遇浅带传播而来的波浪，随着继续向岸传播，波高逐渐增大。随着水深的不断减小，波陡值将达到极限值，或水质点运动速度超过波形的传播速度，波浪开始倒卷和破碎，形成"破浪带"，形成滨岸带常见的一排排的浪花。波浪开始破碎的水深前文已经述及（2.1.2），在此不再复述。破浪带为高能带，在破碎带内波浪变形强烈，水体产生强烈紊动，对水底冲刷、对碎屑物质簸选、淘洗强烈，使大量泥沙悬浮于水中，并常形成较粗粒的沙坝，在本书中称为远岸坝，或破浪沙坝。

从波浪遇浅带传播而来的波浪，有沿着水底向破浪线流动的向岸流（脉冲水流，每向岸来一个波峰就产生一次脉动），并向破浪带输送沉积物；波浪破碎之后，还有可能再次形成振荡波，并在破浪线向陆一侧形成环流。这样一来，在破浪带中，水从两个方向流向破浪线，破浪带陆侧产生的离岸搬运与海侧的向岸搬运，使沉积物在破浪线附近集中，结果将在破浪带中形成远岸坝（或破浪沙坝），坝后形成凹槽（图 1-10）。Evens（1940）的研究表明，波浪越大，形成远岸坝和坝后凹槽的水深就越大。这是由于越大的波浪开始破碎的水深越大。远岸坝的形成反过来又会反作用于破浪带，这也是破浪沙坝自组织成因模型的内涵。Keulegan（1948）的研究发现，远岸坝增长并向陆迁移，破浪位置也随之移动。远岸坝总与破浪带相应。因此，破浪控制着远岸坝的离岸位置、规模，是形成远岸坝的最重要因素。

4. 波浪重生-破碎带

在低坡度的滨岸带，波浪在远岸坝处破碎后，在较深的坝后凹槽中常常能够恢复而重新形成振荡波。重生波在到达下文所述的碎浪带之前可能会发生第二次甚至第三次破碎，形成内破浪带（图 2-6、图 2-9），相应地也会发育沙坝，沙坝之间形成凹槽，形成复合沙坝体系（图 2-6、图 2-9）。沙坝的数目或者波浪重生-破碎的次数主要取决于近岸的总坡度——坡度越平缓形成沙坝的数目或波浪重生-破碎的次数越多。每一列沙坝均反映出一定尺度的波浪的平均破波位置，最深的沙坝因而对应于最大的破浪。沙坝的尺度随着离岸距离的增加而增大（Evens，1940），与破浪的大小有关。由于远岸坝以及新形成的沙坝有效地消耗了波能，波浪重生带的波浪能量要减小很多。

由于重生的波浪尺度有所减小，所形成的沙坝与槽谷的地形起伏较小。另外，波浪重生-破碎带处于较浅的水深环境，沙坝-槽谷会随水面的变动而被修饰、夷平，还会由于波浪尺度的变化而发生移动，从而演变成水下沙滩。例如，在风暴期间，波浪会在复合沙坝体系内的所有沙坝上破碎，最大的波浪在最深的沙坝上破碎，逐渐减小的破波则出现于内侧沙坝上，最终到达岸线的波浪尺度大大减小；在波浪较小期间，波浪将毫无影响地越过较深的外沙坝（远岸坝），在到达内侧沙坝范围内相当浅的水域之前并不发生破碎。因此，内侧沙坝比处于较深水中的外沙坝（远岸坝）活动性大得多，在波浪重生-破碎带中可能呈平坦的沙席，本书中称为坝间滩［图 2-9(b)］。

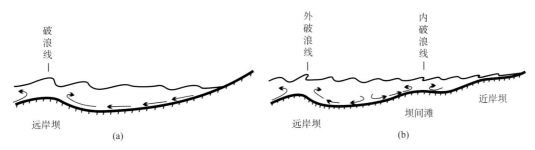

图 2-9　波浪重生-破碎带内水体环境（钱宁和万兆惠，1991，修改）

5. 碎浪带

波浪进一步向岸方向传播，会发生完全倒转和破碎，波浪始终处于破碎状态。完全破碎后任一点的波高近似与当地的水深成正比，称为"碎浪"，此带亦称"碎浪带"。碎浪带内波高与水深之比可写为

$$H/h = \gamma \tag{2-2}$$

式中，γ 为碎浪带内波高与水深的比值，通常可取 $0.7\sim1$。

碎浪带是破浪带（含内破浪带）和下文所述的冲浪回流带之间的一个水的激烈运动带，是波能的主要耗散区，也是滨岸带泥沙运动最剧烈的地区。碎浪带的存在与否及其宽窄程度，主要受地形坡度的控制（姜在兴，2010a）；如果地形坡度平缓，可形成较宽的碎浪带。碎浪因惯性冲上岸形成进流（表流），随着水深变浅与波能的消耗，自破浪带搬运而来的沉积物卸载；进流在重力作用下沿斜坡返回形成退流（底流），自岸线附近侵蚀而来的沉积物也于碎浪带沉积。由波浪运动产生的进流和退流迁移沙粒形成的平行于岸线的条带状近岸坝，在本书中称为近岸坝（图 1-11、图 2-9）。

6. 冲浪回流带

碎浪的最终归宿是变成冲浪，形成"冲浪回流带"。当碎浪进入滨岸带后，在惯性力作用下冲向岸边，将形成"冲浪"（uprush），没有渗入沉积物中的水直接回头沿坡而下成为"退浪"或"回流"（backwash），直至水分消失，或与下一个冲浪相撞（图 1-11）。另外，若受持续定向风的作用，在风的拖曳力的作用下，会使湖水面升高，形成壅水。

因此，该带内既有碎浪借惯性力作用形成的冲浪和减速回流，又有水面的升高即风壅水，水动力作用强且复杂，会对沉积物进行反复的冲洗。一方面，在冲浪作用下，沉积物将克服摩擦力、重力，向上运动；另一方面，在回流作用下，沉积物将克服摩擦力，向下运动。该带内常形成沙滩，尤其是在较平缓带，可以形成较宽阔的沙滩，在本书中称为沿岸滩。

在冲浪回流带，冲流的搬运能力要强于退流（Masselink et al.，2005）。水流携带着泥沙冲向最高点，在此过程中由于受到重力和摩擦阻力的反抗，以及由于渗漏造成的水量损失而使速度不断减小，泥沙被向上带到上冲流达到的最高位置并在那里堆积下来，形成一个近于水平的滩肩。滩肩的沉积物组成包括来自水盆地的沉积物，还包括原地的蚀余沉积物。该滩肩标志着上冲流搬运泥沙所能达到的极限高度，在本书中称为沿岸坝（图 1-11）。若靠近物源区，其最外围经常形成砾质滩坝带。

7. 近岸环流系统与沿岸流

近岸带（nearshore zone）是指从岸线（shoreline）向离岸方向延展到刚刚超出破浪带范围的地带（Komar，1998），它包含了前面讨论的破浪带、碎浪带和冲浪回流带。在近岸带由波浪产生的流动在平面分布上是十分复杂的，除了前述的直接由波浪重生-破碎带产生的往复运动外，还存在至少两种控

制水体运动的浪生流系统。即前述的：①裂流与其伴生的沿岸流共同组成的近岸环流系统；②向岸的斜射波所产生的沿岸流（Komar，1998）。这两种浪生流系统通常同时存在（图1-13）。

前已述及，近岸环流系统能使滨岸带沉积物重新分配，形成被裂流槽分开的、形式规则的近岸带沙坝和相应的尖角状岸线（Bowen and Inman，1969；Komar，1971）（图1-13）。Bowen 和 Inman（1969）曾指出，向离岸方向流动的裂流将冲出一个水道，其结果是形成被分割的近岸带沙坝和沿岸线的尖角体系。裂流还能携带沉积物向离岸方向搬运，有时甚至超过七八百米（钱宁和万兆惠，1991）。

沿岸流对于滨岸带泥沙输运起着重要作用。水体运动沿岸线走向的分量形成了一种动力，使近岸带构成滩坝的沉积物调整到与入射波峰平行排列的方向上，发生沿岸迁移，形成斜交岸线的沙坝（图1-13）。另外，沿岸流也构成了沿岸方向前进的螺旋流的重要组成部分，能很好地解释滩坝的沿岸螺旋流成因机制（图1-12）。

滨岸带沉积物的搬运方向及运动轨迹严格受到水动力条件的支配，是水动力条件综合效应的结果。整体上，在滨岸不同的水动力带内会形成多列几乎与岸线平行的沙坝。按照它们发育位置的不同，可建立不同波浪作用带与滩坝的对应分布模型（图2-10）。在本书中将发育在破浪带的沙坝称为远岸坝；发育在碎浪带内的沙坝称为近岸坝；发育在冲浪回流带内的沙坝称为沿岸坝。在波浪遇浅带、波浪重生带、冲浪回流带形成的沙滩分别称为外缘滩、坝间滩、沿岸滩。在平面上，滩主要以席状的形式包围于沙坝周围，即"坝间和坝外为滩"。另外，当受到强烈的大气扰动（如强台风、寒潮等），还会在正常浪基面与风暴浪基面之间形成风暴沉积。理想条件下，上述水动力作用带与滩坝微地貌单元均可发育，但这取决于滨岸带坡度与波浪相对于岸线的传播方向等因素。因此，在现实情况下，可能缺失某水动力作用带。例如，在坡度较陡的滨岸带，碎浪带往往不发育，波浪破碎之后直接以拍岸浪的形式侵蚀岸线。因此，在应用该模型时，应当因地制宜。在不同的水动力带，所形成滩坝的形态、粒度特征，以及与不同类型波浪相对应的沉积构造、生物组合等不甚相同。反过来，依据滨岸带的滩坝特征也可为划分波浪遇浅带、破浪带、波浪重生–破碎带、碎浪带、冲浪回流带及风暴动力带等提供依据。

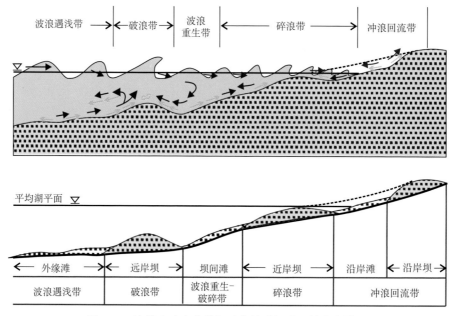

图2-10　滨岸水动力分带与对应的滩坝微地貌分布模型

2.1.5　古风场研究方法——古风向的恢复

古气候影响了多种地质作用、沉积物及沉积矿产的形成（庞军刚和云正文，2013），因此古气候的研究具有重要意义。古气候的研究内容主要包括古温度、湿度、古风力及古风向（Quan et al.，2011，

2012a，2012b；庞军刚和云正文，2013；Wang et al.，2013；Licht et al.，2014）。在以往的古气候研究中，主要是通过研究反映气温和降水的替代性指标，而对于与气温和降水同样重要的古风场则研究较少（刘立安和姜在兴，2011）。究其原因，是由于空气的低黏度、低密度限制了风的搬运能力，以至于地质记录中反映古风场的替代性指标极少。所以长期以来，古风场的研究在古气候研究中一直处于劣势（Allen，1993；刘立安和姜在兴，2011）。但古风场的研究无疑是重要的，它是大气环流的直接结果，可以为大气压力梯度、风暴路径、大气环流模式提供信息（Thompson et al.，1993），对于了解气候变化有重要作用。

古风场的研究应当基本包含两个方面的内容：古风向与古风力。在古风场的恢复过程中，有关古风向重建的替代性指标比较容易获得（刘平等，2007；Scherer and Goldberg，2007；王勇等，2007；张玉芬等，2009；刘立安和姜在兴，2011；江卓斐等，2013）。古风向的恢复，最直观的就是利用风成地貌特征。

1）利用风成砂岩恢复古风向

风成沉积物是在风力搬运作用下形成的。风成沉积物本身的组分特征、沉积构造和沉积序列，包含了大量的古气候信息。

具有高角度交错层理的风成砂岩可作为一种古风向重建指征。在野外和钻井岩心中观察到的风成沙丘内部的交错层理，可用来指示沙丘的形态和移动方向，从而成为一种良好的古风向指征被广泛运用（Allen，1993）。横向沙丘的交错层理多为板状，前积纹层长而平整，倾向大多指向下风向，通过识别横向沙丘，并运用前积层倾向来重建古风向已经成为一种常用的方法。这类风成砂岩在地质历史时期能够长期保存，且在干旱-半干旱地区以及海（湖、河）岸物源供给充分地区分布较为广泛。目前，利用风成砂岩的倾向重建古风向是运用最广泛的方法之一，尤其是重建全新世以前时期的古风向。

2）利用黏土的磁化率恢复古风向

黏土沉积的磁组构分析可运用于重建古风向。风成沉积物磁化率长轴方向和风向有较好的对应关系，其偏差不超过 $20°$（吴海斌等，1998）。风成沉积物天然剩磁方向和沉积过程的关系紧密，沉积后作用对其影响较小，磁化率各向异性最大磁化率方位与气流方位平行，可以用来重建古风向（吴汉宁和岳乐平，1997）。

目前这种方法的应用也越来越广泛，已成为利用风成沉积物重建古风向常用的方法之一。但是沉积物中磁组构依然要受到多种因素的影响，很可能会影响重建古风向的结果，所以重建古风向的样品最好是干旱-半干旱地区的很少受到扰动的风成沉积物，湿润地区、生物扰动强烈或成土化明显的样品很难得到满意的结果。

3）利用水成沉积构造间接指征古风向

风除了直接作用于沉积物，还可以驱动其他介质运动并在沉积物中留下可以重建古风向的痕迹。面积广阔的地表水体就是一种常见的联系风力和沉积物的介质（刘立安和姜在兴，2011）。各种地表水体中，湖泊水体运动相对简单，主要受控于风场作用，在特定条件下通过细致分析可以提取出重建古风向的指征。

例如，提取出单纯由风浪作用形成的波痕，根据这类波痕的构造特征可以重建古风向（波脊走向一般垂直于风向；不对称波痕的陡侧倾向往往与下风向一致）（Pochat et al.，2005）；在开阔湖泊风驱水流的作用下，沙嘴的延伸方向也能大致反映其形成时的古风向（Nutz et al.，2015）；湖泊滨岸带破浪成因的破浪沙坝，其走向往往与波浪的传播方向即风向垂直，并且破浪沙坝的横剖面通常表现出不对称性：迎风一侧坡度缓而延伸远，背风一侧坡度陡而延伸短（图 1-10），因此湖泊破浪沙坝也是一种良好的古风向替代指标。

2.1.6　古风场研究方法——古风力的恢复

与古风向的恢复相比,古风力的研究相对薄弱。国内外极少见有关古风力恢复的报道。通过仪器测量、记录,能够很容易获得当今的风场特征,但这仅限于过去几十年的时间范围。对于地质历史某一时期的古风力,只有通过分析能够反映古风力大小的替代性指标来获取:一方面,风作为一种重要的搬运营力和沉积介质(姜在兴,2010a),风级大小可以通过其搬运沉积物的能力反映出来,因此可以通过研究地质记录中的风尘沉积物,近似地了解相应时期内风力的强弱(Rea,1994;Xiao et al.,1995);另一方面,风除了作为直接的地质营力搬运沉积物,还会作用于水体产生波浪,而风力的大小与波浪要素之间存在定量的风浪关系。许多学者早就发现通过滨岸带沉积物可以为古波况的恢复提供线索(Jewell,2007;Forsyth et al.,2010),进而可以根据风浪关系,进一步了解古风力。本节将基于这两个线索,对古风力的恢复方法进行总结与探索。

1. 古风力的定性恢复

已有的介绍古风力恢复的文献大多停留在定性阶段。沉积物的粒度、成分等是介质搬运能力的度量尺度,是判别沉积时的自然地理环境以及动力条件的良好标志(姜在兴,2010a)。作为风的搬运物质——风尘沉积物在地质记录中广泛存在,风尘沉积物的粒度、成分等记录了其沉积时的古风力条件:粗粒组分越多、比重越大,反映出来的风速越大。这在黄土、极地冰芯、深海沉积物取心研究中得到了广泛的应用(Rea,1994;Xiao et al.,1995;Lu et al.,1999;Wang et al.,1999;Ding et al.,2001)。

保存在正常浪基面与风暴浪基面之间的风暴沉积物,由于远离岸线而容易保存下来。地质记录中的风暴岩的厚度,往往指示了其沉积时的风暴能量:风暴岩厚度大,则古风暴强度强,反之则弱。因此风暴岩的厚度也具有一定的古风力指示作用(Brandt and Elias,1989)。

以上方法只能获得古风力的相对大小,尚没有应用到定量恢复古风力中去。

2. 古风力的定量恢复

1) 利用湖泊砾质滩粒度恢复古风力

许多学者早就发现通过滨岸带沉积物可以为古波况的恢复提供线索(Tanner,1971;Allen,1981,1984;Dupré,1984;Diem,1985;Jewell,2007;Forsyth et al.,2010)。风速、风时及风程决定了风浪的大小(Komar,1998),并且存在定量的风浪关系(CERC,1977,1984),因此根据古波浪的大小可以为定量恢复古风力提供线索。Adams(2003,2004)通过对大盐湖砾质滩的研究,提出了通过对湖岸砾质滩中砾石大小的分析(BPT技术),可以求得波浪可搬运滨岸带最大沉积颗粒的临界条件,以此进行古波况的恢复,进而利用风浪关系恢复古风力。利用滨岸带沉积物恢复古波况,进而定量恢复同时期的古风力的方法,为定量计算古风力开辟了新的思路。

BPT技术(beach particle technique)由Adams(2003)提出。该方法是基于孤立波理论,借鉴单向流搬运沉积颗粒临界流速的理论及公式,获取搬运砾石滩砾石颗粒的临界波浪条件。该方法的思路是:①分析湖泊岸线附近砾质滩中的砾石大小分布特征,根据砾石大小分布特征确定搬运某颗砾石所需的临界剪切力;②将临界剪切力转换为搬运这一颗粒的波浪的临界流速;③将临界流速转换为破浪波高;④将破浪波高转换为相应的深水区有效波高;⑤根据深水区有效波高、风程等参数,利用风浪关系式计算风压系数;⑥由风压系数得到风速。

此方法的具体应用见Adams(2003,2004)的研究。利用上述方法,Adams(2003,2004)首先在美国大盐湖现代砾质滩开展研究,得到了1981~1987年的风速范围为6.5~17.4m/s,与风速仪的记录结果一致。Adams进一步将BPT方法应用于美国大盆地西部地区晚更新世形成的砾质滩,得出了该地区在晚更新世的风速范围为 $9.7 \sim 27.1 \mathrm{m/s}$，要比现今的风速大。Knott 等（2012）也利用 BPT 方法，在美国全新世时期的 Manly 湖砾质滩开展研究，得到的风速范围为 $14 \sim 27 \mathrm{m/s}$，与现今的风速记录一致，并进一步得到正是现今的风场形成了 Manly 湖现今的特征。

然而，由于湖泊岸线附近沉积物的大小分布特征不仅受到原始风浪的影响，还受到冲浪回流、反射波浪等的影响，因此，根据岸线附近沉积物的大小分布特征得到的临界波浪条件并不能真实反映原始古风浪条件。湖泊岸线附近的砾质滩很大程度上受到物源的控制，即砾石的大小很大程度上取决于物源区的物质组成、风化作用、搬运过程等，因此不能简单地将其粒度大小与风浪条件相关联。湖泊岸线附近的沉积物往往会遭受剥蚀，造成沉积记录的不完整，以至于无法获得连续的古风力变化过程。另外，由于砾石的形状、分选、粒度分布特征较容易在野外露头中获得，因此这两种方法较适用于露头研究，对于只有钻井数据而没有对应的优质露头，这种方法的可行性受到限制。

2）利用破浪沙坝厚度恢复古风力

基于破浪沙坝成因的"破浪模型"（breakpoint model）或"自组织模型"（self-organizational model），本书提出了利用破浪沙坝厚度恢复古风力的方法。如前文所述，解释破浪沙坝成因的"破浪模型"（breakpoint model）或"自组织模型"（self-organizational model）得到了广泛的接受。破浪模型可简单表达为：沉积物从波浪对床底的扰动开始 [图 2-11（a）]，在向岸流与离岸流的作用下向破浪线聚集开始形成沙坝 [图 2-11（b）]，并在水动力、沉积物搬运、沙坝形态的相互反馈作用下生长，最终在坝顶破浪处达到向岸搬运与离岸搬运的平衡，在破浪线处形成破浪沙坝，坝后形成凹槽（槽谷）。破浪沙坝的位置与规模经由破浪得以固定，理论上与破浪大小具有严格的对应关系 [图 2-11（c）]（Houser and Greenwood，2005；Price and Ruessink，2011；Davidson-Arnott，2013）。假设基于海相环境提出的破浪模型同样适用于湖相，应用破浪大小与破浪沙坝规模之间的定量关系可以恢复古波况乃至古风力。

研究表明，波浪越大，形成的破浪沙坝和坝后凹槽的水深就越大（Evans，1940；Keulegan，1948；King and Williams，1949；Shepard，1950）。这是由于越大的破浪对应的水深越大，这也可以解释为什么在风暴作用期间，破浪沙坝会向深水方向迁移的现象，但沙坝的迁移最终仍会与破浪波高建立一种平衡关系（King and Williams，1949；Houser and Greenwood，2005；Price and Russink，2011；Davidson-Arnott，2013）。这种平衡关系是破浪所产生的向岸流、离岸流、坝顶水深（即破浪水深）之间的平衡，而这些都与破浪的大小有关。因此，破浪大小控制着破浪岸坝的离岸位置、规模及其产生的水深范围，是形成破浪沙坝的最重要因素。

破浪沙坝虽然受破浪的控制，但是，沙坝的形态却与波浪的大小无关（Keulegan，1948），这是因为近岸带沉积物的搬运、堆积总会与波浪特征建立起一种平衡关系，这种平衡关系在破浪带更为显著（Davidson-Arnott，2013）。无论风浪有多大，它们形成的沙坝在形态上是相似的，只是沙坝的规模会有所不同。

关于破浪沙坝的形态 [图 2-11（b）、（c）]，大量的观测表明其横剖面具有明显的不对称性，表现为向陆地一侧的角度明显大于离岸一侧，其向岸侧的角度可能达到休止角（Thornton et al.，1996；Gallagher et al.，1998）。另外，Keulegan（1948）通过实验发现，槽谷深度 d_t 与沙坝深度 d_b 之比 (d_t/d_b) 平均为 1.69，Otto（1912）和其他德国观测者在波罗的海的观测得出的平均值为 1.66，与 Keulegan 的实验值较为吻合。但 Evans（1940）通过描述密执安湖沙坝，发现天然形成的沙坝较平坦而宽广，槽谷深度与沙坝深度之比变化于 $1.42 \sim 1.55$。在本书中所用到的槽谷深度与沙坝深度之比，采用了折中值，即 $d_t/d_b \approx 1.60$。

利用破浪沙坝与形成该沙坝的破浪的平衡关系，可以根据破浪沙坝的厚度估算形成该沙坝的波浪特征，进而可以进一步根据风浪关系恢复产生这些波浪的风场状况。具体地，根据破浪沙坝的几何形

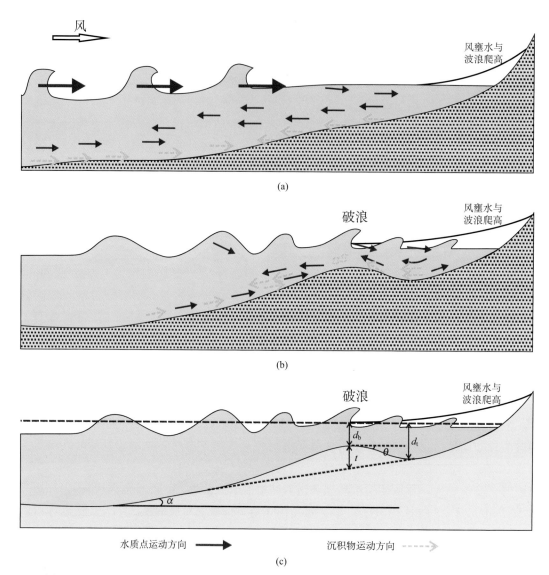

图 2-11　沿岸沙坝形成的破浪模型（Dolan and Dean，1985；Davidson-Arnott，2013，修改）

（a）沉积物在向岸流与离岸流作用下搬运；（b）沉积物在破浪线附近集中形成破浪沙坝，最终破浪沙坝的形态、规模与破浪将达到平衡状态，沙坝的形态与规模得以确定；（c）图中各参数代表的意义：t 为破浪沙坝的原始厚度（m），d_b 为破浪水深即破浪沙坝坝顶处水深（m），d_t 为破浪沙坝向岸一侧凹槽的水深（m），α 为破浪沙坝的基底坡度，θ 为破浪沙坝向岸一侧的坡度

态，可以得到如下关系式：

$$t_b = d_t - d_b + \frac{(d_t - d_b)\tan\alpha}{\tan\theta} \tag{2-3}$$

式中各参数代表的意义如图 2-11（c）所示，其中 t_b、d_t、d_b 的单位可取 m。根据 Gallagher 等（1998）和 Thornton 等（1996）的研究可知，$\tan\theta$ 的理想值为 0.63。如前所述，$d_t/d_b \approx 1.60$，由此，式（2-3）简化为

$$t_b = (0.6 + 0.95\tan\alpha)d_b \tag{2-4}$$

因此根据式（2-4），当破浪沙坝厚度 t_b、形成破浪沙坝基底的坡度 α 已知的条件下，就可以求得破浪水深 d_b。

Goda（1970）曾根据几种海滩坡度的试验资料绘制成的经验曲线——Goda 曲线（图 2-5），可以将破浪水深（d_b）这一参数换算成破浪波高（H_b）。波浪在向岸传播的过程中，波高逐渐增大，在破

浪位置波高达到最大，之后随着波能的消耗逐渐变小，因此根据 Goda 曲线确定的破浪波高 H_b，可近似为该时期波浪的最大波高即 $H_b \approx H_{max}$。根据波浪的统计特征可知，最大理论波高 H_{max} 是深水区有效波高 H_s 的两倍，即 $H_{max} \approx 2H_s$（Sawaragi，1995）。因此，得到形成破浪沙坝时的破浪波高 H_b，可近似地转换为 H_s，即 $H_b \approx 2H_s$。

根据美国海岸工程研究中心（CERC）的一个相对简单的、应用于简单波况条件的有限风区水体的波浪预测公式，风压系数 U_A 就可以求得：

$$U_A = \frac{H_s}{(5.112 \times 10^{-4})F^{0.5}} \tag{2-5}$$

式中，F 为风区长度（m）；H_s 为深水区有效波高（m）。

风压系数 U_A 与风速有关（CERC，1984）：

$$U_A = 0.71U^{1.23} \tag{2-6}$$

式中，U 为水面上方 10m 处的风速（m/s）。

据此可以得到利用破浪沙坝厚度进行古风力恢复的过程及所需要的参数包括：①准确识别出破浪沙坝，并测量出单期形成的破浪沙坝的最大厚度，并进行去压实校正，得到原始厚度；②确定所研究的古湖泊的古地貌与古岸线，从而得到古坡度以及古风程；③根据破浪沙坝的形态特征与古坡度参数，结合破浪临界条件，将破浪沙坝厚度转换为破浪波高［将式（2-4）与图 2-5 结合］；④将破浪波高转换为相应的深水区有效波高；⑤根据深水区有效波高与古风程计算相对应的风压系数［式(2-5)］；⑥根据风压系数计算出风速［式(2-6)］。

3）利用砂砾质沿岸坝厚度恢复古风力

基于冲浪回流与沿岸砾质滩坝的关系，本书还提出了利用砂砾质沿岸坝厚度恢复古风力的方法。砂砾质沿岸沙坝的厚度（t_r）近似记录了冲浪回流的极限高度，即湖（海）水向陆方向侵入的极限位置。这个极限高度是风暴壅水高度（h_s）、波浪增水高度（h_{su}）及波浪爬高（h_{ru}）之和（图 2-12）（Dupré，1984；Nott，2003），即式（2-7）。

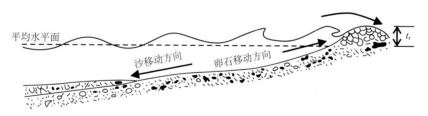

图 2-12　波浪对滨岸带沉积物的分选作用（伍光和等，2008）

$$t_r = h_s + h_{su} + h_{ru} \tag{2-7}$$

这样一来，通过砂砾质沿岸沙坝的厚度（t_r），也可以与古波况关联起来，进而也可以通过风浪关系计算古风力。具体操作方法如下：

根据我国的《堤防工程设计规范》（GB 50286-2013），风暴增水可以通过风场参数、盆地参数表达出来，如式（2-8）所示：

$$h_s = \frac{KU^2F}{2gd}\cos\gamma \tag{2-8}$$

式中，K 为综合摩阻系数，此处可取 3.6×10^{-6}；d 为水域的平均水深；γ 为风向与垂直于岸线的法线的夹角；其他参数同前。

根据前人的一个研究实例（Nott，2003），波浪增水高度（h_{su}）可以近似为深水区有效波高（H_s）的 10%［式(2-9)］；波浪爬高（h_{ru}）可以近似为 H_s 的 30%［式(2-10)］。

$$h_{\mathrm{su}} = 0.1 H_{\mathrm{s}} \tag{2-9}$$

$$h_{\mathrm{ru}} = 0.3 H_{\mathrm{s}} \tag{2-10}$$

将式(2-8)~式(2-10)代入式(2-7)中，式(2-7)可以表示为式(2-11)：

$$t_{\mathrm{r}} = \frac{KU^2 F}{2gd}\cos\gamma + 0.1 H_{\mathrm{s}} + 0.3 H_{\mathrm{s}} \tag{2-11}$$

进一步地，根据式(2-5)和式(2-6)，式(2-11)可以转换为式(2-12)。

$$t_{\mathrm{r}} = \frac{KU^2 F}{2gd}\cos\gamma + (1.452 \times 10^{-4})U^{1.23}\sqrt{F} \tag{2-12}$$

由式(2-12)可知，在古风程(F)、湖盆的古水深(d)和古风向相对于岸线的夹角(γ)已知的条件下，古风速(U)就可以由砂砾质沿岸沙坝的厚度(t_{r})计算出来。

据此，利用砂砾质沿岸坝厚度恢复古风力的具体方法可以简单表述为：①从沉积记录中(如露头、钻井资料等)准确识别单期形成的砂砾质沿岸坝，并准确记录其厚度；②如果砂砾质沿岸坝经历了显著的压实过程，应需进行去压实校正，以获得其原始厚度；③通过沉积记录恢复盆地的古水深(具体方法可参考2.3.3)；④通过沉积记录恢复古风向(具体方法可参考2.1.5)；⑤进行古岸线的识别(具体方法可参考2.3.2，或姜在兴和刘晖，2010)，尽量准确地获取古岸线的走向，结合古风向得到古风程和古风向与垂直于岸线的法线的夹角这两个参数；⑥根据所获取的以上参数，通过式(2-12)计算古风力。

2.2　物　　源

2.2.1　物源的形成

从广义上来说，整个地球表面可以划分为两个基本的地貌单元：造山带或隆起区的剥蚀地貌与盆地区的沉积地貌。沉积地貌也可称为沉积区，是沉积作用发生的地区；剥蚀地貌可以为沉积区提供物质来源，称为物源区。因此，物源区（provenance）特指沉积物质的来源区。地壳上先形成的出露（或曾出露）的岩浆岩、变质岩抑或早期形成的沉积岩作为母岩（parent rock），在构造作用、风化作用以及各种地质营力的侵蚀作用下崩解、迁移，形成物源区，向沉积区输送沉积物。

物源区的剥蚀地貌是由构造运动与气候驱动的剥蚀动力学过程所决定的。造山带的构造作用具有强大的破坏力，构造的挤压或板块碰撞会造成地表大区域的变形和地貌形态的变化。由板块碰撞或构造–热隆升形成的高山和岩层的破坏是导致沉积物崩塌、剥落并在地表流动的驱动力；风化、侵蚀又在很大程度上依赖于气候因素，不断的侵蚀作用将构造抬升的剥蚀区雕刻成纵横交错的山谷地貌，向沉积区供给大量物源。因此，构造运动和气候是物源区形成的重要因素。

2.2.2　物源对沉积的控制

物源是控制沉积物的类型及其分布的基本因素之一，是形成各类沉积体的物质基础。

首先，物源的位置决定了沉积体系的类型。不同位置的物源在不同的沉积水动力条件下，可以形成不同的沉积体系。尤其是对于陆相断陷盆地，洼陷的面积较小，具有多方向物源。一般地，在以控盆断裂为边界的陡坡带，虽然近物源，但往往物源的规模小，水系分散，常形成小型水下扇或扇三角洲体系；相对于陡坡带，缓坡带根据物源强弱的不同，可形成不同类型的沉积体系，如三角洲、扇三角洲和滨岸沉积体系等；盆地长轴入口区则往往是最大的物源作用区，常形成大型三角洲体系（图1-6）。

其次，物源的方向与位置决定了沉积体系的分布格局与骨架砂体的展布。以断陷盆地长轴方向为代表的主物源作用区，往往可形成大型三角洲体系或扇三角洲体系；次一级的物源作用区，如凹陷缓坡带、陡坡带等，根据物源是点型还是线型，可以形成孤立的或者平面叠合的冲积扇体系、三角洲体系、扇三角洲体系和水下扇体系等。根据砂体的分散规律，有物源输入的地方是砂体最为发育的地区，砂岩厚度大、砂岩含量高，在含油气盆地的勘探过程中，勘探重点也一度集中在主物源方向控制下所形成的厚层砂体上。

再次，物源供应强度对沉积模式也有重要的控制作用，对于二次搬运沉积而产生的沉积体来说更是如此（如滩坝沉积体系）。一般对于多物源体系来说，不同物源供给的强度往往是不同的，而对于单物源体系来说，在盆地的不同位置及同一位置的不同时期，物源的供给强度也是不同的。对于滨浅湖滩坝，其形成主要是通过波浪对附近砂体的改造和二次分配，所以说滩坝附近沉积体的物源的富集和贫乏对滩坝的形成起到决定性作用。在陆源碎屑物质充足供应的情况下，砂质滩坝非常发育，而在陆源碎屑物质供应匮乏时，常形成碳酸盐岩滩坝。杨勇强等（2011）就根据初始物源区与滩坝的关系，建立了以物源为基础的滩坝分类方案。将东营凹陷发育的滩坝分为两大类：富源型和贫源型。其中，富源型可以分为基岩-滩坝沉积体系、正常三角洲-滩坝沉积体系和扇三角洲-滩坝沉积体系；贫源型主要为碳酸盐岩滩坝沉积体系。

另外，从层序地层学的观点，在相对海（湖）平面的变化过程中，水盆地与物源区呈此消彼长的变化，物源供给能力也会随之发生强弱交替变化。一方面，在低位体系域期，水平面降低（伴随基准面下降），物源区扩大，除了长期持续提供沉积物的区域性主物源外，一些盆地边缘的局部高地或低凸起逐渐出露于基准面之上，遭受剥蚀，形成新的物源。另一方面，低位体系域期河道下切作用强烈，沉积区向盆地中心迁移，沉积物可搬运至盆地斜坡带甚至盆地中心，如形成陆架边缘三角洲、低位扇等。而在湖侵体系域和高位体系域期，由于水域扩大，基准面上升，该阶段主要是源远流长的区域性物源继续起作用。

物源除了对沉积相带、砂体规模及其平面展布格局具有控制作用之外，也会影响到砂体的储集物性。物源条件的差异会影响到地层厚度、储层岩性、成熟度、填隙物类型和组合乃至成岩作用，这些都是储集岩储集性能重要的控制作用。例如，贺静等（2011）在识别不同物源区的基础上，对鄂尔多斯盆地中部延长组长 6 砂岩进行储层评价，认为该砂岩储集性能主要受主控物源的影响；刘晖等通过对大兴砾岩的储集空间类型进行研究，认为以白云石砾岩的储集性能要好于石灰石砾岩的储集性能（Liu et al.，2012）。

2.2.3　物源分析方法

物源分析（provenance analysis，主要是陆源沉积岩物源分析），是根据沉积作用的最终产物，来推断碎屑物源区母岩的岩石学特征以及沉积作用发生时的构造背景和气候条件（Pettijohn et al.，1987）。沉积物物源分析有助于古侵蚀区的判别、古地貌特征的重塑、古河流体系的再现、物源区母岩的性质的追踪、气候及沉积盆地构造背景的确定等（王成善和李祥辉，2003），是盆地分析的重要内容。物源分析建立在两个前提之上：一是碎屑岩和母岩之间存在必然的联系；二是不同的构造背景下所形成的沉积岩具有成分和结构上的差异（Weltje and von Eynatten，2004）。

物源分析实际上是对沉积环境的再恢复，以古地理恢复和盆地分析为基本任务，其研究内容包括物源区的位置、母岩的性质及组合特征、物源区的气候条件和大地构造背景、沉积物的搬运过程等，在此基础上进行沉积体系分析，重建古地理面貌，进一步研究物源供给系统。因此，物源分析在沉积相及沉积体系研究中起着非常重要的作用。

随着沉积、构造、测井、地震等多种地质方法与化学、物理、数学等学科的相互渗透；同时，电子探针、阴极发光等先进技术在地质学领域中的应用也日益广泛，物源分析方法日趋增多，并不断补充和完善，逐渐由定性描述转向半定量-定量分析，使物源分析结果更加真实可靠。常用的物源分析方法见表 2-2，根据资料情况，可酌情开展物源分析工作。

表 2-2　物源分析常用方法

物源方向的确定	沉积学方法	地层厚度、砂地比分析	偏重于定性描述
		古地貌分析	
		沉积相分析	
		古流向分析	
	沉积岩石学方法	碎屑岩粒度分析	
		砂岩碎屑组分分析	
		碎屑颗粒结构分析	
		砾岩组分分析	
		岩屑分析	
		造岩矿物发光性分析	
		重矿物组合分析	
	元素地球化学方法	常量元素	
		微量元素	
		稀土元素	
		同位素分析	
	地球物理方法	测井地质学	
		地震地层学	
		布格重力异常	
剥蚀量的计算	地质方法	体积平衡法	偏重于定量分析
		沉积速率法	
		未被剥蚀地层趋势延伸法	
		波动过程分析法	
	地球化学方法	镜质体反射率法	
		磷灰石裂变径迹法	
		宇宙成因核素分析法	
		流体包裹体法	
		孢粉法	
		地温法	
	地球物理方法	声波时差法	

1. 物源的定性描述

碎屑岩沉积体物源供给系统包括物源区、沉积区、运移方向和方式（张建林等，2002）。对古沉积物源系统的完全恢复有很大难度，但是，结合已知的沉积体系发育、分布与沉积物特征变化来研究物源供给系统，可以在很大程度上恢复古沉积物物源系统。

1）沉积学方法

沉积学方法主要依据沉积学原理对碎屑岩进行物源分析。例如，砂分散体系分析可以为物源分析提供一定的证据，其空间结构不仅可以指示古水流方向和物源区数量，而且可以有效地揭示物源的影响范围及其随时间变化的稳定性。对同一个沉积体系而言，一般的规律是距物源区越近，含砂率值或者砂体厚度越大，它们通常为沉积物的主要搬运通道（焦养泉等，1998）。因此，砂分散体系的展布方向可以指示古水流方向，从而进一步地指示物源方向（王世虎等，2007）。

根据盆地钻井、测井、地震等资料，经过详细的地层对比与划分，作出某时期的地层等厚图、砂地比等值线图、沉积相展布图等相关图件，可推断出物源区的相对位置，结合岩性变化、粒径大小及所占百分比、层理及层面构造及玫瑰花状图等古流向资料、古地貌分析，使物源区分析更可靠。应用沉积学方法进行物源分析，应当基于大量的野外观测和（或）资料统计之上，分析统计尽可能多的数据点以保证结论的可靠性。这种方法能够判断物源的大致方向，但在确定物源区的具体位置、母岩性质等具体信息方面稍显弱势（杨仁超等，2013）。

2）岩石学方法

传统的岩石学研究手段在物源分析中可发挥重要的作用。盆地陆源碎屑岩来自于母岩，因此根据陆源碎屑组合可以推断物源区母岩类型。尤其是砂砾岩中的砾石成分，可直接反映基底和物源区母岩的成分，也反映磨蚀的程度、气候条件及构造背景。因此，砾石的各种特征是判断物源区、分析沉积环境的直接标志（杨仁超等，2013）。碎屑岩中的岩屑，也是物源的直接标志之一。岩屑的类型及含量能够准确反映物源区的岩性、风化作用的类型、程度及搬运距离。同一物源各岩屑类型及所占的比例应该存在一致性。Dickinson 等（1983）依据大量的砂岩碎屑成分统计数据，建立了砂质碎屑矿物成分与物源区之间的系统关系，绘制了多个经验判别三角图解，至今仍然被广泛应用于物源区的构造背景分析，但是该方法未考虑混和物源，以及风化、搬运和成岩作用等作用的影响，在应用过程中曾出现与实际情况不符的情况（王国灿，2002；杨仁超等，2013）。

对岩石中主要造岩矿物发光性的研究有助于判别沉积环境和岩石的成因，碎屑岩中常见的石英、长石和岩屑多随物源变化而具有不同的发光特征，故依据碎屑颗粒在阴极光激发下的颜色特征也可分析物源（Götze et al.，2001；Augustsson and Bahlburg，2003），但阴极发光对物源的判断受到经验和较多随机因素的影响（杨仁超等，2013）。

重矿物一般耐磨蚀、稳定性强，能较多地保留其母岩的特征，在物源分析中占有重要地位（赵红格和刘池洋，2003）。碎屑沉积物中重矿物的总体特征取决于母岩的性质、水体的动力条件和搬运距离。在物源相同、古水流体系一致的碎屑沉积物中，碎屑重矿物的结合具有相似性；而母岩不同的碎屑沉积物则具有不同的重矿物的组合。在矿物碎屑搬运的过程中，不稳定的重矿物逐渐发生机械磨蚀或化学分解，因而随着搬运距离的增加，性质不稳定的重矿物逐渐减少，而稳定重矿物的相对含量逐渐升高（徐田武等，2009）。物源分析可用砂岩的重矿物组合、ATi(磷灰石/电气石)-Rzi(TiO$_2$矿物/锆石)-MTi(独居石/锆石)-CTj(铬尖晶石/锆石)等重矿物特征指数以及锆石-电气石-金红石指数（ZTR 指数）来指示物源（Morton et al.，2005）。时代较老的沉积物，重矿物保存至今，会因温度、埋深等条件的不同而使其种类增多，含量分布较分散，保留源岩的信息减小，对判断物源不利。因此，沉积物时代越新，利用重矿物判断物源的准确性会越高（杨仁超等，2013）。同时，水动力会影响沉积时重矿物性质，重矿物组合分析法对源区的精确判别仍存在一定缺陷，对于碎屑重矿物组合在物源分析中的应用，应注意不稳定重矿物的组成，因为在某种程度上，不稳定重矿物才具有判别意义（石永红等，2009）。随着电子探针的应用，一些学者利用单矿物（如辉石、角闪石、电气石、锆石、石榴子石等）的地球化学分异特征来判别物质来源（Sabeen et al.，2002；Morton et al.，2004），如利用石榴子石电子探针分析结果来研究物源有其独到的优越性，可使水动力或成岩作用的影响降低到最小（杨丛笑和赵澄林，1996）。

3）元素地球化学方法

元素地球化学已成为地质构造复杂地区研究的有效手段（He et al.，2005），元素地球化学方法已被国内外学者广泛运用（杨仁超等，2013），包括常量元素、特征元素及其比值法、微量元素（含稀土元素）法。一些元素在母岩风化、剥蚀、搬运、沉积及成岩过程中不易迁移，几乎被等量地转移到碎屑沉积物中，故可被作为沉积物物源的示踪物，如 Th、Sc、Al、Co、Zr、Hf、Ti、Ga、Nb 及稀土元素（REE）等，尤其是其中的 REE 因其具有特殊的地球化学性质而在物源示踪中运用很广（杨守业等，1999）。

保存在沉积物（岩）中的环境和物源信息，可用多种元素地球化学方法释读，如通过研究元素的组成、组合、相对含量、分布规律、比值关系、多元图解、配分模式，以及元素与同位素的关系等，进行物源示踪（杨仁超等，2013）。

沉积物中的某些特征元素化学性质较为稳定，主要受物源影响，相对独立于沉积环境和成岩作用，在风化剥蚀、搬运、沉积、成岩过程中其含量基本保持不变，在物源区和沉积区具有一定的可比性，可作为良好的物源指示元素（Bhatia，1983）。利用特征元素方法判别沉积物物源，能够有效地避免水动力、矿物组成等因素的影响，尽可能地突出物源信息（杨守业等，1999；蒋富清和李安春，2002），近二十年来此方面研究已取得了相当好的效果。但是，大多数特征元素均受成岩作用的影响，导致物源判别结果出现多解性，而选择化学性质相近、相关性强、在沉积成岩过程中富集程度相似的特征元素比值作为物源示踪指标，能够有效地避免成岩作用的影响，更加准确地判断沉积物的物源方向（操应长等，2007）。操应长等（2007）利用 Ni/Co、V/Co、Mg/Mn、Mn/Sr、Ba/Mn、Fe/K、Mg/Ca、Ba/Sr、Mg/Al、Al/Na 十个特征元素比值，通过分布模式、物源指数、Q 型聚类等方法，对东营凹陷王 58 井区沙四上亚段砂体物源进行了研究。

近年来，一些学者还利用电子探针、激光剥蚀等仪器测量重矿物中的常量元素、石英颗粒微量元素，根据矿物元素的组成、相对含量、元素的组合，建立多元图解和配分模式，用于物源分析和大地构造背景判别及沉积环境分析（Bhatia and Crook，1986；Čopjaková et al.，2005）。另外，在不发生重结晶的情况下，石英在搬运、沉积和成岩过程中，它的氧同位素比值（$\delta^{18}O$）不发生改变，能够保存源岩形成环境等信息（Calyton et al.，1978），因此沉积物中石英的 $\delta^{18}O$ 值可以用来探讨石英的形成环境、追踪物源区和母岩的特征（Aléon et al.，2002）。

4）地球物理方法

地球物理学在物源分析中的应用主要有测井地质学法和地震地层学法（杨仁超等，2013）。

测井地质学法主要利用自然伽马曲线分形维数、地层倾角测井来判断物源方向（李军和王贵文，1995；李昌等，2009）。利用地震地层学确定物源和古水流方向也有成功的案例（姜在兴等，2005），如黄传炎等（2009）利用地震反射特征勾绘进积方向，详细刻画了北塘凹陷古近系沙三段古物源体系。

2. 剥蚀量计算

沉积体系的物源供给区域可以从某一地层分布范围之外的区域来推断，一般剥蚀区就是物源区（张建林等，2002）。要达到定量的储层预测必须要较为准确地计算物源区在某一时间段内的剥蚀量（徐长贵，2013）

1）地质方法

（1）质量平衡法

Hay 等（1989）认为在一定的时间间隔内，作用在研究区表面的构造、侵蚀和沉积过程造成的沉积物的侵蚀总量与沉积总量之间质量守恒。考虑均衡校正、脱压校正、海平面校正、热沉降校正，而且在剥蚀量恢复中进行了碎屑沉积平衡校正，经过一系列计算后，将盆地中的物质按时间重新恢复到物源区，从而对相应时间段的古地形进行再造。Métivier 等（1999）根据这一原理，考虑构造隆升对沉积物的影响，认为山脉形成中物质的积累与侵蚀造成的物质流失之间质量守恒，从而建造了一种更为合理的古地形恢复法。

Métivier 等（1999）认为，在区域内部水系封闭的前提下，从山区侵蚀掉的物质会通过水系全部搬运至相应盆地中进行沉积。而盆地中的物质比造山带中的更易保存，也更完整，因此，通过研究盆地中相应时间段的沉积总量、平均沉积速率可反演造山带的演化（向芳和王成善，2001）。

求得 M 个区域中相应时间段单位面积堆积的质量 M_{ij} 后，进行累积相加可得全盆在 Δt 的总物质累积量 M_{iT}，同时可求出对应地质历史时期盆地的平均沉积速率（向芳和王成善，2001）。

（2）沉积速率法

如果已知剥蚀面或不整合面代表的时限（这段时限包括了两部分：一部分是该厚度的沉积岩沉积时所用的时间；另一部分是该厚度的沉积岩被剥蚀所用的时间）、被剥蚀的层段、被剥蚀岩层的沉积速率、不整合上下岩层的绝对年龄，就可以算出被剥蚀掉的沉积厚度。在计算时，须作出关于剥蚀速率的判别，即剥蚀速率是等于不整合以下岩层的沉积速率，还是等于不整合以上岩层的沉积速率。在做这种判断时应以研究区的构造运动，主要是升降运动的特征为基础（刘国臣等，1995；张一伟等，2000）。

（3）地层对比法

可以利用厚度递减的原则或采用其他外推法，将某一地区被剥蚀的岩性层段与邻区未被剥蚀的层段进行对比，求得被剥蚀岩层的厚度。该方法适用于研究程度较高的地区，而且这里所讲的未被剥蚀地区仅是一个相对的概念。因此，利用此方法求出的剥蚀量往往小于真正的剥蚀量（刘国臣等，1995；张一伟等，2000）。

（4）趋势厚度法

根据地震剖面的精细解释成果，可以确定不整合面以及被剥蚀地层的残留顶界面。不整合面下伏地层存在削顶现象，利用下伏地层残留顶界面的趋势，将顶界面按此趋势延伸，就能恢复地层被剥蚀前的面貌（杨江峰等，2006；梁全胜等，2009）。

（5）波动分析法

我们所见到的似周期而非周期的被称为沉积旋回、沉积韵律的现象，是若干个具有一定周期和振幅的波动过程叠加的结果（刘国臣等，1995）。波动分析方法主要从反映沉积-剥蚀过程的直接地质记录——沉积层的厚度出发，借助于地层古生物、地层同位素年龄等资料确定沉积层的沉积速率，利用数理方法建立沉积速率变化的波动方程，进而求得地层剥蚀量和预测无沉积记录层段的沉积-剥蚀过程（刘国臣等，1995；金之钧等，1996；张一伟等，2000）。

从沉积-剥蚀过程平衡分析（图 2-13）可见，图中打斜线的直方图部分是在剖面上测得的某些组段的沉积速率。因为时间对速率积分为沉积厚度（图 2-13 中直方图的面积），所以曲线 X 所包含的整个面积等于沉积地层的厚度。在地质时期

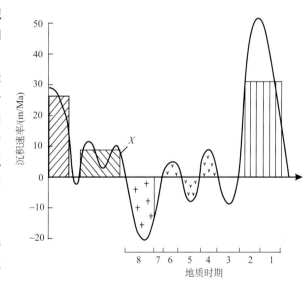

图 2-13　沉积-剥蚀过程平衡分析图（张庆石等，2001）

1、2 内，沉积了比现在观测要多的沉积岩，但部分沉积岩在地质时期 3 时已被剥蚀了；在地质时期 4 时，又沉积了新的岩层，而这些岩层在地质时期 5 时又全部被剥蚀了；在地质时期 6 内沉积的岩层，在地质时期 7 时被剥蚀了；在地质时期 8 之间剥蚀了剩余的下部岩层（张庆石等，2001）。

具体的操作方法是在获得精确的分层资料后，广泛收集研究区各组、段厚度等地质资料。将恢复后的各组、段原始厚度除以各组、段的沉积时间，就可以获得各组、段沉积速率，进而绘制出各组、段的沉积速率直方图。对沉积速率直方图进行数学处理，使之变成具有周期性的曲线。应用滑动平均的办法，建立描述盆地沉积-剥蚀过程，即可计算不同地质时期的剥蚀量（刘国臣等，1995；金之钧等，1996；张一伟等，2000；张庆石等，2001）。

2）地球化学方法

（1）镜质体反射率法

据镜质体反射率 R_o 确定的有机质热演化曲线的间断或跳跃，可以判定不整合面的存在（王震等，2005）并计算地层的剥蚀厚度。在正常情况下，镜质体反射率 R_o 是深度 x 的函数，对连续沉积的地层而言，镜质体反射率与深度呈对数关系，在半对数直角坐标系中，两者线性相关。依据间断面之下地层中保留下来的剥蚀前的镜质体成熟度剖面趋势线，将其上延至古地表附近的 R_o 最小值处（目前人们普遍认为地表附近 R_o 最小值为 $0.18\%\sim0.20\%$），也就是延至 R_o 为 0.20% 处，则该点在成熟度剖面中所代表的深度值与间断面所在深度的差值即为地层剥蚀厚度（王震等，2005）（图 2-14）。

（2）磷灰石裂变径迹分析法

磷灰石裂变径迹分析法是近十几年发展起来的恢复沉积盆地热史的一种新方法。由于沉积岩中磷灰石裂变径迹不仅能给出地层经历的最高古地温，而且还可给出地史时期温度的变化，即不仅能给出构造抬升的量，同时还能给出抬升的时间。所以，通过磷灰石裂变径迹分析，除得到有关沉积盆地的热历史信息外，近年来有些学者还用来测定地层的抬升剥蚀时间、剥蚀速度和剥蚀量等（王毅和金之钧，1999）。

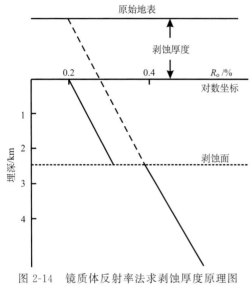

图 2-14　镜质体反射率法求剥蚀厚度原理图
（王震等，2005）

利用磷灰石裂变径迹恢复盆地所在地层经受的古温度状况和构造抬升引起的地层剥蚀量，是建立在磷灰石所含的 ^{238}U 自发裂变产生的径迹在地质历史时间内受温度作用而发生退火行为这一化学动力学原理基础之上的（王毅和金之钧，1999）。

基本上依据裂变径迹年龄、裂变径迹平均长度及裂变径迹长度分布特征等参量就可以确定样品所在层位所经历的热史演化过程和温度变化规律，从而求出最大埋深与最小埋深的古地温，最终推算剥蚀厚度（王毅和金之钧，1999）。

在实际计算过程中，最有效的方法是结合地层沉积埋藏史、温度演化史和裂变径迹退火模拟来解决由构造抬升引起的地层剥蚀量、构造抬升剥蚀起止时间和剥蚀过程（王毅和金之钧，1999）。

（3）宇宙成因核素分析法

宇宙成因核素地质年代学方法，是指以暴露在宇宙射线中的物质中某些核素的积累量及核素的生成速率为基础的同位素测年方法。宇宙成因核素是地表及其附近岩石中矿物的原子核接受宇宙射线轰击而产生的放射性核素（Lal and Peters，1967）。当宇宙射线穿过地表进入岩石内部时，将发生核反应和电离损耗，其能量随着进入地表的深度增加而递减，导致核素产生率随深度的增加呈指数减小（李储华等，2004）。因此，地表及其附近矿物颗粒中宇宙核素的浓度记录了矿物剥露到地表的速率和时间。长时间的暴露或缓慢的剥蚀速率导致接受了较长时间的宇宙核辐射，造成相应矿物颗粒中具有较高的宇宙成因核素积累（王毅和金之钧，1999）。

一般在剥蚀速率稳定的情况下，剥蚀速率 $E(cm/a)$ 与其岩石表面稳态宇宙成因核素的浓度 N（原子/g）成反比关系：

$$E = P_0\Lambda/N \tag{2-13}$$

式中，P_0 为地表核素的产生率 $[原子/(g\cdot a)]$；Λ 为岩石中核反应粒子的吸收自由程。此式求得的 E 为现今岩石露头表面在由原来地表之下 Λ 处剥露到地表的过程中的平均剥蚀速率，且 N 必须为该剥蚀过程中所产生的宇宙成因核素的总和（王毅和金之钧，1999）。

此法一般特别适用于晚近地质时期准确地恢复和确定地层剥蚀速率和剥蚀量（王毅和金之钧，1999）。

（4）流体包裹体法

利用流体包裹体计算地层剥蚀厚度的基本原理是由于流体包裹体记载了它们所经历的整个受热地质历史中不同时期沉积物所处的温度、压力等热力学条件的信息。因此，在连续沉积过程中，捕获的包裹体温度（或压力）与埋藏深度的对应数值一般呈良好的线性关系。然而，在侵蚀不整合面上下两边的地层中，它们的温度或压力系统往往不同，因此在温度与埋藏深度坐标上所作的对应关系曲线上，在侵蚀不整合面之处往往表现为曲线明显的温度跃变现象（刘斌，2002）[图 2-15(a)]。

利用流体包裹体法计算地层剥蚀厚度时，关键点包括：①必须选择同一阶段形成的包裹体；②必须要对样品埋深进行压实系数校正；③获取古地表温度，一般认为始新世以来可用现今地表温度代替。因此，在温度-深度坐标图上，只需将剥蚀面以下深度、温度（或压力）对应数值的点用回归方法联结成的直线，向上延伸至地表温度处，即为古地表温度。对应于这一温度坐标的标高面就是古地表面，由剥蚀面至古地表面的距离就是地层剥蚀厚度了（刘斌，2002）[图 2-15(b)]。

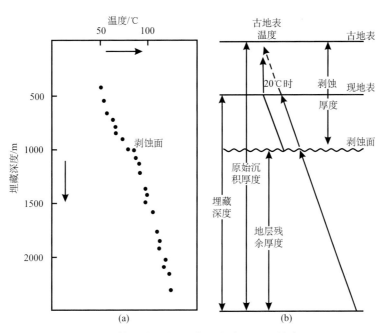

图 2-15　包裹体形成温度-埋藏深度关系图（刘斌，2002）

（5）孢粉法

应用热变指数、透光率、荧光颜色和强度资料来分析。由于孢粉粒在热变化过程中的光学特征，如热变指数、透光率、荧光颜色和强度等，被用以确定有机质的成熟度，因此其变化规律与镜质体反射率 R_o 相似（李志奎等，2004）。

（6）地温法

应用连续测温曲线、试油测温资料、高压物性温度资料、包裹体测温资料及镜质体反射率 R_o 与时间关系等分析。正常情况下，同一地区在一定历史时期的地温变化趋势相同，地层温度随沉积埋藏深度增加而有规律性增大。不同构造期的沉积构造层之间呈现出不同地温变化趋势，原因有多方面，如古气候环境、地壳厚度、基底埋深及盆地构造演化控制等。由于构造运动使地层抬升遭受剥蚀，是导致同一地区不同时期、同一时期不同地区具有不同地温变化趋势的主要原因之一，而实测古地温与实测井温的差值则反映了不同地区埋藏深度的关系。包裹体温度从近石英核心向外逐渐升高的变化，记载了包裹体生长过程形成温度逐渐升高变化的热演化史和石英次生加大边生长的顺序。可根据地温突变深度的差值，推断出相应地层抬升（剥蚀）的高度，或根据地温变化趋势计算地层抬升剥蚀的厚度。可通过测石英次生加大边内气液包裹体均一温度的方法与镜质体反射率 R_o 演化分析法来研究古地温，根据连续测温曲线、试油测温资料、高压物性温度资料等来确定实测井温。剥蚀量计算时须有足够的地温分析数据，要求古地温的测定准确可靠，且是代表构造运动主活动期的产物（李志奎等，2004）。

3）地球物理方法

在地球物理方面主要是应用声波测井资料计算剥蚀量（刘景彦等，1999）。

当剥蚀量较大而埋藏较浅时，常常可应用声波时差法估算泥页岩的压实趋势和计算剥蚀量的大小（刘景彦等，2000）。其基本原理是：在正常压实的情况下，泥页岩的孔隙度随埋深的增大呈指数衰减（刘国臣等，1995），而在均匀分布的小孔隙的固结地层中，孔隙度与声波传播时间之间存在着正比例的线性关系（Wyllie et al.，1956），因此声波时差与深度在半对数坐标系中为线性相关（吴智平等，2001）。如果某一地区经历了抬升和剥蚀，那么泥页岩声波时差与深度的正常压实趋势曲线与未遭受剥蚀的地区相比，向压实程度增大的方向偏移。根据这一偏移趋势，将其压实趋势线上延到未经历压实的 Δt_0 处，则 Δt_1 与剥蚀面处的高差即为剥蚀厚度（吴智平等，2001；王震等，2005）（图 2-16）。

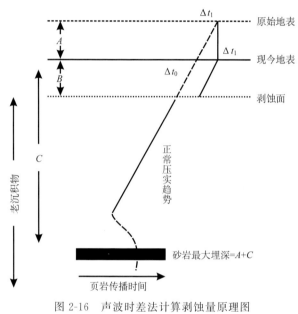

图 2-16　声波时差法计算剥蚀量原理图
（王震等，2005）

首先，分别对间断面上下的泥页岩声波时差-埋深曲线进行对数回归，得到两个回归方程，取埋深为 0，并依据间断面之上的埋深-声波时差关系回归方程，求算出地表的声波时差值 Δt_0；而后，将 Δt_0 值代入间断面之下的埋深-声波时差回归方程，得到剥蚀前的地表相对于现今地表的深度（或高度），其与间断面深度的差值即为剥蚀厚度（吴智平等，2001）。

应用声波测井资料计算剥蚀量一般要求剥蚀厚度大于再沉积的上覆地层厚度，因为当再沉积地层厚度明显大于剥去的地层厚度时，再沉积厚度可能会对先存地层的压实趋势有所改造（刘景彦等，2000）。

关于地层剥蚀厚度的恢复，尽管人们提出了不少方法，但目前还没有很成熟的方法。在处理实际问题时应该综合使用多种方法，互相补充，以得到可信的剥蚀厚度。

2.3　盆　　地

本节以湖盆为例讨论盆地对沉积过程的控制作用。地面洼地积水形成较为宽广的水域称为湖泊。湖盆是形成湖泊的必要地貌条件，水则是形成湖泊不可或缺的物质基础。一般而言，湖泊相对海洋来说，面积和深度都较小，水体流通性差，区域气候条件对湖泊的影响很明显，如气候冷热和干湿的变化引起母岩风化速度和产物、河水流量和泥沙含量、湖水蒸发和湖面涨缩的变化，相应地引起湖泊水动力和地球化学条件的改变，使湖泊沉积的分布范围和厚度、岩性和相带、有机质类型和含量都有所不同。此外，当靠近海洋的近海湖泊与海洋间存在连通的通道时，全球性海平面变化也将引起湖泊水体性质的变化。总之，区域构造、地形、气候和物源对湖泊沉积环境及其相应沉积物的控制比对海洋更为直接和明显，其中，构造和气候是对湖泊的形态和水体地球化学条件的主控因素。构造常控制湖泊的规模、形态、地貌起伏特征等，气候则控制了湖泊水体的水位、地球化学条件等。在不同大地构造区、不同气候带、不同的地理和物源区，湖泊沉积具有相当大的差别。

2.3.1　盆地基本特征

1. 物理特征

湖水一般呈浅蓝色、青蓝色、黄绿色或黄褐色。湖水颜色受含沙量多少、泥沙颗粒大小、浮游生物种类和数量多少的影响。一般来讲，含沙量小、泥沙颗粒小、浮游生物少，湖水呈浅蓝色或青蓝色；反之则易呈黄绿色或黄褐色。

湖泊的水动力条件与海洋有相似之处。湖泊中也有波浪和湖流作用，从湖岸到湖心，水动力强度逐渐减弱，相应地出现沉积物由粗到细的岩性岩相分带。湖盆越大，则与海盆相似性也越大，尤其是与潮汐作用不显著的浅海。但是，一般而言，湖泊的水体比海洋小得多，无潮汐作用，波浪和湖流作用的强度也弱得多，同时，湖泊受气候、河流等外界因素影响较大。因此，湖水运动是十分复杂的。风、河水、大气加热、气压差和重力作用等因素，均可导致湖水产生不同的反应和运动。在各种作用中，湖浪和湖流作用是影响湖泊沉积最为明显的水动力作用。

在湖泊中，河流以底载或悬载的形式带来的碎屑物质，受到湖泊的水动力特征的控制。从沉积水动力条件角度，在浪基面之上远离河口的地区，以波浪的侵蚀、搬运作用为主，这个过程在大型湖泊中尤为明显。在浪基面以下，湖底以沉积作用为主，当坡度足够大（大于 5°）时，松软物质将顺坡运动，转化为沉积物重力流。与三角洲前缘沉积物滑塌所产生的沉积物重力流一样，它们在深湖湖底或平原区中再沉积下来。

水体分层是湖泊体系的重要特征。湖水（淡水）在 4℃ 时密度最大。表层水温度随季节的变化产生密度分层。在夏季时，上部为湖面温水层（或湖上层），下部为较冷的、密度较大的湖底静水层（或湖下层），这两层被温跃层（或湖中层）隔开，这种温度分布称为正温层分布。而在冬季，湖面温度低于 4℃ 时，水温随深度的增加而升高，这时的温度分布称为逆温层分布。两种相反的垂直分层，在春秋两季相互更替时，湖水上下交换，形成回水现象，这种湖称为双循环湖，多发生在寒温带。除此之外，根据温度分层情况，还有无循环湖（永冻湖）、冷单循环湖（湖水温度始终上升不到 4℃，只有夏季一个循环季节，多分布于寒冷地区和高海拔地区）、暖单循环湖（湖水温度从不低于 4℃，每年循环一次，多分布于温带、亚热带和受大洋气候影响的地区）、多循环湖（湖水循环频繁，分布在风力迅速更替、日温差大和季节温差小的地区）、少循环湖（温度远高于 4℃，一般出现在热带地区，发生不规则和罕见的湖水循环）。温度分层现象在水体较深的湖泊中比较显著，而在浅水湖泊中不明显。在水深较大的湖中，湖面温水层由于连续循环而含充足的氧，而下部水层为缺氧的静水层。河流把磷酸盐和硝酸盐等营养盐带入湖泊，加速了上部水层中生物的繁衍。这些悬浮有机物质的沉淀导致下部水层缺氧，形成一个大部分生物不能生存的营养环境，这种情况在热带地区最明显。

湖泊的水体分层可以影响沉积过程与作用。当河流流入分层湖泊中时，依据河水密度和湖泊水体密度的相对大小可以出现以下几种情况：①河水密度小于湖上层密度，此时河水以羽状表流的形式向盆地分散沉积物；②河水密度介于湖下层和湖上层之间，除较粗粒沉积物被分散到湖底的广阔区域外，最细的碎屑仍保留在温跃层内，在季节更替时、湖水上下交换过程中，形成季节纹层；③当咸的或挟带沉积物的较冷河水进入湖泊后，可能会产生底流，底流作为半连续的浊流把混杂的沉积物搬运到湖盆深处；④在注入水密度与湖水密度近似相等时，快速的三维混合作用造成推移质的迅速沉积，悬移质沉降在离岸不远的地区，这种局部性的沉积作用有利于三角洲的发育。

区域构造、地形、气候和物源对湖泊沉积环境及其相应沉积物的控制比对海洋更为直接和明显，其中，构造和气候是对湖泊的形态和水体地球化学条件的主控因素。构造常控制了湖泊的规模、形态、地貌起伏特征等，气候则控制了湖泊水体的水位、地球化学条件，在不同的大地构造区、不同气候带、不同的地理和物源区，湖泊沉积具有相当大的区别。

2. 化学特征与作用

湖水的化学成分大致相同，但所含化学元素的含量，却可以因时因地有较大差异。湖水的含盐度变化较大，由小于1‰至大于25‰，这与含盐度一般为35‰的海水有明显的不同。湖水含盐度的变化，既可直接反映出湖泊的化学类型，又能间接反映湖泊盐类物质积累或稀释的环境条件。决定湖泊含盐度高低的主要因素是气候和流域地球化学特征。干旱气候条件下的湖泊含盐度普遍高于潮湿气候条件下的湖泊含盐度。同时，湖泊内水动力条件和生物作用等对湖泊含盐度平面分布影响较大，特别是湖流、波浪等水动力促使了湖水含盐度的均匀分布，尤其是开阔湖面更为均匀。此外，湖泊汇集了来自不同源区河流的流水，故湖水的化学成分变化较大。湖泊的地球化学特点在一定程度上反映了源区物质和盆地气候条件的变化。

湖水剖面中上下的盐度也往往不均匀分布，出现盐度分层现象。由于蒸发作用和卤水的补给使盐度增高，从而产生密度差，形成一个盐跃层把低盐度的表层水和高盐度的底层水分开的现象，即湖泊水体的化学分层现象。湖泊水体的化学分层可以促进盐度分层。

湖泊沉积物的稳定同位素、稀有元素等与海洋有一定的差别。如湖泊中$^{18}O/^{16}O$、$^{13}C/^{12}C$的值比海相中的低；而海相碳氢化合物的硫同位素$^{34}S/^{32}S$的值较为稳定，湖相中则变化大；微量元素B、Li、F、Sr在淡水湖泊中的含量比海洋中少，Sr/Ba值在淡水湖泊沉积中常小于1。

溶解物质可以呈胶体溶液或真溶液的形式存在。因此，湖盆中的化学沉积作用可以分为胶体凝聚与真溶液化学沉积作用（表2-3）。其中，铝、铁、锰、硅的氧化物难溶于水，常呈胶体溶液搬运。胶体溶液在适当的条件下，会失去稳定性，随之胶粒就凝聚成较大的颗粒，并进一步凝聚成絮状物，在中立的作用下逐渐沉积下来，这个过程称为凝聚作用或絮凝作用。胶体凝聚作用可以形成黏土矿物、磷酸盐类矿物、铝土矿、铁矿和锰矿等。氯、硫、钙、钠、镁、钾等多呈离子状态溶解于水中，呈真溶液状态搬运。它们的搬运和沉积受到溶解度、介质酸碱度（pH）、氧化还原电位（Eh）、温度、压力等因素的影响，依次沉淀下来。沉淀次序大体为碳酸盐、硫酸盐、氯化物。

表 2-3　化学沉积作用与生物沉积作用

化学沉积作用产物	生物沉积作用产物
胶体凝聚： 　铁、锰、铝等沉积矿床 真溶液化学沉积： 　泉华、膏岩、碳酸盐岩……	干酪根、叠层石、生物碎屑灰岩、生物磷块灰岩、硅藻土、白垩……

3. 生物特征与作用

看似平静的湖面却包含着复杂的生物作用。河流会向湖泊中输入大量营养物质，会被各种各样的生物群体利用。阳光为食物链底层的生物（主要是藻类）提供了进行光合作用的机会。因此，湖泊水体和沉积物为湖泊生物群落提供了适宜的生存环境及丰富的无机和有机物质。湖泊环境根据湖水盐度的不同，可发育良好的淡水生物群，也可以发育微咸水-咸水生物，如腹足类、瓣鳃类等底栖生物，以及介形虫、叶肢介、鱼类等浮游和游泳生物，此外还常发育藻类等低等植物和水生高等植物。细菌在湖泊的生物作用中扮演着重要角色，如细菌在分解浮游生物和高级生物等有机物质时，会消耗相当数量的溶解氧，进而影响湖泊的生物化学循环。石油的生成首先依赖于各种生物体中有机质的大量产生。对于陆相湖盆来说，沉积物中的有机质除部分来自陆生植物残体外，主要是湖盆水域水生生物的大量繁殖和富集。

生物可以参与沉积作用（表 2-3）：①生物遗体的直接沉积。生物在生命活动过程中，一方面，通过光合作用或吸取养料形成有机体；另一方面，可吸取介质中钙、磷、硅等无机盐通过生物分泌作用形成外壳和骨骼。生物碎屑砂层、生物碎屑灰岩、生物磷块灰岩、硅藻土、白垩、礁灰岩等都是生物残体或遗骸直接沉积作用的产物。②生物化学沉积作用。生物的生命活动过程或生物遗体分解过程会产生大量 H_2S、NH_3、CH_4、O_2 等气体或吸收大量 CO_2 气体，引起介质的物理化学条件的变化，从而促使某些溶解物质沉淀。例如，藻类的光合作用，就是通过吸收 CO_2，导致湖水 pH 升高，进而促使 $CaCO_3$ 过饱和而发生沉淀。生物化学沉积作用还表现在由于有机质的吸附作用而使得某些元素得以沉淀，煤及黑色页岩中往往富集各种金属元素即与有机质有关。③生物物理沉积作用。表现在生物在生命活动过程中通过捕获、黏结或障积等作用使沉积物发生沉积。湖泊中的叠层石，是生物物理沉积作用的典型代表。

2.3.2　古地貌对沉积的控制及研究方法

1. 古地貌对砂体发育的控制

湖盆的研究内容包括盆地自身的地貌特征（包括宏观地貌特征和微观地貌特征）、盆地水深、盆地的构造运动等。盆地自身的这些特征对砂体发育起到重要的控制作用。

古地貌指沉积基底原始地形形态起伏与变化，包括宏观古地貌与微观古地貌（帅萍，2010）。宏观古地貌指盆地规模的原始地形起伏与变化（王永诗等，2012），它控制了碎屑物的剥蚀、搬运、沉积，决定了物源和沉积体系的分布和发展。微观古地貌指局部地形的起伏与变化，主要表现在岸线的形态和局部的地形起伏（王永诗等，2012）。微观古地貌对沉积的控制作用主要体现在它决定了沉积作用发生的具体地理位置，其中，古地貌高点与低点之间的转折地带往往是水动力能量减弱、沉积物优先卸载的场所。盆地的宏观古地貌与微观古地貌对沉积的控制主要表现在以下几个方面。

（1）宏观古地貌决定了物源和沉积体系的分布和发展

以陆相湖盆为例，陆相湖盆一般可以划分为断陷湖盆与拗陷湖盆。断陷湖盆的盆地边缘有陡坡带、缓坡带之分，其砂体成因类型与分布范围也不尽相同。陡坡带由盆缘断裂控制，靠近高山陡崖，湖泊的水深梯度大，该处发育的沉积相类型主要有扇三角洲、近岸水下扇及其伴生的深水重力流等粗碎屑砂砾岩扇体，这些砂砾岩扇体往往沿湖岸线分布，坡度大、相带窄、相变快。而在缓坡带往往为广阔的滨浅湖环境，向陆地方向一般为平原丘陵，常发育小型的短轴三角洲或线状排列的冲积扇裙，在湖浪或沿岸流的作用下重新改造，可能形成滩坝。Soreghan 和 Cohen（1996）研究了东非 Tanganyika 陆相断陷湖盆沉积，按照盆地宏观地貌的不同，将其分为四种边缘相带，每种边缘相带的沉积作用不尽相同。

拗陷盆地一般发育于构造断陷的后期，此时构造运动相对较弱，地形相对平缓，具有"碟（盘）子"形结构特点：凹陷中部地形缓平，向周缘逐渐抬起，整体上与断陷盆地的缓坡带类似。拗陷盆地在长轴方向往往发育建设性三角洲，在短轴两侧发育小型扇三角洲、三角洲（姜在兴和刘晖，2010）。

（2）微观古地貌一方面表现在局部的地形起伏

王延章等（2011）在前人研究的基础上将微观古地貌划分为三类九种，具体如下。

正向单元类：进一步分为高点、古梁、断鼻三种。

负向单元类：进一步分为向斜、沟槽、断洼三种。

斜坡单元类：进一步分为缓斜、阶地、陡斜三种。

不同的微型古地貌对滩坝形成的控制作用不尽相同。与凸岸类似，浅水区的古地形高地也具有汇聚波能并使之迅速减弱的作用，有利于沉积物的分选和再堆积。陆源碎屑物质在波浪和沿岸流的作用下搬运，在向正向构造带传播过程中，波浪和沿岸流能量消耗大，碎屑容易在高低部位的转换处卸载，在正向微地貌单元周围更易形成滩坝，如水下古高地的周缘。因此，滨浅湖带局部的微观古地貌是控制滩坝平面分布的重要原因，在平坦开阔的地貌背景下易形成单层厚度薄、分布面积广的滩砂体，包围于条带状的坝砂体周围（图 2-10）；在具有一定坡度和地形起伏的微地貌背景下，易在地貌高点周围形成单层厚度大、分布相对局限的坝砂体。

（3）微观古地貌另一方面表现在岸线的位置与形态

古湖岸线（湖平面）的位置决定了滨岸带各种砂体的分布位置（图 2-17）。如滨浅湖滩坝砂体和三角洲前缘砂体的平面起始位置受古湖岸线位置的控制，并随着湖岸线迁移而作调整，沿湖岸线的轨迹围绕湖盆呈环带状分布（李元昊等，2009）。

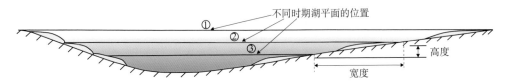

图 2-17　拗陷型湖盆古湖平面迁移与砂体分布关系示意图（李元昊等，2009）

不同的岸线形态对滨岸带沉积物的沉积作用、分布特征起到一定的控制作用。

在较为平直的岸线限制的滨浅湖平坦地带，受到垂直于岸线的风的作用，波浪的水动力分带几乎平行于岸线。在这样的水动力控制下所形成的滩坝砂体基本上与岸线平行或走向一致。舟山普陀岛地区的滩坝体系就具有平行于海岸线分布的特征（朱静昌等，1988）。

在岸线曲折的湖盆边缘，部分地区形成湖岸线向陆方向凹的湖湾，其他地区则为岸线向湖一侧突出的岬角。在湖盆凸岸之间的湖湾水深较两侧大，波浪在传播至岸线的过程中会发生折射。前已述及，波浪折射能够引起波浪的分散或集中。这种现象导致波能在凸岸处聚集，为相对高能带，在此处对沉积物的改造强烈，可能形成较粗碎屑组成的滩坝，而在湖湾方向上能量相对较低，主要沉积细碎屑为主的沉积物。

另外，地貌的起伏变化或岸线的曲折会导致波浪折射（图 2-7），受此作用在浅水区往往形成与岸线几乎平行的沿岸流。当沿岸流侵蚀、搬运大量碎屑物质流经上述湖湾地区（朱筱敏等，1994），或者三角洲沉积体侧缘地区（操应长等，2009）时，由于湖岸线的凹凸变化，造成沿岸流和湖浪能量的消耗，使得其搬运的沉积物沉积下来，在凸岸的下游沿岸流方向形成长条状湖岸沙嘴。

2. 古地貌的恢复

古地貌是控制沉积体系发育的关键因素之一，研究古地貌有助于揭示物源体系、沉积体系的发育特征与空间配置关系。古地貌恢复是一个综合性很强的课题，也是油气勘探领域中的热点和难点问题，目前的研究大都停留在定性阶段。残留厚度和补偿厚度印模法、回剥和填平补齐法是常用的古地貌恢复方法和理论基础，但由于它们在恢复古地貌特征方面存在许多未考虑的地质因素（如不同岩性岩石沉积后遭受的压实程度不等），因此，它们存在诸多不足之处，导致古地貌恢复结果存在较大的误差。

目前，古地貌恢复手段正在逐步向综合性和定量化方向发展，精度不断提高。姜正龙等（2009）在前人研究的基础上总结出了构造-沉积结合法恢复古地貌，结合了：①地震资料可全区追踪、不受钻探密度限制、便于开展构造校正的优点；②钻井资料，以获取丰富的沉积记录资料，能够充分考虑压实校正和古水深恢复；③基本地质图件，如沉积前古地质图、古构造图和沉积地层等厚图、砂岩等厚图等。同时结合成因相分析、古流向分析、剥蚀厚度计算等多种沉积学分析手段进行综合分析，进一步在残留厚度和补偿厚度印模法、回剥和填平补齐法的原理和基础上，研究古地貌，进而提高恢复精度。

操作方法上，首先，可利用地震、测井及钻井资料，进行层序地层学研究，建立等时地层格架，确保目的地层界面的等时性，制作地层残留厚度图并进行视厚度校正；其次，应用盆地模拟软件进行埋藏史模拟和压实恢复；再次，结合地震资料，制作平衡剖面（如果研究区遭受过剥蚀，还应进行剥蚀厚度恢复），综合分析古地貌特征（桂宝玲，2008；姜正龙等，2009；姜在兴，2010a）；最后，应当通过综合沉积相、古生物分析得到的古水深数据进行校正，使恢复结果更加准确（图 2-18）。此过程可以借助盆模软件实现。

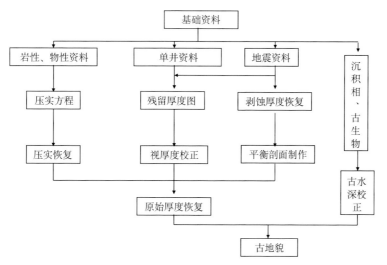

图 2-18　构造-沉积结合法恢复古地貌技术路线（姜正龙等，2009）

用到的关键技术有剥蚀厚度恢复、真厚度矫正、压实恢复、古水深校正、平衡剖面制作。其中，剥蚀厚度恢复前已述及，古水深恢复将在后文介绍，本节介绍真厚度矫正、压实恢复和平衡剖面制作。

1）真厚度校正

地层在埋藏过程中往往会由于构造运动等因素而发生倾斜，造成钻井与地层成斜角相交，而不是垂直穿过地层。因此，直接从钻井资料中统计的地层厚度（视厚度）不能准确反映地层的真实现今厚度（真厚度），而是大于真厚度，在压实恢复之前需要进行地层真厚度校正。

地层真厚度校正的原理、方法可参考桂宝玲（2008）、胡新友（2008）、姜正龙等（2009）的成果，如图 2-19、图 2-20 所示。

图 2-19 中，t 为倾斜地层的真厚度，t' 为通过钻井资料读取的地层视厚度，显然 $t' > t$。设 t 与 t' 之间的夹角为 α，根据勾股定理：

$$t = t'\cos\alpha \qquad (2\text{-}14)$$

由式（2-14）和图 2-19 可知：只要求得 t 与 t' 之间的夹角 α，就可以由地层视厚度 t' 计算出地层的真厚度 t。

α 的获取如下所述：如图 2-20 所示，在目的地层层面上，选某一定点 O，以 O 点为某正

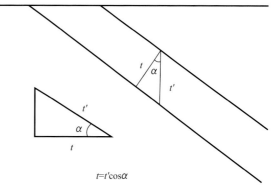

图 2-19　地层真厚度校正原理示意图
（胡新友，2008；桂宝玲，2008）

方形的中心，选定正方形端点及边线中点共八个点，代表八个不同的方位[图 2-20(a)]，以图 2-20(a) 中 A 点为例，设 A 点与 O 点的连线 OA 与水平方向之间的夹角为 α'，则 $\alpha' = \alpha$[图 2-20(b)]。

设 s 为 A 点与 O 点之间的水平距离，Z_o、Z_a 分别为 O、A 两点埋深，则有

$$\alpha = \alpha' = \arctan[(Z_o - Z_a)/s] \qquad (2\text{-}15)$$

这样就求得了地层在 OA 方向上的倾角值。同理，分别对图 2-20(a) 中所示的其他七个点进行同样的计算，共求得八个 α' 值，选取其中最大的一个，可以近似认为这个 α' 就是地层在 O 点的真实倾角 α。进一步求出 $\cos\alpha$ 并代入式(2-15)中，即可由地层视厚度 t' 计算出地层的真厚度 t。

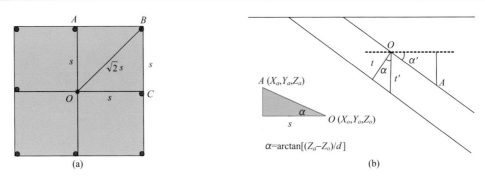

图 2-20　地层层面点分布示意图（a）与 α 的求取示意图（b）（胡新友，2008；桂宝玲，2008）

2）压实恢复

沉积物埋藏过程中，在重力及上覆沉积物压载共同作用下，随深度增加，沉积物孔隙度不断减小，地层厚度也减小。在压实过程中，不同岩性压实作用有较大的差异，泥岩、粉砂岩初始孔隙度约为 52% 和 50%，而被压实后，孔隙度可降为 10% 以下，地层厚度相对于原始厚度可以减少 40% 以上。因此，压实恢复对古地貌研究具有重要意义。

压实恢复是建立在一定的前提之上的：假设在地层压实过程中，岩石骨架体积始终保持不变，地层孔隙度体积变小导致地层体积变小，且孔隙度变化具不可逆性；地层在横向上保持不变，仅是在纵向上的厚度随地层体积变化，即地层体积变化主要归结为地层厚度变化。且地层的压实具不可逆性，由地层曾经历的最大埋深控制；同一地层的沉积速率相等；如果有剥蚀，假设同一地层被剥蚀掉的部分都是在一次剥蚀事件中造成的，并且剥蚀速率相等。主要包括两方面的内容：压实方程的建立与压实厚度恢复。

（1）压实方程的建立

岩层孔隙度随深度增加有规律减小，孔隙度与深度存在以下关系：

$$\phi = \phi_0 e^{(-C \times D)} \tag{2-16}$$

式中，ϕ 为岩层的现今孔隙度；ϕ_0 为岩层沉积时期的原始孔隙度；e 为自然对数的底；C 为压实系数；D 为埋藏深度。

其中，压实系数 C 和初始孔隙度 ϕ_0 与岩性有关（石广仁等，1998），只要有了不同深度地层岩石的孔隙度，就可以做出 ϕ-D 关系曲线，通过拟合关系式可得到初始孔隙度 ϕ_0、压实系数 C 和任意深度下岩石的孔隙度 ϕ。

压实系数 C 和初始孔隙度 ϕ_0 与岩性有关。岩性不同，初始孔隙度和压实系数就有所不同。实验表明：泥岩压实系数最大；砂岩次之；碳酸盐岩压实系数介于以上两者之间，如含泥质较多则偏向于泥岩，反之则偏向于砂岩；蒸发岩可视为无压实作用（石广仁等，1998）。

（2）压实厚度恢复

在上述基础上，可以由盆地模拟软件实现压实恢复，得到原始厚度和压实率。为简化模型和便于程序设计，有以下几点假设：①岩层压实前后岩石骨架颗粒体积不变，压实作用导致的厚度缺失部分仅来自于岩石孔隙体积的减小；②不考虑成岩作用过程中的各种次生变化；③压实过程不可逆（姜正龙等，2009）。

在上述假设的基础上，根据姜正龙等（2009）的模型，设 D_1，D_2 分别为目的地层现今的顶、底界埋深，剥去上覆一套地层后，其顶、底界埋深分别为 D_1' 和 D_2'。应存在如下等式：

$$\int_{D_1}^{D_2} [1 - \varphi(D)] \, \mathrm{d}D = \int_{D_1'}^{D_2'} [1 - \varphi(D)] \, \mathrm{d}D \tag{2-17}$$

等式的左边和右边分别代表该套地层恢复前后单位截面积的骨架高度，求解该式即可得到 D_1' 和

D_2'。该过程可以由盆地模拟软件实现（姜正龙等，2009）。

3）平衡剖面的制作

剖面平衡是一个基本的地质规律。当岩层长度或剖面面积在变形与未变形的两种状态下相等时，剖面是平衡的。若它们不相等，且这种不相等又无法解释，那么剖面就是不平衡的。一个不平衡的剖面其地质构造解释肯定是错误的，这就是平衡剖面的主要思想（刘光炎和蒋录全，1995）。

剖面平衡的方法较多，归结起来主要有三种，即正演法、复原法和反演法，具体操作在此不做赘述。为保证编制平衡剖面的正确性，应当遵循四个原则。

（1）面积（体积）不变原则：变形前后地层所占的面积（二维空间）或体积（三维空间）不变。由于多数构造褶皱是在沉积后发生的，地层在变形前就已经受成岩压实作用，故构造压实作用造成的面积（体积）损失可不予考虑。对比变形与未变形区域的同一种岩石，若密度（或孔隙度）基本不变，计算中构造压实作用也可忽略不计。

（2）岩层厚度不变原则：岩层发生褶皱时，不同岩层间只存在顺层剪切，因此，以同心圆状褶皱方式变形，即变形前后岩层厚度不变。

（3）剖面中各标志层的长度一致原则：若岩层间没有不连续面，则其恢复后的原始长度在同一剖面中应当一致。否则，在长层与短层间必有一不连续面。

（4）地层沿同一断层的位移量一致的原则，否则可能由下列原因造成：断层传播褶皱作用，沿断层的位移逐渐转换为褶皱，因长度守恒，造成各层间的缩短量不一致；断层发生分叉，位移量分散到各小断层上；滑脱褶皱作用，其缩短机制与断层传播褶皱作用相同（刘光炎和蒋录全，1995）。

一个准确的平衡剖面，可以确定一个地区的变形史，进而了解该地区在某一时期的古地貌。

4）古水深矫正

沉积物沉积时，其沉积界面是在水下一定深度，所以沉积物厚度不能代表其沉降深度，而是需要用古水深资料进行校正。古水深可通过对沉积相和古生物组合等的综合分析进行估计。近年来，一批学者不断开拓并发展了古水深的恢复方法，精度不断提高。将获得的古水深加上沉积物厚度，可得到某一底边界沉积之前真正的深度。

古地貌恢复方法的具体操作亦可见胡新友（2008）、桂宝玲（2008）、姜正龙等（2009）的研究。

另外，古地貌特征还可以根据布格重力异常数据进行分析。布格重力异常是利用地球各部分物质组成和地壳构造差异，使测量重力值与理论值存在异常差，通过校正反映地层的地质构造和物质分布（曾华霖，2005）。重力异常数值越大代表地形越高，反之表示地形越低，等值线越密集代表地形越陡，反之表示地形较缓。

3. 古岸线的识别

岸线是湖平面与陆地的交线，是陆上和水下沉积的分界线（姜在兴和刘晖，2010）。古岸线即海（湖）平面在某一地质历史时期相对稳定的岸线位置。古岸线的识别主要有以下几种方法（参考姜在兴和刘晖，2010）。

1）沉积学方法

（1）特殊岩石类型：发育于岸线附近的特殊岩石类型，如泥炭层、煤层、蒸发岩、湖滩岩，以及沿着沿岸流方向成层分布的分选和磨圆较好的砾石层、砂岩层等，具有指示古岸线的作用，可以作为古湖岸线的判识标志。例如，青海湖现今的岸线附近多处发育湖滩岩，即可作为青海湖演化过程中岸线位置的替代性指标（李永春等，1995）。

（2）沉积构造：沉积构造可以记录沉积时期的水动力条件和沉积环境。如在岸线附近形成的沉积构造反过来也记录了古岸线大致的位置。例如，冲洗交错层理、波痕、泥岩中的氧化条带、植物根迹、泥裂、雨痕等暴露构造以及碳酸盐岩溶蚀带等，经过综合比对，这些特征都可以作为识别古湖岸线的标志。

（3）砂体类型：岸线附近发育多种类型的沉积砂体，根据这些沉积砂体的发育情况同样可以推断古湖岸线的位置。（扇）三角洲前积体、线状分布的砾质滩以及海（湖）岸沙丘均可以作为识别古湖岸线的标志。例如，三角洲平原与前缘的界限就是湖岸线的位置，因此通过单井解释、连井对比、井震结合的方法确定三角洲平原亚相与前缘亚相的界线，可以确定古湖岸线。

2）古生物法

岸线附近生物死亡以后保存下来的实体化石及其活动时留下的遗迹化石，可以作为古岸线的识别标志：①介（贝）壳滩是重要的滨岸标志物，相对富集的、成层状产出的、发育在滨岸环境中的双壳类和腹足类动物化石，可以作为古岸线的标志；②这些动物活动过程中形成的 *Scoyenia* 遗迹相、*Psilonichnus* 遗迹相等也记录了这些生物的生存环境乃至沉积物的沉积环境，可以作为识别古岸线的良好标志。另外，湖泊边缘常常富集着水生植物的孢粉颗粒，因此可以根据孢粉的相对富集程度来识别古湖岸线。

3）地球物理法

地震资料是油气勘探中最重要的资料之一，滨线位置可以在斜交或者垂直于岸线走向的地震剖面中解释出来（图 2-21），多表现为同相轴的上超尖灭或在横向上的终止，代表着沉积物的沉积范围在横向上的终止，因此利用地震反射同相轴的上超尖灭可以识别古岸线。值得注意的是，由于岸线附近地层可能遭受剥蚀或受到压实作用，在研究地层上超和退覆点时，应对原始沉积界面坡度的变化以及地层厚度变化进行校正。

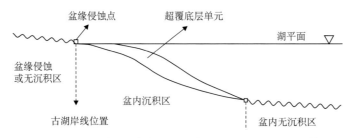

图 2-21　地层超覆指示古湖岸线示意图（钟广法，2002，修改）

4）地球化学法

岸线附近特殊的沉积环境，如氧化还原条件、水介质性质、水体的深浅变化趋势等，可以通过地球化学信息反映出来，因此通过化学指标可以判断古岸线的位置（姜在兴，2003；姜在兴和刘晖，2010）。另外，在盐湖-咸湖沉积环境中，可以根据一些微量元素含量（如 B、Sr、Rb 等）或其比值（如 Sr/Ba、Rb/K 等）进行古盐度的恢复，进而根据古盐度重建古湖岸线的位置（韩永林等，2007；郑荣才等，2008）。

2.3.3　古水深对沉积的控制及研究方法

1. 水深与砂体分布

水体深度决定了水动力的分带。以湖泊为例，湖泊中有四个重要的界面：洪水面、枯水面、正常浪基面、风暴浪基面，将湖泊相分为滨岸、浅湖、深湖三个亚相（姜在兴，2010a）（图 1-6）。在正常浪基面之上，根据波浪的特征及其对沉积物的搬运、沉积作用，进一步将滨岸亚相细分为临滨、前滨、湖岸沙丘。不同的水深范围对应不同的沉积亚环境，会发生不同沉积过程（图 1-6）。以滩坝为例，滩坝砂体发育的主要场所是浪基面之上的、水动力作用强烈而复杂的滨岸环境。准确划分浪基面的位置，等于是确定了滩坝在空间上潜在的发育范围。

另外，古水深是碳酸盐岩滩坝发育的重要控制因素。古水深控制了碳酸盐岩的产率，水体过浅碳酸盐岩保存的可容纳空间较小，形成的碳酸盐岩不利于保存；水体过深湖水的蒸发作用相对较弱，碳酸盐岩产率明显下降。王延章（2011）通过对东营凹陷沙四上亚段碳酸盐岩滩坝的研究，认为该地区碳酸盐岩的主要发育区间为 3～32m，最大产率峰值对应的水深为 24.5m。

2. 古水深的恢复

1）定性恢复古水深

（1）古生物法

生物生长于特定的生活环境。同样地，不同水深环境与相应生态特征的生物构成了特定的水深与生物的组合。古水深分析方法应用较多的就是古生物方法。有的生物具有水深指示意义，如钙藻、底栖藻、浮游有孔虫与底栖有孔虫的比值（P/B）、珊瑚群落、介形虫与颗石藻（海相）等。在古生物鉴别的基础上，可以根据不同的化石丰度及其组合（如藻类）划分出不同的水深相带（邹欣庆和葛晨东，2000）。

化石群分异度与水深具有良好的对应关系。根据现代生态研究，现代介形类的分布在浪基面附近生物最繁盛，分异度最大，其两侧，即向湖岸和较深湖区分异度逐渐减小（李守军等，2005）（图 2-22）。利用信息函数量化介形类化石群优势分异度，然后拟合介形类信息函数分异度值与古水深的对应关系，可以较准确地确定古水深。李守军等（2005）利用此方法，以东营凹陷沙三段为例恢复了当时湖盆的水深。

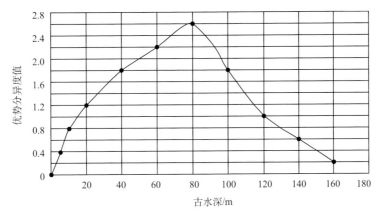

图 2-22　东营凹陷古近纪介形类优势分异度与水深的对应关系（李守军等，2005）

另外，在缺少实体化石的情况下，可采用遗迹化石，确定相对古水深。例如，古生物研究认为石针迹相生物主要生活在 1～2m 水深，卷迹相生物主要生活在 2～10m 水深，伸展迹相生物主要生活在 10～17m 水深，始网迹相生物主要生活在 17～25m 水深，古网迹相生物主要生活在大于 30m 水深（Frey and Howard，1990）（表 2-4）。

表 2-4　不同遗迹化石相与古水深对应关系（张世奇和任延广，2003）

遗迹化石相	古水深/m
石针迹相	1～2
卷迹相	2～10
伸展迹相	10～17
始网迹相	17～25
古网迹相	＞30

（2）沉积学法

沉积物的分布规律可以确定水深的相对大小。一般情况下，沿浅水至深水的方向，砂砾沉积减少，泥质沉积增加，至深水区主要是泥质沉积（重力流沉积除外）（康安等，2000；张世奇和任延广，2003）。因此，利用沉积岩相的分布特征，可以定性判断古水深（表2-5）。另外，泥岩的颜色也是水深相对大小的良好指标。例如，滨湖的泥岩颜色以浅绿色为主，指示古水深为0～5m；浅湖泥岩颜色以灰色和浅灰色为主，指示古水深为5～30m；半深湖泥岩颜色以深灰色为主，指示古水深大于30m（王延章，2011），也有人认为湖泊水深具有这样的分布规律：滨湖＜5m；浅湖5～20m；深湖＞20m（蔡佳，2011），具体数值的选择应当结合盆地的实际情况（康安等，2000）。对于没有岩性剖面的井，可以用测井岩相对古水深进行刻度（康安等，2000）。

表 2-5　不同岩性对应地形成古水深（张世奇和任延广，2003）

岩性	古水深/m
蒸发岩	0～5
砾岩、砂岩	1～10
鲕粒灰岩	1～15
泥质粉砂岩	5～20
礁灰岩	5～25
暗色泥岩	＞20
油页岩	＞50

各种类型沉积构造的形成取决于水体深浅和水动力条件（纪友亮和张世奇，1996）。例如，滨浅湖地区以低角度交错层理、浪成沙纹层理、波纹层理等浪成层理为主，在暴露的条件下还可能形成干裂、雨痕、细流痕等暴露成因的构造，半深湖-深湖地区则以水平层理为主，也可能发育重力流成因的构造，具体可参考表2-6。

表 2-6　不同沉积构造对应古水深（纪友亮和张世奇，1996）

沉积构造	古水深/m
雨痕、干裂、盐晶痕、鸟眼构造	0～1
大型交错层理	0.5～5
波纹层理、平行层理	5～20
水平层理	＞17
鲍马序列、槽模、丘状交错层理	＞30

另外，铝、铁、锰结核等自生矿物的形成，除了与特定的环境有关外，还与水深有间接的关系。以含铁自生矿物为例，赤铁矿、褐铁矿、菱铁矿、黄铁矿指示了水体由浅变深、由氧化环境到还原环境（分别近似于0～1m、1～3m、3～15m、＞15m）（张世奇和任延广，2003）。不同种类的含铁矿物分散在岩石中表现为不同的颜色，尤以黏土岩的颜色判断水深更为直接。

（3）地球化学特征法

利用代表沉积环境的地球化学特征（如U/Th、K/Th），可以定性地恢复古水深。

例如，U/Th、K/Th可以反映水体环境。U属于锕系元素，具有极易被氧化的性质，在沉积过程中U主要通过两种方式发生富集：①被还原并保存在沉积物中；②被有机质或黏土矿物所吸收。因此，U含量的高低指示了还原程度。K在沉积物中含量比较丰富，在砂岩中，K的丰度往往与碎屑颗粒的粒度成反比，与水动力强度亦成反比。Th在自然界放射性元素中化学性质比较稳定，一般不受成岩后期改造和地球化学作用的影响。

因此，U/Th 可以指示水体的氧化还原性，K/Th 可以指示水体动力环境。而沉积水体的还原程度、水动力环境与水深之间具有密切的关系。U/Th、K/Th 值大，趋向于还原环境，沉积时期水体相对较深；反之，沉积时期水体浅。

另外，Fe_2O_3 和 MnO 含量对水体深度也有明显的指示作用，随着水体的加深，MnO 含量逐渐增加，而 Fe_2O_3 含量逐渐减少，可以通过这两种矿物的相对含量，来判断水体的深浅变化趋势（姜在兴和刘晖，2010）。

2）定量恢复古水深

（1）相序法

根据前面讨论的滩坝发育模式，由于沿岸坝发育于冲浪回流的极限位置，可以将其底部视作平均水平面；近岸坝发育于碎浪带，假设其充分发育时达到平均水平面的位置，则近岸坝的厚度记录了其形成前的碎浪带水深，同理，远岸坝发育于破浪带，假设其充分发育时达到碎浪带水深（即远岸坝坝顶对应的水平面与近岸坝底部对应的水平面持平），则远岸坝形成前的破浪带水深可以用近岸坝加远岸坝的厚度表达出来；同样的道理可以应用到风暴作用带并恢复风暴作用带的水深。如图 2-23 所示，近岸坝形成前的古水深为近岸坝的坝高 H_1，远岸坝形成前的古水深为近岸坝、远岸坝的坝高之和即 H_1+H_2，同样的道理风暴沉积形成前的古水深可以近似为风暴浪基面之上坝砂高度累加即 $H_1+H_2+H_3$（图 2-23）。

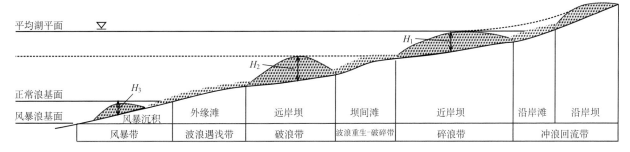

图 2-23　用坝砂厚度计算古水深模式图（Jiang et al.，2014，修改）

针对某一研究区块，首先通过岩心、测井、录井等资料进行单井相分析，识别出滨浅湖滩坝沉积。然后垂直岸线选择连井剖面，在准确、精细对比沉积相的基础上，进行坝砂的厚度统计，并通过去压实校正，计算出各个带的水深，可以在平面上做出古水深等值线图。

（2）波痕法

保存在地质体中的振荡流成因的波痕（浪成波痕）为重塑古沉积水深参数提供了良好的基础。根据对古波痕的研究，已经可以应用数学表达式来估算古水深及古波痕的形成条件。

为了比较准确地估算形成波痕时的运动水体的深度，对所选取的波痕类型需满足一定的条件：最大的波痕对称指数被限制在 1.5 内，垂直形态指数不能超过 9。

为了描述的方便，图 2-24 是描述波痕与运动水体之间关系术语示意图。

Miller 和 Komar（1980）在研究资料中指出：

对于对称波痕，如果波痕波长 λ（cm）与沉积颗粒

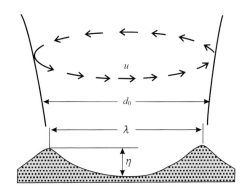

图 2-24　描述波痕术语与水介质运动关系示意图

u. 水质点运动轨道速度；η. 波痕高度；

λ. 波痕的波长；d_0. 近底水质点轨道直径

直径 D（μm）之间满足：

$$\lambda < 0.0028D^{1.68} \tag{2-18}$$

则近底水质点运动轨道直径 d_0 可以表示为

$$d_0 = \lambda/0.65 \tag{2-19}$$

沉积物开始运动的临界速度 U_t 可以表示为

$$U_t^2 = 0.21(d_0/D)^{1/2}(\rho_s - \rho)gD/\rho, \quad D < 0.5\text{mm} \tag{2-20}$$

$$U_t^2 = 0.46\pi(d_0/D)^{1/4}(\rho_s - \rho)gD/\rho, \quad D \geq 0.5\text{mm} \tag{2-21}$$

式中，ρ 为水介质的密度；ρ_s 为沉积物的密度；g 为重力加速度。

对于临界速度 U_t，所对应的水波波长为 L_t，其有如下关系：

$$L_t = \frac{\pi g d_0^2}{2U_t^2} \tag{2-22}$$

假设波痕由碎浪形成。波浪破碎时有

$$H_{\max} = 0.142 \times L_t \tag{2-23}$$

式中，$H_{\max}$ 为碎浪的最大可能波高。

在浅水区，Diem（1985）给出的经验公式为

$$h = H/0.89 \tag{2-24}$$

式中，H 为碎浪波高（可参考 $H_{\max}$）；h 为沉积古水深。

在计算过程中，波痕的波长 λ 为直接测量所得；沉积物颗粒直径 D 为通过沉积岩石的粒度分析数据所得，由于记录波痕的深度为一深度段，因此 D 为平均颗粒直径；水介质密度 ρ 可以根据盐度的不同合理选取，如淡水应选为 1g/cm³，沉积物的密度 ρ_s 数据可由密度测井或直接测量样品所得，同样，由于记录波痕的深度为一深度段，因此 ρ_s 也为平均密度。最后通过计算，得出利用波痕所计算出的古水深值。需要注意的是，沉积岩中保存的波痕由于受到压实作用的影响，其现今的波痕参数与沉积时相比发生了变化，因此在用波痕法恢复古水深时，应当考虑压实作用对波痕参数的影响，在压实校正之后的波痕参数的基础上进行计算。

（3）多门类微体古生物法

主要是应用生态学中水深因素对水生生物控制的原理。对水生生物来说，它们所生活的水深环境是一个由多种物理、化学和生物因素相互作用的综合生态因子。因此，不同类别的古生物有其适宜的生存深度，可以指示水深（苏新等，2012）。有关古代环境中水深对某类生物控制的了解主要来源于"将今论古"的方法，并结合其他共生生物或保存环境的推测。要利用这些资料进行绝对古水深的恢复，必须古今结合，既要获得现代这些类别生活绝对水深的新资料，还要考虑前人对这些类别水深分布的经验积累。例如：①现代湖泊介形虫绝对深度研究表明，其水深指示意义可应用于我国油田古代湖泊水深研究中；②底栖藻类在水底靠光合作用生存，受太阳光入水强弱变化控制，不同类别有不同生存深度，指示深度灵敏，并且它们属于水底固着生活藻类，藻体不耐搬运，更能代表原生环境（苏新等，2012）（图 2-25）。通过开展底栖宏观藻类分析，并结合其他的同生生物或保存的环境，可以获得反映原生环境水深范围。

为尽量逼近地质时期的古水深，苏新等（2012）提出了"多门类生物叠合深度"与"加权综合确定深度法"结合的思路，根据已有的古生物指示水深标志，对同个样品中不同生物类别指示的水深初步估算，然后把不同生物类别指示的深度叠合，采用叠合水深区间进行该样品的深度估计（图 2-26）。进一步综合考虑含化石样品的岩性、上下岩性变化以及与周边水深指标的对比等分析结果，结合层序地层、沉积学等结果，综合考虑给出最终绝对深度，用于古湖水绝对等深图的绘制。

对某一具体的研究区块，利用多门类微体古生物法恢复古水深的具体操作为：①方法调研和确定

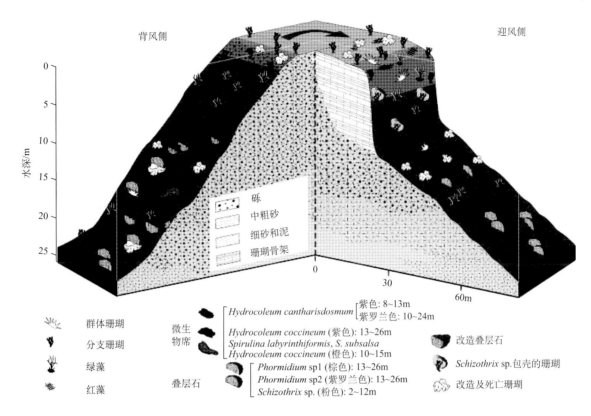

图 2-25　国外藻类量化深度分布新资料（Sprachta et al.，2001）

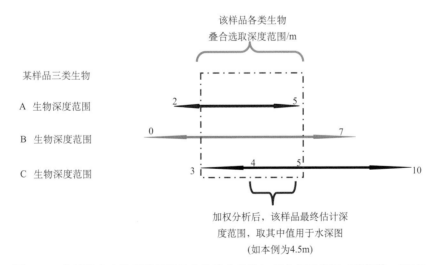

图 2-26　多门类古生物深度范围叠合选取方法和加权分析示意图（苏新等，2012）

水深判断标志及标准；②古生物资料的收集和样品采集；③古生物资料和样品分析处理及鉴定；④各个古生物类别的生态和深度分析；⑤各个样品中多门类深度叠合分析；⑥多因子加权综合分析（苏新等，2012）。

2.3.4　构造活动对沉积的控制

盆地的构造活动主要表现为断层的活动，尤其是控盆边界断裂的幕式活动。断陷湖盆中的主控断裂及其伴生形成的次级断裂组合构成的断裂结构控制了层序构型特征，其中边界主断层活动强度直接影响层序界面的形成、界面级别与界面性质，断裂分布样式与展布制约着湖盆层序地层几何形态及沉积充填类型和规模。

　　构造活动对盆地的沉积充填有重要的控制作用，特别是对于一个断陷盆地，断层活动和沉积作用往往同时发生。断层活动有时表现为地震作用。地震发生时，会对已经固结的地层、不含水的松散层以及富含水的软沉积物进行改造。由地震作用所产生的具有震积构造和震积序列的灾变事件沉积，可以称为震积岩。震积岩的形成过程非常复杂，包括塑性变形、脆性变形、挤压、剪切、液化和泄水，有时还会伴随沉积物的注入。

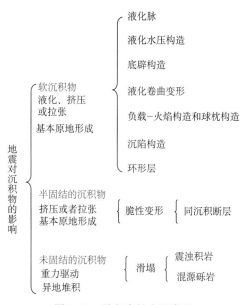

图 2-27　震积岩的主要类型
（Montenat et al.，2007；乔秀夫和李海兵，2009）

　　震积岩的类型多种多样，根据变形机制可以分为三大类（Montenat et al.，2007；乔秀夫和李海兵，2009）（图2-27）：第Ⅰ类软沉积物变形包括两部分，一种是由强剪切力造成的沉积物液化，如液化水压构造、液化脉、液化卷曲变形、底辟构造、负载-火焰构造和球枕构造等；另一种是由挤压力或拉张应力使沉积物变形，沉积物本身没有产生强液化，如环形层。第Ⅱ类以脆性变形为主，如同沉积断层、地裂缝等。第Ⅲ类指的是在地震作用下松散层或者硬岩层滑塌形成的沉积物，如碎屑流和浊流等。

　　在束鹿凹陷沙三段已发现有震积岩的证据。束鹿凹陷Es³早期进入强烈伸展断陷时期，构造活动强烈，并且具有大坡降、窄斜坡的地貌特征，物源供给充足。地震发生时，会对先存沉积物进行改造，形成底辟构造、液化脉等原地震积岩。地震也会使得物源区出露的基岩破碎或者启动近源处扇三角洲体系的松散沉积物，使之以碎屑流的形式形成异地搬运沉积。在向前搬运的过程中，震积体会侵蚀下伏的软沉积物，并携带其一起向前搬运，由于坡度迅速变化，能量在此处释放，沉积物大量堆积，与下伏的沉积物突变接触（详见本书第7章）。

2.4　风场-物源-盆地系统沉积动力学

2.4.1　风场-物源-盆地各要素的相互作用

　　以滩坝为例，滩坝发育过程对风场-物源-盆地系统各要素反应敏感，平面上主要发育于波浪作用持续稳定、沉积物源丰富、古地形差异较小的场所，即其形成和分布主要受水动力、物源和盆地的古构造特点及水深等因素控制，因此可以概括为受风场-物源-盆地系统控制。并且各因素并不是孤立地发挥作用，而是共同控制沉积体的形成，它们之间存在相互作用。

1）风与古地貌的相互作用

　　前已述及，滨岸带的坡度、微地形起伏，不仅直接影响到滨岸带水动力分带的宽窄，而且还直接控制着破浪带的位置以及滨岸环流系统的水动力条件（朱静昌等，1988）。在拗陷湖盆或断陷湖盆的缓坡带，滨岸带范围广阔，波浪作用范围大，能够作用到大范围水底的沉积物。

　　波浪折射的实际形式决定了近岸地形的特征。岸线的不规则与局部的微地形起伏会使波向线与波峰线在浅水区发生扭曲变形，呈现多样的变化，由这些原因造成的波浪折射导致波峰线趋于与等深线平行，对波浪能量的分布也具有直接的影响。例如，凸岸与脊岭状的微地貌使波向线集中，而凹岸与峡谷状微地貌则使波向线向两侧分散；波能在辐聚处集中并迅速消耗，而在辐散处波能分散。因此，在凸岸、正向构造单元周围与斜坡单元的迎风面一般为波浪运动能量突然减弱的消能带，有利于沉积物的卸载，而凹岸带与负向构造单元水动力能量相对较低，这种波浪能量的差异导致了不同微地貌单元上发生不同的沉积作用。而在等深线平行且地形单斜的滨岸带，水动力分带与岸线接近平行，沉积物的侵蚀、堆积往往也与岸线平行。

波浪也对滨岸带微观古地貌有一定的影响。滨岸带沉积物的搬运、沉积过程严格受到水动力条件的支配。因而，不同水动力分带，常形成不同的微地貌形态。以单斜平坦缓坡滨岸带为例，破浪带形成的远岸坝和碎浪带形成的近岸坝往往呈多列或单列出现，在地形上作凸起和凹槽规律的分布，有时其规模甚至较大（朱静昌等，1988）。尤其是遇到风暴作用，对近岸浅水区的地貌形态有着比平常大若干倍的破坏力和再塑力（张东生等，1998）。斜交入射岸线的波浪可能在凹岸处由于能量的降低而形成沙嘴，进一步发育成障壁岛，形成与湖泊半隔绝的湖湾。

2）物源与古地貌的相互作用

宏观古地貌格局对物源起到严格的控制作用，古地貌控制了水流的分散方向及沉积物的堆积中心。物源供给的方向与分配受古地貌影响，基准面之上的凸起或高地一般会遭受剥蚀，形成物源区，决定着物源体系与水系的分布格局，沟谷地区是碎屑物的主要搬运通道，断裂坡折带和沉积坡折带是水动力能量削弱的地区，是沉积物卸载的场所。

不同古地貌位置，物源供给与分配是有差异的。王延章等（2011）通过对东营凹陷东部南坡地区的古地貌恢复与物源分析，认为古地貌与物源供给的耦合，会对不同类型的滩坝及其他沉积体系起到控制作用（图 2-28）。例如，湖平面之上根据物源供给速率由小到大，依次发育河流（物源供给速率<0.6）和冲积扇（物源供给速率>0.6）。在水下隆起区，当物源供给速率<0.6 时，以发育碳酸盐岩滩坝为主；物源供给速率>0.6 时，以发育披覆三角洲为主。在水下斜坡区和滨浅湖洼地地区，当物源供给速率>0.6 时，以发育三角洲为主；当物源供给速率为 0.2～0.6 时，主要发育砂质滩坝，当物源供给速率<0.2 时，主要发育碳酸盐岩滩坝。半深湖洼地则主要发育泥质沉积或浊积扇，物源供给速率<0.2 时，为泥质悬浮沉积；物源供给速率为 0.2～0.6 时，发育中小型浊积扇；物源供给速率为 0.6～1 时，发育大型浊积扇（王延章等，2011）（图 2-28）。

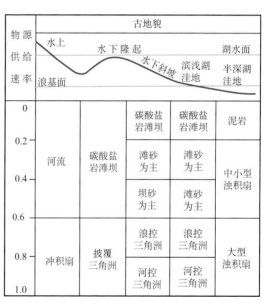

图 2-28　古地貌与物源供给速率对湖
相滩坝的控制作用（王延章等，2011，修改）

3）水深与物源的相互作用

即使在构造运动相对稳定的地质时期，物源区的面积也不是固定不变的，而是受相对水平面变化的控制。相对水平面的变化影响物源区的扩大和收缩。这种变化在断陷湖盆缓坡带和拗陷型湖盆显得尤为明显，数米的水深波动往往能够在平坦的斜坡上引起湖岸线在平面上几千米甚至几十千米的摆动（姜在兴和刘晖，2010）。

不同层序位置或水平面变化不同阶段，物源区的变化影响沉积作用的发生（图 2-29）。在低位体系域期，水平面降低，物源作用相对增强，物源供给指数增高，往往形成进积式砂体组合；在高位体系域期，由于水域扩大，局部小物源的作用减弱或消失，物源供给指数低，并且遭受波浪作用的强烈破坏与改造。以滩坝为例，在物源作用与相对水平面此消彼长的过程中，在相对水平面下降/上升的转换面附近，即低可容纳空间控制的相对水平面上升期间最有利于滩坝砂体的发育（王永诗等，2012），此时，物源供给充分，水动力条件开始增强。

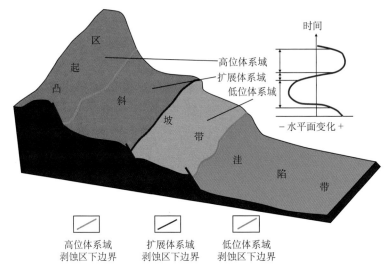

图 2-29　相对水平面变化与物源范围变化模型（赖维成等，2010）

4）风动力与物源的相互作用

对于碎屑质滨浅湖滩坝，其形成主要是波浪对早期形成的砂体的改造和二次分配，风浪动力与充足的物源供给必不可少（Jiang et al.，2011）；风浪是滩坝形成的动力，物源提供了滩坝的物质基础。而在物源供应匮乏时，常形成碳酸盐岩滩坝。

除了滩坝沉积，风动力与物源的相互作用还表现在其他沉积体系中。例如，在内陆地区，风的搬运能力与沉积物的供给强度决定了侵蚀-沉积作用的发生：当物源供给足够充足且超过了风的搬运能力，往往以沉积作用为主，如形成大规模的沙丘及其他风积地貌；而强的风动力条件与弱物源供给，往往以风力的侵蚀作用为主，容易形成戈壁滩及其他风蚀地貌。

2.4.2　风场-物源-盆地系统沉积动力学分类

除了滩坝体系，风场-物源-盆地系统的控制作用可以体现在各类沉积体系中。风场-物源-盆地系统进一步可以分为七个子系统（图 2-30），简述如下。

（1）风场-物源-盆地系统包含了三个端元，分别为：①风控系统，也包含风场控制下的温度、湿度等气候特征，以风为主要的地质营力，不考虑物源和盆地内部的作用，以风的侵蚀作用为主，以各类风蚀地貌为代表；②源控系统，以物源作用为主，不考虑气候条件和各类盆地因素，主要包含各类物源，形成剥蚀区；③盆控系统，以盆地自身的营力为主，不考虑气候与物源作用，此时主要发生盆地自身的作用过程，如形成生物碎屑堆积、各类化学作用、生化作用、震积作用等。

（2）风场-物源-盆地系统三端元之间也可以两两相互作用形成：①风场-物源系统，风的作用及其伴随的冷暖干湿气候条件与物源的供给为主导，盆地的作用弱，以形成各类风积相（如风成沙丘、风成黄土）为代表，也包含了风搬运至水盆地中、与水成沉积物一同沉积的粉砂、黏土、孢粉等；②风场-盆地系统，以风的作用及其伴随的冷暖干湿气候条件与盆地作用为主导，无陆源碎屑供给，以鲕粒滩坝、生物碎屑滩坝、膏岩等的形成为代表；③物源-盆地系统，有充足的物源供给，并且考虑了盆地的构造、层序演化等特征，而风场及其伴随的冷暖干湿气候条件作用不占主导，此时主要是物源作用与盆地内部作用形成的各类沉积体系，如冲积扇、（扇、辫状河、正常）三角洲、水下重力流、以陆源

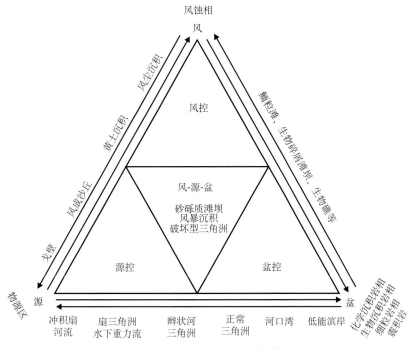

图 2-30　风场-物源-盆地系统模式

碎屑物质为主的细粒岩等。

（3）风场-物源-盆地系统三端元之间也可以相互作用。滩坝即是风场、物源、盆地（包括盆地演化过程中的构造特征、地貌特征、水深变化等）三者共同作用的产物。如前所述，波浪是滩坝形成的动力，风的作用形成波浪，波浪的水动力分带控制滩坝砂体的分布格局，在盛行风存在的前提下，盆地的迎风一侧有利于滩坝的发育。物源是形成滩坝的物质基础。物源的强弱、方位会影响滩坝平面上的分布特征与沉积模式。盆地演化过程中古地貌与古水深决定了滩坝发育位置与范围。平面上，宏观古地貌控制了滩坝砂体的发育范围，以缓坡带最为有利；微观古地貌影响了局部的水动力能量变化，鼻状构造侧翼和水下古隆起发育区水体较浅，在这些正向地貌单元的迎风斜坡带，是波浪的消能带，利于滩坝发育。另外，盆地的层序演化同样可以影响滩坝的发育，滩坝体系发育于浅水地区，可容空间整体小，对基底沉降和海（湖）平面变化导致的盆地可容纳空间变化反应灵敏，在相对湖平面下降/上升的转换面附近，有利于滩坝砂体的保存。整体上，迎风面、缓坡带、正向地形、物源充足、并且处于湖平面低位到高位的转换阶段时，容易形成面积大、厚度大的滩坝砂体。而在物源供应不足、水动力条件较弱的地区，可以形成碳酸盐岩滩坝。

风场-物源-盆地系统的统一还体现在风暴沉积上。Wang 等（2015）通过对古地理条件、古气候条件、古地貌、物源、古水深等古环境因素的分析，发现东营凹陷古近纪受到来自西太平洋台风的影响，在利津洼陷滨东地区，由于靠近控盆断裂，坡度较陡、水深较大、物源丰富，为风暴沉积的形成提供了很好的古地理条件：①发育在海岸线附近的东营凹陷，常常会受到来自海洋的气旋（台风）影响。在风暴作用下，湖泊中不仅仅产生大规模的波浪，湖水还会发生晃动，造成湖水振荡（seiche activity），在湖泊的迎风侧形成壅水，湖面抬升；相反地，在湖泊的背风一侧湖面下降。当风暴作用减弱，湖水反方向运动，形成湖水振荡，直至恢复水平。②同期发育的滨县凸起南坡的扇三角洲持续进积，可以提供充足的物源，湖水振荡运动的作用可以侵蚀、再悬浮扇三角洲沉积物，并随湖水振荡被携带至深水区沉积并保存下来。③从单井沉积相分析和层序分层看，风暴沉积主要发育在低位体系域晚期，这是因为该时期，湖水范围开始扩大，水体能量增加，易形成风暴沉积。④风暴沉积时期古地形坡度较陡，可达到 2°～3°。作为一种事件性沉积，坡度陡是风暴沉积发育的一个有利条件。因此，风暴作用、充足的物源、较大的水深、较陡的坡度是风暴沉积发育的有利条件，体现了风场-物源-盆地各要素作用的统一。

参 考 文 献

蔡佳. 2011. 南阳凹陷南部断超带古近系古地貌恢复及演化. 特种油气藏，18（6）：57-60.

操应长，王建，刘惠民，等. 2009. 东营凹陷南坡沙四上亚段滩坝砂体的沉积特征及模式. 中国石油大学学报（自然科学版），33（6）：5-10.

操应长，王艳忠，徐涛玉，等. 2007. 特征元素比值在沉积物物源分析中的应用——以东营凹陷王 58 井区沙四上亚段研究为例. 沉积学报，25（2）：230-238.

高国栋，陆渝蓉. 1988. 气候学. 北京：气象出版社.

桂宝玲. 2008. 渤海湾盆地桩西地区沙二段古地貌恢复. 北京：中国地质大学（北京）硕士学位论文。

韩永林，王海红，陈志华，等. 2007. 耿湾-史家湾地区长 6 段微量元素地球化学特征及古盐度分析. 岩性油气藏，19（4）：20-26.

贺静，冯胜斌，黄静，等. 2011. 物源对鄂尔多斯盆地中部延长组长 6 砂岩孔隙发育的控制作用. 沉积学报，29（1）：80-87.

胡新友. 2008. 渤海湾盆地桩西地区沙四段上亚段古地貌恢复. 北京：中国地质大学（北京）硕士学位论文.

黄传炎，王华，周立宏，等. 2009. 北塘凹陷古近系沙河街组三段物源体系分析. 地球科学——中国地质大学学报，34（6）：975-984.

纪友亮，张世奇. 1996. 陆相断陷湖盆层序地层学. 北京：石油工业出版社.

江新胜，潘忠习，付清平. 2000. 白垩纪时期东亚大气环流格局初探. 中国科学（D 辑），30（5）：526-532.

江卓斐，伍皓，崔晓庄，等. 2013. 四川盆地古近纪古风向恢复与大气环流样式重建. 地质通报，32（5）：734-741.

姜在兴. 2003. 沉积学（第一版）. 北京：石油工业出版社.

姜在兴. 2010a. 沉积学（第二版）. 北京：石油工业出版社.

姜在兴. 2010b. 沉积体系及层序地层学研究现状及发展趋势. 石油与天然气地质，31（5）：535-541.

姜在兴，刘晖. 2010. 古湖岸线的识别及其对砂体和油气的控制. 古地理学报，12（5）：589-598.

姜在兴，邢焕清，李任伟，等. 2005. 合肥盆地中-新生代物源及古水流体系研究. 现代地质，19（2）：247-252.

姜正龙，邓宏文，林会喜，等. 2009. 古地貌恢复方法及应用——以济阳坳陷桩西地区沙二段为例. 现代地质，23（5）：865-871.

蒋富清，李安春. 2002. 冲绳海槽南部表层沉积物地球化学特征及其物源和环境指示意义. 沉积学报，20（4）：680-686.

焦养泉，李珍，周海民. 1998. 沉积盆地物质来源综合研究——以南堡老第三纪亚断陷盆地为例. 岩相古地理，18（5）：16-20.

金之钧，张一伟，刘国臣，等. 1996. 沉积盆地物理分析——波动分析. 地质论评，42（增刊）：170-180.

康安，朱筱敏，王贵文，等. 2000. 古水深曲线在测井资料层序地层分析中的应用. 沉积学报，18（1）：63-67.

赖维成，宋章强，周心怀，等. 2010. "动态物源"控砂模式. 石油勘探与开发，37（6）：763-768.

李昌，曹全斌，寿建峰，等. 2009. 自然伽马曲线分形维数在沉积物源分析中的应用——以柴达木盆地七个泉——狮北地区下干柴沟组下段为例. 天然气地球科学，20（1）：148-152.

李储华，纪友亮，张世奇，等. 2004. 应用宇宙成因核素 ^{10}Be 和 ^{26}Al 估算剥蚀面的暴露时间及剥蚀速率和剥蚀厚度. 石油大学学报（自然科学版），28（1）：1-4.

李军，王贵文. 1995. 高分辨率倾角测井在砂岩储层中的应用. 测井技术，（5）：352-357.

李守军，郑德顺，姜在兴，等. 2005. 用介形类优势分异度恢复古湖盆的水深——以山东东营凹陷古近系沙河街组沙三段湖盆为例. 古地理学报，7（3）：399-404.

李永春，张林源，周尚哲. 1995. 青海湖全新世短尺度水体环境演变的初步研究. 青海师范大学学报（自然科学版），3：39-45.

李玉成，董国海. 1993. 缓坡上不规则波浪的破碎指标. 水动力学研究与进展（A 辑），8（1）：21-27.

李元昊，刘池洋，独育国，等. 2009. 鄂尔多斯盆地西北部上三叠统延长组长 8 油层组浅水三角洲沉积特征及湖岸线控砂. 古地理学报，11（3）：265-274.

李志奎，黄福喜，张云杰，等. 2004. 剥蚀厚度恢复法在鄯善弧形带中的应用. 吐哈油气，9（2）：130-134.

梁全胜, 刘震, 何小胡, 等. 2009. 根据地震资料恢复勘探新区地层剥蚀量. 新疆石油地质, 30 (1): 103-105.

刘斌. 2002. 利用流体包裹体计算地层剥蚀厚度——以东海盆地 3 个凹陷为例. 石油试验地质, 24 (2): 172-180.

刘东生, 郑绵平, 郭正堂. 1998. 亚洲季风系统的起源和发展及其与两极冰盖和区域构造运动的时代耦合性. 第四纪研究, (3): 194-204.

刘光炎, 蒋录全. 1995. 平衡剖面技术与地震资料解释. 石油地球物理勘探, 30 (6): 833-844.

刘国臣, 金之钧, 李京昌. 1995. 沉积盆地沉积——剥蚀过程定量研究的一种新方法——盆地波动分析应用之一. 沉积学报, 13 (3): 23-31.

刘景彦, 林畅松, 肖建新, 等. 1999. 东海西湖凹陷第三系主要不整合面的特征、剥蚀量的分布及其意义. 现代地质, 13 (4): 432-438.

刘景彦, 林畅松, 喻岳钰, 等. 2000. 用声波测井资料计算剥蚀量的方法改进. 石油实验地质, 22 (4): 302-306.

刘立安, 姜在兴. 2011. 古风向重建指征研究进展. 地理科学进展, 30 (9): 1099-1106.

刘平, 靳春胜, 张崧, 等. 2007. 甘肃龙担早第四纪黄土-古土壤序列磁组构特征与古风场恢复. 科学通报, 52 (24): 2922-2924.

庞军刚, 云正文. 2013. 陆相沉积古气候恢复研究进展. 长江大学学报 (自科版), 10 (20): 54-56.

钱宁, 万兆惠. 1991. 泥沙运动力学. 北京: 科学出版社.

乔秀夫, 李海兵. 2009. 沉积物的地震及古地震效应. 古地理学报, 11 (6): 593-610.

石广仁, 米石云, 张庆春, 等. 1998. 盆地模拟原理方法. 北京: 石油工业出版社.

石永红, 李忠, 卜香萍, 等. 2009. 博兴洼陷新生代砂岩碎屑石榴石的物源示踪及对鲁西隆起的指示. 沉积学报, 27 (5): 967-975.

帅萍. 2010. 济阳坳陷古近纪古地貌特点及其对沉积的控制作用. 油气地质与采收率, 17 (3): 24-27.

苏新, 丁旋, 姜在兴, 等. 2012. 用微体古生物定量水深法对东营凹陷沙四上亚段沉积早期湖泊水深再造. 地学前缘, 19 (1): 188-199.

王成善, 李祥辉. 2003. 沉积盆地分析原理与方法. 北京: 高等教育出版社.

王国灿. 2002. 沉积物源区剥露历史分析的一种新途径——碎屑锆石和磷灰石裂变径迹热年代学. 地质科技情报, 21 (4): 35-40.

王世虎, 焦养泉, 吴立群, 等. 2007. 鄂尔多斯盆地西北部延长组中下部古物源与沉积体空间配置. 地球科学——中国地质大学学报, 32 (2): 201-208.

王延章. 2011. 古水深对碳酸盐岩滩坝发育的控制作用. 大庆石油地质与开发, 30 (6): 27-31.

王延章, 宋国奇, 王新征, 等. 2011. 古地貌对不同类型滩坝沉积的控制作用——以东营凹陷东部南坡地区为例. 油气地质与采收率, 18 (4): 13-16.

王毅, 金之钧. 1999. 沉积盆地中恢复地层剥蚀量的新方法. 地球科学进展, 14 (5): 482-486.

王永诗, 刘惠民, 高永进, 等. 2012. 断陷湖盆滩坝砂体成因与成藏: 以东营凹陷沙四上亚段为例. 地学前缘, 19 (1): 100-107.

王勇, 潘保田, 高红山. 2007. 祁连山东北缘黄土磁组构记录的古风向重建. 地球物理学报, 50 (4): 1161-1166.

王震, 张明利, 王子煜, 等. 2005. 东海陆架盆地西湖凹陷不整合面剥蚀厚度恢复. 石油试验地质, 27 (1): 90-93.

吴海斌, 陈发虎, 王建民, 等. 1998. 现代风成沉积物磁化率各向异性与风向关系的研究. 地球物理学报, 41 (6): 811-817.

吴汉宁, 岳乐平. 1997. 风成沉积物磁组构与中国黄土区第四纪风向变化. 地球物理学报, 40 (4): 487-494.

吴丽艳, 陈春强, 江春明, 等. 2005. 浅谈我国油气勘探中的古地貌恢复技术. 石油天然气学报 (江汉石油学院学报), 27 (4): 559-560, 586.

吴智平, 刘继国, 张卫海, 等. 2001. 辽河盆地东部凹陷北部地区新老第三纪界面地层剥蚀量研究. 高校地质学报, 7 (1): 99-105.

伍光和, 王乃昂, 胡双熙, 等. 2008. 自然地理学. 北京: 高等教育出版社.

向芳, 王成善. 2001. 质量平衡法——定量恢复新生代青藏高原造山作用. 地球科学进展, 16 (2): 279-283.

徐长贵. 2013. 陆相断陷盆地源-汇时空耦合控砂原理: 基本思想、概念体系及控砂模式. 中国海上油气, 25 (4): 1-11.

徐田武, 宋海强, 况昊, 等. 2009. 物源分析方法的综合运用——以苏北盆地高邮凹陷泰一段地层为例. 地球学报, 30 (1): 111-118.

杨丛笑，赵澄林. 1996. 石榴石电子探针分析在物源研究中的应用. 沉积学报，14（1）：162-166.

杨江峰，洪太元，许江桥，等. 2006.“趋势分析法”在准噶尔盆地腹部地层剥蚀量恢复中的应用. 中国西部油气地质，2（1）：83-86.

杨仁超，李进步，樊爱萍，等. 2013. 陆源沉积岩物源分析研究进展与发展趋势. 沉积学报，31（1）：99-107.

杨守业，李从先，张家强. 1999. 苏北滨海平原全新世沉积物物源研究——元素地球化学与重矿物方法比较. 沉积学报，17（3）：458-463.

杨勇强，邱隆伟，姜在兴，等. 2011. 陆相断陷湖盆滩坝沉积模式——以东营凹陷古近系沙四上亚段为例. 石油学报，32（3）：417-423.

曾华霖. 2005. 重力场与重力勘探. 北京：地质出版社.

张东生，张君伦，张长宽，等. 1998. 潮流塑造-风暴破坏-潮流恢复-试释黄海海底辐射沙脊群形成演变的动力机制. 中国科学（D辑），28（5）：394-402.

张建林，林畅松，郑和荣. 2002. 断陷湖盆断裂、古地貌及物源对沉积体系的控制作用——以孤北洼陷沙三段为例. 油气地质与采收率，9（4）：24-27.

张庆石，张吉，张庆晨. 2001. 应用波动分析法研究三肇深层沉积剥蚀史. 大庆石油地质与开发，20（6）：23-24.

张世奇，任延广. 2003. 松辽盆地中生代沉积基准面变化研究. 长安大学学报（地球科学版），25（2）：1-5.

张一伟，李京昌，金之钧，等. 2000. 原型盆地剥蚀量计算的新方法波动分析法. 石油与天然气地质，21（1）：88-91.

张玉芬，李长安，陈亮，等. 2009. 长江中游砂山沉积物磁组构特征及其指示的古风场. 地球物理学报，52（1）：150-156.

赵红格，刘池洋. 2003. 物源分析方法及研究进展. 沉积学报，21（3）：409-416.

赵俊兴，陈洪德，向芳. 2003. 高分辨率层序地层学方法在沉积前古地貌恢复中的应用. 成都理工大学学报（自然科学版），30（1）：76-81.

赵锡文. 1992. 古气候学概论. 北京：地质出版社.

郑荣才，王海红，韩永林，等. 2008. 鄂尔多斯盆地姬塬地区长6段沉积相特征和砂体展布. 岩性油气藏，20（3）：21-26.

钟广法. 2002. 巽他陆架晚新生代地震超覆层序与海平面变化研究. 上海：同济大学博士学位论文.

朱静昌，张国栋，王益友，等. 1988. 舟山现代滨岸滩脊（坝）沟槽体系迁移与沉积特征. 海洋与湖沼，19（1）：35-43.

朱筱敏，信荃麟，张晋仁. 1994. 断陷湖盆滩坝储集体沉积特征及沉积模式. 沉积学报，12（2）：20-27.

邹欣庆，葛晨东. 2000. 海岸水体中颗石在古水深定量研究中的运用：以黄海辐射沙洲海区为例. 现代地质，14（3）：263-266.

Adams K D. 2003. Estimating palaeowind strength from beach deposits. Sedimentology，50（3）：565-577.

Adams K D. 2004. Estimating palaeowind strength from beach deposits-Reply. Sedimentology，51（3）：671-673.

Aigner T. 1985. Storm depositional systems. In：Friedman G M，Neugebauer H J，Seilacher A（eds.）. Lecture Notes in Earth Sciences 3. New York：Springer-Verlag：1-5.

Allen J R L. 1993. Palaeowind：geological criteria for direction and strength. Philosophical Transactions of the Royal Society of London，Series B（341）：235-242.

Allen P A. 1981. Wave-generated structures in the Devonian lacustrine sediments of south-east Shetland and ancient wave conditions. Sedimentology，28：369-379.

Allen P A. 1984. Reconstruction of ancient sea conditions with an example from the Swiss Molasse. Marine Geology，60：455-473.

Aléon J，Chaussidon M，Marty B，et al.，2002. Oxygen isotopes in single micrometer-sized quartz grains：tracing the source of Saharan dust over long-distance atmospheric transport. Geochimica et Cosmochimica Acta，66：3351-3365.

Augustsson C，Bahlburg H. 2003. Cathodoluminescence spectra of detrital quartz as provenance indicators for Paleozoic metasediments in southern Andean Patagonia. Journal of South American Earth Sciences，16：15-26.

Bagnold R A. 1941. The Physics of Wind Blown Sand and Desert Dunes. London：Methuen.

Bhatia M R. 1983. Plate tectonics and geochemical composition of sandstones. Journal of Geology，91：611-627.

Bhatia M R，Crook K A W. 1986. Trace element characteristics of graywackes and tectonic setting discrimination of sedimentary basins. Contributions to Mineralogy and Petrology，92：181-193.

Bowen A J，Inman D L. 1969. Rip currents，2：laboratory and field observations. Journal of Geophysical Research，74（23）：5479-5490.

Brandt D S，Elias R J. 1989. Temporal variations in tempestite thickness may be a geologic record of atmospheric CO_2. Geology，17：951-952.

CERC. 1977. Shore Protection Manual. Fort Belvoir，VA：U. S. Army Coastal Engineering Research Center，3 Vols.

CERC. 1984. Shore Protection Manual. U. S. Army Corps of Engineers，US Govt. Printing Office，Washington，DC：607.

Clayton R N，Jackson M L，Sridhar K. 1978. Resistance of quartz silt to isotopic exchange under burial and intense weathering conditions. Geochimica et Cosmochimica Acta，42：1517-1522.

Čopjaková R，Sulovský P，Paterson B A. 2005. Major and trace elements in pyrope-almandine garnets as sediment provenance indicators of the Lower Carboniferous Culm sediments，Drahany Uplands，Bohemian Massif. Lithos，82：51-70.

Davidson-Arnott R G D. 2013. Nearshore Bars. In：Shroder J，Sherman D J（eds.）. Treatise on Geomorphology. San Diego：Academic Press. 130-148.

Dickinson W R，Beard L S，Brakenridge G R，et al. 1983. Provenance of North American Phanerozoic sandstones in relation to tectonic setting. Geological Society of America Bulletin，94：222-235.

Diem B. 1985. Analytical method for estimating palaeowave climate and water depth from wave ripple marks. Sedimentology，32（5）：705-720.

Ding Z，Yu Z，Yang S，et al. 2001. Coeval changes in grain size and sedimentation rate of eolian loess，the Chinese Loess Plateau. Geophysical Research Letters，28（10）：2097-2100.

Dolan T J，Dean R G. 1985. Multiple longshore sand bars in the Upper Chesapeake Bay. Estuarine Coastal and Shelf Science，21：727-743.

Duke W L. 1987. Hummocky cross-stratification，tropical hurricanes，and intense winter storms. Sedimentology，34（2）：344-359.

Dupré W R. 1984. Reconstruction of paleo-wave conditions during the late Pleistocene from marine terrace deposits，Monterey Bay，California. Marine Geology，60：435-454.

Evans O F. 1940. The low and ball of the eastern shore of Lake Michigan. Journal of Geology，48：476-511.

Forsyth A J，Nott J，Bateman M D. 2010. Beach ridge plain evidence of a variable late-Holocene tropical cyclone climate，North Queensland，Australia. Palaeogeography，Palaeoclimatology，Palaeoecology，297：707-716.

Frey R W，Howard J D. 1990. Trace fossils and depositional sequences in a clastic shelf setting，Upper Cretaceous of Utah. Journal of Paleontology，64（5）：803-820.

Friedman G M，Sanders J E. 1978. Principles of Sedimentology. New York：Wiley.

Gallagher E L，Elgar S，Guza R T. 1998. Observations of sand bar evolution on a natural beach. Journal of Geophysical Research：Oceans，103（C2）：3203-3215.

Goda Y. 1970. A synthesis of breaker indices. Transactions of Japan Society of Civil Engineers，2：227-229.

Goodbred S L. 2003. Response of the Ganges dispersal system to climate change：a source-to-sink view since the last interstade. Sedimentary Geology，162（1）：83-104.

Grilli S T，Svendsen I A，Subramanya R. 1997. Breaking criterion and characteristics for solitary waves on slopes. Journal of Waterway Port Coastal and Ocean Engineering，123（3）：102-112.

Götze J，Plötze M，Habermann D. 2001. Origin，spectral characteristics and practical applications of the cathodoluminescence（CL）of quartz—a review. Mineralogy and Petrology，71：225-250.

Hay W W，Shaw C A，Wold C N. 1989. Mass-balanced paleogeographic reconstructions. Geologische Rundschau，78（1）：207-242.

He Z，Li J，Mo S，et al. 2005. Geochemical discriminations of sandstones from the Mohe Foreland basin，northeastern China：Tectonic setting and provenance. Science in China Series D：Earth Sciences，48（5）：613-621.

Houser C，Greenwood B. 2005. Hydrodynamics and sediment transport within the inner surf zone of a lacustrine multiple-barred nearshore. Marine Geology，218：37-63.

Jewell P W. 2007. Morphology and paleoclimatic significance of pleistocene lake bonneville spits. Quaternary Research，68：421-430.

Jiang Z X，Liu H，Zhang S W，et al. 2011. Sedimentary characteristics of large-scale lacustrine beach-bars and their formation in the Eocene Boxing Sag of Bohai Bay Basin, East China. Sedimentology, 58: 1087-1112.

Jiang Z X, Liang S Y, Zhang Y F, et al. 2014. Sedimentary hydrodynamic study of sand bodies in the upper subsection of the 4th Member of the Paleogene Shahejie Formation in the eastern Dongying Depression, China. Petroleum Science, 11: 189-199.

Keulegan G H. 1948. An experimental study of submarine sand bars. U. S. Army Corps of Engineers Beach Erosion Board Tech. Report, (3): 40.

King C A M, Williams W W. 1949. The formation and movement of sand bars by wave action. The Geographical Journal, 113: 70-85.

Knott J R, Fantozzi J M, Ferguson K M, et al. 2012. Paleowind velocity and paleocurrents of pluvial Lake Manly, Death Valley, USA. Quaternary Research, 78 (2): 363-372.

Komar P D. 1971. Nearshore cell circulation and the formation of giant cusps. GSA Bulletin, 82(9): 2643-2650.

Komar P D. 1998. Beach Processes and Sedimentation. Upper Saddle River, NJ: Prentice Hall.

Lal D, Peters B. 1967. Cosmic-ray Produced Radioactivity on the Earth// Kosmische Strahlung II /Cosmic Rays II. New York: Springer-Verlag. 551-612.

Licht A, van Cappelle M, Abels H A, et al. 2014. Asian monsoons in a late Eocene greenhouse world. Nature, 513: 501-506.

Liu H, Jiang Z, Zhang R, et al. 2012. Gravels in the Daxing conglomerate and their effect on reservoirs in the Oligocene Langgu Depression of the Bohai Bay Basin, North China. Marine and Petroleum Geology, 29: 192-203.

Lu H, Huissteden K, An Z, et al. 1999. East Asia winter monsoon variations on a millennial time-scale before the last glacial-interglacial cycle. Journal of Quaternary Science, 14 (2): 101-110.

Marsaglia K M, Klein G D V. 1983. The paleogeography of Paleozoic and Mesozoic storm depositional systems. Journal of Geology, 91 (2): 117-142.

Masselink G, Evans D, Hughes M G, et al. 2005. Suspended sediment transport in the swash zone of a dissipative beach. Marine Geology, 216 (3): 169-189.

Métivier F, Gaudemer Y, Tapponnier P, et al. 1999. Mass accumulation rates in Asia during the Cenozoic. Geophysical Journal International, 137: 280-318.

Miller M C, Komar P D. 1980. A field investigation of the relationship between oscillation ripple spacing and the near-bottom water orbital motions. Journal of Sedimentary Petrology, 50 (1): 183-191.

Montenat C, Barrier P, d'Estevou P O, et al. 2007. Seismites: An attempt at critical analysis and classification. Sedimentary Geology, 196 (1): 5-30.

Morton A C, Whitham A G, Fanning C M. 2005. Provenance of Late Cretaceous to Paleocene submarine fan sandstones in the Norwegian Sea: integration of heavy mineral, mineral chemical and zircon age data. Sedimentary Geology, 182: 3-28.

Morton A, Hallsworth C, Chalton B. 2004. Garnet compositions in Scottish and Norwegian basement terrains: a framework for interpretation of North Sea sandstone provenance. Marine and Petroleum Geology, 21: 393-410.

Nott J F. 2003. Intensity of prehistoric tropical cyclones. Journal of Geophysical Research: Atmospheres, 108 (D7): 1-11.

Nutz A, Schuster M, Ghienne J F, et al. 2015. Wind-driven bottom currents and related sedimentary bodies in Lake Saint-Jean (Québec, Canada). GSA Bulletin, 127 (9-10): 1194-1208.

Otto T. 1912. Der Darss und Zingst. Jahrb. d. Geo. Gesell. zu Greifswald, 13: 393-403.

Pettijohn F J, Potter P E, Siever R. 1987. Sand and Sandstone. New York: Springer-Verlag.

Pochat S, Van Den Driessche J, Mouton V, et al. 2005. Identification of Permian palaeowind direction from wave-dominated lacustrine sediments (Lodève Basin, France). Sedimentology, 52: 809-825.

Price T D, Russink, B G. 2011. State dynamics of a double sandbar system. Continental Shelf Research, 31: 659-674.

Quan C, Liu C, Utescher T. 2011. Paleogene evolution of precipitation in Northeastern China supporting the Middle Eocene intensification of the east Asian monsoon. Palaios, 26: 743-753.

Quan C, Liu Y, Utescher T. 2012a. Eocene monsoon prevalence over China: A paleobotanical perspective. Palaeogeography, Palaeoclimatology, Palaeoecology, 365-366: 302-311.

Quan C，Liu Y S C，Utescher T. 2012b. Paleogene temperature gradient，seasonal variation and climate evolution of northeast China. Palaeogeography，Palaeoclimatology，Palaeoecology，313：150-161.

Rea D K. 1994. The paleoclimatic record provided by eolian deposition in the deep sea：the geologic history of wind. Reviews of Geophysics，32（2）：159-195.

Sabeen H M，Ramanujam N，Morton A C. 2002. The provenance of garnet：constraints provided by studies of coastal sediments from southern India. Sedimentary Geology，152：279-287.

Sawaragi T. 1995. Coastal Engineering-Waves，Beaches，Wave-Structure Interactions. Amsterdam：Elsevier.

Scherer C M S，Goldberg K. 2007. Palaeowind patterns during the latest Jurassic-earliest Cretaceous in Gondwana：Evidence from aeolian cross-strata of the Botucatu Formation，Brazil. Palaeogeography，Palaeoclimatology，Palaeoecology，250（1）：89-100.

Shepard F P. 1950. Longshore bars and longshore throughs. U. S. Army Corps of Engineers，Washington DC Beach Erosion Board，（20）：26.

Soreghan M J，Cohen A S. 1996. Textural and compositional variability across littoral segments of Lake Tanganyika：the effect of asymmetric basin structure on sedimentation in large rift lakes. AAPG Bulletin，80（3）：382-409.

Sprachta S，Camoin G，Golubic S，et al. 2001. Microbialites in a modern lagoonal environment：nature and distribution，Tikehau atoll（French Polynesia）. Palaeogeography，Palaeoclimatology，Palaeoecology，175（1-4）：103-124.

Tanner W F. 1971. Numerical estimates of ancient waves，water depth and fetch. Sedimentology，16（1-2）：71-88.

Thompson R S，Whitlock C，Bartlein P J，et al. 1993. Climatic changes in the Western United States since 18，000 yr B. P. In：Wright H E，Kutzbach T，Webb Ⅲ W F R（eds.）. Global Climates Since the Last Glacial Maximum. Minneapolis，MN：University of Minnesota Press：468-513.

Thornton E B，Humiston R T，Birkemeier W. 1996. Bar/trough generation on a natural beach. Journal of Geophysical Research：Oceans，101（C5）：12097-12110.

Wang D，Lu S，Han S，et al. 2013. Eocene prevalence of monsoon-like climate over eastern China reflected by hydrological dynamics. Journal of Asian Earth Sciences，62：776-787.

Wang J，Jiang Z，Zhang Y. 2015. Subsurface lacustrine storm-seiche depositional model in the Eocene Lijin Sag of the Bohai Bay Basin，East China. Sedimentary Geology，328：55-72.

Wang L，Sarnthein M，Erlenkeuser H. et al. 1999. East Asian monsoon climate during the Late Pleistocene：high-resolution sediment records from the South China Sea. Marine Geology，156：245-284.

Weltje G J，von Eynatten H. 2004. Quantitative provenance analysis of sediments：review and outlook. Sedimentary Geology，171（1）：1-11.

Wyllie M R J，Gregory A R，Gardner L W. 1956. Elastic wave velocities in heterogeneous and porous media. Geophysics，21：41-70.

Xiao J，Porter S，An Z，et al. 1995. Grain-size of quartz as an indicator of winter monsoon strength on the Loess Plateau of Central China during the last 130，000-yr. Quaternary Research，43（1）：22-29.

第3章 青海湖现代沉积体系与风场-物源-盆地系统沉积动力学研究

"现代是打开过去的钥匙"，利用比较沉积学和"将今论古"的方法论对地表沉积物展开深入研究也是国内外学者研究古代沉积的常用方法。早在20世纪60～70年代，为了深入了解湖泊沉积的沉积特征和生油能力，中国科学院下属的兰州地质研究所、微生物研究所、水生生物研究所和南京地质古生物研究所等组成青海湖综合考察队，对青海湖展开了多学科的综合研究，涉及了青海湖的地理概括、演化过程、水体的物理化学特征、水动力分带特征、微生物与有机质之间的相互关系以及湖底沉积物的地球化学特征和早成岩过程等方面（中国科学院兰州地质研究所等，1979）。

在1989～1991年，中国科学院兰州分院和中国科学院西部资源环境研究中心组织了兰州地质所、兰州高原大气物理研究所、冰川冻土研究所、西北高原生物研究所、青海盐湖研究所等有关科研人员，对青海湖及其周缘地区的气象、水文、沉积、水化学、稳定同位素和生物地球化学等方面展开深入研究，对冰后期以来的青海湖环境演变过程进行了恢复，并对其今后的发展做出预测（中国科学院兰州分院和中国科学院西部资源环境研究中心，1994）。自此以后，对青海湖现代沉积的研究多集中在单一的沉积相上（师永民等，1996，2008；宋春晖等，1999，2000，2001；韩元红等，2015）。

中国东部古近纪和新近纪陆相断陷湖盆（如渤海湾盆地），无论是地质结构上（均为断陷湖盆），还是水体环境上（均为咸水-半咸水的水介质条件），都与青海湖比较类似。青海湖现代沉积体系的研究可为古代陆相断陷盆地沉积体系的研究提供一个类比，从而有利于研究中国东部陆相断陷湖盆中砂体的分布规律，进而指导油气勘探。

近年来，国内外学者提出了利用源-汇体系作为研究思路对地表沉积动力过程展开分析。目前，多数国外学者（Moore et al.，1969；Moreno，1997；Anthony et al.，1999；Somme et al.，2009，2013）将此研究思路用于现代海洋或古代海相地层中，国内学者（徐长贵，2013；林畅松等，2015；吴冬等，2015）也将此研究思路用于古代的陆相断陷湖盆中，但以现代断陷湖泊作为实例展开深入分析和研究罕有学者涉及。青海湖周边为造山带所包围，存在多个从物源区到沉积区的源-汇沉积体系。对其周缘水系、地形地貌、沉积相类型的分析，可完整地认识该地区的现代地表沉积动力学过程，并可作为风场-物源-盆地系统动力学的现代实例。

3.1 青海湖的地理概况与地质概况

3.1.1 青海湖的地理位置

青海湖是我国最大的内陆高原微咸水湖泊。青海湖地处青藏高原的东北部，东南方毗邻青海省省会西宁市，距西宁市约200km，位于99°36′E～100°16′E，36°32′N～37°15′N。

湖区四周被高山环抱：北面是近东西走向的大通山，主峰海拔4200m以上。湖区东面是呈北北西走向的团保山（海拔4025m）、达坂山（海拔4389m）、日月山（海拔4800m）和野牛山（海拔4500m）。湖区南面是呈北西西向延伸的青海南山。自西而东可将青海南山分为三段：西段由三列平行山脉组成，它们是切十字大坂山（海拔3500m）、中吾农山（海拔3800～4300m）和茶卡北山（4300～4700m），山脉向西延伸，成为青海湖盆地与柴达木盆地的分水岭；中段是塔温山、哈堵山和龙保欠山（海拔4200～4500m），成为青海湖盆地与南侧的共和盆地的分水岭；东段是加拉山（海拔3800～4000m），与野牛山共同组成青海湖盆地与贵德盆地的分水岭（图3-1）。

青海湖的长轴方向（近东西向）约为106km，横轴方向（近南北向）约为63km，湖面海拔为

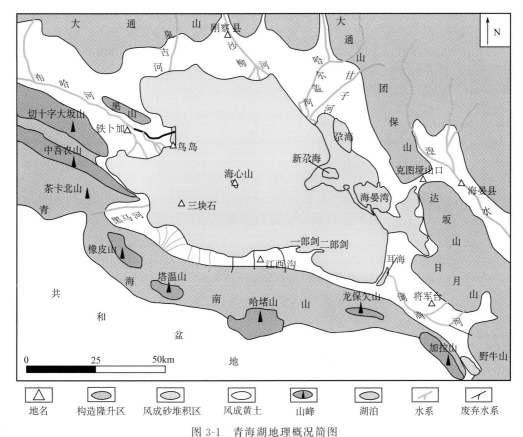

图 3-1 青海湖地理概况简图

3193~3198m，面积为 4264~4473km²，环湖周长约 360km。湖面东西长，南北窄，呈近椭圆形，长轴北西西向约 315°。湖水平均深度 21m，最大水深 32m，蓄水量达 1000 亿 m³ 左右。

　　青海湖周缘地区有内陆封闭型河流近 40 条，多数属于间歇河（中国科学院兰州地质研究所等，1979）。水系具有明显的不对称性。流量较大的河流多分布在西面和北面，如布哈河、沙柳河、泉吉河和哈尔盖河等，流量较小的河流多分布在东面和南面，如甘子河、倒淌河和黑马河等。

　　发源于祁连山支脉的阿木尼尼库山的布哈河是流入青海湖的最大河流。全长约 300km，下游宽22m，流域面积 16570km²，流向为西北向东南流入青海湖，年径流量近 11 亿 m³，占入湖总径流量的67% 以上（李岳坦等，2010）。发源于刚察县境内桑斯扎山的沙柳河，全长约 106km，流域面积约1442km²，流向是由西北向东南流入青海湖（李岳坦等，2010）。哈尔盖河位于青海湖短轴的东北缘，是本区第三大河，河长约 100km，流域面积约 1420km²，流向为东北向西南平均流量 7.67m³/s（宋春晖等，2000；李岳坦等，2010）。倒淌河位于青海湖长轴方向的东南缘，是本区唯一的一条流向为东南向西北的河流，其源头为日月山和野牛山的冰雪融水，流量较小，经常季节性干涸。

　　湖东岸有三个子湖，分别为尕海、新尕海和耳海。尕海位于青海湖的东北岸，地处团宝山的山前地带，面积约 47.5km²。长轴走向为近北西向，长约 12km，短轴最宽约 6km。尕海的水深为 8~9.5m，水体性质为弱碱性，pH 为 9.25，相对密度为 1.0229，湖水含盐量为 31.734g/L（中国科学院兰州地质研究所等，1979）。耳海位于青海湖东南缘，面积约 8km²，水深 2~5m，pH 为 9.52，相对密度为 0.9983，含盐量为 1.393~0.896g/L（中国科学院兰州地质研究所等，1979）。新尕海是近 20年由原来的沙岛闭合而形成的，面积约 4km²。

3.1.2 青海湖的气候特征

　　青海湖的气候属典型的高寒干旱大陆性气候，虽然有湖体对气温的调节作用，但具有年温差大、降水量少、雨热同季、干湿季分明的特点（中国科学院兰州地质研究所，1979；李凤霞等，2008）。环青海湖地区的平均气温上升幅度表现为：以南部最大，东部、西部、北部依次减小；秋冬季的平均气温增幅大于春夏季的平均气温增幅（严德行等，2011）。自 20 世纪 70 年代至今，青海湖的湿度呈现明显的下降趋势（王艳姣等，2003；许何也等，2007）。青海湖流域气候的干暖化，导致青海湖蒸发量增高，水面高程不断下降（时兴合等，2005；刘瑞霞和刘玉洁，2008；陈亮等，2011）。这种气候的干暖化导致环青海湖地区荒漠化严重，出现明显的草地退化、河流流量减少和湖泊水位下降（李林等，2002）。

在青海省气象局，收集了距青海湖较近的两个代表台站（北面的刚察和南面的江西沟）的气象资料（月平均气温、月平均相对湿度、月最多风向、月平均风速、月降水量和月蒸发量）。刚察站的气象资料为 1961～2015 年，江西沟的气象资料为 1956～1962 年和 1974～1997 年。另外，收集了相关年份的铁卜加和海晏气象站的风向频率资料（申红艳和余锦华，2007）。四个气象站的具体位置如图 3-1 所示。

根据刚察站 1961～2013 年的气象资料：青海湖冬季的平均气温为 −11.5℃，夏季的平均气温为 10℃，春秋季气温在 0℃左右波动，从整体趋势来看，青海湖地区的气温有逐年缓慢上升的趋势，其中冬季气温的上升最为明显；青海湖地区降水量的季节分配不均，冬季降水量最少，平均仅 1mm，夏季降水量最多，平均为 84mm，近 50 年来夏季降水量逐渐上升，冬季降水量趋于稳定；青海湖地区四季的风速较为平均，相对而言春季风速最高，近 50 年来这一地区的风速逐年降低，平均风速由 4m/s 降至 3.5m/s 左右。

根据湖周边四个台站风向资料的统计，计算出年风向频率值，并绘制出风速玫瑰花图（图 3-2）。刚察气象站以北风为主，主要是由于此处受到行星风系（北风）的影响。江西沟气象站则常年盛行南风，主要受到青海湖的水体和青海南山的山脉的影响。铁卜加气象站常年盛行北西西风，主要是北西西风在布哈河河谷的狭长地形被约束。海晏气象站位于山谷中，受到地形条件的约束，主要受到西北风和东南风（山谷风）的作用。

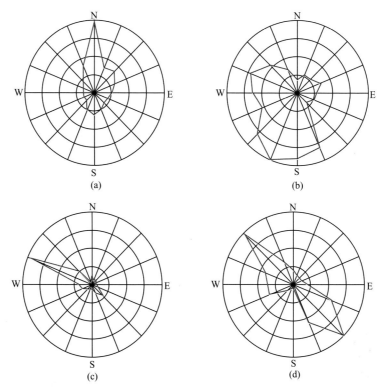

图 3-2　青海湖四个气象站的年风向频率玫瑰花图

（a）刚察气象站；（b）江西沟气象站；（c）铁卜加气象站；（d）海晏气象站。四个气象站的位置见图 2-1

从年际气候条件来看，在 1974～1997 年，江西沟气象站的月平均湿度为 57%，月平均降水量为 34.87mm，月平均蒸发量为 113.4mm；刚察气象站的月平均湿度为 54%，月平均降水量为 31.81mm，月平均蒸发量为 120.4mm。结果显示刚察降水量较少，蒸发量较大，湿度较小，反映了南岸的气候比北岸的气候更湿润。

为了更好地对比刚察和江西沟两个地方的同一时间段内的气候，以月为单位，将 1～12 月的月平均气象资料依次对比，以寻找二者的相关性。4～10 月，刚察的月平均气温要高于江西沟的月平均气温；10～12 月和 1～4 月，刚察的月平均气温要低于江西沟的月平均气温；整体上来看，一年内刚察的月平均气温的变化幅度大于江西沟的月平均气温的变化幅度［图 3-3(a)］。1～4 月，刚察的月平均湿度比江西沟的月平均湿度稍微高点；4～12 月，刚察的月平均湿度与江西沟的月平均湿度相差不大；整体看来，5～8 月，刚察和江西沟的月平均湿度均有突变，主要是受到整个青海湖进入雨季的影响［图 3-3(b)］。1～5 月和 8～12 月，刚察的月降水量和江西沟的月降水量基本一致；5～8 月，江西沟的月降水量明显大于刚察的月降水量［图 3-3(c)］；说明在夏季(雨季)，青海湖南部的降水量比北部的降水量大。1～3 月和 10～12 月，刚察的月小型蒸发量与江西沟的月小型蒸发量基本一致；3～10 月，刚察的月小型蒸发量明显高于江西沟的月小型蒸发量［图 3-3(d)］。由于南北岸的地形因素，江西沟比刚察更靠近青海湖，受到湖泊效应的影响也更显著，表现为较小的温差，较多的降雨。

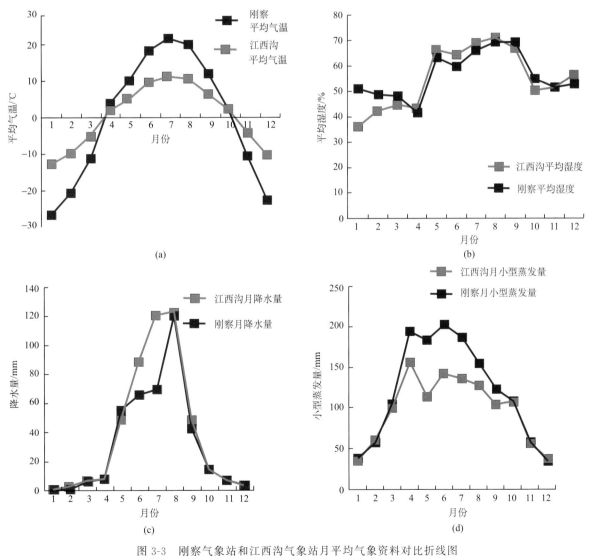

图 3-3 刚察气象站和江西沟气象站月平均气象资料对比折线图

(a) 月平均气温对比折线图；(b) 月平均湿度对比折线图；(c) 月降水量对比折线图；(d) 月小型蒸发量对比折线图

3.1.3　青海湖的水文特征

青海湖的水文特征最主要表现在湖平面的变化，寻找近几十年的湖平面的变化规律有利于现代沉积的研究。在青海省水务局的青海湖下社水文站，收集了1959～2013年的青海湖的湖水面的年平均绝对海拔值（图3-4）。1959～2004年，青海湖水位基本上呈下降的趋势；2005～2013年，青海湖水位呈上涨的趋势。1959年的水位海拔为3196.57m，1988年的水位海拔为3193.61m，1959～1988年水位下降2.96m；1990年的水位海拔为3194.3m，1988～1990年的2年间水位上涨0.69m，平均上涨0.345m/a；2005年的水位海拔为3192.79m，1990～2005年的15年间水位下降1.51m，平均降低0.1m/a；2013年的水位海拔为3194.26m，2005～2013年的7年间水位上涨1.47m，平均上涨0.21m/a。

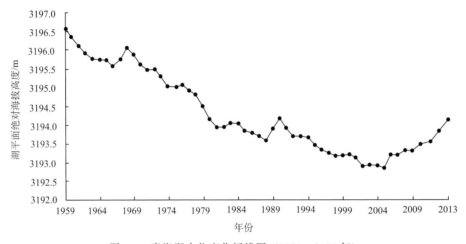

图 3-4　青海湖水位变化折线图（1959～2013年）

从1959～2013年的青海湖的湖水位变化图，可见湖水位年际变化的主要特点是分为两个大的阶段：1959～2005年湖水位下降阶段和2005～2013年湖水位上升阶段。在1959～2005年46年中，湖水位下降年份为35年，占总年数的76%；水位上升年份为11年，占总年数的23.9%，水位持平仅有3年。在这期间有过两次相对较大涨水，分别为1966～1968年和1988～1990年。2005～2013年湖水位上升阶段，年最大涨幅为0.43m。到2013年为止，青海湖水位已经恢复到与1990年差不多的水位。因此，青海湖水位并不是一直呈下降趋势的，而是整体呈下降趋势，中间夹有小幅度的上升。

3.1.4　青海湖盆地的地层特征

青海湖周边山区主要岩性为岩浆岩及变质岩。大通山的北部（布哈河谷北侧）出露下古生界浅变质岩和花岗岩，在刚察以西地层主要由中生界砂页岩组成，以东则出露前震旦系及震旦系变质岩（中国科学院兰州地质研究所等，1979）。湖区东面的日月山由前震旦系的片麻岩、花岗岩及花岗闪长岩等组成。湖区南面的青海南山由二叠系、三叠系的灰岩、变质砂岩、板岩、花岗岩、闪长岩、片麻岩等组成（中国科学院兰州地质研究所等，1979）。

青海湖盆地第四系沉积发育较好，以湖相为主（图3-5）。自下而上发育中-下更新统哈达滩组、上更新统二郎剑组和全新统布哈河组（青海省地质矿产局，1991）。

（1）哈达滩组：根据对共和县青海湖水16孔剖面研究，哈达滩组可分为5层。最下一层为土黄色黏土角砾岩，厚度为25m；其上是一层褐黄色、浅灰色、黄绿色淤泥质亚黏土夹中-粗砂透镜体和锰质结核，厚度为24m；再上是一层浅灰色、黄绿色、褐黄色淤泥质亚砂土夹黏土，厚度为53m；再上是一层微红色黄土质亚砂土夹黄土质粉砂和砂砾，厚度最大达130m；最上一层为土黄色黄土质粉砂夹含砾粉砂，厚度不足10m。因地层中夹有风成黄土，故又有人将哈达滩组称为类共和黄土组（青海省地

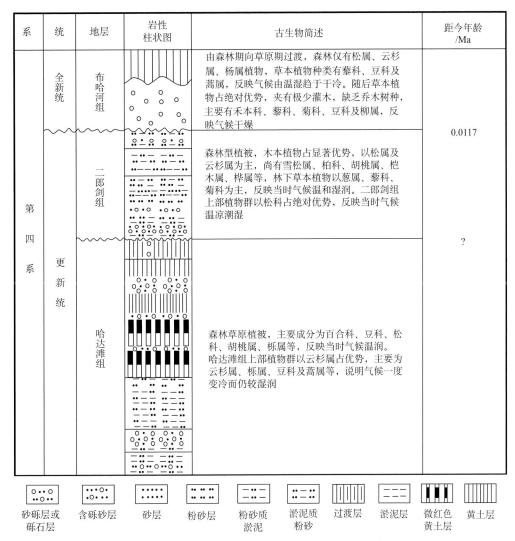

系	统	地层	岩性柱状图	古生物简述	距今年龄/Ma
第四系	全新统	布哈河组		由森林期向草原期过渡，森林仅有松属、云杉属、杨属植物，草本植物种类有藜科、豆科及蒿属，反映气候由温湿趋于干冷。随后草本植物占绝对优势，夹有极少灌木，缺乏乔木树种，主要有禾本科、藜科、菊科、豆科及柳属，反映气候干燥	0.0117
	更新统	二郎剑组		森林型植被，木本植物占显著优势，以松属及云杉属为主，尚有雪松属、柏科、胡桃属、桤木属、桦属等，林下草本植物以葱属、藜科、菊科为主，反映当时气候温和湿润。二郎剑组上部植物群以松科占绝对优势，反映当时气候温凉潮湿	？
		哈达滩组		森林草原植被，主要成分为百合科、豆科、松科、胡桃属、栎属等，反映当时气候温润。哈达滩组上部植物群以云杉属占优势，主要为云杉属、栎属、豆科及蒿属等，说明气候一度变冷而仍较湿润	

图 3-5　青海湖地层简图（中国科学院兰州地质研究所等，1979）

质矿产局，1991）。下伏地层为下志留统的地层，两者之间发育角度不整合。该组产丰富的腹足类、介形类、孢粉等化石。腹足类主要有 *Valvata* aff. *pulchellula*，*Pupilla* cf. *muscorum*，*Succinea* sp.。介形类主要有 *Limnocythere dubiosa*，*Candona neglecta*，*Eucypris inflata*，*Ilyocypris bradyi*，*Candoniella* sp. 等。孢粉组合中蕨类孢子占 8.3%，仅出现 Polypodiaceae 一科；草本植物花粉 74.4%，其中 Liliaceae 占 15.6%，*Allium* 占 24.6%，Leguminosae 占 33.6%；木本植物花粉占 17.3%，其中 *Populus* 占 5.2%，*Salix* 占 6%，*Juglans* 占 1.5%，*Quercus* 占 3.7%。本组顶部存在以松科花粉为主的孢粉组合，仅 *Picea* 就占 78.8%；草本植物花粉只占 6.1%，由豆科花粉和 *Artemisia* 组成（杨惠秋和江德昕，1965）。哈达滩组植物群以森林草本植物为主，反映了当时温润的气候条件；上部植物群以云杉属占优，说明气候曾一度变冷而整体仍较为湿润。

（2）二郎剑组：二郎剑组沉积在湖区分布广泛，由粉砂、泥质粉砂、砂质淤泥和砂砾层组成，厚度为 74～102m。根据对青 5 孔钻井剖面的研究，二郎剑组可分为 3 层：最下一层为灰黄色含砾砂层和细砾层夹黄土、淤泥和泥质粉砂，厚度为 22m；中间一层为蓝灰色等粉砂质淤泥夹粉砂，厚度为 40m；最上一层为浅灰绿色泥质粉砂岩夹淤泥和砾岩，厚度为 12m（青海省地质矿产局，1991）。下伏地层为哈达滩组，两者之间发育角度不整合。二郎剑组孢粉丰富，木本植物花粉占 53.8%，其中 *Populus* 含量达 17.1%，其余有 *Picea*，*Pinus*，*Alnus*，Pinaceae，Cupressaceae 等；草本植物花粉占 40.2%，其

中 *Potamogeton* 含量达 18%，其余有 *Artemisia*，*Ephedra*，*Lathyrus*. Chenopodiaceae，Urticaceae，Compositae 等；蕨类孢子占 6%，以 *Pteris* 和 Polypodiaceae 为主，其中眼子菜与槐叶萍的存在表明湖水为淡水。二郎剑组以森林型植被为主，木本植物占显著优势，草本植物次之，反映了当时温凉潮湿的气候条件（杨惠秋和江德昕，1965）。

（3）布哈河组：布哈河组以湖积物为主，次为冲积物，分布于青海湖现代湖盆及布哈河河口。冲积物主要沿布哈河河谷分布，河床内为砂砾层，河漫滩沉积主要为灰黄色细砂夹粉砂质黏土，厚约 4m。湖积物主要为灰黑色粉砂与泥质粉砂夹少量粉砂质淤泥或细砂，离湖心越远颗粒越粗，厚 2～24m。钻探发现在湖底全新统内有风积黄土，成分以灰黄色中-细砂为主，分选较好，厚度不详（青海省地质矿产局，1991）。布哈河组的孢粉含量比二郎剑组明显减少。下部组合中木本植物花粉含量达 48%，以 *Populus*，*Salix*，*Pinus*，*Picea* 为主；草本植物花粉含量达 28%，以 *Artemisia*，Leguminosae，Chenopodiaceae 为主；蕨类植物孢子含量增高到 24%，以 Polypodiaceae 为主。上部组合中草本植物花粉高达 95%，以 Chenopodiaceae，Compositae，*Ephedra*，*Asparagus* 为主，其余为少量木本植物花粉，以 *Salix* 为主。该组湖积中产介形类 *Limnocythere dubiosa*，*Eucypris inflata*，*Ilyocyris bradyi* 等，而且尚未石化（杨惠秋和江德昕，1965）。布哈河组植被由森林植被向草原植被过渡。早期，木本植物群大幅度较少，草本植物种类略有增加，反映气候由温湿趋于干冷。随后，草本植物占绝对优势，夹有极少量灌木，而缺乏乔木树种，反映当时干燥的气候条件。

3.1.5 青海湖盆地的构造特征及演化

青海湖四周山地呈现多层性，具有三级夷平面（陈克造等，1964），指示了湖区新构造时期中的几次大规模间歇性的上升。结合前人的研究成果（中国科学院兰州地质研究所，1979；边千韬等，2000），可知研究区有 3 个隆起（大通山隆起、团保山-日月山隆起和青海南山隆起）、3 个地堑（甘子河-湟水地堑、布哈河地堑和倒淌河地堑）以及青海湖断陷盆地［图 3-6(a)］。受中祁连南缘断裂带、宗务隆山—青海南山断裂带和黑马河—达日断裂的影响，青海湖断陷盆地可分为黑山-海心山地垒、三块石地垒和二郎剑地垒以及北部斜坡、南部拗陷和东南拗陷［图 3-6(b)］。同生正断层造成湖盆的分割，形成湖底边缘陡急的构造格局，中间的 20m 以上的深水区占全湖面积的 56.5%（中国科学院兰州地质研究所等，1979）。湖盆的长轴方向平行于区域内的主要断裂构造方向（NNW—NW—NWW），边缘受控于 "X" 的次级断裂，平面上呈现为菱形的轮廓。

青海湖盆地的形成和发展主要经历了以下三个时期。

（1）新近纪初（中新世）：新近纪初的喜马拉雅第二期运动使本区发生强烈的断块差异升降运动，导致山地的隆升和盆地的下降，形成了湖盆的雏形（陈克造等，1964）。

（2）第四纪早中期：上新世末至第四纪初的喜马拉雅第三期运动使得本区又经历一次强烈的断块差异升降运动。青海湖盆地进一步沉降，青海湖成为一个古布哈河-倒淌河中的 "过境湖"（古布哈河经过古倒淌河河谷注入古黄河），形成一套较厚的河湖相沉积（王苏民和施雅风，1992）。

（3）第四纪晚期：在中-晚更新世时，青海湖进入其发展的全盛时期。在中-晚更新世时期，由于日月山和野牛山的急剧隆升，切断了布哈河入黄河的通道，使得倒淌河发生倒流；青海湖继续下沉，最终形成完全闭塞的内陆湖（安芷生等，2006）。晚更新世，断块进一步差异升降运动。在晚更新世时，原本为水下潜山的黑山被抬升出水面，成为孤岛。而在黑山东南延长线上的鸟岛、海心山、将军台，这时也分别有所抬升（中国科学院兰州地质研究所等，1979）。同时，湖盆中部的地垒带也开始形成，并在地垒的南北两侧出现了湖盆最深的断陷带。全新世以来，山地的进一步隆升，气候日趋暖干化，导致湖面缩小，水位下降（张彭熹等，1988）。这时，湖滨的阶地继续抬升，湖中岛屿逐渐增多，并与陆地相连，如黑山和将军台脱离湖体形成湖畔孤山，鸟岛与布哈三角洲相连成为半岛，沙岛与东岸风成沙丘相连。

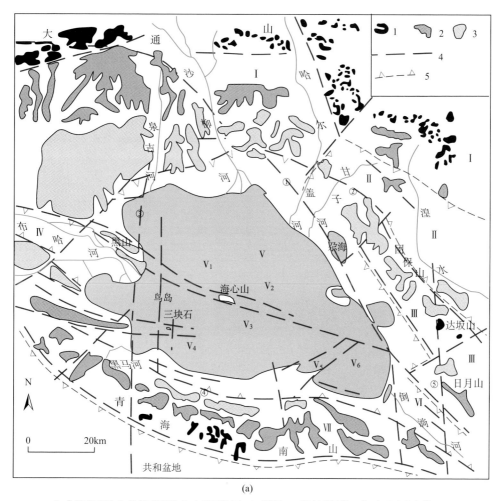

(a)

1. Ⅰ级夷平面; 2. Ⅱ级夷平面; 3. 山麓剥蚀面; 4. 断裂; 5. 隆起带界限; Ⅰ. 大通山隆起带;
Ⅱ. 干子河-湟水地堑; Ⅲ. 团保山-日月山隆起带; Ⅳ. 布哈河地堑; Ⅴ. 青海湖断陷盆地; V₁. 北部次级断陷盆地;
V₂. 黑山-海心山地垒; V₃. 南部次级断陷盆地; V₄. 三块石地垒; V₅. 二郎剑地垒; V₆. 东南部次级断陷盆地;
Ⅵ. 倒淌河地堑; Ⅶ. 青海南山隆起带; ①中祁连地块南缘断裂带; ②拉脊山断裂带; ③黑马河-达日大断裂带;
④宗务隆山-青海南山大断裂带; ⑤海晏-年保玉则断裂带

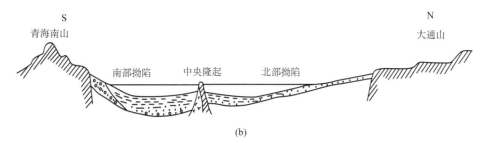

(b)

图 3-6　青海湖构造简图 (a) 和青海湖南北方向构造剖面示意图 (b)（中国科学院兰州地质研究所，1979，修改）

3.2　青海湖现代沉积体系特征

　　源-汇体系的核心是建立从物源区到沉积区的沉积体系。源-汇体系所要揭示的是物源从山上形成到被搬运至湖泊中沉积下来的过程。根据青海湖及其周缘地区的地貌地形特征、岩性特征、水系特征、沉积特征等，识别出 6 种从物源区搬运至沉积区的沉积动力过程，故存在 6 个源-汇沉积体系和 1 个湖泊沉积体系。6 个源-汇沉积体系分别为日月山/野牛山-倒淌河-有障壁滨岸沉积体系（图 3-7 中的①）、青海南山-冲积扇-扇三角洲/滨岸沉积体系（图 3-7 中的②）、布哈河-三角洲沉积体系（图 3-7 中的③）、大通山-冲积扇-扇三角洲/辫状河-曲流河三角洲沉积体系（图 3-8 中的④）、哈尔盖河/甘子河-有障壁滨岸沉积体系（图 3-7 中的⑤）和团保山/达坂山-冲积扇/滨岸-风成沉积体系（图 3-7 中的⑥）。通过图 3-7 中所示观测点的野外实地考察，发现 6 个源-汇沉积体系都具有各自的物源区和沉积相特征。

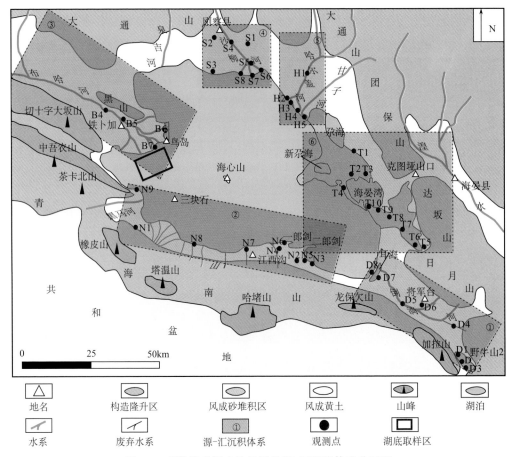

图 3-7　青海湖观测点位置图及源-汇沉积体系分区图

3.2.1　日月山/野牛山-倒淌河-有障壁滨岸沉积体系

倒淌河位于整个青海湖湖盆的东南缘。早在 1938 年，孙健初就提出由于东部地势上升，西部下陷，导致倒淌河倒流，青海湖转变为内陆湖（孙建初，1938）。后来，众多学者对此观点也持赞同态度，并认为是在中更新世末期或者晚更新世早期，青海南山、日月山和野牛山的隆升，堵塞古青海湖的东部出口，古倒淌河被迫倒流而形成现今的倒淌河（陈克造等，1964；袁宝印等，1990；潘保田，2004；安芷生等，2006）。伴随着气候的暖干化，全新世末期的最后一次湖面萎缩（距今约 2600 年），形成分割青海湖和耳海的古湖堤（中国科学院兰州分院和中国科学院西部资源环境研究中心，1994）。近年，有学者（张焜等，2010）利用卫星遥感数据对古河道和湖相沉积分布特征的遥感调查，提出了在约 0.1Ma 前后，强烈的构造运动导致日月山隆起，加上末次冰期的干旱气候，使得古河流无法继续切割隆起，青海湖逐渐与古黄河脱离。

1. 日月山东段/野牛山/青海南山东段的物源区特征

日月山东段和野牛山一线为现今倒淌河的物源区；青海南山东段与日月山—野牛山之间是自西向

东流的古倒淌河河谷。

日月山东段的岩体主要为形成于海西晚期的花岗岩。岩体的岩石组合为花岗岩、黑云母花岗岩和二云母花岗岩，呈不规则长卵形岩基出露。岩体的长轴方向为北西-南东向，与区域构造线方向基本一致（青海省地质矿产局，1991）。野牛山的岩体主要为中三叠统灰色-灰绿色的钙质粉砂岩与粉砂质板岩，夹灰岩及少量砾岩（青海省地质矿产局，1991）。

青海南山东段岩体的岩性相对比较复杂。青海南山东段靠北侧的龙保欠山一带的岩体主要为下志留统碎屑岩，其西侧为形成于印支晚期的花岗岩。青海南山东段靠南侧的加拉山以东一带出露下三叠统地层，下部以英安岩和流纹英安岩为主，夹板岩、千枚岩等；中部以砾岩、砂砾岩、中基性熔岩、角砾岩及熔岩凝灰岩为主；上部以砾岩、砂砾岩为主，夹杂砂岩、凝灰质砂岩、板岩和结晶灰岩等（青海省地质矿产局，1991）（图 3-8）。青海南山东段现已基本没有地表流水，曾发现多处古倒淌河的河岸阶地（张焜等，2010）。

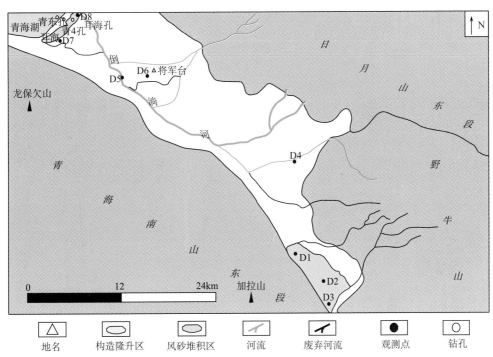

图 3-8　日月山/野牛山-倒淌河-有障壁滨岸沉积体系研究区地理位置图

D1、D2、D3、D6、D7、D8 为古倒淌河时期残留沉积

日月山东段位于整个倒淌河河谷的北侧，形态上呈弓状（凸面朝向河谷）。野牛山位于整个倒淌河河谷的东南端，与日月山东段之间有日月山的山口相隔，与青海南山东段有浪玛舍岗沙区相隔。青海南山东段位于整个倒淌河河谷的南侧，形态上呈弓状（凸面朝向河谷），与日月山形态上相对称。从遥感影像上观察，日月山的最高峰可达 4800m，野牛山的最高峰可达 4500m，青海南山东段的最高峰可达 3500m。日月山雪线以上的面积远大于后两者雪线以上的面积，这是造成现今倒淌河的水源主要来自日月山的重要原因。整个倒淌河河谷地貌上表现为东北高、西北低的特点，这是造成现今倒淌河位于整个河谷西侧的直接原因（图 3-8）。

本研究区多年平均降水量为 300～350mm，多年平均蒸发量为 900～1000mm，可见多年平均蒸发量大于多年平均降水量，表现为较干旱的气候特征。

现今倒淌河水源主要来自日月山和野牛山，但由于气候干暖化以及降水量的减少，来自野牛山的水源已基本干涸，仅剩下日月山的水源供给。这种气候变化，不仅导致现今倒淌河的径流量减少，而且导致植被的覆盖率大幅度减少。地表缺少植被的保护，造成河谷平原地带的古沙丘大量复活，使得这里成为近年来青海湖湖滨沙漠化较快的地方（姚正毅等，2015）。

2. 古倒淌河

正如前文所述，晚更新世时期是日月山、野牛山和将军台的主要抬升期，也是整个倒淌河河谷演化过程中最重要的时期。本书在倒淌河的分水岭和将军台山脚处发现两处古倒淌河时期的残留沉积。古倒淌河的流向是从西北向东南。野外考察发现古倒淌河的残留沉积仅仅存在于古倒淌河河谷的东南缘（观测点 D1、D2 和 D3）。

观测点 D1 剖面的下部为古倒淌河沉积，板状交错层理揭示了当时的水流方向自西北向东南 [图 3-9(a)]，上部为全新统的风成沙堆积。观测点 D2 剖面为全新统的风成黄土堆积，但内部富含次棱角-棱角状砾石 [图 3-9(b)]。推测在古倒淌河发生倒流以后，日趋暖干化的气候导致大量风成沙/风成黄土堆积在古倒淌河沉积物之上。

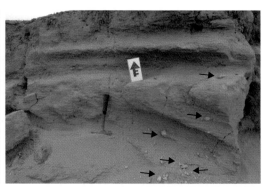

(a) 观测点D1　　　　　　　　　　　　　　　(b) 观测点D2

图 3-9　观测点野外照片

观测点 D3 处剖面自下而上砾石层逐渐变薄，透镜状砂层逐渐变厚，表现为明显的下粗上细（图3-10）。河流相沉积的岩性以砂砾石和中-粗级砂为主。砾石层具有明显的叠瓦状构造，砾石直径为 4～50cm。通过统计砾石最大扁平面产状，发现砾石的倾向多为 280°～310°，倾角多为 30°～40°，砾石的主要成分为花岗岩。而野牛山和青海南山南段的岩性为三叠系碎屑岩，与河床相沉积的砾石不吻合。花岗岩多出露在青海南山的中段（二郎剑—江西沟）和北段（布哈河河谷）及日月山。说明此处河床相沉积的砾石极有可能来自古布哈河河谷或古倒淌河河谷的北岸。河床相沉积的顶部出现一套约 50cm 厚的砾石层，与上覆的风成黄土呈突变接触。

将军台区域地处古倒淌河的谷底。前人认为此处为一套晚更新世湖相成因的青灰色-褐黄色砾石层和含砾砂层组合（张焜等，2010），但通过此次野外考察认为该区实际上是一套在晚更新世时期由于将军台地块隆升而形成的冲积扇。

由于近几年的人工采沙，在将军台的西北侧形成了倒淌河采沙场（观测点 D6）。本书所观察的剖面距将军台的直线距离约 800m。将军台顶部海拔约 3354m，底部海拔约 3274m，该剖面海拔约 3264m，从冲积扇的纵剖面线高程图，可知冲积扇大致可以分为两部分：上部是靠近将军台的山麓部分，这里坡降巨大；下部的坡降基本变化不大（图 3-11）。剖面自下而上可分为三部分。

剖面底部：以细砂和粉砂质泥的频繁互层为主 [图 3-12(a)]。细砂层厚度一般为 8～10cm，颜色呈棕褐色；粉砂质泥层厚度一般为 2～4cm，颜色呈红棕色，经常暴露地表而受到氧化作用相当于扇缘沉积。

剖面中部：根据对剖面中部沉积物的磨圆度和成分统计，冲积扇中砾石含量约为 74%，砂含量约为 25%。其中砾石多为次圆状和次棱角状，分别占 41% 和 32%。少量棱角状和圆状砾石，分别占19% 和 8%，说明该套沉积物主要是受到暂时性水流作用而形成。砾石成分以变质岩为主，约占 87%。

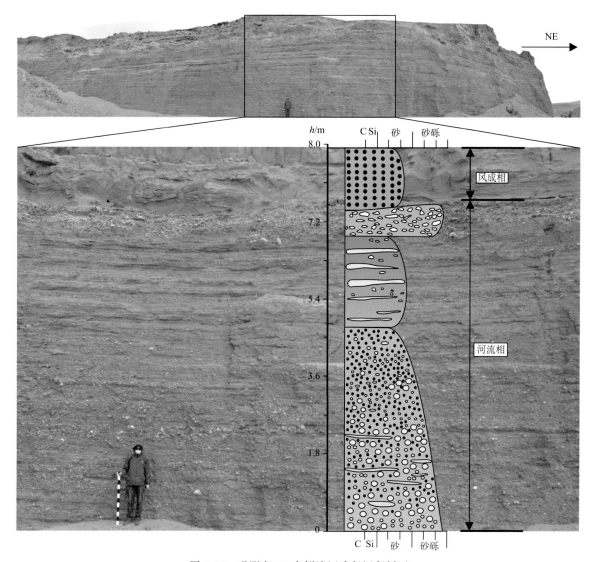

图 3-10　观测点 D3 古倒淌河残留沉积剖面

沉积构造主要表现为单层系的前积交错层理，且前积层理具有明显向上收敛的趋势 ［图 3-12(b)］。砾石呈明显的定向排列，倾角为 30°～40°，且向东南方向，倾角逐渐变小 ［图 3-12(c)］。说明在间歇性河流的作用下，砂砾质沉积物进入地形凹地后迅速扩散开。

剖面顶部：砾石类型和成分较为复杂，砾石以平行排列为主，分选中等 ［图 3-12(d)］。砂砾层在垂向上频繁交替出现，且厚度不稳定，无明显的层理面。推测该套沉积物是由一次或多次片流作用形成的洪积物。

冲积扇上通常可能出现两种类型的搬运和沉积作用：一种是暂时性水流作用（片流）的牵引流搬运沉积作用；另一种是泥石流等陆上重力流作用。这两种类型的搬运沉积作用取决于冲积扇上的水与沙混合物的特性。

从岩性来看，将军台冲积扇的岩性比较均一，整个剖面缺少泥质沉积。剖面的沉积特征和砾石的磨圆度均揭示冲积扇的形成主要依靠水流的搬运和堆积。晚更新世以来，将军台地垒的抬升造成了流域的高差，较老的地层出露被暂时性河流冲刷而形成将军台冲积扇。

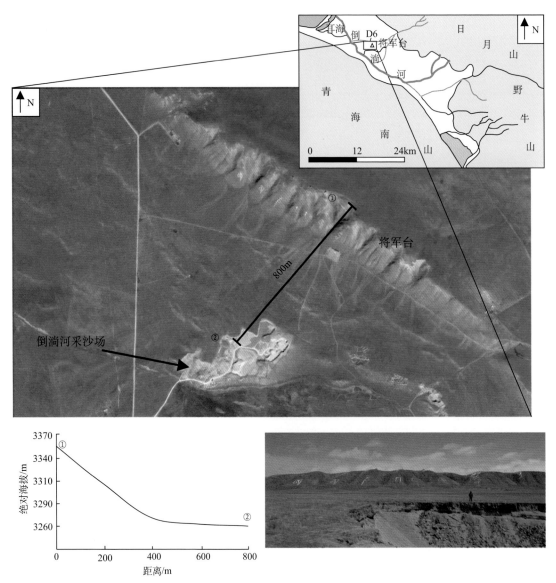

图 3-11　倒淌河采沙场（观测点 D6）位置图、纵剖面海拔变化图和山麓照片

3. 现今倒淌河

现今倒淌河的流向是从东南向西北。源自野牛山的现今倒淌河上游支流已经基本干涸［图 3-13(a)］，为观察上游现今倒淌河的沉积特征提供了有利条件。

观测点 D4 为源自野牛山的现今倒淌河河流阶地剖面，上覆全新统的风成黄土［图 3-13(b)］。整个剖面以砂砾沉积为主，泥质成分含量较少［图 3-14(a)］。砾径为 3～10cm，中-粗砾石的磨圆度多呈棱角-次棱角，细砾的磨圆度多呈次棱角-次圆状。剖面下部的砾石多为中-粗砾级，剖面上部的砾石多为中-细砾级［图 3-14(b)、(c)］。砾石最大扁平面的倾向多为 30°～50°，倾角多为 30°～40°。砾石的磨圆度较差和分选较差，说明现今来自野牛山的倒淌河上游支流并没有经过长期的水动力作用，也就是说这条支流是在相对比较短的时间内就干涸。

目前，倒淌河下游的水源主要来自日月山一侧的支流。此外，根据青海省地质矿产勘查开发局资料，山前洪积和冲积斜平原为径流的渗入带，水位埋深 5～25m，含水层厚 20～75m。因此，倒淌河下游的水源还有很大一部分来自地下潜水的补充。

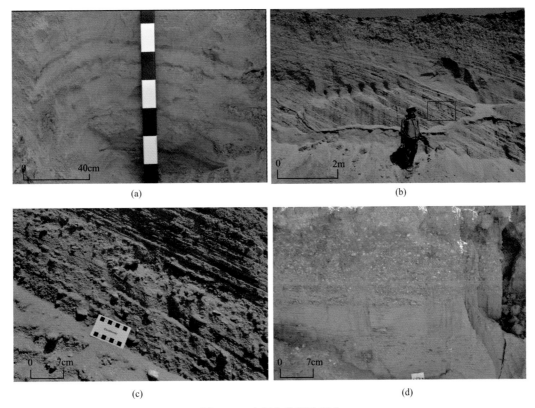

图 3-12　冲积扇的野外照片

（a）底部沉积物表现为细砂和红褐色的泥互层；（b）中部沉积物具有向下发散的前积层理；

（c）为（b）中红框部分的放大，砾石具有明显的顺层定向性；（d）顶部沉积物具有平行层理

图 3-13　源自野牛山的现今倒淌河河谷基本干涸（a）和废弃的河流阶地被风成黄土覆盖（b）

　　倒淌河的下游以曲流河沉积为主，河道宽度一般为 8～10m，弯曲度大于 1.5。发育河床、堤岸、河漫和牛轭湖 4 个亚相。

　　倒淌河的河床亚相可分为河床滞留沉积微相和边滩沉积微相[图 3-15（a）]。河床中的流水将悬浮搬运的细粒物质带走，而侧向侵蚀河岸所残余的砾石等粗碎屑物质被滞留在河床底部，最终形成河床滞留沉积[图 3-15（a）]。边滩是河床侧向迁移和沉积物侧向加积的产物，位于河曲的凸岸并平缓倾向河道。此处边滩宽度和河道宽度相近，边滩上多覆盖喜水性植物[图 3-15（a）]。

　　堤岸亚相发育在倒淌河河床的侧方，平行于河流延伸方向 [图 3-15（a）]。其沉积物明显比河床亚相的沉积物细。堤岸亚相可分为天然堤微相和决口扇微相。天然堤两侧不对称，向河床一侧坡度较陡，

图 3-14 现今倒淌河河流阶地剖面

（a）河流阶地剖面；（b）上部的细-中砾级砾石；（c）下部的中-粗砾级砾石

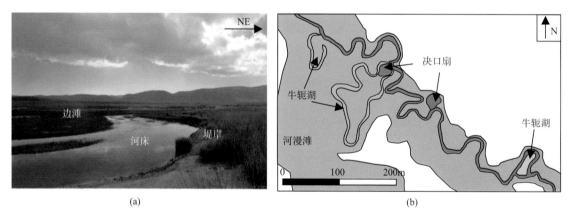

图 3-15 现今倒淌河下游野外照片（a）及现今倒淌河决口扇和牛轭湖微相（b）

向泛滥平原一侧较缓。天然堤的粒度比边滩沉积细，比河漫滩沉积粗。洪水期的河水冲决天然堤，部分水流从决口处流向河漫滩而形成［图 3-15（b）］。决口扇发育在河床凹岸一侧；平面形态呈扇状；垂向上则覆盖在早期河漫滩之上。

河漫滩位于天然堤的外侧，又称为泛滥平原沉积，地势较为低洼和平坦。由于现今倒淌河水量较小，所以河漫滩的宽度一般不超过 260m ［图 3-15（b）］。倒淌河的弯曲程度较高，易于发生截弯取直作用，导致其发育较多的牛轭湖 ［图 3-15（b）］。牛轭湖沉积体覆盖在早期河漫滩之上。此处的牛轭湖有两种成因：一种是曲流河最狭窄的颈部突然被截断，形成新的河道后，被截断的曲流环的出口和入口很快被泥沙淤塞而形成。另一种是曲流河河道反复不断地截断、废弃并堆积细粒物质，到一定阶段时，曲流带被封闭起来；当洪水期时，天然堤一次大的决口就可以使得河流发生冲裂作用。第二种成因的牛轭湖常与决口扇共生。

4. 倒淌河三角洲

现今的倒淌河进入平原地带以后，逐渐摆动向下游推进。在靠近耳海的入湖口处，分流河道并没有以向盆逐渐加宽或等宽的形态注入耳海中，而是先形成一个狭长的聚水洼地，再以一条宽度几乎可以忽略不计的小小的曲流河进入耳海。导致这个狭长洼地形成的原因是第 I 道湖堤和第 II 道湖堤的阻隔［图 3-16(a)］。正是由于第 I 道湖堤和第 II 道湖堤阻隔了倒淌河的直接注入，在堤岸的东侧大量水体堆积，最终倒淌河只能切割湖堤一个小切口，以较小的水流注入耳海。

现今的倒淌河以较小的河流注入耳海以后，形成一个长约 80m 的河口坝。利用 2002 年的遥感影像资料和 2014 年的遥感影像资料对比分析，发现这十年间耳海的湖平面处于一个上升阶段。这与前文所述的青海湖水位近十年处于上升阶段的结论相吻合，说明耳海的水位与青海湖的水位呈正相关。耳海三角洲前缘与 2014 年的耳海三角洲平原部分相重合。2014 年的耳海三角洲前缘的水下分流河道实际上是 2002 年的耳海三角洲平原陆上分流河道，表明倒淌河三角洲前缘受湖平面的升降控制［图 3-16(b)］。

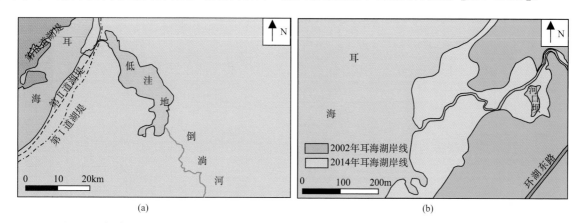

图 3-16　倒淌河注入耳海前的低洼地位置图（a）和倒淌河曲流河三角洲的湖岸线变迁图（b）

5. 耳海

从耳海东西两侧的湖堤上来看，耳海脱离青海湖主体已经历了较长的时间。耳海为一近南北方向延伸的狭长小湖，东岸平滑弯曲，西岸凹凸不平，被古湖堤与大湖隔断。分割青海湖主体与耳海的坝体宽 0.25~1.25km，坝体靠近青海湖的一侧平滑弯曲。东侧第 I 道湖堤距离耳海约 150m，高出耳海湖面约 10m，在观测点 D7 处看见了明显的冲洗交错层理［图 3-17(a)］，说明全新世晚期湖水曾经到过第 I 道湖堤。东侧靠近耳海的第 II 道湖堤的位置大约在环湖东路沿线，高出湖面约 3m。根据野外实测和遥感影像，发现耳海的湖平面高出青海湖的湖面约 3m。

耳海西侧是最大的第 III 道湖堤，湖堤的最高位置高出青海湖的湖面约 5m。这道湖堤隔断了耳海与青海湖之间连通的通道。前人（中国科学院兰州分院和中国科学院西部资源环境研究中心，1994）曾在此湖堤上钻了两个孔，一个孔是青东孔，位于湖堤偏西侧；另一个孔是青 4 孔，位于整个湖堤的顶部［图 3-18(a)］。青东孔的深度约 1m，以泥质粉砂和细砂为主。这与野外考察所观察到的在最靠近青海湖滨岸地带发育细砂质沿岸坝相吻合［图 3-17(b)］。

青 4 孔位于此湖堤顶部，整个井深 180m［图 3-18(b)］。顶部 0~12.6m 为砂砾层，为布哈河组地层。据孢粉组合（半荒漠化景观）确定当时气候环境为半干旱气候，湖泊面积缩小。其下 12.6~121m 为二郎剑组地层，主要为细砂和粉砂的互层，偶见含砾砂层，自下而上含砾砂层的厚度逐渐减薄。孢粉组合由山杨林-松树林景观向山杨林-云杉林演变，指示了当时由河湖共存向湖泊闭塞的变化过程。二郎剑组和下伏的共和类黄土组存在一个明显的不整合，指示了当时气候存在突变（由潮湿气候向湿

图 3-17　观测点 D7 的冲洗交错层理（a）和发育在第Ⅲ道湖堤西侧的新细砂质沿岸坝（b）

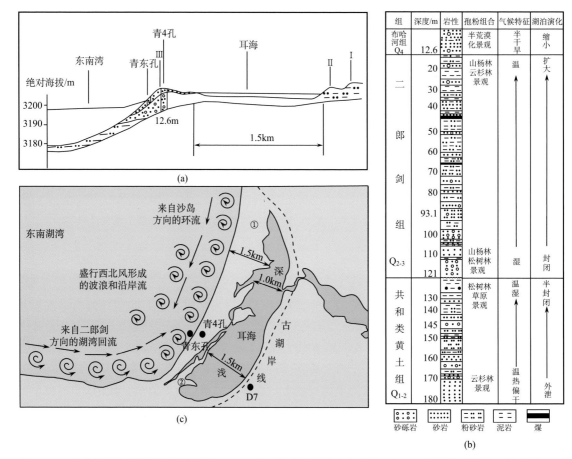

图 3-18　东南湖湾和耳海沉积相剖面图（a）、青 4 孔的岩性综合柱状图（b）和第Ⅲ道湖堤形成模式图（c）

（a）和（b）均引自中国科学院兰州分院和中国科学院西部资源环境研究中心，1994

润气候转变），青海湖在此时由半封闭湖泊变成完全封闭湖泊。最顶部厚度为 12.6m 的布哈河组是构成现今第Ⅲ道湖堤的主体部分［图 3-18（a）］。青东孔所钻遇的泥质粉砂和细砂是湖泊萎缩新形成的沙坝覆盖于老湖堤的产物。

通过遥感影像观察，发现一个十分特殊的现象：整个耳海的北部相对较深，南部相对较浅；北部的湖体宽度约 1.0km，南部的湖体宽度约 1.5km［图 3-18（c）］。按理说由于现今倒淌河不断携带泥沙注入耳海，北部应该相对较浅。从平面上看，整个第Ⅲ道湖堤可分成两个部分：①号坝体的规模较大，坝体最宽处可达 1.5km，自北向南逐渐变窄；②号坝体的规模相对较小，坝体最宽处约 200m，自南向北逐渐变窄。在盛行西北风的风浪产生的沿岸流和来自沙岛方向的湖流作用下，大量砂砾搬运和堆积形成了①号坝，而在来自二郎剑方向东南湖湾环流作用下，形成了②号坝。由于前者的搬运作用和堆积作用远大于后者，导致①号坝的规模远大于②号坝的规模。在两个坝完全闭合之前，大量的泥沙顺着两个坝之间的狭长水道进入耳海南部，导致大量的泥沙在这一侧堆积，从而导致耳海南部相对较浅。

6. 小结

在晚更新世末期，日月山和野牛山一带隆起，古倒淌河出口被堵塞，现今倒淌河开始出现。同时，日月山和将军台等地垒的抬升，导致在其山前形成冲积扇。现今倒淌河早期水流比较充足，但是随着全新世晚期的气候暖干化，来自野牛山的支流基本干涸，植被覆盖率降低，古倒淌河的河流阶地上被覆盖上厚厚的风成砂和风成黄土，河谷平原地带的古沙丘大量复活。

现今倒淌河进入谷底以后，不断以曲流河的状态向耳海方向推进。受到第Ⅰ道和第Ⅱ道湖堤的阻隔，曲流河在进入耳海前形成一个狭长的积水洼地。曲流河通过一个小河道进入耳海后形成一个小规模的三角洲，三角洲前缘的沉积展布明显受到湖平面波动控制。分割青海湖与耳海的第Ⅲ道湖堤，是由北侧①号坝和南侧②号坝组成。结合耳海水体深度和气候变化情况，可知整个第Ⅲ道湖堤是在湖平面下降以及强烈的波浪和沿岸流共同作用下，北侧①号坝和南侧②号坝闭合而形成。

3.2.2　青海南山-冲积扇-扇三角洲/滨岸沉积体系

青海南山前二郎剑-江西沟-黑马河地带是整个湖盆的陡坡带，从山前地带到现今湖岸线之间的距离十分短。此处发育多种沉积相（冲积扇、扇三角洲、沙嘴、湖滩等）。宋春晖等（1999）将此处的滨岸相分为沿岸砾沙坝、砾石滩、泥坪三类。王新民等（1997）提及此处发育大大小小的洪积扇群和扇三角洲沉积。师永民等（2008）将此处的扇三角洲认为是水下扇。下文将展开从青海南山物源区到沉积区的分析。

1. 青海南山西段和中段的物源区特征

青海南山的岩体主要是由下三叠统和上石炭统以及侵入岩组成。宗务隆山一带的上石炭统中吾农山群为典型的槽型石炭系沉积。下部以碎屑岩为主，上部以碳酸盐岩为主。出露于青海南山西段的中吾农山群主要是该群的上亚群部分，以灰黑色和灰白色的结晶灰岩为主，夹少量千枚岩和变砂岩（王培俭和王增寿，1980）。出露于茶卡北山和黑马河及加拉山一带的下三叠统，下部以英安岩和流纹英安岩为主；中上部以砾岩和砂砾岩为主（青海省地质矿产局，1991）。形成于印支期的基性-超基性侵入岩岩体侵入于宗务隆山中、下三叠统和青海南山的下三叠统。在茶卡北山一带分布的闪长岩体形成于印支晚期，岩体含较多的辉长岩和少量辉石岩捕房体；在橡皮山和塔温山一带分布的是形成于印支晚期的花岗闪长岩；在哈堵山一带分布的是形成于印支晚期的石英闪长岩；在龙保欠山一带分布的是形成于印支晚期的斜长花岗岩，在龙保欠山的局部地带出露大面积的下志留统的碎屑岩地层。

从地貌形态上来看，地处宗务隆山-青海湖南山岩带的青海南山是一个弓形山脉（弓的凹面包络着青海湖湖区）。青海南山的各个山峰海拔普遍较高，中间连绵不断，有多个较小的山口。黑马河一带的山口处有稳定的山间河流，并形成扇三角洲。二郎剑-江西沟一带的山口处为暂时性的河流，故形成冲积扇。从二郎剑到江西沟，再到黑马河，山前的滨岸带逐渐变窄（图 3-19）。

根据江西沟 1974～1997 年气象资料，江西沟气象站的月平均湿度为 57%，月平均降水量为34.87mm，月平均蒸发量为 113.4mm。降水量具有明显的季节性变化特点（降雨主要集中在夏季）。相比于刚察气象站和海晏气象站的月平均降水量和月平均蒸发量，江西沟的月平均降水量要高于前两者，而月平均蒸发量要低于前两者。因此，江西沟的月平均湿度也为湖区周缘地区最高。此外，同样

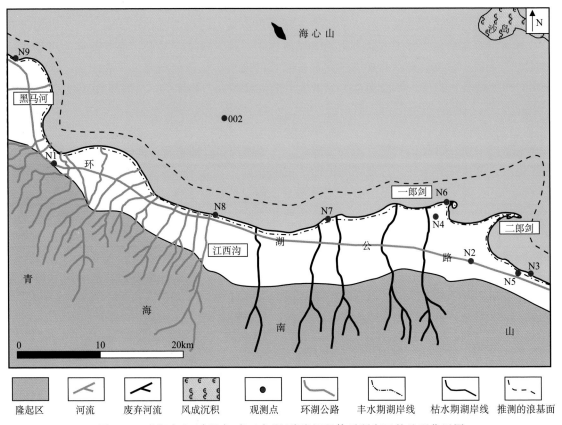

图 3-19 青海南山-冲积扇-扇三角洲/滨岸沉积体系研究区的地理位置图

地处西岸的黑马河和江西沟也存在多年平均降水量的差异性。黑马河多年平均降水量可达到 400mm 以上，江西沟的多年平均降水量在 350mm 左右（中国科学院兰州分院和中国科学院西部资源环境研究中心，1994）。

自然条件的差异性导致各个地段的土壤类型各不相同。高山寒漠土多分布在雪线以下高山流石坡及其以下的平缓地带；青海南山为阴坡，其上部及山顶分布高山草甸土，下部多分布高山灌丛草甸土；在平原地带广泛分布粟钙土。

受到自然条件制约，本研究区的植被类型也复杂多样（表 3-1）。通常用盖度（植物地上部分的投影面积所占地面的比例）来研究植物的覆盖率，盖度可分为总盖度（植物群落的盖度）和分盖度（种的盖度）。

通过对比植被的类型和覆盖率，可发现在青海南山的植物群落存在明显的区域差异性。前人（中国科学院兰州分院和中国科学院西部资源环境研究中心，1994）通过对比分析青海湖二郎剑景区-龙保欠山剖面和黑马河-塔温山剖面的植物群落盖度与海拔之间的关系，发现二者的变化有明显差异。青海湖二郎剑景区-龙保欠山剖面的变化情况为：在 3200～3300m，由于高度较低，故气温随着高度的增加而基本不变，土壤含水量随着海拔的升高而增加，总盖度也随之增加；在 3300～3900m，土壤含水量保持不变，总盖度不变；在 3900～4200m，虽然土壤含水量随海拔的升高而增加，但气温出现明显的下降，故植物群落盖度出现明显下降。黑马河-塔温山剖面的植被变化情况：植被以高寒草甸占优势，加之该区处迎风坡而降水条件较好，地形较为平缓，水热变化相对较缓，植物群落盖度远好于前者。因此，植物群落盖度在本研究区取决于海拔、气温和土壤含水量等。

表 3-1　青海南山研究区的植被类型及覆盖率
（中国科学院兰州分院和中国科学院西部资源环境研究中心，1994，修改）

地段	海拔/m	植被类型	总盖度/%	分盖度
青海南山东段	3500～3650	毛枝山居柳灌丛	85～95	35%～55%，局部可高达 65%
青海南山东段	3500～4200	高山崇草草甸	65～90	25%～50%
青海南山西段	3400～3900	毛枝山居柳灌丛、金露梅灌丛、鬼箭锦鸡儿灌丛	75～95	优势种达到 80%，草本层分盖度为 60%
青海南山西段的阴坡、半阴坡、半阳坡	3500～4000	金露梅灌丛	70～90	30%～60%
青海南山西段	<3400	矮崇草草甸	65～80	
青海南山西段	>3400	高山崇草草甸、矮崇草草甸	55～95	40%～85%
青海西山	3230～3300	段花针茅草原	70～85	40%～65%
青海南山滨岸平原	3200～3300	芨芨草草原	40～60	30%～40%
二郎剑沙地	3200	唐古特铁线莲荒漠	25～50	20%～45%
二郎剑沙地的外围	3200	中麻黄荒漠	50～60	
青海湖南农场（二郎剑以南）	3200～3400	栽培植被		

2. 冲积扇

在山麓倾斜平原带上分布着大大小小的冲积扇裙。湖盆南缘斜坡地带窄，一般只有 1～6km。从倒淌河向西，一直到黑马河附近，冲积扇裙沿着环湖公路连绵不断呈波状起伏 ［图 3-20(a)］。这些连绵不断的冲积扇梯度陡且保存差，面积一般不大于 30km²。靠近黑马河收费站（考察点 N1）附近的出山口处有直径约 1m 的巨砾 ［图 3-20(b)］，砾石岩性为侵入型花岗岩，由此物源来自青海南山中段的橡皮山。向湖方向，砾石粒径逐渐变小，到湖滨处砾径仅有 3～5cm。

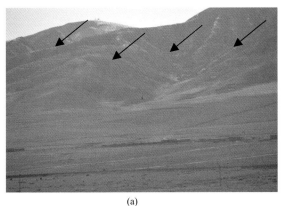

(a)　　　　　　　　　　　　　　(b)

图 3-20　冲积扇裙连绵起伏（a）和黑马河收费站附近的巨砾（b）

观测点 N2（位于龙保欠山的山前）剖面顶部覆盖着全新统末期的风成黄土，沉积物以砾石、砂和泥质沉积物的混杂堆积为主 ［图 3-21(a)］。砾石成分复杂，分选极差，磨圆度呈棱角状，以杂基支撑为主。砾石以悬浮状分布在暗色泥质沉积物中 ［图 3-21(b)］，泥质沉积物中富含碎片和植物根茎，说明该点为冲积扇的扇根。扇中和扇缘地带为广阔的冲积平原，地势较为平坦，向湖逐渐过渡为湖泊滨岸相。

图 3-21　冲积扇扇根剖面（a）和砾石多呈棱角状且富含泥质沉积（b）

3. 扇三角洲

扇三角洲是冲积扇直接入湖形成的。按照相与相之间的关系，扇三角洲可分为靠山型扇三角洲和靠扇型扇三角洲（陈景山等，2007）。

黑马河东南侧的朵叶状扇体具有以下特征：①紧邻青海南山，地处宗务隆山-青海南山断裂控制下的下降盘的陡坡区；②山区河流出口处就是青海湖，数条小河流携带沉积物直接进入青海湖，朵叶状扇体紧靠扇根；③该扇体半径约 8km，坡角约 1°10′（中国科学院兰州地质研究所等，1979）；④基于 DEM 高程数据处理后编制出等值线图（图 3-22），从湖平面到山口高程差约为 300m；⑤扇体上发育数条稳定的辫状分流河道。

扇三角洲平原是扇三角洲的陆地部分，可划分为辫状分流河道和漫滩沼泽。辫状分流河道具有辫状河流的沉积特征，大量砾石分布在河道中部 ［图 3-23（a）］。砾石直径多在 3～20cm，砾石岩性为杂砂岩和花岗岩等，磨圆度多呈次棱角状，分选较差。辫状河分流河道多水流较小 ［图 3-23（b）］。物源主要来自青海南山，具有明显的近源堆积的特点。泛滥平原发育于辫状分流河道之间的地带。漫滩沼泽多发育在扇三角洲平原靠近湖泊的低洼地区。由于细粒物质供给的不充足，漫滩沼泽发育不完全，面积较小 ［图 3-23（c）］。

野外考察中发现，该扇体的扇三角洲前缘基本不发育河口坝。这可能与扇三角洲的河流的水动力较弱有关。据中国科学院兰州地质研究所考察报告，青海湖采样点 002 的水深为 22.9m，沉积物为黄黑色泥质粉砂，碳酸盐岩含量为 31.8%，说明扇三角洲前缘水深可能小于 22.9m。利用遥感影像对比分析该区域不同时期的湖平面变化情况，发现湖平面对扇三角洲平原的影响几乎可以忽略不计，这可能与陡坡带的地形有关。

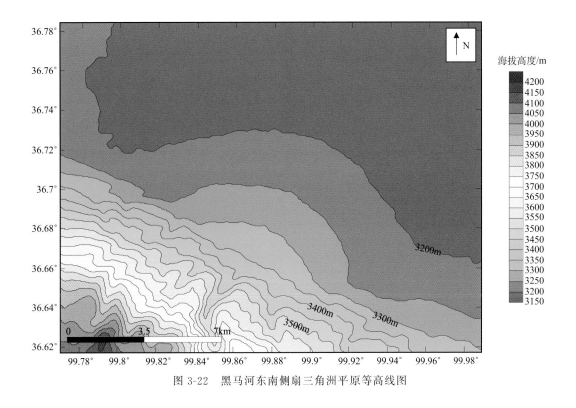

图 3-22 黑马河东南侧扇三角洲平原等高线图

图 3-23 黑马河东南侧扇三角洲平原辫状分流河道和泛滥平原（a）、
河道底部的砾石（b）和扇三角洲平原末端的漫滩沼泽（c）

4. 滨岸

前人（中国科学院兰州地质研究所等，1979；袁宝印等，1990）对青海湖湖区的古湖岸线变迁过程曾进行过深入研究。袁宝印等（1990）根据青海湖湖区的江西沟、耳海以东和孕海以东的数条古湖滨砂砾堤的位置，结合对其剖面黄土^{14}C测年，推测出青海湖全新世湖岸线的大致位置；根据青海湖湖区的湖积台地和湖蚀陡崖的大致位置，恢复出晚更新世湖岸线的大致位置。

笔者在野外考察发现保存较为完好的湖岸阶地［图3-24（a）］和湖蚀陡崖［图3-24（b）］。湖蚀陡崖的位置与前人所识别的晚更新世湖岸线大致相近。一级湖岸阶地几乎紧邻青海湖现今的湖岸线，可被视为现代滨岸相的丰水期湖岸线。位于一级湖岸阶地与晚更新世湖岸线之间的地带可被视为古滨岸相。需要注意的是，在青海湖的北岸、西北岸、东北岸以及黑马河扇三角洲一带，冲积扇、扇三角洲和河流三角洲覆盖了早先形成的古滨岸相；湖东沙区也覆盖了古滨岸相的砂砾质沉积物。

　　　　　　　（a）　　　　　　　　　　　　　　　　　　（b）

图3-24　位于一郎剑附近的一级湖岸阶地（a）和位于青海湖西侧的湖蚀陡崖（b）

目前，国内外学者对滩砂和坝砂的沉积特征已基本达成共识。滩砂厚度一般小于2m，沉积构造以低角度交错层理等为主；坝砂厚度一般大于2m，沉积构造以槽状交错层理等为主（姜在兴等，2015）。本区滨岸沉积的厚度普遍小于2m，内部无指示水动力较强的槽状交错层理等，故本区的滨岸相以滩砂（湖滩）沉积为主。下文针对本区的现代滨岸相和古滨岸相沉积展开分析。

1）现代滨岸相

以浪基面为界，现代滨岸相可分为前滨亚相和临滨亚相。下文重点对现代前滨亚相展开研究。平行岸线分布的湖滩沉积常呈席状，且分布面积较大。根据岩性特征和粒径大小及微地貌形态，湖滩可分为滩脊、滩脊间、滩后席状砂和滩后潟湖。

滩脊是平均湖平面以上在湖滩上部近水平的部分，走向多与岸线平行，形态多表现为线状［图3-25（a）］、鳍状和钩镰状［图3-25（b）］。

　　　　　　　（a）　　　　　　　　　　　　　　　　　　（b）

图3-25　线状滩脊（a）和钩镰状滩脊（b）

滩脊沉积物主要为含砾砂，而有的湖滩存在不止一个滩脊。滩脊内部靠近湖一侧多发育低角度斜层理(倾角约 6°)，常见定向排列的细砾。滩脊和滩脊之间的地带为滩脊间，沉积物以粉砂和细砂为主。水边新形成的滩脊向湖面，由于湖浪的冲浪回流作用，常形成障碍痕。障碍痕较细的一端指向水流的方向[图 3-26(a)]。滩后席状砂位于滩脊向陆一侧，呈席状分布，沉积物以砂质沉积为主，其表面多发育向陆方向变宽的冲蚀沟[图 3-26(b)]。滩后潟湖位于滩后席状砂靠岸一侧的低洼区[图 3-26(b)]，沉积物以泥质砂为主，而潟湖中的水多来自高位体系域时期的湖水。

(a)　　　　　　　　　　　　　　　　　(b)

图 3-26　障碍痕 (a) 和冲蚀沟以及滩后潟湖 (b)

按照沉积物的组分特征，湖滩沉积可分为砾石滩和沙滩。砾石滩主要分布于黑马河南侧的扇三角洲两侧或湖蚀岸边。砾石滩表面常有植物残体沿岸线呈条带状，为冲浪将水中植物搬运至滩脊上所致[图 3-27(a)]。按照水动力特征和粒度特征，砾石滩可分为上部砾石滩和下部砾石滩 [图 3-27(b)]。上部砾石滩的砾石含量约为 60% (最大砾石为 15cm)，砂含量约为 35%，分选较差。下部砾石滩的砾石含量约为 28% (最大砾石约 4mm)，砂含量约为 69%，分选较好。砾石的扁平面向湖倾，长轴方向与岸线平行。砾石滩垂向上表现为下细上粗的反韵律层。砾石的成分以灰岩为主，反映其物源来自中吾农山的三叠系地层。

(a)　　　　　　　　　　　　　　　　　(b)

图 3-27　黑马河砾石滩的植物残体条带 (a) 和砾石滩解剖照片 (b)

沙滩主要分布在二郎剑-江西沟一带。沙滩沉积物以含砾砂和砂为主。按照水动力特征和粒度特征，沙滩可分为上部沙滩和下部沙滩 [图 3-28(a)]。上部沙滩的砾石含量约为 35% (最大砾石为 3cm)，砂含量约为 62%，分选较差。下部沙滩砂的砾石含量约为 12% (最大砾石约 4mm)，砂含量约为 90%，分选中等。

无论是砾石滩还是沙滩，在剖面上都具有由冲浪作用形成的上部粗碎屑与由回流作用形成的下部

图 3-28　二郎剑-江西沟一带沙滩的解剖照片（a）和沙滩表面的植物残体和砾石条带（b）

细碎屑组成的反韵律层。这种反韵律层在垂向上反复出现，而在平面上则表现为平行于岸线呈条带状分布的砾石或植物残体，揭示了湖平面的多次波动及湖岸线的迁移［图 3-28(b)］。

2）古滨岸相

本区现代滨岸相的前滨亚相以湖滩沉积为主，而由于沉积时间过短，沉积体内部多无明显的沉积构造。为了更加深入地剖析本研究区内湖滩沉积的岩性特征、沉积构造及其演化模式，下文选取了两个最具代表性的剖面（观测点 N4 和观测点 N5）展开论述。

观测点 N4 一郎剑沙坑剖面（36°38′56.8″N，100°21′54.31″E），位于一郎剑沙嘴靠近尖端的位置。沉积物的岩性主要为含砾砂和砂，粒度和颜色均与现今湖滩上的松散沉积物基本一致。剖面具有底平顶凸的形态，宽度约 50m，高度约 2m［图 3-29(a)］。走向为近南北向，具有大型的低角度交错层理（倾角约 9°），且单个小层具有向南收敛的趋势。在同一小层内，顶部均可见一套很薄的砾石层。砾石的长轴走向为 95°～130°，倾向为 5°～40°，相当于现代沙滩上部的薄砾石层。

剖面内部层理可分成两个部分：靠近湖一侧（滩脊）发育大规模的低角度交错层理，背离湖一侧（滩后席状砂）发育平行层理。低角度交错层理指示了波浪所产生的底流对滩脊靠近湖一侧的反复冲刷作用。因此，单一期次的湖滩沉积内部的沉积层理产状为：向岸方向近水平，向湖方向低角度倾斜。

观测点 N5 二郎剑东侧沙坑剖面（36°36′2.71″N，100°27′25.21″E），位于二郎剑风景区和二郎剑沙嘴中间部位，距离青海湖现今湖岸线约 150m。该剖面整体表现为两套下细上粗的反旋回［图 3-29(b)、(c)］，为研究多期次的湖滩沉积提供了便利条件。

该复合砂体发育多种类型的沉积构造，如低角度斜层理、冲流痕等。下面自下而上依次展开描述。

（1）块状层理。该层理位于整个剖面底部，沉积物主要为灰黑色的泥质沉积，物质均匀、组分和结构上无差异、不显纹层构造，说明为悬浮沉积物的快速堆积而形成［图 3-30(a)］。

（2）逆递变层理。该层理位于块状层理之上，以组分颗粒粒度递变为典型特征，层面基本上相互平行，没有交切现象。从底到顶颗粒逐渐变粗，内部没有任何纹理［图 3-30(a)］。

（3）平行层理。平行层理多出现在平行岸线的剖面上。沉积物以中粗砂和砾组成，形成于平坦底床之上，指示了强大的水动力作用［图 3-30(b)］。

（4）低角度交错层理。低角度交错层理出现在垂直岸线方向剖面的中部。沉积物以中粗砂和砾为主。剖面中的低角度交错层理分为两组［图 3-30(c)］：一组为向湖倾斜的低角度交错层理，倾角为 12°；另一组为向岸倾斜的斜层理，倾角为 28°。前者为湖平面基本不变或湖平面上升时的冲浪-回流作用而形成；后者则是指示了湖平面下降时的滩脊向湖方向迁移。

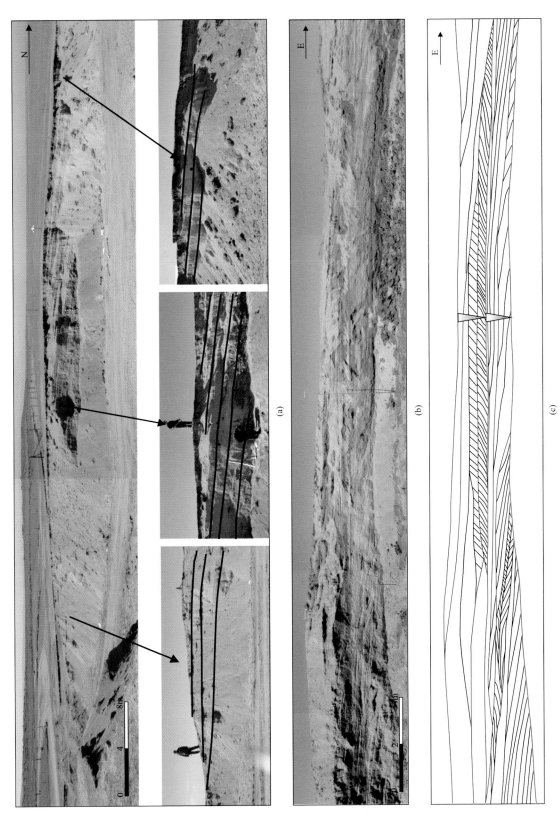

图 3-29　观测点 N4 一郎剑沙坑剖面野外照片 (a) 以及观测点 N5 二郎剑东侧沙坑剖面野外全景照片 (b) 和素描图 (c)

（5）冲流痕。冲流痕在两组低角度层理之间。沉积物以泥质粉砂为主，形成原因是水流在泥质沉积物层面上流动时，水流分离伴生有大的涡流，导致对沉积物表面产生差异冲蚀［图 3-30(d)］。

图 3-30　青海湖二郎剑沙坑剖面上的沉积构造

（a）下部为块状层理（泥质沉积物），上部为逆递变层理（粉砂质沉积物-砂质沉积物-砂砾质沉积物）；

（b）平行层理（砂砾质沉积物）；（c）下部为向湖倾斜的低角度交错层理，上部为向陆倾斜的斜层理；

（d）冲流痕，其上为向陆倾斜的低角度交错层理

在剖面底部发育着一套蓝黑色的泥质沉积物。确定这套泥质沉积物是滨浅湖泥质沉积还是滩后潟湖泥质沉积，对研究多期次湖滩沉积的演化过程尤为重要。这套泥质沉积物染手，且内部富含直立生长的植物根系。从靠近陆一侧到靠近青海湖一侧，黑色泥的厚度由 50cm 逐渐减薄到 8cm。

通常，滨浅湖泥质沉积向湖方向逐渐变厚，而滩后潟湖泥质沉积向湖方向逐渐变薄。因此，这套蓝黑色的泥质沉积物为滩后潟湖沉积（图 3-31）。将泥质沉积物在美国的贝塔实验室进行 ^{14}C 测年，最终得出样品的常规 ^{14}C 年龄为 $4840\pm30a$ BP（图 3-32）。

由于剖面呈圆弧形，故将剖面划分出三个岩性柱分别为 log1、log2、log3，分别代表多期次的湖滩沉积由湖向陆的沉积特征变化。沙坑平面形态呈半圆形，直径约 33m，半周长约 100m。log1 的岩性柱斜交岸线；log2 的岩性柱垂直于岸线；log3 的岩性柱平行于岸线，相当于对坝体的横向解剖（图 3-33）。

log1：底部黑色泥在各个沉积剖面中是最薄的，约 8cm 厚（图 3-34）。其上覆盖约 6cm 厚的棕色泥质粉砂。然后逐渐过渡到以逆递变层理为主的砂质沉积物，反映了水动力的逐渐增强。其上为向湖倾斜的低角度斜层理，说明在水平面上升过程中，波浪对滩脊向湖一侧的反复冲刷作用。其上为一套很薄的泥质沉积物，沉积构造为冲流痕，代表高位体系域时期湖水对滩脊的冲蚀作用。其上为一套向岸倾斜的斜层理，说明水平面下降导致滩脊向湖一侧迁移。其上为一套约 50cm 厚的含砾砂，沉积构造为逆递变层理，为水平面的快速下降而形成。

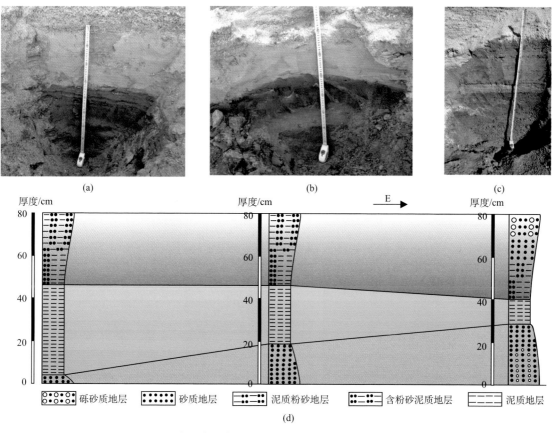

图 3-31　青海湖二郎剑剖面底部的蓝黑色泥质沉积对比图

（a）剖面靠近陆地一侧的蓝黑色泥质沉积野外照片；（b）剖面中间部位的蓝黑色泥质沉积野外照片；

（c）剖面靠近青海湖一侧的蓝黑色泥质沉积野外照片；（d）根据（a）～（c）作出的沉积对比剖面

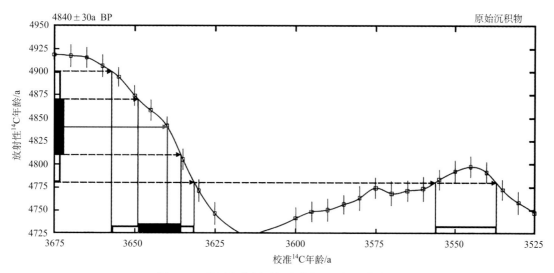

图 3-32　蓝黑色的泥质沉积物的 ^{14}C 年龄曲线图

　　log2：底部的黑色泥约 30cm 厚（图 3-34）。其上为约 15cm 厚的棕色泥质粉砂。与 log1 相似，逐渐过渡为砾砂质沉积物。具有向湖倾斜的低角度交错层理的含砾砂质沉积物和具有冲流痕的泥质沉积物的厚度远比 log1 中的厚，指示此处是多期次湖滩沉积的主体部分。自下而上所反映的水动力条件与 log1 相似。

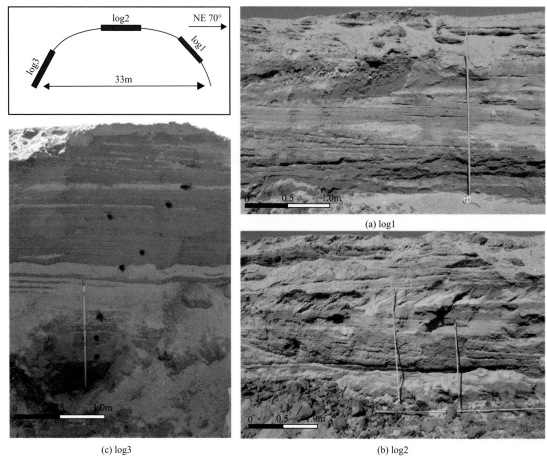

图 3-33　青海湖观测点 N5（二郎剑沙坑剖面）log1、log2 和 log3 位置图及其野外照片

　　log3：底部的黑色泥岩在各个沉积剖面中是最厚的，约 50cm，反映此处更靠近滩后潟湖的沉积中心（图 3-34）。在其之上为覆盖 30cm 厚的棕色泥质粉砂。泥质粉砂之上的沉积构造以平行层理为主。中部的平行层理主要表现为富含重矿物的砂质沉积物互层；下部和上部的平行层理表现为砂和含砾砂质沉积物的互层。

　　通过将 log1、log2 和 log3 的岩性柱状图对比分析（图 3-34），湖平面经历了先上升后下降的变化过程。而湖平面上升过程并非一直是持续上升的，中间可能存在过小幅度下降。

　　在单一期次的湖滩沉积的研究基础上，以多期次湖滩沉积为模板，建立出本研究区的湖滩沉积演化模式（图 3-35）。单一期次湖滩滩脊向湖一侧多表现为低角度向湖倾斜的交错层理，向陆一侧多表现为平行层理 [图 3-35(a)]。多期次湖滩沉积明显受到湖平面的升降所控制。在大约 4840 年前（相当于中全新世的大暖期），滩后潟湖的泥质沉积物形成 [图 3-35(b)]。随着湖平面上升，滩脊不断向岸退积 [图 3-35(c)、(d)]。当湖平面到达最高的时候，波浪对滩脊有过短暂的冲刷，形成一套薄薄的泥质粉砂沉积物 [图 3-35(e)]。随后，湖平面下降，滩被侵蚀，仅仅保留向陆倾斜的层理 [图 3-35(f)、(g)]。

5. 小结

　　绵延上百公里的青海南山是本区的源-汇沉积体系的起点。不同山麓地带由于岩性和地貌等差异性，导致其受风化、剥蚀和搬运的程度及产物均不同。黑马河流域经过中吾农山和茶卡北山，流经的山谷多出露灰岩，黑马河中的砾石多以灰岩为主。黑马河南侧的小型河流主要流经以花岗岩和碎屑岩

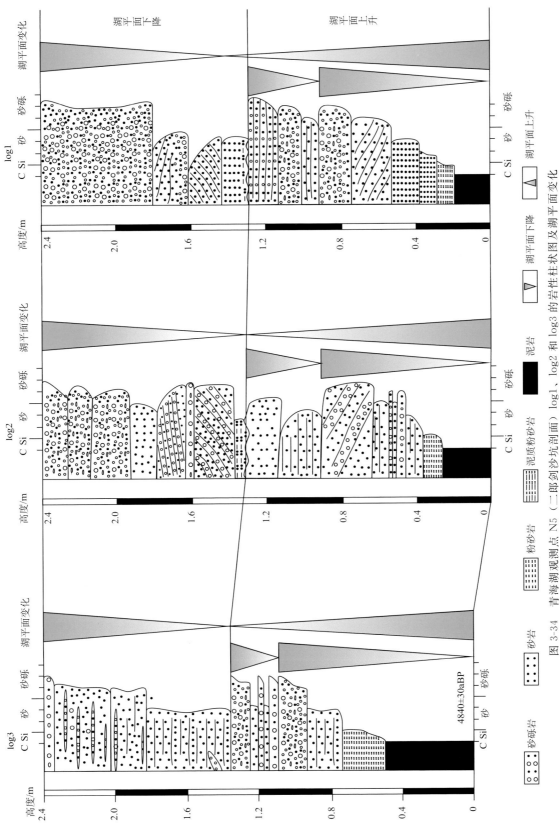

图 3-34　青海湖观测点 N5（二郎剑沙坑剖面）log1，log2 和 log3 的岩性柱状图及湖平面变化

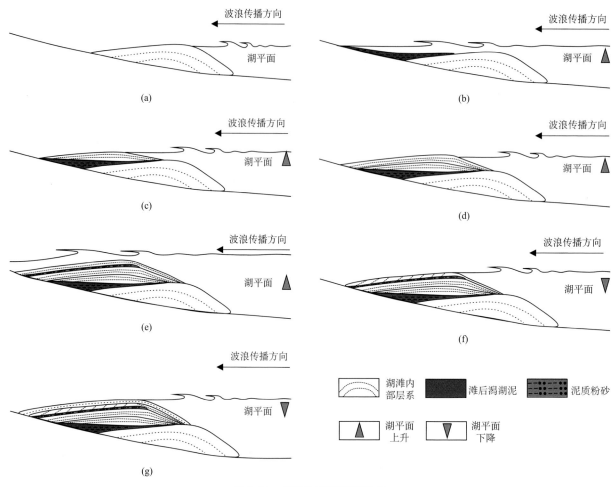

图 3-35　多期次湖滩沉积模式

为主的地层，导致河流中多富含磨圆较好的砾岩和砂砾岩。青海南山靠近江西沟一带多出露印支晚期的花岗闪长岩，故导致冲积扇中多可见以岩浆岩为主的砾石。而在龙保欠山前出露的志留系碎屑岩地层导致其山前多形成以泥石流作用为主的冲积扇。

地处迎风坡的黑马河一带，降水量较大，植物覆盖度高，以高寒草甸和灌丛为主，且这里的水系多为相对稳定的水系，导致这里发育扇三角洲；江西沟和二郎剑一带的降水量相对黑马河要少，植物覆盖相对较低，以灌丛和矮草草甸为主，且这里的水系多为易于干涸的水系，导致这里发育以暂时性水流作用为主的冲积扇［图 3-36（a）］。

在二郎剑-江西沟一带的湖滨地区，土壤含盐量和 pH 较高，土壤发育程度较低，只有耐盐的植物才能发育。在黑马河一带的湖滨地区，地势平坦且狭窄，土壤易受到山麓的地下水补给，故整个湖滨地带多分布高寒草甸。两者的滨岸带虽均为湖水退缩而形成，但正是由于这种植被的类型和覆盖率的差异性，导致目前二郎剑一带已初步出现荒漠化的现象（姚正毅等，2015），并出现荒漠性植物。

通过野外考察和遥感影像资料，结合前人研究成果，编制了青海南山-冲积扇-扇三角洲沉积体系平面图［图 3-36（a）］和沉积横剖面图［图 3-36（b）］。青海南山前发育冲积扇相、扇三角洲相和滨岸相三种沉积相。冲积扇位于山麓地带，面积较小，常常形成冲积扇裙。扇三角洲是一个靠山型扇三角洲，扇三角洲平原上多发育相对稳定的辫状分流河道。冲积扇向湖逐渐过渡为古滨岸相。现代前滨亚相以湖滩沉积为主，可分为滩脊、滩脊间、滩后席状砂和滩后潟湖。以现代滨岸相的研究为基础，结合两个典型剖面，深入分析单一期次和多期次的湖滩沉积的沉积特征，建立了多期次湖滩的沉积演化模式。

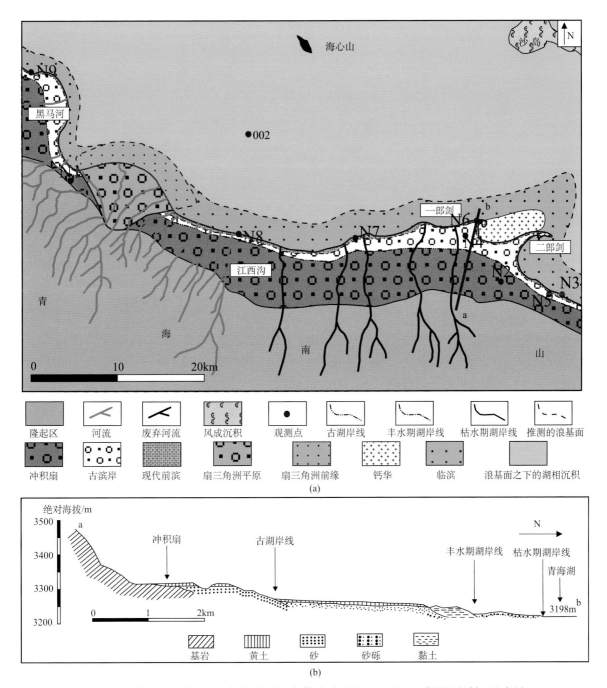

图 3-36　青海南山-冲积扇-扇三角洲/滨岸沉积体系平面图 （a） 和 a-b 线的沉积剖面示意图 （b）

3.2.3　布哈河-三角洲沉积体系

　　地处青海湖长轴方向的布哈河是青海湖年平均径流量最大的河流 [图 3-37（a）]。布哈河从天峻县西北的阿木尼尼库山起源，经过长距离的搬运以后，穿过青藏铁路和青海湖公路，最终注入青海湖中形成青海湖最大的三角洲——布哈河三角洲。布哈河从物源区到湖盆沉积区的整个剥蚀、搬运和沉积过程，为研究河流到湖泊的沉积动力过程提供了有利条件。通过研究布哈河的河流形态和沉积特征、布哈河三角洲的地貌特征和沉积特征，确定各个沉积相的控制因素，最终建立河流-三角洲沉积体系。

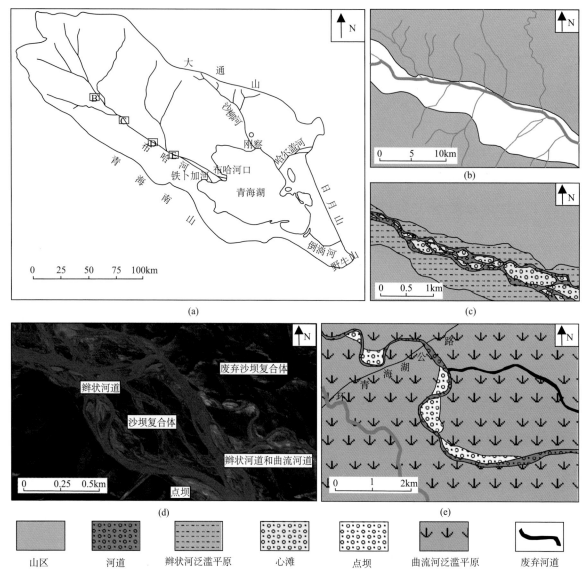

图 3-37　青海湖布哈河流域位置示意图及典型河型转化

（a）青海湖布哈河位置示意图（李岳坦等，2010，修改）；（b）位于 B 位置点的布哈河汇水体系；（c）位于 C 位置点的辫状河段；（d）位于（D）位置点的辫状河与曲流河转化航拍照片（图片来源于 Googleearth，有修改）；（e）位于 E 位置点的曲流河段

1. 布哈河流域内的物源区特征

布哈河发源于北祁连山的阿木尼尼库山，流经疏勒南山、青海南山等，流入青海湖。布哈河所流经的物源区相对较大，下文主要从岩性特征和自然概况两个方面对物源区的特征展开研究。

布哈河发源于北祁连山的阿木尼尼库山。阿木尼尼库山的岩体主要为形成于加里东晚期的中-酸性侵入岩。该岩体沿着下志留统的变砂岩和板岩所组成的背斜轴部侵入。岩体由两次酸性侵入岩组成，第一次为分布于岩体边部的花岗闪长岩，第二次为分布于岩体中部的二长花岗闪长岩。数条源自该岩体的支流汇集为布哈河的源头——阿日郭勒河。

阿日郭勒河向下游进入布哈河河谷，河谷两侧的夏日格曲河、哈吉尔河、吉尔孟河等支流汇入布哈河。这些支流主要流经的河谷两侧出露岩性为中、下三叠统和下志留统。布哈河的河谷南侧出露中三叠统的郡子河组，其岩性特征为生物碎屑灰岩、鲕状灰岩和条带状灰岩。布哈河的河谷北侧出露中、下三叠统，其岩性以碎屑岩为主夹少量黑色页岩。本区的下志留统覆盖面积较大，基本上覆盖了整个布哈河河谷及其北部局部地带。其岩性为一套以红色为主的杂色碎屑岩，下部以砾质碎屑岩为主，上部为具复理石韵律的砂岩和页岩。从天峻县一直到布哈河入湖口处，布哈河两侧的山地都是以这套下志留统沉积为主。

布哈河流域内的自然概况特征涉及地貌、气候、水文、土壤、植被、气温、风、降水量和蒸发量（表 3-2）。

表 3-2　布哈河流域内的自然概况特征（张娟，2012）

类型	特征描述
地貌	流域内地貌类型复杂多样，地貌以高山滨湖平原为主，从低到高依次为滨湖甲原、冲积平原、河谷平原。呈现由青海南山、布果特山、疏勒南山、托莱南山所环抱，以及从属于山体的冰川、谷地、河谷阶地和山间小盆地等形成高山纵谷和山间盆地的地貌特征。地形西北高、东南低，大体上可分为三级阶梯
气候	布哈河流域处于青海盆地半湿润气候向柴达木盆地干旱气候的过渡带，东南部受青海湖气候支配，年降水量为 350～480mm，西北部受柴达木盆地干旱气候的影响年降水量为 140～300mm
水文	流域内径流以降水和冰雪融水补给为主，冬季降水少，夏季降水多；河道下游的河滩地带地下水资源丰富，从山麓到河滨平原，地下水埋藏深度>25m 渐变为<5m
土壤	流域地势高寒，土壤成土过程缓慢，土层较薄，质地疏松，易流失与沙化。流域内的土壤类型主要有高山荒漠土、高山草甸土、高山草原土、山地草甸土、黑钙土、栗钙土、草甸土、沼泽土、风沙土、草甸盐土
植被	流域内的植被，发源地以沼泽草甸型植被为主，中游以山地草甸为主，生长发育比较良好；流域南部受柴达木盆地干旱荒漠气候的影响普遍干旱缺水，植被种属稀少，属于多旱生、强旱生的矮灌
气温	流域内夏秋季节温凉而短暂，冬春季节寒冷而漫长。气温分布是东南高、西北低；湖盆区高、山丘区低；气温年内变化呈峰-谷型，即 7 月为峰，1 月为谷，气温的年际变化较小。全年晴多雨少，日照充分，湖滨平原及宽阔的河滩日照时数较多，山地略少；沟谷地段和放坡日照时间较长，阴坡则较短。一年中夏季的日照时数较多，冬春季次之，秋季因多阴雨，日照时数较少
风	流域内夏秋季以东南风为主；冬春两季盛行西风。全地区年平均风速为 3.2～4.4m/s，湖西北的风速大于湖南地区，瞬时最大风速为 30m/s，一年内的风速变化以春季最大，夏季较小，冬春大于秋季。全年出现大风（风力≥8 级或瞬时风速≥17m/s）的天数以天峻县最多，平均 97 天，最多年份为 141 天
降水量和蒸发量	多年平均降水量为 300～500mm，其特点是：地区分布不均匀，年际变化较小，年最大降水量与最小降水量之比在 2.5 左右。流域内多年平均蒸发量为 1000～2000mm（20cm 口径）。其分布规律呈由北向南递增的趋势。蒸发的年变化不大，蒸发量年内分配不均，年最大蒸发量与年最小蒸发量之比在 1.5 左右

西北高、东南低的地貌特征是导致布哈河自西北流向东南的直接因素。受青海湖盆地的半湿润性气候与柴达木的干燥性气候共同控制，导致布哈河上游流域的降水量低于下游的降水量。冰雪融水、降雨和地下径流是布哈河的重要补给通道。疏松的土质导致布哈河流域内水土流失严重，也导致布哈河的年平均输沙量较大。上游流域受干燥气候的影响多发育灌丛类植被，下游流域受半湿润气候的影响多发育草甸类植被。受海拔、日照等因素的影响，流域内的年平均气温表现为东南高、西北低的特征。冬春季盛行西风，夏秋季盛行东南风。受河谷两侧地形的约束，天峻县一带常年盛行西北风。年平均降水量表现为西北低、东南高的特点，年平均蒸发量表现为西北高、东南低的特点，这与流域的西北部和东南部的气候特征相吻合。

2. 布哈河

在布哈河的源头（阿木尼尼库山）附近，可见众多的支流。4000m 以上的冰雪融水顺着山间河道流向峡谷，最终形成布哈河的雏形。山间河流的汇聚过程约在海拔 3270m 结束。这种支流汇聚的过程，称为河流的集水段［图 3-37(b)］。集水段是河流形成过程中的初始阶段。沙柳河、哈尔盖河等青海湖其他河流上游也存在这种现象，但没有布哈河明显。造成这一现象的原因，是由于布哈河上游的山间河谷发育且山系的冰雪融水量高。集水段是一个以侵蚀作用为主的沉积过程。由于河流侵蚀多为花岗岩，沉积物主要为砾石，含泥沙量较少，水体较为清澈。受到狭窄的峡谷地形的控制，河道基本不游荡，常年保持流水。地形坡度较陡，使得集水段中各支流的流速较快。

随着布哈河向下游推进，河谷地形变宽，河道宽而浅，弯曲度小，其宽深比较小，弯曲指数小于1.5，具有明显的辫状河特征［图 3-37(c)］。此处辫状河的主要特征是河道极其不稳定。河道中沙坝众多，规模大小不一，多以纵向沙坝为主，沉积物多为砂砾质。沙坝的抗侵蚀能力较弱，在洪水期易于被水流淹没和改造，使其形态极易被改变。观察出露的砾砂质坝，发现其平面形态上呈菱形，迎水面为较粗的砾石滩，尾部为较细的砂层或者细砾石滩。而心滩沉积物的分布和形态与水流变化有关。当迎水面受到水流冲击作用，会导致壅水面抬升，较细的砂质沉积物被水流带走，留下较粗的砾石，而底部产生的回流携带着砂质沉积物向下游搬运，在心滩的尾部由于水流流速降低，砂质沉积物沉积下来，进而使心滩向下游生长。现今河道两侧为辫状河的泛滥平原，沉积物主要为砂质沉积，受到季节性洪水控制。

随着地形坡度进一步下降，游荡性较强的辫状河在海拔 3212m 左右，转变成弯曲度为 1.5 左右的曲流河［图 3-37(d)］。河流的点坝和沙坝复合体十分发育。洪水期的河流可对点坝和沙坝复合体进行切割和破坏。在其下段，开始出现河心沙坝，说明河道的侧向侵蚀能力有所加强。布哈河向下游推进过程中分成两支，一支为多河道的布哈河，一支为单一河道的铁卜加河。

在环青海湖公路附近的布哈河已经变成单一河道的曲流河（弯曲度达到 1.6），而铁卜加河仍然保持单一的弯曲河道形态［图 3-37(e)］。在现今布哈河的河道西侧为 1979 年中国科学院兰州地质研究所考察的布哈河主河道。现今布哈河曲流河段的宽深比超过 40，砾砂质的边滩和泛滥平原发育。由于地形相对较为平坦，这里的河道受季节性洪水影响更明显。在 11 月至次年 2 月的枯水期，水流量较小，大量砾砂质的边滩出露水面。在 6～8 月的洪水期，水流量较大，河水基本可以覆盖整个河谷。主流河道对于两侧河谷的侧向侵蚀作用十分强烈，河岸两侧堤岸多为砂泥质沉积物，堤岸植被发育不太好，导致河流易于侵蚀堤岸，并将大量的泥沙向下游搬运。当地政府不得不修建大量的堤坝来保护公路［图 3-38(a)］。铁卜加河的河道较窄，水深较大，沉积物以砂泥质为主，河道底部可能有砾石［图 3-38(b)］。

图 3-38　位于布哈河大桥附近的人工保护堤（a）和铁卜加曲流河（b）

通过野外调查和剖面对比，在布哈河大桥东侧，选择了 4 个保存较好的代表性剖面作为研究对象。剖面多为陡坎，此外对部分剖面垂直下挖 0.5m，从而更好地显示完整的沉积旋回。本书通过对沉积构造、沉积粒度和沉积旋回等特征的分析，认为布哈河的曲流河段主要发育河床滞留沉积、边滩沉积和泛滥平原沉积三种类型。

　　由于河床中流水的选择性搬运,将呈悬浮搬运的细粒物质带走,而将上游搬来的或就近侧向侵蚀河岸形成的砾石等粗碎屑物质滞留在河床底部,集中堆积成不连续的、厚度较薄的河床滞留沉积。河床滞留沉积在布哈河沉积体中广泛发育,单层沉积厚度一般在 0.5m 左右。岩性类型主要为含砾粗砂岩,砾石的形态多样、分选和磨圆较差,且常具叠瓦状定向排列构造。下部砾石冲刷面与上覆地层呈突变接触,推测是阵发性洪积而形成〔图 3-39(a)〕。

　　边滩的沉积层理主要为流水层理、爬升沙纹层理和平行层理等〔图 3-39(b)、(c)〕。沉积物以中细砂为主,磨圆和分选较好。边滩沉积中偶见底平顶凸的透镜状砂体,代表一次洪水事件形成的小型沙坝〔图 3-39(d)〕。当水流减速时,富含悬浮物质的河水溢出堤岸,细砂、粉砂和黏土沿着河道边缘沉积。随着一次次的泛滥,沉积物在逐渐增加,形成天然堤,而在天然堤外侧形成广阔的泛滥平原。沉积构造为指示快速沉积的块状构造,富含植物根系。

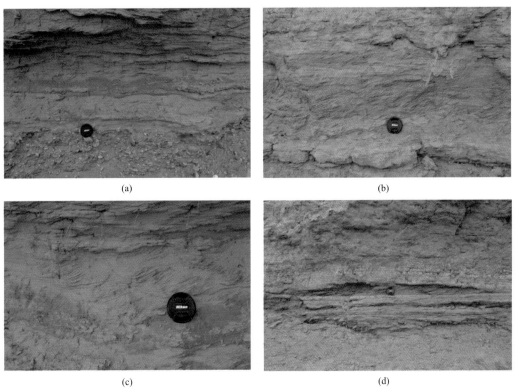

(a)　　　　　　　　　　　　　　　(b)

(c)　　　　　　　　　　　　　　　(d)

图 3-39　青海湖布哈河曲流河流相沉积构造特征

(a) 河床砾石滞留沉积,与上覆地层为突变接触;(b) 下部为块状层理,上部为流水纹层;

(c) 指示流水的方向;(d) 呈底平顶凸的透镜状砂体

　　在对布哈河曲流河段沉积特征研究的基础上,对沉积体进行了垂向上的分析,自下而上将剖面分为三部分(图 3-40)。

　　底部:包括 N1、N2 层,主要特征是砾石含量多,且分选和磨圆差,呈现混杂堆积的状态。砾石颗粒间加有细砂-中砂,砾石整体成分为变质岩、岩浆岩(中酸性岩浆岩)、变质砂岩等。该地层与上覆地层呈不整合接触关系。河道由于其水流量小,水动力弱,摆动频繁,在剖面上呈现一种顶平底凸的透镜体,主要成分为中砂-粉砂。

　　中部:包括 N3 层,发育于滞留沉积上部,主要成分为细砂-粉砂,磨圆和分选均中等,具有十分明显的槽状交错层理、爬升交错层理和流水层理,且延续距离较长,横向规模较大。部分可见斜交的平行层理。这种沉积构造反映了河流侧向迁移与侧向加积的过程。

　　顶部:包括 N4、N5、N6,由下到上粒度变细,沉积体以透镜状产出,底平顶凸,内部具有斜层

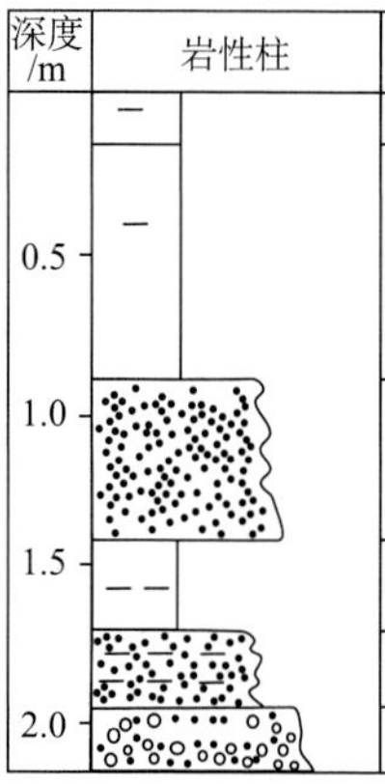

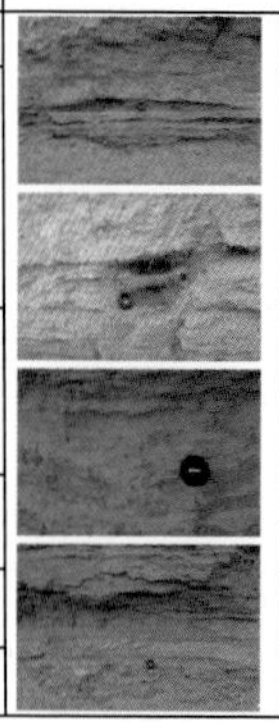

深度/m	岩性柱	层号	岩性	厚度/cm	沉积构造	其他特征	野外照片	沉积环境
	—	N6	棕褐色泥岩	10~30		富含植物根系		泛滥平原
0.5	—	N5	棕褐色泥质粉砂岩	70~100	块状层理	含植物根系		泛滥平原
1.0		N4	浅色中细砂岩	50~60	块状层理、流水纹层	含牛骨镶嵌其中		边滩
1.5	— —	N3	白色粉砂岩	30~40	块状层理	较为纯净		泛滥平原
		N2	灰色中细岩	30~40	流水纹层			边滩
2.0		N1	灰色含砂砾岩	20~30	平行纹层	以砾石为主,具有定向性		河床滞留沉积

图 3-40　青海湖布哈河曲流河段沉积剖面的沉积特征

理及小型的交错层理,其与上覆地层呈不整合接触关系。植物根系较多,反映了该环境下水源充足,有植物生长。天然堤沉积与河漫滩沉积往往共生,后者沉积物粒径较前者较细,构造以平行层理、小型波纹层理为主,植物根系较多。

3. 布哈河三角洲

在 1975 年,青海湖长轴方向的布哈河注入青海湖还是一个鸟足状河控三角洲。然而,由于在 1975~2000 年,气候暖干化、湖水位下降等外在因素的影响,青海湖的布哈河三角洲以年平均推进距离 62.6m 向湖推进,导致原本孤立于布哈河三角洲之外的鸟岛已经与布哈河三角洲平原相连(李凤霞等,2008)。布哈河的改道也使得注入青海湖的布哈河河口从鸟岛的北侧迁移到鸟岛的南侧。现今的布哈河三角洲上活跃的河流主要是布哈河的下游和铁卜加河。根据沉积环境和沉积特征,可将布哈河三角洲划分为布哈河三角洲平原、布哈河三角洲前缘和前三角洲。

布哈河三角洲平原与布哈河河流体系的分界从河流的大量分叉处开始。布哈河三角洲平原亚相发育分流河道沉积微相、废弃分流河道沉积微相、天然堤沉积微相和沼泽沉积微相。

分流河道:是布哈河三角洲平原的骨架部分,以砂质沉积为主。分流河道的分叉数目较少,河道近于平直,曲流沙坝一般不发育[图 3-41(a)]。由于三角洲平原的地势相对平坦,分流河道流速远比中、上游的河流慢。

天然堤:位于分流河道的两侧,但多数保存不完整,在地貌上表现为一些低起伏的堆积体[图 3-41(b)]。天然堤的沉积物以砂泥混杂为主,粒度较河床为细,较沼泽为粗。其表面多覆盖着洪水期携带来的植物残体。

废弃分流河道:是由砂和黏土组成,比分流河道的充填沉积物要细。鸟岛西侧废弃的主河道和现今铁卜加河两侧的分流河道都是典型的废弃分流河道。目前,鸟岛北侧的废弃河道已形成大面积的沙丘[图 3-41(c)],沙丘高度为 2~4m,宽度为 50~80m,连绵成片,整体走向平行于湖岸线(长约 5km)。

沼泽:发育在三角洲平原近湖一侧,其表面接近平均高水位湖平面。受到洪水或者湖平面变化的影响,沼泽会周期性地被水淹。沼泽中植物繁茂[图 3-41(d)],属于滞水的还原环境。沉积物多以黏土为主,有机碳含量可达到 0.8% 左右。

中国科学院在 1970 年的考察报告,认为布哈河的主河道从河口射出,水下分流河道一直延伸至湖泊的半深湖-深湖区域,长达 12km。而随着近几十年的湖平面和河道的变迁,原先的布哈河河道已经废弃,现今布哈河以四条支流的形式注入青海湖,其中自北向南第二条在目前布哈河入湖河道中流量最大,河口处有明显的河口坝。布哈河南侧的铁卜加河也是以曲流河的形态注入青海湖的铁卜加湾,

图 3-41　布哈河三角洲平原分流河道（a）、分流河道和天然堤（b）、鸟岛北侧的风成沙丘（c）和沼泽（d）

构成布哈河三角洲前缘的一部分。

　　为此，2015 年 4～5 月，笔者在布哈河三角洲前缘区域利用抓斗取样器和重力柱状取样器取了 56 个表层样。综合水深、粒度、有机质含量、常量和微量元素含量以及黏土矿物含量的测试分析资料，对布哈河三角洲前缘的沉积微相、地貌特征和元素地球化学特征展开了深入分析，以期将三角洲前缘进一步划分。

　　通过实地考察和湖底取样综合分析，认为布哈河三角洲前缘亚相发育水下分流河道沉积微相、水下天然堤沉积微相、河口坝沉积微相、前缘席状砂沉积微相和前缘斜坡沉积微相。

　　传统认识中水下分流河道为分流河道的水下延伸部分，当分流河道延伸到水下时，河道变宽、变浅、分叉、流速降低，沉积速度加大，从而形成水下分流河道。水下天然堤是天然堤的水下延伸部分，为水下分流河道两侧的沙脊。河控型三角洲是否存在水下分流河道和水下天然堤以及分流间湾呢？前人对鄱阳湖三角洲、岱海三角洲水下分流河道的研究（金振奎等，2014；石良等，2014），认为三角洲前缘不存在水下分流河道。

　　通过对布哈三角洲前缘的实地考察，发现水下分流河道和天然堤是客观存在的［图 3-42(a)］。而通过对 2009 年 5 月 31 日和 2013 年 8 月 2 日的布哈河河口区的遥感照片分析，发现当青海湖处于枯水期时，湖平面相对较低，布哈河口只有两个呈三角形的河口坝。当青海湖处于丰水期时，湖平面相对较高，原来湖岸线被淹没，河口坝也被分流河道重新切割和改造，形成呈发散状的指状沙坝和水下分流河道，原来靠近枯水期湖平面位置的三角洲平原被水淹没改造形成沼泽［图 3-42(b)］。布哈河水上分流河道与水下分流河道是可以相互转换的，而控制这种转换的重要因素是湖平面周期性的升降。由此可见，水下分流河道实际上是早期的分流河道被湖水淹没而形成。因此，在划分沉积相的时候，若假定某一段时间内湖平面是相对稳定的话，水下分流河道和水下天然堤是存在的。

　　河口坝是由于河流带来的砂泥物质在河口处因流速降低堆积而成。正如图 3-42(b) 中所示，河口坝受到分流河道的改道和湖平面的升降，而发生形态上的改变和侧向迁移。被改造后的河口坝既可以

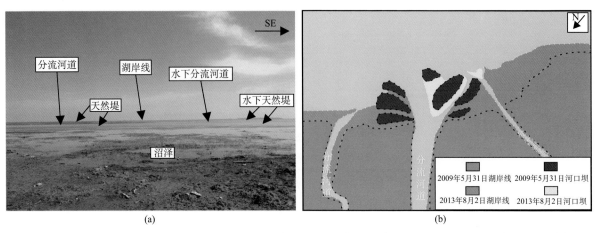

图 3-42　布哈河河口区沉积微相野外照片（a）和 2009 年 5 月 31 日与 2013 年 8 月 2 日河口区沉积微相的对比图（b）

与分流河道呈垂向上的叠置关系，也可以与沼泽呈垂向上的叠置关系。此外，河口坝不是在所有的河口处都发育。这与河流供给的沉积物数量和蓄水体作用营力的类型和作用强度有关。图 3-43 中左右两侧的分流河道河口处就由于河流供给的沉积物数量不足而无法形成河口坝。

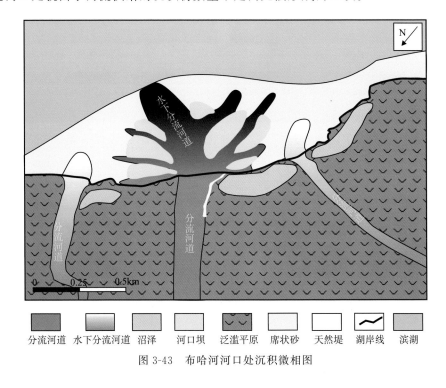

图 3-43　布哈河河口处沉积微相图

　　根据在湖底采样过程中实测的水深数据，并利用 suffer 软件进行差值计算，恢复出布哈河水下三角洲的水深等值线图和地貌特征图。实测的水深为 1.5～23.5m，基本上覆盖了布哈河三角洲前缘的主体部分。从湖底的三维地貌图可见明显的三角洲前缘斜坡（图 3-44）。因为该区的水下三角洲区域几乎不受构造运动的影响，所以三角洲前缘斜坡属于沉积成因的斜坡。三角洲前缘斜坡分别向铁卜加湾和南部拗陷延伸。三角洲前缘斜坡的发育不均衡。向南部拗陷延伸的斜坡带较窄，水深变化在 2～23m，坡降为 0.054%，向铁卜加湾延伸的斜坡带较宽，水深变化于 2～15m，坡降为 0.025%。三角洲前缘斜坡底部地势平坦。

　　根据 Shepard 沉积物分类命名原则，表层沉积物可以分为 10 大类，三角图的三个端元分别为黏土

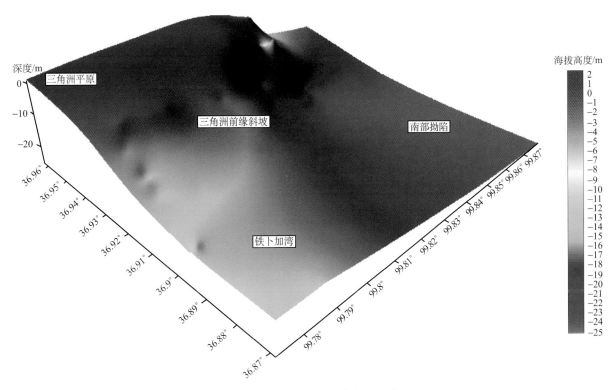

图 3-44　布哈河三角洲前缘水下地貌图

矿物、砂和粉砂。其中 a 区域代表黏土，b 区域代表砂质黏土，c 区域代表粉砂质黏土，d 区域代表黏土质砂，e 区域代表砂，f 区域代表粉砂质砂，g 区域代表粉砂，h 区域代表黏土质粉砂，i 区域代表砂质粉砂，j 区域代表砂-粉砂-黏土。研究区表层沉积物主要为黏土质粉砂、粉砂、粉砂质砂、砂质粉砂和细砂五种类型（图 3-45）。

　　平面上大致可以分为 A、B、C 三个区域（图 3-46）。各区沉积物的粒度参数见表 3-3。

表 3-3　研究区表层沉积物粒度统计特征　　　　　　　　单位：Φ

分区	泥	粉砂		细砂		中值 M_d	
A	3.20	21.24	36.44 / 6.1	75.56	92.08 / 58.99	3.41	3.81 / 3.01
B	10.47	59.98	62.53 / 55.19	29.55	33.68 / 24.49	5.12	6 / 4.68
C	17.07	76.74	86.1 / 66.7	6.2	23.61 / 0.57	6.34	7.37 / 5.14

分区	平均粒径 M_z		分选 σ_1		偏度 SK_1		峰度 K_G	
A	3.5	3.91 / 3.03	0.96	1.2 / 0.73	0.35	0.39 / 0.28	1.86	2.26 / 1.54
B	5.18	5.37 / 4.65	1.76	2.19 / 1.55	0.11	0.57 / −0.19	0.96	1.23 / 0.71
C	6.42	7.37 / 5.29	1.32	1.56 / 0.99	0.12	0.31 / −0.05	1.06	1.26 / 0.94

注：每一栏左为平均值，右上为最大值，右下为最小值

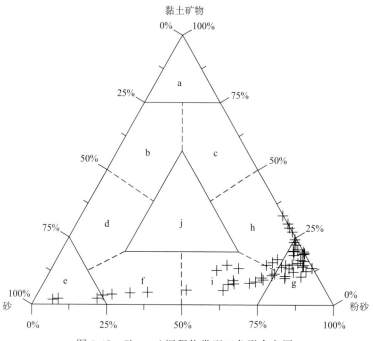

图 3-45　Shepard 沉积物类型三角形命名图

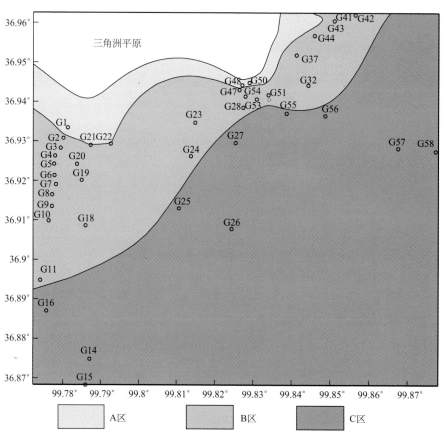

图 3-46　湖底取样沉积物分区图（部分点）

　　A 区（水深小于 4m）沉积物以细砂为主，夹有少量的黏土质粉砂。沉积物的颜色为灰黑色或灰黄色［图 3-47(a)、(b)］。砂平均含量为 75.56%，粉砂平均含量为 21.24%，黏土平均含量为 3.20%。中值粒径 M_d 为 3.41Φ，平均粒径 M_z 为 3.5Φ，粒度较粗，分选系数平均值为 0.96，分选较好，偏度平均值为 3.5，全部样品为正偏，峰度平均值为 1.86。

　　B 区（水深为 4~14m）以粉砂为主，其次是细砂，夹有黏土质粉砂、砂质粉砂。沉积物的颜色为灰黑色，有明显的砂泥互层［图 3-47(c)］。砂平均含量为 29.55%，粉砂平均含量为 59.98%，黏土平均含量为 10.47%。中值粒径 M_d 为 5.12Φ，平均粒径 M_z 为 5.18Φ，粒度较粗，分选系数平均值为 1.76，分选较好，偏度平均值为 0.11，全部样品为正偏，峰度平均值为 0.96。

　　C 区（水深为 14~23.5m）以粉砂为主，夹有黏土质粉砂，夹有少量细砂。沉积物颜色为深黑色，富含植物残体［图 3-47(d)］。砂平均含量为 6.2%，粉砂平均含量为 76.74%，黏土平均含量为 17.07%。中值粒径 M_d 为 6.34Φ，平均粒径 M_z 为 6.42Φ，粒度较粗，分选系数平均值为 1.32，分选较好，偏度平均值为 0.12，全部样品为正偏，峰度平均值为 1.06。

　　综上可以看出，研究区分布面积较大的沉积物是粉砂、黏土质粉砂、粉砂质砂，近岸地区主要是细砂和粉砂质砂。

(a)　　　　　　　　　　　(b)

(c)　　　　　　　　　　　(d)

图 3-47　青海湖湖底样品照片

(a) G21 点样品照片；(b) G22 点样品照片；(c) G52 点样品照片；(d) G58 点样品照片，富含植物残体

　　综上可知，布哈河三角洲的前缘席状砂广泛分布于三角洲平原外侧的水深小于 4m 地带（A 区）。前缘席状砂是由于三角洲前缘的河口沙坝经湖浪和沿岸流改造后使之再平行分布于其侧翼而形成的薄而面积大的砂层。

　　在水深 4~23.5m 发育三角洲前缘斜坡。前缘斜坡以水深 14m 为界限，小于 14m 的沉积物以粉砂质-细砂质沉积为主，具有明显的砂泥互层（B 区）；大于 12m 的沉积物以粉砂质-粘土质沉积为主，无明显的分层，富含植物残体（C 区）。

　　三角洲前缘亚相包括水下分流河道和水下天然堤沉积微相、河口坝沉积微相、前缘席状砂沉积微相和前缘斜坡沉积微相。水下分流河道和水下天然堤主要是湖平面上涨后淹没陆上的分流河道而形成。在河口坝的侧翼广泛发育席状砂。前缘斜坡占据三角洲前缘的大部分，一直延伸至半深湖区。随着水深的增大，斜坡表层的沉积物逐渐由砂质粉砂变成黏土质粉砂（图 3-48）。

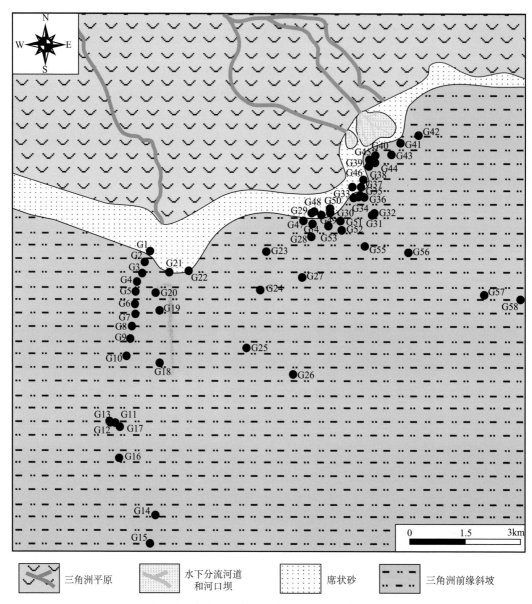

图 3-48　布哈河三角洲平原和前缘沉积相平面图

　　本次最深的采样点 G58 的水深为 23.5m，而沉积物仍然以粉砂质沉积为主。因为前人分析水深 25m 以下为深湖相沉积（中国科学院兰州地质研究所等，1979），所以前三角洲沉积位于水深 25m 以下。

4. 小结

　　布哈河的集水段多流经以花岗岩为主的地层，侵蚀后的沉积物以砾石为主；辫状河段-曲流河段流经中、上三叠统的灰岩和碎屑岩以及下志留统的砂砾岩和页岩地层，侵蚀后的沉积物具有较高的泥沙含量。冰雪融水、降雨和地下径流是布哈河的重要补给通道。流域内多为疏松土质，水土流失严重，导致布哈河的年平均输沙量较高,为布哈河三角洲的形成提供了充足的物源。

从布哈河源头一直到布哈河公路大桥附近,河流经历了集水段—辫状河段—辫状河段与曲流河段共存—曲流河段的演变过程,河道的宽深比逐渐变大,泥沙粒径逐渐变细,弯曲度逐渐增加,侧向侵蚀作用逐渐增强,稳定性逐渐增强,流速逐渐变小,泛滥平原的面积逐渐增大。其中,造成河流经历这些变化的因素主要包括构造作用、物源和气候条件。构造运动引起的差异性隆升和沉降,导致地形坡度发生变化。坡度变大有利于高能量河流发育,坡度变小有利于低能量河流的形成。沉积物的供给对河流的影响体现在两个方面:河流径流量和来沙条件。径流量大的地段,易于形成不稳定的河流;反之,易于形成稳定的河流。来沙量的大小及粒度的粗细程度影响着河流的稳定程度。气候条件对河流的影响包括两个方面:植被的发育程度和降水量。发育植被良好的堤岸,河岸抗侵蚀能力更强。季节性的气候变化直接导致河水流量的改变,从而影响河流的沉积物搬运过程。

当河流进入三角洲平原以后,开始分叉,形成三角洲平原上的分流河道。鸟岛北侧的废弃分流河道被改造成大面积的风成沙丘。分流河道的河口处发育水下分流河道、水下天然堤和河口坝。水下分流河道和水下天然堤是湖平面上涨以后淹没陆上的分流河道而形成。在河口坝的侧缘发育大面积的席状砂。在席状砂之前是占据三角洲前缘主体的前缘斜坡,以粉砂质沉积物为主。前三角洲沉积在水深25m 之下,以黏土质沉积为主。整个三角洲的发育过程受到河流、湖浪和沿岸流以及湖平面的升降共同作用。

3.2.4　大通山-冲积扇-扇三角洲/辫状河-曲流河三角洲沉积体系

绵延在青海湖北岸的大通山有多个山口,每个山口都对应形成大小不一的冲积扇。朵状冲积扇来回摆动、拼合、叠置后,同时向湖推进形成扇三角洲。现今的沙柳河对冲积扇重新切割,不断进行侧向迁移,并向湖中推进,最终形成一个新的曲流河三角洲(图 3-49)。以大通山的岩性、地貌、植被和降水量为基础,深入分析物源区的特征,结合冲积扇、扇三角洲、沙柳河、沙柳河三角洲的特征,对本研究区的源-汇沉积体系展开深入分析。

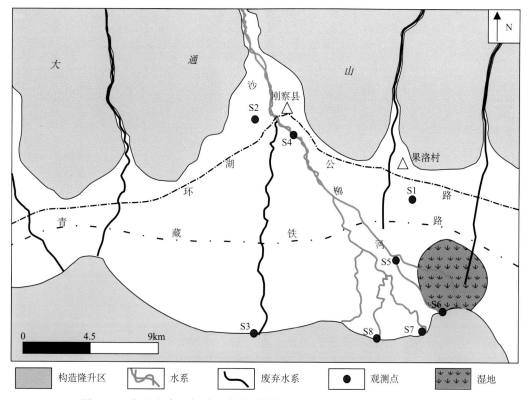

图 3-49　大通山冲积扇-扇三角洲/辫状河-曲流河三角洲沉积体系位置图

1. 大通山西段和东段的物源区特征

大通山地处中祁连山分区，沙柳河、泉吉河、哈尔盖河和甘子河均发源于大通山区域。大通山呈北北西—南东东走向，岩体主要由二叠系和三叠系地层以及侵入岩组成（表3-4）。

表3-4　大通山西段和东段的岩性特征（青海省地质矿产局，1991，修改）

位置	地层	岩性特征
大通山西段和中段	上三叠统	下部为灰色厚层状长石石英砂岩、石英长石砂岩夹粉砂岩，底部为一层稳定的灰白色厚层状砾岩或含砾砂岩；中部为灰色厚层中粒石英长石砂岩、长石石英砂岩夹碳质页岩、粉砂岩和煤线；上部为黄灰色-黄绿色碳质页岩、粉砂岩、细粒长石砂岩及煤线互层
大通山西段和中段	二叠系	为海陆交互相（碎屑岩夹碳酸盐岩层系），岩性以长石砂岩、石英砂岩、细砂岩、粉砂岩、泥质粉砂岩、页岩为主，夹生物碎屑灰岩
大通山东段（沙柳河出山口）	中、下三叠统	为海相碎屑岩，下部以长石砂岩、粉砂岩、砂质页岩、粗粒石英砂岩为主，上部为碎屑岩夹少量碳酸盐岩（多为生物碎屑灰岩）
大通山东段（果洛村）	下志留统	为海相陆源碎屑岩，岩性以板岩、黏土质板岩为主，夹长石石英砂岩、片理化粉砂岩、长石砂岩、灰色-灰紫色砾岩等
大通山东段	侵入岩	形成于加里东晚期的二长花岗岩侵入下志留统地层

沙柳河为青海湖第二大河流，上游先流经大通山西段和中段的上三叠统和二叠系的海相碎屑岩，随后流经形成于加里东晚期的黑云母花岗岩。刚察县以北的沙柳河出山口处（大通山东段）出露大面积的中、下三叠统海相碎屑岩。大量出露以砂岩为主的海相碎屑岩被沙柳河的侵蚀和搬运，提供了充足的物源供给。位于果洛村附近的大通山东段出露岩性多为以板岩和黏土质板岩为主的海相陆源碎屑岩。

大通山受断陷构造控制，主要呈北西-南东走向，这导致沙柳河、泉吉河等北岸的多条河流也呈北西-南东走向。大通山发育多个出山口，山前地带相对比较平缓，有利于河流出山口形成冲积扇。

根据刚察气象站1961～2013年的气象资料，将沙柳河流域的气象特征与布哈河流域的气象特征对比，发现以下特征：①沙柳河流域的年平均降水量为381mm（与布哈河流域的年平均降水量基本持平），年平均蒸发量为1454mm（高于布哈河流域的年平均蒸发量）；②沙柳河流域的年平均日照时间为3285h（高于布哈河流域的年平均日照时间）。说明沙柳河流域的气候可能比布哈河流域的气候更为干燥，可能是导致沙柳河径流量低于布哈河径流量的重要原因。

本研究区的植被覆盖类型和盖度与青海南山研究区基本相似（表3-5）。位于大通山以北的高山地带（海拔3400～4200m）以高山嵩草草甸为主。在海拔3400～3900m的地带以毛枝山居柳灌丛、金露梅灌丛、鬼箭锦鸡儿灌丛为主。在海拔3200～3300m的以短花针茅草原和芨芨草草原为主。在大通山下部滩地（海拔3500～3600m）发育青海湖及其周缘地区独有的线叶嵩草草甸。在扇三角洲平原地带，分布喜湿性的赖草草甸。随着海拔的升高，距离湖越远，植物的盖度表现为先增后保持不变的趋势（李成秀等，2013）。下游河堤两侧相对较低的植物盖度，导致河岸的抗侵蚀能力较弱，河道较易于发生变迁。

2. 大通山冲积扇

大通山冲积扇是以山口为顶点形成冲积扇群。每个冲积扇的山口都发育一条季节性河流，但大部分已经干涸，只有沙柳河还常年有水。位于观察点S2的刚察县以南的刚察采沙场剖面（37°18′40.09″N，100°06′49.72″E）和位于观察点S1的果洛村以南的果洛砖厂剖面（37°16′45.39″N，100°14′35.71″E）为研究该研究区冲积扇提供了研究的便利条件。

1) 刚察冲积扇

刚察冲积扇的坡脚约 21′，半径约 16km。扇体中的河流除了现今的沙柳河以外，其他河流已基本废弃。刚察县附近的刚察采沙场剖面位于整个刚察冲积扇的根部。砾石的砾径为 5～40cm，分选差，磨圆度中-差，成分较为复杂。根据沉积特征和沉积构造，将其划分为河道沉积和漫流沉积。

冲积扇上的河道沉积主要由砾和砂沉积物组成，砾石砾径多为 5～30cm，砾石磨圆度为次棱角-次圆状，分选差，几乎不成层理，单层厚度为 60～100cm。砾石最大扁平面的倾向为 5°～20°，倾角为 30°～40°。

表 3-5　大通山研究区的植被类型及覆盖率

（中国科学院兰州分院和中国科学院西部资源环境研究中心，1994，修改）

地段	海拔/m	植被类型	总盖度/%	分盖度
大通山以北的高山地带	3500～4200	高山嵩草草甸	65～90	25%～50%
大通山	3400～3900	毛枝山居柳灌丛、金露梅灌丛、鬼箭锦鸡儿灌丛	75～95	优势种达到80%，草本层分盖度为60%
大通山	3500～4000	金露梅灌丛	70～90	30%～60%
大通山	>3400	高山嵩草草甸、矮嵩草草甸	55～95	40%～85%
大通山冲积扇	3230～3300	短花针茅草原	70～85	30%～60%
大通山冲积扇	3200～3300	芨芨草草原	40～60	30%～40%
大通山下部滩地	3500～3600	线叶嵩草草甸	75～90	15%～30%
大通山北岸扇三角洲地带	3200	赖草草甸	60～80	

沉积构造主要为槽状交错层理 [图 3-50(a)] 和板状交错层理 [图 3-50(b)]。槽状交错层理砾石层的特征：形态上呈下凹状，与侧翼的沉积物呈冲刷侵蚀接触关系，指示了河流下切作用较强的位置。板状交错层理砾石层特征：顶部和底部砾石层呈平行排列，中间部分砾石层与顶底砾石层呈斜交，可能是小的砾石坝侧向迁移而形成的。

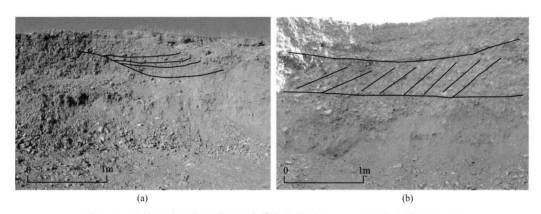

图 3-50　沙柳河冲积扇河道沉积中槽状交错层理（a）和板状交错层理（b）

冲积扇的河道沉积与河流相的河道沉积存在以下差异：①冲积扇河道沉积的砾石砾径明显大于河流相河道沉积的砾石砾径；②冲积扇的切割-充填层理规模较小；③冲积扇砾石分选差。

漫流沉积的厚度为 20～30cm。沉积物主要由粗砂级碎屑颗粒组成，偶见细砾 [图 3-51(a)]。内部常出现交错层理或平行层理，砾石指示水流方向为正北方 [图 3-51(b)]。漫流沉积的成因是携带沉积物的水流从河床漫出，流速和水深降低，导致携带沉积物呈席状分布。漫流沉积常与河道沉积共生。漫流沉积作用是一种片流沉积，其所处位置代表水动力的减弱。

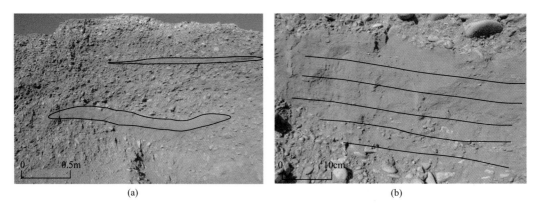

(a)　　　　　　　　　　　　　　　　　　　(b)

图 3-51　刚察冲积扇的漫流沉积（a）和内部呈平行层理（b）

2）果洛冲积扇

果洛冲积扇位于刚察冲积扇的东侧。果洛冲积扇在地形上具有明显的丘状隆起，分布范围局限，面积远小于刚察冲积扇。果洛砖厂剖面的泥质含量较高，约 75%，砂质含量约 15%，砾石含量约 10%。剖面具有以下典型的泥石流沉积特征：①指示干旱环境的沉积标志发育，如红层[图 3-52(a)]、碳酸盐岩结核[图 3-52(b)]等；②泥、砂和砾的混杂堆积，分选极差，泥质成分占优，有很多泥砾出现[图 3-52(c)]；③以重力流（泥石流）沉积为主，牵引流（河流）沉积较少；④砾石呈叠瓦状排列的泥石流沉积，粗碎屑均匀分布指示泥石流的黏度不大，砾石呈直立排列，说明泥石流的黏度较大[图 3-52(d)]。

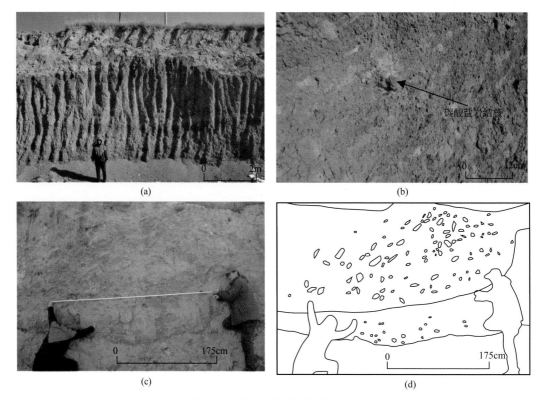

(a)　　　　　　　　　　　　　　　　　　(b)

(c)　　　　　　　　　　　　　　　　　　(d)

图 3-52　泥石流的典型沉积特征

（a）大套红色的黏土层；（b）红色黏土层内偶见碳酸盐岩结核；（c）泥石流的野外照片，可见上部泥石流颜色呈灰绿色，砾石定向排列说明该期次泥石流黏度不大，下部泥岩呈红褐色，内含大量的泥砾；（d）为（c）的素描图

　　泥石流沉积构造和堆积序列都杂乱无章，因此笔者通过按照泥质含量和砾石的成分及定向性，对泥石流的沉积相进行划分，分为河道沉积、含泥砾泥石流沉积、含砾泥石流沉积和表层泥石流沉积（图 3-53）。

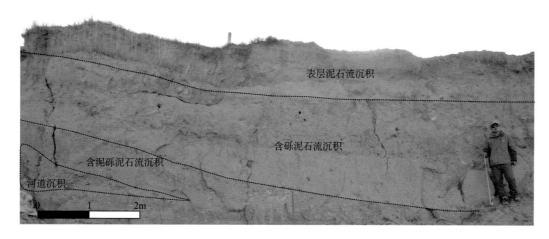

图 3-53　果洛冲积扇的泥石流沉积剖面图

　　河道沉积是指暂时切入冲积扇内的河道的充填沉积。在泥石流沉积以后，其顶部受到水流冲刷，细粒物质被搬运走，剩下粗砾物质。流水作用使得砾石呈叠瓦状排列，具有较好的定向性。砾石之间都是黏土和粉砂的杂基支撑，河道沉积与下伏地层呈不整合接触，形成一个冲刷面，指示了在泥石流活动过程中有过较长时间的停歇。

　　含泥砾泥石流沉积在剖面中的厚度最大，也是泥石流沉积的主体。其最典型的特征就是富含大量泥砾，且泥砾无明显定向性。由于泥石流将前期形成的泥或者黄土破坏，以泥团块的形式与泥石流一起重新沉积，从而形成这种含泥砾泥石流沉积。

　　含砾泥石流沉积也是剖面中较厚的一部分，可以表现为混杂堆积层理和悬浮递变层理。整体上，自下而上表现为逐渐变细。含砾泥石流沉积的上覆地层既可以为表层泥沉积，说明泥石流结束以后的正常沉积；也可以是河道沉积，说明泥石流沉积以后流水作用的再次改造。

　　表层泥沉积指的是在泥石流最终停止堆积以后，形成的泥质沉积。以黏土和粉砂为主，向下呈递变接触，植物根系十分发育。

　　根据野外实际的观察，建立了果洛冲积扇泥石流沉积模式（图 3-54）。其相模式由四个部分组成，代表了一次泥石流沉积及后期的动力过程。流水冲刷后再沉积形成的是砾石呈叠瓦状排列的河道沉积，正常悬浮沉积形成的是表层泥沉积。高流态快速沉积过程中由于携带沉积物的差异性，可以分为含泥砾泥石流沉积和含砾泥石流沉积。整体上，表现为冲积扇不断向湖进积的过程。

3. 刚察扇三角洲

　　刚察冲积扇在向湖推进过程中，砾石的含量逐渐减少，砂和泥的含量逐渐增多，从而形成一个坡角约 21′、半径约 16km 的扇三角洲。通过对高分辨率的遥感影像资料的识别，发现在扇三角洲平原末端可见大量的辫状分流河道［图 3-55（a）］。随着水道的废弃，河口坝的淤塞和迁移，扇三角洲平原已停止发育。目前，废弃的辫状分流河道被大量的农作物和植被覆盖，仅残余少量的平行于岸线分布的河口坝［图 3-55（b）］。

　　因为沙柳河扇三角洲是由冲积扇过渡来的，所以按照其发育位置，属于靠扇型扇三角洲。该扇三角洲的沉积特征有：①陆源碎屑沉积物较粗，多以粗砂和含砾砂为主；②扇三角洲的平原上多发育辫状分流河道，且辫状分流河道易于被废弃；③三角洲前缘部分易受到较弱的波浪的改造作用，形成平行于岸线分布的小型细粒河口坝。

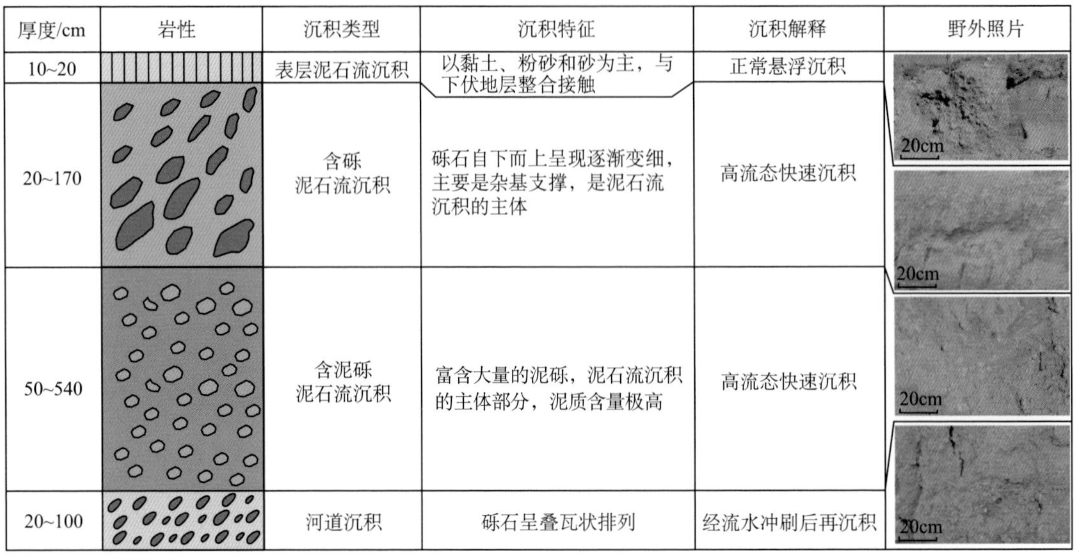

厚度/cm
岩性
沉积类型
沉积特征
沉积解释
野外照片
10~20
表层泥石流沉积
以黏土、粉砂和砂为主，与下伏地层整合接触
正常悬浮沉积
20~170
含砾泥石流沉积
砾石自下而上呈现逐渐变细，主要是杂基支撑，是泥石流沉积的主体
高流态快速沉积
50~540
含泥砾泥石流沉积
富含大量的泥砾，泥石流沉积的主体部分，泥质含量极高
高流态快速沉积
20~100
河道沉积
砾石呈叠瓦状排列
经流水冲刷后再沉积
20cm
20cm
20cm
20cm

图 3-54　果洛冲积扇的相模式

N
0
1
2km
河口坝
(a)
(b)

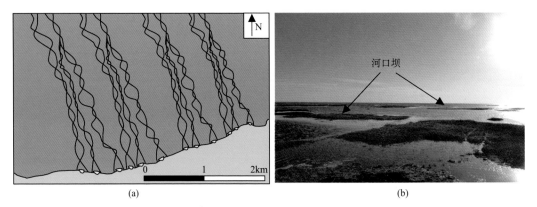

图 3-55　沙柳河扇三角洲平原由无数废弃的辫状河组成（a）和沙柳河扇三角洲沿岸地带的河口坝（b）

4. 沙柳河辫状河段

由于刚察冲积扇的坡降相对较缓，物源丰富，且地势整体表现为西高东低。现今的沙柳河上游以砾质辫状河沉积为主，同时河流不断向东侧迁移。辫状河的河道宽度为 20～80m，其辫状河道所形成的冲积平原宽度为 1.5～2km，以砾砂质沉积为主。其心滩与河道的延伸方向一致，心滩的沉积物多为砂砾质沉积物［图 3-56(a)］。

辫状河在青藏铁路以北约 3km 处，发生分叉，变成两支辫状河。在向下游推进的过程中，辫状河分出更多的分支河流。心滩的沉积物粒度变得相对较细，沉积物下部多为沙坝的早期沉积物，上部为泛滥平原的细粒沉积。其表面多有植被生长，形状呈菱形［图 3-56(b)］。

5. 沙柳河三角洲

在青藏铁路以南的 4km 处，沙柳河进入沙柳河三角洲平原。单支河道的宽度为 30～40m，弯曲度约为 1.4。三角洲除了目前有三个分支河流有水流以外，还存在许多“无头河”。实际上，这些“无头河”曾经都是沙柳河的分支河流，但由于气候暖干化以及人为对河流的改道等，这些河流被切断上游的水源，变成“无头河”。而“无头河”中的水多来自湖水在风浪作用下的倒灌［图 3-57(a)］。

图 3-56　沙柳河上游的砾质心滩（a）和下游的砂质心滩（b）

大量分支河流的断流，剩余的几个分支河流为典型的三角洲平原分流河道 ［图 3-57(b)］。根据曲流河三角洲的形态，划分出两种类型的河控三角洲：东支形成鸟足状三角洲、中间和西支形成鸟嘴状三角洲。

图 3-57　沙柳河三角洲平原上的"无头河"（a）和分流河道（b）

东支的鸟足状三角洲：其形态类似于典型的密西西比河鸟足状三角洲。其最靠近湖湾内侧，受到波浪作用也在三个河口中最弱，有多个支流的泥沙输入量供给，砂与泥比值低，悬浮负载多，因此，发育有较为固定的分流河道和天然堤以及泛滥平原，形似鸟爪 ［图 3-58(a)］。与布哈河分支河道附近的沉积特征相类似，分流河道水上与水下部分主要受控于湖平面的升降。当湖平面处于低湖平面时，分支河道位于湖平面之上，属于水上三角洲平原部分；而当湖平面处于高湖平面时，分支河道靠近湖岸线附近的位置被湖水淹没，一部分变成水下分流河道部分 ［图 3-58(b)］。

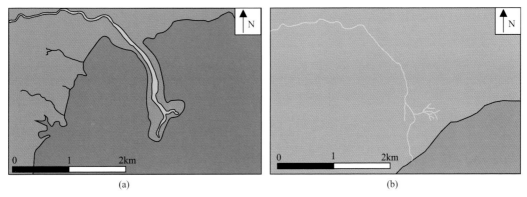

图 3-58　现今沙柳河东侧支流遥感卫星照片素描图

（a）2013 年 4 月 13 日（高水位期）；（b）2007 年 4 月 23 日（低水位期）

　　中间和西支的鸟嘴状三角洲：中间支流河流输入湖泊的泥沙量少，砂与泥比值高，波浪作用相对大于河流作用。因此，河流输入的沉积物被波浪再分配，在河口两侧形成沿岸沙坝。在 2007 年前，由于湖水位相对较低和气候干燥，三角洲平原沙漠化，形成了小面积的风成沙丘的雏形，与布哈河三角洲的西岸风成沙丘相似［图 3-59(a)］。而从 2007 年至今，湖平面逐渐上升，小沙丘被湖水淹没，形成垂直岸线的沿岸沙坝［图 3-59(b)］。西侧支流的摆动相对较为频繁，形成多个点坝。

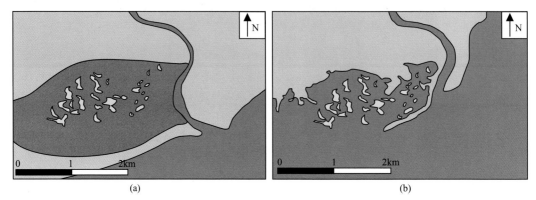

(a)　　　　　　　　　　　　　　　　　(b)

图 3-59　现今沙柳河中间支流遥感卫星照片素描图
(a) 2007 年 4 月（低水位期）；(b) 2013 年 4 月（高水位期）

　　现今的沙柳河三角洲是一个典型的辫状河-曲流河三角洲。沙柳河三角洲平原虽然与刚察冲积扇和果洛冲积扇毗邻，但并不是两个冲积扇的一部分。原因包括：①沙柳河三角洲平原受到独立的河流控制，具有独立的河流沉积；②沙柳河三角洲沉积物中缺少扇三角洲沉积物中通常大量存在的泥石流沉积；③沙柳河三角洲具有明显的指向性，受到限制性分流河道的控制，而不像扇三角洲那样进入湖泊后直接扩散开。

6. 小结

　　大通山山脉有多个山口，且每个山口基本都发育季节性河流。由于本研究区地势平坦，物源区多为海相碎屑岩，季节性水系较为发育，故在山口处都发育冲积扇。冲积扇的类型与物源供给类型、水系径流量以及植被覆盖率有关。

　　在大通山山口附近发育以水流作用为主的刚察冲积扇和以泥石流作用为主的果洛冲积扇。刚察冲积扇物源主要为以砂砾岩为主的三叠系和二叠系海相碎屑岩，果洛冲积扇的物源主要为以板岩和黏土质板岩为主的志留系的海相陆源碎屑岩。后者比前者更富黏土物质且水系径流量更小，故其形成以泥石流作用为主的冲积扇。

　　根据前文对本研究区的沉积相分析，编制出本研究区的沉积体系平面图（图 3-60），并提出本研究区的源-汇沉积体系的控制因素为物源区的岩体性质、水系的径流量、植被覆盖率和可容纳空间的变化。

　　早期，冲积扇的物源供给速率大于湖盆的沉降速率，可容纳空间增大，冲积扇上辫状河道向湖推进，形成刚察扇三角洲。随着物源区高地的不断剥蚀，盆地部分被充填，物源供给速率小于湖盆的沉降速率，可容纳空间减小，导致冲积扇被冲积平原与稳定水体分割开。下游河堤两侧相对较低的植物盖度，导致河岸的抗侵蚀能力较弱，沙柳河较易发生迁移。沙柳河在扇体上不断向东侧迁移，而现今的沙柳河曲流河三角洲区域的可容纳空间相对较大，导致现今的沙柳河经过辫状河-曲流河的变化以后，最终形成曲流河三角洲。

3.2.5　哈尔盖河/甘子河-有障壁滨岸沉积体系

　　青海湖的东北缘发育哈尔盖河和甘子河（图 3-61）。与布哈河和沙柳河相比，哈尔盖河和甘子河距

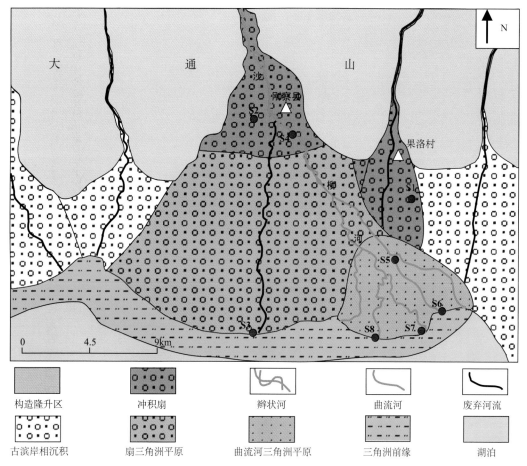

图 3-60　大通山冲积扇-扇三角洲/辫状河-曲流河三角洲沉积体系平面图

物源区较近，流程较短。哈尔盖河从大通山东北段奔腾而下，经过宽阔的冲积平原，穿过环湖东路和青藏铁路，最终分成两支注入青海湖。甘子河和哈尔盖河南支的下游都流经一片面积约 35km² 的湿地，湿地毗邻广阔的湖东风成沙区。强烈的波浪和沿岸流作用使哈尔盖河三角洲沉积物发生改造、再分配，甚至完全破坏，形成发育湖岸障壁沙坝的三角洲，前人将该三角洲称为浪控型破坏性三角洲（宋春晖等，2001）。它们实质上已属于滨岸沉积范畴了。本章通过分析哈尔盖河的南北两支和甘子河的沉积特征，力图建立一个河流-有障壁滨岸的源-汇沉积体系。

1. 大通山东北段的物源区特征

哈尔盖河的两条上游支流和甘子河上游均流经大通山东北段。大通山东北段呈北西-南东走向，河流流经地层主要为中侏罗统。中侏罗统可分为上下两部，下部为煤系地层，上部为碎屑岩地层。煤系地层的岩性以黄绿色、灰白色、灰黑色的砂岩、页岩为主，夹碳质页岩及煤层；碎屑岩地层岩性以白色砾岩为主，形成于中侏罗世晚期（青海省地质矿产局，1991）。哈尔盖河和甘子河的上游流经大通山东北段，并对河谷两侧进行侵蚀和搬运。河谷上部的碎屑岩先被侵蚀和搬运，形成河流的冲积平原。随后河谷下部的煤系地层被侵蚀和搬运，煤系地层所形成的碎屑颗粒在河口附近及其滨岸带附近堆积。

哈尔盖河和甘子河起源于大通山东北段。受构造断裂形成的河谷控制，哈尔盖河上游流向东南。进入相对平缓的平原地带后，改为向西南流。在距离青海湖约 1km 的地方，河流骤然向东南流。最终，平行于岸线推进约 2km 后才注入青海湖。

本研究区的年平均降水量为 350～500mm，年平均蒸发量为 700～900mm。哈尔盖河流域的年平

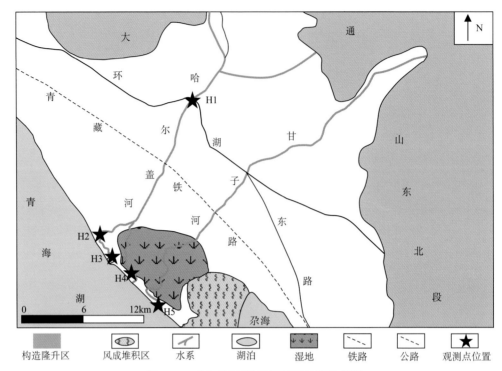

图 3-61　哈尔盖河/甘子河流域地理位置图

H1 点为哈尔盖河的辫状河段位置点；H2 点为哈尔盖河北侧支流"L"型拐弯处位置点，包括 HN1 和 HN2
两个观测点；H3 点为哈尔盖河北侧支流入湖口位置点，包括 HN3～HN9 观测点；H4 点为哈尔盖河的南侧
支流入湖口位置点，包括 HS1～HS3 观测点；H5 点为甘子河入湖口位置点；大区位置见图 2-8

均降水量与布哈河流域、沙柳河流域的年平均降水量相差不大，年平均蒸发量比布哈河流域、沙柳河流域低。这种气候条件有利于水分被保持在土壤中，这可能是导致本区湿地和沼泽较为发育的重要原因。

本研究区植被覆盖类型和盖度与大通山的刚察区域相类似，仅仅在青海湖边缘地带存在差异。在本研究区的青海湖边缘地带，由于大面积的沼泽和湿地的形成，导致草甸型植物（如马蔺草甸和赖草草甸）较为发育。

2. 哈尔盖河

哈尔盖河上游以辫状河沉积为主。位于现今的哈尔盖河大桥观测点 H1 为研究哈尔盖河辫状河段的沉积特征提供了有利条件。哈尔盖河上游主要发育河床亚相和泛滥平原亚相。由于河道迁移迅速，枯水期部分河道可提供很好的泄洪作用，导致其不发育堤岸和牛轭湖沉积亚相。河床亚相以河床滞留沉积和心滩为主。心滩以纵向沙坝、横向沙坝和侧向沙坝为主，几乎不发育江心洲［图 3-62（a）］。这可能与河流携带沉积物中细粒沉积物均被搬运至下游有关。

哈尔盖河南北两支的曲流河段呈一个明显的"L"型，宽度为 60～80m，弯曲度为 1.5～1.7。由于曲流河的频繁改道，导致其堤岸亚相和河漫亚相不发育，仅仅剩下河床亚相。河道的宽度约 20m，边滩的半径为 40～60m。边滩主要为砂质沉积物，其表面基本上无植被覆盖［图 3-62（b）］。结合遥感影像分析，推测早期哈尔盖河可能从 HN1 点入湖［图 3-63（a）］。后来，由于中祁连地块南缘断裂带的抬升作用和湖平面的下降，一级湖岸阶地形成［图 3-63（b）］。哈尔盖河下游的下切作用相对较弱，无法切割湖岸阶地流入青海湖。只有继续向东南迁移，从而导致这个"L"型的形态。

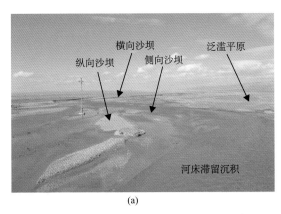

图 3-62　哈尔盖河辫状河段（a）和曲流河段（b）

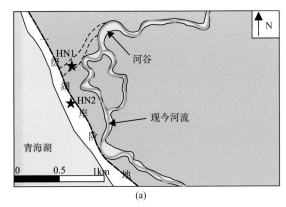

图 3-63　哈尔盖河曲流河段（a）和位于（a）中 HN2 点的一级湖岸阶地及其湖滩岩（b）

3. 北支曲流河三角洲

北支曲流河在平行岸线延伸 2.2km 以后才继续向湖方向迁移，并形成一个小规模的三角洲。哈尔盖河曲流河三角洲主要发育分流河道、边滩、心滩等陆上三角洲平原沉积，不发育天然堤以及三角洲前缘和前三角洲沉积（图 3-64）。这种特殊的情况与三角洲的发育位置有着密切联系。波浪和沿岸流作用下形成的障壁岛，使得河流不能直接向湖区伸展，限制了三角洲前缘沉积的发育。

分流河道微相以砂砾质沉积为主。宽度为 20～100m，弯曲度高达 4.5。边滩以砂质沉积物为主，边滩的层理类型以大规模的水流沙纹交错层理为主，表面上即表现为波痕。边滩表面发育的波痕主要为流水波痕和削顶波痕。在 HN3 点边滩的北部，可见指示以河流作用为主的流水波痕（水流方向自北向南）[图 3-65（a）]；在 HN3 点边滩的中部，可见指示河流和倒灌湖水的反向流共同作用下形成的削顶波痕 [图 3-65（b）]；在 HN3 点边滩的南侧，可见指示湖水倒灌的作用下形成的流水波痕（水流方向自北向南）[图 3-65（c）]。在 2015 年 9 月某日的七级风力作用下，风力推动湖水倒灌到达 HN3 点位置 [图 3-65（d）]。从 HN3 点开始，分流河道呈现出多个分支。因此，HN3 点可认为是哈尔盖河三角洲平原与河积平原的分界点。

分流河道不断向南摆动，对原来的边滩重新切割，形成心滩 [图 3-66（a）]。分流河道对障壁坝进行侧向侵蚀，将细粒沉积物搬运至远离湖一侧。最终河水通过障壁坝最南端的一个宽约 20m 的小口注入青海湖中。经过长距离的侧向迁移，河水作用已经十分弱，故无法形成河口坝 [图 3-66（b）]。

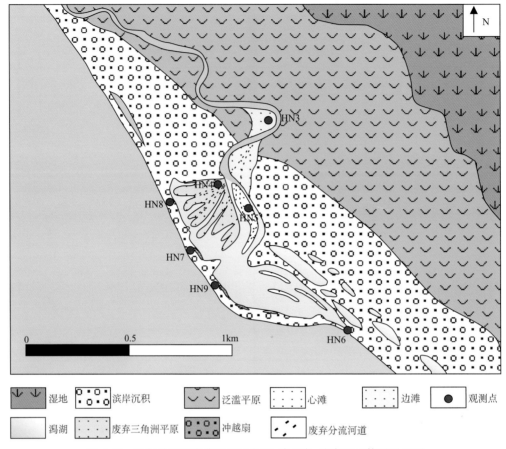

⩗ ⩗ 湿地	▢•□▢ 滨岸沉积	⌄⌄⌄ 泛滥平原	∴∴∴ 心滩	∴∴∴ 边滩	● 观测点
潟湖	∴∴∴ 废弃三角洲平原	▫▫▫ 冲越扇	⟍⟍ 废弃分流河道		

图 3-64　哈尔盖河北支曲流河三角洲-障壁岛-潟湖沉积体系平面图

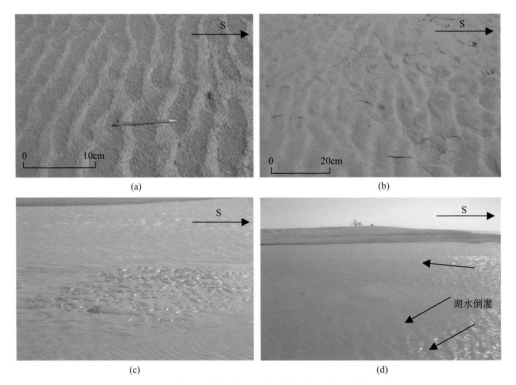

图 3-65　哈尔盖河北支曲流河三角洲分流河道边滩表面的波痕

（a）流水方向自北向南的流水波痕；（b）削顶波痕；（c）流水方向自南向北的流水波痕；（d）边滩处的湖水倒灌

图 3-66　哈尔盖河北支曲流河河口坝及入湖口野外照片

（a）位于观测点 HN5 哈尔盖河北支曲流河的心滩；（b）位于观测点 HN6 分流河道的入湖口处

废弃三角洲平原微相发育在潟湖与分流河道之间的地带。沉积物主要是砂和泥，少量的砾石，垂向上表现为下粗上细的正旋回 ［图 3-67(a)］。在分流河道向南侧迁移，废弃的分流河道和泛滥平原不再接受河水的作用。由于其废弃三角洲平原的地势比其他的正常滨岸带低，风暴作用下的湖水越过障壁岛和潟湖，将泥沙沉积物携带至此 ［图 3-67(b)］。

图 3-67　废弃三角洲平原及风暴作用下湖水倒灌野外照片

（a）观测点 HN4 处废弃三角洲平原的探槽照片；（b）风暴作用下水流携带沉积物至观测点 HN4 处

4. 障壁岛-潟湖

障壁岛的主体部分是一道走向为 140°～330°，形态上呈与湖岸平行的狭长带状（微弯曲）的含砾沙坝。含砾沙坝的长度约 1km，宽度约 40m。障壁岛亚相发育临滨、前滨和越过障壁岛的冲越扇。障壁岛靠近青海湖一侧主要发育典型的滨岸沉积，前滨的沉积物主要为砾砂质沉积物。砾石含量约 30%，砾石的磨圆度为次棱角-次圆状，分选中等；砂含量约 65%，分选较好。

冲越扇也是障壁岛比较常见的一种扇状沉积体。笔者有幸在七级风的天气条件下观察到冲越扇的形成过程。在风暴作用下，携带沉积物的水呈席状流越过障壁岛的顶部，在局部地方冲蚀出冲溢沟 ［图 3-68(a)］。在整个冲越过程中，风暴作用侵蚀了冲浪-回流带的滨岸沉积物和障壁岛沉积物，并将其搬运至潟湖一侧。冲越沉积物主要是砾砂质沉积，底部为明显的侵蚀面。潟湖沉积以粉砂和黏土质沉积为主。局部地区可见粗碎屑组成的小型坝体，主要是由强烈风暴带入潟湖的砂砾质沉积而成 ［图 3-68(b)］。

为了更好地研究障壁坝垂向上的岩性变化，本书对障壁坝进行了解剖。在坝前、坝顶和坝后挖了

图 3-68　风暴作用下形成的沉积微相照片

（a）位于观测点 HN7 风暴作用下正在形成的冲越扇和冲溢沟；（b）位于观测点 HN9 冲越扇及在潟湖中形成的小规模砂砾质坝

三个探槽（图 3-69）。无论坝前、坝顶还是坝后均表现为下细上粗的反旋回，但坝顶和坝前垂向上发育两套薄的砾石层，砾石层厚 1～2cm，砾石的最大扁平面的长轴方向与岸线平行。砾石层是由风暴浪冲越过坝而后留下的滞留沉积。坝顶的砾石层间厚度为 20cm，坝前的砾石层间厚度为 5cm，指示了周期性的风暴浪作用。

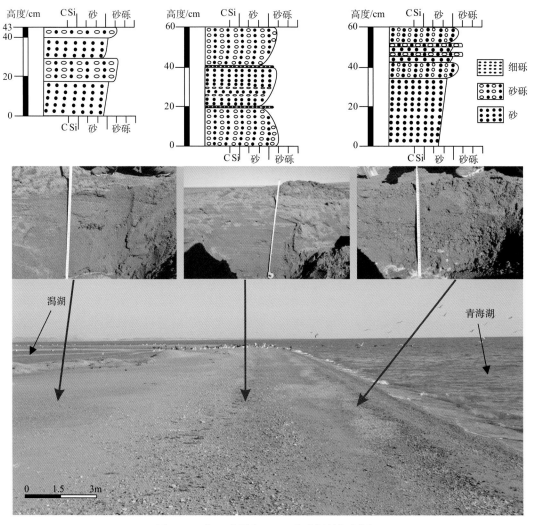

图 3-69　位于观测点 HN8 障壁坝的解剖图

5. 南支曲流河河口区

哈尔盖河的南支曲流河与北支曲流河一样，都是在入湖前平行岸线延伸约 1.9km。由于南支曲流河穿过大片的湿地，河流所携带的水被湿地所保留，仅有少部分流出。河道宽度约 10m，河水的流量也较少。因河流的注入、沉积物淤积、植物繁殖而形成大面积的沼泽化潟湖。在南支曲流河河口区形成了向湖扩展的漏斗状或喇叭状的地貌特征，从外观上类似于河口湾（图 3-70）。

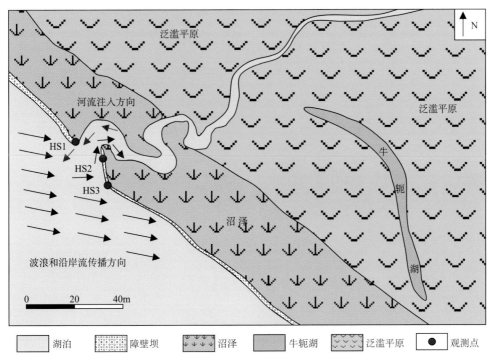

图 3-70　哈尔盖河南支曲流河河口沉积微相图

通过野外观察，发现河口区受到双向流作用明显。由于南侧支流的规模小，泥沙供应不足，此处的风生浪的作用远大于河流的作用。正常河流作用于河口北岸（HS1 点处），有明显侧向侵蚀作用形成的陡坎 [图 3-71(a)]。而在河口南岸（HS2 点处），由于盛行西北风作用下的波浪对其长期侵蚀，河口地形明显被加宽。波浪和沿岸流在河口处分成两路（图 3-70）：一路顺河口溯河而上，堆积形成 HS3 点的砂砾质浅滩 [图 3-71(b)]；一路顺岸线继续传播，形成一列含砾沙坝 [图 3-71(c)]。砾沙坝上部为正常的含砾砂沉积，下部为腐泥含量较高的含砾砂沉积 [图 3-71(d)]。

此外，风暴作用的风生壅浪对河口区作用更大。风暴作用时，被风力推动的湖水顺河口溯河而上，形成河流壅水现象；风平浪静时，正常的西北风推动下的风浪与岸线呈斜交，强烈地冲刷河口的南侧，引起河口区的加深和展宽，其结果更有利于波浪大规模入侵，使河口两岸产生沿岸流，形成砂砾质的浅滩和沿岸砾沙坝。砾沙坝的宽度为 5～10m，砾石多为细砾级。因此，此处砾沙坝的规模和粒度均小于哈尔盖河北支的沿岸砾沙坝的规模和粒度。

6. 甘子河河口区

甘子河是整个湿地的主要供应水流，导致其最终入湖的水流量远小于哈尔盖河的两条支流。甘子河在入湖前平行岸线延伸约 1.9km。甘子河河口呈喇叭状开口，现场考察证实该河口具有典型的双向水流 [图 3-72(a)]。因此，风生壅浪造成湖水顺河口溯河而上，并对河口的形态进行改造是一种发生在青海湖东北岸比较普遍的现象。沿岸坝靠陆一侧发育大面积的沼泽化潟湖，坝上有大量的冲溢沟 [图 3-72(b)]。

图 3-71　哈尔盖河南支曲流河河口区野外照片

（a）哈尔盖河南支曲流河河口的 HS1 和 HS2 野外照片；（b）河水、沿岸流和湖水溯流而上野外照片；

（c）HS3 点处的沿岸砾砂坝；（d）沿岸砾砂坝下部富含暗色腐泥

图 3-72　甘子河河口区野外照片

（a）甘子河河口的河水正常注入和湖水溯流而上的野外照片；（b）沿岸坝和坝后的沼泽化潟湖

　　甘子河区域地处青海湖东北缘，盛行西北风所形成的风壅水直接作用于此地。甘子河流经大面积的湿地，导致其携带的沉积物中含有较高的泥质成分和腐烂的植物残体等。其两侧沿岸坝的泥质成分含量远高于哈尔盖河两个支流河口附近的沿岸坝。粒度相对较细的沿岸坝易被风生壅浪冲断，从而形成小型水道。风壅水可将沿岸坝前的早期滨岸沉积改造和搬运，将其搬运至坝后的沼泽化潟湖中，形成障壁岛–水道–潟湖沉积（图 3-73）。

　　河口附近有多个小型水道，选择离河口较近的一个障壁岛–水道–潟湖进行分析。水道平面形态上呈一个不对称的喇叭口［图 3-74（a）］，迎湖侧喇叭口的开口程度大于背湖侧喇叭口的开口程度。来自西北方向的波浪直接拍在 G1 点处，形成明显的冲刷面［图 3-74（b）］；不同级别的浪会在 G3 点留下明显的水位痕［图 3-74（d）］。回流将较粗的砾石滞留在 G2 点的水下浅滩［图 3-74（e）］，将水草携带堆积在 G4 点的水下浅

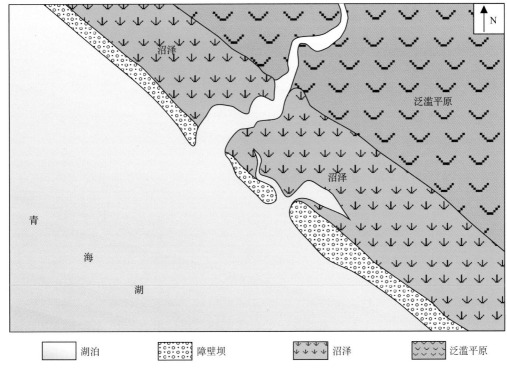

图 3-73　甘子河河口区沉积微相平面图

滩［图 3-74(d)］。湖水顺着水道倒灌进入坝后的潟湖，在 G5 点处留下波痕（指示水流自湖向陆）［图 3-74(f)］。湖水穿过水道以后迅速扩散开，在潟湖中堆积几个水下浅滩［图 3-74(g)］。

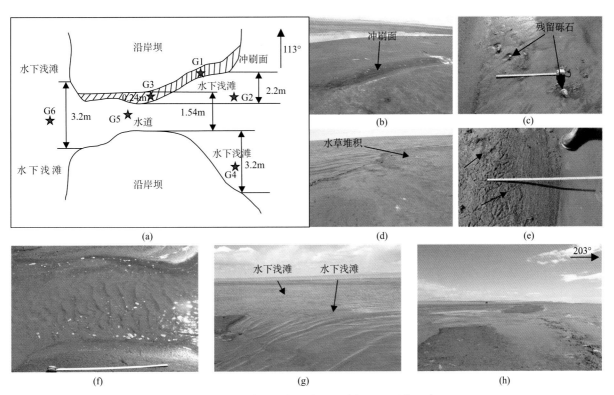

图 3-74　障壁岛-水道-潟湖平面分析图及野外照片

（a）障壁岛-水道-潟湖野外素描图；（b）位于 G1 点的冲刷面；（c）位于 G2 点的滞留砾石沉积；（d）位于 G4 点的水草堆积；
（e）位于 G5 点的水位痕；（f）位于 G6 点水道处的流水波痕；（g）位于潟湖中的水下浅滩；（h）障壁岛-水道-潟湖远景照片

　　总结本研究区的障壁岛-水道-潟湖［图 3-74(h)］的特征有：①水道的东南侧多具有明显的冲刷面；②粗碎屑物质多堆积在水道的东南侧，细粒物质多堆积在水道的西北侧；③水道的迎湖侧开口程度大于背湖侧开口程度。

7. 小结

　　哈尔盖河和甘子河流经大通山东北段所出露的中侏罗统。中侏罗统所发育的煤系地层和碎屑岩地层为河流提供充足的物源。较多的降水量和较低的蒸发量有利于水分被保持在土壤中，加上煤系地层所提供富含碳的碎屑颗粒在河流下游及河口区附近堆积，导致本区湿地和沼泽较为发育。

　　哈尔盖河的上游为频繁改道的辫状河，下游形成两个"L"型的分支河流注入青海湖。其中北侧支流形成三角洲-潟湖-障壁岛，南侧支流则形成明显的喇叭状河口。甘子河下游是"L"型的曲流河。

　　青海湖东北岸发育曲流河三角洲-障壁岛-潟湖、喇叭状河口和障壁岛-水道-潟湖三种沉积体系。在盛行西北风和西风作用下，波浪、沿岸流和风壅水对河口区域改造和搬运，障壁岛-潟湖沉积体系十分发育。波浪和沿岸流形成障壁岛-潟湖，导致哈尔盖河北支曲流河三角洲仅发育三角洲平原。风暴作用下的风暴浪将早期滨岸相的粗碎屑物搬运至潟湖中。波浪对哈尔盖河南支流河口区域的侵蚀作用和湖水溯河而上，导致河口受到双向水流作用，呈明显的喇叭状。风壅水对于甘子河河口附近相对较细的障壁岛的长期作用，形成多个小型水道，并将早期滨岸相的粗碎屑沉积物带至潟湖中，将潟湖中的水草等搬运至滨岸带。

3.2.6　团保山、达坂山-冲积扇/滨岸-风成沉积体系

　　团保山-达坂山-日月山一线山脉将青海湖湖盆与湟水河谷分割开。占据青海湖湖盆面积 1/5 的湖滨风成沙区就位于本研究区。湖滨风成沙区以克图垭大峡口为界可分为北侧的甘子河沙区（北至甘子河，南至沙岛景区，西至青海湖东北岸，东至 315 国道）和南侧的湖东沙区（从湖东种羊场到克图垭山口一带）。甘子河沙区将尕海、新尕海、海晏湾与青海湖分割开，其中尕海与新尕海已经完全封闭，海晏湾与青海湖之间尚有一条狭长的水道（图 3-75）。前人（师永民等，1996，2008）对湖东沙区做过大量的研究工作，认为湖东沙区的沙丘类型主要包括新月形沙丘、新月形沙丘链和金字塔沙丘，沙丘的物源为西北岸的布哈河三角洲平原和北岸的沙柳河三角洲平原，但在三角洲平原上并没有发现大面积的被剥蚀区。本章通过对冲积扇和古滨岸相的沉积特征以及风成沙丘类型的研究，进而分析从物源区到风沙堆积区的地表沉积动力过程。

1. 团保山、达坂山、日月山西段的物源区特征

　　团保山、达坂山和日月山西段的岩性主要为下元古界的湟源群。湟源群由一套角闪岩相变质岩组成［图 3-76(a)］，出露厚度约 4249m（青海省地质矿产局，1991）。湟源群的岩石以千枚岩、浅灰绿色千枚状石英云母片岩、石英岩、石英片岩、大理岩、石英二云片岩等组成（青海省地质矿产局，1991）。镜下薄片观察发现不稳定矿物（黑云母、角闪石等）较多［图 3-76(b)］。在团保山的局部地带，出露形成于加里东中期的富斜花岗岩和形成于加里东晚期的英云闪长岩；在达坂山靠近克图垭山口附近地带，出露形成于加里东中期的石英闪长岩；在日月山东段靠近沙丘的局部地带，出露形成于加里东晚期的闪长岩。

　　团保山-达坂山一线为青藏高原区域阶段性隆升的产物，具有明显的层状地貌，发育夷平面和剥蚀面（顾延生等，2003）。其西侧为青海湖的湖东风成沙区，东侧为湟水谷地（青海省的重要农业区）。在本研究区内无任何河流发育，人烟稀少，土地荒漠化严重。

　　本研究区的年平均降水量为 300～350mm，年平均蒸发量为 900～1000mm，为青海湖及其周缘地区年平均降水量与年平均蒸发量差值最大的区域。这种干燥性气候导致本研究区的植被覆盖类型与其他区域大为不同。植被的类型（以沙生植被为主）较为单一，盖度很低。在青海湖与尕海之间的沙梁

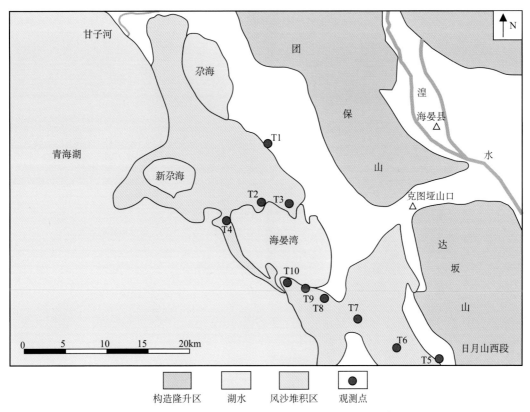

图 3-75　青海湖团保山、达坂山-冲积扇/滨岸-风成沉积体系位置图

图 3-76　团保山的变质岩野外照片（a）和镜下照片（b）

地带及湖东团保山沙地（海拔 3205~3250m）分布沙地柏灌丛。灌丛高 30~50cm，覆盖度仅为 40%。紫花针茅草原是本区覆盖度较高的一种植被［图 3-77（a）］，主要分布在西至湖东沙丘、东到团保山的山脚下，北至甘子河，南到克图垭山口的地带（海拔 3300~3400m）。总盖度为 50%~70%，分盖度约 30%，伴生植物有高山苔草、猪毛蒿等。在沙丘地带的外缘分布着沙生植物面积最大的类型——圆头沙蒿和刺叶柄棘豆沙漠［图 3-77（b）］，总盖度为 25%~45%。伴生植物有赖草、毛穗赖草、冰草、猪毛菜和粗壮蒿草等。唐古特铁线莲分布在湖东羊场西北的沙堤上，总盖度为 25%~55%。

团保山-达坂山-日月山的主体岩性为角闪岩相变质岩，且山体表面仅有少量的固沙能力较弱的草本植物，导致其在盛行的西北风和北风的作用下易被风化剥蚀。这一现象在达坂山-日月山的山前地带尤为明显，随处可见正在荒漠化的山脉［图 3-78（a）］。而沙丘地带固沙能力较强的沙生植被的覆盖度较低，导致沙漠化日趋严重。

图 3-77　团保山野外照片

（a）团保山山前的紫花针茅草原；（b）达坂山沙丘外缘的圆头沙蒿、刺叶柄棘豆沙漠

图 3-78　T5 点野外照片

（a）T5 点被风化的山麓的野外照片（左侧被风化，右侧还保持原先的山地形态）；

（b）以砂砾质沉积物为主的冲积扇

2. 冲积扇

在靠近克图垭山口附近发现少量以砂砾质沉积为主的剖面［图 3-78（b）］。砾石的磨圆度较差，分选极差，局部可见叠瓦状或平行排列的砾石，故为典型的冲积扇相。因此，可推测在团保山和达坂山的山前发育冲积扇沉积。团保山的山前冲积扇逐渐过渡为古滨岸沉积，而达坂山的山前冲积扇已被大面积风成沙丘和沙生植被所覆盖，仅在零星地区残余少量砾石。

3. 古滨岸相

目前，青海湖东岸地带古滨岸相沉积仅出露在甘子河沙区与图保山之间的地带。观测点 T1 为青海湖银湖采沙场（36°58′N，100°38′E），位于沙岛景区北侧约 9km 处，尕海的东侧，紧临青藏铁路，是研究该区域古滨岸相沉积的良好观测点。

银湖采沙场现代沉积物发育多种类型沉积构造，如槽状交错层理、低角度斜层理、波纹层理、水平层理等。根据这些沉积构造结合周边地质情况，认为银湖采沙场剖面所指示的沉积体为滨岸沉积，亦识别出前滨亚相和临滨亚相（图 3-79）。

剖面可分为上下两部分，上部以砾砂沉积为主，且砾石含量高达 40%；下部以砾砂沉积为主，砾石含量不超过 10%，且底部约 5m 的沉积物基本不含砾石。大量槽状交错层理和低角度斜层理以及多呈扁平状且定向性较好的砾石层，说明本研究区的古滨岸相广泛发育坝砂。剖面的绝对海拔比现今的湖平面高出约 35m，说明青海湖当时的湖平面至少比现今湖平面高 35m。

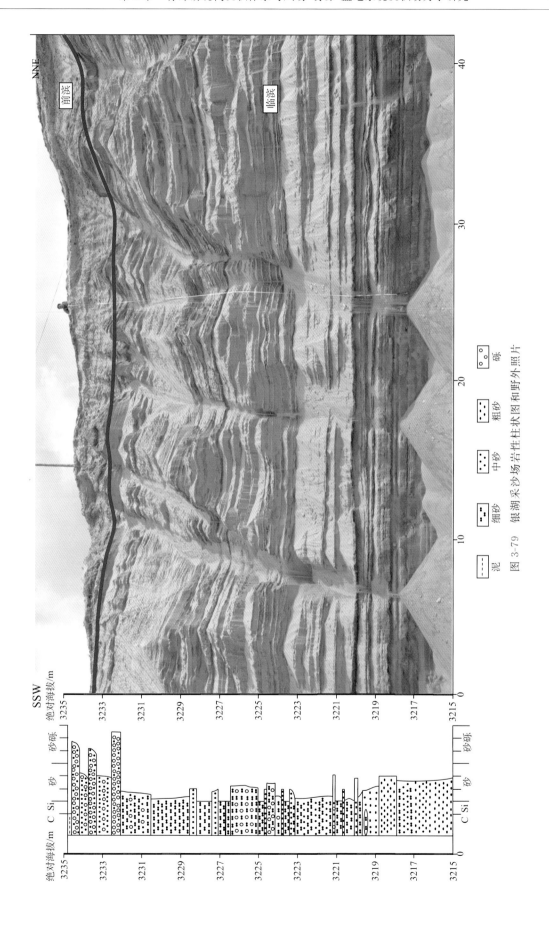

图 3-79　银湖采沙场岩性柱状图和野外照片

　　前滨亚相位于剖面的顶部，厚度为 $50\sim100cm$。以砾砂质沉积物为主，表层被风成沙所覆盖。前滨沉积物含有大量云母，偶见砾质定向排列，且凸面朝上。主要沉积构造有槽状交错层理［图 3-80(a)］和平行层理、低角度斜层理［图 3-80(b)］。

图 3-80　剖面顶部的槽状交错层理（a）和低角度斜层理（b）

　　临滨亚相的破浪带内常发育沿岸沙坝和洼槽［图 3-81(a)］。破浪带的沉积物主要是纯净的粗砂，一般在沙坝处粒度较粗，洼槽处粒度变细。沉积构造主要为浪成沙纹层理和平行层理［图 3-81(b)］。浅滨亚相与临滨亚相之间过渡地带的沉积物比较复杂，从细砂到砾石都有。沉积构造以槽状交错层理［图 3-81(c)］和低角度斜层理［图 3-81(d)］为主。

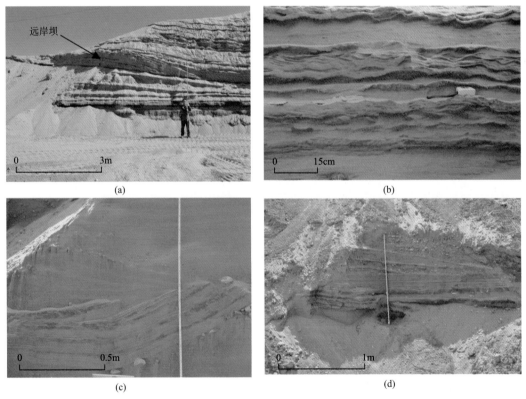

图 3-81　处于破浪带的远岸坝（a）、浪成沙纹层理（b）、槽状交错层理（c）和低角度斜层理（d）

　　岩性粗细和层理类型直接反映了沉积水动力的强弱变化，二者结合起来组成岩相。通过对银湖采沙场剖面的岩性、粒度、沉积构造等特征的分析，总结出以下六种岩相类型（图 3-82）。

　　(1) 槽状交错层理含砾砂岩相：由砾石和粗砂组成，发育大型槽状交错层理，属于受到冲浪回流

岩相名称	岩相标志	成因解释
槽状交错层理 含砾砂岩相	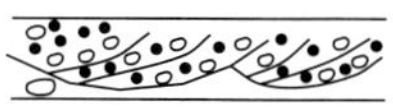	沿岸坝被水道 冲刷充填沉积
低角度交错 层理含砾砂岩相	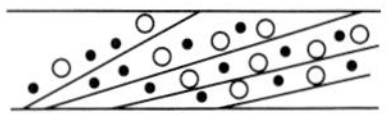	滨岸沉积物 受波浪改造沉积
平行层理 含砾砂岩相	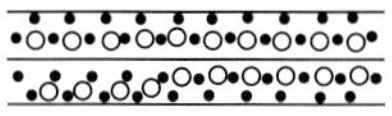	高流态层面沉积
槽状交错 层理砂岩相	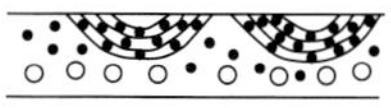	波浪触底形成的 底流冲刷沉积
平行层理 砂岩相	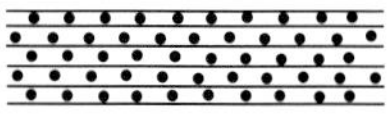	高流态层面沉积
浪成沙纹 层理砂岩相	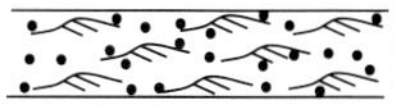	浪成沙纹迁移 形成层面沉积

图 3-82　青海湖银湖采沙场滨岸岩相分类图

作用切割的沿岸砾沙坝不断侧向迁移并充填沉积的产物。

（2）低角度交错层理含砾砂岩相：由砾石和粗砂组成，发育大型低角度交错层理，砾石长轴方向走向为 330°～350°，是构成沿岸沙坝的主要层理。

（3）平行层理含砾砂岩相：由砾石和粗砂组成，发育平行层理，层系平直，砾石定向性较好，属于碎浪带的波浪作用于湖滩而形成。

（4）槽状交错层理砂岩相：岩性以中粗砂为主，其磨圆和分选较好。沉积构造为槽状交错层理。该岩相是破浪带所形成的底流对沿岸沙坝顶部的下切且快速充填沉积。

（5）平行层理砂岩相：岩性以中细砂为主，分选和磨圆较好。沉积构造为平行层理，属于高流态面状层流沉积。

（6）浪成沙纹层理砂岩相：岩性以中细砂为主，分选和磨圆较好。沉积构造为浪成沙纹层理，是波浪进入破浪带以后开始破碎而形成。

根据剖面的岩相特征，建立了银湖采沙场的古滨岸相沉积模式（图 3-83）。在正常天气下，从波浪遇浅带传播而来的波浪，有沿着水底向破浪线流动的脉冲水流（每向岸来一个波峰就产生一次脉动），并向破浪带输送沉积物。水流穿过中立线进入破浪带后，底水向上流，然后沿表层转向外流，在此处主要形成浪成沙纹层理砂岩相和平行层理砂岩相；向岸方向的波浪破碎之后，在破浪线向岸一侧形成环流，在这里主要形成低角度交错层理含砾砂岩相。因此，在破浪带中，水从两个方向流向破浪线，沉积物在破浪线附近集中，形成沿岸沙坝和坝后凹槽。水流长期对坝后凹槽侵蚀和冲刷，形成槽状交错层理砂岩相。

破碎以后的波浪进一步向岸传播，因惯性继续向岸冲流，在此处形成低角度交错层理含砾砂岩相。当水深变浅时，底部的摩擦力导致水动力减弱。此处的砾石含量更多，砾径相对更大。破碎的波浪向岸继续传播，最终变成冲浪和回流。冲浪将粗粒的沉积物向上搬运，回流将细粒的沉积物向下搬运，

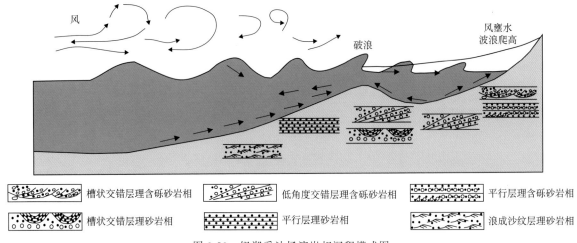

槽状交错层理含砾砂岩相	低角度交错层理含砾砂岩相	平行层理含砾砂岩相
槽状交错层理砂岩相	平行层理砂岩相	浪成沙纹层理砂岩相

图 3-83　银湖采沙场滨岸相沉积模式图

从而形成类似现今青海湖湖平面的沿岸砾沙坝。而风壅水作用下的冲浪能量远大于平时的冲浪能量，将冲破沿岸砾沙坝，从而形成槽状交错层理含砾砂岩相。

4. 风成相

湖滨风成沉积环境在规模上介于沙漠和海滨风成环境之间，在沉积机理上以风为主要地质营力，可以分为沙丘和沙丘间两个亚环境。

风成沙丘是一种丘状的沉积地形，其运动过程与水成沙丘相似，迎风面一侧坡缓，背风面一侧坡陡。原始的沙丘脊线与风向垂直。在风力的驱动下，沙丘会发生顺风移动。

在风成沉积的研究中，可以通过风成沙丘的陡缓面、风成沙丘的高角度交错层理的倾向等特征来确定某地的风向。在盛行风的作用下，砂粒要在沙丘表面爬升、跳跃，风成沙丘迎风坡的坡度要比背风坡的坡度缓。而高角度的风成交错层理的倾向或者沙丘前积层的倾斜方向，与盛行风的风向恰好一致（图 3-84）。

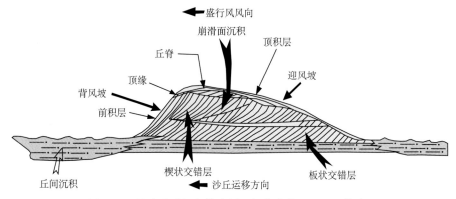

图 3-84　风成沙丘沉积模式图（江卓斐等，2013，修改）

风作用于沙质地表亦可以形成类似于水流波痕的微地貌形态，这种被称为风成波痕。风成波痕具有不对称性，与风成沙丘的沉积模式相类似，风成波痕的缓面为迎风面，陡面为背风面［图 3-85(a)］。砂尾构造（或者砂影构造）是风沙遇到障碍物后改变堆积方向而形成，砂尾构造逐渐变细的方向指示了下风向［图 3-85(b)］。

沙丘之间的波谷或洼地被称为沙丘间，属于一种相对低能的沉积环境，常与沙丘共生。沙丘间的沉积物在不同区域各有不同。在沙丘发育的早期，风成沉积物的供给不足，沙丘间常常出露基岩或较

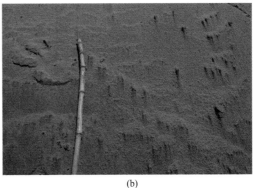

(a)　　　　　　　　　　　　　　　　　　(b)

图 3-85　风成沙丘层面构造

(a) 风成波痕，指示风向自上而下；(b) 风成砂尾构造，指示风向自上而下

粗的滞留沉积物 [图 3-86(a)]，多出现靠近山麓的地带；而在沙丘发育的成熟期，沙丘间均为风成砂。对于发育成熟的沙区，潜水面就是沉积基准面，即砂粒运动的下限。在潜水面之上，沉积物可被风力驱动而产生风沙的吹蚀、搬运和堆积；在潜水面之下，沉积物受到水的润湿作用而被相互黏结，无法被吹蚀。

根据沙丘间底床的表面环境，可将沙丘间分为干旱型、潮湿型和覆水型沙丘间。干旱型沙丘间指的是当地下潜水面降低到距离地表之下 30cm 左右，底床表现为干燥状态的沙丘间。其表面由于风蚀作用将较细的碎屑颗粒吹走，残留下细砾而形成砾漠 [图 3-86(b)]。潮湿型沙丘间指的是当地下潜水面降低到距离地表之下 10cm 左右时，底床表面出现潮湿状态的沙丘间。其表面常有砂颗粒被黏附而形成的风成黏附波痕 [图 3-86(c)]。覆水型沙丘间指的是底床表面有明显积水的沙丘间 [图 3-86(d)]。这种覆水型沙丘间的水体通常位于靠近湖的地带，宽度可达到 1m 以上。当水体表面被蒸干时，露出地表的泥质层可见膏盐沉积 [图 3-86(e)] 和龟裂 [图 3-86(f)]。

通过野外考察和遥感卫星观察，将青海湖的湖滨风成沙丘分为新月形沙丘、新月形沙丘链和金字塔沙丘三类。

新月形沙丘多数规模较小，是湖东沙丘中分布最广泛的沙丘类型 [图 3-87(a)]。新月形沙丘多出现在缺少植被的沙质湖岸。走向垂直于主风力方向，与湖岸线交角小于 45°。丘的平面形态呈新月形，有两个指向下风方向的兽角 [图 3-87(b)]。迎风坡（朝东）凸而平缓，坡度为 5°～20°，取决于风力、沙量、沙粒的大小和比重；背风坡（朝西）是凹而陡的斜面，即滑动面，倾角为 28°～34°。背风坡沙粒的粒度比迎风坡沙粒的粒度要细。单个新月形沙丘一般高度不大，很少超过 10m。所有新月形沙丘指示的风向均为陆地吹向湖泊。

在风成沙区的中心地带，广泛发育新月形沙丘链 [图 3-88(a)]。这主要是因为中心地带的沙源相对比较充足，在盛行风的作用下易于将密集排列的新月形沙丘相互连接而成一条条新月形沙丘链。甘子河沙区的新月形沙丘链之间基本没有植被覆盖，湖东沙区的新月形沙丘链之间常可见大面积的沙棘类植被 [图 3-88(b)]。这种植被的覆盖阻碍了湖东沙区的新月形沙丘链向湖的迁移。

研究区的金字塔沙丘分布于沙区的边缘地区近山麓一侧。金字塔沙丘一般具有多个棱面（坡度为 25°～30°）。沙丘的底座一般较为平缓，沙丘的顶端十分尖锐，有着明显的脊线。本区的金字塔沙丘最高者可达到 150m [图 3-89(a)]。

位于观测点 T6 处的金字塔沙丘底部并没有高角度风成交错层理，而表现为平行层理 [图 3-89(b)]。位于观测点 T2 和 T3 处的金字塔沙丘，在宏观形态上呈锥形，具有尖削的丘顶和狭窄的脊线 [图 3-90(a)、(b)]。

青海湖东岸金字塔沙丘主要分布在尕海西侧、海晏湾的北侧和达坂山的山前地带。达坂山的山前地带的金字塔呈平行于山脉走向的链状分布。金字塔沙丘的高度在尕海西侧为 40～60m，在海晏湾以

图 3-86　沙丘间沉积现象野外照片
（a）沙漠发育早期，基岩出露；（b）干旱型沙丘间，由残余的细砾和粗砂组成；（c）潮湿型沙丘间，具有黏附波痕；
（d）覆水型沙丘间；（e）沙丘间表面被蒸干后形成的膏盐；（f）沙丘间可见龟裂

北为 80~120m，在达坂山西麓山前为 130~150m，有越往东南越高大的趋势。

目前对金字塔的形成过程仍然存在较大的争议，前人对金字塔沙丘形成机制的研究，主要有以下几种见解：①风遇到山势障碍的返回作用与原先的风干扰，即气流波动干扰成因论；②金字塔沙丘是在振荡气流的驻波节处形成的；③金字塔沙丘是在多风向的交替作用下形成的。

根据风沙运动基本规律，并结合青海湖东岸的实际地形情况，分析认为青海湖东岸的金字塔沙丘形成的原因有两种情况：①尕海西缘和海晏湾以北的金字塔沙丘的形成是由于盛行西北风和来自克图垭山口的湟水河谷的山谷风交替作用而形成的。②达坂山西麓前的金字塔沙丘主要受到局部地形的影响。山麓地带不平坦的地形有利于气流受阻，形成积沙。同时，上升气流遇到高大山体后遇冷下沉形成山谷风，为金字塔沙丘的形成提供多个风向。

根据湖滨风成沙丘的沙丘石英颗粒表面的扫描电镜特征以及重矿物特征，结合湖滨风成沙丘的沉积环境和类型，对湖滨风成沙丘的沙源进行分析。

图 3-87　新月形沙丘

（a）位于 T2 观测点的出露水面的新月形沙丘；（b）位于 T4 观测点新月形沙丘的高角度斜层理

图 3-88　新月形沙丘链

（a）位于观测点 T4 处的新月形沙丘链；（b）位于观测点 T8~T10 处的新月形沙丘链

图 3-89　位于 T6 观测点的金字塔沙丘野外照片

（a）高度达到 150m 的金字塔沙丘野外照片；（b）金字塔沙丘底部剖面表现为平行层理

　　石英具有较大的硬度和较高的化学稳定性的特点，在不同的环境搬运过程中受到的机械作用力不同，所以颗粒的磨圆度和表面撞击痕迹也不一样（江新胜等，2003；谢裕江等，2012；袁桃等，2015）。前人通过对石英颗粒表面特征的分析，将水成与风成沉积环境区分出来（江新胜等，2003；龚政等，2015）。而通过扫描电镜观察是分析研究石英颗粒表面微细特征行之有效的方法。

　　为了更好地分析沙丘砂颗粒表面的特征，对新月形沙丘和金字塔沙丘均进行了采样。通过对该区

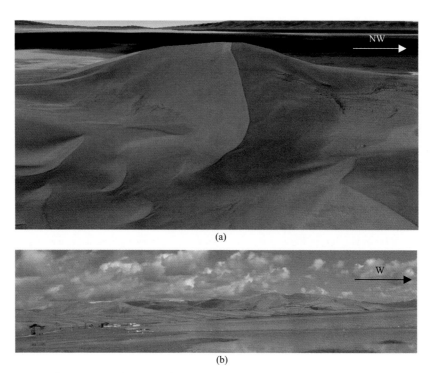

图 3-90　位于 T3 观测点的金字塔沙丘三维地貌图（a）和对应的野外实际照片（b）

所采样品在扫描电镜下照片的分析，发现研究区沙丘砂的石英颗粒的磨圆度中等［图 3-91(a)］，多为浑圆状、圆状，少数为次棱角状，说明沙丘砂尚未达到最成熟的阶段。砂颗粒表面具有明显的碟形撞击坑和新月形撞击坑，指示了高能的风成环境［图 3-91(b)、(c)］。长期的干旱气候导致砂颗粒表面具有 SiO_2 的溶蚀沉淀加厚现象，这种现象被称为上翻解理片［图 3-91(d)］。这种现象多出现在长期接受风力作用的砂颗粒表面。

　　通过扫描电镜观察石英砂颗粒的表面结构，发现风成沙丘的砂颗粒具有明显的风成特征，却并未发现指示水成环境的贝壳状断口。因此，可以推测本区沙丘的砂源并非来自现今的湖滨沉积物（会具有明显的水成特征），而是有可能来自古滨岸相或古沙丘。

　　重矿物组合及其指数分析是物源区分析的重要方法和手段。本书采用 Morton 等的重矿物组合指数确定物源区的含义。其计算方法如下：

$$I_{ZTR} ＝（锆石＋电气石＋金红石）$$

式中，电气石、锆石、金红石指的是颗粒百分比（%）。I_{ZTR} 指数代表重矿物的成熟度，其值越大，表示重矿物的成熟度越高，沉积物的搬运距离越长。布哈河三角洲的 I_{ZTR} 为 1.34%，西岸沙丘的 I_{ZTR} 为 3.86%，东岸沙丘的 I_{ZTR} 为 5.53%。总体上看，沙丘矿物的成熟度较低，说明搬运距离较短。青海湖东岸沙丘的重矿物组合与西岸沙丘的重矿物组合亦存在明显差异。

　　通过青海湖东岸风成沙丘、西岸风成沙丘和布哈河三角洲的重矿物成分对比分析（图 3-92），可见布哈河三角洲与西岸风成沙丘的重矿物成分含量相近，与东岸风成沙丘相差较多，说明东岸风成沙丘的物源并不来自布哈河三角洲和沙柳河三角洲的平原地带。因此，本区的湖滨沙丘属于"就地起砂"类型。

　　近年来，姚正毅等（2015）对湖滨风成沙丘地带利用遥感影像资料、粒度分析等手段，提出了青海湖湖滨风成沙丘实际上是古沙丘活化的产物［图 3-93(a)、(b)］。通过对比沙岛附近 1957 年的水位高度和 2002 年的水位高度，认为风沙入湖会造成沙地的面积增加［图 3-93(c)］。通过对达坂山的山前地带研究，提出了流水对古沙丘的侵蚀，加上风蚀作用，导致古沙丘活化。通过青 4 孔的岩心和孢粉

图 3-91　青海湖风成沙丘石英颗粒扫描电镜照片

（a）沙丘石英砂颗粒的磨圆度中等；（b）沙丘石英砂颗粒表面可见新月形撞击坑；
（c）沙丘石英砂颗粒表面可见碟形撞击坑；（d）沙丘石英砂颗粒表面可见上翻解理薄片

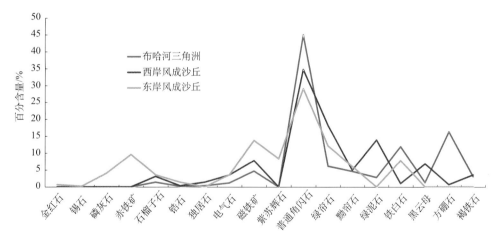

图 3-92　青海湖布哈河三角洲、西岸风成沙丘和东岸风成沙丘重矿物百分比曲线

（重矿物数据引自宋春晖等，2000）

组合特征的分析（图 3-18），可见在早-中更新世发育共和类黄土组，其中以黄土沉积为主，气候为温热偏干（中国科学院兰州分院和中国科学院西部资源环境研究中心，1994），意味着青海湖曾经出现过远比现在低的水位。因此，可能前人所述的古风成沙丘形成于早-中更新世时期。

在 1953～2004 年，青海湖的湖平面呈逐年下降的趋势，故形成新尕海和海晏湾。而在 2004～

2013 年青海湖的湖平面呈逐年上升的趋势，并对比新尕海近十年的遥感卫星照片 [图 3-93(d)]，可以发现新尕海的面积呈现逐渐扩展，原本与青海湖相连的水道有逐步变宽的趋势，这与青海湖水位近十年逐渐上升相吻合，说明新尕海的形成与青海湖水位的升降有着密切联系。综合认为，湖滨沙丘的形成存在古沙丘活化、湖水位下降、风沙入湖和流水侵蚀等多种成因机制。

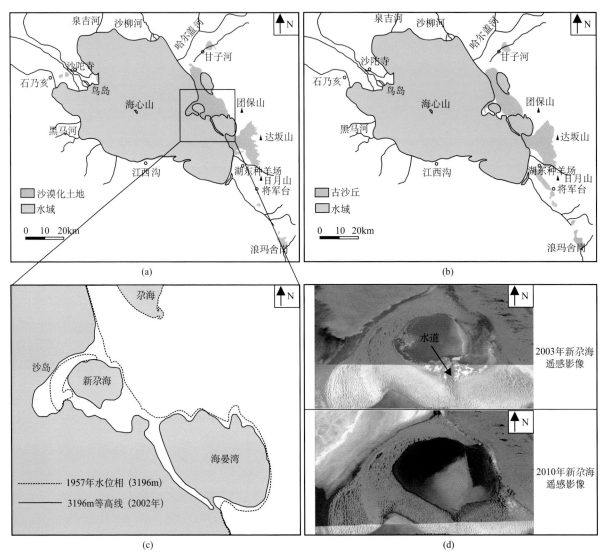

图 3-93　青海湖湖滨沙漠化平面图及遥感影像对比图

（a）青海湖湖滨土地沙漠化分布；（b）青海湖湖滨古沙丘分布；（c）沙岛附近的地形变化；

（d）新尕海附近的地形变化 [（a）～（c）据姚正毅等，2015]

5. 小结

团保山/达坂山/日月山西段的主要岩性为易被风化的角闪岩相变质岩；较低的年平均降水量和较高年平均蒸发量导致本区的气候偏干旱；较为单一的植被类型和较低的植被覆盖率导致本区的固沙能力极弱；无水系发育。这些因素导致山前地带发育大面积的风成沉积。

以野外露头为基础，结合对沙丘地貌特征的综合分析，编制了团保山/达坂山-冲积扇/滨岸-风成沉积体系的平面图 [图 3-94(a)]，并建立了从团保山和达坂山到湖滨地带的沉积剖面图 [图 3-94(b)、(c)]。

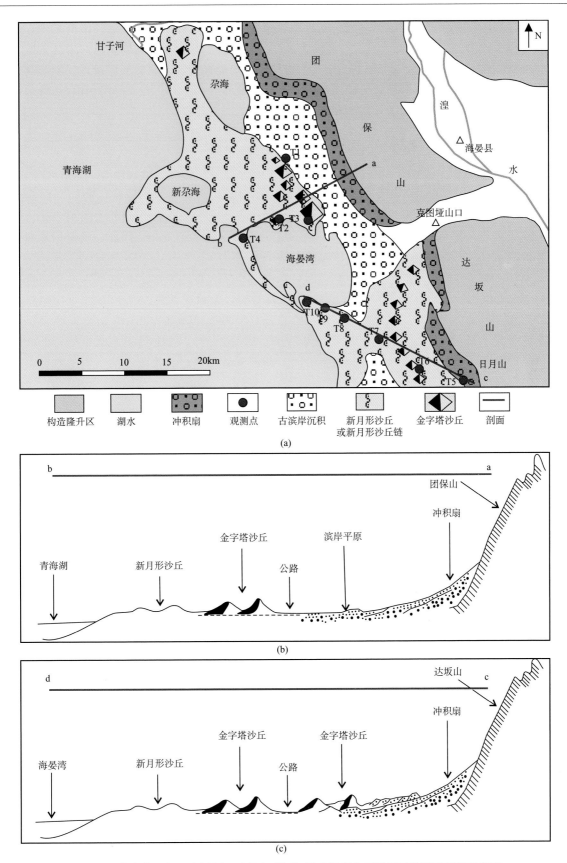

图 3-94　青海湖团保山/达坂山-冲积扇/滨岸-风成沉积体系平面图及沉积剖面示意图

（a）青海湖团保山/达坂山-冲积扇/滨岸-风成沉积体系平面图；（b）团保山-冲积扇-古滨岸相-金字塔
沙丘-新月形沙丘沉积剖面示意图；（c）达坂山-冲积扇-金字塔沙丘-新月形沙丘沉积剖面示意图

团保山前发育相对广阔的古滨岸沉积，其沉积特征指示了青海湖湖水曾经达到山前地带。随着湖平面的下降和团保山-达坂山的隆升，大面积的古滨岸沉积和古沙丘出露水面以及风对山体的吹蚀，为湖东风沙堆积提供了物源基础。干旱-半干旱气候为沙丘的形成提供了有利的气候条件。断陷湖盆的长条形地貌使得风沿着长轴方向吹扬，造成风成堆积物在长轴的一端堆积。高大的团保山/达坂山的山前复杂地貌特征为金字塔沙丘的形成提供了有利的地形条件。

3.2.7　湖泊沉积体系

关于青海湖的湖泊沉积体系，前人的研究多集中在滨岸带的三角洲、风成沙等（宋春晖等，2000；师永民等，1996，2008；韩元红等，2015），但缺少学者对湖底沉积物的沉积特征和控制因素展开研究。根据洪水面、枯水面、正常浪基面和风暴浪基面四个界面，可将湖泊相划分为滨湖亚相、浅湖亚相、半深湖亚相和深湖亚相（姜在兴，2003）。另外，还可划分出湖湾亚相。因此，确定枯水面、浪基面和风暴浪基面是研究青海湖的湖泊沉积体系的关键。

为了更好地编制青海湖湖泊沉积体系平面图，本书引用了《青海湖综合考察报告》和《青海湖近代环境的演化和预测》中所有湖上取样的位置点和水深数据以及粒度参数。

虽然近几十年来，青海湖湖岸线发生了巨大的变迁，但根据徐海等（2010）对青海湖表层沉积物沉积速率的研究，湖底沉积物的深度沉积速率为 $0.68\sim2.05$ mm/a。这个沉积速率对于几十米水深的影响，可以忽略不计。同时将变化比较大的布哈河三角洲流域的数据替换成本次实测的数据，进行校正，编制出青海湖水深平面图（图 3-95）。

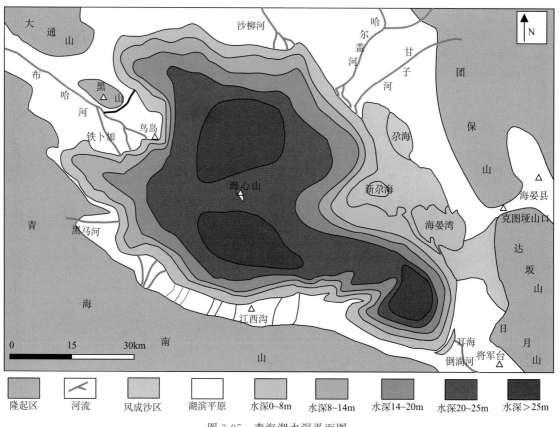

图 3-95　青海湖水深平面图

根据湖底沉积物的粒度特征及其有机质堆积和保存的水介质条件（中国科学院兰州地质研究所等，1979），划分三个带：湖滨浅水浪扰带、中深水湖流-浪力作用带、深水湖流影响带。湖滨浅水浪扰带

的水深为 $0 \sim 15 m$，中值粒径 M_d 大于 $0.02 mm$，含泥量小于 25%；中深水湖流-浪力作用带的水深为 $15 \sim 25 m$，中值粒径 M_d 为 $0.02 \sim 0.01 mm$，含泥量为 $25\% \sim 50\%$；深水湖流影响带的水深大于 $25 m$，中值粒径 M_d 小于 $0.01 mm$，含泥量大于 50%。

结合本次的实测资料，本书认为 $0 \sim 15 m$ 为滨湖-浅湖亚相，$15 \sim 20 m$ 为半深湖亚相，大于 $25 m$ 为深湖亚相。

按照砂、粉砂和泥质粒级作为三个端点，并以碳酸盐岩含量作为次要成分，将湖底沉积物分为砾石、弱灰质砂、弱灰质粉砂、弱灰质泥质粉砂、弱灰质粉砂质淤泥、灰质粉砂质淤泥、灰质黏土淤泥、弱灰质鲕状砂和石灰华（图 3-96）（中国科学院兰州地质研究所等，1979）。下面依次展开对滨湖亚相、浅湖亚相、半深湖-深湖亚相和湖湾及潟湖亚相的沉积特征以及控制因素的研究。

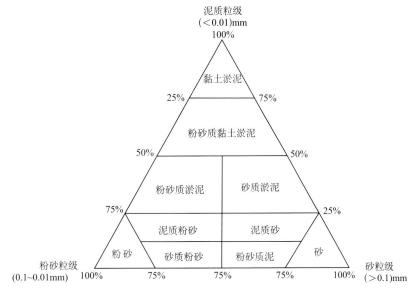

图 3-96　青海湖湖底沉积物分类三角图

1. 滨湖亚相

滨湖亚相位于洪水期岸线与枯水期岸线之间（姜在兴，2003）。滨湖地带的主要沉积物有砾、砂和泥。砾石一般呈次圆状至次棱角状（中国科学院兰州地质研究所等，1979）。砾石的颜色和成分取决于湖周母岩。湖盆西南部砾石成分为灰白色的灰岩，来自中吾农山的三叠系；湖盆东南部砾石成分为花岗岩，来自青海南山；湖盆东北缘的砾石成分为变质岩和花岗岩，来自湖盆东北部的团保山。砾石的分布比较局限，多位于青海湖西岸的陡坡带一侧。砂在环湖地区均有所分布。除了砂砾质沿岸坝中的砂以外，分选和磨圆最好的砂多集中在风成沙丘靠近湖一侧的滨岸带。泥质沉积物主要分布在靠近青海湖的湿地中。

对比分析 20 世纪 $60 \sim 70$ 年代和现今青海湖的滨岸变迁遥感影像，并结合前人资料，可发现青海湖滨岸带有几个区域发生明显的变化：①布哈河三角洲已经从原来的鸟足状三角洲变成朵状三角洲，并与鸟岛、蛋岛等相连，废弃的布哈三角洲平原（鸟岛北侧）已经形成风成沙丘 [图 3-97(a1)、(a2)]；②一郎剑沙嘴和二郎剑沙嘴都有明显的向东迁移，尖端向南弯曲的趋势 [图 3-97(b1) ~ (c3)]；③沙柳河三角洲也向湖推进，陆地相对推进最大距离 3266.9m [图 3-97(d1) ~ (d3)]，年均推进距离 130.6m（孟庆伟，2007）；④新形成的新尕海面积不断缩小，海晏湾沙嘴的面积扩大，沙嘴向东南延伸，接近闭合 [图 3-97(e1) ~ (e3)]。

造成青海湖滨岸带发生这些变化的因素有湖岸地形、水位差、盛行风情和湖流等。青海湖的布哈河三角洲平原和沙柳河三角洲平原所处地形较缓。当湖水位下降时，三角洲不断向湖进积，西北风将废弃的三角洲平原的沙粒物质改造形成沙丘。一郎剑和二郎剑沙嘴的西北侧长期接受西北风所形成的风生浪和风生流作用，大量砂砾被沿岸流携带搬运至尖嘴部位，使得沙嘴向东迁移。西北风驱动下的波浪向湖东北部的沙岛和海晏湾沙嘴不断冲刷，沿岸流将沙粒物质向东南方向搬运并堆积，从而导致新尕海形成和海晏湾沙嘴向东南延伸。青海湖东北岸哈尔盖河地区普遍具有障壁岛-潟湖沉积体系，这与长期西北风作用下形成的波浪和风壅水作用有关。而位于江西沟-黑马河-铁卜加湾的滨岸带由于地处湖盆的陡坡带和背风侧，受到湖水位下降和盛行西北风的影响较小，所以基本无变化。

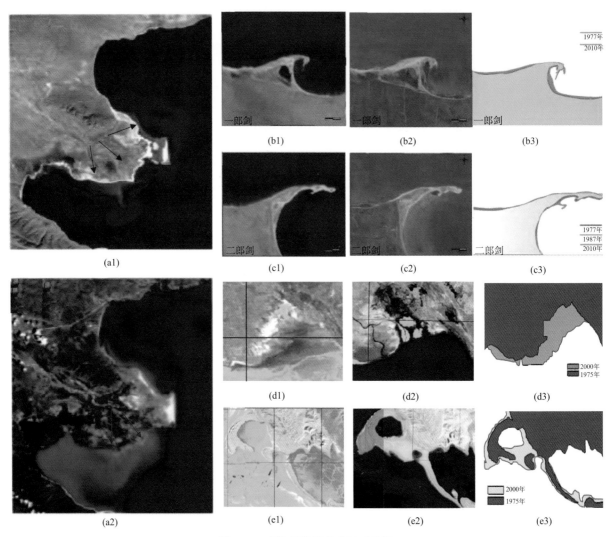

图 3-97　青海湖湖岸线变迁对比图

(a1) 1972 年布哈河三角洲遥感照片；(a2) 2010 年布哈河三角洲遥感照片；(b1) 1972 年一郎剑遥感照片；(b2) 2010 年一郎剑遥感照片；(b3) 一郎剑两时相的复合影像；(c1) 1972 年二郎剑遥感照片；(c2) 2010 年二郎剑遥感照片；(c3) 二郎剑两时相的复合影像；(d1) 1975 年沙柳河三角洲 MSS 影像；(d2) 2000 年沙柳河三角洲 ETM 影像；(d3) 沙柳河三角洲两时相的复合影像；(e1) 1975 年海晏湾和新尕海 MSS 影像；(e2) 2000 年海晏湾和新尕海 ETM 影像；(e3) 海晏湾和新尕海两时的复合影像。
(a1)~(c3) 引自韩元红等，2015；(d1)~(e3) 引自孟庆伟，2007

2. 浅湖亚相

浅湖亚相指枯水期最低水位线至正常浪基面深度之间的地带（姜在兴，2003）。青海湖浅湖带的水深不超过 15m，浅湖亚相的主要沉积物有弱灰质砂、弱灰质泥质粉砂、弱灰质鲕状砂和钙华（中国科学院兰州地质研究所等，1979）。

弱灰质砂分布于岸边至 0～8m 的水深带内，颜色为灰黄色［图 3-98(a)］、灰绿色和灰黑色［图 3-98(b)］；磨圆度好；含大量刚毛藻和介形虫（中国科学院兰州地质研究所等，1979）。

(a)　　　　　　　　　　　　　　　　(b)

图 3-98　位于采样点 G21 的灰黄弱灰质砂（a）和位于采样点 G29 的灰黑色弱灰质砂（b）

弱灰质泥质粉砂分布于 8～15m 的水深带内；颜色为灰色；微有 H_2S 气味；表层有 2～3cm 厚的黄色氧化膜（中国科学院兰州地质研究所等，1979）。

弱灰质鲕状砂分布在沙岛附近的浅水地带，湿色为灰黑色，干后成灰白色；粒级属中-细砂，呈圆-半圆形。鲕状砂可分为核心和外壳两部分。核心为石英或长石，外壳为文石和泥质沉积的混合物（中国科学院兰州地质研究所等，1979）。

石灰华仅分布在湖盆的东半部，以二郎剑一带最为发育。石灰华呈淡黄色，表面具瘤状构造，底面凹凸不平。其物质组成主要为文石和泥质混合物。微粒状和长柱状的文石常可集合而成放射状晶簇（中国科学院兰州地质研究所等，1979）。

浅湖区的水动力主要是湖浪和湖流。湖浪的大小与风速、风程、风向、风的持续时间和水深等因素有关。按照波浪与水深之间的关系，将湖岸带划分为破浪带（水深等于 1/2 的波长）、碎浪带（水深等于 1 个波长）。波浪以两种方式与湖底作用：①在水深约 15m 处的破浪带，波浪对湖底的冲刷和淘洗最为强烈，波浪向岸的推动力将碎屑物向岸运动；②在水深约 8m 处的碎浪带，波浪再次对湖底作用，将一部分碎屑物向岸推进，一部分碎屑物以回流的形式向破浪带携带。

不同位置的湖泊滨浅湖带所受到的波浪作用各有不同。湖泊滨浅湖带相对主风向的方位是一个重要的影响因素。在盛行西北风和北风作用下所形成的风生波浪、风生壅浪和沿岸流，作用于地处迎风侧的二郎剑、海晏湾和哈尔盖河口，形成沙嘴和障壁岛-潟湖。

湖流是影响湖泊滨浅湖沉积物分布的重要因素。按照成因，湖流分为梯度流和漂流。梯度流又可分为吞吐流和密度流。布哈河和沙柳河等河流所形成的吞吐流推动湖水向前运动。而河水的密度小于上层湖水密度，在青海湖表面形成羽状的表面流将悬浮沉积物向湖推动。风对湖面的摩擦力使表层湖水向前运动被称为漂流。青海湖的湖流方向决定湖底沉积物的搬运趋势。根据中国科学院兰州地质研究所编制的青海湖水动力平面图（图 3-99），不难看出湖流搬运沉积物的主要趋势具有围绕三个拗陷中心呈顺时针搬运的特征（局部地区存在逆时针的环流）。

此外，湖底泉水是影响浅湖区沉积物的因素之一。石灰华是由于湖底存在富含重碳酸盐的泉水从湖底溢出后，由于 CO_2 随之外逸，导致其过饱和沉淀而成的（中国科学院兰州分院和中国科学院西部资源环境研究中心，1994）。

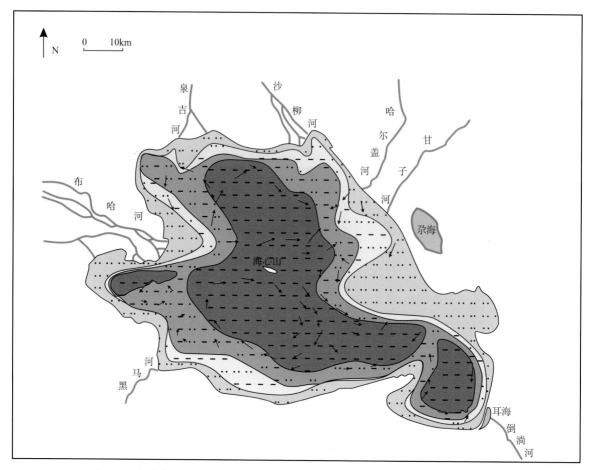

图 3-99　青海湖水动力平面图（中国科学院兰州地质研究所等，1979，略有改动）

3. 半深湖-深湖亚相

半深湖亚相位于正常波基面以下，风暴浪基面以上的湖底范围；深湖亚相位于风暴浪基面以下的湖底范围（姜在兴，2003）。青海湖的半深湖-深湖亚相的沉积物主要为弱灰质粉砂质淤泥、灰质粉砂质黏土淤泥和灰质淤泥。青海湖半深湖-深湖区分布范围较广，基本占了湖泊一半以上。

弱灰质粉砂质淤泥［图 3-100(b)］颜色以灰黑色为主，黏性较大，似半胶凝状；有浓的 H_2S 气味；含少量刚毛藻及介形虫，有时可见腐烂的植物残体；在沉积物表层有一层厚 2～3cm 的灰黄色氧化胶状薄层。一般分布于 15～25m 的半深水区。

灰质粉砂质黏土淤泥［图 3-100(c)］及灰质黏土淤泥湿色主要为黑色，黏性极大，成胶凝状，具极浓的 H_2S 臭味；很少有刚毛藻及介形虫；表层有一层淡黄色胶状薄层；分布在大于 25m 的深水区。

半深湖-深湖亚相位于浪基面以下。这里水体安静，波浪作用难以波及。此处的沉积物主要为粒径小于 63μm 的细粒沉积物，包含黏土矿物、粉砂、碳酸盐岩、有机质等（姜在兴等，2013）。细粒沉积物的沉积作用可分为物理作用、化学作用和生物作用，而青海湖的细粒沉积物的控制因素有待进一步研究。

湖底表层样品的有机碳含量为 0.12%～3.10%，平均为 1.77%。有机氮含量为 0.028%～0.295%，平均为 0.184%（中国科学院兰州地质研究所等，1979）。C/N 值平均为 8.51，说明沉积物中的有机质来源于浮游生物，只有少量三角洲前缘斜坡有陆源植物碎屑的渗入。

黏土矿物的成分为伊利石、高岭石和绿泥石，基本不含蒙皂石。高岭石含量平均为 9.5%，绿泥

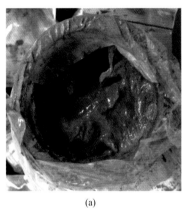  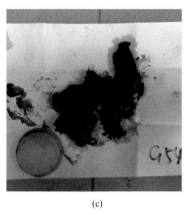

(a)　　　　　　　　　　　　　　(b)　　　　　　　　　　　　　　(c)

图 3-100　湖底部分样品照片
（a）位于采样点 G15 的弱灰质泥质粉砂，表层有黄色的氧化膜；（b）位于采样点 G14 的弱灰质粉砂质淤泥；
（c）位于采样点 G54 的灰质粉砂质黏土淤泥

石含量平均为 12.5%，伊利石含量平均为 52%，伊/蒙混层含量平均为 26%。青海湖周围水系的黏土矿物组合与湖底沉积物的黏土矿物组合基本类似，且高岭石晶体普遍有搬运磨蚀现象，所以湖底黏土矿物主要是陆源成因（中国科学院兰州地质研究所等，1979）。

半深湖-深湖区碳酸盐岩沉积主要有三种类型：陆源碎屑碳酸盐岩、生物碳酸盐岩和泥状碳酸盐岩（中国科学院兰州地质研究所等，1979）。陆源碎屑碳酸盐岩通常为不规则粒状，粒径为 0.05～0.1mm。生物碳酸盐岩主要为介形虫壳体，富集在泥质粉砂或粉砂质淤泥沉积物中。泥状碳酸盐岩是三种类型中分布最广和最多的，粒径为 1～5μm，主要成分为文石，含少量的方解石和菱铁矿。

青海湖底沉积物中碳酸盐岩的含量为 16.2%～39.3%。其中，砂和粉砂的平均含量为 21%；泥质粉砂的含量为 30%；粉砂质淤泥的含量为 31.6%；粉砂质黏土淤泥最高，平均为 32.70%（中国科学院兰州地质研究所等，1979）。布哈河的河水悬浮物中以方解石为主，不含文石。水生生物的研究表明，青海湖南部水区的水生生物更为繁茂，其生物碳酸盐岩的成分相对较多（中国科学院兰州地质研究所等，1979）。

4. 湖湾及潟湖亚相

在湖泊滨浅湖地带，由于沙嘴的生长形成的半封闭的水域区被称为湖湾。当其完全封闭时则形成潟湖。这里重点研究海晏湾、耳海和尕海。海晏湾 HY-89-2 岩心揭示该区近代沉积物主要为含黏土砂质粉砂，碳酸盐岩的含量为 36%～73%，平均为 52%，含有较多的白云石和水菱镁矿。尕海 GH-89-1 岩心揭示该区沉积物主要为含黏土砂质粉砂，碳酸盐岩的含量为 48%～64%，平均为 56%。耳海 EH-89-1 的岩心揭示主要岩性为灰黑色含黏土粉砂，碳酸盐岩的含量为 6%～41%，平均为 25%，以文石和方解石为主，仅含微量的白云石。尕海和海晏湾的白云石和水菱镁矿可能是由水中结晶析出，耳海的白云石可能来自外部河流注入（中国科学院兰州地质研究所等，1979）。因此，控制湖湾及潟湖沉积物的因素为蒸发量的大小和是否有河流注入。

5. 小结

青海湖滨湖亚相的控制因素有湖岸地形、水位差、盛行风情和湖流等。控制浅湖亚相的控制因素主要是湖浪和湖流。半深湖-深湖亚相中的有机质来自浮游生物和高等植物，黏土矿物主要来自陆源输入，碳酸盐岩沉积物来自陆源输入、化学作用和生物化学作用。控制湖湾及潟湖沉积物的因素为蒸发量的大小和是否有河流注入。

3.3 青海湖现代沉积体系分布与风场-物源-盆地系统动力学模式

3.3.1 青海湖现代沉积体系分布特征

在 1979 年出版的《青海湖综合考察报告》中，中国科学院兰州地质所等科研人员首次对青海湖展开大规模的考察，其研究内容更侧重于青海湖的形成和演化以及湖底沉积物的展布情况，并未编制详细的青海湖沉积体系平面图。在 1997 年，王新民等（1997）首次编制了青海湖沉积体系展布图，识别出 22 种沉积相，并提出对每种沉积相的特征进行描述（图 3-101）。宋春晖等（1999）根据对青海湖滨岸带的野外沉积考察，首次提出将滨岸带划分为沿岸砾砂坝、泥坪、沙滩、水下风沙堆积以及潟湖等沉积微相。师永民等（2008）依据水系分布的规律和沉积环境特征，将青海湖现代沉积体系划分为六大沉积体系，并提出水系分布、构造、断裂活动与青海湖现代沉积平面展布之间的关系。宋春晖等（2001）将青海湖的现代三角洲划分为河控型三角洲（布哈河三角洲）、浪控型三角洲（哈尔盖河三角洲）和河-浪过渡型三角洲（沙柳河三角洲），并对前两者的沉积特征和形成控制因素展开深入研究。宋春晖等（2000）详尽地分析了青海湖西岸风成沙丘的特征及成因。在 2006 年，安芷生等（2006）利用地震物理勘探深入分析了青海湖湖底构造及沉积物分布规律。前人对青海湖现代沉积的深入分析为本次青海湖现代沉积体系研究提供了夯实的基础。

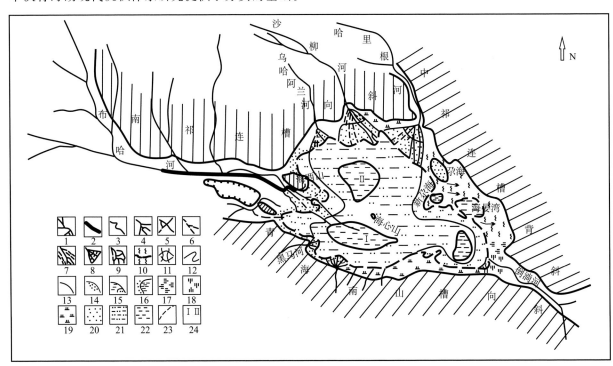

图 3-101　青海湖沉积体系展布图（王新民等，1997）

1. 山间河道；2. 辫状河；3. 曲流河；4. 分流河道；5. 水下河；6. 废弃河道；7. 冲积扇相；8. 扇三角洲相；9. 三角洲相；10. 风成沙堆积相；11. 潟湖相；12. 沙嘴沉积；13. 沙滩沉积；14. 砾石滩沉积；15. 泥滩沉积；16. 湖湾相；17. 沼泽相；18. 盐碱滩；19. 冲积平原；20. 浅湖相；21. 半深湖相；22. 深湖相；23. 湖岸线；24. 拗陷区

本书首次将源-汇体系引入到现代沉积体系的分析中，通过寻找和分析不同区域"点"上的沉积特征，详尽地研究每条"线"上的沉积变化规律，建立从物源区到汇水盆地六条源-汇沉积体系和湖泊沉积体系。以青海省区域地质图（青海省地质矿产局，1991）、青海湖湖底沉积物平面分布图（中国科学院兰州地质研究所等，1979）和青海湖湖岸线变迁图（袁宝印等，1990）为基础，以 Google Earth 遥感影像资料为辅助手段，结合野外考察及湖底测量和取样分析，编制出最新的青海湖现代沉积体系平面图（图 3-102）。

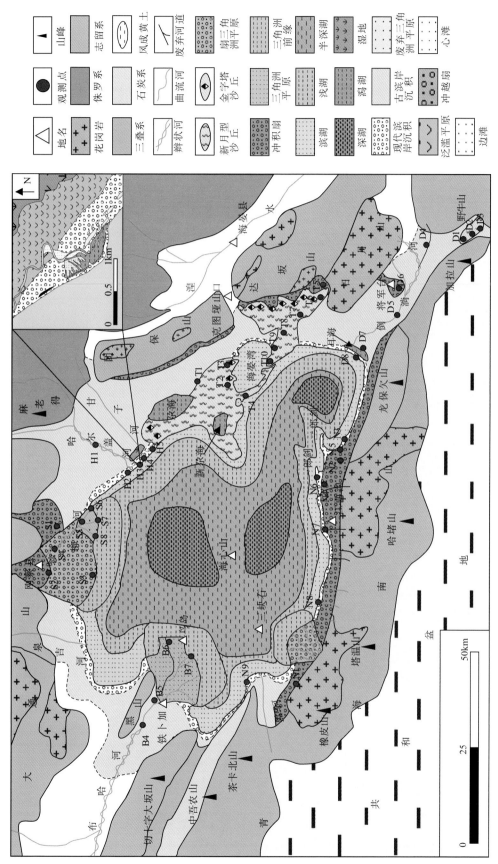

图 3-102　青海湖现代沉积体系平面图

前人编制青海湖现代沉积体系平面图时，仅仅将物源区简单地归结为剥蚀区。基于源-汇体系对青海湖现代沉积体系的分析，发现物源区的岩石学特征决定源-汇过程中沉积物的类型和供给量。因此，在编制青海湖沉积体系平面图时，以青海湖及其周缘地区的地质图为蓝本，加入了对物源区岩石学特征、植被类型和覆盖度、降水量和蒸发量等特征的描述。

当物源区的地层为志留系（以页岩和砂岩为主的海相碎屑岩）时，地层易于被河流侵蚀和搬运，导致河流携带的沉积物中富含大量的泥沙，从而形成以稳定性水流作用的三角洲（如布哈河三角洲）和以暂时性水流作用的冲积扇（如果洛冲积扇）。当物源区的地层为花岗岩和三叠系的砂砾岩时，岩石的抗风化和抗侵蚀能力相对较强，被河流搬运的沉积物多以砂砾石为主，从而形成以砂砾石为主的扇三角洲和冲积扇。当物源区的地层为侏罗系（煤系地层和砂砾地层）时，被侵蚀的煤系地层富含碳和黏土矿物，从而为下游的湿地和沼泽提供物源。当物源区的地层为中元古界（角闪岩相的变质岩）时，岩石富含稳定性较差的角闪石和黑云母等，导致其易于被风化和剥蚀。

前人在编制青海湖现代沉积体系平面图时，并没有考虑湖岸线变迁的问题。本次编图过程中，以一级湖岸阶地为界，将原本的湖滨沉积划分为现代滨岸相和古滨岸相。以现今湖岸线为界，将现代滨岸相分为前滨亚相和临滨亚相。

通过野外观察和水深测量，对原来关于某些沉积相的描述进行了修订：①将原本的沙柳河扇三角洲重新划分为刚察冲积扇、刚察扇三角洲和沙柳河三角洲；②重新勾画出布哈河三角洲前缘的分布范围；③精细刻画出哈尔盖河北侧支流入湖口处的沉积相类型、分布范围和形成机制。

19 世纪 60 年代到 20 世纪初，环青海湖地区的暖干化气候导致青海湖水位下降和面积萎缩。沉积相的类型和展布范围有以下变化：①布哈河发生改道，原本向北部拗陷推进的布哈河改道至鸟岛南侧，改向南部拗陷和铁卜加湾推进；②随着布哈河三角洲不断向湖推进，已从原来的鸟足状三角洲变成朵状三角洲，并与鸟岛、蛋岛等相连，废弃的布哈三角洲平原（鸟岛北侧）已形成风成沙丘；③沙柳河三角洲不断向其南侧的湖湾推进；④原本孤立的沙岛已经闭合形成新尕海，海晏湾与青海湖之间仅有一个狭长的水道相连；⑤二郎剑和一郎剑的沙嘴尖端有向东迁移的趋势。

3.3.2　青海湖现代沉积体系主控因素

通过前文的描述和分析，可知青海湖现代沉积体系的控制因素包括地形地貌、物源区的岩性特征、水系、植被类型和覆盖度、风场、波浪、湖流、湖平面的升降等（图 3-103）。山地地貌影响着水系分布和区域风场，湖底地貌影响着湖流的环流方向。被侵蚀和搬运的沉积物类型取决于物源区的岩性特征。植被类型和覆盖度决定着物源区沉积物的稳定性。水系的径流量和沉积物的供给类型及季节性的气候变化影响着沉积物搬运过程。风对古滨岸相沉积物进行吹蚀、搬运和堆积形成风成沙丘。区域上的风场特征与降水量存在着密切关联，从而间接影响植被类型和覆盖度。波浪和湖流控制着砂体的平面分布。湖平面的升降影响着可容纳空间的变化，从而影响沉积物的沉积样式。

简单总结来说，青海湖现代沉积体系受到"风场-物源-湖盆"三大因素的共同作用，下文将针对三大因素展开简单分析和讨论。

1. 风场

气候指的是某一地区多年时段大气的一种状态。气候要素包括气温、降水、蒸发、风力等。前人（李林等，2002，2005；李凤霞等，2008）对于青海湖地区的气候研究多集中在气温、降水、蒸发等方面，罕有人研究风场对青海湖现代沉积物平面展布的影响。

青海湖流域虽然地处内陆，但由于受到来自西南方向的暖湿气流和高原季风，加上湖泊自身的湖泊效应和西风带系统的频繁过境，导致该区的降水量比其他内陆地区丰富。年降水量由湖北山区向南逐渐减少，但在黑马河的降水量为一个高值区域 [图 3-104(a)]。前文地理概况中对比分析江西沟和刚察的降水量，也指示了这一带降水量较高的特征。而造成这种现象可能与此处地形有利于空气的抬升，

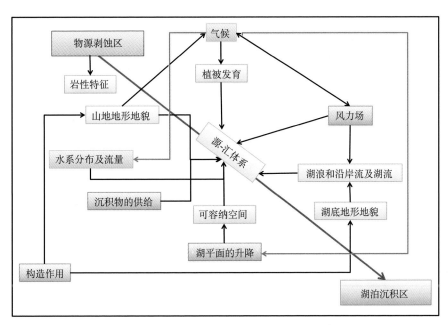

图 3-103　青海湖现代沉积体系的主控因素

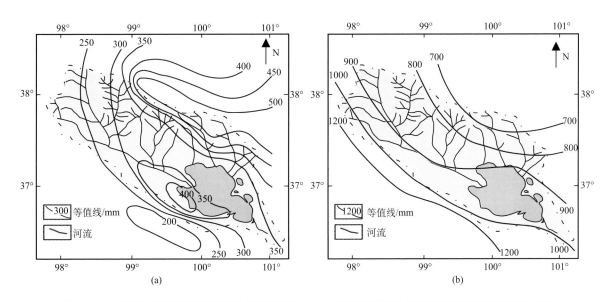

图 3-104　青海湖流域多年平均降水量等值线图（a）和青海湖流域多年平均蒸发量等值线图（b）
（中国科学院兰州分院和中国科学院西部资源环境研究中心，1994）

从而易于形成降雨有关。

蒸发量是青海湖流域内水量的主要损失途径，多年平均蒸发量为 1000～1800mm（20cm 口径蒸发皿观测值）（中国科学院兰州分院和中国科学院西部资源环境研究中心，1994）。蒸发量的变化趋势与降水量的变化趋势相反，是由北向南蒸发量逐渐增加 ［图 3-104(b)］。

对比可发现，黑马河一带与湖东沙区一带的年平均蒸发量相近，但前者的年平均降水量远高于后者的年平均降水量。因此，前者的地表湿度高于后者。这一点在地表植被覆盖程度和发育也有所体现，前者多发育喜湿性的温性草原，后者多发育灌丛类和沙棘类植物。

　　正是由于这种地表的干湿度和植被覆盖程度的差异性，风化剥蚀产生的沉积物也各有不同。西岸的植被覆盖率较高，较难被风化剥蚀，风化产物多为砾石；东岸的植被覆盖率较低，易于被风化剥蚀，风化产物多为砂。两种风化产物的不同，导致西岸多发育砾砂质湖滩沉积［图 3-105(a)］，东岸多发育大面积的风成沙丘［图 3-105(b)］。西岸偏湿润性的气候导致泥石流沉积和滨岸沉积中普遍发育灰黑色泥质沉积物（如青海南山前的冲积扇），东岸干燥性的气候导致泥质沉积物中多以红褐色为主，可见钙质结核（如果洛冲积扇）。

(a)　　　　　　　　　　　　　　　　　(b)

图 3-105　青海湖西岸的野外照片（a）和青海湖东岸的野外照片（b）

　　风场的变化除了受控于盛行风系以及季风的变化以外，还受到地貌、湖泊效应产生的湖陆风等影响。

　　青海湖新近纪以来的新构造运动存在明显的区域差异。青海南山的隆升幅度要比团宝山-达坂山一线的隆升幅度大得多。根据 DEM 高程遥感数据，编制出青海湖西岸和东岸的三维地貌图。青海湖西岸的青海南山地貌高度较高，整体形态像一堵墙［图 3-106(a)］；青海湖东岸的日月山-团宝山则为区域隆升形成的层状地貌［图 3-106(b)］。

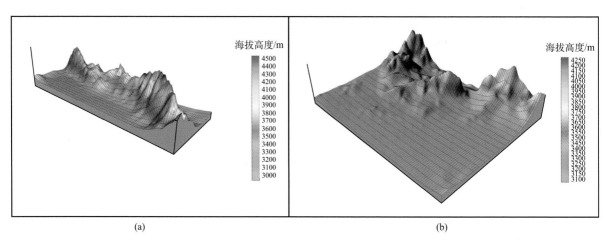

(a)　　　　　　　　　　　　　　　　　(b)

图 3-106　青海湖西岸山地三维地貌（a）和青海湖东岸山地三维地貌（b）

　　这种地形地貌上的差异性，加上湖陆风的作用，影响了区域风场，进而影响区域降水量产生差异（图 3-107）。在盛行西北风的情况下，青海南山的南侧是广阔的共和盆地，受到共和盆地地形和热力作用的共同影响，南侧地面盛行偏南气流。青海南山的北侧紧邻青海湖，盛行西北风和湖风的作用，携带着水蒸气的气流导致在江西沟-黑马河一带降水量远高于其他地区。团宝山-日月山一带为层状地貌。携带着水蒸气的气流受地貌影响，在形成降雨前被高空西北气流的推动下移到西侧，从而在东侧湟水河谷形成降雨。

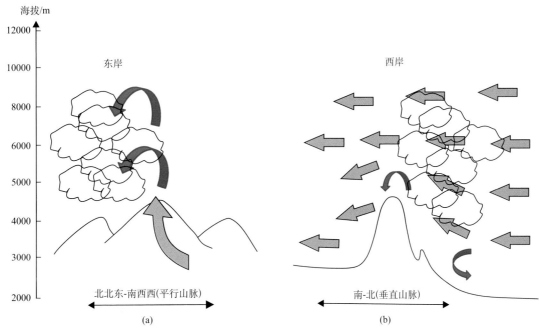

图 3-107　青海湖地形云发展的概念模式图

　　风对于滨岸带现代沉积物的作用体现在盛行西北风和北风作用下产生长期的风生波浪和风壅水以及沿岸流。风生波浪和沿岸流将江西沟一带的沉积物搬运至一郎剑和二郎剑一带形成沙嘴。风生波浪和沿岸流作用于哈尔盖河北侧支流的河口处，形成长条状的沿岸坝和潟湖，使得哈尔盖北侧支流无法直接注入青海湖。风壅水作用于哈尔盖河南侧支流的河口处，形成喇叭状河口和湖水顺河而上的现象。风壅水作用于甘子河河口处，形成障壁岛-水道-潟湖沉积。长期的波浪和沿岸流作用使得孕海和耳海早已闭合。伴随着湖平面的下降，新孕海和海晏湾也逐渐闭合。由此看来，青海湖的东北岸-东岸-南岸普遍受到西北风和北风产生的波浪和顺时针方向的沿岸流作用。

　　风不仅仅通过波浪和沿岸流以及风壅水作用于湖平面以下的滨岸带，而且风力直接作用于湖平面以上的滨岸带和山麓地带。由于长期的风力作用于团保山和达坂山的山麓地带以及山前平原地带，加上该区域的降水量较少，长期接受日照，蒸发量相对较高，地表易于被风化和吹蚀，从而形成大面积的风沙堆积。鸟岛北侧的西岸风成沙丘是由于布哈河改道以后，原本三角洲平原被废弃，三角洲平原被风吹蚀、搬运和堆积而形成。长期的风力作用和暖干化气候，导致倒淌河河谷东南缘发育以新月形沙丘为主的浪玛舍岗沙区。

　　因此，风向和风力对青海湖沉积体系的影响体现在：局部区域气候的干湿、物源的供给量、波浪和沿岸流的强弱程度等方面。局部区域气候的干湿差异性造成地表植被覆盖率有所不同，导致地表的抗风化能力有所不同。抗风化能力较弱的地带为风沙堆积提供充足的物源。盛行风向产生的波浪和沿岸流对湖泊中的砂体产生较强的搬运和改造作用。

　　2. 物源

　　物源区是源-汇体系的基础。不同区域的源-汇沉积体系的物源区存在着明显的差异性。

　　（1）日月山/野牛山/青海南山东段的物源区特征及控制因素：日月山的花岗岩、野牛山的中三叠统板岩和粉砂岩为现今倒淌河的物源区；东北高、西北低和东南高、西北低的地貌特点是导致现今倒淌河位于整个河谷西侧的直接原因；气候的暖干化、较少的降水量和较低的植被覆盖率导致倒淌河的径流量减少，河谷平原地带的古沙丘大量复活。

　　（2）青海南山西段和中段的物源区特征及控制因素：青海南山西段出露碳酸盐岩，青海南山中段出露砾岩、砂砾岩、英安岩、花岗岩等，青海南山东北段出露志留系的页岩和板岩；青海南山西段的降水量和植被覆盖率高于青海南山中段；青海南山西段的水系为相对稳定的山间河流，青海南山中段的水系为暂时性水流。这些因素导致青海南山西段的山前形成扇三角洲，而青海南山中段的山前形成冲积扇。

（3）布哈河流域内的物源区特征及控制因素：集水段流经花岗岩地层，辫状河段-曲流河段流经灰岩、砂岩、页岩地层；西北高、东南低的地貌特征是导致布哈河自西北流向东南的直接因素；冰雪融水、降雨和地下径流是布哈河的重要补给通道；流域内多为疏松土质，水土流失严重，导致布哈河的年平均输沙量较高，为布哈河三角洲的形成提供了充足的物源。

（4）大通山西段和东段的物源区特征及控制因素：沙柳河出山口处出露以砂岩为主的海相碎屑岩，果洛村附近出露以板岩和黏土质板岩为主的海相陆源碎屑岩，为以水流作用为主的刚察冲积扇和以泥石流作用为主的果洛冲积扇提供物源；较高的年平均蒸发量导致沙柳河的径流量低于布哈河的径流量；下游河堤两侧相对较低的植物覆盖率，导致河岸的抗侵蚀能力较弱，河道较易于发生变迁。

（5）大通山东北段的物源区特征及控制因素：哈尔盖河和甘子河流经中侏罗统的煤系地层和碎屑岩地层，为河口附近的湿地和沼泽提供物源；较低的年平均蒸发量有助于土壤保持水分，为湿地和沼泽的形成提供了有利条件。

（6）团保山、达坂山、日月山西段的物源区特征及控制因素：团保山、达坂山、日月山西段的岩性主要是易于被风化的角闪岩相变质岩；较低年平均降水量和较高年平均蒸发量导致本区的气候偏于干旱；较为单一的植被类型和较低的植被覆盖率导致本区固沙能力极弱；无水系发育。这些因素导致山前地带发育大面积的风成沉积。

综上所述，物源区的控制因素有母岩区的岩性特征、地貌、气候（风、降雨、蒸发等）、植被类型和覆盖率、水系等。

3. 湖盆

"湖盆"一词包含着两层含义：湖盆地貌和湖盆演化。湖盆地貌可分为山地地貌和湖底地貌。山地地貌影响着水系分布和区域风场，湖底地貌控制着湖流的传播方向。

湖盆的主断裂构造方向为北北西—北西—北西西，导致山地走向为北西—南东。故湖区河流的上游多为北西—南东走向（除倒淌河和黑马河）。西北高、东南低的湖盆地势决定着河流的坡降程度。布哈河从上游到下游的坡降较大，有利于布哈河的下切作用。哈尔盖河、甘子河、倒淌河流域的坡降较小，导致河流下切能力较小，河谷形态不明显。由于布哈河和沙柳河流域的地形高差比哈尔盖河、甘子河和倒淌河流域的地形高差大，河口距离物源区远，搬运距离长，使得前者有更多的细粒级沉积物被卸载在泛滥平原和三角洲平原上。

青海湖的湖流输送物质特征，表现为三个顺时针方向的输运方向和湖湾以及河流等次级逆时针输运方向。这与湖底三个拗陷的地貌特征相吻合。此外，构造运动所形成的北缓南陡的湖底地貌特征导致南部滨岸沉积物粗于北部滨岸沉积物。

湖盆地貌是沉积背景与构造活动综合作用的结果。构造活动对盆地地貌的作用起到了以下三点的作用：①决定着携带沉积物的河流和汇水盆地的地形高差，从而决定了流体的流量和流速；②决定着物源的丰富程度；③决定着湖底沉积物的平面分布特征。

湖盆演化影响着纵向上时间尺度的沉积变化。就现代沉积物而言，可理解为湖平面的升降造成可容纳空间发生变化，进而影响沉积物的沉积样式。当可容纳空间增长速率大于物源供给速率时，刚察冲积扇向湖推进形成刚察扇三角洲；当可容纳空间增长速率与物源供给速率相近时，刚察扇三角洲停止发育；当可容纳空间增长速率小于物源供给速率时，已经废弃的刚察扇三角洲被沙柳河切割转变成向湖湾推进的沙柳河三角洲。

3.3.3　风场-物源-盆地系统模式的应用

上述论述可见各种控制因素对青海湖现代沉积体系并非单独起作用，青海湖现代沉积体系是"风（风场）-源（物源）-盆（湖盆地貌/盆地演化）"系统综合作用下的产物。物源是风场-物源-盆地系统的物质基础。风是风场-物源-盆地系统中重要的动力因素。风作用于湖泊形成的波浪和沿岸流控制着砂体的分布格局；风作用于滨岸相长期出露水面的地带，可形成大面积的风沙堆积。湖盆地貌影响着河流的搬运距离和湖流的环流方向；盆地演化过程中湖平面的升降影响着可容纳空间的变化，从而影响沉积物的沉积样式。

前文所述的风场-物源-盆地系统中的七个子系统在青海湖现代沉积体系中具有体现：①风控系统，湖东沙区和浪玛舍岗沙区靠近山前地带普遍具有明显的风蚀地貌，属于风控系统；②源控系统，河流的集水段流经众多山脉的剥蚀区，以物源作用为主，属于源控系统；③盆控系统，湖泊沉积体系的半深湖-深湖区以及钙华发育区域，以盆地自身的地质营力为主，属于盆控系统；④风场-物源系统，湖东团保山/达坂山的山前风成沙丘、布哈河三角洲平原的风成沙丘以及浪玛舍岗沙区的风成沙丘和风成黄土，以风的作用及其伴随的气候条件与物源的供给为主导因素，属于风场-物源系统；⑤风场-盆地系统，分布在湖东浅湖地带的鲕状砂和沙丘间的膏盐层，以风及其伴随的气候条件与盆地作用为主导，无物源供给，属于风场-盆地系统；⑥物源-盆地系统，广泛存在于从物源区到沉积区的地表动力过程，不考虑风场及其伴随的气候条件下，包括冲积扇、河流、扇三角洲、三角洲等；⑦风场-物源-盆地系统，主要集中在青海湖除了受物源影响的滨浅湖地区，包括障壁滨岸（障壁岛、喇叭状河口）、湖滩、滨浅湖沉积等，受到风场、物源和盆地的共同作用。

物源-盆地系统和风场-物源-盆地系统是青海湖现代沉积体系的主要控制系统。在研究过程中发现，受控于风场-物源-盆地系统的青海湖现代沉积体系西岸和东岸存在着明显的差异性。

青海湖西岸的三条源-汇沉积体系（青海南山-冲积扇-扇三角洲/滨岸沉积体系、布哈河-三角洲沉积体系和大通山-冲积扇-扇三角洲-辫状河-曲流河三角洲沉积体系）具有以下共性：①物源供给相对较强，水系较为发育，河流的径流量较大；②河流注入青海湖多形成建设性三角洲（黑马河东南侧的扇三角洲、刚察扇三角洲、布哈河三角洲和沙柳河三角洲）；③无论是现代滨岸相还是古滨岸相均以湖滩沉积为主，说明水动力作用较弱；④西岸较陡的地貌导致携带沉积物的河流和湖盆之间有较大的地形高差，导致流体的流量和流速较大，有利于沉积物向湖推进；⑤气候相对较湿润，降水量较大，植物发育较好；⑥三个源-汇沉积体系均地处青海湖盛行风（西北风和北风的）的背风侧（北缘—西北缘—西缘—西南缘），受到风生浪和沿岸流的作用较弱。

青海湖东岸的三条源-汇沉积体系（哈尔盖河/甘子河-有障壁滨岸沉积体系、团保山/达坂山-冲积扇/滨岸-风成沉积体系和日月山/野牛山-倒淌河-有障壁滨岸沉积体系）具有以下共性：①物源供给相对较弱，水系不太发育，河流的径流量较小且经常干涸，甚至在沙丘地带无河流发育；②具有障壁滨岸相的沉积特征，表现为哈尔盖河北侧支流河口发育障壁坝、哈尔盖河南侧支流河口发育喇叭状河口、甘子河的河口区发育障壁岛-水道-潟湖、海晏湾的障壁岛、分割耳海与青海湖的第Ⅲ道障壁岛、一郎剑和二郎剑沙嘴、耳海和尕海以及沙岛湖等潟湖；③湖盆面积约 1/5 的湖东风成沙堆积在团保山和达坂山前；④东岸较缓的地貌导致河流和湖盆之间地形高差较小，不利于沉积物向湖推进；⑤气候相对较干燥，降水量较少，植物发育较差；⑥三个源-汇沉积体系均地处青海湖盛行风（西北风和北风）的迎风侧（东北缘—东缘—东南缘—南缘），长期受到强烈的风生浪和沿岸流作用。

结合前文分析，发现青海湖现代沉积体系的形成与展布除了受源-汇体系控制，还与风向和风力有关。东岸的源-汇沉积体系多为弱物源供给且处于迎风侧，西岸的源-汇沉积体系多为强物源供给且为背风侧。因此，青海湖风场-物源-盆地系统可分为强物源背风体系和弱物源迎风体系。

青海湖西岸的强物源背风体系沉积模式（图 3-108）：布哈河的上游支流汇聚形成集水段后，以辫状河的形式向下游推进，进入平原地带逐渐变成曲流河。随着坡度的进一步变缓，三角洲平原的分流

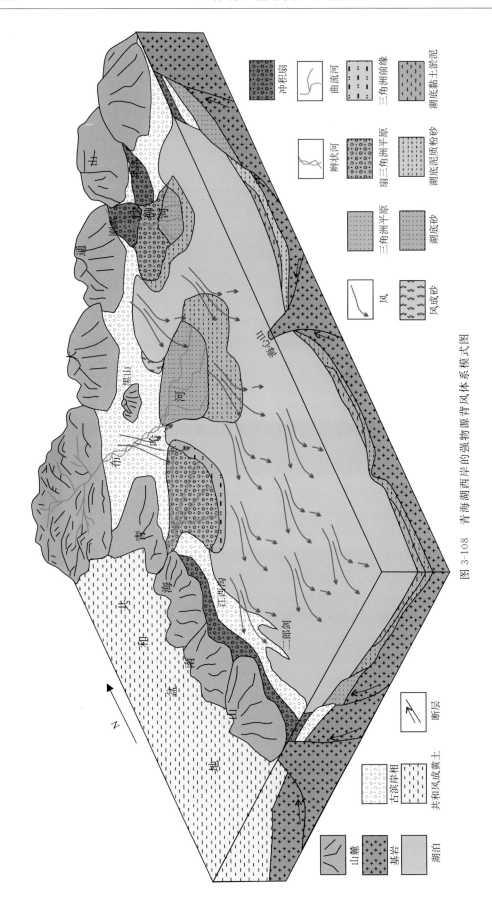

图 3-108　青海湖西岸的强物源背风体系模式图

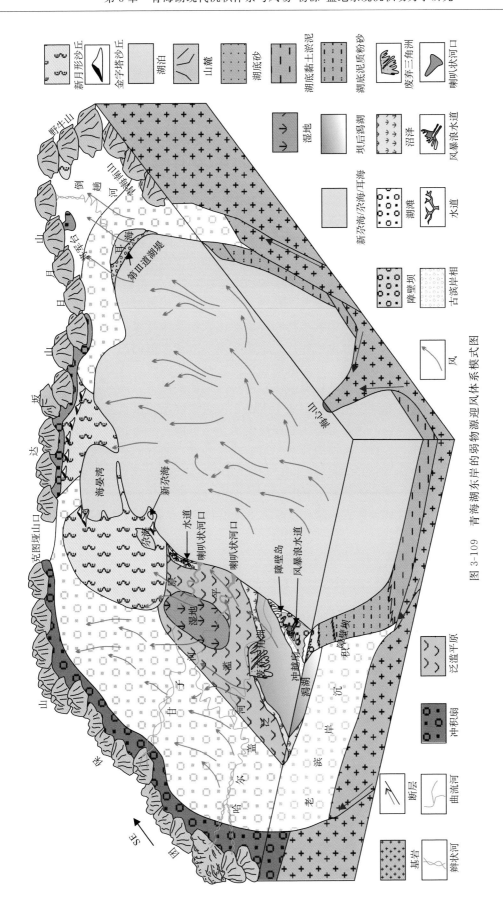

图 3-109 青海湖东岸的弱物源迎风体系模式图

河道进一步分叉和摆动，形成大面积的三角洲平原。在 20 世纪 70 年代，布哈河流经黑山山前，向青海湖北部拗陷注入。但由于近 20 年的布哈河的改道，目前布哈河三角洲前缘推进方向为向青海湖南部拗陷推进。位于黑山前的布哈河三角洲平原已经被废弃，形成大面积的风成沙丘和沿岸沙坝。布哈河三角洲具有明显的大平原小前缘的特征。河口坝和席状砂的分布地带较窄。以粉砂质沉积为主的三角洲前缘斜坡一直延伸至半深湖-深湖区。青海湖北岸地形相对较平坦，大通山一带降水量相对较多，水系较发育，山口处发育多个冲积扇。以砂砾质沉积为主的刚察冲积扇和以泥石流沉积为主的果洛冲积扇向湖方向逐渐过渡为以砂泥质沉积为主的刚察扇三角洲。扇三角洲距离物源区较远，沉积物的搬运距离较大，颗粒的分选和磨圆较好。现今的沙柳河重新切割老的扇三角洲形成现今的沙柳河曲流河三角洲。

青海湖东岸的弱物源迎风体系沉积模式（图 3-109）：来自达坂山的哈尔盖河和甘子河以辫状河向下游推进，进入平原地带时转变成呈 "L" 型的曲流河。哈尔盖河北侧支流的流量相对较大，携带的泥沙沉积物相对较多，多发育边滩。在盛行西北风产生的波浪和沿岸流的作用下，河流所携带的沉积物和滨岸沉积物被搬运和改造，形成一个狭长的障壁岛。障壁岛阻碍了三角洲向青海湖的进一步延伸，导致哈尔盖河北侧支流所产生的三角洲仅仅发育三角洲平原部分。在风暴浪的作用下，风暴浪侵蚀障壁岛顶部形成冲溢沟和冲越扇，大量的早期滨岸相的砾砂质沉积物被搬运至坝后潟湖中。风暴浪导致湖水越过障壁岛后溯河而上。风壅水与河流共同作用于哈尔盖河南侧支流的河口，导致其形成呈不对称形态的喇叭状河口。在风壅水的作用下，甘子河河口区除了喇叭状河口，还形成障壁坝-水道-潟湖沉积。周期性的风壅水作用将潟湖的细粒沉积物搬运至障壁坝前的滨岸带。风对青海湖东岸的山麓地带和湖滨地带的长期吹蚀、搬运和堆积作用，形成了大面积的风成沙堆积区。在盛行西北风、山谷风和湖陆风的共同作用下，在多风向的风力交汇区形成高大的金字塔沙丘。西北风产生的波浪和沿岸流作用于沙岛和海晏湾的滨岸带，导致滨浅湖的沙堆积形成沿岸沙坝。随着湖平面的下降，沿岸沙坝出露水面，并逐渐闭合形成障壁岛-潟湖沉积。日月山和野牛山的隆起，导致倒淌河的倒流和将军台冲积扇的形成。随着气候的暖干化，倒淌河的流量日趋减少，湖水位下降。在湖平面下降和盛行西北风产生的波浪及沿岸流的作用下，形成分割青海湖和耳海的第Ⅲ道湖堤，从而构成障壁岛-潟湖沉积。由此不难看出，在长期受到西北风和北风产生的波浪和沿岸流作用的青海湖东北岸—东岸—东南岸一带均发育障壁岛-潟湖沉积。

3.4　研　究　意　义

目前，中国东部古近纪和新近纪的陆相断陷湖盆已经进入油气勘探的中后期，寻找岩性油气藏是主要的勘探目标。寻找岩性油气藏的关键是确定有利的烃源岩和储层。本书所涉及的源-汇沉积体系和风场-物源-盆地系统为东部古近纪和新近纪的陆相断陷湖盆的油气勘探提供了理论依据。

3.4.1　盆控体系控油源

古近系的东营凹陷是一个典型的陆相断陷湖盆。东营凹陷沙河街组的湖相泥岩是东营凹陷最为重要的烃源岩。对比青海湖湖底泥和沙河街组烃源岩的 TOC、干酪根类型、生物标志化合物等参数（表 3-6），有利于增加对陆相断陷湖盆烃源岩的认识。通过对比发现，东营凹陷沙四上亚段、沙三下亚段和青海湖湖底沉积物在沉积环境、水体环境和有机质来源方面相差甚远，东营凹陷沙三中亚段的相关参数基本一致，说明东营凹陷沙三中亚段的形成环境应类似于现今的青海湖形成环境（均为平衡充填深湖）。青海湖底沉积物的氯仿沥青 "A"、主峰碳数、Pr/Ph 均高于东营凹陷沙三段，说明未成熟有机质具有高氯仿沥青 "A"、高主峰碳数和高 Pr/Ph 的特征。这种特征可作为分析有机质成熟度的参考标准。

此外，通过垂向上分析青 4 孔和青 5 孔的 TOC 和还原层厚度，发现随着深度的增加，还原性增强，TOC 从大于 2.0% 降至 0.4% （中国科学院兰州地质研究所等，1979）。这种 TOC 的降低是早成岩作用造成有机质的分解所导致。前人（中国科学院兰州地质研究所等，1979）通过对六口钻孔的微生物分析、生物化学分析及脂肪酸发酵实验，结合地球化学数据，发现有机质的堆积与原始沉积环境及微生物的活动有着密切的关系；微生物在沉积层的还原环境下起着产氢、转氢、脱氧、脱氮等作用，促进有机质向石油方向转化；微生物的活动使沉积层中产生 FeS 及碳酸根，相互作用产生 FeS_2，更有利于有机质的保存；微生物的活动生成的 CO_2，促进碳酸盐的沉淀与溶解，促进成岩作用并使地层封闭，有利于有机质的保存。

表 3-6　东营凹陷沙河街组烃源岩和青海湖湖底泥的特征对比表（部分数据引自朱光有等，2004；李善营等，2006a，b）

盆地位置	东营凹陷	东营凹陷	东营凹陷	青海湖
分布组段	沙四上亚段	沙三下亚段	沙三中亚段	
沉积环境	浅湖-半深湖	深湖	半深湖、三角洲	半深湖
水体环境	咸水-盐湖	半咸水	淡水	半咸水
TOC	0.6%～8.2%，平均为 2%，多数大于 2%	1.5%～19%，平均为 2.5%	多数在 1.0% 左右	1.22%～1.61%，平均为 1.41%
氯仿沥青 "A"	0.3%～2.3%，平均为 0.48%	0.3%～2.3%，平均为 0.48%	小于 0.2%，平均为 0.08%	0.043%～0.11%，平均为 0.06%
干酪根	I 型和 II 型	II_1 型为主	II_2 型和 III 型	
有机质来源	水生生物	水生生物和陆源高等植物	陆源高等植物	陆源高等植物和湖中菌藻
主峰碳	nC_{16}、nC_{18}	nC_{16}、nC_{17} 或 nC_{27}	nC_{27} 或 nC_{29}	nC_{29}
Pr/ph	小于 0.6	0.6～1.6	0.22～0.57	1.19～1.60

因此，不难看出优质烃源岩的形成与盆地内部的作用有关，包括自然悬浮作用、生物作用及化学作用，尤其是微生物的活动有利于有机质的保存。研究古代陆相断陷湖盆细粒沉积物中微生物、细粒物质和有机质之间的关系，有利于分析盆控体系的控制因素。

3.4.2　风场-物源-盆地系统控制砂体分布

弱物源迎风体系的物源供给较弱，受到风力作用较强，故普遍发育障壁岛和风成沙丘。障壁岛砂体长期受波浪的淘洗，分选较好。风成沙丘由于长期受到风的侵蚀、搬运和堆积，砂颗粒具有较好的分选和磨圆。二者在横向上与半深湖-深湖区的细粒沉积物相连，是潜在的优质储集体。

强物源背风体系的物源供给较强，受到风力作用较弱，故普遍发育三角洲相和扇三角洲相。发育在陡坡带的扇三角洲具有粒度粗和厚度大的特点。扇三角洲前缘的砂粒长期受到波浪的搬运和淘洗，分选和磨圆较好，具有良好的油气储集条件。湖盆长轴方向的三角洲由于搬运距离较远，物源供给充足，受波浪和沿岸流的改造作用较弱，向湖盆拗陷中心延伸距离远。三角洲前缘河口坝和席状砂，由于砂质粒度适中，故具有良好的储油性能。三角洲前缘的河口坝和席状砂与富含有机质的细粒沉积物相邻，可构成有利的生储组合。湖平面升降所造成的三角洲的进退，使得三角洲的沼泽沉积和前三角洲泥可与生油层和储油层构成良好的生储盖组合。

因此，加强对沉积盆地周缘物源区岩性特征、构造作用控制下的湖盆古地貌和古风场的研究，有助于预测陆相断陷湖盆中砂体的有利区。基于青海湖现代沉积体系研究所建立的风场-物源-盆地系统，对中国东部古近纪陆相断陷湖盆的精细化油气勘探有着重要的指导意义。

参 考 文 献

安芷生，王平，沈吉，等.2006.青海湖湖底构造及沉积物分布的地球物理勘探研究.中国科学（D辑），36（4）：332-341.

边千韬，刘嘉麒，罗小全，等.2000.青海湖的地质构造背景及形成演化.地震地质，22（1）：20-26.

陈景山，唐青松，代宗仰，等.2007.特征不同的两种扇三角洲相识别与对比.西南石油大学学报，29（4）：1-6.

陈克造，黄第藩，梁狄刚.1964.青海湖的形成和发展.地理学报，30（3）：214-233.

陈亮，陈克龙，刘宝康，等.2011.近50a青海湖流域气候变化特征分析.干旱气象，29（4）：483-486.

龚政，吴驰华，伊海生，等.2015.滇西思茅盆地景谷地区曼岗组石英颗粒表面特征及其指示意义.地质学报，89（11）：2053-2061.

顾延生，张旺盛，朱云海，等.2003.祁连山东南缘基于RGMAP的数字化地貌研究.地球科学——中国地质大学学报，28（4）：395-400.

韩元红，李小燕，王琪，等.2015.青海湖水动力特征对滨湖沉积体系的控制.沉积学报，33（1）：97-104.

季汉成，赵澄林，谢庆宾.2004.现代沉积.北京：石油工业出版社.

江新胜，徐金沙，潘忠习.2003.鄂尔多斯盆地白垩纪沙漠石英沙颗粒表面特征.沉积学报，21（3）：416-422.

江卓斐，伍皓，崔晓庄，等.2013.四川盆地古近纪古风向恢复与大气环流样式重建.地质通报，32（5）：734-741.

姜在兴.2003.沉积学.北京：石油工业出版社.

姜在兴.2010a.沉积学.北京：石油工业出版社.

姜在兴.2010b.沉积体系及层序地层学研究现状及发展趋势.石油与天然气地质，31（5）：535-541.

姜在兴，梁超，吴靖，等.2013.含油气细粒沉积岩研究的几个问题.石油学报，34（6）：1031-1039.

姜在兴，王俊辉，张元福.2015.滩坝沉积研究进展综述.古地理学报，17（4）：427-440.

金振奎，李燕，高白水，等.2014.现代缓坡三角洲沉积模式——以鄱阳湖赣江三角洲为例.沉积学报，32（4）：710-723.

李成秀，李小雁，杨太保，等.2013.青海湖流域沙柳河草甸群落结构与数量特征.干旱区研究，30（6）：1028-1035.

李凤霞，伏洋，杨琼，等.2008.环青海湖地区气候变化及其环境效应.资源科学，30（3）：348-353.

李林，王振宇，秦宁生，等.2002.环青海湖地区气候变化及其对荒漠化的影响.高原气象，21（1）：59-65.

李林，朱西德，王振宇，等.2005.近42a来青海湖水位变化的影响因子及其趋势预测.中国沙漠，25（2）：689-696.

李善营，于炳松，Dong H L，等.2006a.青海湖底沉积物的矿物物相及有机质保存研究.岩石矿物学杂志，25（6）：493-498.

李善营，于炳松，Dong H L.2006b.青海湖湖底沉积物中的有机质.石油实验地质，28（4）：375-379.

李岳坦，李小雁，崔步礼，等.2010.青海湖流域50年来（1956～2007年）河川径流量变化趋势——以布哈河和沙柳河为例.湖泊科学，22（5）：757-766.

林畅松，夏庆龙，施和生，等.2015.地貌演化、源-汇过程与盆地分析.地学前缘，22（1）：9-20.

刘瑞霞，刘玉洁.2008.近20年青海湖湖水面积变化遥感.湖泊科学，20（1）：135-138.

孟庆伟.2007.青藏高原特大型湖泊遥感分析及其环境意义.北京：中国地质科学院硕士学位论文.

潘保田，高红山，李炳元，等.2004.青藏高原层状地貌与高原隆升.第四纪研究，24（1）：51-57.

青海省地质矿产局.1991.青海省区域地质志.北京：地质出版社.

申红艳，余锦华.2007.环青海湖地区风的气候变化特征分析.青海环境，17（4）：170-172.

师永民，董普，张玉广，等.2008.青海湖现代沉积对岩性油气藏精细勘探的启示.天然气工业，28（1）：54-57.

师永民，王新民，宋春晖.1996.青海湖湖区风成沙堆积.沉积学报，14（S1）：234-238.

石良，金振奎，李桂仔，等.2014.内蒙古岱海现代辫状河三角洲沉积特征及沉积模式.天然气工业，34（9）：33-39.

时兴合，李林，汪青春，等.2005.环青海湖地区气候变化及其对湖泊水位的影响.气象科技，33（1）：58-62.

宋春晖，王新民，师永民，等.1999.青海湖现代滨岸沉积微相及其特征.沉积学报，17（1）：51-57.

宋春晖，方小敏，师永民，等.2000.青海湖西岸风成沙丘特征及成因.中国沙漠，20（4）：443-446.

宋春晖，方小敏，师永民，等.2001.青海湖现代三角洲沉积特征及形成控制因素.兰州大学学报（自然科学版），37（3）：112-120.

孙健初.1938.青海湖.地质论评，3（5）：122-134.

王培俭，王增寿. 1980. 青海"中吾农山群"及其有关几个问题的讨论. 青海地质，(3)：1-15.

王苏民，施雅风. 1992. 晚第四纪青海湖演化研究析视与讨论. 湖泊科学，4 (3)：1-9.

王新民，宋春晖，师永民，等. 1997. 青海湖现代沉积环境与沉积相特征. 沉积学报，15 (S1)：157-162.

王艳姣，周晓兰，倪绍祥，等. 2003. 近 40a 来青海湖地区的气候变化分析. 南京气象学院学报，26 (2)：228-235.

吴冬，朱筱敏，刘常妮，等. 2015. "源-汇"体系主导下的断陷湖盆陡坡带扇三角洲发育模式探讨：以苏丹 Muglad 盆地 Fula 凹陷为例. 高校地质学报，21 (4)：653-663.

谢裕江，刘高，李高勇. 2012. 甘肃兰州黄河北岸疏松砂岩成因. 现代地质，26 (4)：705-711.

徐长贵. 2013. 陆相断陷盆地源-汇时空耦合控砂原理：基本思想、概念体系及控砂模式. 中国海上油气，25 (4)：1-21.

徐海，刘晓燕，安芷生，等. 2010. 青海湖现代沉积速率空间分布及沉积通量初步研究. 科学通报，55 (4-5)：384-390.

许何也，李小雁，孙永亮. 2007. 近 47a 来青海湖流域气候变化分析. 干旱气象，25 (2)：50-54.

严德行，朱宝文，谢启玉，等. 2011. 环青海湖地区气温变化特征. 气象科技，39 (1)：35-37.

杨惠秋，江德昕. 1965. 青海湖盆地第四纪孢粉组合及其意义. 地理学报，31 (4)：321-335.

杨逸畴，洪笑天. 1994. 关于金字塔沙丘成因的探讨. 地理研究，13 (1)：94-99.

姚正毅，李晓英，肖建华. 2015. 青海湖滨土地沙漠化驱动机制. 中国沙漠，35 (6)：1429-1437.

袁宝印，陈克造，Bowler J M，等. 1990. 青海湖的形成与演化趋势. 第四纪研究，(3)：233-243.

袁桃，吴驰华，伊海生，等. 2015. 云南思茅盆地景谷地区下白垩统曼岗组风成砂岩沉积学特征及其古气候意义. 地质学报，89 (11)：2062-2074.

张飞. 2009. 青海湖和岱海流域水化学特征及现代化学风化作用. 南京：南京农业大学硕士学位论文.

张娟. 2012. 基于遥感和 GIS 的布哈河流域土壤侵蚀研究. 西宁：青海师范大学硕士学位论文.

张焜，孙延贵，巨生成，等. 2010. 青海湖由外流湖转变为内陆湖的新构造过程. 国土资源遥感，(S1)：77-81.

张彭熹，张保珍，杨文博. 1988. 青海湖冰后期水体环境的演化. 沉积学报，6 (2)：1-14.

中国科学院兰州地质研究所，中国科学院水生生物研究所，中国科学院微生物研究所，等. 1979. 青海湖综合考察报告. 北京：科学出版社.

中国科学院兰州分院，中国科学院西部资源环境研究中心. 1994. 青海湖近代环境的演化和预测. 北京：科学出版社.

朱光有，金强，张水昌，等. 2004. 东营凹陷沙河街组烃源岩的组合特征. 地质学报，78 (3)：416-427.

Anthony E J，Julian M. 1993. Source-to-sink sediment transfers, environmental engineering and harazad mitigation in the steep Var River catchment, French Riviera, southeastern France. Geomorphology，31 (1)：337-354.

Moore G T. 1969. Interaction of rivers and oceans：Pleistocene petroleum potential. AAPG Bulletin，53 (12)：2421-2430.

Moreno C，Romero Segura M J. 1997. The development of small-scale sandy alluvial fans at the base of a modern coastal cliff：Process, observations and implications. Geomorphology，18 (2)：101-118.

Somme T O，Jackson C A L. 2013. Source-to-sink analysis of ancient sedimentary systems using a subsurface case study from the Mor-Trondelag area of southern Norway：Part 2-sediment dispersal and forcing mechanisms. Basin Research，25 (5)：512-531.

Somme T O，Helland-Hansen W，Martunsen O J，et al. 2009. Relationships between morphological and sedimentological parameters in source-to-sink systems：A basis for predicting semi-quantitative characteristics in subsurface system. Basin Research，21 (4)：361-287.

Somme T O，Jackson C A L，Vaksdal M. 2013. Source-to-sink analysis of ancient sedimentary systems using a subsurface case study from the Mor-Trondelag area of southern Norway：Part 1-despositional setting and fan evolution. Basin Research，25 (5)：489-511.

第4章 东营凹陷古近系沉积体系
与风场-物源-盆地系统沉积动力学研究

4.1 东营凹陷地质概况

东营凹陷属于渤海湾盆地济阳拗陷中的一个中、新生代含油气盆地。历经几十年的油气勘探，它的年代地层（陈道公和彭子成，1985；潘元林等，2003）、构造演化（Allen et al.，1997；Hu et al.，2001；林畅松等，2005；Feng et al.，2013）、古地理演化（Feng et al.，2013）等得到了极大程度的研究，留下了丰富的科研资料。大量的钻井资料（图4-1）为本研究的开展提供了方便。

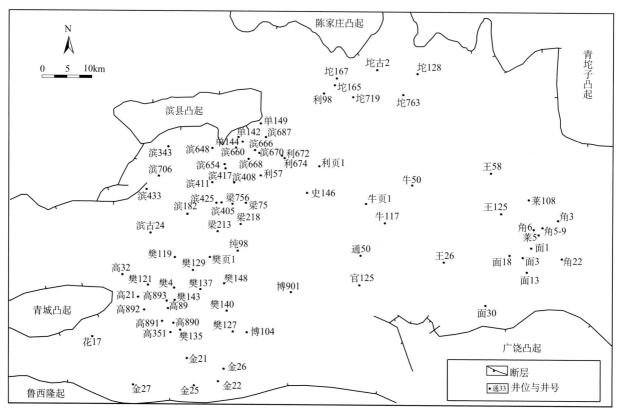

图 4-1　东营凹陷部分钻井井位图

4.1.1 构造背景

东营凹陷是一个中、新生代张扭型半地堑盆地，位于渤海湾盆地济阳拗陷东隅，呈 NEE 走向，东西长约 90 km，南北宽约 65 km，面积约 5700 km²。四周以隆起或凸起为边界，北靠滨县、陈家庄两凸起，南靠鲁西隆起、广饶凸起，西以青城凸起、林樊家构造为界，东与青东凹陷沟通，是一个北断南超、北陡南缓的不对称箕状盆地（图4-2）。东营凹陷内部进一步分为四个负向地貌单元：博兴洼陷、利津洼陷、民丰洼陷、牛庄洼陷，由纯化-草桥断裂鼻状构造带、中央断裂背斜带分割（冯有良等，2006）。受断裂控制，凹陷还包含高青断裂带、平方王潜山披覆构造带、纯化-草桥鼻状构造带、金家鼻状构造带、陈官庄-王家断裂构造带、八面河鼻状构造带等几个主要正向构造带（图4-2）。

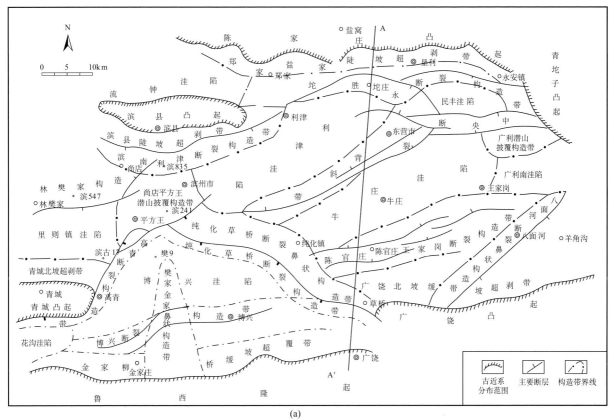

(a)

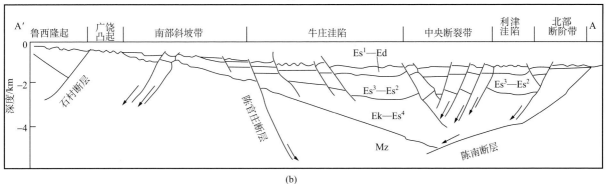

(b)

图 4-2　东营凹陷区域构造纲要图（a）（李国斌，2009）与南北向地质剖面图（b）（吴靖，2015）

地层符号参考 4.2 部分

4.1.2　地层层序

东营凹陷地层（表 4-1）由下向上依次发育古生界（Pz）、中生界（Mz）、古近系（E）、新近系（N）和第四系（Q，平原组）。古近系由下向上可分为孔店组（Ek）、沙河街组（Es）、东营组（Ed）；新近系由下向上分为馆陶组（Ng）和明化镇组（Nm）。沙河街组由下向上又分为沙四段（Es⁴）、沙三段（Es³）、沙二段（Es²）和沙一段（Es¹）。

东营凹陷古近系和新近系（E＋N）形成时期，地层之间有过五次较大规模的沉积间断，从而形成了五个不整合面，分别在中生界（Mz）与孔店组之间、孔店组与沙四段之间、沙四段与沙三段之间、沙二段与沙一段之间及东营组与馆陶组之间。其中以馆陶组和其下伏地层之间的不整合面分布最为广泛，几乎可全区追踪。

东营凹陷古近纪发育了较为完整的地层，最大厚度达 8000m，是该凹陷最主要的生油、含油层系（冯有良等，2006）。根据已有的钻井资料统计，对东营凹陷古近系区域地层特征总结，见表 4-1。本章研究的目的层位为沙四上亚段。

表 4-1 东营凹陷地层发育简表（李国斌，2009）

界	系	统	组	段	亚段	岩性	与下伏地层接触关系	厚度/m
新生界	第四系	全新统	平原组			浅黄色砂质黏土夹土黄色细砂岩	不整合	300～350
	新近系	上新统	明化镇组			棕黄色、棕红色泥岩夹疏松砂岩	假整合	700～760
		中新统	馆陶组			浅棕色-棕黄色泥岩夹粉砂岩、细砂岩	不整合	250～300
	古近系	渐新统	东营组			紫红色、棕红色泥岩及大套块状砂岩	假整合	410～510
		始新统	沙河街组	一段		灰色、灰绿色泥岩夹薄层白云岩、生物灰岩及薄层砂岩	假整合	120～195
				二段		深灰色泥岩及浅灰色粉、细砂岩	假整合	160～230
				三段		深灰色泥岩及褐色油页岩	假整合	220～380
				四段	沙四上	灰色、灰绿色泥岩与粉砂岩、泥灰岩、假鲕粒灰岩、灰质页岩等薄互层	假整合	80～130
					沙四下	蓝灰色泥岩夹薄层石膏层、红色泥岩与粉砂岩互层	假整合	未穿
			孔店组			上部为浅灰色、棕红色粉砂岩与紫红色泥岩互层；下部为浅灰色、棕红色块状砂岩	不整合	未穿少量可见

4.1.3 构造演化特征

东营凹陷的构造演化分为三个阶段（图 4-3）：第一阶段为古近纪裂陷阶段；第二阶段为新近纪馆陶组裂后拗陷阶段；第三阶段为新近纪明化镇组到第四系构造活化阶段。第一阶段裂陷期和第二阶段裂后拗陷期构成了一个盆地级别的构造沉降旋回，从沉降速率可划分为初始断陷期、强烈断陷期、断陷晚期和拗陷期四个期次；由构造沉降速率为零到快速跳跃增加到最高速，到后来的跳跃性减少，一直到进入休眠停滞期。

中国东部规模较大的中、新生代裂谷或断陷盆地的裂陷过程具有幕式的特点（林畅松等，2005）。在东营凹陷古近纪裂陷阶段，构造沉降同样具有突发性和间歇性的特点，造成基底沉降速率的幕式性变化，可划分出四个裂陷幕：早期初始裂陷幕（裂陷Ⅰ幕）；晚期初始裂陷幕（裂陷Ⅱ幕）；裂陷伸展幕（裂陷Ⅲ幕）；裂陷收敛幕（裂陷Ⅳ幕）。由构造运动造成的断层、凹陷、地层发育充填情况分析有以下几个方面。

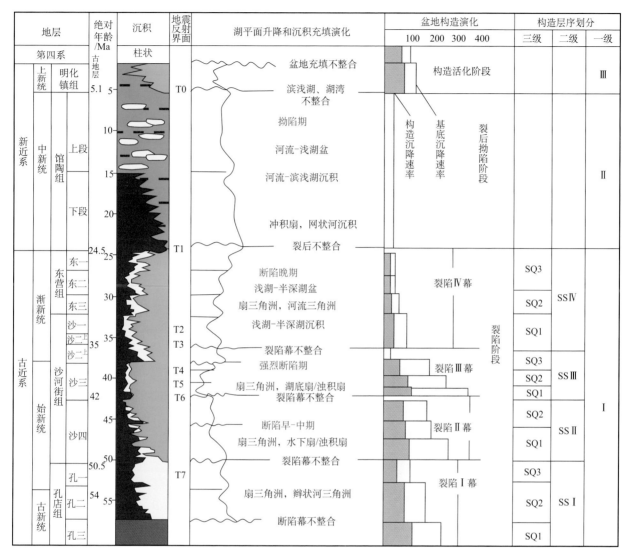

图4-3　济阳拗陷新生代构造演化及层序划分（林畅松等，2005，有修改）

1. 早期初始裂陷幕

该时期是济阳拗陷断陷早期，相当于孔店组（Ek），对应于裂陷Ⅰ幕。此时东营凹陷表现为伸展半地堑，北西西向断层强烈活动，造成本地区强烈下陷，发育了浅湖沼泽（Ek^1）到干旱气候条件下的极浅湖紫红色泥岩及砂岩沉积建造，局部见盐岩、石膏，伴有亚碱性拉斑玄武岩喷发。

2. 晚期初始裂陷幕

该时期相当于沙四段（Es^4），北西西向断层仍然活动控制沙四段地层的沉积，该幕处于极为干旱气候向潮湿气候的转变期，早期（Es^{4x}）发育了以红色泥岩、灰色泥岩与砂岩互层夹盐岩石膏为主的沉积，晚期沙四上亚段，发育了一套浅湖-半深湖相的生物灰岩、浅湖滩坝及油页岩沉积。伴有亚碱性石英拉斑玄武岩喷发。目的层位沙四上亚段正是处于该构造演化阶段。

早期初始裂陷幕和晚期初始裂陷幕的发育均受控于由北东—南南东向拉张应力作用产生的北西西向断裂的控制，除凹陷北界的主控断层强烈发育外，凹陷内部也发育一系列较大规模的、控沉积作用断层，从而造成同一凹陷内多个沉降中心出现。

3. 裂陷伸展幕

该时期相当于沙三段至沙二下亚段（Es^3—Es^{2x}），此时区域性构造应力场发生转变，北西西-南东东向伸展应力占优势，伸展裂陷作用强烈，除先期断层继承性活动外，会产生一系列新的正断层，它们具有同沉积特征，是济阳拗陷强烈断陷期。北东向、北东东向断层活动频繁，并控制地层的展布。由于凹陷的沉降量不同，出现多个沉降中心。此时发育了潮湿温暖气候环境下的以深湖油页岩、泥岩、浊积扇及三角洲-河流为主的沉积，伴有多次橄榄拉斑玄武岩、橄榄玄武岩的喷发。

4. 裂陷收敛幕

该时期相当于沙二上亚段至东营组（Es^{2s}—Ed），为济阳拗陷断陷阶段晚期，此时断裂活动减弱。受断层影响，沉降中心多且远离边界主控断层。后期由于新产生断层的切割作用使断块活动复杂化，出现抬升并遭受剥蚀。早期发育了一套以辫状河平原广泛分布的浅湖为主的沉积，晚期发育了一套以冲积扇为主的沉积。伴有大规模发育的碱性到强碱性玄武岩及碱性超基性岩。

此后该凹陷与渤海湾盆地一起整体沉降进入裂后充填期。在新近纪埋深加大，为济阳拗陷的拗陷阶段，断层活动基本处于休眠停滞期，地壳发生均衡调节作用，出现盆地整体下陷，下降幅度南部小北部大。裂后拗陷阶段（Ng）发育了一套在渤海湾盆地分布较为稳定的以细砾岩、含砾砂岩夹灰绿色、紫红色泥岩及砂岩夹灰绿色、紫红色泥岩为主的辫状河、曲流河为主的沉积，伴有强碱性玄武岩碧玄武的沉积。构造活化阶段（Nm）发育了一套以冲积相夹海泛层的沉积（冯有良等，2006）。

4.2　东营凹陷沙四上亚段层序地层划分方案

4.2.1　各级层序界面的识别

在古近系构造层序内，据构造幕、气候二级旋回和物源供给因素导致的沉积基准面二级升降旋回而产生的不整合及其与之对应的界面，可划分出四个层序组，即 SSⅠ、SSⅡ、SSⅢ、SSⅣ。其中，SSⅡ层序组由中下始新统沙四段组成，在该层序组内，据其内发育的三级层序界面划分为两个三级层序，即层序 1（SQ1）和层序 2（SQ2），它们分别相当于岩石-生物地层单元中的沙四下亚段（Es^{4x}）和沙四上亚段（Es^{4s}）。

在对东营凹陷沙四上亚段进行高精度层序划分时遵循以下几条原则（朱筱敏等，2003）：①最大间断原则，即层序内部不应存在比层序界面更为重要或显著的沉积间断面；②等时性原则，各级层序都应为同期沉积产物，它们一般与相应的构造沉降互相联系；③统一性原则，层序的级别和类型应在一定的范围内统一；④一致性原则，根据不同资料划分的层序边界是一致的，能相互验证。

1. 层序界面识别

层序界面对应于沉积间断面或不整合面及其与之相对应的整合面，上下界面地层沉积环境出现明显的差异。层序界面的识别主要依据以下几种方法。

1）地震反射标志

在地震地层学上，地震反射界面反映的是地层沉积表面的年代地层界面。地层不同形式的尖灭在地震资料上对应于不同的地震同相轴反射终止类型。用地震资料进行层序地层学的分析正是利用了地震反射终止类型来识别层序、体系域等地层单元界面。

地震反射界面根据上下同相轴的反射终止关系，分为整一界面和不整一界面。其中，不整一界面上下的地震反射同相轴与界面之间，一般存在较为明显的角度不整合接触，反映界面为不整合面或沉积间断面，因此，该类界面可进行层序界面识别与划分。不整一界面依据形态特征分为削截、顶超、上超和下超。

在地震反射剖面上，在近盆地边缘处，层序界面附近地震反射具有削截和上超的特征，如在滨634井附近（图4-4），层序底界面（T7′）表现为界面之下地震反射波的削截，层序顶界面（T6′）表现为界面之下地震反射同相轴的顶超。地震反射具有从凹陷中心向盆地边缘迅速上超的特征。T7为沙四上纯上亚段与纯下亚段的分界，波峰，强振幅，连续性好，在研究区内为初次湖泛面。

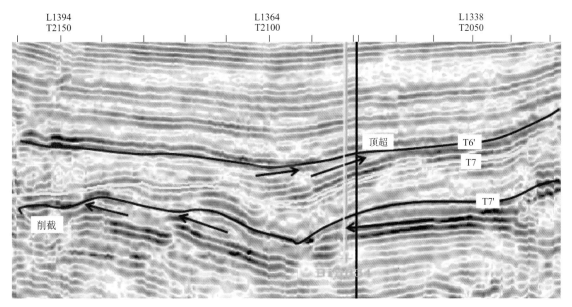

图 4-4　东营凹陷过滨 634 井地震反射特征（南北向，井位置见图 4-1）

2）测井曲线标志

测井资料的纵向分辨率远高于地震资料，可进行高精度、连续的全井段的地层分析，结合钻井取心、露头等资料，可进行定量化和横向对比研究。因此，测井资料已广泛应用于层序地层学研究，且已成为覆盖区开展高精度层序地层学研究的基本资料。

测井资料识别层序地层单元界面的方法很多，以前使用较多的是自然电位曲线、自然伽马曲线、电阻率曲线等。本书除了利用传统的测井曲线进行常规的分析之外，还利用声波时差、声波时差与电阻率交汇图法，以及小波时频旋回法进行了层序界面的识别。

（1）测井曲线转折识别层序界面

由于层序界面上下沉积相类型、岩性等均有明显的变化，导致其在自然电位、电阻率等曲线上的响应可表现为明显的曲线转折（图4-5、图4-6）。层序界面之上为相对高自然电位值，低电阻率值，界面之下则相反，这是层序界面上下地层岩相的差异性和压实作用的差异性造成的。

（2）声波时差响应法

操应长（2003）通过对 Wyllie、Hubbert 和 Ruley 的成果进行分析，总结出在正常埋藏压实条件下，沉积地层中孔隙度的对数与其深度呈线性关系，声波时差对数与其深度也呈线性关系，并且随埋深增大，孔隙度减小、声波时差减小，若对同一口井同一岩性的连续沉积地层，其表现为一条具有一定斜率的直线。但是，地层间断造成间断面上下沉积物特征和沉积物的压实作用效果出现的差异，可造成声波时差随深度变化的曲线发生错断（图4-7）。因此，有的井声波时差对数与其深度的变化曲线并不是一条简单的直线，而是呈折线或错开的线段，这就是进行不整合面或层序界面识别的理论基础。

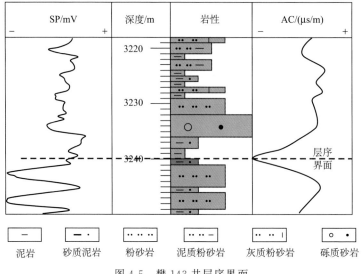

图 4-5　樊 143 井层序界面

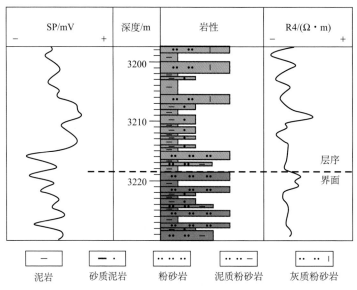

图 4-6　樊 138 井层序界面

（3）声波时差曲线和电阻率曲线交汇图法

国内外许多学者在岩心实测数据标定的基础上，利用测井资料来识别富含有机质的烃源岩和进行有机碳总量测定（Passey，1990；张志伟和张龙海，2000）。该方法是利用测井曲线的重叠法，把刻度合适的孔隙度曲线（一般为声波时差曲线）叠加在电阻率曲线上，在富含有机细粒烃源岩中，两条曲线存在幅度差，定义为 $\Delta\mathrm{log}R$（Passey，1990）。在一般情况下 $\Delta\mathrm{log}R$ 与烃源岩中的有机碳总量（TOC）成正比关系。

层序地层格架内的有机碳总量（TOC）在垂向上呈周期性变化，在单一层序地层剖面中，TOC 的峰值与最大海（湖）泛面对应，层序界面常对应于 TOC 的低谷。因此，声波时差测井曲线和电阻率测井曲线叠合图上的 $\Delta\mathrm{log}R$ 与层序界面和凝缩段（CS 段）间应该存在良好的对应关系。层序边界对应于 $\Delta\mathrm{log}R$ 低值段，CS 段对应 $\Delta\mathrm{log}R$ 高值段，其高峰段多为层序中最大湖泛面的位置（图 4-8）。

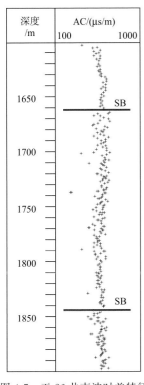

图 4-7　王 26 井声波时差特征

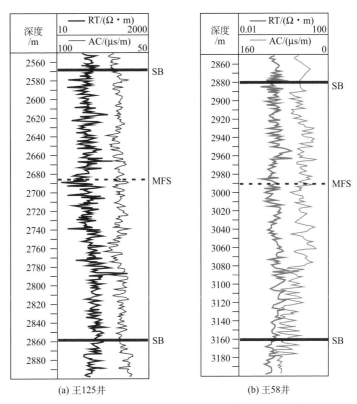

(a) 王125井　　(b) 王58井

图 4-8　ΔlogR 值的变化特征及层序和体系域界面的识别

（4）小波时频旋回法

沉积物的不同韵律特征形成了不同级次的地层和旋回。旋回导致的物质性质变化在测井资料频率域特征上反映较为明显。对测井曲线进行连续小波变换，将测井信号与深度的关系转换为与深度和尺度域的变化关系，通过研究多种伸缩尺度下小波系数曲线表现出的周期性振荡特征，可与层序界面、体系域界面、准层序组界面建立一定的对应关系（图 4-9）。

3）沉积物颜色、沉积相的突变

利用岩心、岩屑录井等资料，可进行层序地层单元的界面识别和划分。根据 Walther 相律，在整合的沉积序列中只有在横向上紧密相邻出现的相才能在垂向层序中连续叠加而没有间断。所以说横向上相距较远的相类型在垂向上相邻出现，意味着地层之间存在沉积间断，在层序边界上下地层表现为岩性、颜色等特征的突变；相反的，在每个层序内部，地层连续沉积，沉积相类型连续出现，岩性、颜色等为渐变特征，地层厚度的变化也表现为韵律性变化特征。这些都可以作为层序地层单元分界的标识。

层序边界处沉积环境发生了变化，故沉积相类型和地层叠置样式会发生突然变化。界面之下为较浅水的沉积相，而界面之上为较深水的沉积相。如面 1 井层序底界面下部岩性为红色泥岩，反映了河流冲积平原的沉积环境；而界面之上为灰色泥岩，反映了滨浅湖的沉积环境（图 4-10）。

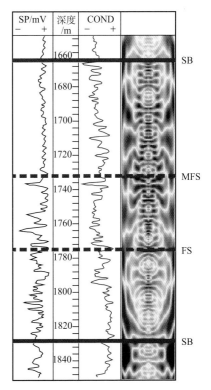

图 4-9　王 26 井小波时频旋回识别
层序和体系域界面

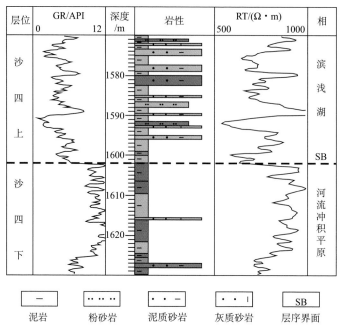

图 4-10　面 1 井层序底界沉积物颜色的突变

4）古生物特征

古生物在层序界面上下主要表现为生物组合有明显变化，反映了生物演化的阶段性和环境突变。利用古生物特征，也可以识别层序界面（图 4-11）。

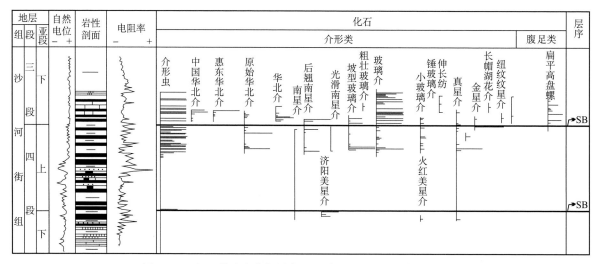

图 4-11　纯 11 井古生物与层序界面关系图（冯有良等，2006）

2. 体系域

体系域（systems tract）是同期沉积体系的三维空间组合。在一个三级层序内，根据初始湖泛面和最大湖泛面可以把一个三级层序划分成位于初始湖泛面和层序底界面之间的低位体系域；初始湖泛面和最大湖泛面之间的湖侵体系域；最大湖泛面和层序顶界面之间的高位体系域。因此体系域界面的识别即为寻找其初次及最大湖泛面。

初次湖泛面是在湖平面下降到最低点后，由于受到盆地构造作用、气候变化等因素影响，使湖平面再次上升的第一个重要湖泛面。初次湖泛面是水位开始上升的标志，此界面上下沉积水深有着明显的差异，界面之上泥岩颜色加深，发育退积式准层序。在地震上则为第一个上超点所对应的界面。初次湖泛面也可以通过界面上下地层岩性、岩相、钻测井资料的显著差异来确定。主要特征有：①上下地层岩性、岩相和沉积相类型明显不同。王 125 井湖侵体系域时期，水体突然加深。初次湖泛面之下主要为滨浅湖沉积，初次湖泛面之上为半深湖-深湖沉积（图 4-12）；②地层叠置样式存在明显差异，初次湖泛面之下的低位体系域主要呈进积式的地层叠置样式，而之上的湖侵体系域则呈退积式。

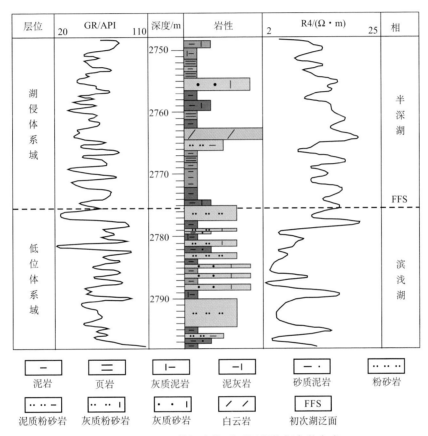

图 4-12　王 125 井初次湖泛面沉积物颜色的突变

最大湖泛面是水位上升至最高位置的界面，此时水体深度达到最大，发育凝缩段。最大湖泛面主要通过以下方法来识别：①上下地层叠置样式明显不同，界面之上主要为进积式或加积式，而界面之下则为退积式；②湖侵体系域顶部存在薄层凝缩层沉积，以浅湖、半深湖和深湖相的暗色泥岩、油页岩、钙质泥岩为主，向深湖方向厚度增大，向岸方向颜色变浅，在测井曲线上多表现为高自然伽马、高自然电位、尖峰状高阻、高密度、高声波等特点，并对应于 $TOC(\Delta logR)$ 的峰值段（图 4-8）。代表了最大湖泛时期的沉积产物。

3. 准层序组（四级层序）

低级别的层序地层单元主要依据水进面或水进-水退转换面等划分和追踪对比，因此建立高精度的层序地层格架主要是通过识别和追踪各级沉积旋回中的湖泛面或水进界面。在一个体系域内，据其内发育的重要湖泛面可划分出若干个准层序组，每个准层序组由几个呈一定叠置样式的、以湖泛面为界的准层序构成。

在研究区，准层序界面对应的湖泛面在岩性特征方面主要表现为连续沉积的砂岩之间的泥岩沉积。例如，三角洲沉积体系中远沙坝、河口坝等砂体的顶部泥岩披覆，滨浅湖滩坝砂岩之间的泥岩等。

按照准层序组内部准层序的叠加方式，可以将其区分为三种类型：进积式准层序组、退积式准层序组和加积式准层序组。

（1）进积式准层序组（图4-13、图4-14）：当湖岸线向湖内推进，沉积中心向湖盆中心迁移，砂体从下向上厚度逐渐增加，粒度变粗，测井曲线多表现为反序特征，一般形成于低位体系域相对湖平面持续下降期。

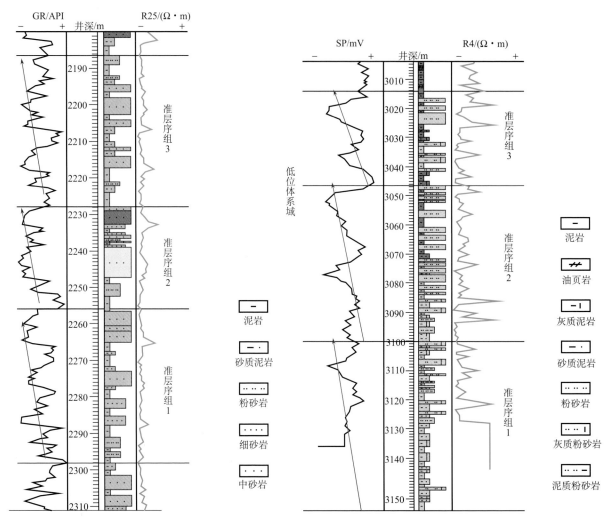

图4-13　梁90井低位体系域进积式准层序组　　　　图4-14　高892井低位体系域进积式准层序组

（2）退积式准层序组（图4-15、图4-16）：当湖岸线向陆地方向摆动，沉积中心向湖岸线方向迁移，砂体从下向上厚度逐渐减薄，粒度变细，测井曲线多表现为正序特征，一般形成于湖侵体系域相对湖平面持续上升时期。

（3）加积式准层序组（图4-17、图4-18）：当湖盆岸线相对稳定，湖泊水深变化不大时，砂体多表现为垂向上的叠加，砂体厚度与沉积物粒度变化不大，为一系列相似的准层序的叠加组合，一般形成于高位体系域时期。

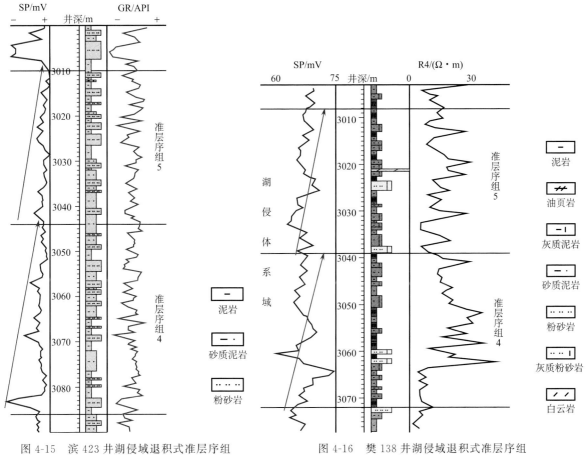

图 4-15　滨 423 井湖侵域退积式准层序组　　　　图 4-16　樊 138 井湖侵域退积式准层序组

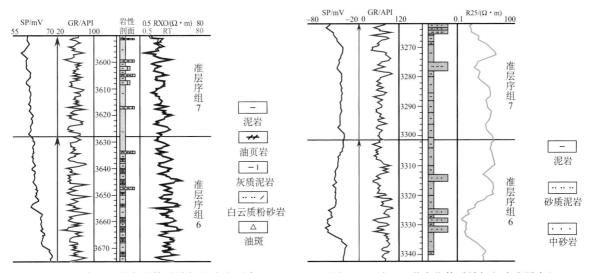

图 4-17　滨 438 井高位体系域加积式准层序组　　　图 4-18　滨 668 井高位体系域加积式准层序组

4.2.2　典型单井层序划分

1. 高 89 井单井层序综合分析

高 89 井沙四上亚段地层深度范围是 2850～3120m，总长度约 270m，为一个三级层序。在岩性剖面上，岩性主体上为砂泥岩地层，局部发育泥质灰岩。根据砂岩含量、地层的叠置样式，并结合 SP、

GR 曲线的分析，可以将沙四上亚段整体上分为两段：①2992m 处分隔了下部的砂岩含量较高、地层以进积叠置样式为主的低位体系域；②上部以泥质灰岩、深灰色泥岩、灰褐色油页岩为主的湖侵体系域和高位体系域，反映了水深的突然增大，将该处定位初次湖泛面。同样，根据 2922m 处的油页岩与对应的高 GR、高 SP 进一步划分出湖侵体系域与高位体系域。进一步根据岩性的组合特征与测井曲线特征，将低位体系域划分出三个进积式准层序组，湖侵体系域划分出两个退积准层序组，高位体系域划分出一个进积准层序组和一个加积准层序组。这样就将高 89 井沙四上亚段作为一个三级层序，划分出了三个体系域、七个准层序组（图 4-19）。

低位体系域：2992～3120m，从下向上依次发育准层序组 1、准层序组 2 和准层序组 3，主要为滨浅湖滩砂和坝砂沉积。准层序组 1 地层深度范围是 3069.5～3120m，岩性主要为深灰色泥岩、粉砂岩互层，砂岩厚度明显偏低，但砂岩含量向上明显增大，为一进积式准层序组。自 3069.5m 以浅，岩性组合与测井曲线形态发生了明显变化，该处的深灰色泥岩代表了湖泛与准层序组 1 的结束。准层序组 2 地层深度范围是 3024～3069.5m，岩性主要为深灰色泥岩、细砂岩、中砂岩互层，砂岩的粒度、单层厚度较准层序组 1 明显增大，为一进积式准层序组。自 3024m 以浅，岩性组合与测井曲线形态再次发生明显变化，该处的深灰色泥岩代表了湖泛与准层序组 2 的结束。准层序组 3 深度范围是 2992～3024m，岩性主要为灰色、深灰色泥岩、中砂岩互层，较前两个准层序组，砂岩含量明显减小，反映了相对湖平面的增大。在 2992m 处泥灰岩的显著发育，代表了低位体系域的结束。

湖侵体系域：2922～2992m，从下向上依次发育准层序组 4 和准层序组 5，主要为滩砂和浅湖亚相沉积。准层序组 4 地层深度范围是 2964～2992m，为一退积式准层序组，其岩性特征为：底部是以泥灰岩、页岩及泥岩为主的浅湖亚相沉积，中间发育薄层灰质粉砂岩，为滩砂沉积，顶部为半深湖-深湖深灰色泥岩和页岩互层沉积。准层序组 5 地层深度范围是 2922～2964m，为一退积式准层序组，此准层序组主要为半深湖-深湖深灰色泥岩和页岩互层沉积。

高位体系域：2850～2922m，从下向上依次发育准层序组 6 和准层序组 7。准层序组 6 地层深度范围是 2895.5～2922m，为一进积式准层序组。准层序组 7 地层深度范围是 2850～2895.5m，为一加积式准层序组，本体系域主要发育半深湖-深湖深灰色泥岩和页岩互层沉积，仅在两准层序组之间发育一组浊积岩沉积。

2. 高 894 井单井层序综合分析

高 894 井沙四上亚段地层深度范围是 3150～3451m，总长度为 301m，为一个三级层序。在岩性主体上为砂泥岩，局部发育泥灰岩和白云岩。该井泥岩颜色基本为深灰色，代表水体较深，发育浅湖亚相、半深湖-深湖亚相、滩坝沉积等。根据砂岩含量、地层的叠置样式，并结合 SP、GR 曲线，将沙四上亚段整体上分为两段：①3325.5m 处分隔了下部的砂岩含量较高、地层以进积叠置样式为主的低位体系域；②上部以泥灰岩、深灰色泥岩、灰褐色油页岩为主的湖侵体系域和高位体系域，反映了水深的突然增大，将该处定位初次湖泛面。3262m 处的灰色-褐色油页岩与对应的高 GR，代表了该三级层序的最大湖泛面，可以划分出湖侵体系域与高位体系域。进一步根据岩性的组合特征与测井曲线特征，将低位体系域划分出三个进积式准层序组，湖侵体系域划分出两个退积准层序组，高位体系域划分出一个进积准层序组和一个加积准层序组。这样高 894 井沙四上亚段作为一个三级层序，同样划分出了三个体系域、七个准层序组（图 4-20）。

低位体系域：3325.5～3451m，从下向上依次发育准层序组 1、准层序组 2 和准层序组 3，主要为滩砂和坝砂沉积。准层序组 1 地层深度范围是 3410～3451m，岩性主要为灰色、深灰色的泥岩、粉砂岩互层，砂岩厚度明显偏低，但砂岩含量向上略微增大，为一进积式准层序组。自 3410m 以浅，岩性组合与测井曲线形态发生了明显变化，该处的灰色泥岩代表了湖泛与准层序组 1 的结束。准层序组 2 地层深度范围是 3369～3410m，岩性主要为灰色、深灰色的泥岩、粉砂岩互层，单砂层厚度向上增加，砂岩含量较准层序组 1 有所增大，为一进积式准层序组。自 3369m 以浅，岩性组合与测井曲线形态再

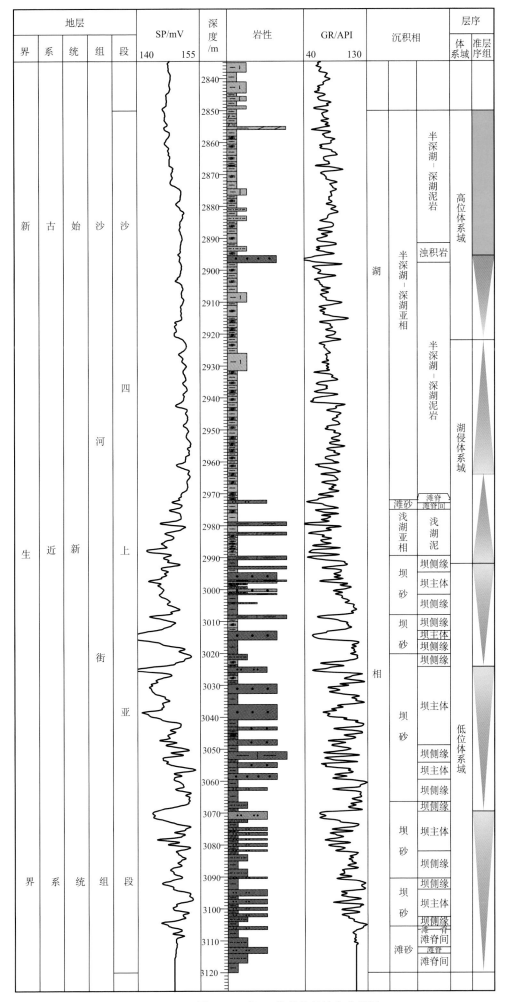

图 4-19 高 89 井单井相综合分析图

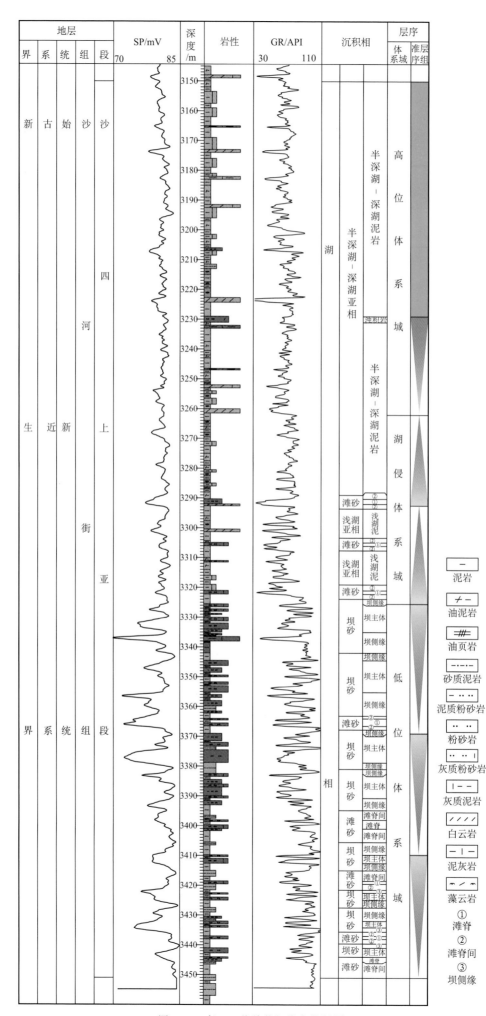

图 4-20　高 894 井单井相综合分析图

次发生明显变化，该处的灰色泥岩代表了湖泛与准层序组 2 的结束。准层序组 3 地层深度范围是 3325.5～3369m，岩性主要为灰色、深灰色的泥岩、粉砂岩互层，并发育少量的泥灰岩，为一弱进积式准层序组。自 3325.5m 以浅，岩性组合与测井曲线形态发生明显变化，该处的灰色泥岩代表了初次湖泛面准层序组 3 的结束。

湖侵体系域：3262～3325.5m，从下向上依次发育准层序组 4 和准层序组 5，下部主要为滨浅湖亚相沉积，向上逐渐达到最大湖泛面，演变为半深湖—深湖沉积。其中，准层序组 4 地层深度范围是 3292.5～3325.5m，为一退积式准层序组，从下向上发育薄层砂岩-浅湖泥岩沉积旋回，直至出现褐色油页岩，该准层序组发育结束。准层序组 5 地层深度范围是 3262～3292.5m，为一退积式准层序组，其底部发育薄层砂岩，上部发育半深湖-深湖厚层的深灰色泥岩、灰质泥岩及页岩沉积，上界以褐色油页岩为标志，代表了最大湖泛面。

高位体系域：3150～3262m，从下向上依次发育准层序组 6 和准层序组 7，主要发育灰色-深灰色泥岩、白云岩沉积。准层序组 6 地层深度范围是 3229～3262m，为一进积式准层序组，其底部发育半深湖—深湖厚层的深灰色泥岩、灰质泥岩及页岩，顶部为薄层浊积岩沉积。准层序组 7 地层深度范围是 3150～3229m，为一加积式准层序组，本准层序组主要为半深湖—深湖亚相的深灰色泥岩、页岩、灰质泥岩及薄层灰质白云岩、白云岩及泥灰岩沉积。

3. 高 32 井单井层序综合分析

高 32 井位于青城凸起附近，紧靠高青断裂带，其沙四上亚段地层深度范围是 2358～2622m，总长度为 264m，为一个三级层序。岩性主体上为泥岩、粉砂岩，局部发育灰岩。该井泥岩颜色为灰色，该井位于凹陷的西侧，砂岩密度明显较前两口井大，整体上为三角洲沉积。根据（粉）砂岩含量、地层的叠置样式，并结合 SP、GR 曲线，将初次湖泛面和最大湖泛面分别定为 2481m 和 2422m，划分出低位体系域、湖侵体系域和高位体系域。进一步根据岩性的组合特征与测井曲线特征，将低位体系划分出三个进积式准层序组，湖侵体系域划分出两个退积准层序组，高位体系域划分出两个加积准层序组。这样高 32 井沙四上亚段作为一个三级层序，同样划分出了三个体系域、七个准层序组（图 4-21）。

低位体系域：2481～2622m，从下向上依次发育准层序组 1、准层序组 2 和准层序组 3，主要为三角洲前缘水下分流河道和河口坝沉积。准层序组 1 的 SP 测井曲线显示漏斗形与箱形的组合，为一组从下向上由河口坝-水下分流河道构成的进积式旋回组成。准层序组 2 从下往上由两组河口坝-水下分流河道沉积旋回构成，河口坝是由粉砂岩、泥质粉砂岩及砂质泥岩组成的反旋回沉积，其测井曲线为漏斗形，水下分流河道则主要由厚层的粉砂岩组成，其测井曲线为箱形。准层序组 3 为一由河口坝和水下分流河道组成的进积式准层序组，下部河口坝主要由粉砂岩、灰质砂岩及薄层的砂质泥岩组成，其测井曲线为漏斗形，上部水下分流河道则为厚层的灰质砂岩和粉砂岩互层沉积，其测井曲线为箱形。

湖侵体系域：2422～2481m，从下向上依次发育准层序组 4 和准层序组 5，主要为三角洲前缘水下分流河道和河口坝沉积。准层序组 4 从下向上为由水下分流河道-河口坝-分流间湾组成的退积式准层序组沉积，水下分流河道主要发育粉砂岩及灰质砂岩，河口坝从下向上依次沉积砂质泥岩-粉砂岩-灰质砂岩，分流间湾以砂质泥岩为主。准层序组 5 主要为复合的水下分流河道沉积。

高位体系域：2358～2422m，从下向上依次发育准层序组 6 和准层序组 7，主要发育三角洲前缘水下分流河道和河口坝。准层序组 6 主要为一套河口坝沉积，其岩性从下向上依次发育砂质泥岩-粉砂岩-灰质砂岩，测井曲线为漏斗形。准层序组 7 主要为一组水下分流河道沉积，主要沉积粉砂岩和灰质砂岩，其测井曲线为齿化箱形。

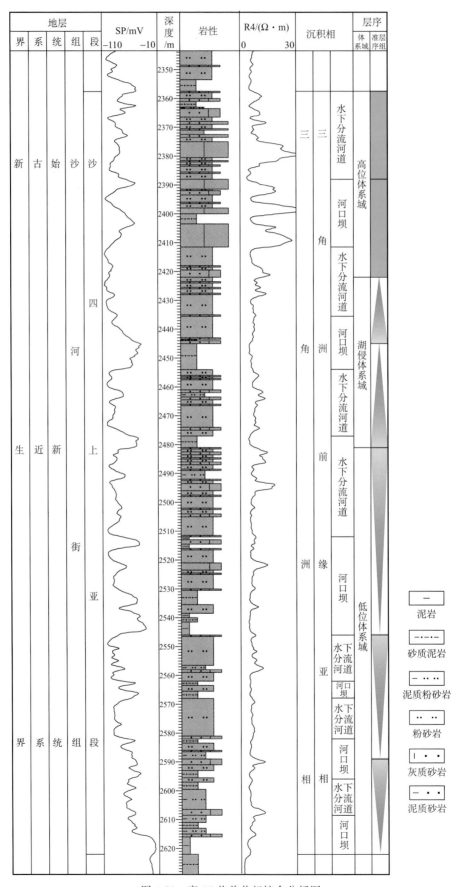

图4-21　高32井单井相综合分析图

4. 博 104 井单井层序综合分析

博 104 井位于博兴洼陷中部偏西，其沙四上亚段地层深度范围是 1991.5～2228.4m，总长度为 236.9m，为一个三级层序。岩性主体上为（灰质）泥岩、（灰质）粉砂岩、（灰质）细砂岩、白云岩等，颜色为灰色-深灰色，整体上为滨浅湖滩坝砂体与泥质沉积。根据（粉）砂岩含量、地层的叠置样式，并结合 SP、GR 曲线，将初次湖泛面和最大湖泛面分别定为 2137m 和 2074m，划分出低位体系域、湖侵体系域和高位体系域。进一步根据岩性的组合特征与测井曲线特征，将低位体系域划分出三个进积式准层序组，湖侵体系域划分出两个退积准层序组，高位体系域划分出两个加积准层序组。这样博 104 井沙四上亚段作为一个三级层序，同样划分出了三个体系域、七个准层序组（图 4-22）。

低位体系域：2137～2228.4m，从下向上依次发育准层序组 1、准层序组 2 和准层序组 3，主要为滩砂和坝砂沉积。准层序组 1 地层深度范围是 2196～2228.4m，为一进积式准层序组，此准层序组砂地比较高，岩性较粗，以细砂岩和灰质砂岩为主，测井曲线显示齿化的漏斗形，主要发育坝砂沉积。准层序组 2 地层深度范围是 2177～2196m，为一进积式准层序组，主要为坝砂沉积。准层序组 3 地层深度范围是 2137～2177m，为一进积式准层序组，此准层序组从下向上发育由泥岩-粉砂岩-灰质粉砂岩-砂质泥岩-泥岩组成的复合旋回，为滩坝沉积。

湖侵体系域：2074～2137m，从下向上依次发育准层序组 4 和准层序组 5，主要为滩砂、坝砂及浅湖泥岩沉积。准层序组 4 地层深度范围是 2103.5～2137m，为一退积式准层序组，其底部主要为灰质粉砂岩、泥质粉砂岩及泥岩的互层沉积，为浅湖滩砂、坝砂沉积，顶部主要发育灰色泥岩、泥灰岩及深灰色页岩，为浅湖沉积。准层序组 5 地层深度范围是 2074～2103.5m，为一退积式准层序组，此准层序组主要为灰色泥岩、泥灰岩、砂质泥岩、白云岩及深灰色页岩沉积，为浅湖亚相沉积。

高位体系域：1991.5～2074m，从下向上依次发育准层序组 6 和准层序组 7，主要为滩砂、坝砂及浅湖泥岩沉积，并发育一薄层生物滩。准层序组 6 地层深度范围是 2034～2074m，为一加积式准层序组，其底部是一组从下向上由砂质泥岩-灰质粉砂岩-粉砂岩-泥岩-泥灰岩组成的复合旋回沉积，为坝砂沉积，中间发育由白云岩和泥岩互层组成的浅湖亚相沉积，顶部为一套由灰质砂岩构成的滩砂沉积。准层序组 7 地层深度范围是 1991.5～2034m，为一加积式准层序组，本准层序组主要为深灰色泥灰岩和灰色泥岩的互层沉积，为浅湖亚相沉积，另外本准层序组底部还发育一组厚度在 1m 左右的由藻云岩组成的生物滩沉积。

5. 金 22 井单井层序综合分析

金 22 井位于博兴洼陷南部，靠近鲁西隆起，其沙四上亚段地层深度范围是 875～1004m，总长度为 129m，为一个三级层序。岩性主体上为灰色泥岩-粉砂岩-细砂岩、杂色砾岩，整体上为滨岸砾质滩坝沉积。根据砂砾岩含量与叠置样式，并结合 GR 曲线，将初次湖泛面和最大湖泛面分别定为 953m 和 928m，划分出低位体系域、湖侵体系域和高位体系域。进一步根据岩性的组合特征与测井曲线特征，将低位体系域划分出三个进积式准层序组，湖侵体系域划分出两个退积准层序组，高位体系域划分出一个加积准层序组和一个进积准层序组。这样金 22 井沙四上亚段作为一个三级层序，同样划分出了三个体系域、七个准层序组（图 4-23）。

低位体系域：953～1004m，从下向上依次发育准层序组 1、准层序组 2 和准层序组 3。准层序组 1 深度范围是 979～1004m，为一进积式准层序组，主要为两套厚度大于 10m 的砾岩沉积，中间夹有薄层的泥质粉砂岩，为砾质滩坝坝主体沉积，测井曲线为箱形。准层序组 2 深度范围是 965～979m，为一进积式准层序组，从下向上依次发育泥岩-粉砂岩-砾岩，是一组具有反旋回特征的沉积，为坝主体沉积，其测井曲线为漏斗形。准层序组 3 地层深度范围是 953～965m，为一进积式准层序组，仍主要发育一组泥岩-粉砂岩-砾岩的反旋回沉积，其测井曲线为漏斗形。

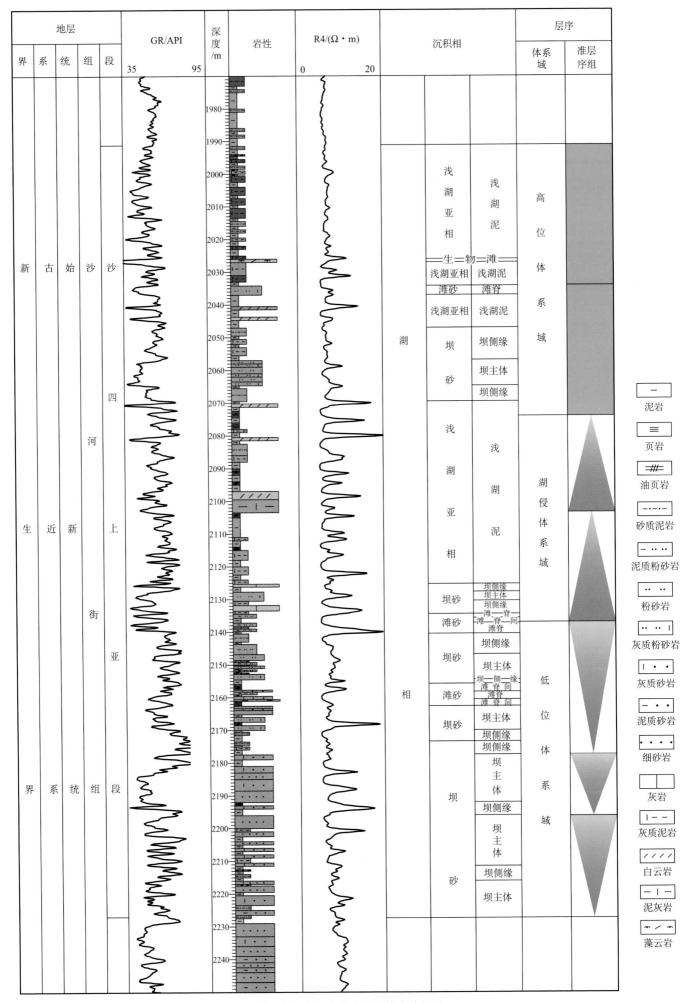

图 4-22　博 104 井单井相综合分析图

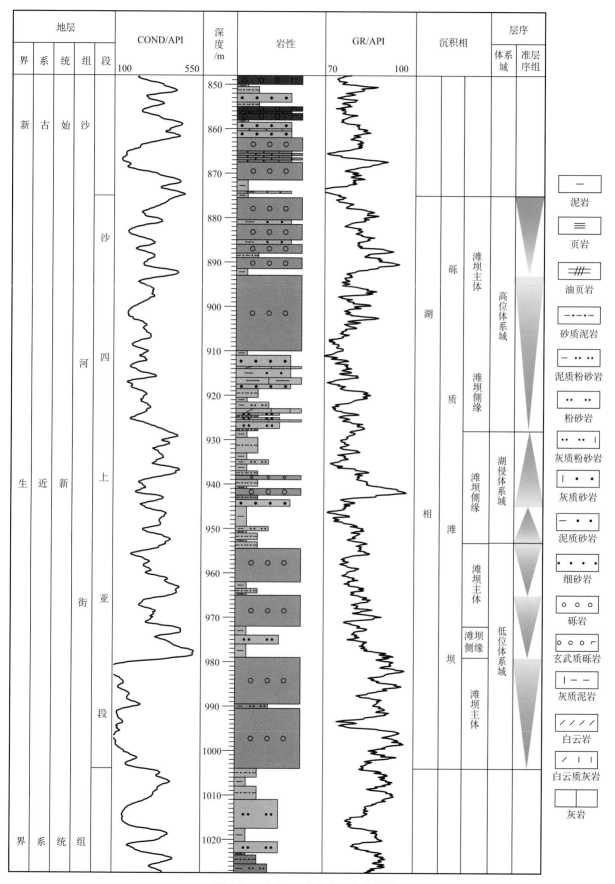

图 4-23　金 22 井单井相综合分析图

湖侵体系域：928～953m，从下向上依次发育准层序组 4 和准层序组 5。准层序组 4 地层深度范围是 927.5～940m，为一退积式准层序组，从下向上基本为一组砂质泥岩-泥质粉砂岩-泥岩的正旋回沉积，从下向上岩性变细，表明水体加深，为砾质滩坝侧缘沉积。准层序组 5 地层深度范围是 928～945m，为一退积式准层序组，此准层序组基本为砾岩-细砂岩-泥岩沉积，夹有薄层的砂质泥岩，测井曲线具有指状特征，为砾质滩坝沉积。

高位体系域：875～928m，从下向上依次发育准层序组 6 和准层序组 7。准层序组 6 地层深度范围是 893～928m，为一进积式准层序组，主体为一套厚层的砾岩沉积，其测井曲线为箱形，为砾质滩坝主体沉积。准层序组 7 地层深度范围是 875～893m，为一进积式准层序组，主要为厚层砾岩和薄层泥岩、砂质泥岩或者粉砂质泥岩之间的互层沉积，其测井曲线为齿化箱形，为砾质滩坝主体沉积。

6. 滨 435 井单井层序综合分析

滨 435 井位于利津洼陷西部，其沙四上亚段对应井段为 3206～3500m。在岩性剖面上，岩性主体上为砂泥岩地层。同理，根据砂岩含量、地层的叠置样式，并结合多种测井曲线的分析，可以将目的层段分为两大部分：①3288m 处分隔了下部的砂岩含量较高，地层以进积、加积叠置样式为主的低位体系域；②上部以深灰色泥岩、灰质泥岩为主的湖侵体系域和高位体系域，并且发育一定规模的油页岩，将该处定为初次湖泛面，反映了水深的突然增大。在低位体系域中，进一步根据岩性的组合特征与测井曲线特征，划分出三个准层序组，同样地，在湖侵体系域与高位体系域中，分别划分出两个准层序组。将滨 435 井沙四上亚段划分为一个三级层序、三个体系域、七个准层序组（图 4-24）。

低位体系域：3288～3500m。准层序组 1 地层深度为 3450～3500m，岩性为深灰色泥岩、灰色砂岩互层，砂岩含量向上明显增大，单砂层厚度较小，一般为 1m 左右。根据 GR、SP 等测井曲线与基线偏离的幅度，反映了整体向上水深变浅、多个准层序加积-进积的特征。至 3450m 向上，泥岩含量、GR 值陡增，指示了湖泛面。根据滨 435 井所处的构造位置与沉积背景，同时在 GR 曲线上，呈多组指形、指状漏斗形，反旋回特征较明显，定为浅湖泥岩与浅湖滩坝沉积。准层序组 2 地层深度为 3369～3450m，岩性为灰色泥岩、灰色砂岩互层，砂岩含量、单砂层厚度均没有明显增大，根据 GR、SP 等测井曲线与基线偏离的幅度，反映了低位加积-弱进积的特征。至 3369m 向上，泥岩含量、GR 值再次陡增，指示了湖泛面。结合滨 435 井所处的构造位置与沉积背景，以及在层序地层格架中所处的位置，同时在 GR、SP 曲线上，呈指形、指状漏斗形，反旋回特征明显，定为浅湖泥与浅湖滩坝。准层序组 3 地层深度为：3288～3369m，岩性为灰色、深灰色泥岩、灰色砂岩互层，砂岩含量明显增大，反映了低位进积的特征。单砂层厚度一般为 1～3m。至 3288m 向上，泥岩含量、GR 值陡增，泥岩颜色明显变深，为初次湖泛面位置。根据岩心的观察，该准层序组下部主要发育波浪成因构造，主要有波纹层理、碳屑等，反映了浅水的沉积特征，至上部泥岩颜色变深，出现截切构造、泥砾等反映风暴作用的构造。将该准层序组下部（3350～3369m）定为滨浅湖泥与滨浅湖滩坝，该准层序组上部（3288～3350m），定为半深湖泥与风暴滩坝。

湖侵体系域与高位体系域各含两个准层序组。准层序组 4（3270～3288m）、准层序组 5（3254～3270m）、准层序组 6（3236～3254m）、准层序组 7（3206～3236m）：自 3288m 以浅，泥岩含量几乎达到 100%，并且有大套的油页岩出现，SP 曲线接近泥岩基线，反映了水深、贫物源、还原性的沉积环境，定为半深湖泥质沉积。

7. 梁 754 井单井相综合分析

梁 754 井位于利津洼陷西南部，远离物源区。构造位置上位于中央断裂背斜带与纯化草桥断裂带的北侧。其沙四上亚段对应井段为 3090～3332m。在岩性剖面上，岩性主体上为深灰色砂泥岩地层。同理，根据砂岩含量、地层的叠置样式，并结合多种测井曲线的分析，可以将目的层段分为两大部分：

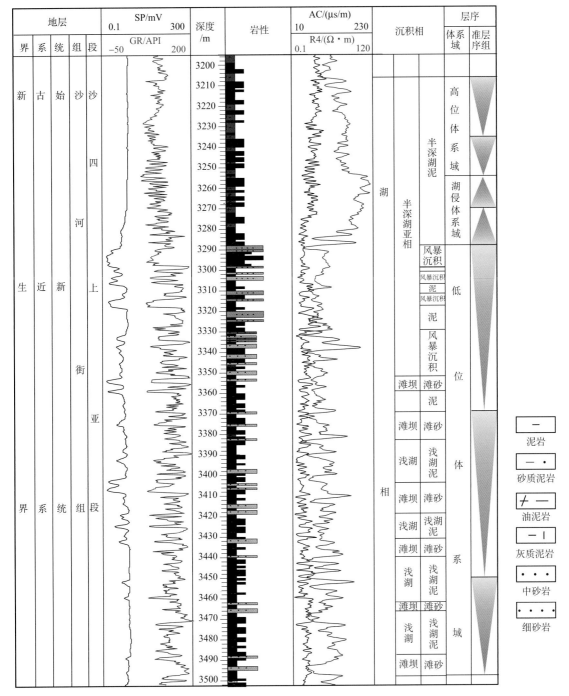

图 4-24　滨 435 井单井相综合分析

①3190m 处分隔了下部的砂岩含量较高，地层以进积、加积叠置样式为主的低位体系域；②上部以深灰色泥岩、灰质泥岩为主的湖侵体系域和高位体系域，并且发育一定规模的油页岩，将该处定位初次湖泛面，反映了水深的突然增大。在低位体系域中，进一步根据岩性的组合特征与测井曲线特征，划分出三个准层序组，同样地，在湖侵体系域与高位体系域中，分别划分出两个准层序组。将梁 754 井沙四上亚段划分为一个三级层序、三个体系域、七个准层序组（图 4-25）。

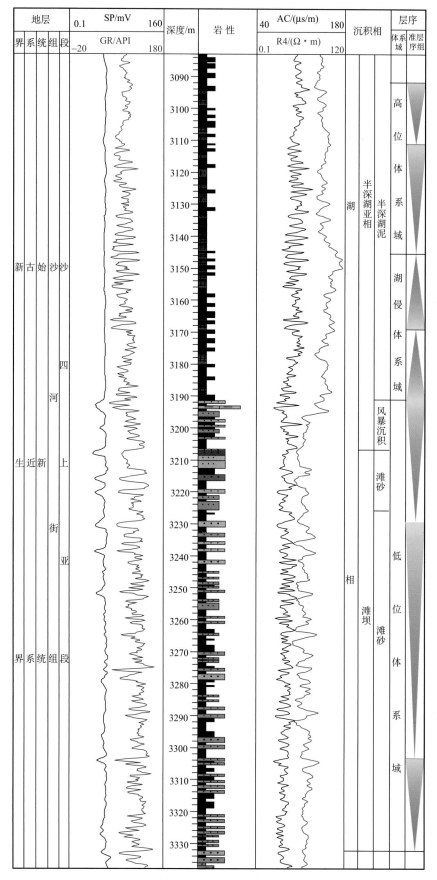

图 4-25　梁 754 井单井相综合分析

低位体系域：准层序组 1 地层深度为 3303～3332m，岩性为灰色泥岩、灰色砂岩互层，在岩性剖面上呈加积的叠置样式。单砂层厚度较小，一般为 1m 左右。根据 GR、SP 等测井曲线与基线偏离的幅度，反映了整体向上加积的特征。至 3303m 向上，泥岩含量、GR 值陡增，指示了湖泛面。根据梁 754 井所处的构造位置与沉积背景，同时在 GR 曲线上，呈多组指形、指状漏斗形，反旋回特征较明显，定为滨浅湖泥与浅湖滩沉积。准层序组 2 地层深度为 3303～3229m，岩性为灰色泥岩、灰色砂岩互层，砂岩含量、单砂层厚度均没有明显增大，根据 GR、SP 等测井曲线与基线偏离的幅度，反映了低位加积-弱进积的特征。至 3229m 向上，泥岩含量、GR 值再次陡增，指示了湖泛面。结合梁 754 井所处的构造位置与沉积背景，以及在层序地层格架中所处的位置，同时在 GR、SP 曲线上，呈指形、指状漏斗形，反旋回特征明显，定为浅湖泥与浅湖滩。准层序组 3 地层深度为 3229～3190m，岩性为灰色和深灰色泥岩、灰色砂岩互层，砂岩含量明显增大，反映了低位进积的特征。单砂层厚度一般为 1～3m。至 3190m 向上，泥岩含量、GR 值陡增，泥岩颜色也明显变深，为初次湖泛面位置。根据岩心的观察，该准层序组上部主要为泥质粉砂岩，伴随截切构造，反映了风暴作用特征。将该准层序组下部（3210～3229m）定为滨浅湖泥与滨浅湖滩坝，该准层序组上部（3190～3210m）定为半深湖泥与风暴沉积。

湖侵体系域与高位体系域各含两个准层序组，准层序组 4（3170～3190m）、准层序组 5（3146～3170m）、准层序组 6（3110～3146m）、准层序组 7（3090～3110m）：自 3190m 以浅，泥岩含量几乎达到 100%，并且有大套的油页岩出现，SP 曲线接近泥岩基线，反映了水深、贫物源、还原性的沉积环境，定为半深湖泥质沉积。

8. 史 146 井单井层序综合分析

史 146 井位于利津洼陷中部偏西南，靠近洼陷的深洼区。构造位置上位于中央断裂背斜带的北面。其沙四上亚段对应井段为 3749～3922m。

在岩性剖面上，岩性主体上为砂泥岩地层。同理，根据砂岩含量、地层的叠置样式，并结合多种测井曲线的分析，可以将目的层段分为两大部分：①3808m 处分隔了下部的砂岩含量较高，地层以进积、加积叠置样式为主的低位体系域；②上部以深灰色泥岩、灰质泥岩为主的湖侵体系域和高位体系域，并且发育一定规模的油页岩，将该处定位初次湖泛面，反映了水深的突然增大。在低位体系域中，进一步根据岩性的组合特征与测井曲线特征，划分出三个准层序组，同样地，在湖侵体系域与高位体系域中，分别划分出两个准层序组。将史 146 井沙四上亚段划分为一个三级层序、三个体系域、七个准层序组（图 4-26）。

低位体系域：准层序组 1 地层深度为 3890～3922m，岩性为灰色泥岩、灰色砂岩互层，在岩性剖面上呈加积-弱进积的叠置样式。单砂层厚度较小，一般为 1m 左右。根据 GR、SP 等测井曲线与基线偏离的幅度，也反映了整体向上加积的特征。至 3890m 向上，泥岩含量、GR 值陡增，指示了湖泛面。根据史 146 井所处的构造位置与沉积背景，同时，在岩性上，泥质含量高，多为泥岩、泥质砂岩，定为半深湖风暴沉积。准层序组 2 地层深度为 3846～3890m，岩性为灰色泥岩、灰色砂岩互层，砂岩含量没有明显增大，但单砂层厚度明显增大，为 1～3m。根据岩性剖面，反映了低位加积-弱进积的特征。至 3846m 向上，泥岩含量、GR 值再次陡增，指示了湖泛面。结合史 146 井所处的构造位置与沉积背景，以及在层序地层格架中所处的位置，定为半深湖风暴沉积。准层序组 3 地层深度为 3808～3846m，岩性为灰色和深灰色泥岩、灰色砂岩互层，砂岩含量明显增大，反映了低位进积的特征。单砂层厚度可达 14m。至 3808m 向上，泥岩含量、GR 值陡增，泥岩颜色明显变深，为初次湖泛面位置。根据岩心的观察，该准层序组上部泥质含量较高，主要为泥质粉砂岩，伴随泥岩撕裂屑、变形构造等，反映了风暴作用特征。将该准层序组定为半深湖泥与风暴沉积。

湖侵体系域与高位体系域各自包含两个准层序组。准层序组 4（3790～3808m）、准层序组 5（3777～3790m）、准层序组 6（3768～3777m）、准层序组 7（3749～3768m）：自 3808m 以浅，泥岩含

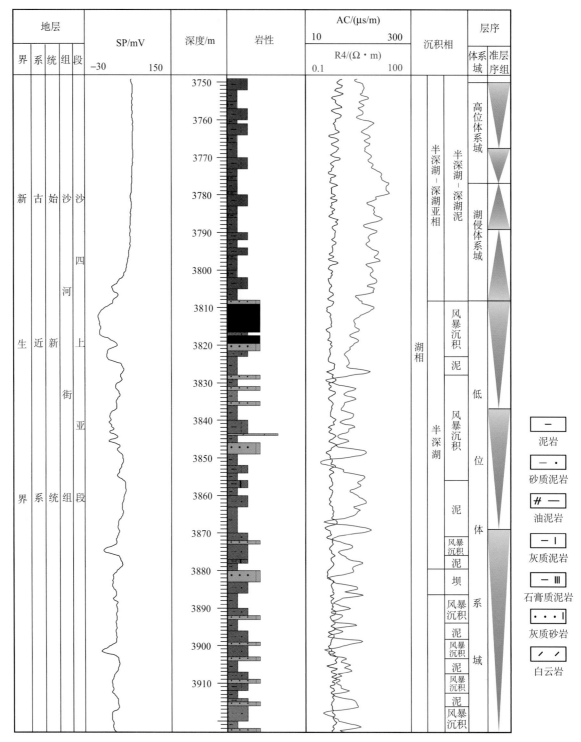

图 4-26　史 146 井单井相综合分析

量几乎达到 100%，SP 曲线接近泥岩基线，反映了水深、贫物源、还原性的沉积环境，定为半深湖泥质沉积。

9. 利 672 井单井层序综合分析

利 672 井位于利津洼陷中部。沙四上亚段对应井段为 3872～4192m。在岩性剖面上，岩性主体上为砂泥岩地层。同理,根据砂岩含量、地层的叠置样式,并结合多种测井曲线的分析,可以将目的层段分为两大部分:①3970m 处分隔了下部的砂岩含量较高,地层以进积、加积叠置样式为主的低位体系域;②上部以深灰色泥岩、灰质泥岩为主的糊侵体系域和高位体系域,并且发育一定规模的油页岩,将该处定位初次湖泛面,反映了水深的突然增大。在低位体系域中,进一步根据岩性的组合特征与测井曲线特征,划分出三个准层序组,同样地,在湖侵体系域与高位体系域中,分别划分出两个准层序组。将利 672 井沙四上亚段划分为一个三级层序、三个体系域、七个准层序组(图 4-27)。

低位体系域:准层序组 1 地层深度为 4124～4192m,岩性为深灰色泥岩、灰色砂岩互层,砂岩含量向上明显增大,单砂层厚度较大,一般为 2～8m。根据 GR、SP 等测井曲线与基线偏离的幅度,反映了整体向上水深变浅、多个准层序加积-进积的特征。至 4124m 向上,泥岩含量、GR 值陡增,指示了湖泛面。根据岩心的观察,该层段泥岩颜色较深,反映了较深水的沉积,并且存在砂岩的夹层,同时在 GR 曲线上,呈多组指状钟形,正旋回特征明显,定为半深湖泥与风暴沉积。准层序组 2 地层深度为 4050～4124m,岩性为灰色泥岩、灰色砂岩互层,砂岩含量向上增大,但整体砂岩含量明显低于准层序组 1,单砂层厚度也有明显减小,一般小于 2m,反映了该时期水深较大,这与利 672 井靠近湖盆中心有关。根据 GR、SP 等测井曲线与基线偏离的幅度,反映了向上水深变浅、多个准层序加积-进积的特征。至 4050m 向上,泥岩含量、GR 值再次陡增,指示了湖泛面。结合岩心的观察,该层段出现大量的浪成沉积构造,包括波纹层理、浪成沙纹层理等,某些层位也发现了较深水的沉积特征,包括风暴作用形成的构造等,反映了浅水-深水交替沉积,同时在 GR 曲线上,呈多组指状漏斗形,反旋回特征明显,定为浅湖泥与浅湖滩坝,某些层位定为风暴沉积与半深湖泥。准层序组 3 地层深度为 3970～4050m,岩性为深灰色泥岩、灰色砂岩互层,砂岩含量增大,整体砂岩含量明显大于准层序组 2,反映了湖盆萎缩、砂体进积的特征,单砂层厚度较低,一般为 1～2m。根据 GR、SP 等测井曲线特征,反映了多个准层序加积-进积的特征。至 3970m 向上,泥岩含量、GR 值陡增,为初次湖泛面位置。结合岩心的观察,该层段底部主体为浪成沉积构造,包括波纹层理、浪成沙纹层理、波痕等,反映了较浅水的沉积,同时在 GR 曲线上,呈指状漏斗形,反旋回特征明显,定为滨浅湖泥与滨浅湖滩坝,在该准层序组中上部部分(3970～4030m),据岩心观察,出现了较深水的沉积特征及风暴成因的沉积构造,定为半深湖泥与风暴沉积。

湖侵体系域与高位体系域各由两个准层序组构成。准层序组 4(3932～3970m)、准层序组 5(3912～3932m)、准层序组 6(3892～3912m)、准层序组 7(3872～3892m):自 3970m 以浅,泥岩含量几乎达到 100%,并且有大套的油页岩出现,SP 曲线接近泥岩基线,反映了水深、贫物源、还原性的沉积环境,定为半深湖泥质沉积。

10. 梁 218 井单井层序综合分析

梁 218 井位于利津洼陷向博兴洼陷过渡区的中央低凸起部位。沙四上亚段地层深度范围为 3050～3249m,地层总厚度为 199m,整个沙四上亚段为一个三级层序。层序内从下至上依次划分为低位体系域(三个准层序组)、湖侵体系域(两个准层序组)和高位体系域(两个准层序组)。该井沙四上亚段泥岩颜色为浅灰色-深灰色,主要发育滩砂、坝砂、半深湖风暴沉积和半深湖泥岩沉积(图 4-28)。

低位体系域:3150～3249m,从下至上依次发育准层序组 1、准层序组 2 和准层序组 3,主要发育滩砂、坝砂、半深湖风暴沉积。准层序组 1 地层深度为 3196.5～3249m,地层厚度为 52.5m。从下向上发育滩脊、滩脊间、滩脊。滩脊间岩性为灰质粉砂岩、云质粉砂岩和泥质粉砂岩,测井曲线为指状;浅湖泥岩厚度达 18m,中间夹有云质泥岩;泥岩顶部为薄层滩脊间砂岩,岩性为云质砂岩、泥质粉砂岩。准层序组 2 地层深度为 3175～3196.5m,地层厚度为 21.5m,准层序组内发育三层滩砂夹两层泥岩。滩砂主要为薄层滩脊间砂岩夹薄层泥岩,岩性为云质砂岩、粉砂岩、泥质粉砂岩,测井曲线表现为齿状或低幅指状;浅湖泥厚度较大,夹有云质泥岩。准层序组 3 地层深度为 3150～3175m,厚度为

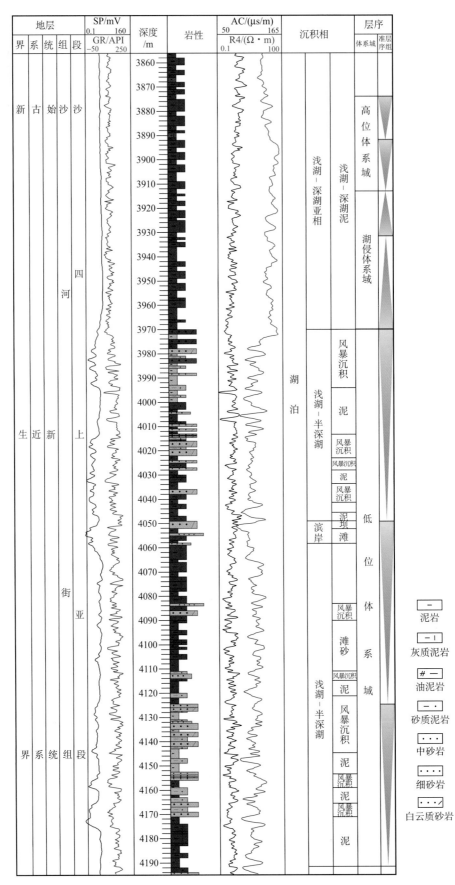

图 4-27　利 672 井单井沉积综合分析

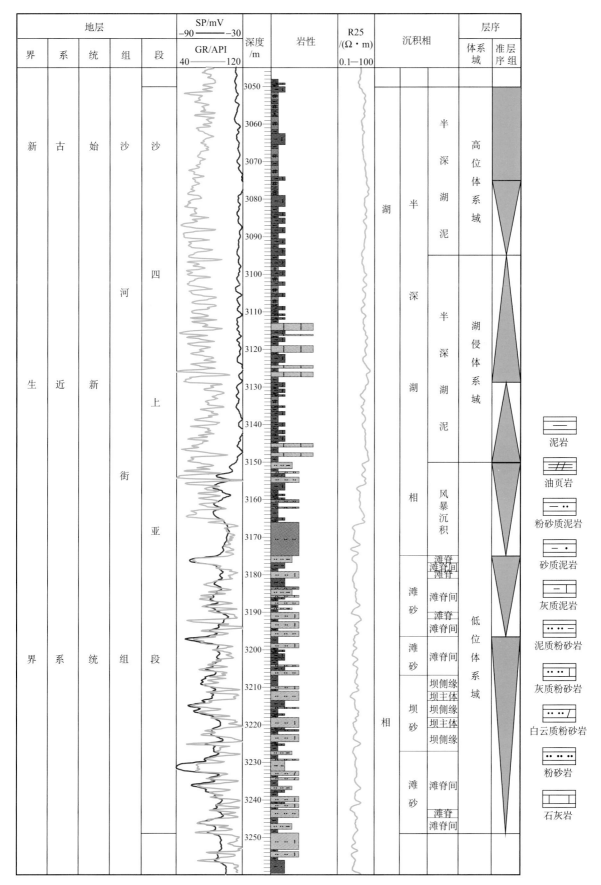

图 4-28　梁 218 井层序划分及综合分析图

25m，为一套半深湖风暴沉积。风暴沉积岩性为云质砂岩，顶部云质砂岩有油迹显示，单砂层最大厚度为 3.5m，测井曲线为齿状；云质砂岩间夹泥岩和粉砂质泥岩。

湖侵体系域：3095～3150m，从下至上依次发育准层序组 4 和准层序组 5。准层序组 4 地层深度为 3128.5～3150m，地层厚度为 21.5m，为风暴沉积。主要岩性为云质砂岩夹少量泥质粉砂岩，顶部发育白云岩，测井曲线表现为指状。准层序组 5 地层深度为 3095～3128.5m，厚度为 33.5m，为风暴沉积和半深湖泥岩沉积。风暴沉积岩性主要为云质砂岩，测井曲线表现为指状，另有一层厚度约 3.5m 的粉砂岩；半深湖泥岩有云质泥岩、灰质泥岩和粉砂质泥岩。

高位体系域：3050～3095m，从下至上依次发育准层序组 6 和准层序组 7。准层序组 6 地层深度为 3075～3095m，地层厚度为 20m，从下至上依次为浅湖泥-滩脊间-浅湖泥，以泥岩为主。滩脊岩性为云质砂岩、白云岩，测井曲线为宽幅较厚指状。准层序组 7 地层深度为 3050～3075m，地层厚度为 25m，从下至上依次为滩脊-浅湖泥-滩脊间-滩脊-滩脊间。滩脊岩性为粉砂岩、灰质砂岩，测井曲线表现为宽幅较厚指状；滩脊间岩性为泥质粉砂岩、灰质砂岩和泥岩、灰质泥岩、粉砂质泥岩薄互层，测井曲线为薄指状。

4.2.3　层序地层划分方案

通过对东营凹陷沙四上亚段层序地层划分后综合分析表明，利津洼陷和博兴洼陷具有不同的地貌形态，而东营凹陷东南部缓斜坡带与博兴洼陷具有相似的古地貌特征。利津洼陷受滨县凸起、林樊家凸起、平方王古潜山披覆构造带、中央背斜带及利津洼陷向博兴洼陷低凸起过渡带等影响，地形复杂，地层厚度差别很大，洼陷边坡地形陡，洼陷内凹凸起伏，深洼处较深，沙四上亚段时期湖水深度大，在洼陷的东北部，地层厚度最大，指示了东营凹陷沙四上亚段时期的沉积中心与沉降中心；博兴洼陷地层厚度整体比较稳定，厚度差别不大，洼陷内古地形相对平缓，起伏变化小，沙四上亚段时期湖水较浅；东营凹陷东南部缓斜坡带沙四上亚段沉积时期由于地势较为平坦，在东西方向地层厚度变化不大，由南向北方向地层厚度呈有规律的增大。正是由于东营凹陷不同的古地形背景、不同的古水深，所以控制了不同的沉积作用。

针对沙四上亚段，在单井与连井剖面层序划分对比的基础上，建立了东营凹陷沙四上亚段的层序地层格架（图 4-29）。根据地层叠置样式、测井曲线的变化、地震反射标志等，将东营凹陷沙四上亚段作为一个三级层序细分出低位体系域（LST）、湖侵体系域（TST）和高位体系域（HST）三个体系域。其中，低位体系域与湖侵体系域的边界面即初次湖泛面，主要依据有：①该界面上下无明显剥蚀和沉积间断；②地层叠置样式由弱进积式向退积式转变；③该界面往上泥岩含量明显增高、泥岩颜色明显变深；④测井曲线在该界面明显突变。湖侵体系域与高位体系域的界面，即最大湖泛面，对应于广泛发育的油页岩。根据地层的叠置样式可进一步划分为七个准层序组。该层序划分方案可在全区的钻井剖面间进行良好的对比（图 4-30）。

低位体系域时期相对湖平面下降，岸线和浪基面向湖盆中心迁移，沉积物进积导致了砂体的广泛分布，发育三角洲、扇三角洲、滩坝及滨浅湖-半深湖的细粒岩相；湖侵体系域时期相对湖平面上升，岸线和浪基面向陆迁移，水域扩大，水体加深，半深湖-深湖相的泥岩和油页岩、灰岩沉积厚度大并且分布广，构成向上变细的退积序列。高位体系域主要为滨浅湖-半深湖的泥岩、滩坝砂岩、灰岩沉积，沉积物加积-弱进积，砂体略向湖盆中心迁移。根据层序地层特点，主要砂体应分布在低位体系域，即初次湖泛面以下。由于低位体系域时期水体相对较浅，砂体向盆地内进积，故低位体系域的有利砂体可向湖盆中心推进，并接受湖盆水体的改造，发生再次搬运与沉积作用，在湖盆中大面积分布，形成较浅水的沉积相及其组合。

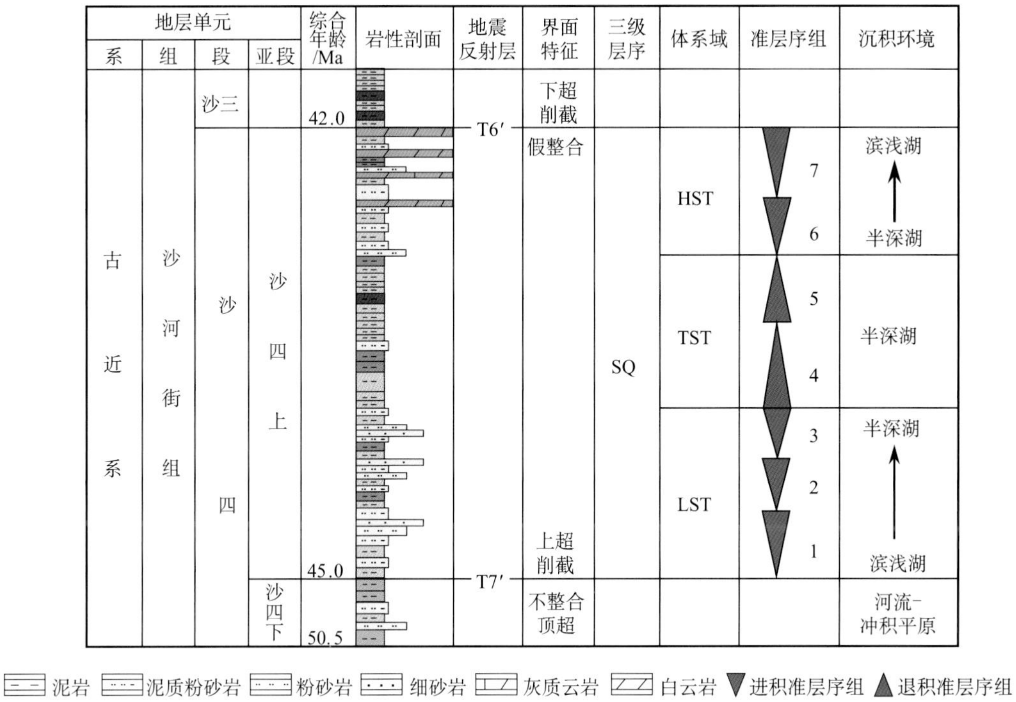

地层单元				综合年龄/Ma	岩性剖面	地震反射层	界面特征	三级层序	体系域	准层序组	沉积环境
系	组	段	亚段								
古近系	沙河街组	沙三		42.0			下超削截				
						T6′	假整合		HST	7	滨浅湖
		沙四	沙四上					SQ		6	半深湖
									TST	5	半深湖
										4	
									LST	3	半深湖
										2	
				45.0			上超削截			1	滨浅湖
			沙四下			T7′	不整合顶超				河流-冲积平原
				50.5							

图例：泥岩　泥质粉砂岩　粉砂岩　细砂岩　灰质云岩　白云岩　▼进积准层序组　▲退积准层序组

图 4-29　东营凹陷沙四上亚段层序地层划分（李国斌，2009）

HST. 高位体系域；TST. 湖侵体系域；LST. 低位体系域

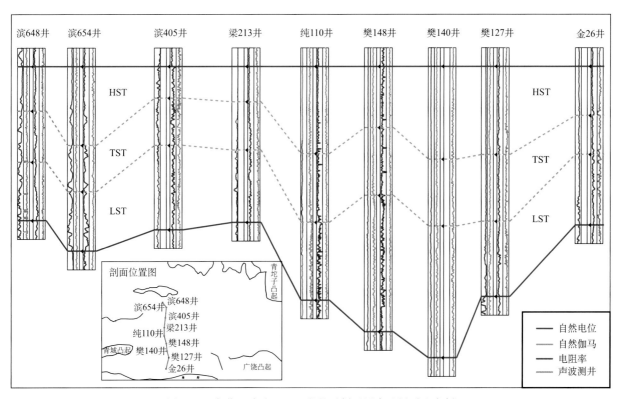

图 4-30　东营凹陷沙四上亚段骨干剖面层序地层对比实例

4.3　东营凹陷沙四上亚段沉积相类型

根据岩心观察、测井曲线形态、岩相组合分析，结合前人已有的研究成果，研究并总结了东营凹陷沙四上亚段沉积相类型。首先以单井为单位，在点上进行相标志的识别，确定了研究区主要的沉积相类型，然后选取了一条骨干剖面，并且通过砂地比等值线、砂岩等厚线依次确定了线、面上各沉积相的分布范围，进一步在风场-物源-盆地系统内研究各控制要素对各沉积相类型的控制。东营凹陷古近系沙四上亚段沉积相类型及其分布的大致位置见表 4-2。

表 4-2　东营凹陷沙四上亚段沉积相划分简表（参照井位图 4-1 与构造纲要图 4-2）

相	亚相		发育井位	层序位置	平面位置
扇三角洲	平原、前缘、前扇三角洲		单 142 井、滨 654 井等	LST、TST、HST	西段北部，滨县凸起南坡
三角洲	前缘、前三角洲		高 32 井、花 17 井等	LST、TST、HST	南部东西两侧，凹陷轴向边缘
水下扇	扇根、扇中、扇端		利 98 井、坨 167 井、盐 227 井等	LST、TST、HST	北部，陈南断裂下降盘
砾质滩坝	—		金 22 井、金 25 井等	LST、TST、HST	南部西侧，鲁西隆起北侧
砂质滩坝	滩	外缘滩	樊 129 井、樊 148 井等	LST、TST、HST	南部博兴洼陷、八面河地区、利津洼陷西侧
		坝间滩	高 893 井等		
		沿岸滩	博 104 井、高 890 井等		
	坝	沿岸坝	金 22 井、金 25 井等	LST、TST、HST	
		近岸坝	樊 135 井、博 104 井等		
		远岸坝	樊 143 井、樊 137 井等		
风暴沉积	—		滨 670 井、利 672 井、王 58 井等	LST、TST	利津洼陷、牛庄洼陷
灰岩滩	灰岩滩		滨 182 井等	HST	平方王地区
生物碎屑滩坝	—		滨 706 井、滨 433 井等	HST	平方王地区
湖泊	滨浅湖		—	LST、TST、HST	全区
	半深湖		—		
	深湖		—		

以下重点介绍扇三角洲相、水下重力流相、三角洲相、滨浅湖滩坝相、碳酸盐岩滩坝相、风暴沉积相、半深湖-深湖细粒沉积相，并以体系域为单位研究它们在层序格架内的发育特征。

4.3.1　扇三角洲

扇三角洲沉积体系主要发育于滨县凸起南坡地区。根据岩相组合、测录井特征，其岩相组合表现为一套由中-细砾岩、含砾砂岩及粗砂岩为主与灰绿色泥岩、灰色泥岩、深灰色泥岩组成的向上变粗的反旋回结构（图 4-31、图 4-32）。在地震剖面上为楔形反射结构。扇三角洲平原少量保存，主要保存了扇三角洲前缘沉积和前扇三角洲沉积。

1. 扇三角洲平原亚相

扇三角洲的水上沉积部分，由于遭受剥蚀作用，研究区内保存较少。保存下来的岩相组合主要为中-细砾岩、粗-细砂岩夹灰绿色泥岩构成的正旋回，偶尔可见紫红色泥岩。扇三角洲平原可进一步划分为泥石流沉积和辫状河道沉积。

图 4-31　扇三角洲沉积岩心特征

(a) 单 149 井，1698.8m，砾石杂乱排列；(b) 滨 654 井，2896m，顶部砾岩，底部波纹层理；(c) 滨 654 井，2895m，灰色砂岩，顶部含细砾，反粒序层理；(d) 滨 687 井，3335.3m，滑塌变形；(e) 滨 668 井，3267.4m，水平层理；(f) 滨 668 井，3229.1m，深灰色泥岩、鱼骨化石

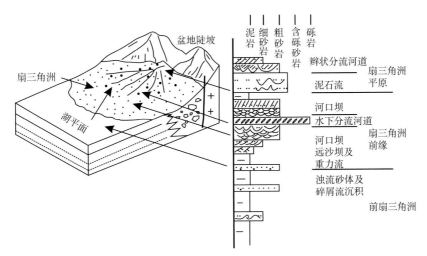

图 4-32　东营凹陷扇三角洲沉积模式及序列（冯有良等，2006）

1）泥石流沉积

　　泥石流沉积以块状中、细砾岩为主，砾石直径（a 轴）可达 100 mm，一般为 2～70mm。砾石或直立，或倾斜，或扁平，排列杂乱无章，次圆状-圆状 [图 4-31(a)]，指示了距物源区有一定的距离。砾石有泥砾、花岗岩砾和变质岩砾，以砂质泥岩作基质。

2）辫状河道沉积

辫状河道沉积常与泥石流伴生。主要为含砾砂岩与砂岩组成的正旋回结构。底界面为冲刷面，冲刷面一般为含砾粗砂岩，砾石多为次棱角状-次圆状，并且具有定向排列的特征，构成辫状河道底部砾石层。发育正粒序层理的砂岩构成辫状河道沙坝沉积，可见大块的、炭化的植物茎。

2. 扇三角洲前缘亚相

扇三角洲前缘亚相以由厚层的（含砾）砂岩、粉砂岩夹泥岩组成的反旋回为特征。据其内发育的岩相组合和沉积构造特征，可进一步分为水下辫状河道、分流间湾、河口坝、席状砂、滑塌沉积 [图4-31（b）～（f）]。

1）水下辫状河道

水下辫状河道为扇三角洲平原辫状河道在水下的延伸。岩性以灰色、灰绿色的含砾砂岩、粗-中砂岩为主，构成正旋回结构。底界面为冲刷面 [图4-31（b）]，其上可发育呈定向排列的细砾岩，以及平行层理、交错层理的含砾砂岩、粗-中砂岩。

2）水下辫状河道间（分流间湾）

水下辫状河道间为水下辫状河道之间的洼地，与湖相通。沉积作用以悬浮沉降为主，岩性主要为深灰色、深灰绿色的粉砂质泥岩、泥岩、灰质泥岩，发育水平层理和小型砂纹层理 [图4-31（e）]，反映为弱还原-还原环境，并且可见个体较大的生物遗体 [图4-31（f）]。

3）河口坝

辫状河道入湖之后，携带的砂质由于流速降低而在河口处沉积下来而形成。表现为中厚层含砾砂岩、细-粗砂岩构成的向上变粗结构 [图4-31（c）]，发育交错层理、波纹层理、块状层理等，顶部常以冲刷面结束。

4）席状砂

先期形成的水下辫状河道、河口坝等沉积物在波浪作用下发生横向迁移并连接成片，形成了席状砂。岩性主要为灰色细砂岩，主要的沉积构造有波纹层理、浪成沙纹层理等，可见高角度生物潜穴和碳屑，反映较浅水的沉积。

3. 前扇三角洲亚相

前扇三角洲沉积主要为深灰色泥岩和粉细砂质泥岩，可见水平层理。偶尔可见滑塌成因的浊积砂体，包裹在前扇三角洲深灰色泥岩之中。构成前扇三角洲亚相的细粒沉积与正常沉积的半深湖泥岩不易区分。

4.3.2　水下重力流

东营凹陷北部边界断层包含了利津断裂、陈南断层和胜北断层，在凹陷北部形成了地形高差大、近物源的古地理特征，而在断层下降盘地区形成深水环境，同时该时期半干旱-湿热的气候有利于母岩的机械风化，物源供给充沛，发育了近源的近岸水下扇、湖底扇等砂砾岩扇体。岩性主要为暗色泥岩及灰色-深灰色的粉-细砂岩、中-粗砂岩、含砾砂岩等。砾石成分复杂、大小不均、次棱角状-次圆状、分选差 [图4-33（a）]，成分成熟度和结构成熟度低。

(a)　　　　　　　　　　　　　　　　(b)　　　　　　　　　　　　　　　　(c)

图 4-33　近岸水下扇岩心特征

（a）利 98 井，3434.0m，杂基支撑砂砾岩，砾石分选差，无定向；（b）利 98 井，3277.8m，含砾粗-中砂岩，正粒序，
底部冲刷面；（c）利 98 井，3428.4m，深灰色粉砂岩-粉细砂岩

1. 近岸水下扇

近岸水下扇发育在盆地北部的控盆断裂——陈南断层下降盘。可进一步分为内扇、中扇、外扇三个部分。其中，内扇以厚层块状的砂砾岩为主，砾石排列杂乱［图 4-33（a）］，为碎屑流域高密度浊流沉积的产物，发育主水道；中扇由含砾粗-中砂岩组成，常见粒序层理、平行层理及底冲刷构造［图 4-33（b）］，为辫状水道的主要发育区，水道的迁移造成垂向上以冲刷面分隔的、相互叠置的砂岩层，中间无或少泥质夹层，总体上以砂砾质高密度浊流沉积为特色；外扇主要由泥岩夹薄层粉砂岩、粉细砂岩构成，砂层可显平行层理、水流沙纹层理［图 4-33（c）］，以低密度浊流沉积序列为主。

2. 湖底扇

湖底扇在胜北断层下降盘广泛发育（刘晖和王升兰，2010；远光辉等，2012）（图 4-34），由近岸水下扇在重力、地震、洪水等因素的触发下而形成。湖底扇的近源部分岩性主要为一套杂基支撑的块状混杂砾岩，分选差（刘晖和王升兰，2010），构成重力流主水道沉积；中扇主要由含砾砂岩、块状砂岩夹薄层泥岩组成，发育递变层理、变形层理，主要为辫状水道和水道间沉积。辫状水道以冲刷底面为特征，水道间主要沉积较细粒沉积物，多见不完整的鲍马序列、沙纹交错层理、软沉积物变形等构造，中扇构成了湖底扇的主体部分；外扇位于湖底扇的远端部位，主要由细粒沉积组成，以暗色泥岩夹薄层粉砂岩、细砂岩为特征，发育水平层理。总体自下而上内扇、中扇、外扇依次叠加，多表现为由粗变细的正旋回（刘晖和王升兰，2010）。

3. 沟道浊积岩

发育在边界断层下降盘的断槽中（刘晖和王升兰，2010）（图 4-34）。沟道浊积岩以砂岩、含砾砂岩夹薄层泥岩为主，发育（叠置的）递变层理、滑塌变形构造和泥岩撕裂屑等反映水下重力流成因的沉积构造，是沉积物进一步向半深湖-深湖区搬运的通道，往往连接了近源的近岸水下扇与远源的湖底扇，形成近岸水下扇-沟道浊积岩-湖底扇的复合沉积。

4.3.3　三角洲

东营凹陷三角洲沉积体系局限在博兴洼陷西北部的青城凸起、凹陷南斜坡地区东部的广饶凸起及其周边向湖一侧。根据前人的研究（田继军和姜在兴，2009；Jiang et al.，2011；杨勇强等，2011），角 3、角 6、角 22、莱 5、面 1、面 3、面 18、面 13、高 21、樊 121 等井区在研究层位钻遇了三角洲沉积（参照井位图 4-1），以三角洲前缘为主。主要岩性为灰色细砂岩、粉砂质细砂岩夹泥岩，分选、磨圆较好，发育平行层理、交错层理、透镜状层理、波纹层理、脉状层理等沉积构造，岩性序列表现为向上变粗的反粒序；在测井曲线上表现为箱形、漏斗形等（图 4-35）。

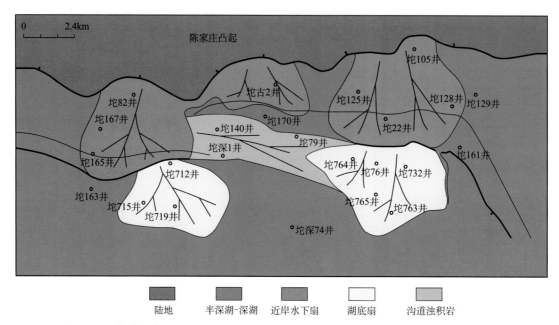

图 4-34　东营凹陷胜坨地区沙四上亚段沉积相平面分布特征（刘晖和王升兰，2010）

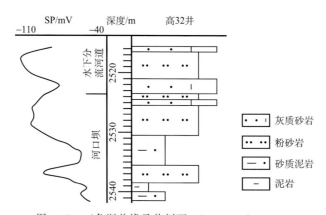

图 4-35　三角洲前缘录井剖面（Jiang et al.，2011）

　　东营凹陷沙四上亚段的低位体系域、湖侵体系域和高位体系域均识别出了三角洲前缘的发育（田继军和姜在兴，2009），并可以进一步划分为水下分流河道、河口坝、席状砂等。其中，水下分流河道以冲刷底面及其上的含砾砂岩充填为特征，呈向上变细的正粒序，自然电位曲线表现为钟形或齿化钟形；与水下分流河道相比，河口坝砂岩分选明显变好，以中-细砂岩为主，常以向上变粗的反序为典型特征，在自然电位曲线上表现出特征明显的漏斗形或齿化的漏斗形（图 4-35）。河口坝与水下分流河道常伴生出现（图 4-35）。

4.3.4　砂砾质滩坝

　　滩坝砂体是滨浅湖地带常见的砂体类型，是滩砂和坝砂的总称。东营凹陷古近系沙四上亚段尤其是低位体系域时期古地貌平缓，物源充沛，在物源、波浪的共同作用下，滩坝大面积发育。

1. 砾质滩坝

在博兴洼陷靠近鲁西隆起处的沿岸带，发育砾质滩坝（李国斌，2009）。岩性主要为中砾岩、含砾粗砂岩，砾石直径（a 轴）一般为 2～30 mm，次圆状-圆状 ［图 4-36(a)］。岩石中保存有较为完整的贝壳化石及螺化石层 ［图 4-36(b)］。在测井曲线常表现为齿化箱形或齿化漏斗形 ［图 4-36(c)］。

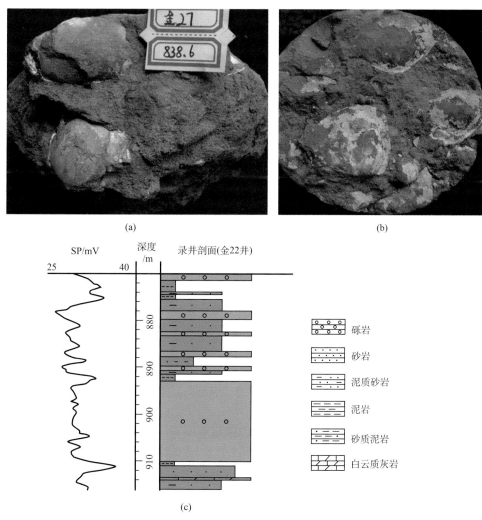

(a)　　　　　　　　　　　　　　　　(b)

(c)

图 4-36　砾质滩坝特征

（a）砾石，次圆状-圆状，金 27 井，838.6m；（b）双壳类生物遗体化石，金 27 井，839.6m；
（c）砾质滩坝典型测录井剖面，金 22 井

2. 砂质滩坝

东营凹陷沙四上亚段低位体系域时期，发育大面积砂质滩坝（Jiang et al.，2011，2014），主要分布在博兴洼陷、牛庄洼陷东南部、利津洼陷西部、利津洼陷向博兴洼陷过渡区的中央凸起带。本书研究重点以岩心、测录井为主，从滩坝岩心的岩性组成、沉积构造（图 4-37）、粒度分析、录井测井响应（图 4-38）等方面对滩坝特征进行了总结，进行了水动力学机制解释。通过对不同分布位置取心井的岩心观察，首先区分出了滩砂与坝砂，并进一步根据水动力学机制与岩性、结构，分别对滩砂与坝砂进行了更细的划分。如下是对滩砂和坝砂的沉积特点的阐述。

图 4-37   东营凹陷沙四上亚段滩坝典型岩心照片

(a) 平行层理砂岩, 樊 143 井, 3115.1m; (b) 冲洗交错层理砂岩, 樊 143 井, 3117.3m; (c) (板状) 交错层理砂岩, 樊 143 井, 3117.25m; (d) 浪成沙纹层理砂岩, 樊 137 井, 3168.5m; (e) 浪成沙纹层理砂岩, 樊 137 井, 3168.75m; (f) 波纹交错层理泥质砂岩, 樊 143 井, 3117.45m; (g) 透镜状层理, 含垂直生物潜穴, 樊 143 井, 3110.95m; (h) 透镜状层理, 王 125 井, 2781.8m; (i) 透镜状层理, 博 901 井, 2466.1m; (j) 波痕, 王 125 井, 2784.3m; (k) 波痕, 滨 666 井, 3065.5m; (l) 波痕, 樊 119 井, 3298.7m; (m) 双壳类生物碎屑层, 王 26 井, 1686.2m; (n) 双壳类生物碎屑层, 角 5-9 井, 1325.9m; (o) 植物根、茎碳屑, 滨 425 井, 2601.2m

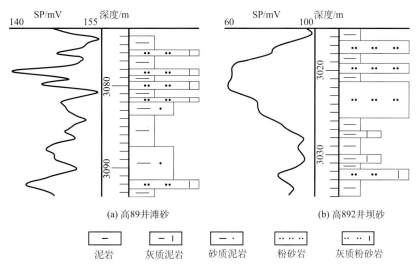

图 4-38　东营凹陷沙四上亚段砂质滩坝沉积特征（Jiang et al.，2011）

1）滩砂

滩砂主要岩性为粉-细砂岩，少量泥质粉砂岩，偶尔可见砾石；典型的层理构造有波状-微波状层理、冲洗交错层理、透镜状层理和浪成沙纹层理等，主要层面构造是波痕构造，常见密集的碳屑层或植物根、茎、叶，以及保存完整的生物化石，如螺化石，生物潜穴发育；测井曲线主要表现为高-中幅薄指状［图 4-38(a)］；砂体之间的泥岩夹层颜色既有反映浅水或间歇性暴露环境的浅灰色、灰色、灰绿色或杂色甚至红色，也有反映较深水的深灰色，单砂层厚度通常小于 2m。粒度概率曲线多以跳跃＋悬浮两段式为主，但也有的滩砂含有较粗的组分，形成滚动搬运次总体。

2）坝砂

坝砂通常包围于滩砂中，岩性整体较滩砂粗，主要为中-细砂岩、粉砂岩，少量含砾砂岩；主要沉积构造有平行层理、楔状层理、波状层理、透镜状层理和块状层理等，层面构造有浪成波痕、剥离线理等，可含少量碳屑，生物化石少见；单砂层厚度大于滩砂，测井曲线主要表现为齿化漏斗形、齿化箱形或宽幅较厚指形［图 4-38(b)］；泥岩颜色常见反映较深水的深灰色，也可见灰绿色，颜色比较均匀；粒度概率曲线多以跳跃＋悬浮两段式为主，也有少量呈滚动＋跳跃＋悬浮三段式，但滚动组分含量少，一般为 1%～5%。

滩砂与坝砂的总体对比见表 4-3。

表 4-3　滩砂和坝砂的区别（田继军和姜在兴，2009，有修改）

识别标志	滩砂	坝砂
单砂体厚度	单层厚度较薄，垂向上频繁互层	单组坝砂厚度较大，垂向上互层频率较低
展布面积	一般平行岸线分布，呈较宽的席状，分布面积大，坝间为滩	坝砂多呈长条状，平行或斜交岸线分布
典型层理	波状复合层理、浪成砂纹层理、透镜状层理、波痕，若在冲浪回流带内可发育冲洗交错层理	平行层理、槽状、板状交错层理、浪成砂纹层理、波痕
测井曲线特征	中高幅较薄指形、尖刀状	中高幅漏斗形
植物化石	植物碎片发育，碳屑可成层分布	植物化石少

3) 东营凹陷滩坝平面组合特征与模式

波浪产生后即向岸传播，在传播至浪基面以浅的范围内，波浪将发生一系列的变化，依次为波浪遇浅、破浪、重生-破碎、碎浪、冲浪。根据沙坝的成因机制，沙坝形成于沉积物集中的破浪线与岸线，而在波浪遇浅带、波浪重生带、冲浪回流带则主要发育滩，在平面上，滩主要以席状的形式包围于沙坝周围，即"坝间和坝外为滩"（图4-39）。

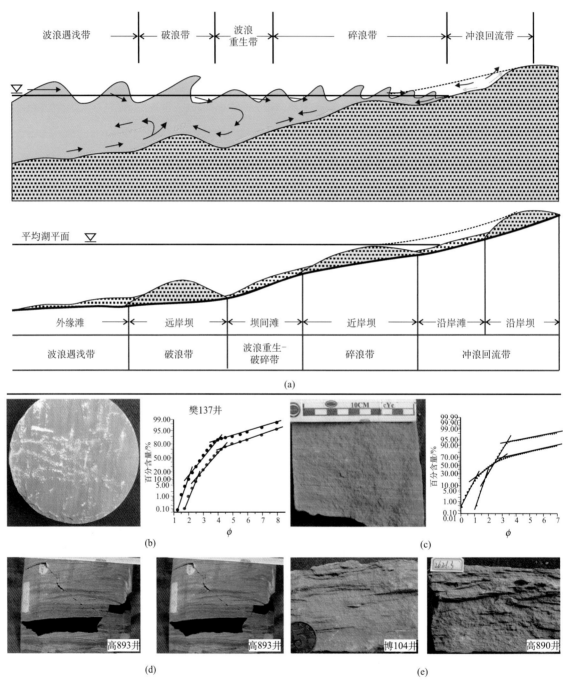

图 4-39　东营凹陷沙四上亚段滩坝微地貌单元划分及其特征

（a）滨岸水动力分带与对应的滩坝微地貌分布模型；（b）远岸坝岩心与粒度特征；

（c）近岸坝岩心与粒度特征；（d）坝间滩岩心特征；（e）沿岸滩岩心特征

滩坝的差异除了体现在滩砂与坝砂的不同之外，不同位置的坝砂（或滩砂）由于其形成于不同的波浪作用带，而不同的波浪带内水动力特征不同，形成的沉积物结构、构造也不尽相同。按照滩、坝发育位置与沉积特征的不同，可建立东营凹陷滨岸地区水动力分带与滩坝的分布模型（图 4-39）。

（1）沿岸坝。发育于岸线附近，由于近源物源，以及波浪的不对称性倾于将粗碎屑向岸搬运，因此，东营凹陷沙四上亚段沿岸坝主要由砾石组成（图 4-36）。代表井位：金 21 井、金 22 井、金 25 井、金 26 井（参考井位图 4-1）。

（2）远岸坝。远岸坝形成于破浪带，即波浪首次破碎的地方。在这里波浪消耗了大部分的能量，水动力强，可形成平行层理砂岩。在破浪带，沉积物在向岸流与离岸流的搬运下向破浪线汇聚而成，由粒度、比重类似的沉积物组成，沉积物分选较好，因此在粒度概率曲线上，斜率较陡，多由跳跃＋悬浮组分构成[图 4-39(b)]。代表井：樊 137 井、樊 143 井等（参考井位图 4-1）。

（3）近岸坝。近岸坝形成于碎浪带，或者是小波浪天气下（好天气）的破浪带，波浪尺度小，能量较远岸坝偏弱。破浪在传播过程中，其波形不对称性会将粗碎屑向岸方向搬运，因此，与远岸坝相比，在近岸坝沉积物中，多了滚动组分[图 4-39(c)]，沉积物分选整体上也比远岸坝差。代表井：樊 135 井、高 890 井等（参考井位图 4-1）。

（4）坝间滩。坝间滩形成于远岸坝与近岸坝之间，由波浪首次破碎的重生振荡波形成，能量较低，沉积物细，沉积构造以高泥质含量的波纹层理为主[图 4-39(d)]。代表井：高 893 井等（参考井位图 4-1）。

（5）沿岸滩。形成于冲浪回流带，波能在此消耗殆尽。这里有碎浪借惯性力作用形成的进浪和减速回流，水动力作用强且对沉积物进行反复的冲洗，形成高能的沿岸滩。典型的沉积构造为低角度交错层理[图 4-39(e)]。代表井：博 104 井、高 890 井、王 26 井等（参考井位图 4-1）。

除了滨岸带坝间的滩砂之外，波浪在传播过程中，遇到水下隆起，波能由于触底而衰减，携带而来的沉积物将发生沉积，并在波浪的作用下形成波纹，也具有水下沙滩的特征。在东营凹陷沙四段的中央隆起区就发育了这种成因的滩坝砂体（李国斌，2009）。

4.3.5　碳酸盐岩滩坝

东营凹陷西部沙四上亚段高位域准层序组 6 和准层序组 7 时期，在平方王潜山披覆构造带隆起处和博兴洼陷与牛庄洼陷之间的部分井区发育碳酸盐岩滩坝沉积，分布面积小。这些地区一般在相对远离物源的隆起区。岩性主要为礁灰岩、灰岩、白云质灰岩、藻丘灰岩，由湖内生物、鲕粒、内碎屑等碳酸盐岩物质组成（李国斌，2009），部分地段发育角砾状灰岩、鲕状灰岩（李国斌，2009）。

例如，滨 182 井为一口典型的碳酸盐岩滩坝岩心井（图 4-40，参考井位图 4-1），位于东营凹陷西部尚店-平方王潜山披覆构造带平方王构造东翼（图 4-2）。通过对取心资料的观察，滨 182 井分别在 1631.4～1637.0m 段和 1640.3～1650.0m 段发育了油侵的生物礁灰岩和典型的碳酸盐岩滩坝沉积。

东营凹陷西部沙四上亚段沉积时期，局部井区也发育少量生物碎屑滩坝，其中的生物碎屑主要为介形虫，常与灰岩、泥灰岩、白云质灰岩互层，单层厚度一般小于 2m，分布范围局限，局部地段生物灰岩孔洞发育并含油（李国斌，2009）。

从层序分层来看，研究区的碳酸盐岩滩坝主要发育在高位体系域，前人将其解释为该时期内，陆源碎屑缺乏，有利于碳酸盐岩滩坝的形成（李国斌，2009）。

4.3.6　风暴沉积

在风暴作用下，湖泊中不仅仅产生大规模的波浪，湖水还会发生晃动，造成湖水振荡。湖水振荡的形成是由于受到来自某一方向的风暴的持续作用，在湖泊的迎风侧形成壅水，湖面抬升；相反地，在湖泊的背风一侧湖面下降。当风暴作用减弱，湖水反方向运动，形成湖水振荡，直至恢复水平。湖水的这种运动会侵蚀、再悬浮滨岸带沉积物，并随湖水振荡被携带至深水区沉积并保存下来，形成风暴沉积。

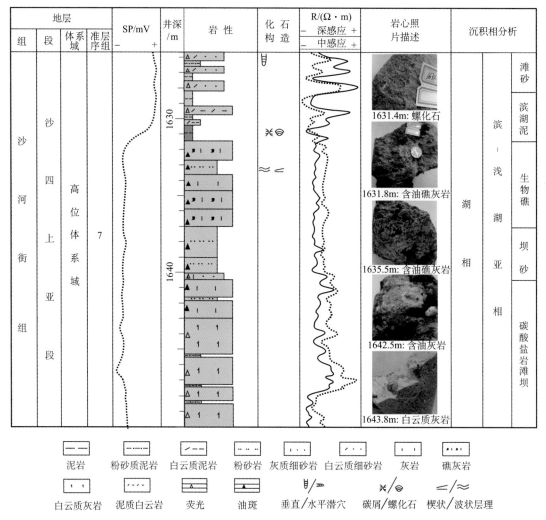

图 4-40　滨 182 井岩心单井相分析（李国斌，2009）

　　钻测井资料中，东营凹陷沙四上亚段在利津洼陷中部地区显示深灰色泥岩背景下发育的大量薄互层，且发育大量的冲刷、变形构造及丘状交错层理，已明显不再处于滨湖相带，而是更深的水体环境。经分析认为在上述背景下发育的薄互层是由于风暴浪作用而形成，主要依据有：①泥岩颜色普遍较深，呈深灰色；②具有反映深水的冲刷构造，如泥岩撕裂屑、渠模等；③具有反映风暴作用的丘状交错层理、截切构造等；④具有准同生变形构造，如重荷模、揉皱变形等；⑤具有反映快速堆积的块状砂岩、生物逃逸构造等；⑥在岩相组合方面，由下到上依次为块状（粉）砂岩（可见正粒序）、平行层理（粉）砂岩、丘状交错层理（粉）砂岩、不对称-对称波纹层理（粉）砂岩、泥岩，指示了重力流—单向流—复合流—振荡流的水动力变化过程（图 4-41）。

　　研究区的风暴沉积岩性以粉砂岩、泥质粉砂岩为主，少量细砂岩，常含泥砾。沉积构造有反映冲刷作用的底冲刷面，并伴随渠模等工具痕、反映重力流的变形构造、反映单向水流的平行层理、反映单向水流与振荡流复合的浪成沙纹层理、反映振荡水流的正弦波纹层理与丘状层理，以及反映悬浮沉积的深灰色泥岩，它们在垂向上呈特定的顺序产出，构成了似鲍马序列（图 4-42）。偶尔可见碳屑层或植物根、茎、叶，具有生物逃逸现象。测井曲线主要表现为薄指形密集组合、齿化钟形、单砂层呈高-中幅薄指状或"尖刀状"。泥岩颜色主要为反映较深水的深灰色；粒度概率曲线多表现为多跳一悬式，反映风暴沉积形成受到复杂的水动力作用。

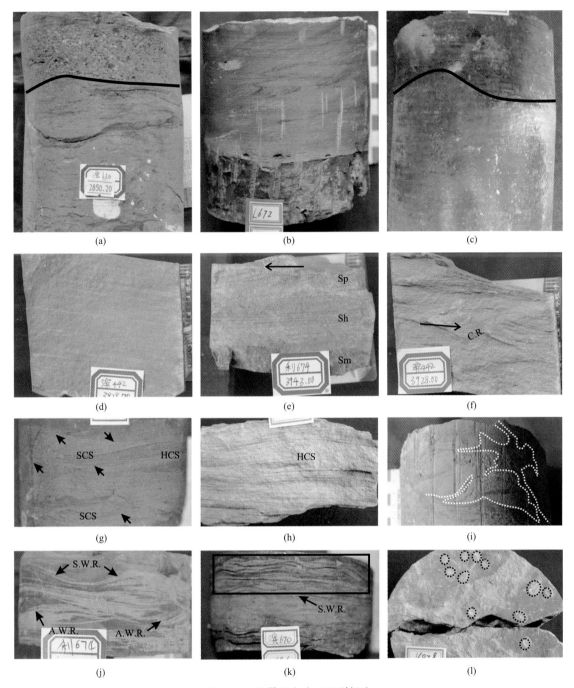

图 4-41　风暴沉积岩心识别标志

（a）冲刷面与滞留沉积，滨 660 井，2850.2m；（b）渠模构造与泥岩撕裂屑，利 672 井，4132.5m；（c）截切构造，滨 666 井，3097.3m；（d）平行层理砂岩，滨 442 井，3929.7m；（e）块状砂岩-平行层理砂岩-板状交错层理砂岩，利 674 井，3943m；（f）爬升层理，滨 442 井，3928m；（g）丘状-洼状交错层理砂岩，滨 670 井，3282m；（h）丘状交错层理砂岩，滨 182 井，1684.5m；（i）变形构造，滨 440 井，3848.15m；（j）不对称-对称波状纹层，利 674 井，4072.49m；（k）对称波状纹层，泥质砂岩，滨 670 井，3268.6m；（l）垂直生物潜穴，滨 182 井，1687.8m。Sp. 板状交错层理砂岩；Sh. 平行层理砂岩；Sm. 块状砂岩；C. R. 爬升层理；HCS. 丘状交错层理；SCS. 洼状交错层理；S. W. R. 对称波状纹层；A. W. R. 不对称波状纹层

图 4-42　风暴沉积的似鲍马序列（Wang et al.，2015）

　　从单井沉积相分析和层序分层看，风暴沉积主要发育在低位体系域晚期，这是因为该时期，湖水范围开始扩大，水体能量增加，同时沉积物（扇三角洲）持续进积，可以提供充足的物源，在风暴作用下，更易形成风暴沉积。在平面分布方面，从近源到远源，滨县凸起南坡的风暴沉积表现出不同的沉积特征（图 4-43）：近源风暴沉积粒度偏粗（细砾-细砂），主要表现为重力流-单向流-复合流沉积序列，其中重力流与单向流作用更加显著；远源风暴沉积粒度较细（细砂），主要受到重力流与单向流作用的控制，波浪成因的振荡流形成的沉积构造少见；位于二者之间的过渡区风暴沉积，表现为完整的似鲍马序列（Wang et al.，2015）。

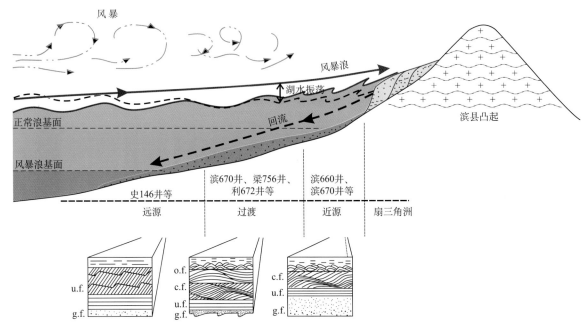

图 4-43　风暴沉积成因模式图（Wang et al.，2015）
o. f. 为振荡流；c. f. 为复合流；u. f. 为单向流；g. f. 为重力流

4.3.7　细粒沉积（半深湖-深湖）

除了砂砾质等相对浅水的沉积体系，东营凹陷沙四上亚段时期还发育了广阔的半深湖-深湖沉积，以细粒岩为特征（粉砂以细的沉积物）（吴靖，2015）。吴靖（2015）通过对研究区凹陷中央牛页 1 井、樊页 1 井和利页 1 井的岩心（井位图参考图 4-1）、薄片观察及 X 衍射分析资料，以岩石成分（将粉砂、黏土及碳酸盐岩作为三端元）为基础，结合成因、沉积特征、TOC 等，将研究区的细粒岩相划分为 12 种（表 4-4）。

表 4-4　东营凹陷沙四上亚段细粒岩类别（吴靖，2015）

大类	类别	
粉砂岩（Ⅰ型）	滩坝粉砂岩（I_1 型）	
	浊积块状粉砂岩（I_2 型）	
碳酸盐岩（Ⅱ型）	高有机质页状灰岩（II_1 型）	
	中有机质页状灰岩（II_2 型）	
	低有机质页状灰岩（II_3 型）	
黏土岩（Ⅲ型）	高有机质页状黏土岩（III_1 型）	
	中有机质页状黏土岩（III_2 型）	
	低有机质页状黏土岩（III_{3-1} 型）	
	低有机质块状黏土岩（III_{3-2} 型）	
	低有机质页状膏质黏土岩（III_{3-3} 型）	
混合细粒岩（Ⅳ型）	页状碳酸盐型混合细粒岩	页状灰质混合细粒岩（IV_1 型）
		页状云质混合细粒岩（IV_2 型）

吴靖（2015）进一步用碳酸盐补偿深度（CCD）和溶跃面的概念建立了研究区的细粒岩岩相沉积模式（图 4-44）：①CCD 以下，碳酸盐溶解速率大于供给速率，呈欠饱和状态。此时矿物成分以黏土为主。水体的强还原性使得有机质得以保存，安静的水体环境下发育了水平的页理。因此，岩相以深湖相高有机质页状黏土岩为主。②CCD 之上，碳酸盐溶解速率与供给速率持平，呈现半沉淀-半溶解状态。矿物成分以碳酸盐岩含量增加。水深较大，水体呈还原性，有机质含量较高，细粒岩发育页理。随着水深的减小，会受一定程度的陆源碎屑及水体扰动的影响，偶尔具有微波状起伏。根据沉积时水体的深浅，自下而上依次发育半深湖相高有机质页状灰岩、中有机质页状黏土岩、页状灰质混合细粒岩、中有机质页状灰岩。③溶跃面之上的沉积区，碳酸盐供给速率大于溶解速率而呈现过饱和状态。矿物成分中以碳酸盐岩为主，夹有少量黏土及陆源碎屑物质。水体浅而呈弱还原性，有机质供给低且不易于保存。受陆源碎屑及水体动力的影响较明显，细粒岩纹层呈波状起伏，偶发育页理。自下而上岩相以浅湖相页状云质混合细粒岩、低有机质页状黏土岩、低有机质页状灰岩为主。④当气候干旱时，受蒸发作用影响发育膏质沉积。有机质含量低，细粒岩发育页理，但纹层起伏较大。岩相以滨湖相低有机质页状膏质黏土岩为主。伴随陆源输入的增大，细粒岩中石英与长石含量增大，岩相以滩坝砂岩、三角洲前缘席状砂等为主（吴靖，2015）。

4.3.8　沉积体系格架

1. 剖面沉积体系格架

在此用一张骨干连井剖面：金 22 井-樊 127 井-樊 140 井-樊 148 井-纯 108 井-梁 218 井-利 57 井-陈家庄凸起连井沉积相对比剖面，来简要说明研究区的沉积体系分布（图 4-45）。

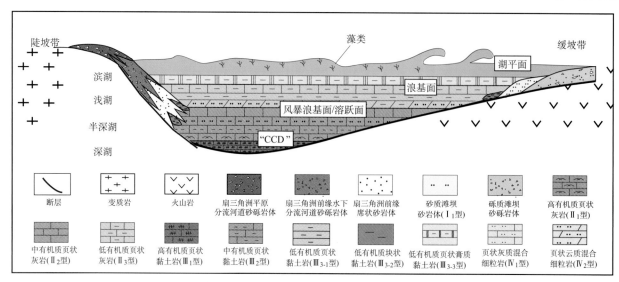

图 4-44　东营凹陷沙四上亚段岩相沉积模式图（吴靖，2015）

　　该剖面近南北走向，由南向北，依次连接了靠近鲁西隆起根部的金 22 井、博兴洼陷内的樊 127 井-樊 140 井-樊 148 井、利津洼陷与博兴洼陷之间的纯化-草桥鼻状构造低凸起带上的纯 108 井-梁 218 井、利津洼陷内的利 57 井，一直到北部的陈家庄凸起，经过了东营凹陷西部的所有构造单元，跨越了整个东营凹陷。能够展示东营凹陷西部沙四上亚段沉积体系的分布特征、垂向演化以及各种沉积相类型的空间分布关系，具有一定的代表性。

　　从剖面来看，在地层厚度方面，由南向北地层厚度整体上是增厚的趋势，表明东营凹陷北陡南缓的宏观古地貌特征，但在博兴洼陷与利津洼陷之间中央凸起带地层厚度明显变薄，即博兴洼陷与利津洼陷由其之间的中央低凸起分隔。其中，南侧的博兴洼陷地层厚度较小，井间地层厚度相差较小，表明当时湖底地形相对平缓，起伏变化小，整体水深较浅；而利津洼陷井间地层厚度差别大，表明湖底地形起伏变化剧烈，向北快速变陡进入深洼区。

　　该剖面包含了砾质滩坝、砂质滩坝、风暴沉积、水下重力流和滨浅湖及半深湖-深湖细粒岩沉积。砾质滩坝主要发育在鲁西隆起北侧，在低位体系域、湖侵体系域、高位体系域时期均有发育，解释为近源的呈裙带状分布的冲积扇受波浪改造而成（李国斌，2009）。砂质滩坝在博兴洼陷、中央低凸起带和利津洼陷都有发育，分布范围广，尤其是在博兴洼陷，几乎满盆发育砂质滩坝。砂质滩坝主要发育在滨浅湖广阔展布的低位体系域时期，湖侵体系域和高位体系域时期随着水体的加深、滨浅湖范围退缩，只少量发育。水下重力流发育在利津洼陷北部陈家庄凸起前、靠近陈南断层下降盘，由近岸水下扇、沟道浊积岩、湖底扇组成，在低位体系域、湖侵体系域、高位体系域均有发育。另外，在利津洼陷利 57 井区低位体系域晚期（LST-3），发育风暴沉积。

2．平面沉积相分析

1）低位体系域沉积相

　　从砂地比等值线（图 4-46）、砂岩厚度等值线（图 4-47）可以看出，砂岩的高值区位于北部边界断层下降盘、南部鲁西隆起北坡、盆地轴向的青城凸起两侧及青坨子凸起与广饶凸起之间。整体上，在陈家庄凸起南侧一线向南，砂地比陡降（从大于 70％急剧降低到 0）、砂岩厚度也急剧降低（从大于 80m 急剧降低到 0）、泥岩含量陡增，指示了水深的加大，一定程度上反映了陈南边界控盆断裂下降盘坡度较陡，因此该处的利津洼陷东部、民丰洼陷处于东营凹陷的深洼区；在研究区其他区域，砂岩含量从凹陷边缘（砂地比＞50％，砂岩厚度约 50m）向凹陷中央（砂地比 40％～10％，砂岩厚度 20～10 m）总体呈现缓慢递减的趋势，局部发育砂岩含量的高值区（砂岩累计厚度可达 40～50 m），多呈条带状或土豆状。

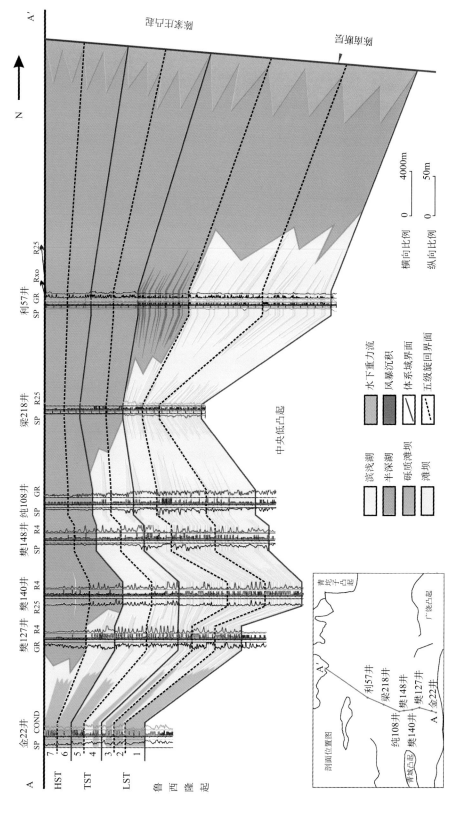

图 4-45　金 22 井-樊 127 井-樊 140 井-樊 148 井-纯 108 井-梁 218 井-利 57 井-陈家庄凸起连井沉积相对比剖面

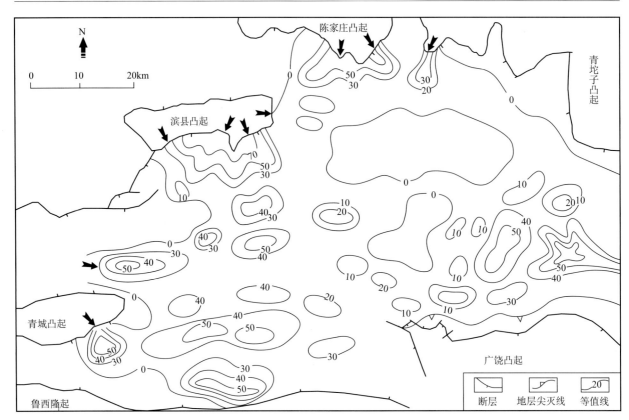

图 4-46　低位域砂地比等值线图

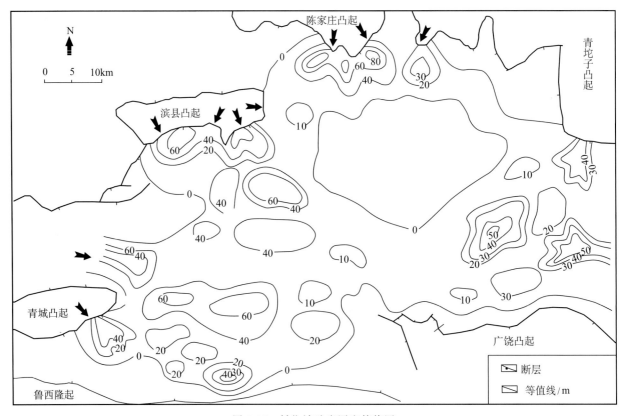

图 4-47　低位域砂岩厚度等值图

　　根据砂地比等值线结合对研究区构造背景与沉积背景的调查，进行平面相分析（图 4-48）。北部陡坡带陈家庄凸起南坡主要发育水下重力流沉积（包含近岸水下扇、沟道浊积岩、湖底扇），物源主要来自陈家庄凸起，向盆地中心渐变为半深湖-深湖沉积；来自滨县凸起的物源在其南坡发育扇三角洲沉积，在其前缘发育滩坝沉积（缓坡区）和风暴沉积（陡坡区）；来自鲁西隆起的物源由近及远依次形成了沿岸砾质坝、近岸坝、远岸坝，坝间和坝外为滩；来自青坨子凸起与广饶凸起之间的物源发育成三角洲，其前缘地区（八面河地区）发育滩坝沉积，轴向的来自青城凸起物源同样发育三角洲（图 4-48）。

　　整个低位体系域时期，滩坝砂体分布范围广，在博兴洼陷、中央低凸起带、滨县凸起前缘带、牛庄洼陷南部边缘发育大面积的滩坝砂体，在湖盆边缘地区的滩坝呈现沿岸线分布的特征（图 4-48）。

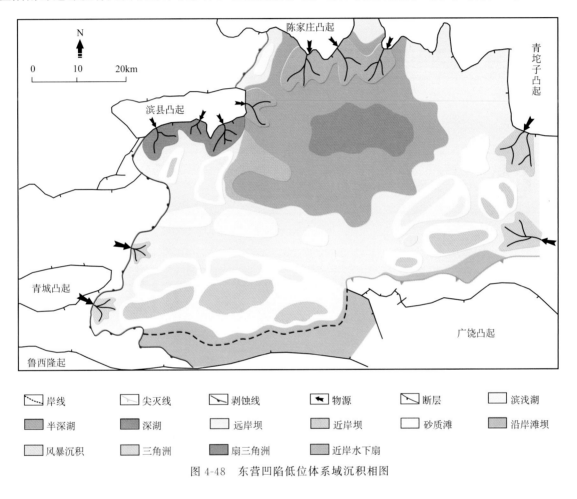

图 4-48　东营凹陷低位体系域沉积相图

2）湖侵体系域沉积相

　　同理，根据砂地比等值线（图 4-49）、砂岩厚度等值线（图 4-50），可以判断，湖侵体系域时期，物源继承了低位体系域时期的特点，即砂岩的高值区位于北部边界断层下降盘、南部鲁西隆起北坡、盆地轴向的青城凸起两侧及青坨子凸起与广饶凸起之间。类似地，在陈家庄凸起南侧一线向南，砂地比由 60% 急剧降低为 0，砂岩厚度由大于 30m 骤减为 0m，该处的利津洼陷东部、民丰洼陷仍然处于东营凹陷的深洼区；在研究区其他区域，砂岩含量从凹陷边缘向凹陷中央总体呈现缓慢递减的趋势，局部发育砂岩含量的高值区，多呈条带状或土豆状。整体上，砂岩厚度小于低位体系域时期，砂岩含量为 0 的范围有所扩大（扩大至牛庄洼陷），一定程度上反映了物源作用的削弱。

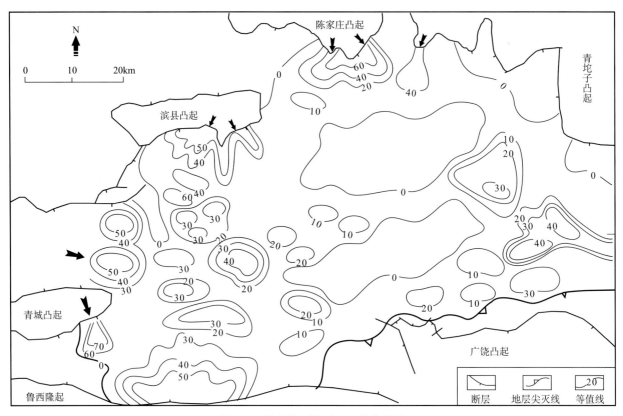

图 4-49　湖侵体系域砂地比等值线图

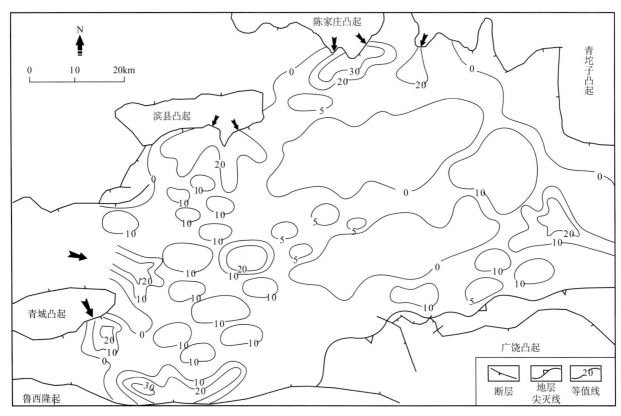

图 4-50　湖侵体系域砂岩厚度等值图

同样根据砂地比等值线结合对研究区构造背景与沉积背景的调查，进行平面相分析（图 4-51）。北部陡坡带陈家庄凸起南坡主要发育水下重力流体系（包含近岸水下扇、沟道浊积岩、湖底扇），物源主要来自陈家庄凸起，向盆地中心渐变为半深湖-深湖沉积；来自滨县凸起的物源在其南坡发育扇三角洲沉积，在其前缘发育滩坝沉积和风暴沉积；来自鲁西隆起的物源由近及远依次形成了沿岸砾质坝、远岸坝，坝间和坝外为滩，规模较低位体系域时期明显变小；来自青坨子凸起与广饶凸起之间物源发育成三角洲，其前缘地区（八面河地区）发育滩坝沉积，轴向的来自青城凸起物源同样发育三角洲。湖侵体系域由于湖平面的上升，半深湖的范围显著扩大（图 4-51）。

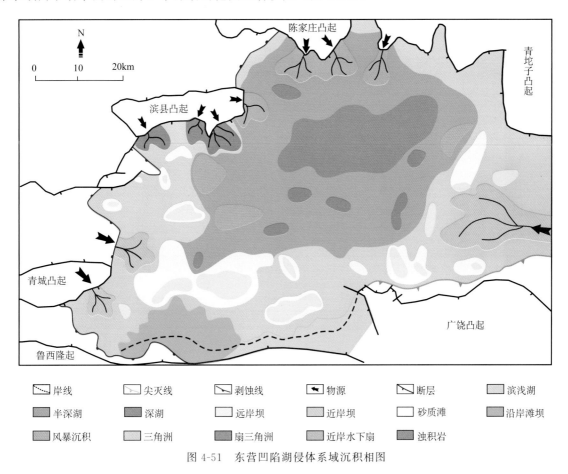

图 4-51　东营凹陷湖侵体系域沉积相图

湖侵体系域时期，水下重力流、三角洲、扇三角洲沉积规模变小，滩坝的分布范围仅局限在高89、滨 182、面 30 等井区附近（井位参考图 4-1）。半深湖相的沉积范围扩大，在牛庄洼陷地区发育有浊积扇沉积（图 4-51）。

3）高位体系域沉积相

同理，根据砂地比等值线（图 4-52）、砂岩厚度等值线（图 4-53），在高位体系时期，砂岩的高值区仍然位于北部边界断层下降盘、南部鲁西隆起北坡、盆地轴向的青城凸起两侧及青坨子凸起与广饶凸起之间的边缘地带。类似地，在陈家庄凸起南侧一线向南，砂地比由 60% 急剧降低为 0，砂岩厚度由大于 40m 骤减为 0m，该处的利津洼陷东部、民丰洼陷仍然处于东营凹陷的深洼区。在研究区其他区域，砂岩含量从凹陷边缘向凹陷中央总体呈现缓慢递减的趋势，局部发育砂岩含量的高值区，多呈条带状或土豆状。整体上，砂岩厚度小于低位体系域时期，与湖侵体系相差不大。砂岩含量为 0 的范围有所扩大（扩大至牛庄洼陷和中央低凸起带）。

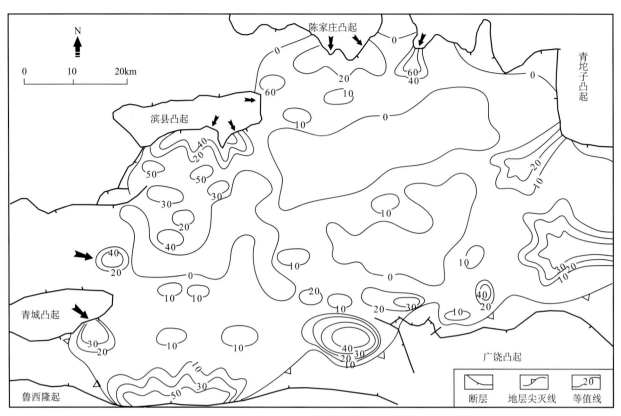

图 4-52　高位体系域砂地比等值线图

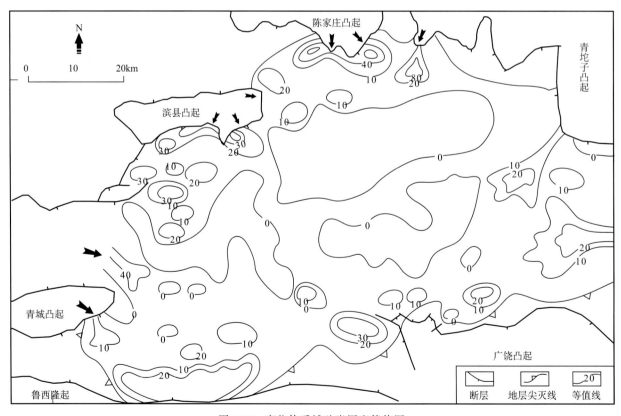

图 4-53　高位体系域砂岩厚度等值图

　　同样根据砂地比等值线结合对研究区构造背景与沉积背景的调查，进行平面相分析（图 4-54）。北部陡坡带陈家庄凸起南坡主要发育水下重力流体系（包含近岸水下扇、沟道浊积岩、湖底扇），物源主要来自陈家庄凸起，向盆地中心渐变为半深湖-深湖沉积；来自滨县凸起的物源在其南坡发育扇三角洲沉积，在其前缘发育滩坝沉积和风暴沉积；来自鲁西隆起的物源由近及远依次形成了沿岸砾质坝、远岸坝，坝间和坝外为滩，但规模与低位体系域相比也明显变小；来自青坨子凸起与广饶凸起之间的物源发育成三角洲，其前缘地区（八面河地区）发育少量滩坝沉积，轴向的来自青城凸起的物源同样发育三角洲。值得一提的是，高位体系域由于物源作用的削弱，在平方王和陈官庄地区发育了碳酸盐岩滩坝（灰岩滩）（图 4-54）。

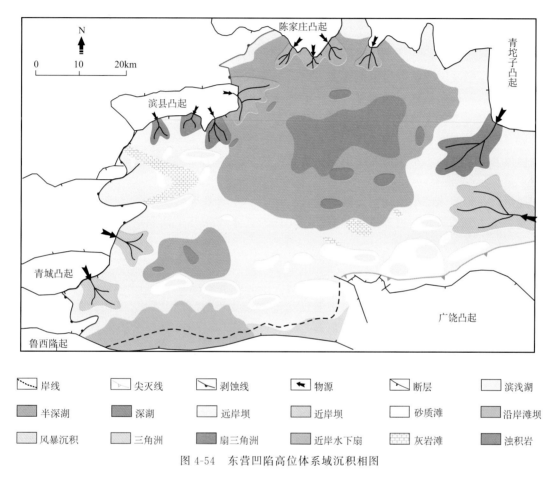

图 4-54　东营凹陷高位体系域沉积相图

　　高位体系域时期，物源的方向几乎没有发生变化，水下重力流、三角洲、扇三角洲沉积规模稍微比湖侵体系域时期大，在滨 182 井区发育灰岩滩沉积，在滨古 24 井区附近发育局限湖沉积，滩坝沉积于樊 143、梁 213、面 30 等井区附近（图 4-54）（井位参考图 4-1）。

　　整体上，低位体系域时期岸线和浪基面向湖盆中心迁移，沉积物进积导致了砂体的广泛分布，一般为三角洲、扇三角洲、滩坝及滨浅湖的泥岩，在低位体系域晚期随着湖水的加深（在浪基面之下）保存有风暴沉积；湖侵体系域时期岸线和浪基面向陆迁移，水域扩大，水体加深，沉积物主要由半深湖相的风暴沉积和细粒沉积岩组成，湖岸线向陆迁移，构成向上变细的退积序列；高位体系域沉积物加积-弱进积，砂体略向湖盆中心迁移，发育碳酸盐岩沉积是高位体系域不同于低位体系域和湖侵体系域的特征。根据层序地层特点，主要砂体应分布在低位体系域，即初次湖泛面以下。由于低位体系域时期水体相对较浅，砂体向盆地内进积，故低位体系域的砂体可向湖盆中心推进，并接受湖盆水体的改造，发生再次搬运与沉积作用，在湖盆中大面积分布，形成较浅水的沉积相及其组合。

4.4　沙四上亚段风场-物源-盆地系统沉积动力学

滨浅湖滩坝砂体的形成受一系列因素的控制，其分布受到多种因素的共同影响，总结起来可以包含以下几个方面的主要条件：古构造-古地貌条件、古风场-水动力条件、古沉积基准面波动及大幅度的岸线变迁等。单要素的恢复主要包括：古水深恢复、古地貌恢复、古物源恢复、古风场恢复。其中，古地貌的恢复需要利用古水深恢复结果进行校正；古地貌的恢复结果会对物源分析提供参考；古风场的恢复需要利用古水深参数和古坡度参数等，因此本章对风场-物源-盆地系统内各单要素参数的恢复按照古水深、古地貌、古物源、古风场的顺序进行介绍，具体如下。

4.4.1　古水深恢复

传统的古水深恢复主要是根据沉积物的岩性、沉积构造、古生物类型及生态特征、地球化学参数等多方面的替代性指标来确定，仅能对古水深进行定性地估计，误差较大。滨浅湖滩坝形成于水深普遍较浅的环境中，对水深变化敏感，上述的定性恢复满足不了这样的精度要求。针对滩坝的特点，本书利用恢复古水深的专有技术，即微体古生物法（苏新等，2012），结合前人利用相序法对该地区沙四上亚段低位体系域时期的古水深恢复结果（李国斌，2009），对该地区沙四上亚段低位域时期的古水深进行了半定量-定量的恢复。

济阳拗陷沙河街组岩心中以往获得的水生古生物资料主要有介形虫、微体藻类、腹足类及少量的鱼骨等，其中最主要的是介形虫和微体藻类。在先前的古水深恢复中，利用化石群分异度或优势度得到的结果已经接近定量化（图2-20）（李守军等，2005）。但目前在目的层段所得到的古生物资料无法满足计算分异度或优势度的统计学要求（局部层位和井位除外），仅能用这些分散的生物资料进行水深的大致估算，苏新等（2012）确定了这些生物资料所对应的水深标准，具体标准见表4-5。

值得提出的是，通过选用南美的的喀喀湖现代介形类分布的深度范围，同时参考前人对东营凹陷沙四上亚段古湖泊介形虫的相对水深分带依据，苏新等（2012）确定了介形类化石不同产出情况的最浅和最深分布范围的估值（表4-5）。但是在相对浅水地区，尤其是湖滨地区波浪和沿岸流作用强，介形虫这样一些具硬壳的生物在波浪和水流作用下容易被搬运至异地（苏新等，2012），而非原地保存，有时并不能精确反映古水深。

为了更精确地获得反映原生环境的标志，苏新等（2012）开展了一项新的古生物分析：底栖宏观藻类分析。底栖藻类有两个特点：①它们固着水底生活，藻体不耐搬运，更能代表原生环境；②它们在水底靠光合作用生存，不同的水深光强不同，发育的底栖藻类别也不尽相同，通过辨认不同类别的底栖藻类可以揭示其生存时的水体深度，如绿藻光合作用有效光是红光，主要分布在0.5～3m的深度，而红藻偏喜较弱的光线，透彻海水环境下到200m处仍有分布（苏新等，2012）。在上述基础上，借鉴苏新等（2012）的研究成果，确定了研究区各类别水深量化判断标准（表4-5）。

采取"多门类生物叠合深度"与"加权综合确定深度法"两个方法，在获得东营凹陷沙四上亚段低位域50余口井的古生物资料的基础上（图4-55），综合考虑给出最终绝对深度。将按照上述方法获得的各钻井古水深值投点到东营凹陷区内，对比前人利用相序法对该地区沙四上亚段低位体系域时期的古水深恢复结果（李国斌，2009）（图4-56），综合沉积相、岩相的分布，可得到东营凹陷沙四上亚段低位体系域水深量化等值图（图4-57）。

该区水深变化范围为0～30m，总体上浅水区范围大于深水区。表明沙四上亚段沉积早期东营凹陷环境以滨浅湖为主。具体地，大于8m的水深主要分布在凹陷北部的中心地带（利津-民丰洼陷），具有"北深南浅"的特点。另外，东营凹陷北部等深线显然比南部密集，反映出"北陡南缓"的地貌格局。如从陈家庄凸起向南湖水深度从1～2m的滨湖带迅速变为大于10m的浅湖或半深湖，反映湖底坡度较陡，而在南部，尤其是东南和西南部等深线稀疏，数千米范围内只有2m左右的深度变化，坡度小。

表 4-5　本书所选用东营凹陷沙四上亚段古生物古水深估算标准表 （苏新等，2012）

化石分析大类	化石类别	可能最低水深/m	可能最高水深/m
微体藻类	轮藻	0	2
	绿藻	0	5
	盘星藻/光面球藻	0	2
	粒面/网面球藻	4	10
	沟鞭藻	10	20
	微体藻类过渡（浅水类型少/深水类型少）	3	9
	德弗兰藻	10	20
底栖宏观藻类	菌席	8	26
	蓝藻纹层	13	26
	红藻	5	30
	苔藓	0	1
介形虫	个体多、种类少	0	3
	无介形虫	3	5
	无活个体	3	7
	分异度和丰度高	7	13
	个体多、种类少	13	20
	个体和种类少	20	30
	无化石	>30	
	南星介有、有个别	4	7
	南星介有、丰度或个体多	4	10
其他化石	腹足丰富	0	3
	鱼骨丰富（静水潟湖）	1	3

这种水深分异地貌已从前人的沉积学研究中得到了验证（苏新等，2012）。具体的微体古生物恢复目的层位的古水深方法及结果亦可见苏新等（2012）的研究。

4.4.2　古地貌恢复

在沙四上亚段时期，东营凹陷大的区域不整合面不发育，因此未考虑沙四上亚段时期盆地边缘的剥蚀量。在此前提下，以岩性–物性资料、录井资料、地震资料为基础，结合上述的古水深恢复结果，利用构造–沉积相结合的方法（图 2-18）对东营凹陷沙四上亚段低位体系域时期的古地貌进行恢复。

本次古地貌恢复的主要技术包括：①压实恢复技术，分层系、分岩性建立压实方程，利用拟三维盆地模拟，进行压实恢复；②平衡剖面恢复技术，加载沉积微相、等时面等，进行差异压实恢复和古构造恢复；③结合古水深恢复结果（图 4-57）进行校正。

在压实恢复过程中，压实方程的建立极其重要。在东营凹陷相邻地区，桂宝玲（2008）、胡新友（2008）、姜正龙等（2009）根据实测孔隙度数据作出了三种岩性（砂岩、粉砂岩、泥岩）孔隙度随深度变化的关系曲线（图 4-58）。

据此求得了砂岩、粉砂岩、泥岩三种岩性的 $\phi\text{-}D$ 关系式 ［式(4-1)～式(4-3)］、初始孔隙度和压实系数（表 4-6），进而可以得到研究区砂泥岩地层剖面中任意深度、任意岩性的孔隙度，以此作为进一步压实恢复的基础。

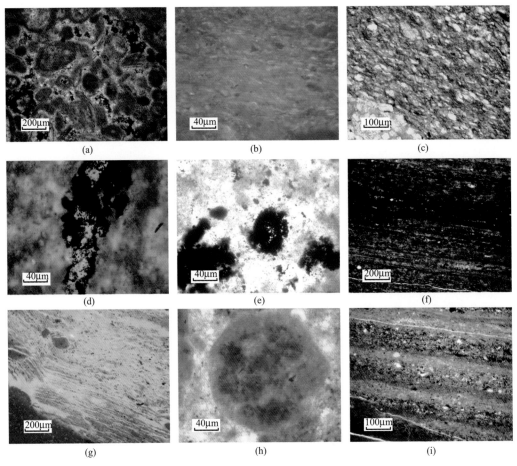

图 4-55　部分微体古生物与对应水深的解释（据姜在兴内部资料）

(a) 滨 182 井，1632.6m，含介形虫的藻团块灰岩，水深 2~4m；（b）滨 654 井，2964m，小孢子，水深 2~5m；（c）滨 668 井，3391.3m，蓝藻藻席水深 2~5m；（d）滨 668 井，3207.8m，红藻藻体切面，水深 20m 左右；（e）博 901 井，2473m，红藻假薄壁组织体，红藻多细胞假薄壁组织体，水深 20m；（f）博 901 井，2453.1m，红藻藻席，水深 25m 左右；（g）莱 108 井，2484m，褐藻藻席，水深 30m 左右；（h）高 351 井，2447.4m，蓝藻胶团群体，水深 2~5m；（i）王 58 井，3032m，红藻藻席，水深 20m

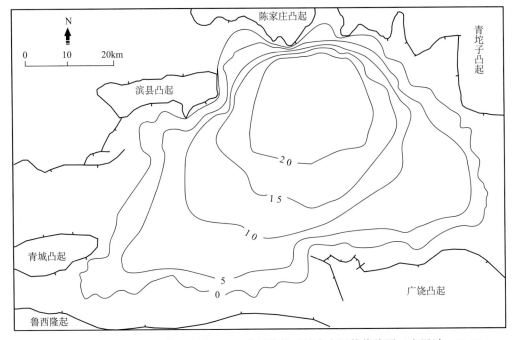

图 4-56　相序法确定的东营凹陷沙四上亚段低位体系域古水深等值线图（李国斌，2009）

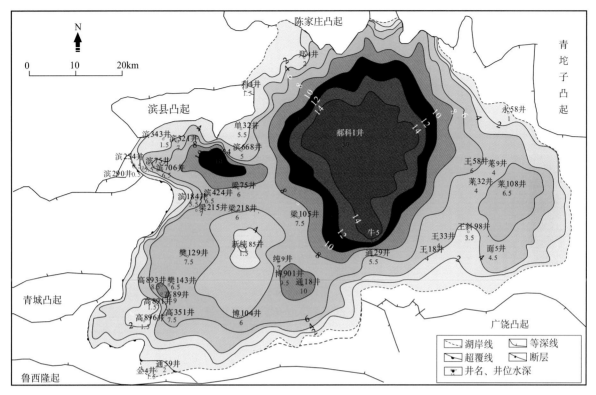

图 4-57　东营凹陷沙四上亚段低位体系域古水深量化等值图（苏新等，2012）

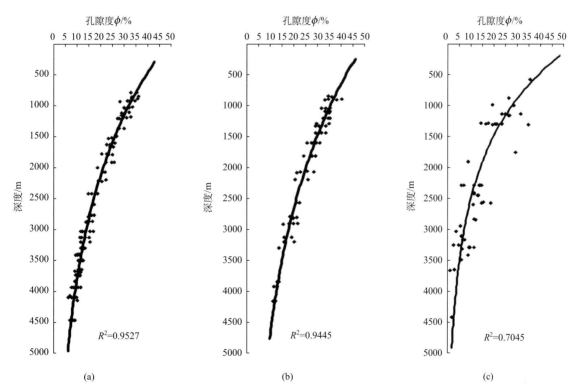

图 4-58　东营凹陷砂岩、粉砂岩、泥岩 ϕ-D 关系曲线图（胡新友，2008；桂宝玲，2008；姜正龙等，2009）

（a）砂岩；（b）粉砂岩；（c）泥岩

砂岩：

$$\phi = 48.569 \mathrm{e}^{-0.000412 D} \tag{4-1}$$

粉砂岩：

$$\phi = 50.92 \mathrm{e}^{-0.000353 D} \tag{4-2}$$

泥岩：

$$\phi = 58.445 \mathrm{e}^{-0.000686 D} \tag{4-3}$$

表 4-6　三种岩性初始孔隙度和压实系数（姜正龙等，2009）

项目	砂岩	粉砂岩	泥岩
初始孔隙度/%	48.569	50.92	58.445
压实系数	0.000412	0.000353	0.000686

在真厚度校正、压实恢复、平衡剖面恢复、古水深校正的基础上，结合沉积相、砂体展布、古厚度恢复等分析资料，对东营凹陷古近系沙四上亚段沉积时期的古地貌进行了恢复（图 4-59），并得到了东营凹陷沙四上亚段古坡度等值线图（图 4-60），可以醒目直观地显示当时的古地貌。恢复结果显示了北陡南缓、北深南浅的古地貌格局，与该地区的古地理背景匹配良好（图 4-2）。恢复结果显示，滩坝的分布受古地貌的控制明显，滩坝砂体多分布于凹陷的南部缓坡带（图 4-59，图 4-60），滩坝砂体分布与微地貌起伏也有一定的对应关系，尤其是在正向和斜坡地貌单元周围集中发育。

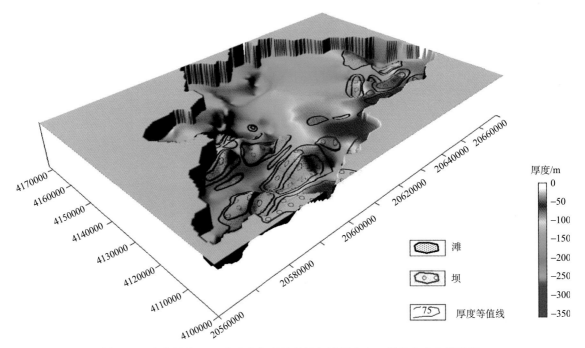

图 4-59　东营凹陷 LST 古地貌恢复结果图与滩坝分布（据姜在兴内部资料）

4.4.3　古物源分析

1. 古地貌特征

东营凹陷是在伸展裂陷作用的构造背景上发育起来的以东西为轴向、北陡南缓的半地堑（杨勇强等，2011）（图 4-2），可以分为北部陡坡带（陈家庄凸起-滨县凸起一线南坡）、南部缓坡带（鲁西隆起-广饶凸起一线北坡）、东西轴向带三种湖盆边缘，是提供物源的方向。三种湖盆边缘以不同的方式提供物源；北部陡坡带由盆缘断裂控制，以发育近源的扇三角洲、近岸水下扇及其伴生的深水重力流等粗碎屑砂砾岩扇体为特征；南部缓坡带以线状排列的冲积扇裙；东西轴向带以发育三角洲为特征，古地貌特征决定了沉积过程，进一步决定了沉积物的搬运方向、搬运方式和规模（李国斌，2009）（图4-2）。

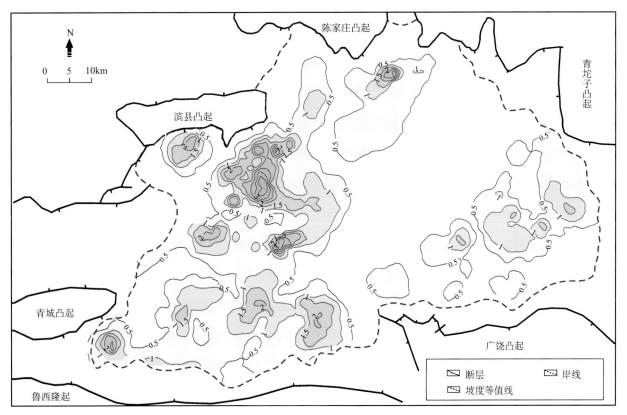

图4-60　东营凹陷古近系沙四上亚段古坡度等值线图

2. 岩屑分析

沉积岩石学方法是物源分析的一种重要手段。杨勇强等（2011）通过对研究区各类岩屑的组合特征进行统计，利用岩屑类型进行物源特征研究。研究结果表明东营凹陷沙四上亚段主要的岩屑类型包括变质岩岩屑、沉积岩岩屑、喷出岩岩屑。通过对岩屑含量的统计发现整个凹陷的变质岩含量相对较高，其他两类含量相对较低，据此建立了该地区的划分标准（杨勇强等，2011）（表4-7），并按此划分标准，将东营凹陷划分为9个物源区（图4-61）。

表 4-7　东营凹陷沙四上亚段岩屑含量划分标准（杨勇强等，2011）

岩屑类型	含量（体积分数，%）		
	高等	中等	低等
变质岩	＞70	50～70	＜50
喷出岩	＞25	10～25	＜10
沉积岩	＞25	10～25	＜10

3. 砂岩含量

在正常的沉积分异作用下，沿沉积物供给方向，碎屑颗粒一般逐渐变细。因此在一个理想的沉积

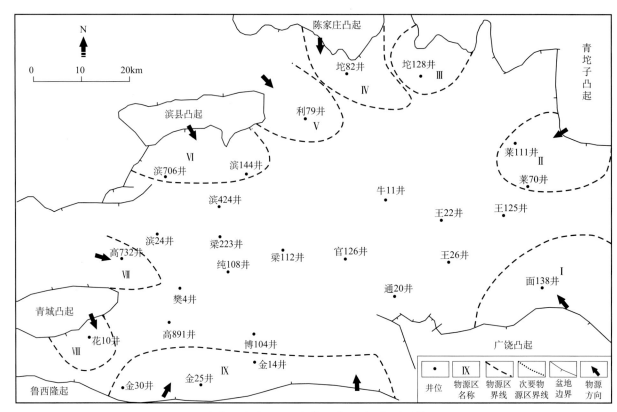

图 4-61　东营凹陷沙四上亚段物源分区图（杨勇强等，2011）

Ⅰ. 中岩浆岩-中变质岩-中沉积岩岩屑区；Ⅱ. 中岩浆岩-高变质岩-低沉积岩区；Ⅲ. 中岩浆岩-中变质岩-中沉积岩区；Ⅳ. 低岩浆岩-高变质岩-低沉积岩区；Ⅴ. 高岩浆岩-低变质岩-高沉积岩区；Ⅵ. 中岩浆岩-中变质岩-高沉积岩区；Ⅶ. 低岩浆岩-高变质岩-低沉积岩区；Ⅷ. 低岩浆岩-中变质岩-高沉积岩区；Ⅸ. 高岩浆岩-中变质岩-低沉积岩区

盆地中，一般粗碎屑沉积物分布于盆地的边缘地区，盆地中心的远源地区为细粒沉积物，即由盆地边缘向盆地中央，沉积地层中砂岩含量整体逐渐降低，并且根据砂岩含量的变化梯度可以追踪物源位置。因此，可依据沉积地层中砂岩含量平面变化来大致判断物源方向和主要物源区（杨勇强等，2011）。

对研究区约 400 口井的岩性数据进行统计，分别绘制三个体系域的砂岩含量图与砂岩等厚图（图 4-46、图 4-47、图 4-49、图 4-50、图 4-52、图 4-53），可以明显看出，研究区的周围凸起都向盆地内提供了物源。结合沉积相的研究（图 4-48、图 4-51、图 4-54），在东部地区主要受控于青坨子凸起和广饶凸起，其中广饶凸起地势较缓，水体较浅，主要发育正常三角洲（图 4-35）；青坨子凸起区由于地势较陡，水体较深，发育扇三角洲-正常三角洲，为滩坝的形成提供了稳定的物源。利津洼陷西北部主要受滨县凸起的影响，该地区多砂砾混杂，泥质含量高，分选和磨圆差，结合地貌特征和岩心特征，判断该区主要发育扇三角洲（图 4-31、图 4-32），为利津洼陷西南部滩坝与风暴沉积的形成提供了物质基础；利津洼陷东北部则由于靠近控盆断裂——陈南大断裂，粗碎屑直接进入深湖区，形成水下重力流体系（图 4-33、图 4-34）。博兴洼陷受控于鲁西隆起、高青凸起。高青凸起主要发育正常三角洲，鲁西隆起边缘主要发育砾石滩沉积（图 4-36），分选较差，但磨圆相对较好，为次圆状-圆状，由于物源区较多，且鲁西隆起呈线状供给，所以博兴洼陷呈现"满盆砂"的特点。

4. 成熟度指数

碎屑物质在流水搬运过程中，随着搬运距离的增大，其不稳定成分逐渐变少，成分成熟度不断增大。石英在岩石中是比较稳定的矿物，离物源区越远，石英相对于其他矿物的相对含量越高。根据这一原理，采用了成熟系数的概念，即成熟系数＝［石英＋燧石（％）］／［长石＋岩屑（％）］（杨勇强等，2011）。

　　根据上述成熟系数这一参数，杨勇强等（2011）完成了东营凹陷沙四上亚段成分成熟度指数图，指示出沉积物的来源方向（图 4-62）：广饶凸起和青坨子凸起控制了东部地区的物源供给；鲁西隆起、青城凸起为博兴洼陷提供物源；滨县凸起主要为利津洼陷西部提供了物源；陈家庄凸起为凹陷北部的主要物源区。通过成熟系数反映的主物源方向与通过砂岩含量反映的主物源方向匹配良好。

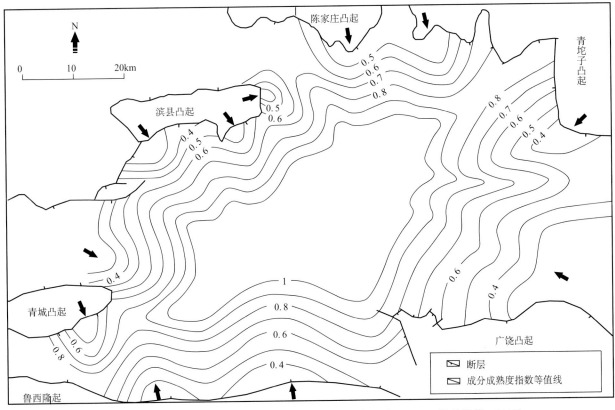

图 4-62　东营凹陷沙四上亚段成分成熟度指数图（李国斌，2009；杨勇强等，2011）

　　在上述古地貌特征分析、岩屑分析、砂岩含量分析、成熟度指数分析的基础上，认为东营凹陷沙四上亚段存在 9 个主要物源区（Ⅰ～Ⅸ）、4 个次要物源区（次要物源区 A～D）、2 个贫源区（贫源区 A、B）（杨勇强等，2011）（图 4-63）。为了更好地体现滩坝沉积与各物源的相互关系，将滩坝砂的发育区定义为次要物源区。次要物源区 A 主要受控于主要物源区Ⅰ、Ⅱ，次要物源区 B 受控于主要物源区Ⅸ和Ⅷ，次要物源区 C 主要受控于主要物源区Ⅶ，次要物源区 D 主要受控于主要物源区Ⅵ。在远离主要物源区、难以受主物源区影响的贫源区，陆源碎屑供应不足，在高位体系域时期，是碳酸盐岩沉积的主要发育区。

4.4.4　古风力恢复

　　滩坝砂体包含了沙滩与沙坝（Jiang et al.，2011），其中根据波浪的演化特征，沙坝进一步分为远岸坝（破浪带）、近岸坝（碎浪带）与沿岸坝（Jiang et al.，2014）（图 2-10）。东营凹陷演化至 45.0Ma，已经成为开阔的断陷湖盆，发育了大量受风浪作用形成的滩坝砂体（Jiang et al.，2011，2014）。本书建立了东营凹陷滩坝的风浪动力模型（图 4-64）：波浪在向岸传播的过程中，至浪基面附近开始遇浅变形，随着继续向岸传播，水深越小，波高逐渐增大。当水深减小到一定范围时，波陡值达到极限，波浪开始倒卷和破碎，形成破浪。一方面，从波浪遇浅带传播而来的波浪，向破浪带输送沉积物；另一方面，向岸方向波浪破碎之后，还有可能再次形成振荡波，并在破浪线向岸一侧形成环流。另外，波浪向岸传播，会形成离岸的补偿流（底流）。这样一来，在破浪带中，水从两个方向流向破浪线（汇

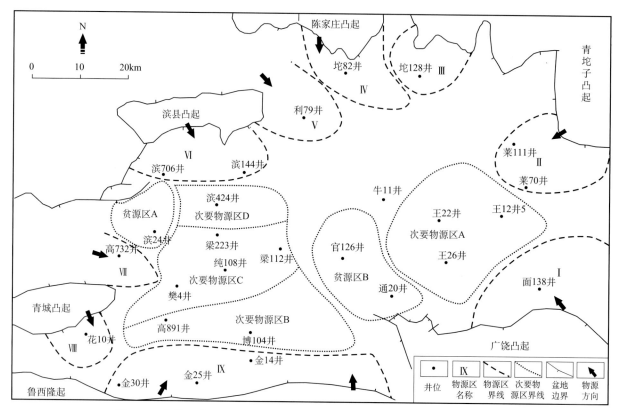

图 4-63　东营凹陷沙四上亚段物源分布图（李国斌，2009；杨勇强等，2011）

流），破浪带陆侧产生的离岸搬运与海（湖）侧的向岸搬运汇聚在一起，沉积物在破浪线附近集中，结果将在破浪带中形成沙坝（远岸坝），坝后形成凹槽。此即沙坝形成的"破浪模型"或"自组织模型"。波浪首次破碎后，在较深的坝后凹槽中常常能够恢复而重新形成振荡波。重生波在碎浪带之前可能会发生第二次甚至第三次破碎，形成内破浪带，并形成沙坝（近岸坝）。

波浪破碎之后的最终归宿是变成冲浪，形成"冲浪带"或"冲流带"。湖水借惯性力冲向岸边，没有渗入沉积物中的水直接回头沿坡而下成为退浪或回流（backwash），直至水分消失，或与下一个冲浪相撞。在冲浪回流带，冲流的搬运能力要强于退流，因此，波浪有效地将较粗的沉积物搬运向岸。泥沙被向上带到上冲流达到的最高位置并在那里堆积下来，形成沿岸线展布的沙坝，为沿岸坝。

东营凹陷低位体系域时期发育多列沙坝，与上述模型对应良好（图 4-39）。将发育于破浪带的沙坝称为远岸坝；发育于碎浪带或内破浪带的沙坝称为近岸坝；发育于冲浪回流带后方的沙坝称为沿岸坝，坝间与坝前为滩（图 4-64）。

东营凹陷沙四上亚段典型发育的滩坝沉积体系为古风场的恢复提供了绝佳的条件。根据第 2 章 2.1.6 节中利用破浪沙坝（远岸坝）厚度和砂砾质沿岸坝厚度恢复古风力的方法，本书用这两种方法对该时期的古风场进行了定量恢复，两种方法分别为破浪沙坝厚度法与沿岸坝砂厚度法。

（1）通过对低位体系域远岸坝的详细解剖，恢复了沙四上亚段低位体系域时期内的波况乃至风况。

（2）通过对低位体系域-高位体系域时期沿岸砾质沙坝的解剖，恢复了整个沙四上亚段时期北风的风速。

1. 破浪沙坝（远岸坝）厚度法恢复古风力

在东营凹陷沙四上亚段低位体系域中，在破浪沙坝发育的位置选取了两条近似与破浪沙坝走向垂直的连井剖面，分别为 BB′（滨 420 井-滨 411 井-滨 417 井-滨 408 井-史 146 井）和 CC′（高 891 井-高

89 井-樊 143 井-樊 4 井）进行研究 ［图 4-64(a)］。根据 2.1.6 中利用破浪沙坝（远岸坝）厚度和砂砾质沿岸坝厚度恢复古风力的方法，只要从地质记录中准确获取破浪沙坝厚度、风程、古地形坡度三个参数，就可以进行古风力的计算。

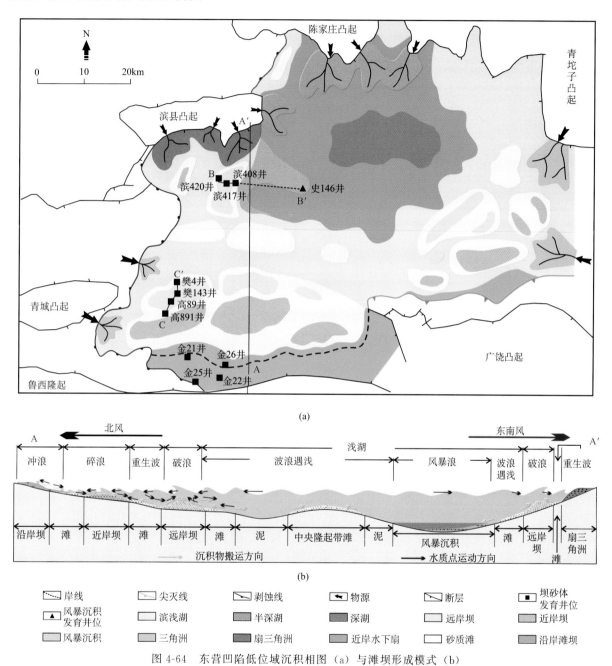

图 4-64　东营凹陷低位域沉积相图（a）与滩坝形成模式（b）

1）破浪沙坝的识别与厚度的获取

主要思路是从地质记录中准确识别出破浪沙坝，并测量出单期形成的破浪沙坝的最大厚度，并进行去压实校正，得到原始厚度。

一个完整的破浪沙坝沉积对应于一个准层序，其顶、底界面均对应于水深突然增加的转换界面——湖泛面。这个旋回基本上反映了水深逐渐变浅的演化过程，因此沿岸沙坝砂体在垂向上大多表现为向上变粗的反序，有时也会出现细-粗-细的复合粒序，指示了沙坝形成后波能逐渐减弱的水体环境，并逐渐过渡为风浪事件过后的悬浮沉积。在沉积记录中，湖泛面主要对应于岩相转换界面，为了便于叙述，在 Taylor 和 Ritts（2004）研究的基础上，并结合该区 30 口井共约 900 m 的取心资料中常见的岩相与沉积构造，制定了一套图版（图 4-65）与对应的岩相编码（表 4-8）。

表 4-8　破浪沙坝岩相划分

岩相编码	岩性	沉积构造	水动力解释
Sh［图 4-65(a)］	细-粗砂岩	平行层理，层面可见剥离线理	高流态，Fr>1
Sl［图 4-65(b)］	细-中砂岩	低角度交错层理（<10°）	过渡流态，低角度冲洗沙丘
Sp［图 4-65(c)］	细-中砂岩	板状或楔状交错层理	水下沙浪或沙丘的单向迁移
Sr［图 4-65(d)］	细-中砂岩	浪成沙纹交错层理	低流态，小型底形的单向迁移
Shc［图 4-65(e)］	细-中砂岩	丘状交错层理	风暴浪形成的振荡流或复合流
Sw［图 4-65(f)］	细-中砂岩	波状层理	大量的悬浮沉积，低流态
Sli［图 4-65(g)］	细-中砂岩	透镜状层理	低流态，砂供应不足
Sm［图 4-65(h)］	细-粗砂岩	块状	快速沉积或生物扰动
Sd［图 4-65(i)］	细-中砂岩	软沉积变形	重力流，或者原地风暴浪液化变形
Fsr［图 4-65(j)］	粉砂岩	浪成沙纹交错层理	小型底形的单向迁移(粉砂)
Fsl［图 4-65(k)］	粉砂岩	透镜状层理	低流态，粉砂供应不足
Fsm［图 4-65(l)］	粉砂岩	块状	快速沉积或生物扰动
Fsw［图 4-65(m)］	粉砂岩	波状层理	大量的泥质沉积，低流态
Fsh［图 4-65(m)］	粉砂岩	水平层理	粉砂的缓慢悬浮沉降
Fm［图 4-65(n)］	泥岩	块状	快速沉积或生物扰动
Fmh［图 4-65(o)］	泥岩	水平层理	泥质的缓慢悬浮沉降

根据破浪沙坝的形成过程，结合岩心的详细观察描述（图 4-66），认为一个理想的完整破浪沙坝从其形成前，到充分发育再到发育终止后，从底到顶的岩相组合应为 Fmh-Fm-Fsl-Fsw-Fsr-Fsm-Sli-Sw-Sr-Sp-Sm-Sh-Sr-Fsr-Fsw-Fm（图 4-67，岩相编码见表 4-8）。其中，Fmh-Fm 代表了静水环境中的悬浮沉积，为 OSM（offshore mudstone），此时水深最大；Fsl-Fsw-Fsr-Fsm 代表了水深开始变浅，此时波浪开始作用于湖底，处于波浪遇浅带，水动力相对较弱，主要为逐渐增强的波浪作用于粉砂质底床而形成，为 OSS（offshore siltstone）；Sli-Sw-Sr-Sp-Sm-Sh 代表了水深进一步变浅，此时为破浪沙坝（LSB）形成的主要阶段，波浪破碎，主要为更强的波浪作用于砂质底床而形成，Sh 代表了最高流态，即破浪沙坝的顶部，水深最浅。需要指出的是，在大风浪环境中形成的破浪沙坝，会出现 Shc 与 Sd 两种岩相类型；Sr-Fsr-Fsw 代表了破浪沙坝形成后的湖泛面，水深开始增加，破浪沙坝被埋藏保存下来，为 OSS；Fm 阶段水深进一步增大，为 OSM，直至下一个类似的沉积旋回发生。上述的岩相组合在自然电位测井曲线上多表现为下部为漏斗形、上部转变为钟形的组合形态（图 4-67）。在实际情况中，如此完整的序列可能并不多见，也可能个别顺序上有所变动，但这足以帮助我们从钻孔资料中识别出一个发育完整的破浪沙坝（图 4-68）。

以此为基础，通过垂直于破浪沙坝走向的连井剖面对比，可以将破浪沙坝在该时期内的垂向发育期次和侧向形态特征展示出来（图 4-68）。

这样，本书分别在 BB′剖面上识别出 20 期破浪沙坝，并在相对深水的地方识别出 14 套同时期的风暴沉积［图 4-68(a)］；在 CC′剖面上识别出 26 期破浪沙坝［图 4-68(b)］。在用于计算之前，需对这 46 期的破浪沙坝分岩性进行厚度统计，并进行去压实校正，以获得它们的原始厚度，用于计算。

图 4-65　破浪沙坝中不同的岩相

(a) 平行层理细砂岩 (Sh)，樊 143 井，3115.1m；(b) 低角度交错层理细砂岩 (Sl)，樊 143 井，3117.35m；(c) 楔状交错层理细砂岩 (Sp)，樊 143 井，3117.25m；(d) 浪成沙纹交错层细砂岩 (Sr)，樊 137 井，3168.5m；(e) 丘状交错层理细砂岩 (Shc)，樊 137 井，3168.75m；(f) 波状层理细砂岩 (Sw)，樊 143 井，3117.45m；(g) 透镜状层理细砂岩 (Sli)，发育生物潜穴，樊 143 井，3110.95m；(h) 块状细砂岩 (Sm)，樊 143 井，3110.5m；(i) 变形层理细砂岩 (Sd)，樊 143 井，3122.6m；(j) 浪成沙纹层理粉砂岩 (Fsr)，樊 143 井，3120.2m；(k) 透镜状层理粉砂岩 (Fsl)，樊 137 井，3259.4m；(l) 块状粉砂岩 (Fsm)，樊 143 井，3120.36m；(m) 水平层理粉砂岩-波状层理粉砂岩 (Fsh-Fsw)，樊 137 井，3289.4m；(n) 块状泥岩 (Fm)，樊 143 井，3138.2m；(o) 水平层理泥岩 (Fh)，樊 137 井，3214.3m

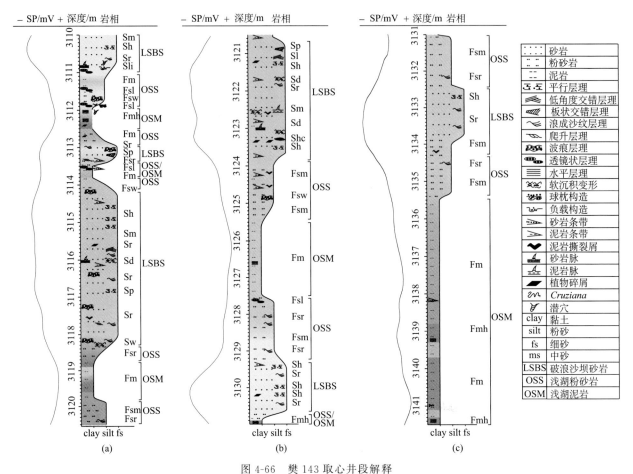

图 4-66　樊 143 取心井段解释

始新统 45～44.3Ma 时期破浪沙坝的描述与解释。岩相代码见表 4-8

2) 破浪沙坝现今厚度的去压实校正

在井资料中准确识别出破浪沙坝，并读取各破浪沙坝的厚度后，需要进行压实校正。假设在埋深过程中岩石骨架体积不变，利用构成破浪沙坝的岩性的初始孔隙度与相应埋深孔隙度就可以进行压实校正 [式(4-4)]。

$$t_0 = \frac{1-\phi}{1-\phi_0}t \tag{4-4}$$

式中，t_0 为破浪沙坝形成时的厚度（m）；t 为破浪沙坝的现今厚度（m）；ϕ_0 为破浪沙坝的初始孔隙度（%）；ϕ 为破浪沙坝的现今孔隙度（%）。

研究区的破浪沙坝主要由砂岩与粉砂岩两类岩性组成，这就需要获得两种岩性的压实方程。根据济阳拗陷实测孔隙度数据作出了砂岩与粉砂岩两种岩性孔隙度随深度变化的关系曲线，分别得出了砂岩、粉砂岩的压实方程与初始孔隙度（姜正龙等，2009）。根据压实方程 [式(4-1)、式(4-2)]，砂岩、粉砂岩的初始孔隙度分别为 48.569%，50.92%，任意深度下砂岩与粉砂岩的孔隙度也可以通过上述方程计算求得。可以利用式（4-4）对特定深度下的破浪沙坝（共 46 个）厚度进行校正（表 4-9、表 4-10）。

3) 古风向的指标

假设破浪沙坝的走向近似与波浪传播方向（多数情况下与风向一致）垂直 （Jiang et al., 2014；

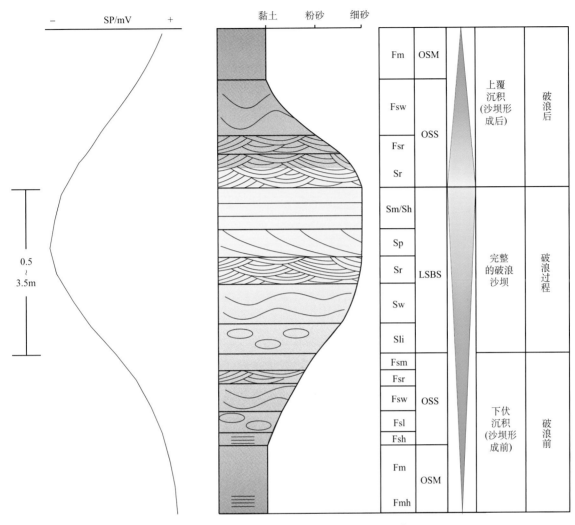

图 4-67　一个理想的破浪沙坝（远岸坝）垂向序列

序列以破浪沙坝为界可分为三个部分：第一部分为破浪沙坝形成前沉积物，主要为 OSM（从下到上依次为 Fmh-Fm）和 OSS（从下到上依次为 Fsh-Fsl-Fsw-Fsr-Fsm），代表了破浪沙坝形成之前水深逐渐变浅的沉积环境；第二部分为破浪沙坝的主体，从下到上的岩性依次为 Sli-Sw-Sr-Sp-Sm-Sh，代表了破浪沙坝形成的主要阶段，水深最浅；第三部分为破浪沙坝主体形成后沉积物，水深开始加深，从下到上依次为 LSB 的前缘（Sr）、OSS（Fsr-Fsw）、OSM（Fm）。自然电位测井曲线体现下部为漏斗形、上部转变为钟形的组合形态。岩相代码见表 4-8

Orme and Orme，1991），并且在横剖面上一个破浪沙坝背风侧陡而延伸短，迎风侧缓而延伸长，因此根据滩坝的平面分布特征[图 4-64(a)]与单期破浪沙坝横剖面厚度变化的特点[图 4-68(a)、(b)]，可以得到古风向。图 4-68(a)中所示的破浪沙坝，在平面上走向为北东-南西方向，且单期沙坝西北厚东南薄，表明其形成受到东南风的控制，图 4-68(b)中所示的破浪沙坝，在平面上近东西向展布且单期沙坝南厚北薄，表明其形成受到偏北风的控制，从而推断该时期既有东南风，又有偏北风。另外，东营凹陷西北部发育了深灰色泥岩背景下的砂岩-粉砂岩薄层，以发育大量的冲刷、软沉积变形、丘状交错层理、波状层理等沉积构造，垂向序列上表现为似鲍马序列，将此解释为半深湖环境的风暴沉积[图 4-64(a)、图 4-68(a)]。而在东营凹陷南部，这类反映古强风浪作用的风暴沉积却很少出现。因此，结合风暴沉积的成因与分布特征[图 4-64(a)]，反映当时受到了来自东南方向的风暴作用的影响。解释为当时西北太平洋形成的台风可能影响到该地区。

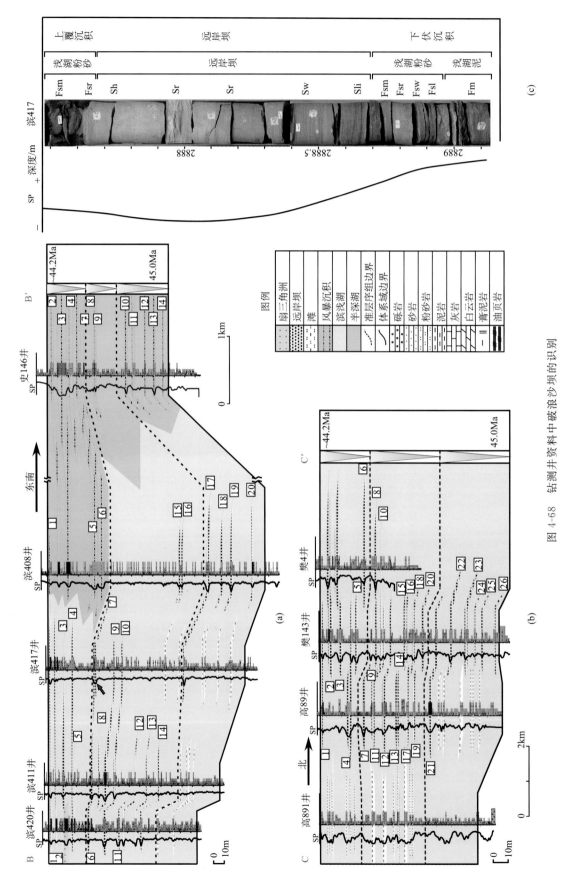

图 4-68　钻测井资料中破浪沙坝的识别

（a）BB′剖面中破浪沙坝与风暴沉积的识别与对比［滨 420 井-滨 411 井-滨 417 井-滨 408 井-史 146 井，剖面位置参见图 4-64（a）。红色箭头指示（c）中岩心的位置；（b）CC′剖面中破浪沙坝的识别与对比［高 891 井-高 89 井-樊 143 井-樊 4 井，剖面位置参见图 4-64（a）］；（c）滨 417 井岩心，指示了一个完整的破浪沙坝沉积，其位置参考图（a）中红色箭头。1～26 代表破浪沙坝（远岸坝）或风暴坝（远岸坝）沉积的编号

表 4-9　剖面 BB′ 中 20 期破浪沙坝去压实校正

沙坝序号	井号	深度/m	现今坝厚/m	砂岩厚度/m	粉砂岩厚度/m	砂岩孔隙度/%	粉砂岩孔隙度/%	砂岩厚度校正/m	粉砂岩厚度校正/m	破浪沙坝厚度校正/m
1	滨 417	2844.00	1.70	0.00	1.70	15.05	18.66	0.00	2.82	2.82
2	滨 420	2653.00	1.30	0.00	1.30	16.28	19.96	0.00	2.12	2.12
3	滨 411	2598.00	2.00	1.00	1.00	16.65	20.35	1.62	1.62	3.24
4	滨 417	2865.50	1.75	0.00	1.75	14.92	18.52	0.00	2.91	2.91
5	滨 420	2670.00	1.00	0.00	1.00	16.17	19.84	0.00	1.63	1.63
6	滨 420	2683.00	1.40	0.00	1.40	16.08	19.75	0.00	2.29	2.29
7	滨 417	2887.00	1.10	0.90	0.20	14.78	18.38	1.49	0.33	1.82
8	滨 411	2631.50	1.20	0.70	0.50	16.43	20.11	1.14	0.81	1.95
9	滨 411	2637.50	2.80	2.50	0.30	16.38	20.07	4.06	0.49	4.55
10	滨 420	2698.00	2.60	2.60	0.00	15.98	19.65	4.25	0.00	4.25
11	滨 420	2712.00	1.20	0.00	1.20	15.89	19.55	0.00	1.97	1.97
12	滨 420	2716.50	1.50	0.00	1.50	15.86	19.52	0.00	2.46	2.46
13	滨 420	2728.00	1.50	0.00	1.50	15.78	19.44	0.00	2.46	2.46
14	滨 420	2733.00	1.60	0.00	1.60	15.75	19.40	0.00	2.63	2.63
15	滨 408	3285.00	1.05	0.00	1.05	12.55	15.97	0.00	1.80	1.80
16	滨 408	3287.50	0.90	0.00	0.90	12.54	15.95	0.00	1.54	1.54
17	滨 408	3313.00	1.60	1.20	0.40	12.40	15.81	2.04	0.69	2.73
18	滨 408	3325.50	1.50	1.50	0.00	12.34	15.74	2.56	0.00	2.56
19	滨 408	3335.00	1.90	1.90	0.00	12.29	15.69	3.24	0.00	3.24
20	滨 408	3355.00	1.50	1.50	0.00	12.19	15.58	2.56	0.00	2.56

表 4-10　剖面 CC′ 中 26 期破浪沙坝去压实校正

沙坝序号	井号	深度/m	现今坝厚/m	砂岩厚度/m	粉砂岩厚度/m	砂岩孔隙度/%	粉砂岩孔隙度/%	砂岩厚度校正/m	粉砂岩厚度校正/m	破浪沙坝厚度校正/m
1	樊 143	3111.50	1.00	1.00	0.00	13.48	16.98	1.68	0.00	1.68
2	樊 143	3117.00	3.20	2.20	1.00	13.45	16.94	3.70	1.69	5.39
3	樊 143	3123.50	3.00	2.20	0.80	13.41	16.91	3.70	1.35	5.06
4	高 89	3015.50	3.00	3.00	0.00	14.02	17.56	5.02	0.00	5.02
5	樊 143	3134.60	1.65	1.15	0.50	13.35	16.84	1.94	0.85	2.78
6	樊 4	3479.30	1.45	0.70	0.75	11.58	14.91	1.20	1.30	2.50
7	高 89	3025.50	1.20	0.00	1.20	13.96	17.50	0.00	2.02	2.02
8	樊 4	3487.00	1.20	1.20	0.00	11.55	14.87	2.06	0.00	2.06
9	樊 143	3147.80	1.00	0.00	1.00	13.28	16.76	0.00	1.70	1.70
10	樊 143	3151.50	1.10	0.00	1.10	13.26	16.74	0.00	1.87	1.87
11	高 89	3032.00	2.00	2.00	0.00	13.93	17.46	3.35	0.00	3.35
12	高 89	3039.00	1.95	1.95	0.00	13.89	17.42	3.26	0.00	3.26
13	高 89	3047.30	0.70	0.70	0.00	13.84	17.37	1.17	0.00	1.17
14	高 89	3049.00	1.00	1.00	0.00	13.83	17.36	1.68	0.00	1.68
15	樊 143	3167.00	0.90	0.00	0.90	13.17	16.65	0.00	1.53	1.53

沙坝序号	井号	深度/m	现今坝厚/m	砂岩厚度/m	粉砂岩厚度/m	砂岩孔隙度/%	粉砂岩孔隙度/%	砂岩厚度校正/m	粉砂岩厚度校正/m	破浪沙坝厚度校正/m
16	樊143	3168.50	1.05	0.00	1.05	13.17	16.64	0.00	1.78	1.78
17	高89	3055.00	1.60	1.60	0.00	13.80	17.32	2.68	0.00	2.68
18	樊143	3173.30	1.50	1.20	0.30	13.14	16.61	2.03	0.51	2.54
19	高89	3159.50	1.40	1.40	0.00	13.21	16.69	2.36	0.00	2.36
20	樊143	3180.00	1.50	1.10	0.40	13.10	16.57	1.86	0.68	2.54
21	高89	3070.75	2.50	0.00	2.50	13.71	17.22	0.00	4.22	4.22
22	樊143	3199.00	2.00	2.00	0.00	13.00	16.46	3.38	0.00	3.38
23	樊143	3209.50	1.95	1.65	0.30	12.94	16.40	2.79	0.51	3.30
24	樊143	3215.30	1.00	0.00	1.00	12.91	16.37	0.00	1.70	1.70
25	樊143	3220.50	1.05	0.00	1.05	12.89	16.34	0.00	1.79	1.79
26	樊143	3229.00	1.30	0.00	1.30	12.84	16.29	0.00	2.22	2.22

4) 古风程参数的获取

风程的获取是在获取古风向的基础上，通过在破浪沙坝发育的位置，逆风向以 6° 为间隔在 ±45° 范围内作放射状射线（图 4-69），这些射线在古风向上的投影长度的平均值，可作为风区长度或风程（CERC，1977；Orme and Orme，1991）。用此方法得到的发育在高 89 井、樊 143 井、樊 4 井、滨 408 井、滨 417 井、滨 411 井、滨 420 井的破浪沙坝对应的风程分别为 25869m、26225m、23169m、48164m、49074m、49913m、50609m（表 4-11、表 4-12）。

表 4-11　剖面 BB′剖面中 20 期破浪沙坝对应的古波况、古东南风风速结果

沙坝序号	井号	沙坝原始厚度/m	坡度	破浪水深/m	破浪波高/m	深水区有效波高/m	风程/m	风的剪切系数/(m/s)	风速/(m/s)
1	滨417	2.82	0.02	4.57	2.74	1.37	49074	12.11	10.03
2	滨420	2.12	0.03	3.39	2.04	1.02	50609	8.85	7.78
3	滨411	3.24	0.02	5.23	3.14	1.57	49913	13.74	11.12
4	滨417	2.91	0.02	4.71	2.83	1.41	49074	12.48	10.29
5	滨420	1.63	0.03	2.61	1.57	0.78	50609	6.82	6.29
6	滨420	2.29	0.03	3.66	2.20	1.10	50609	9.56	8.28
7	滨417	1.82	0.02	2.95	1.77	0.89	49074	7.82	7.03
8	滨411	1.95	0.02	3.15	1.89	0.94	49913	8.27	7.36
9	滨411	4.55	0.02	7.34	4.41	2.20	49913	19.29	14.65
10	滨420	4.25	0.03	6.80	4.08	2.04	50609	17.74	13.69
11	滨420	1.97	0.03	3.15	1.89	0.94	50609	8.21	7.32
12	滨420	2.46	0.03	3.94	2.36	1.18	50609	10.27	8.78
13	滨420	2.46	0.03	3.94	2.36	1.18	50609	10.28	8.78
14	滨420	2.63	0.03	4.20	2.52	1.26	50609	10.97	9.26
15	滨408	1.80	0.03	2.84	1.70	0.85	48164	7.59	6.87

续表

沙坝序号	井号	沙坝原始厚度 /m	坡度	破浪水深 /m	破浪波高 /m	深水区有效波高/m	风程/m	风的剪切系数 /（m/s）	风速 /（m/s）
16	滨 408	1.54	0.03	2.43	1.46	0.73	48164	6.51	6.06
17	滨 408	2.73	0.03	4.31	2.59	1.29	48164	11.53	9.64
18	滨 408	2.56	0.03	4.04	2.42	1.21	48164	10.80	9.14
19	滨 408	3.24	0.03	5.12	3.07	1.54	48164	13.68	11.08
20	滨 408	2.56	0.03	4.04	2.43	1.21	48164	10.82	9.15

表 4-12　剖面 CC′剖面中 26 期破浪沙坝对应的古波况、古北风风速结果

沙坝序号	井号	沙坝原始厚度 /m	坡度	破浪水深 /m	破浪波高 /m	深水区有效波高/m	风程/m	风的剪切系数 /（m/s）	风速 /（m/s）
1	樊 143	1.68	0.02	2.73	1.64	0.82	26225	9.89	8.51
2	樊 143	5.39	0.02	8.75	5.25	2.62	26225	31.71	21.95
3	樊 143	5.06	0.02	8.20	4.92	2.46	26225	29.73	20.83
4	高 89	5.02	0.02	8.13	4.88	2.44	25869	29.68	20.80
5	樊 143	2.78	0.02	4.52	2.71	1.35	26225	16.37	12.82
6	樊 4	2.50	0.02	4.06	2.44	1.22	23169	15.66	12.37
7	高 89	2.02	0.02	3.27	1.96	0.98	25869	11.94	9.92
8	樊 4	2.06	0.02	3.35	2.01	1.00	23169	12.91	10.57
9	樊 143	1.70	0.02	2.75	1.65	0.83	26225	9.97	8.57
10	樊 143	1.87	0.02	3.03	1.82	0.91	26225	10.97	9.26
11	高 89	3.35	0.02	5.43	3.26	1.63	25869	19.82	14.98
12	高 89	3.26	0.02	5.29	3.17	1.59	25869	19.29	14.65
13	高 89	1.17	0.02	1.90	1.14	0.57	25869	6.94	6.38
14	高 89	1.68	0.02	2.72	1.63	0.82	25869	9.91	8.53
15	樊 143	1.53	0.02	2.48	1.49	0.74	26225	8.98	7.87
16	樊 143	1.78	0.02	2.89	1.74	0.87	26225	10.48	8.92
17	高 89	2.68	0.02	4.35	2.61	1.30	25869	15.87	12.50
18	樊 143	2.54	0.02	4.11	2.47	1.23	26225	14.91	11.88
19	高 89	2.36	0.02	3.83	2.30	1.15	25869	13.98	11.28
20	樊 143	2.54	0.02	4.12	2.47	1.24	26225	14.92	11.89
21	高 89	4.22	0.02	6.84	4.10	2.05	25869	24.95	18.06
22	樊 143	3.38	0.02	5.49	3.29	1.65	26225	19.88	15.02
23	樊 143	3.30	0.02	5.36	3.22	1.61	26225	19.42	14.73
24	樊 143	1.70	0.02	2.76	1.66	0.83	26225	10.02	8.60
25	樊 143	1.79	0.02	2.90	1.74	0.87	26225	10.52	8.95
26	樊 143	2.22	0.02	3.60	2.16	1.08	26226	13.03	10.65

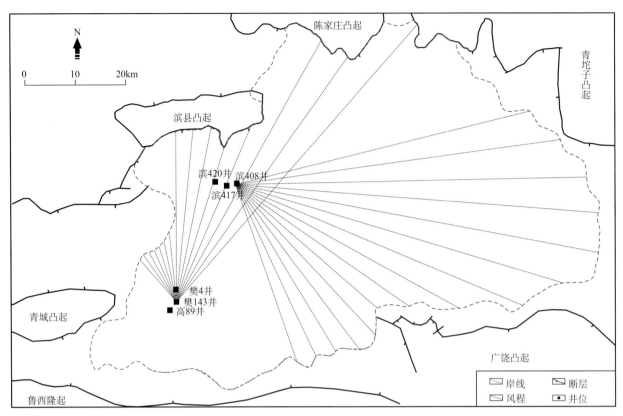

图 4-69　古风程的测量方法（以樊 143 井和滨 408 井为例）

5）古坡度的获取

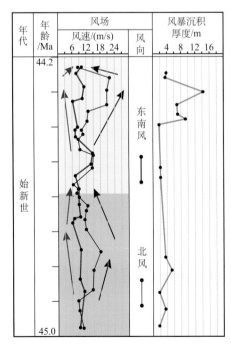

图 4-70　根据东营凹陷沙四上亚段低位体系域时期破浪沙坝（远岸坝）厚度确定的风速曲线图，以及通过风暴沉积反映的风暴作用频率（或强度）图

古坡度直接在古坡度等值线图中读取（图 4-60）。发育在高 89 井、樊 143 井、樊 4 井、滨 408 井、滨 417 井、滨 411 井、滨 420 井的破浪沙坝对应的坡度分别为 1°、1°、1°、2°、1°、1.2°、1.5°。

6）古波况与古风力的计算

当确定好了压实校正后的破浪沙坝厚度，结合古地形坡度、古风程参数，利用式（2-4）～式（2-6），就可以求得每个破浪沙坝对应的破浪水深、破浪波高、深水波高、风的剪切系数和风速，以及风力、风级在垂向上的变化（表 4-11、表 4-12、图 4-70）。

计算结果显示，在东营凹陷沙四上亚段低位域时期（45.0～44.2Ma）上，同时存在 6～12m/s（4～6 级）的东南风（表 4-11）与 8～22m/s（4～9 级）的偏北风（表 4-12）。在此将其解释为古东亚季风。这也是古东亚季风存在的最早的直接证据，直接将古东亚季风的年龄向前推进到了 45Ma。因此笔者认为，在始新世中期（约 45Ma），古东亚季风已经形成并且作用于东营凹陷地区。另外，北风风速经历了增大-减小-增大-减小两个周期，有两个风速峰值，其中早期的峰值（约 18m/s）要略小于晚期的峰值（约 22m/s）；而东南风似乎在相同时期内经历了减小-增大-减小-增大两个周期，整体上东南风的风速要小于北风。东南风与偏北风的风速大小呈近似反相关的关系，此消彼长，并且具有旋回性（两个旋回），这一点与现今东亚季风的特征十分类似。风暴作用在冬季风与夏季风风速差较大的时期更为频繁（图 4-70）。

2. 沿岸坝厚度法恢复古风力

东营凹陷沙四上亚段低位体系域-高位体系域中，在南部岸线附近发育了砂砾质的沿岸坝，这些砂砾质沿岸坝判断是由当时的北风引起的向南传播的波浪形成，可以利用它们的厚度恢复古风力。根据 2.1.6 中利用砂砾质沿岸坝厚度恢复古风力的方法，只要从地质记录中准确获取沿岸沙坝厚度、风程、古水深，以及风向与岸线法线的夹角这四个参数，就可以进行古北风风力的计算。

1）沿岸沙坝厚度的获取

在沿岸砾质坝发育的位置作栅状图，包含金 21、金 22、金 25、金 26 四口井［图 4-71，井位参考图 4-64(a)］。在该栅状图上，共识别出了 26 期可以用于计算的砂砾质沿岸坝。其中，在高位体系域识别出了 10 期，湖侵体系域识别出了 2 期，低位体系域识别出了 14 期。由于砂砾岩地层厚度受压实作用影响较小（郭玉新等，2009），因此没有进行厚度校正，而是直接使用了其现今厚度进行计算。具体厚度见表 4-13。

表 4-13　图 4-71 中的 26 期砾质沿岸坝对应的古波况、古北风风速结果

序号	井号	厚度/m	风程/m	水深/m	风向与岸线法线夹角/(°)	风速/(m/s)	风压系数/(m/s)	深水区有效波高/m	风壅水/cm	波增水/cm	波浪爬高/cm
1	金 21	0.50	35977	50.0	0	10.32	12.54	1.22	0.01	0.12	0.36
2	金 22	1.55	51231	50.0	0	21.85	31.54	3.65	0.09	0.36	1.09
3	金 22	0.60	51231	50.0	0	10.32	12.53	1.45	0.02	0.14	0.43
4	金 22	1.10	51231	50.0	0	16.68	22.63	2.62	0.05	0.26	0.79
5	金 22	0.75	51231	50.0	0	12.32	15.59	1.80	0.03	0.18	0.54
6	金 25	0.95	43158	50.0	0	15.95	21.41	2.27	0.04	0.23	0.68
7	金 25	0.60	43158	50.0	0	11.07	13.67	1.45	0.02	0.15	0.44
8	金 25	0.75	43158	50.0	0	13.23	17.01	1.81	0.03	0.18	0.54
9	金 25	0.65	43158	50.0	0	11.80	14.78	1.57	0.02	0.16	0.47
10	金 25	0.45	43158	50.0	0	8.80	10.30	1.09	0.01	0.11	0.33
11	金 22	0.60	51231	32.5	0	10.17	12.31	1.42	0.03	0.14	0.43
12	金 22	0.75	51231	32.5	0	12.13	15.30	1.77	0.04	0.18	0.53
13	金 25	0.35	43158	15.0	0	6.91	7.65	0.81	0.03	0.08	0.24
14	金 22	1.30	51231	15.0	0	17.47	23.95	2.77	0.19	0.28	0.83
15	金 22	0.90	51231	15.0	0	13.26	17.06	1.97	0.11	0.20	0.59
16	金 21	0.50	35977	15.0	0	9.82	11.80	1.14	0.04	0.11	0.34
17	金 21	0.45	35977	15.0	0	9.06	10.68	1.04	0.04	0.10	0.31
18	金 21	0.55	35977	15.0	0	10.57	12.91	1.25	0.05	0.13	0.38
19	金 21	0.55	35977	15.0	0	10.57	12.91	1.25	0.05	0.13	0.38
20	金 26	1.60	49948	15.0	0	20.60	29.33	3.35	0.26	0.34	1.01
21	金 26	1.75	49948	15.0	0	22.00	31.81	3.63	0.30	0.36	1.09
22	金 26	1.90	49948	15.0	0	23.38	34.27	3.92	0.33	0.39	1.17
23	金 26	0.60	49948	15.0	0	9.85	11.83	1.35	0.06	0.14	0.41
24	金 26	0.95	49948	15.0	0	13.96	18.18	2.08	0.12	0.21	0.62
25	金 21	1.10	35977	15.0	0	17.92	24.71	2.40	0.14	0.24	0.72
26	金 26	0.60	49948	15.0	0	9.85	11.83	1.35	0.06	0.14	0.41

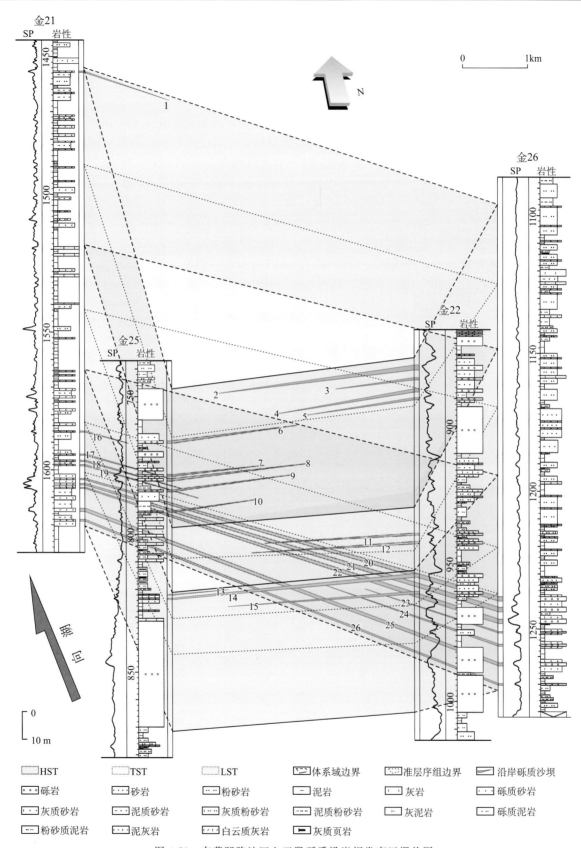

图 4-71　东营凹陷沙四上亚段砾质沿岸坝发育区栅状图

共识别出了 26 期沿岸砂砾质沙坝。其中，高位体系识别出 10 期，湖侵体系域识别出 2 期，
低位体系域识别出 14 期。井位参考图 4-64（a）

2）古风程参数的获取

古风程参数的获取参考前述的方法，得到金 21、金 22、金 25、金 26 四口井对应的北风风程分别为 35977m、51231m、43158m、49948m（表 4-13）。

3）古水深参数的获取

由于用于计算的沿岸砾质坝发育于整个沙四上亚段，包括低位体系域、湖侵体系域、高位体系域。而在三个体系域中水深是明显不同的，因此在用它们进行计算时，应采用不同的水深参数。根据前述的古水深恢复结果（图 4-57），低位体系域可以选用 15m 作为平均水深。根据李守军等（2005）利用介形类优势分异度恢复古湖盆水深的恢复结果，在沙三段早期，东营凹陷的平均水深已经达到了 50m，因此，在高位体系域时，借鉴了 50m 的古水深这一参数。在低位体系域至高位体系域的演化过程中，假设水深是呈线性增加的，那么在湖侵体系域，就可以选择两者的中位数，即 32.5m 这一参数。这三个参数是目前获取的最佳值（表 4-13）。

4）风向与岸线法线的夹角估计

本书进行了这样的估计：假定古风向为北风，岸线为东西走向，那么古风向与岸线法线的夹角为 0 ［式(2-12)表明 β 值的大小对计算结果影响很小］。

5）古波况与古风力的计算

当确定好了沿岸沙坝厚度，结合古风程、古水深参数，利用式(2-12)，就可以求得每个沿岸沙坝对应的深水有效波高、风壅水高度、波浪增水高度、波浪爬高、风的剪切系数和风速，以及风力、风级在时间序列上的变化（表 4-13、图 4-72）。

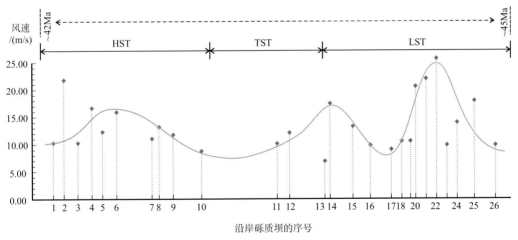

图 4-72　利用沿岸砾质坝恢复的古北风风速曲线图

恢复结果显示，北风风速在低位体系域时期经历了两次增大-减小的周期（图 4-72），这与前述的利用破浪沙坝对北风风速的恢复结果是一致的（图 4-70）。但是不同的是：①此处的两个峰值，早期的峰值（约 23.5m/s）要明显高于后期的峰值（约 17.5m/s）；②用沿岸砾质坝与利用破浪沙坝恢复的古北风结果，在低位体系域早期前者强于后者，而在低位体系域晚期前者却弱于后者。这可能是由于计算过程或者参数获取过程中产生的误差所致。

由图 4-73 可见，利用沿岸砾质坝恢复古风力方法的计算结果随水深的变化趋势近似为：在水深小于 18m 时，风速计算结果随水深增加急剧增加；而在水深大于 18m 时，计算结果几乎不再随水深的变化而变化。因此，在低位体系域中，选用了 15m 的平均值。实际情况是，低位体系域早期水深要趋于

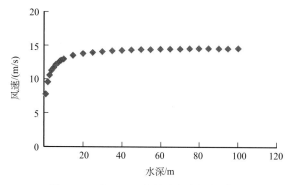

图 4-73　式(2-12)中风速与水深的关系

其他参数典型化为：沿岸坝厚度为 0.8m，风程为 40000m，

风向与岸线法线的夹角为 0°

小于 15m，而低位体系域后期水深要趋于大于 15m。因此也就是说，用砂砾质沿岸坝恢复古风力，实际上在低位体系域早期是高估了风力，而在低位体系域晚期是低估了风力，因此会出现这样的结果。而在湖侵体系域与高位体系域时期，水深应当是大于 18m 的，因此，在湖侵体系域与高位体系域时期，由于水深参数引起的误差可以忽略不计。

4.4.5　古风场与沉积环境

1. 古风场作用下的古气候演变

中国东部东营凹陷始新统沙四上亚段沉积于 45～42Ma，从东营凹陷该时期所处的古气候背景来看，最新的研究表明此时中国东部已经产生了较为明显的季风气候（Quan et al.，2011；Huber and Goldner，2012；Quan et al.，2012a，2012b；Wang et al.，2013），与本书的研究一致。根据 Quan 等（2012a）的研究，在 45～42Ma 时期，中国北方的古温度经历了一个从相对寒冷到相对温暖的变化过程。其中，相对寒冷时期（45～43.5Ma）大致对应于沙四上亚段低位体系域沉积时期，因此推测该时期可能经常受到极地方向吹来的强烈的冬季风的影响。这与图 4-72 所示的在低位体系域时期，北风风速明显偏大的结果相一致。前人对本地区古气候的研究，例如，吴靖（2015）、宋明水（2005）等的地球化学资料显示，在沙四上亚段低位体系域时期，东营凹陷处于相对干冷的古气候背景中，进一步佐证了北风主导的古风场背景，此时，从北部内陆地区而来的气流温度低且缺乏水蒸气，造成了该地区相对干冷。全球深海氧同位素曲线也表明在 45～44Ma 时全球温度存在小幅度的降低（Zachos et al.，2001，2008），也与本次的恢复结果吻合。但本次的恢复结果更加详细地表明在低位体系域时期存在两次北风（冬季风）增强事件，并同时有相对的两次东南风（夏季风）减弱事件。

Quan 等（2012a）的研究结果还表明，在 43.5～42Ma 时期，中国东部经历了明显的变暖，该时期大致对应于湖侵体系域与高位体系域时期，吴靖（2015）、宋明水（2005）等的地球化学资料显示，在沙四上亚段湖侵体系域-高位体系域时期，东营凹陷的古气候背景开始变得暖湿。这与图 4-72 所示的北风风速在湖侵体系域和高位体系域时期整体上明显偏低于低位体系域时期一致，佐证了北风受到抑制的古风场背景。另外值得一提的是，全球深海氧同位素曲线表明（Zachos et al.，2001，2008），在大约 42.5Ma 时，全球温度有一个降低的趋势，这与图 4-72 所示的在高位体系域晚期（接近于 42.5Ma）北风风速明显增强相符，指示了在高位体系域晚期冬季风再次增强。因此本书的恢复结果很好地吻合了当时的古气候背景。

由此可以推测，北风与东南风的相对强弱造成了该地区温度与湿度的变化。在低位体系域时期，北风（冬季风）可能占据主导作用，相应地温度低、降水少，该地区的气候以干冷为特征；至湖侵体系域时期，北风受到抑制，根据冬夏季风此消彼长的演化特征（图 4-70），此时夏季风可能占据了主导作用，相应地温度升高、降水增强，该地区的气候以暖湿为特征；到高位体系域时期，冬季风有再次加强的趋势，该阶段暖湿程度有所降低，呈相对暖湿气候特征（吴靖，2015）。

2. 古风场条件对沉积的控制

由于沉积环境对岩相的发育具有控制作用，因此岩相及其组合的变化应能反映沉积环境的变化。三个体系域岩相的不同应当也能与古风场导致的古气候变化相对应。

根据吴靖（2015）的研究，在低位体系域时期，该阶段的细粒岩岩相以具有纹层的蒸发岩-低有机质页状膏质黏土岩及低有机质页状灰岩为主，石英、长石等成分丰富，滩坝粉砂岩也大量发育。解释为该时期冬季风主导，气候干冷、湖盆水深浅，导致：①物源作用相对强，大量陆源碎屑经三角洲等输送入湖；②生物生产力较低，水体还原性弱，沉积物中有机质含量少且不易保存；③蒸发强烈，水体中的盐类析出，伴随湖水的高盐度及分层现象，因此细粒岩的岩性以粉砂岩及低有机质页状膏质黏土岩为主；④风场强，受控于风浪作用的滩坝沉积极为发育（图 4-48）。

在湖侵体系域时期，细粒岩岩相以页状云质混合细粒岩、低-高有机质页状灰岩为主，沉积物中有机质、黄铁矿含量明显增高。解释为在以夏季风占主导作用的相对暖湿的气候下，导致：①物源作用相对减弱，湖盆水体快速上升，湖盆边缘的三角洲、滩坝等向陆方向退积，陆源碎屑输入量减少，因而该阶段的细粒岩中，石英、长石等不再成为主导成分；②伴随着相对暖湿的气候，膏质沉积明显减少，藻类也逐渐繁盛，提供相对丰富的有机质；③水体的不断加深及增强的还原性，使得有机质的保存条件变好，沉积物中有机质的含量增多；④风场变弱，受控于风浪作用的滩坝沉积发育受到限制（图 4-51）。

在高位体系域时期，细粒岩岩相中，不再发育高有机质页状灰岩，中有机质页状灰岩也大幅度减少。岩相组合中前期以页状灰质混合细粒岩-低有机质页状灰岩为主；后期以中-低有机质页状灰岩为主。解释为在北风再次加强的背景下，气温降低，降雨减少（相对暖湿于低位体系域时期），湖平面相对稳定，但物源作用相对再次增强。湖盆边缘的三角洲、滩坝等再次向湖方向弱进积或加积，因而细粒岩中，陆源碎屑的成分有所增加，灰质不再作主导成分。藻类数量也减少，沉积物中有机质含量减少且较难保存。滩坝沉积较湖侵体系域时期发育，但不及低位体系域时期（图 4-54）。

4.4.6　滩坝砂体分布规律的控制因素分析

滩坝的发育受多重因素的控制，包括地貌条件（包括宏观地貌与微观地貌）、层序演化、水深条件、风浪条件、物源供给条件等。

1. 古构造-古地貌条件对滩坝的控制

盆地的构造运动对砂体的展布格局起了重要的控制作用。滩坝体系的发育程度与盆地构造运动幕密切相关。例如，以断陷盆地为例，在构造运动相对稳定且古地貌相对平缓时期（如裂陷早期和断拗转换期），会发育广阔的滨岸带，有利于滩坝砂的形成（林会喜等，2010）。

东营凹陷是典型的陆相断陷湖盆，湖盆的演化经历了断陷-拗陷-消亡等几个阶段。沙四上亚段沉积时期，东营凹陷即处于初始断陷期（图 4-3），即断陷盆地形成的早期，此时盆地构造相对较弱，地形结构整体上比较平缓，水体较浅。此时的湖泊面积大，湖底地形平坦，发育广阔的滨岸带，有利于滩坝的发育和形成（孙锡年等，2003；李国斌，2009）。

构造运动控制下的古地貌条件对滩坝的形成和分布也有重要影响（孙锡年等，2003；常德双等，2004）。以东营凹陷沙四上亚段沉积时期为例，从宏观来看，湖盆边界及内部断层发育，控制了湖盆的沉积环境和沉积体系格局，整体上盆地可以分为北部陡坡带、南部缓坡带、东西轴向带、中央凸起带，以及博兴、利津、牛庄、民丰四个次级洼陷。北部陡坡带滨岸带相带窄，不利于滩坝的大面积发育；滩坝沉积主要在南部缓坡带和中央凸起带大面积发育（图 4-48、图 4-51、图 4-54）。从滩坝发育的构造位置来看，地形相对平缓的地区正是滩坝发育比较多的地区。另外，盆地的微观古地貌特征，对滩坝的发育也能起到控制作用（王延章等，2011）。小规模的地形凸起是波浪的消能带，水动力能量减弱，沉积物更容易沉积，整体上，滩坝发育的有利部位多为正向地貌单元周围。东营凹陷在水下古隆起上发育的滩坝沉积，也证实了这一点（图 4-59）。因此，滩坝的分布受古地貌的控制明显，在缓坡滨岸带和正向地貌单元的斜坡处发育较好。

因此，古构造-古地貌条件是影响滩坝砂体形成和分布的主要因素之一。

2. 层序地层格架对滩坝砂体分布的控制

滩坝体系发育在浪基面与岸线之间的滨岸带，岸线和浪基面的位置共同决定了滩坝砂体的分布范围，而岸线与浪基面的位置又受到相对海（湖）平面的变化而发生大幅度迁移。因此，滩坝体系对相对海（湖）平面变化导致的盆地可容纳空间变化反应灵敏（林会喜等，2010）。低位体系域时期，岸线和浪基面向湖盆中心大范围迁移，相应地滨岸带前移，滩坝进积；湖侵体系域时期，滨岸带向陆迁移，导致滩坝砂体向岸方向退积；高位体系域时期则以稳定为主，滩坝砂体垂向加积或略向湖盆中心迁移（田继军和姜在兴，2012）。

以东营凹陷沙四上亚段为例，不同体系域内部滩坝砂体的发育程度不同。砂砾质滩坝主要发育在低位体系域，而在湖侵体系域和高位体系域时期砂砾质滩坝发育较少，高位体系域在局部发育有碳酸盐岩滩坝（图4-45、图4-74）。东营凹陷沙四上亚段沉积时期处于断陷盆地发育的初期，已经有了断陷盆地的雏形，在低位体系域时盆地中水体处于一个高频振荡缓慢上升的时期，这时的水深、物源、水动力等条件更好地符合滩坝发育的要求。因此，低位体系域滩坝砂体普遍比较发育，平面分布面积广，砂体多连片分布，砂地比较高，集中在20%～60%（图4-46）。砂体主要分布在利津洼陷西南、博兴洼陷、东营凹陷东南部地区（图4-47）。

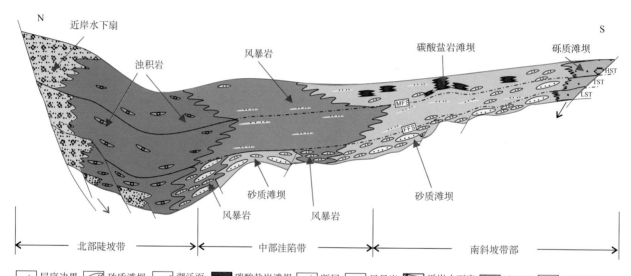

图4-74　东营凹陷西部滩坝砂体分布模式图（田继军和姜在兴，2012）

到了湖侵体系域和高位体系域随着水体深度的增加，湖盆内的大部分地区已经很难具备形成大规模滩坝的要求，因此湖侵体系域和高位体系域时期滩坝较少发育。其中，湖侵体系域时期，因湖水变深，湖盆面积扩大，陆源碎屑供应不足，滩坝砂体常呈孤立的条带状（图4-50），平面分布面积小，砂地比多分布于10%～30%，总体较低（图4-49）。高位体系域时砂砾质滩坝较少发育，平面分布面积很小，砂体呈孤立的椭圆状分布（图4-53），砂地比多分布于10%～50%（图4-52）。此时期在平方王凸起周围和牛庄洼陷局部地区发育碳酸盐岩滩坝（图4-54）。

3. 湖平面升降与岸线的变迁对滩坝的控制

正常浪基面至岸线（洪水面）之间的滨岸环境是滩坝在空间上潜在的发育范围；岸线决定着滩坝向陆方向的极限位置；浪基面则决定了滩坝向海（湖）方向发育的极限位置。由于幕式构造运动和周期性气候变化影响造成的相对水平面变化，导致湖岸线随之也发生相应的进退。滩坝的展布范围取决于岸线的迁移幅度，进一步取决于地形和湖平面的升降幅度：坡度缓、水平面升降幅度大，则岸线的迁移幅度大，滩坝展布范围广；反之，滩坝展布范围窄。在东营凹陷南部较平坦的古地形背景下，湖平面的垂向变化，可以引起湖岸线大幅度迁移（田继军和姜在兴，2012）。古岸线较大幅度的频繁摆动造成各期砂体在平面上大面积展布，在垂向上层层叠置（姜在兴和刘晖，2010）。

　　滩坝砂岩发育于整体水深较浅的环境中，沉积构造以反映浅水的波痕构造、浪成沙纹层理、生物扰动等为特征（图 4-37）。在相对较低可容空间的条件下，水深的频繁振荡变迁对滩坝的发育-保存会起到重要的作用。短期基准面下降期物源作用增强形成滩坝，而上升期得以保存的可能性较大。因此，在短期基准面下降/上升的转换面附近，滩坝容易保存下来。

　　一个完整的滩坝准层序代表了滩坝沉积作用从开始到结束的演化旋回，其顶、底界面对应于相邻的两个湖泛面（操应长等，2009）。滩坝之间的泥岩夹层即代表了小规模的湖泛面。每一个滩坝砂体的序列都对应着一期相对湖平面的下降，滩坝的保存则意味着相对湖平面的上升。低位体系域时期滩坝砂体在垂向上具有多期叠置的特点（图 4-45、图 4-74），说明低位体系域滩坝砂体受高频振荡的湖平面控制。东营凹陷低位体系域湖平面正是处于这样一个"高频震荡"状态之下，在相对湖平面下降期，碎屑物质由近岸搬向远岸形成滩坝；在相对湖平面上升期，滩坝得以保存。这种"高频震荡"是导致滩坝砂体垂向上频繁薄互层、平面上大面积分布的重要原因（Jiang et al., 2011）。

　　湖侵体系域时期，水深持续加大，岸线和浪基面整体向陆迁移，相对湖平面的"振荡"作用不显著，导致滩坝砂体整体向岸方向退积（图 4-51）。高位体系域时期，湖平面保持稳定，滩坝砂体略向湖盆中心进积（图 4-54）。因此，在湖侵体系域和高位体系域时期砂砾质滩坝发育规模不及低位体系域时期。另外，古水深是碳酸盐岩滩坝发育的重要控制因素。古水深控制了碳酸盐岩的产率。水体过浅碳酸盐岩保存的可容纳空间较小，形成的碳酸盐岩不利于保存，因此在湖侵体系域和高位体系域时期，碳酸盐岩含量明显增加，高位体系域时期甚至有碳酸盐岩滩坝发育（图 4-54）。

4. 古风（浪）动力条件对滩坝的控制

　　波浪的二次改造是滩坝形成的直接原因。对于陆相湖盆来说，水动力的重要来源是风动力，因此二者具有十分紧密的关系。

　　在盆地的迎风侧，波浪在从深水区进入浅水区并逐渐向岸线的传播过程中，从深水波变为浅水波，会产生一系列的变化：在浪基面以浅的范围内依次为波浪遇浅变形、破浪、波浪重生、重生波破碎、碎浪、冲浪[图 2-10、图 4-64（b）]。在不同波浪动力带内，形成滩-坝相间的格局（图 2-10、图 4-39、图 4-64）。浅水区的沙坝在后期波浪要素发生改变的新波的影响下，在形态上会做出相应的调整。这种沙坝的堆积由于水动力的不同具有明显的分带性。另外，风浪的传播方向，对滩坝的分布格局具有显著的控制作用。一般而言，正向入射的波浪，往往形成平行岸线的滩坝格局，而斜交岸线入射的波浪，沙坝则往往斜交岸线[图 1-13（d）]。

　　根据滩坝形成的水动力特征和发育的位置，将研究区内的滩坝分为沿岸坝（冲浪回流带）、沿岸滩（冲浪回流带）、近岸坝（碎浪带）、坝间滩（波浪重生带或内破浪带）、远岸坝（破浪带）、外缘滩（波浪遇浅带）[图 4-39（a）、图 4-64（b）]。

　　博兴洼陷-牛庄洼陷南部缓坡带，地形平缓，分布范围宽而广。在冬季风（偏北风）的作用下，水动力作用较强，与海相环境无障壁滨岸带水动力特征具有相似性，具有明显的水动力分带。由湖内向湖岸边依次可划分出波浪遇浅带、破浪带、波浪重生带、碎浪带和冲浪回流带。由于各水动力带内的波浪要素不同，水动力强度各异，因而控制了不同的沉积物形成和沉积物分带。在博兴洼陷与牛庄洼陷南部缓坡带滨浅湖区发育大面积的滩坝（图 4-64）。

　　而在北部滨县凸起-陈家庄凸起向南一带，夏季风（偏南风）作用弱，风速低，波浪能量弱，对近岸砂体（如扇三角洲前缘砂体）进行二次分配的作用有限，虽然也能形成滩坝砂体，但由于波浪的搬运能力有限、搬运距离短，分布较狭窄（图 4-64）。

　　由于岸线的不规则和水下地形的复杂形态，会导致波浪折射，进而引起波能的分散或集中。图 4-59也证明了在凸岸、正向构造单元周围与斜坡单元的迎风面是滩坝发育的有利场所，这种波浪能量的差异导致了滩坝沿岸方向上的微相分异。

　　根据前面的讨论（4.4.5），古风场除了直接作用于水体产生波浪之外，古风场代表了古大气流场活动，可能决定了气候的温度和湿度特征，对滩坝同样起到了控制作用。例如，低位体系域时期以北风作用为主，为干冷的气候，物理风化作用强，形成的滩坝以陆源碎屑质为主，而在湖侵体系域与高位体系域时期，以东南风控制下的暖湿气候为主，化学风化作用强烈，且湖泊中生物作用强，碳酸盐岩产率高，滩坝中的碳酸盐岩组分明显增高，甚至在高位体系域时期发育了碳酸盐岩滩坝。

5. 古物源条件对滩坝的控制

物源是控制沉积物的类型及其分布的基本因素之一，是物质基础。对于二次搬运沉积而形成的滨浅湖滩坝，更是如此，其物源主要来自波浪对附近砂体的改造和二次分配，因此物源的富集和贫乏对滩坝的形成起到决定性作用。在物源充足供应的情况下，砂质滩坝非常发育，而在物源供应匮乏处，则常形成碳酸盐岩滩坝（图1-6）。

东营凹陷四周为凸起或隆起，北靠陈家庄凸起和滨县凸起，南临鲁西隆起和广饶凸起，西邻青城凸起，东邻青坨子凸起，具有多方向的物源供给。但是，由于沙四上亚段沉积期构造活动较弱，各个源区提供的碎屑物质仅在盆地边缘形成规模较小的三角洲或扇三角洲沉积。这些砂体为砂砾质滩坝的形成提供了有限的物质基础（李国斌，2009），在波浪的作用下，在利津洼陷西部扇三角洲前侧缘、博兴洼陷及牛庄洼陷南坡等地区形成了滩坝砂体。在平面上，北部陡坡带滨县凸起靠近物源区，发育扇三角洲沉积，在波浪的作用下这些砂体可为滩坝的形成提供物质来源，但受地形坡度及风浪动力限制，分布范围比较局限。南部博兴洼陷南坡靠近鲁西隆起坡脚处发育呈线状分布的冲积扇体（李国斌，2009），在较强的偏北风形成的波浪的作用下这些扇体沉积物被筛选淘洗，其中砾石组分就地分选磨圆堆积，形成沿岸砾质滩坝，粉砂-中砂组分可被搬运至滨岸带，在波浪的作用下由近及远依次形成近岸坝、坝间滩、远岸坝、外缘滩（图4-64）。同理，牛庄洼陷南坡发育的滩坝是由近源的三角洲提供物源，在向南传播的波浪作用下形成。而在利津洼陷与博兴洼陷之间的中央地带，处于贫物源或次要物源供应区，陆源碎屑相对不足，该区滩坝灰质胶结物含量常较高（李国斌，2009）。

在层序格架内，低位体系域时期，物源供应充足，滩坝非常发育。而在湖侵体系域和高位体系域时期，物源贫乏，限制了砂质滩坝的发育，而有利于碳酸盐岩滩坝的形成，在高位体系域时期，甚至在平方王凸起和牛庄洼陷局部地区发育了碳酸盐岩滩坝，岩性主要有礁灰岩、生物灰岩、鲕状灰岩、泥晶灰岩、白云质灰岩等类型。

4.4.7 风场-物源-盆地系统的划分

东营凹陷沙四上亚段沉积体系演化特征，可以用风场-物源-盆地系统进行合理地解释。根据各沉积体系的发育背景，可以将东营凹陷沙四上亚段沉积体系划分为四种（图4-75）。

1. 盆地体系

东营凹陷沙四上亚段沉积时期，在凹陷的深凹区，如图4-56、图4-57所示的水深大于15m的范围，此处远离物源，水深通常大于风暴浪基面。在这里的沉积作用主要以盆地自身的营力为主，物源作用和风动力作用可以忽略不计，此时主要发生盆地自身的作用过程，包括沉积物的自然悬浮沉降、生物和化学作用沉积而成的化学岩等。在研究区以中-高有机质的页状灰岩、页状黏土岩为代表（图4-44），多发育在利津洼陷东部、民丰洼陷（吴靖，2015）。

2. 物源-盆地体系

东营凹陷为一典型的箕状断陷湖盆，盆地边缘有陡坡带、缓坡带、轴向带之分，其砂体成因类型与分布范围也不尽相同。在风动力作用可以忽略不计时，例如，假设东营凹陷沙四上亚段时期风场由季风系统控制，且冬季风（偏北风）强于夏季风（偏南风），那么在弱风向的湖盆边缘迎风面（北部边界断层一线）和无风动力作用的湖盆边缘（东西轴线边缘），不同的物源在不同的古地貌背景下，形成

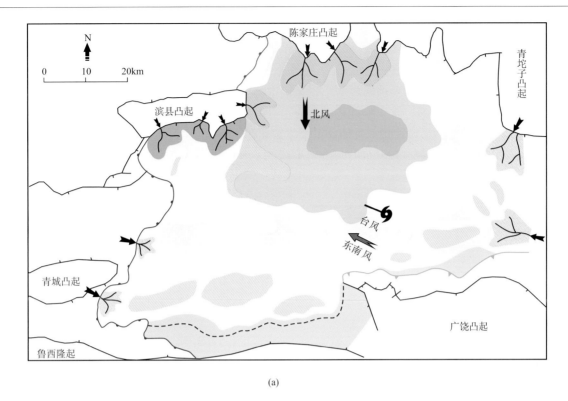

(a)

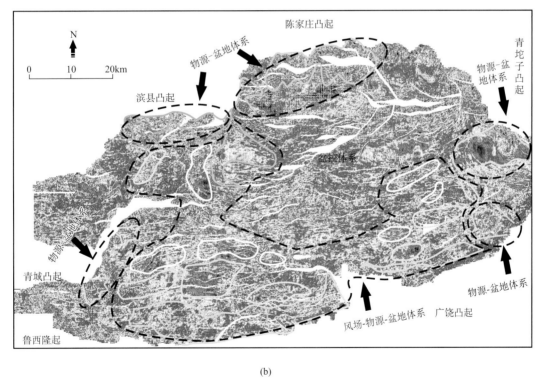

(b)

图 4-75　东营凹陷沙四上亚段风场-物源-盆地系统模式（以低位体系域为例）

（a）低位体系域沉积相分布与盛行风向；（b）低位体系域主震幅属性图与风场-物源-盆地系统划分

了不同的沉积体系。可以进一步分为三类：①陈南边界断层下降盘水下重力流体系。此处由盆缘断裂控制，靠近高山陡崖，湖泊的水深梯度大，由陈家庄凸起提供的物源直接以重力流的形式进入深水区，形成近岸水下扇、湖底扇等水下重力流体系（图4-48、图4-51、图4-54）。②滨县凸起南坡扇三角洲体系。东营凹陷北部边界断层自东向西断距减小，造成了北部陡坡带自东向西坡度减缓（图4-59），至滨县凸起南坡，古地形坡度减缓，水深梯度较东侧变小（图4-46、图4-57），此处以发育扇三角洲体系为主（图4-48、图4-51、图4-54）；③东西轴向正常三角洲体系。在东西两侧的盆地长轴物源入口区坡度缓（图4-59、图4-60）、水深梯度小（图4-56、图4-57），河流作用大于蓄水体作用，形成了正常三角洲体系（图4-48、图4-51、图4-54）。

3. 风场-盆地体系

东营凹陷沙四上亚段时期同样存在风场、盆地控制下的沉积体系，此时，陆源碎屑的输入可以忽略不计。由盆地自身形成的沉积物在风动力作用下形成。在东营凹陷沙四上亚段发育的各类沉积体系中，局部井区发育的生物碎屑滩坝（滨706井区）、鲕粒灰岩滩（李国斌，2009），即体现了风场-盆地系统的主导性。风场-盆地体系在高位体系域时期有所体现。

4. 风场-物源-盆地体系

碎屑质滩坝沉积和风暴沉积是风场-物源-盆地系统三端元之间相互作用的典型代表。在东营凹陷沙四上亚段得到了很好的体现。

（1）迎风面、物源充足、缓坡带、正向地形，并且处于湖平面转换阶段时，容易形成面积大、厚度大的滩坝砂体。东营凹陷博兴洼陷与牛庄洼陷南坡正是处在这样的沉积背景下。其中，博兴洼陷整体地貌平缓，并且存在局部的地貌凸起（图4-59），鲁西隆起坡脚处线状发育的冲积扇裙提供了大量陆源碎屑，在冬季风盛行时产生较强的向南传播的波浪的作用下形成了大面积展布的滩坝（图4-48、图4-51、图4-54），其中低位体系域沉积时期，湖平面频繁振荡，滩坝砂体在垂向上层层叠置（图4-45）。同理，牛庄洼陷南坡由附近的三角洲提供了充沛的陆源碎屑，在上述古地貌、古风场、层序演化背景下，在三角洲前方、侧缘也形成了大面积展布、垂向叠置的滩坝砂体（图4-48、图4-51、图4-54）；在滨县凸起南斜坡、扇三角洲侧缘地区也复合了上述的沉积背景，但由于此处主要受到夏季风（偏南风）导致的波浪控制，整体而言夏季风要小于冬季风（图4-70），所以东营凹陷北坡滩坝发育程度不及南斜坡。

（2）风暴作用、充足的物源、较大的水深、较陡的坡度是风暴沉积发育的有利条件。利津洼陷西部地区，近源的扇三角洲提供了大量的碎屑物质（图4-48、图4-51、图4-54），此处靠近盆缘断裂，坡度陡（图4-59），水深梯度大（图4-56、图4-57），在来自西太平洋的气旋（台风）影响下，发生湖震运动，形成风暴沉积并保存于正常浪基面之下（图4-43）。

东营凹陷沙四上亚段沉积时期，正是由于受到了风场-物源-盆地系统单要素或多要素的控制作用，在不同的位置形成了不同的沉积体系。

4.5　风场-物源-盆地系统沉积动力学研究意义

4.5.1　古气候意义

根据所提出的古风场恢复方法，本书进一步在滩坝发育的经典区块——东营凹陷沙四上亚段进行了应用，主要应用包括以下几个方面。

（1）应用破浪沙坝的走向及横向不对称性恢复古风向和破浪沙坝厚度恢复古风力。通过在东营凹陷博兴洼陷沙四上亚段应用此方法，发现在沙四上亚段低位体系域时期（约45Ma），6.4～21.9m/s的偏北风与6.3～14.6m/s的东南风同时存在，本书将其解释为古东亚季风，并且偏北风（冬季风）与东南风（夏季风）的风力大小呈旋回性的反相关关系（图 4-70），此消彼长，其中北风风速经历了增大-减小-增大-减小两个周期，东南风在相同时期内经历了减小-增大-减小-增大两个周期，整体上东南风的风速要小于北风。这一点与现今东亚季风的特征十分类似。另外，风暴作用在冬季风与夏季风风速差较大的时期更为频繁。这是目前古东亚季风存在的最早的直接证据。将古东亚季风的年龄向前推到 45Ma。

（2）应用沿岸砾质沙坝的厚度定量恢复古风力。通过在东营凹陷沙四上亚段博兴洼陷南坡沿岸砾质坝发育区应用此方法，发现古北风（冬季风）在整个沙四上亚段时期，经历了低位体系域的两次加强（早期峰值达 20~25m/s、晚期峰值达 15~20m/s）、湖侵体系域的削弱（削弱至 7~10m/s）、高位体系域的再次加强（达 13~17m/s）这样一个演化过程（图 4-72）。当时的古风场演化过程与其他古气候参数，如温度、湿度等的演化匹配良好，并且具有全球可对比性。研究表明，东营凹陷沙四上亚段沉积时期，风场还控制气候要素中湿度与温度的变化，并对细粒沉积岩岩相类型具有控制作用。

4.5.2　油气意义

1. 盆地体系控油源

东营凹陷沙四上亚段湖侵体系域和高位体系域时期在凹陷深洼区发育中-高有机质的页状灰岩（吴靖，2015），分布于利津洼陷和民丰洼陷的深洼区，厚度可达数十米至数百米。从成分来看，这些烃源岩的碳酸盐岩含量都在 50% 以上，而黏土含量普遍低于 15%。在这些细粒岩中，总有机碳含量（TOC）为 3%~5.1%，有机质类型以 $I-II_1$ 型为主，母质类型好，镜质体反射率（R_o）为 0.6%~1.0%，演化程度较高，构成了优质的烃源岩（王永诗等，2012）。另外，研究区的这些中-高有机质的页状灰岩形成于弱风场条件下控制的相对暖湿气候背景，此时藻类繁盛，可提供丰富的 $I-II_1$ 型有机质，也有利于优质烃源岩的形成。

同时，这些烃源岩也可以起到盖层作用。例如，烃源岩在向岩性圈闭供油的同时，又起到了封盖的作用。分布在东营凹陷沙四段洼陷带、陡坡带、缓坡带和中央背斜带侧翼的岩性油藏主要为生自储型。

2. 风场-物源-盆地体系控储、运

1）风场-物源-盆地系统控制储层质量

东营凹陷长轴形成了大型三角洲体系或扇三角洲体系，高青油田、广利油田、王家岗油田等油田的部分油气赋存于这些砂体中；在北部陡坡带发育扇三角洲体系和水下重力流体系，胜坨油田、滨南油田、单家寺油田等油田的部分油气赋存于这些砂体中。这些油田无一例外地发现在主物源控制下所形成的厚层砂体上。

另外，除了主物源注入的方向上发育骨架砂体之外，发育于"非主物源体系"控制区的滨岸带滩坝砂体也能形成良好的储集层（李国斌，2009）。这些砂体的形成与风场-物源-盆地各要素关系密切。东营凹陷的正理庄油田、大芦湖油田等油田的部分油气赋存于这些滩坝砂体中。滩坝砂体也一度成为了油气增储上产的新领域，在我国东部盆地取得了较好的勘探开发效果。

2）盆地系统控制油气输导体系

骨架砂体既是油气聚集成藏的主要场所，又能作为油气运移的通道。平面上大面积分布、垂向上多层叠置、物性相对较好的骨架砂体，油气疏导效率高。烃类在从生油岩进入骨架砂体后就会产生从高势区向低势区的运移聚集。油气疏导体系还与构造作用形成的断裂带关系密切；断裂、裂隙发育带能够沟通垂向上连通性差的砂体。以东营凹陷为例，东营凹陷为半地堑断陷盆地，断层构造十分发育。一级断裂如高青-平南断层、陈南-永安-青坨子断裂发育时间早，控制了凹陷的形成；二级断裂带如胜北断裂带、陈官庄-王家岗断裂带、梁家楼-现河断裂带、博兴断裂带等，一般控制本构造带地层的发

育和油气的聚集。由二级断裂派生的三级断裂断距小、延伸短、数量众多，4～5级以及常规地震剖面无法识别的低级序断层及裂隙更是数不清。其中不乏在烃源岩主排烃期以后持续活动的断裂构造带（如东营-辛镇复杂断裂构造带等），这些断裂、裂隙若能将烃源岩与储集体连接，则将对油气疏导极为关键，是东营凹陷极为重要的一种输导体系。

3）物源-盆地系统形成成藏动力

地层异常高压往往成为油气运移的动力，其形成的原因之一可能是由于物源性质的变化。例如，以东营凹陷为例，沙四段沉积之后，东营三角洲快速进积，使沙三段、沙四段的前三角洲及深湖泥岩处于欠压实状态，并且由于厚层的上覆三角洲砂岩与下部接触的厚层泥岩之间充分压实而形成致密的壳或封闭层，东营凹陷自 2200m 埋深处开始出现地层异常高压（冯有良等，2006；王永诗等，2012），并在沙三段—沙四上亚段存在着一个异常压力封存箱（王永诗等，2012）。这些异常高压带通常出现在二级构造带的深部位（如洼陷带）。压力封存箱中的流体压力在烃类生成、黏土矿物转化过程中不断增大，当接近或超过其边界岩层的破裂压力时，即可从高势区（烃源岩区）向低势区（储层发育区）。

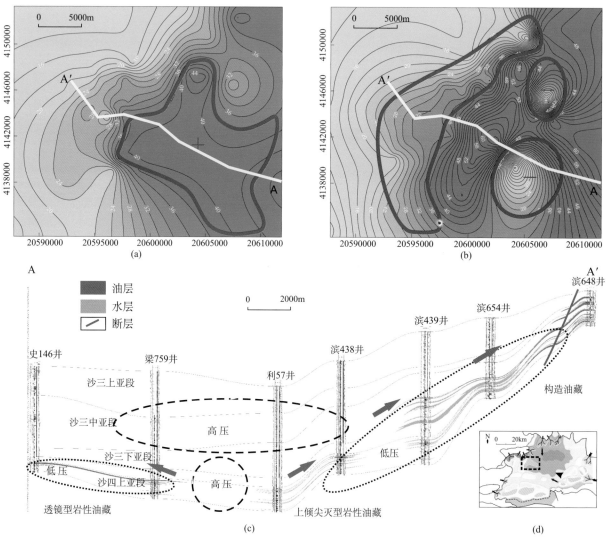

图 4-76　东营凹陷利津洼陷西部地区成藏模式

（a）沙三段地层压力等值线（单位 MPa），区块位置见（d）中黑色虚线框，"＋"表示高压区；（b）沙四上亚段地层压力等值线（单位 MPa），区块位置见（d）中黑色虚线框，"－"表示相对低压区；（c）剖面 AA′油藏剖面图，剖面位置见（a）和（b）黄色实线；（d）东营凹陷沙四上亚段低位体系域时期沉积相分布图，黑色虚线框表示（a）、（b）所在位置

3. 风场-物源-盆地系统与油气成藏

根据上述对东营凹陷风场-物源-盆地系统对生、储、盖、运的讨论，东营凹陷沙四上亚段具有良好的生储盖配置。具体地，以东营凹陷利津洼陷西部地区为例进行简单分析（图 4-76）：①湖侵体系域与高位体系域发育的优质烃源岩既是优质高效的油源岩，也是良好的上覆盖层。②利津洼陷位于构造陡坡带，近物源，扇三角洲砂体粒度较粗，相变快，很快过渡到深水区泥岩沉积，靠近潜在的生油岩，在源储空间配置上具有一定优势；滨浅湖滩坝受到波浪的反复冲洗，分选磨圆程度较高，可以为有利储层的发育创造条件；风暴沉积一般是由扇三角洲提供物源（少部分由滨浅湖滩坝提供），在风暴浪的作用下，沿陡坡发育于较深水位置，并被烃源岩包围，有利于形成岩性油藏。③在沙四上亚段与沙三段地层异常高压作用下，油气沿骨架砂体、边界断层及其派生的次级断层周围的断裂、裂隙等运移通道，在相对低压的储层中聚集成藏。

在上述作用下，自构造低部位的生油洼陷区到洼陷边缘的构造高部位，随着深度逐渐变浅、地层压力逐渐降低，油藏类型由透镜状岩性油藏，向浅部位过渡为上倾尖灭型岩性油藏、断层-滚动背斜油藏（构造油藏），油气充满度也逐渐变低，油藏由无边、底水、非油即干逐渐过渡为油水间互，以及边、底水明显的油藏（图 4-76）。

参 考 文 献

操应长. 2003. 济阳坳陷古近系层序地层及其成因机制研究. 北京：中国科学院研究生院博士学位论文.

操应长，王建，刘惠民，等. 2009. 东营凹陷南坡沙四上亚段滩坝砂体的沉积特征及模式. 中国石油大学学报（自然科学版），33（6）：5-10.

常德双，卢刚臣，孔凡东，等. 2004. 大港探区湖泊浅水滩、坝油气藏勘探浅析. 中国石油勘探，（2）：26-33.

陈道公，彭子成. 1985. 山东新生代火山岩 K-Ar 年龄和 Pb-Sr 同位素特征. 地球化学，（4）：293-303.

冯有良，李思田，邹才能. 2006. 陆相断陷盆地层序地层学研究——以渤海湾盆地东营凹陷为例. 北京：科学出版社.

桂宝玲. 2008. 渤海湾盆地桩西地区沙二段古地貌恢复. 北京：中国地质大学（北京）硕士学位论文.

郭玉新，隋风贵，林会喜，等. 2009. 时频分析技术划分砂砾岩沉积期次方法探讨——以渤南洼陷北部陡坡带沙四段—沙三段为例. 油气地质与采收率，16（5）：8-11.

胡新友. 2008. 渤海湾盆地桩西地区沙四段上亚段古地貌恢复. 北京：中国地质大学（北京）硕士学位论文.

姜在兴，刘晖. 2010. 古湖岸线的识别及其对砂体和油气的控制. 古地理学报，12（5）：589-598.

姜正龙，邓宏文，林会喜，等. 2009. 古地貌恢复方法及应用——以济阳坳陷桩西地区沙二段为例. 现代地质，23（5）：865-871.

李国斌. 2009. 东营凹陷西部古近系沙河街组沙四上亚段滩坝沉积体系研究. 北京：中国地质大学（北京）博士学位论文.

李守军，郑德顺，姜在兴，等. 2005. 用介形类优势分异度恢复古湖盆的水深——以山东东营凹陷古近系沙河街组沙三段湖盆为例. 古地理学报，7（3）：399-404.

林畅松，刘景彦，张英志，等. 2005. 构造活动盆地的层序地层与构造地层分析——以中国中、新生代构造活动湖盆分析为例. 地学前缘，12（4）：365-374.

林会喜，邓宏文，秦雁群，等. 2010. 层序演化对滩坝储集层成藏要素与分布的控制作用. 石油勘探与开发，37（6）：680-689.

刘晖，王升兰. 2010. 渤海湾盆地东营凹陷胜坨地区沙四上亚段物源方向对储集砂体的控制作用. 石油与天然气地质，31（5）：602-609.

潘元林，宗国洪，郭玉新，等. 2003. 济阳断陷湖盆层序地层学及砂砾岩油气藏群. 石油学报，24（3）：16-23.

石广仁，米石云，张庆春，等. 1998. 盆地模拟原理方法. 北京：石油工业出版社.

宋明水. 2005. 东营凹陷南斜坡沙四段沉积环境的地球化学特征. 矿物岩石，25（1）：67-73.

苏新，丁旋，姜在兴，等. 2012. 用微体古生物定量水深法对东营凹陷沙四上亚段沉积早期湖泊水深再造. 地学前缘，19（1）：188-199.

孙锡年，刘渝，满燕，等. 2003. 东营凹陷西部沙四段滩坝砂岩油气成藏条件. 国外油田工程，19（7）：24-25.

田继军，姜在兴. 2009. 东营凹陷沙河街组四段上亚段层序地层特征与沉积体系演化. 地质学报，83（6）：836-846.

田继军，姜在兴. 2012. 惠民凹陷与东营凹陷沙四上亚段滩坝沉积特征对比于分析. 吉林大学学报（地球科学版），42（3）：612-623.

王延章，宋国奇，王新征，等. 2011. 古地貌对不同类型滩坝沉积的控制作用——以东营凹陷东部南坡地区为例. 油气地质与采收率，18（4）：13-16.

王永诗，刘惠民，高永进，等. 2012. 断陷湖盆滩坝砂体成因与成藏：以东营凹陷沙四上亚段为例. 地学前缘，19（1）：100-107.

吴靖. 2015. 东营凹陷古近系沙四上亚段细粒岩沉积特征与层序地层研究. 北京：中国地质大学（北京）博士学位论文.

杨勇强，邱隆伟，姜在兴，等. 2011. 陆相断陷湖盆滩坝沉积模式——以东营凹陷古近系沙四上亚段为例. 石油学报，32（3）：417-423.

远光辉，操应长，王艳忠. 2012. 东营凹陷民丰地区沙河街组四段—三段中亚段沉积相与沉积演化特征. 石油与天然气地质，33（2）：277-286.

张志伟，张龙海. 2000. 测井评价烃源岩的方法及其应用效果. 石油勘探与开发，27（3）：84-87.

朱筱敏，康安，王贵文. 2003. 陆相坳陷型和断陷型湖盆层序地层样式探讨. 沉积学报，21（2）：283-287.

Allen M B，Macdonald D I M，Xun Z，et al. 1997. Early Cenozoic two-phase extension and late Cenozoic thermal subsidence and inversion of the Bohai Basin，northern China. Marine and Petroleum Geology，14（7）：951-972.

CERC. 1977. Shore Protection Manual. Fort Belvoir，VA：U. S. Army Coastal Engineering Research Center.

Feng Y，Li S，Lu Y. 2013. Sequence stratigraphy and architectural variability in late Eocene lacustrine strata of the Dongying Depression，Bohai Bay Basin，eastern China. Sedimentary Geology，295（15）：1-26.

Hu S，O'Sullivan P B，Raza A，et al. 2011. Thermal history and tectonic subsidence of the Bohai Basin，northern China：a Cenozoic rifted and local pull-apart basin. Physics of the Earth and Planetary Interiors，126（3）：221-235.

Huber M，Goldner A. 2012. Eocene monsoons. Journal of Asian Earth Sciences，44：3-23.

Jiang Z X，Liang S Y，Zhang Y F，et al. 2014. Sedimentary hydrodynamic study of sand bodies in the upper subsection of the 4th Member of the Paleogene Shahejie Formation in the eastern Dongying Depression，China. Petroleum Science，11（2）：189-199.

Jiang Z X，Liu H，Zhang S W，et al. 2011. Sedimentary characteristics of large-scale lacustrine beach-bars and their formation in the Eocene Boxing Sag of Bohai Bay Basin，East China. Sedimentology，58（5）：1087-1112.

Orme A J，Orme A R. 1991. Relict barrier beaches as paleoenvironmental indicators in the California desert. Physical Geography，12（4）：334-346.

Passey Q R. 1990. A practical model for organic richness from porosity and resistivity logs. AAPG Bulletin，74（12）：1777-1794.

Quan C，Liu C，Utescher T. 2011. Paleogene evolution of precipitation in Northeastern China supporting the Middle Eocene intensification of the east Asian monsoon. Palaios，26：743-753.

Quan C，Liu Y，Utescher T. 2012a. Eocene monsoon prevalence over China：A paleobotanical perspective. Palaeogeography，Palaeoclimatology，Palaeoecology，365-366：302-311.

Quan C，Liu Y S C，Utescher T. 2012b. Paleogene temperature gradient，seasonal variation and climate evolution of northeast China. Palaeogeography，Palaeoclimatology，Palaeoecology，313：150-161.

Taylor A W，Ritts B D. 2004. Mesoscale heterogeneity of fluvial-lacustrine reservoir analogus：Examples from the Eocene Green River and Colton Formations，Uinta Basin，Utah，USA. Journal of Petroleum Geology，27（1）：3-25.

Wang D，Lu S，Han S，et al. 2013. Eocene prevalence of monsoon-like climate over eastern China reflected by hydrological dynamics. Journal of Asian Earth Sciences，62：776-787.

Wang J，Jiang Z，Zhang Y. 2015. Subsurface lacustrine storm-seiche depositional model in the Eocene Lijin Sag of the Bohai Bay Basin，East China. Sedimentary Geology，328：55-72.

Zachos J C，Dickens G R，Zeebe R E. 2008. An early Cenozoic perspective on greenhouse warming and carbon-cycle dynamics. Nature，451（7176）：279-283.

Zachos J，Pagani M，Sloan L，et al. 2001. Trends，rhythms，and aberrations in global climate 65 Ma to present. Science，292（5517）：686-693.

第5章 辽河西部凹陷古近系沉积体系与风场-物源-盆地系统沉积动力学研究

5.1 地质概况

5.1.1 构造背景

辽河拗陷位于渤海湾盆地东北角，是在前中生代复杂基底上发育起来的中新生代大陆裂谷盆地。按照前古近系基岩层面起伏特点和构造沉积基本特征，辽河拗陷陆上部分可进一步划分为西部凹陷、东部凹陷、大民屯凹陷、沈北凹陷、中央凸起、西部凸起和东部凸起七个一级构造单元（图5-1）（Hu et al.，2005）。其中研究地区西部凹陷油气产量占辽河拗陷总产量的82%。显然，西部凹陷是辽河拗陷乃至整个渤海湾盆地重要的富油凹陷和产油区。

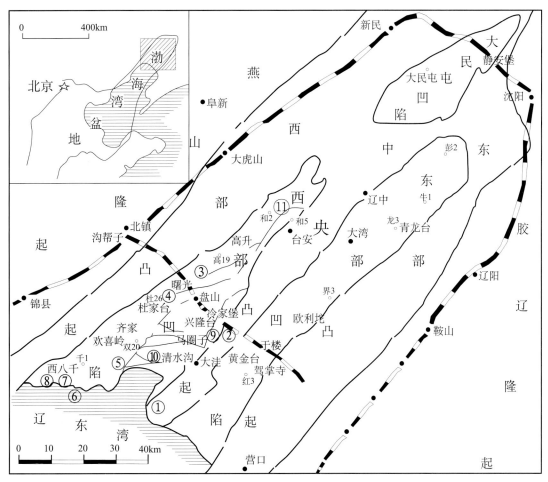

图 5-1 辽河西部凹陷地理位置图（漆家福等，2013）

西部凹陷主要断层：①台安大凹断层；②冷家堡断层；③曙95高10断层；④曙27断层；⑤双台子断层；⑥鸳鸯沟断层；⑦锦2欢5断层；⑧锦4断层；⑨兴隆台、马圈子东西向南掉断层；⑩双台子构造东西向南掉断层；⑪高升断层西部凹陷位于辽河拗陷西南部，长135km，宽15～30km，面积2560km²，是辽河拗陷三个凹陷中最大的一个。其北邻大民屯凹陷，西接西部凸起，东靠中央凸起，向南延伸至辽东湾。西部凹陷东部以一深大断裂与中央凸起接触，西部为一宽缓的斜坡，其基底形态为东陡西缓的箕状地堑。凹陷内，由于古生代东西向构造和中新生代北东向构造的叠加，使基底呈垒堑相间的格子状结构，加之控制凹陷主要沉积特征的东侧深大断裂活动的阶段性和南北活动的不均一性，决定了整个凹陷基本形态表现为东陡西缓、南低北高、南宽北窄、东断西超，为一倾向东南、呈北东向展布的狭长箕状凹陷。凹陷内构造格局具有东西分带、南北分段的特征。凹陷内沿深大断裂一侧由北向南依次发育牛心坨洼陷、台安洼陷、盘山-陈家洼陷和清水洼陷，同时还发育洼中之隆的兴隆台背斜构造带、双台子背斜构造带、双南断裂背斜构造带等。缓坡带由北向南依次发育高升、曙光、杜家台、齐家、欢喜岭五个鼻状隆起（图5-2）（鲍志东等，2009；冯有良等，2009）。

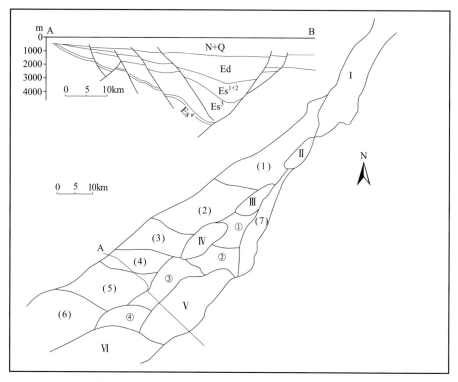

图5-2　辽河西部凹陷构造分区图（鲍志东等，2009）

Ⅰ.牛心坨凹陷；Ⅱ.台安洼陷；Ⅲ.陈家洼陷；Ⅳ.盘山洼陷；Ⅴ.清水洼陷；Ⅵ.鸳鸯沟洼陷。①兴隆台背斜构造带；②马圈子背斜构造带；③双台子背斜构造带；④双南断裂背斜构造带。（1）高升鼻状隆起；（2）曙光鼻状隆起；（3）杜家台鼻状隆起；（4）齐家鼻状隆起；（5）欢喜岭鼻状隆起；（6）西八千斜坡带；（7）冷家压扭构造带

5.1.2　地层层序

西部凹陷的地层由基底与盖层两部分组成。基底的岩性主要由太古宇到古元古界的混合花岗岩、花岗岩、片麻岩等古老的深变质岩系，中、上元古界的石英岩、黑色页岩、板岩以及白云岩、灰岩与陆源碎屑岩等，古生界白云岩、泥页岩、灰岩以及中生界火山喷出岩、凝灰岩与碎屑岩等组成。西部凹陷盖层指基底之上的新生代沉积的地层，该套地层厚度很大，最厚可达9400m，自下而上为古近系房身泡组、沙四段、沙三段、沙一、二段、东营组以及新近系馆陶组、明化镇组与第四系平原组。沉积地层在垂向上表现出明显的旋回性和多层含油性特点。西部凹陷几乎所有的油层（包括牛心坨油层、高升油层、杜家台油层、莲花油层、大凌河油层、热河台油层、兴隆台油层、于楼油层、黄金带油层、马圈子油层）均分布于该套地层中，其顶、底界面为古近纪形成的两个最大的区域性不整合面，分别代表西部凹陷断陷期之前的拱张阶段与断陷期开始后的初陷阶段的沉积间断界面（也即房身泡组与沙

四上亚段的分界面）以及断陷期（古近纪）与拗陷期（新近纪）的沉积间断面（也即东营组与馆陶组的分界面）（表 5-1）（李潍莲等，2004）。

本书研究的重点层位是沙四段。沙四段是辽河盆地裂陷形成湖盆的初期产物。沙四段分布不均衡，牛心坨地区在沙四段的底部发育一套黑色玄武岩和绿色泥岩互层，称为牛心坨油层段，其上为大段泥岩，向南水体变浅。在高升地区沙四段中部发育一套灰色、绿灰色、褐灰色的泥岩、油页岩及白云质灰岩夹少量中-薄层粉细砂岩的特殊岩性，称为高升油层段。再往南在欢喜岭、齐家地区沙四段上部发育间互的砂砾岩、砂岩与泥岩，顶部泥岩与油页岩间互沉积，称为杜家台油层段（刘圣乾等，2015）。沙四段最大揭示厚度为 646m，与下伏房身泡组为假整合至不整合接触，平均沉积速率为 97m/Ma。

表 5-1　辽河西部凹陷古近纪地层发育特征表

地层层位			层位代码	岩性特征	古生物组合	地层厚度
组	段	油层组				
东营组	一		Ed^1	黄绿色、灰绿色泥岩和灰白色砂砾岩互层		
	二		Ed^2	下部为砂泥岩互层，上部为暗色泥岩		50～100m
	三		Ed^3	下部为砂泥岩互层，上部为厚层暗色泥岩、砂泥岩互层及砂砾岩		
沙河街组	一		Es^1	杂色砂泥岩互层	惠民小豆介组合；上旋脊渤海螺-短圆恒河螺组合；栎粉属-菱孔楝粉组合	30～50m
	二		Es^2	浅灰色、灰白色的砂砾岩、长石砂岩夹灰色或棕红色泥岩	椭圆拱星介组合；麻黄粉属组合；欢喜岭河螺组合	100～200m
	三	热河台	Es^{3s}	以灰黑色泥岩为主	中国华北介组合；小亨氏栎粉-椴粉属-枢木粉属组合；渤海藻组合	地震解释厚度大于2500m，最大揭示厚度2089m
		大凌河	Es^{3z}	以深灰色、褐灰色泥岩和灰白色砂岩互层为主		
		莲花	Es^{3x}	边缘为灰白色厚层砂砾岩、长石砂砾岩及钙质砂岩，中部为灰黑色泥岩夹油页岩、钙质页岩薄互层		
	四	杜家台	Es^4	上部为灰色泥砂岩互层，顶部见钙质页岩、泥岩和油页岩；中部以砂岩夹薄层泥岩为主；下部以砂泥岩薄互层为主	光滑南星介组合；杉粉属-麻黄粉属-薄极忍冬粉属组合；原始渤海藻-光面球藻属组合；中国中华扁卷螺组合	最大揭示厚度646m
		高升		砂岩、含砾砂岩夹薄层灰色、灰绿色泥岩及少量钙质页岩和油页岩		
		牛心坨		灰白色含砾砂岩、砂岩、褐灰色泥岩、钙质页岩、油页岩、白云质灰岩夹薄层粉细砂岩		
房身泡组	上			南北两端为暗紫红色泥岩、砂砾岩夹红色薄层泥岩，中部为暗红色泥岩		绝大多数地区未钻穿
	下			南北两端为玄武岩，中部为暗紫色泥岩		

5.2　层序地层格架

层序地层学的目的是建立年代地层格架，并在这个等时格架中分析地层分布样式，查清沉积体系，环境与相的空间配置关系，为揭示生储盖组合规律及油气藏预测建立科学依据。同时在含油气凹陷勘探中后期，勘探目标由早期的构造油藏为主逐渐向岩性地层油气藏转移，勘探难度日益增大，解决此难题的关键在于以层序地层学为指导思想，并综合应用其他各种资料和学科的知识。在全区层序地层划分的基础上，采用单井相分析、连井相对比、地震相解释等研究方法，对全区的沉积体系进行剖析，最终形成准层序组级别的全区平面沉积相图。依此为基础，分析研究区砂体的类型和展布范围，并阐述各沉积体系的成因和控制因素。

5.2.1　各级层序界面的识别

1. 层序界面识别

层序边界的形成代表了在某一时间段内，控制层序发育的基本因素对层序地层单元和地层叠置样式的综合影响发生突变。这种突变在沉积与地层特征可以概括为：单一相物理性质垂向突变；相序与相组合突变；旋回叠加样式突变；地层几何形态与接触关系突变。这些特征均反映着可容空间和沉积物供应量比值的变化，在层序边界上下沉积岩层在岩性、沉积相组合、地震反射特征、电测曲线上等都会产生一些特殊的响应，这些响应可以作为识别层序边界的良好标志（姜在兴，2010b）。

1）地震识别标志

在地震地层学上，地震反射界面反映的是地层沉积表面的年代地层界面，地层不同形式的尖灭在地震资料上表现为地震同相轴反射终止类型。用地震资料进行层序地层学的分析正是利用了地震反射终止来识别层序、体系域等地层单元。因此，地震反射终止类型是识别层序的标志之一（姜在兴等，2009）。地震反射终止现象可划分为削蚀、顶超、上超和下超等，层序界面在地震上的标志是界面之下的削蚀和顶超，界面之上的是上超和下超等（图 5-3）。在曙北地区，可以在沙四段对应的地震反射同相轴上明显识别出一个三级层序界面，以此将沙四段划分为两个三级层序 SQ1、SQ2。两个三级层序 SQ1 和 SQ2 的界面 SB1、SB2、SB3。其中 SQ1 的底 SB1 对应于沙四段底界面，SQ2 的底 SB2 对应于沙四段内部的层序界面，SQ2 的顶 SB3 对应于沙四段顶界面。杜家台地区以南 SQ1 地层被剥蚀，只发育 SQ2 地层。

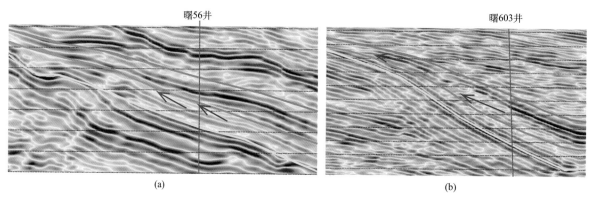

　　　　　　　(a)　　　　　　　　　　　　　　　　　　　　　(b)

图 5-3　地震反射上超现象

2）测录井识别标志

在电测曲线上，层序表现为曲线形态的某种韵律性叠加和有规律变化。层序边界表现为曲线的形态规律的突变，除自然电位曲线和视电阻率的绝对值有差异外，其测井曲线的形态特征也有明显的变化。

层序界面之下自然电位为高值，呈漏斗形，视电阻率为低值，一般呈钟形组合；界面之上自然电位曲线为中低值指形，视电阻率曲线为中高值箱形，其曲线幅度多呈突变关系，视电阻率曲线变化尤其明显。层序界面在岩性上常表现为岩性突变面，录井剖面上，层序界面以下主要大段为灰色泥岩、油页岩，界面之上为砂泥岩薄互层（图 5-4）（操应长等，1996）。

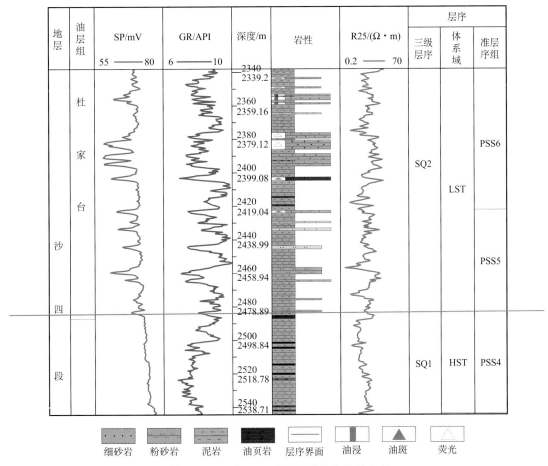

图 5-4　SQ1 与 SQ2 界面处岩性电性的突变

3）有机地球化学指标识别标志

使用地震资料、岩心资料和测录井资料识别层序界面往往有一定的局限性，如地震资料垂向分辨率较低，岩心资料受取心段的限制，测录井资料具有一定的多解性。为了更好地识别层序界面，本书引入了有机地球化学的相关指标对层序界面进行识别（姜在兴，2012）。这是本书层序研究的一项特色性成果。

（1）$\Delta \log R$ 识别层序界面

一些测井资料包含有机质的地球化学信息。国内外一些学者用其识别富含有机质的烃源岩和测定有机碳总量。该方法是利用测井曲线重叠法，把刻度合适的孔隙度曲线（一般为声波时差曲线）叠加在电阻率曲线上，在富含有机质的细粒烃源岩中，两条曲线存在幅度差。对于贫含有机质层段，两条曲线相互重合或者平行，而在富含有机质层段中两者分离。这主要是由于低密度、低速率（高声波时差）的干酪根响应和地层流体在电阻率曲线上的反映，将这种幅度差定义为 ΔlogR（Orr et al.，1981；冯磊等，2009）。据声波时差-电阻率叠加计算 ΔlogR 的方程为

$$\Delta \log R = \log(R/R_{基线}) + (\Delta t - \Delta t_{基线})/164 \qquad (5-1)$$

式中，$\Delta \log R$ 为实测曲线间距在对数电阻率坐标上的读数（$\Omega \cdot m$）；R 为测井仪实测的电阻率（$\Omega \cdot m$）；$R_{基线}$ 为基线对应的电阻率（$\Omega \cdot m$）；Δt 为实测传播时间（$\mu s/m$）；$\Delta t_{基线}$ 为基线对应的传播时间（$\mu s/m$）；系数 1/164 为基于每 $164\mu s/m$ 的声波时差 Δt，相当于电阻率 R_t 的一个对数坐标单位。

在一般情况下，$\Delta \log R$ 与烃源岩中的总有机碳含量（TOC）成正比。沉积地层中的烃源岩发育程度和有机碳的丰度与层序地层格架存在紧密关系。在层序地层学中，地层中 TOC 在垂向上的分布以周期性的形式出现。TOC 的峰值常与最大湖泛面对应，在此面之上，由于高位体系域较快的沉积物稀释作用使 TOC 减少，而在该面之下，由于湖侵体系域较高的沉积速率，TOC 也要减少，沿最大湖泛面 TOC 增加（王卫红等，2003）。基于此，可以利用测井资料来判定最大 TOC 的位置，也就可以找到相应的最大湖泛面的位置。

由图 5-5 可以明显看出，$\Delta \log R$ 与层序地层存在密切的关系，层序边界对应于 $\Delta \log R$ 低值段，CS 段对应于 $\Delta \log R$ 高值段，其高峰位置多为层序中最大湖泛面的位置，在最大湖泛面以上，由于高位体系域期的大量陆源碎屑注入沉积盆地，导致 TOC 逐渐减少，在最大湖泛面以下对应湖侵体系域和低位体系域沉积，低位体系域和湖侵体系域初期湖盆水体相对较浅，TOC 相对较低，因此，层序界面通常对应于 TOC 的低谷。

（2）Th/U、U/K 识别层序界面

自然伽马能谱曲线获得的钍（Th）、铀（U）和钾（K）曲线通常能反映水深变化情况，从而能在一定程度上反映出最大湖泛面的位置（王林等，2007）。利用这些曲线研究沉积环境，一般是采用钍/铀（Th/U）、钍/钾（Th/K）和铀/钾（U/K）值的形式。钍/铀（Th/U）与水体深度有对应关系，钍/钾（Th/K）与水动力环境有对应关系，铀/钾（U/K）与生油条件有对应关系。具体关系见表 5-2。

表 5-2　Th/U、Th/K 与沉积环境，U/K 与生油的关系（代大经等，1995）

Th/U	>30	30~10	10~4	<4
沉积环境	氧化（水深浅）	强氧化-还原（水深中浅）	还原（水深中深）	强还原（水深深）
Th/K	>10	10~6	6~3	<3
水动力环境	高能	亚高能	低能	停滞
U/K	<0.4	0.7~0.4	1.2~0.7	>1.2
生油条件	差	一般	较好	好

通常在低位体系域时期，由于水体较浅，为氧化环境，Th/U 值高；在湖侵体系域时期，水体加深至最大湖泛面，为典型的还原环境，Th/U 值低，同时湖侵体系域密集段（CS）通常生油条件好，U/K 值高。利用曲线所体现出体系域的特征可以反映一个完整层序的旋回变化。

研究区杜 305 井 SQ2 的 Th/U 曲线和 U/K 曲线对此均有反映。在杜 305 井 2606~2696m 层段，Th/U 多次出现峰值，整体值高，最高值达 36，反映为氧化-强氧化环境，水体较浅，岩性为厚层砂砾岩、砂岩，为低位体系域；2575~2606m 层段，Th/U 值低，普遍低于 5，为强还原环境，岩性为泥岩和油页岩，且 U/K 值高，最高值达 3.7，生油条件好，为湖侵体系域。因此，2557~2696m 为一个完整的层序（图 5-6）。

2. 体系域、准层序组的划分

体系域被定义为同期沉积体系的组合，对体系域的划分主要体现在对初始湖泛面和最大湖泛面的识别。初始湖泛面指可容纳空间与沉积物供给量比值（A/S）由大致保持动态平衡到开始增大时形成的

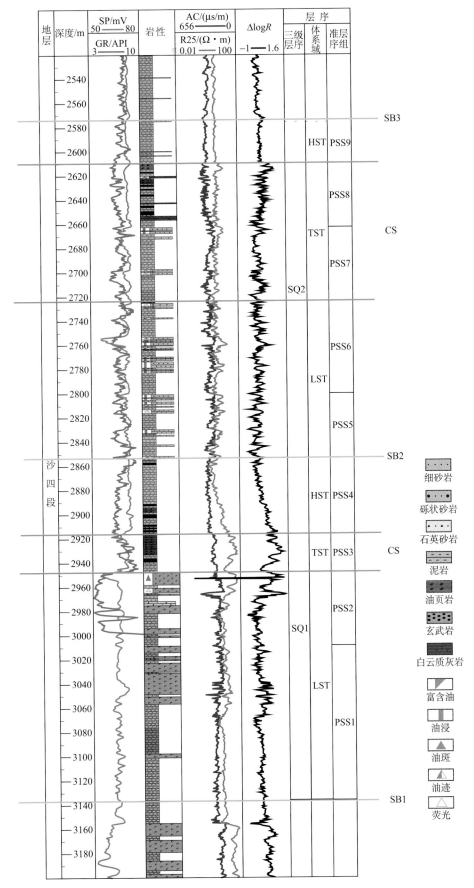

图 5-5　ΔlogR 曲线对层序界面的响应

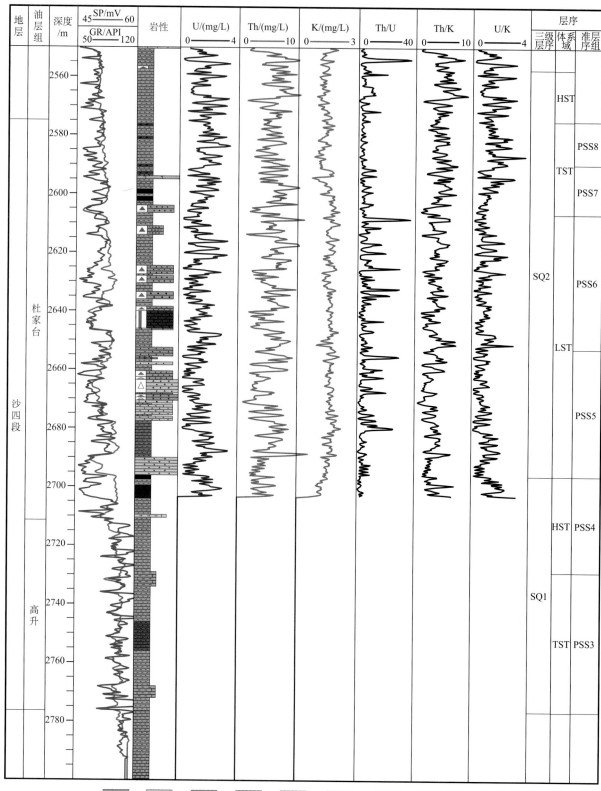

图 5-6 杜 305 井 Th/U 曲线、Th/K 曲线、U/K 曲线

湖泛面，为低位体系域与湖侵体系域的分界。在此界面上下，湖盆的沉积条件、沉积背景均有明显的差异性，从初始湖泛面界面之下到之上，准层序组类型由加积和进积式变为退积式。最大湖泛面是指可容纳空间与沉积物供给量比值（A/S）由快速增大到大致保持动态平衡时形成的湖泛面，对应着沉积的密集段，为湖侵体系域与高位体系域的边界。最大湖泛面时沉积表现为欠补偿状态，水深大，沉积物以细粒为主。伽马曲线表现为高值，自然电位曲线及电阻率曲线表现为低值，反映形成时水深大，沉积物供应不足的特征。在地震剖面上连续性好、振幅强，可作为标志层全区追踪。

　　根据不同的层序类型及每个层序中湖平面变化的相对位置，可划分出不同的体系域。在三分层序中划分为：低位体系域、湖侵体系域和高位体系域。低位体系域形成于层序发育早期，底界与层序底界一致，顶界为初始湖泛面。低位体系域湖水范围较小，多分布于坡折带之下。湖侵体系域底界面为初始湖泛面，顶界面为最大湖泛面，地震剖面上其顶界表现为下超面或连续的同相轴，常常表现为连续的较深水的泥页岩沉积。高位体系域位于层序的最上部，底界面为最大湖泛面，顶界面为层序边界，剖面上表现为进积式准层序组。研究区 SQ1 可划分出低位体系域、湖侵体系域和高位体系域，SQ2 可划分出低位体系域和湖侵体系域。

　　准层序组是指一套成因上有联系且具独特叠置方式的准层序，顶底以主要海（湖）泛面和可与之对比的面为界。每个层序中的某个体系域可以包含一个准层序组，也可以包含几个准层序组。在沉积速率和沉降速率均高的地区，一个体系域中常包含几个准层序组。准层序组的边界为规模较大的海泛面，可以将不同叠置样式的准层序分隔开来。根据沉积速率与新增可容空间速率之比，将准层序组中的准层序叠加模式分为进积式、退积式和加积式三种类型。在辽河西部凹陷可以识别出这三种类型的准层序组，其特征如下：①进积式准层序组表现为以推进的方式向着湖盆中心方向沉积的准层序，是在沉积速率大于新增空间速率时形成的，表现为向上砂岩厚度增大、泥岩厚度减薄、砂泥比加大、水体变浅的准层序堆砌样式，主要分布在高位体系域和低位体系域。②退积式准层序组表现为以后退的方式向着陆地方向沉积的准层序，是在沉积速率小于可容空间增长速率的情况下形成的，退积式准层序组显示出向上水体变深、单层砂岩减薄、泥岩加厚、砂泥比减低的特征，它常是湖侵体系域的沉积响应，主要是湖平面升高造成的。③加积式准层序组表现为一系列新的准层序一个个叠加，相邻的准层序之间未发生明显的侧向移动，自下而上，水体深度、砂泥岩厚度和砂泥比基本保持不变，新增空间的速率大约等于沉积速率，单层厚度基本一致，主要分布在高位体系域和低位体系域中（图 5-7）。

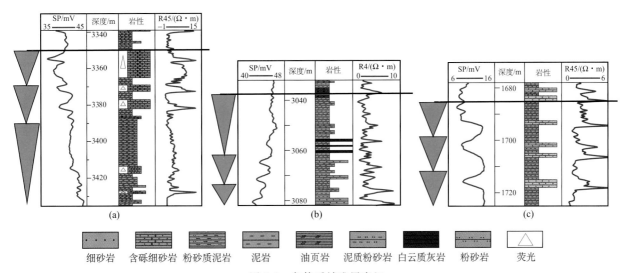

图 5-7　各体系域准层序组

（a）欢 631 井低位体系域进积式准层序组；（b）杜 146 井湖侵体系域退积式准层序组；（c）齐 106 井高位体系域加积式准层序组

5.2.2 井震结合建立层序格架

在对全区单井层序划分的基础上，制作全区典型的纵横连井剖面，并以井标定地震数据，建立井剖面与地震剖面之间的关系，识别地震剖面上的层序界面，选择地层发育齐全、厚度大、能延伸到盆地中心区的剖面作为划分地震层序的基础剖面，对全区地震数据的层序界面进行 10×10 网格的追踪对比。

地震层序单元的识别主要依据地震剖面上特殊的反射终止形式，即顶超、削截、上超和部分下超，同时兼顾内部总体反射面貌。本书在地震剖面上识别出两个三级层序 SQ1 和 SQ2 的界面 SB1、SB2、SB3。同时，在 SQ2 内部识别出了初始湖泛面和低位体系域两个准层序组的界面，将低位体系域两个准层序组界面命名为 PSS6，初始湖泛面命名为 PSS7。其余准层序组界面受限于地震资料垂向分辨率而不可识别。以下选取顺物源和切物源两条过井地震剖面进行说明。

顺物源过井剖面曙 14 井-曙 606 井-曙古 18 井-曙 68 井-曙 66 井：该剖面为曙北地区由西向东的一条顺物源剖面，在靠近物源一侧地层厚度薄，向东到斜坡之下厚度有所增加，沉积比较稳定。在曙606 井区与曙古 18 井区之间存在一个古隆起，地层超覆甚至尖灭（图 5-8）。

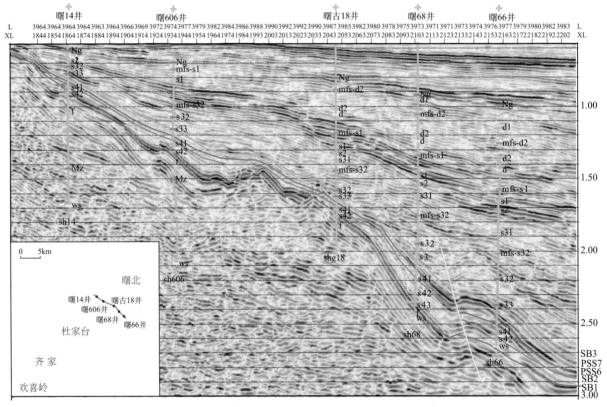

图 5-8　辽河西部凹陷顺物源地震剖面

切物源过井剖面杜 131 井-杜 139 井-杜 129 井-曙 52 井-曙 100 井-曙 54 井-曙古 19 井-曙 134 井：这是由盆地南部杜家台地区至北部曙北地区的一条切物源剖面，且位于湖盆远离岸线区域。地层厚度由南向北逐渐增厚，到曙北北部达到最厚，为该时期盆地深凹区（图 5-9）。

根据对辽河西部凹陷沙四段单井、连井和地震资料的分析研究，将沙四段划分为两个三级层序，由下至上分别为 SQ1、SQ2。进一步划分为五个体系域，八个准层序组。其中 SQ1 分为低位体系域、湖侵体系域和高位体系域，低位体系域为两个准层序组（PSS1、PSS2），湖侵体系域和高位体系域各为一个准层序组（PSS3、PSS4）；SQ2 分为低位体系域、湖侵体系域，高位体系域进入沙三段沉积时期，低位体系域为两个准层序组（PSS5、PSS6），湖侵体系域为两个准层序组（PSS7、PSS8）。在研究区杜家台以南地区 SQ1 不发育（图 5-10）。

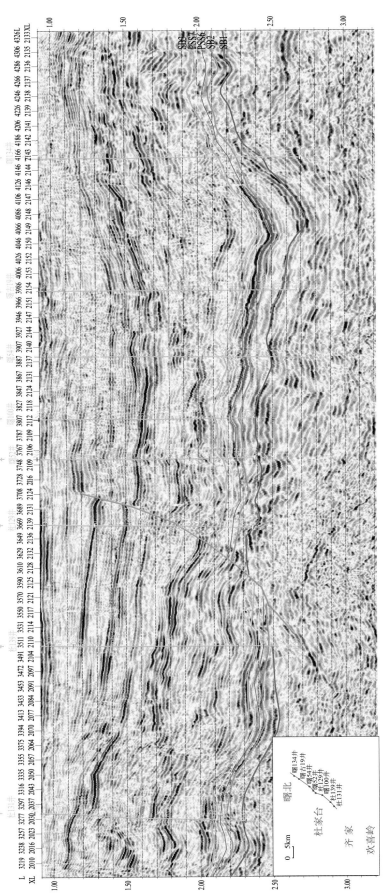

图 5-9　辽河西部凹陷切物源地震剖面

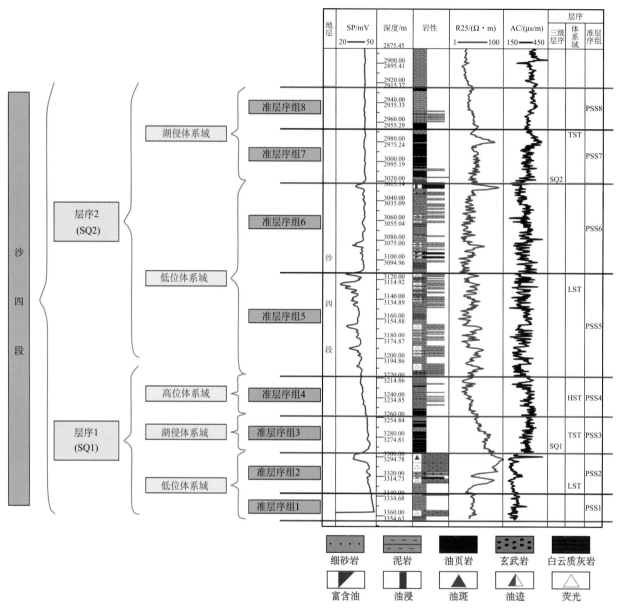

图 5-10　辽河西部凹陷层序单元的划分

5.3　沉积体系与风场-物源-盆地系统沉积动力学研究

在全区层序地层划分的基础上，采用单井相分析、连井相对比、地震相解释等研究方法，对全区的沉积体系进行剖析，最终形成准层序组级别的全区平面沉积相图。依此为基础，分析研究区砂体的类型和展布范围，并阐述各沉积体系的成因和控制因素。

5.3.1　沉积相分析

1. 单井相分析

1）曙北地区

曙 66 井位于辽河西部凹陷曙北地区东侧，是曙北地区很有代表性的一口单井。曙 66 井沙四段深度为 2923.5～3365m。从下至上划分为 SQ1 和 SQ2 两个三级层序。

3217～3365m 地层是 SQ1 时期形成的，从下到上发育低位体系域（LST）、湖侵体系域（TST）和高位体系域（HST）。低位体系域（对应地层 3295.5～3365m）划分为两个准层序组 PSS1、PSS2，为玄武岩喷溢相。湖侵体系域（对应地层 3258～3295.5m）发育一个准层序组 PSS3，为半深湖的褐色油页岩和深灰色泥岩沉积。高位体系域（对应地层 3217～3258m）发育一个准层序组 PSS4，为浅湖泥岩沉积夹薄层滩砂。

2923.5～3217m 地层是 SQ2 时期形成的。从下至上发育低位体系域（LST）、湖侵体系域（TST）和高位体系域（HST）。低位体系域沉积地层 3021～3217m，可划分为两个准层序组 PSS5 和 PSS6。PSS5 时期（对应地层 3113.5～3217m），主要沉积薄层砂岩，与泥岩形成互层，砂岩单层厚度薄，最薄的单层砂体仅 50cm，最厚的单层砂体 7m；沉积构造上可见波状交错层理，见大量植物碎屑成层分布，薄片上分选和磨圆好；自然电位曲线为反韵律旋回特征，电阻率曲线表现为异常幅度较高的"尖刀状"指形密集组合，为滨浅湖滩砂沉积。PSS6 时期（对应地层 3021～3113.5m）沉积特征与 PSS5 时期类似，单层砂岩厚度更薄，最厚仅为 4m，为滨浅湖滩砂沉积。湖侵体系域沉积地层 2923.5～3021m，包含两个准层序组 PSS7 和 PSS8。PSS7 时期（对应地层 2973～3021m），下部初始湖泛面附近沉积一部分厚度约为 1m 的砂体，其成因为湖泛后波浪作用对低位体系域的砂体进行改造形成的淹没改造型滩坝。PSS8 时期（对应地层 2923.5～2973m）为褐色油页岩，少量深灰色泥岩，为半深湖沉积，其中夹有 10m 的细砂岩，推测为风暴沉积。

曙 66 井单井主力砂体发育于 SQ2 低位体系域，为滨浅湖滩坝沉积（图 5-11）。

2）杜家台地区

（1）杜 305 井单井相

杜 305 井在杜家台地区中部。杜 305 井沙四段深度范围为 2575～2776.5m。从下至上划分为 SQ1 和 SQ2 两个三级层序。

SQ1 时期沉积地层深度为 2710.5～2776.5m，为一套湖侵体系域和高位体系域的泥岩沉积。

SQ2 时期沙四段沉积地层深度为 2575～2710.5m，根据岩性组合变化所反映的湖平面变化，可以将其划分为低位体系域、湖侵体系域（高位体系域为沙三段地层）。低位体系域地层范围为 3201.5～3379.5m，根据沉积旋回组合，可以将其划分为两个准层序组 PSS5 和 PSS6。PSS5 时期对应的地层深度段为 2646.5～2710.5m，录井岩性主要为灰白色砂砾岩、灰色油斑细砂岩、绿灰色泥岩、深灰色泥岩。自然电位曲线为箱形特征，电阻率曲线底部为突变接触。该段取心为中砂岩、油浸细粒岩、含砾粗砂岩，沉积构造见平行层理。粒度曲线为典型的两段式，以跳跃总体为主体。根据这些特征，PSS5 时期该区域为辫状河三角洲前缘沉积。PSS6 时期，沉积特征类似于 PSS5 时期，为辫状河三角洲前缘沉积。TST 时期为一套灰褐色油页岩、深灰色泥岩沉积，为半深湖沉积（图 5-12）。

（2）杜 126 井单井相分析

杜 126 井位于杜家台地区东部远离物源区，同时位于杜家台潜山西部。杜 126 井钻遇沙四段深度范围为 3135～3450m，沙四段底部未钻穿。从下至上划分为 SQ1 和 SQ2 两个三级层序。

3379.5～3450m 地层为 SQ1 沉积时期形成，由于沙四段下部地层未钻穿，因此 SQ1 只可见高位体系域地层，为一套褐灰色泥岩。

3135～3379.5m 地层形成于 SQ2 沉积时期，根据岩性组合变化所反映的湖平面变化，可以将其划分为低位体系域、湖侵体系域（高位体系域为沙三段地层）。低位体系域地层深度为 3201.5～3379.5m，根据沉积旋回组合，可以将其划分为两个准层序组（PSS5、PSS6）。PSS5 时期（对应地层 3267.5～3379.5m），岩性为砂泥岩薄互层，单层砂岩厚度为 1～8m。此段为取心井段，岩心观察后此段为灰色细砂岩特征，粒度细，沉积构造可见大量的波状交错层理、浪成沙纹交错层理、波痕、植物茎干化石、成层分布的植物碎屑、生物潜穴等，无粗粒沉积和冲刷构造，薄片上分选和磨圆好；自然电位曲线为反韵律旋回特征，电阻率曲线表现为异常幅度较高的"尖刀状"指形密集组合。PSS6 时期

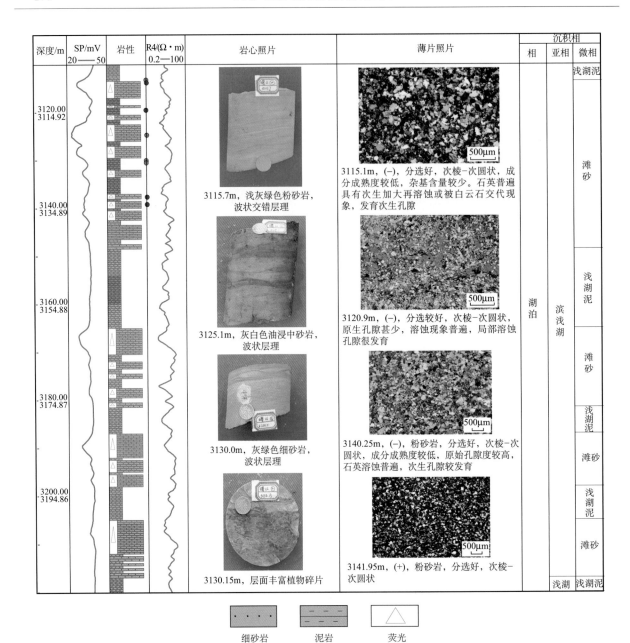

图 5-11 曙 66 井沙四段岩心相图

（对应地层 3201.5～3267.5m）与 PSS5 时期沉积特征类似，砂岩粒度更细，厚度更薄（最厚仅为 2.5m）。湖侵体系域（对应地层深度 3135～3201.5m）可划分为两个准层序组 PSS7 和 PSS8。PSS7 时期（对应地层 3173～3201.5m），沉积物为砂岩和泥岩互层，PSS8 时期（对应地层 3135～3173m），沉积物为灰褐色油页岩和褐灰色泥岩。综合以上描述，杜 126 井主力砂体发育于 SQ2 低位体系域，为滨浅湖滩坝砂体；湖侵体系域早期，滩坝砂体依然发育，为湖泛后波浪作用对低位体系域砂体改造形成；湖侵体系域中晚期为半深湖环境（图 5-13）。

（3）杜 139 井单井相分析

杜 139 井位于杜家台地区东部。杜 139 井钻遇沙四段深度为 3009.5～3170m，沙四段底部未钻穿。从下至上划分为 SQ1 和 SQ2 两个三级层序。

3114.5～3170m 地层为 SQ1 沉积时期形成，由于沙四段下部地层未钻穿，因此 SQ1 只可见湖侵体系域和高位体系域地层，为一套灰褐色泥岩、褐灰色硅质页岩和褐灰色油页岩。

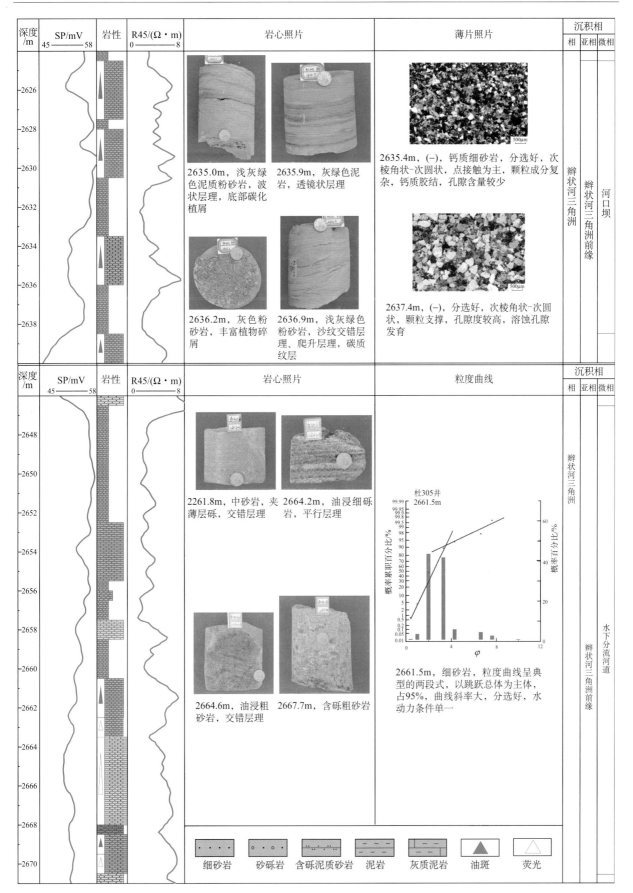

图 5-12　杜 305 井沙四段岩心相图

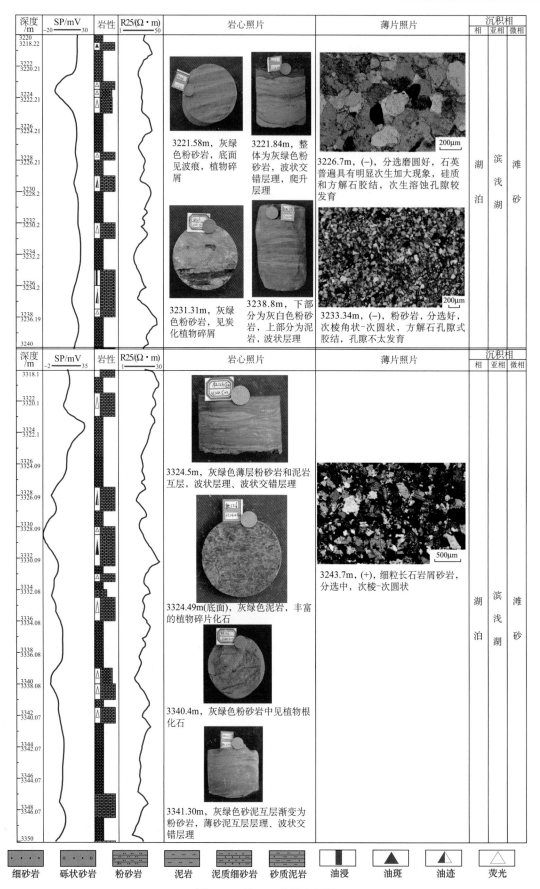

图 5-13　杜 126 井岩心相图

SQ2 时期沉积的沙四段地层深度为 3009.5～3114.5m，划分为低位体系域、湖侵体系域（高位体系域为沙三段地层）。低位体系域沉积的地层深度为 3047～3114.5m，根据沉积旋回组合，可以将其划分为两个准层序组（PSS5、PSS6）。PSS5 时期（对应地层 3080.5～3114.5m），岩性为浅褐色油浸砂砾岩、浅灰色细砂岩和深灰色泥岩。岩心上为灰色粗砂岩、中砂岩，见冲刷面，薄片上分选和磨圆中等。电阻率曲线表现为锯齿状钟形。依据这些特征，杜 139 井 PSS5 时期发育辫状河三角洲前缘沉积。PSS6 时期（对应地层 3047～3080.5m）与 PSS5 时期沉积特征类似。进入湖侵体系域后，湖侵体系域早期（PSS7），为一套褐色油斑泥质细砂岩和深灰色泥岩，在岩心上可见沙纹层理，植物碎屑，薄片分选和磨圆明显好于下部，将其与杜 126 井湖侵体系域早期砂体对比后，认为其成因类似于杜 126 井湖侵体系域早期砂体成因，为湖泛后波浪作用对低位体系域砂体改造形成的淹没改造型滩坝。湖侵体系域中晚期（PSS8）为半深湖泥岩。

综合以上描述和分析，杜 139 井 SQ2 时期低位体系域为辫状河三角洲前缘沉积体系；湖侵体系域早期由于波浪作用对低位体系域的砂体改造，形成淹没改造型滩坝；湖侵体系域中后期为半深湖泥岩沉积（图 5-14）。

3）齐家地区

（1）齐 18 井单井相分析

齐 18 井位于齐家地区中部，工区南部，沙四段地层深度为 2005～2152m。研究区南部地层不发育 SQ1 地层，仅发育 SQ2 地层。根据岩性组合变化所反映的湖平面变化，可以将其划分为低位体系域，湖侵体系域（高位体系域为沙三段地层）。低位体系域地层深度为 2021～2152m，根据沉积旋回组合，可以将其划分为两个准层序组 PSS5 和 PSS6。PSS5 时期对应的地层深度段为 2075～2152m，岩性主要为灰白色不等粒砂岩、绿灰色不等粒砂岩、浅绿灰色泥质粉砂岩和深灰色泥岩，自然电位曲线为箱形特征，电阻率曲线底部为突变接触。PSS6 时期沉积的地层深度段为 2021～2075m，岩性主要为褐色油浸砂砾岩、含砾砂岩、粉砂岩和泥质粉砂岩，自然电位曲线有反旋回特征，电阻率曲线底部为突变接触，该段为取心井段，岩心上见砾石，发育平行层理、剥离线理构造等。根据上述特征，齐 18 井 SQ2 低位体系域时期发育辫状河三角洲前缘沉积相。湖侵体系域时期为灰褐色泥岩和油页岩，为半深湖沉积（图 5-15）。

（2）齐 106 井单井相分析

齐 106 井位于齐家地区东部靠近岸线区，沙四段地层深度为 1615～1807m。仅发育 SQ2 地层。根据岩性组合变化所反映的湖平面变化，可以将其划分为低位体系域、湖侵体系域（高位体系域为沙三段地层）。低位体系域地层深度为 1667.5～1807m，根据沉积旋回组合，可以将其划分为两个准层序组 PSS5 和 PSS6。PSS5 时期对应的地层深度段为 1746～1807m，录井岩性剖面为砂泥岩薄互层，砂岩主要为灰白色细砂岩、浅灰色泥质粉砂岩，厚度薄，仅为 1～3m。自然电位曲线具反旋回特征，电阻率曲线为"尖刀状"指形密集组合。PSS6 时期对应的地层深度段为 1667.5～1746m，沉积特征类似于 PSS5 时期，此段为取心井段，岩心为灰色细砂岩，见波状层理，植物碎屑。薄片分选和磨圆中等。湖侵体系域以后泥质含量增大，反映水体加深。齐 106 井沙四段沉积时期无河道沉积特征。

综合以上特征，齐 106 井 SQ2 时期主要发育滨浅湖滩坝沉积。由于靠近岸线，为波浪作用对岸线基岩改造形成的基岩改造型滩坝（图 5-16）。

4）欢喜岭地区

欢 631 井位于欢喜岭地区东部。沙四段深度为 3188～3436m。缺失 SQ1 地层，仅发育 SQ2 地层。根据岩性组合变化所反映的湖平面变化，可以将 SQ2 地层划分为低位体系域、湖侵体系域（高位体系域为沙三段地层）。3227～3436m 为低位体系域地层，根据沉积旋回组合，可以将其划分为两个准层序组 PSS5 和 PSS6。PSS5 对应的地层深度为 3321～3436m，岩性主要为浅灰色含砾细砂岩、细砂岩、深

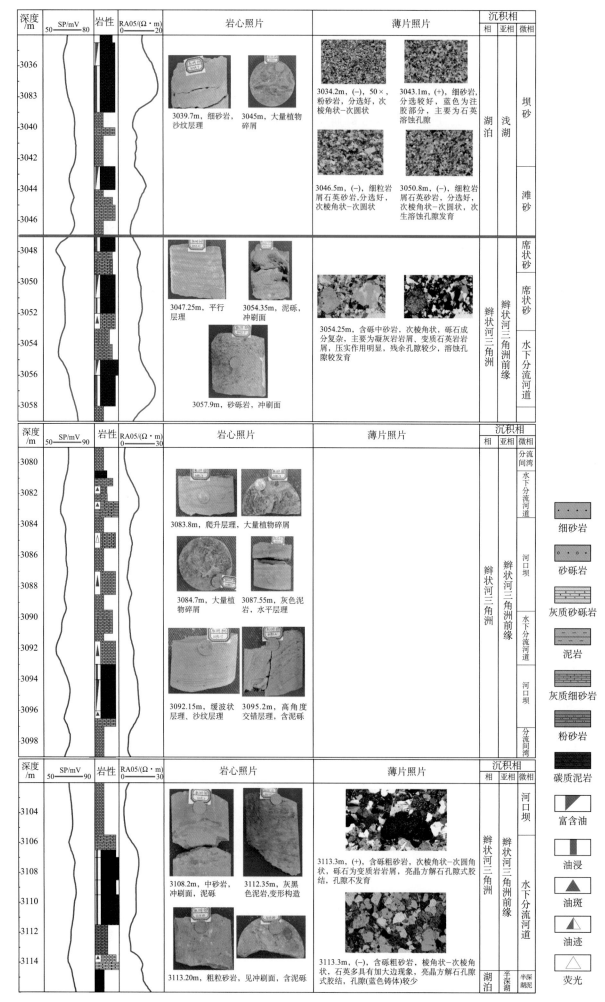

图 5-14　杜 139 井沙四段岩心相图

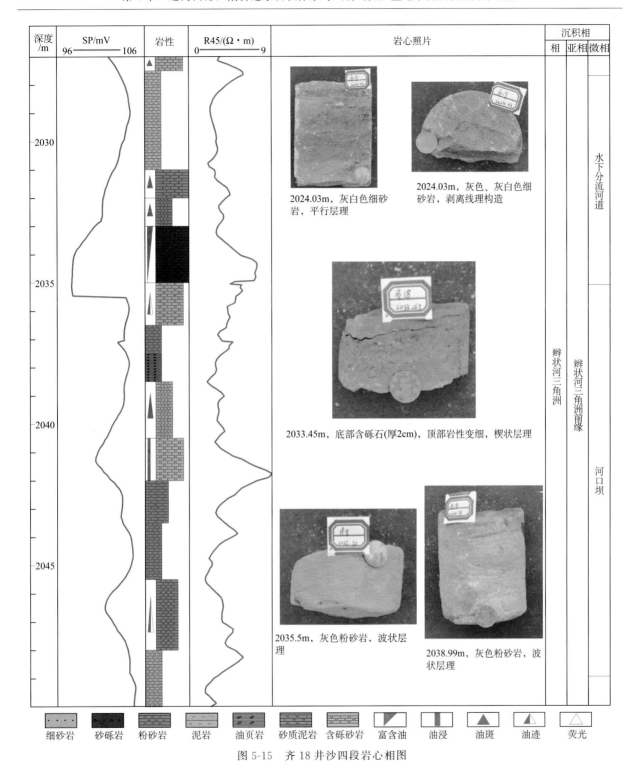

图 5-15　齐 18 井沙四段岩心相图

灰色泥岩。自然电位曲线为箱形特征，电阻率曲线呈钟形，底部为突变接触。PSS6 对应地层深度为 3225～3321m，岩性主要为灰色砂砾岩、浅灰色细砂岩、浅灰色泥质粉砂岩、深灰色泥岩。本段为取心井段，岩心粒度粗，正韵律特征，见平行层理、槽状交错层理、波状交错层理。薄片上分选不好，磨圆中等。粒度曲线以跳跃总体为主体。综合以上描述，欢 631 井 SQ2 低位体系域为辫状河三角洲前缘沉积，主要包括水下分流河道微相和河口坝微相。湖侵体系域之后，为油页岩、深灰色泥岩的半深湖沉积（图 5-17）。

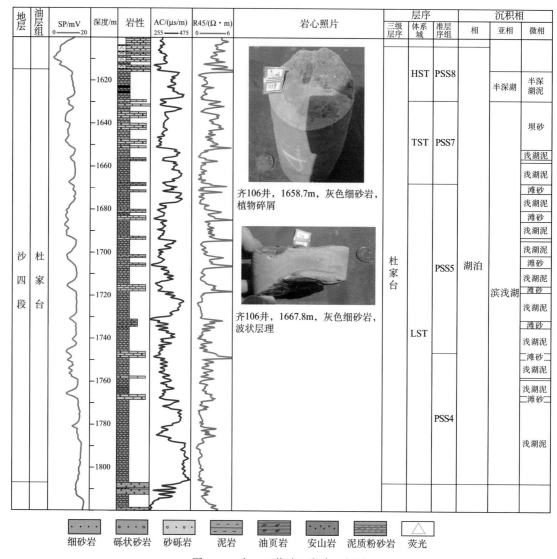

图 5-16　齐 106 井沙四段岩心相图

2. 连井剖面相分析

1）杜 66 井-杜 83 井-杜 139 井-杜 126 井

该连井剖面是位于杜家台地区的一条顺物源的连井剖面，从西至东依次为杜 66 井、杜 83 井、杜 3 井、杜 139 井和杜 126 井。在靠近湖岸处，水下辫状河道砂体发育。随着向湖盆中心延伸，水体变深，河道砂体逐渐减薄，而河口坝，席状砂砂体比较发育。在位于最前端的杜 126 井区附近，水体较深，波浪作用强，改造辫状河三角洲前缘沉积的砂体，形成前缘改造型滩坝沉积。进入湖侵体系域以后，湖平面上升，水体加深，波浪作用对低位体系域砂体进行改造，在杜 139 井区、杜 126 井区形成淹没改造型滩坝（图 5-18）。

2）齐 44 井-齐 210 井-齐 108 井-齐古 7 井-齐 43 井

该连井剖面是位于齐家地区的一条顺物源的剖面，从西至东依次过齐 44 井、齐 210 井、齐 108 井、齐古 7 井和齐 43 井。近岸齐 44 井区，位于两条水下辫状河道之间的弱物源区域，波浪作用较强，

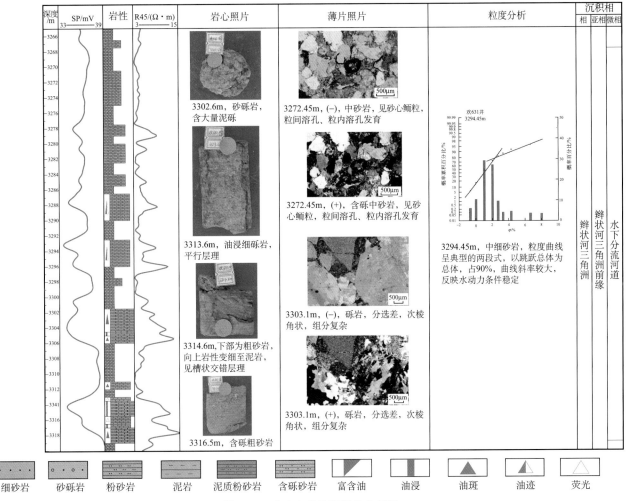

图 5-17　欢 631 井沙四段岩心相图

对岸线基岩进行改造，形成基岩改造型滩坝沉积。随着向湖盆中心延伸，两侧的水下辫状河道发生分叉，形成水下辫状河道沉积。在最东部三角洲前缘末端，发育辫状河三角洲前缘的河口坝和席状砂沉积（图 5-19）。

3）欢 136 井-欢 13 井-欢 12 井-欢 28 井-欢 634 井

该连井剖面是位于欢喜岭地区的一条顺物源的连井剖面，从西至东依次过欢 136 井、欢 13 井、欢 12 井、欢 28 井和欢 634 井。从剖面上看，该区水下辫状河道砂体发育，从湖岸向湖盆中心延伸较远。在靠近湖盆中心欢 634 井区，发育河口坝、席状砂沉积（图 5-20）。

4）欢 13 井-齐 108 井-杜 414 井-杜 83 井-杜 16 井-杜 24 井-曙 30 井-曙古 17 井

该连井剖面是从南部的欢喜岭地区向北到曙北地区，贯穿多个地区的一条切物源的连井剖面。从南向北依次过欢 13 井、齐 106 井、杜 414 井、杜 83 井、杜 16 井、杜 24 井、曙 30 井和曙古 17 井。这条剖面位于工区东部，它几乎全部揭示了在辽河西部凹陷发育的几种主要的沉积体。欢喜岭地区欢 13 井为欢喜岭辫状河三角洲前缘水下分流河道沉积，杜 414 井等揭示的是杜家台辫状河三角洲前缘沉积体系，而欢喜岭三角洲和杜家台三角洲是齐家弱物源区域，发育基岩改造型滩坝。曙北地区曙 30 井区发育滩坝沉积，其成因机理是波浪侧向对杜家台三角洲砂体的改造，以及对曙北古潜山的侵蚀改造（图 5-21）。

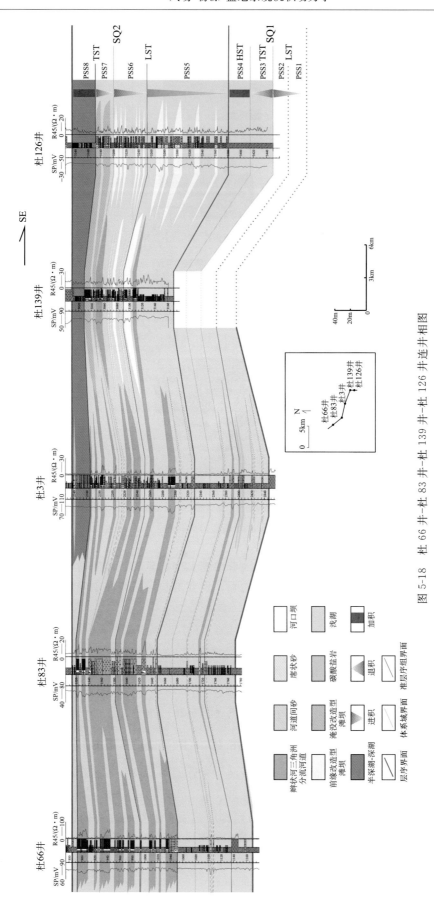

图 5-18　杜 66 井-杜 83 井-杜 139 井-杜 126 井连井相图

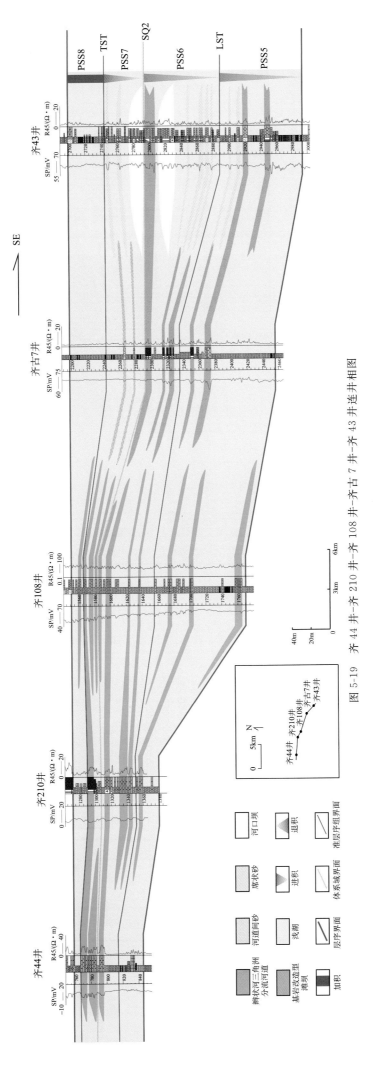

图 5-19 齐 44 井–齐 210 井–齐 108 井–齐古 7 井–齐 43 井连井相图

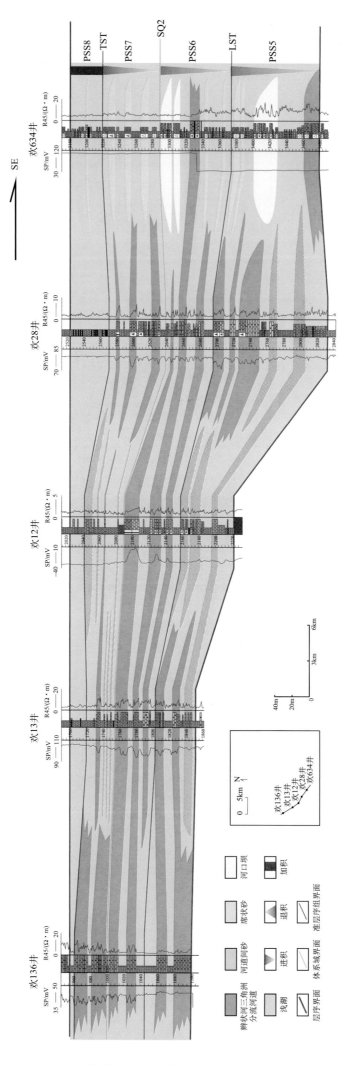

图 5-20　欢 136 井-欢 13 井-欢 12 井-欢 28 井-欢 634 井连井相图

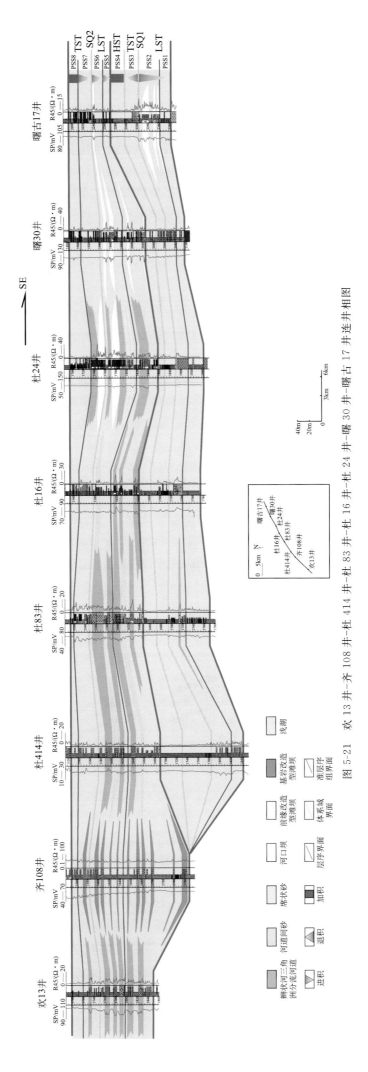

图 5-21　欢 13 井-齐 108 井-杜 414 井-杜 83 井-杜 16 井-杜 24 井-曙 30 井-曙古 17 井连井井相图

3. 地震属性分析

岩心、钻井资料可以直观准确地刻划沉积特征，但难以描述沉积相的平面分布。特别是对于滩坝薄互层砂体，由于其平面沉积范围远远大于它的厚度，如何进行平面表征一直是研究难点。本书采用了"地震沉积学"的理论和相关技术，为解决滩坝砂体的平面表征提供了一个有益思路。地震沉积学利用相位转换过的地震数据体制作地层切片，利用地层切片所形成的平面成像揭示沉积体系展布特征（Zeng and Hentz，2004）。通过这项技术，使得在地震剖面上无法识别的滩坝薄互层沉积体，在平面上有可能得到有效的识别和表征。

1）90°相位转换

常规地震处理将0°相位地震数据作为最终成果。从0°相位数据中提取的平均子波具有对称的波形，旁瓣小。但是对于薄层砂体的解释，砂体与地震同相轴之间没有直接的对应关系。对常规地震资料进行90°相位转换后，使反射波主瓣提到薄层中心，从而将界面响应信号（0°相位）转变为薄层响应信号（90°相位）。这样，地震响应对应于砂岩层，而不是对应于薄层的顶、底，从而使得主要的地震同相轴与地质上限定的砂岩层一致，使地震道近似于波阻抗剖面，同相轴有了一定的地质意义，从而提高了剖面的可解释性，为后续的属性研究工作打下了坚实基础（Zeng and Backus，2005）。研究区目的层段地层主要是砂泥岩薄互层特征，单层砂体厚度约10m。根据研究区地震分辨率可知，研究层段地层速度约为4000m/s，对应的调谐厚度为30m（$\lambda/4$）。因此，研究区砂岩层属于地震意义上的薄层（单层厚度小于$\lambda/4$）。图5-29是过曙56井的顺物源地震剖面，井旁为自然电位曲线。可以看出，在0°相位地震剖面上，电测曲线与地震反射同相轴之间对应关系不好［图5-22（a）］，曲线突变的位置通常位于同一地震同相轴上。而在调整后的90°相位剖面上，低SP值对应的砂体几乎都对应于地震波谷（红色同相轴），而呈平直状的高SP值的泥岩均对应于地震波峰（黑色同相轴）［图5-22（b）］。显然，将地震资料调整到90°相位之后，地震反射同相轴具有一定的岩性地层意义。

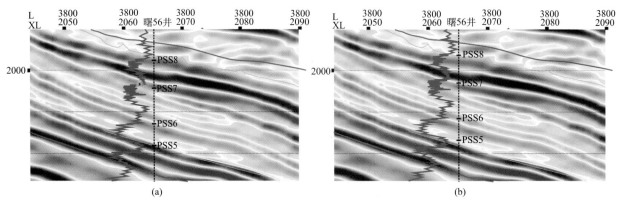

图 5-22　0°相位地震剖面（a）与90°相位调整后的地震剖面（b）

相位转换后的地震剖面实现了地震振幅与测井岩性相关对应，但是想在地层切片上用振幅直接预测岩性，还需进行岩石物理关系分析。研究区目的层段发育岩性主要为砂岩和泥岩，砂岩为高波阻抗，泥岩多为低波阻抗。图5-23为沙四段波阻抗与自然伽马交会图，由图可见，砂岩与泥岩在波阻抗数值上存在明显差异，砂泥分界面清晰，对应的波阻抗值约为10×10^6kg/（s·m^2）。根据实际地层中岩性组合和对应的波阻抗组合，建立单岩性层或岩性复合层的波阻抗-极性/振幅关系，中-高波阻抗指示偏砂岩沉积，对应极性为波谷，振幅为负振幅（红色）；低波阻抗指示偏泥岩沉积，对应极性为波峰，振幅为中-弱正振幅。

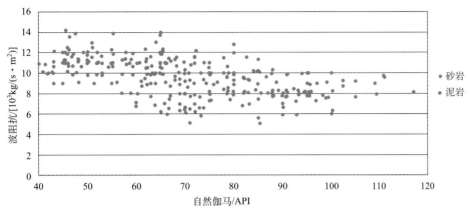

图 5-23　辽河西部凹陷 SQ2 曙 56 井自然伽马-波阻抗交会图

2）地层切片分析

地层切片技术是通过追踪两个等时沉积界面间等比例内插出的一系列层面来研究沉积体系和沉积相平面展布的技术。地震切片作为开展地震沉积学研究的一种技术方法与手段，在岩性地层油气藏勘探中发挥越来越大的作用。地震切片通过从沉积面上提取地震振幅来显示沉积体系的展布特征，并且利用连续地层切片演示可动态展现各个沉积体系的空间演化特征。其原理主要是基于沉积体一般平面展布范围要远远大于它的剖面沉积厚度，也就是说在剖面上无法识别的沉积体，在平面上有可能得到识别和表征。对于一般的地震数据体来说，横向分辨率比垂向分辨率大得多，如在地震剖面上很难识别的滩坝砂体，在平面上可以很清晰地表现出来（图 5-24）。因此，可以通过平面的沉积成像技术揭示沉积体系，这样就有可能展现剖面上无法识别的反射样式，解决体系域下的准层序组、准层序级别的地震相表征问题（Zeng et al.，1998）。

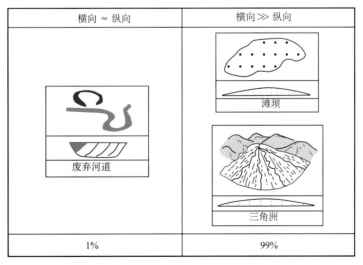

图 5-24　地质体横向和垂向比例示意图

选出具有地质时间界面意义的参照同相轴是获取地层切片的基础。在本区的地震资料上，可以识别出层序边界面和最大湖泛面，由于本区地质背景复杂，对于断层、沉积间断和角度不整合面，采用多同相轴验证的方法降低解释错误的风险。一旦选取好参照同相轴并予以拾取之后，就可以应用线性内插公式建立一个地质-时间模型。这个模型的 X、Y 坐标体系与原来的三维数据体相同，但

Z 轴却是相对的地质时间。这个新数据体内所有的参照轴都是水平面，水平面之上的时间切片所代表的相对地质时间界面比下面要新。沿这个时间地质模型的各地层层位（时间切片）提取振幅便形成了振幅地层切片数据体。该数据体内所有的参照同相轴均被拉平，变为水平同相轴，内插形成的地层切片均代表了某一地质时间沉积特征的地震响应，从下至上所代表的地质时间逐渐更新。本书在沙四段 SQ2 以 1ms 的相对地质时间采样率提取了 135 张地层切片，将每张切片转换到剖面上与解释层位对比，在平面上与井资料、岩心资料对比，最终选取了每个准层序组最具代表性的地层切片。之所以进行细致的采样与对比，是为了在最小等时研究单元内提取地震属性，通过地震平面属性的整体形态反映沉积体系，从而从点、线、面和域的角度说明沉积相的平面和空间展布，还原地质体的沉积环境和沉积过程。

　　本书提取了多种地震属性进行优选分析。结果发现，均方根振幅属性对岩性比较敏感，可清晰反映出研究区砂体的展布特征，稳定性好。图 5-25 为通过地层切片提取的 SQ2-PSS5 均方根振幅属性图，工区内负振幅（红色）呈条带状和片状展布，该时期物源主要来自于工区西部凸起。研究区内主要有六个红色区域。在地震剖面上对这六个区域的地震相进行识别。其中曙北地区以中振幅中连续透镜状地震相为主要特征，为两列平行工区边界的斜长状展布，在该区域岩心资料和测录井资料上，岩性主要为细砂岩、粉砂岩，单层砂岩厚度薄，与泥岩呈薄互层交互沉积，可见波状层理、

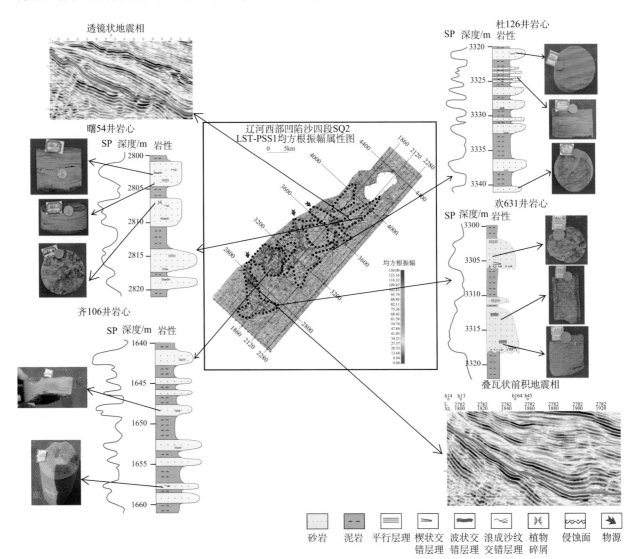

图 5-25　辽河西部凹陷 SQ2-LST-PSS5 岩心相解释与地层切片标定

波状交错层理，根据与此区域岩心和测录井资料的标定，认为此地震相对应于滨浅湖滩坝砂沉积。杜家台地区主要地震相为中强振幅中连续叠瓦状前积地震相，横切工区中部地区，根据与井资料标定结果，认为这类地震相为辫状河三角洲前缘沉积。齐家地区以中强振幅中连续透镜状地震相为主要特征，靠近工区西部边界分布，与该区域井资料标定后认为这类地震相为滨浅湖砾质滩坝沉积。欢喜岭地区的主要地震相类型为中强振幅中连续叠瓦状前积地震相，横切欢喜岭地区，为辫状河三角洲前缘沉积。工区属性蓝色区域为弱振幅中连续席状地震相，对应于滨浅湖沉积（图 5-25）。PSS2 时期，各类地震相与 PSS1 时期类似，因此此时期的沉积特征是继承了 PSS1 时期的沉积特征，只是砂体发育规模缩小。进入 TST-PSS3 时期，在杜家台地区东部，广泛存在中振幅中连续透镜状地震相，与井资料标定后，认为其为滨浅湖滩坝沉积，其成因为湖泛后，波浪作用对低位体系域砂体改造形成。曙北地区东部为丘状地震相，岩心上可见丘状交错层理、生物逃逸迹，标定后，认为其为风暴改造型滩坝（图 5-26）。

5.3.2　沉积相平面展布

根据已有研究成果，结合实际勘探需要，以层序内准层序组为基本单元开展了平面相分析，重点研究滩坝砂体分布规律。通过岩心资料、测录井资料、地层等厚图、砂地比图、地震属性图等基础资料和图件，最终形成各准层序组的平面沉积相图。

1）SQ2-LST-PSS5 沉积相平面展布

在 SQ2-LST-PSS5 时期，水体较浅，砂体发育，砂地比整体较高。在欢喜岭杜家台地区，靠近湖岸处，整体砂地比高，可达 50% 以上，并且存在三处明显的垂直岸线的高值区，是主要的物源通道，为辫状河三角洲前缘水下分流河道发育区。向湖盆中心方向，砂地比降低，发育河口坝和席状砂沉积。在三角洲前缘末端杜 126 井区，砂地比较高，为波浪作用改造辫状河三角洲沉积砂体，形成前缘改造型滩坝砂体沉积。在欢喜岭和杜家台地区的两条水系之间的齐家地区为弱物源区，波浪作用强，对岸线基岩进行改造，形成基岩改造型滩坝沉积区。在曙北地区，有两列近平行岸线发育的砂地比较高值区，为滩坝砂体的沉积区［图 5-27(a)、图 5-28］。

2）SQ2-LST-PSS6 沉积相平面展布

SQ2-LST-PSS6 时期，继承了 PSS5 时期的沉积特征。从砂地比上看，在欢喜岭和杜家台地区依然存在三个高值区，可达 50% 以上，为主要的物源通道，发育水下分流河道沉积，只是向湖盆中心的延伸距离变短，向湖盆中心方向，砂地比有所降低，发育辫状河三角洲前缘的河口坝和席状砂沉积，在三角洲前部发育波浪改造三角洲前缘砂体形成的前缘改造型滩坝沉积。在欢喜岭和杜家台的两河道之间靠近湖盆岸线处，继承发育基岩改造型滩坝沉积。在这一时期，曙北地区的滩坝砂体主要分为两列，发育面积有所减小［图 5-27(b)、图 5-29］。

3）SQ2-TST-PSS7 沉积相平面展布

SQ2-TST-PSS7 时期，湖平面快速上升，水体加深。受湖泛作用影响，水下分流河道规模减小，延伸距离变短，砂地比变小。由于水体加深，波浪作用对低位体系域砂体进行改造，在三角洲前缘末端杜 139 井区发育淹没改造型滩坝沉积。此时，曙北地区的滩坝砂体沉积范围大幅减小，在曙北地区靠近湖盆中心处，变为半深湖-深湖的沉积环境，在岩心资料上发现风暴沉积的证据［图 5-27(c)、图 5-30］。

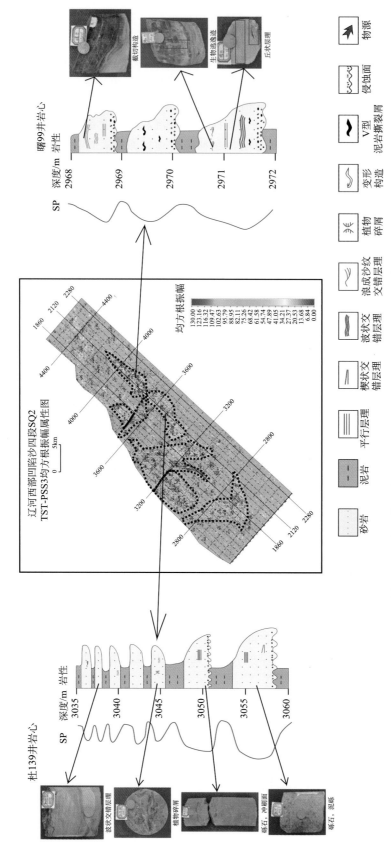

图 5-26　辽河西部凹陷 SQ2-TST-PSS7 岩心相解释与地层切片标定

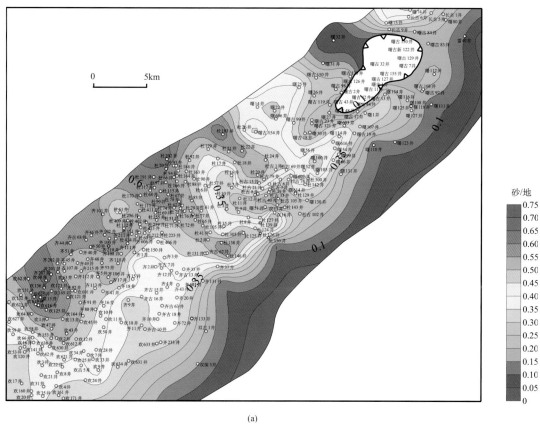

(a)

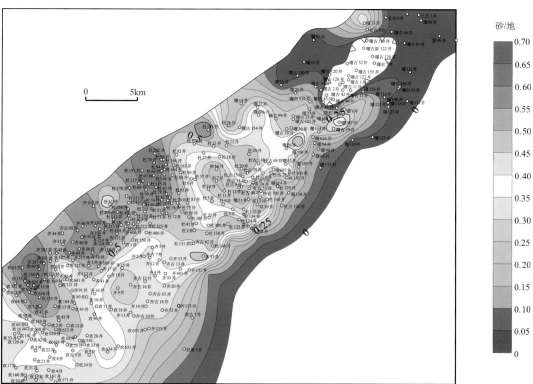

(b)

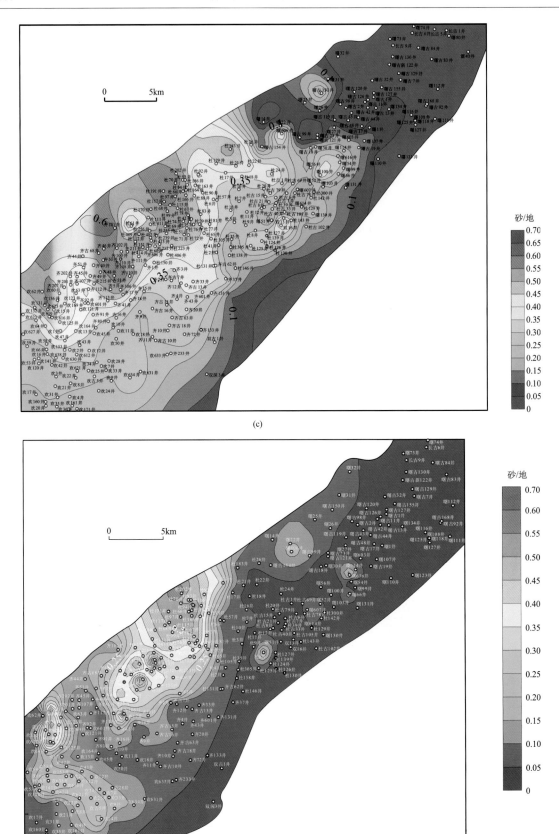

图 5-27　辽河西部凹陷沙四段砂地比等值线图

(a) SQ2-LST-PSS5；(b) SQ2-LST-PSS6；(c) SQ2-TST-PSS7；(d) SQ2-TST-PSS8

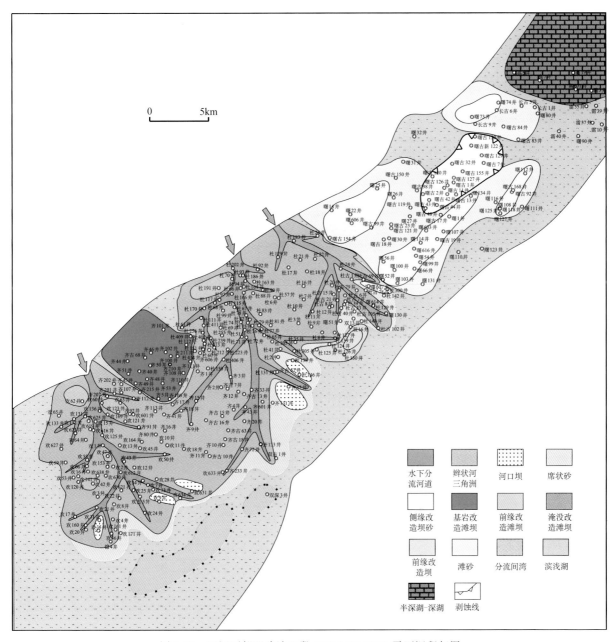

图 5-28　辽河西部凹陷沙四段 SQ2-LST-PSS5 平面沉积相图

4) SQ2-TST-PSS8 沉积相平面展布

SQ2-TST-PSS8 时期，湖平面进一步上升，水体进一步加深。此时除了在欢喜岭和杜家台地区有两条弱的水下河道供源外，其他地区砂体不发育。并且两条水下河道的的规模已大大减弱。这一时期，在西部凹陷北部，半深湖-深湖沉积环境的范围变大 [图 5-27(d)、图 5-31]。

5.3.3　辽河西部凹陷滩坝沉积模式

根据对滩坝砂体岩心、测录井、平面特征的观察总结，按研究区滩坝成因机理的不同，将滩坝砂体划分为五种成因类型，分别为侧缘改造型滩坝、前缘改造型滩坝、基岩改造型滩坝、淹没改造型滩坝和风暴改造型滩坝。

图 5-29　辽河西部凹陷沙四段 SQ2-LST-PSS6 平面沉积相图

1) 侧缘改造型滩坝

此类滩坝通常发育于三角洲侧缘。当三角洲进入湖盆后，河流作用逐渐减弱，波浪作用逐渐增强，三角洲砂体易受到湖浪和沿岸流的二次改造，使沉积物沿湖岸线方向发生侧向移动，从而在三角洲侧缘形成滩坝沉积。研究区内三角洲侧缘又有古潜山发育，更加有利于经波浪改造后的砂体在古潜山周缘沉积。侧缘改造型滩坝岩性为砂泥岩薄互层，砂岩为灰色细砂岩、粉砂岩，砂岩单层厚度薄，最薄的单层砂体仅 50cm，最厚的单层砂体为 7m；泥岩呈灰绿色，表明沉积时水体较浅。沉积构造可见到波状层理、波状交错层理、平行层理、冲洗交错层理等波浪作用改造砂体的沉积构造特征。自然电位曲线为反韵律旋回特征，电阻率曲线表现为异常幅度较高的"尖刀状"指形密集组合（图 5-32）。

2) 前缘改造型滩坝

此类滩坝发育于三角洲前缘。在断陷湖盆早期，湖盆初陷，湖盆水体浅，三角洲延伸距离短。在

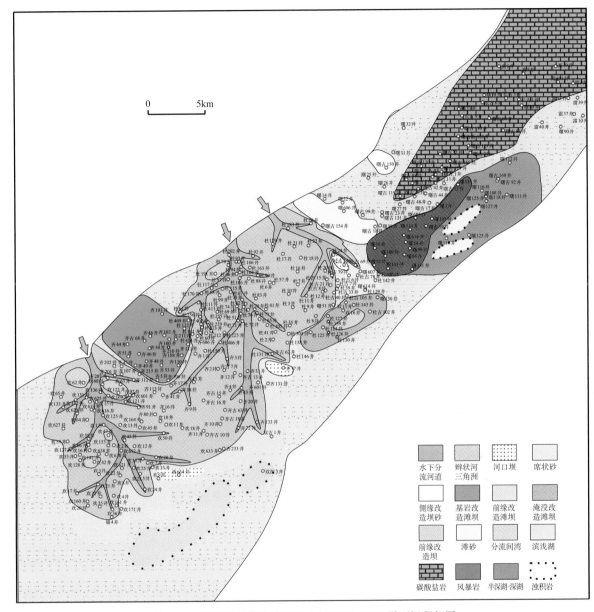

图 5-30　辽河西部凹陷沙四段 SQ2-TST-PSS7 平面沉积相图

三角洲前缘位置，波浪作用仍然较强，对三角洲前缘砂体重新改造，在三角洲前缘前方也会形成滩坝砂体沉积。这类滩坝沉积特征十分类似于侧缘改造型滩坝，但是在岩心上可见水平板状根化石，反映其形成于远岸地区，是一种远岸滩坝沉积（图 5-33）。

3）基岩改造型滩坝

此类滩坝又称为砾质滩坝。在靠近岸线的弱物源地区，湖浪对岸边缘基岩进行侵蚀，形成砾石沉积，同时带来砂质沉积在岸边缘。此外，在水位下降期，被高水位带入湖中的小砾石在波浪作用下也可在新的水位线附近沉积。通常此类滩坝发育于两个物源之间的弱物源地区。在岩性剖面上为大套泥岩夹薄层的砂岩、砂砾岩等。岩心上见波状层理、植物碎屑。自然电位曲线具反旋回特征，电阻率曲线为"尖刀状"指形密集组合。地震反射剖面为透镜状地震相特征（图 5-34）。

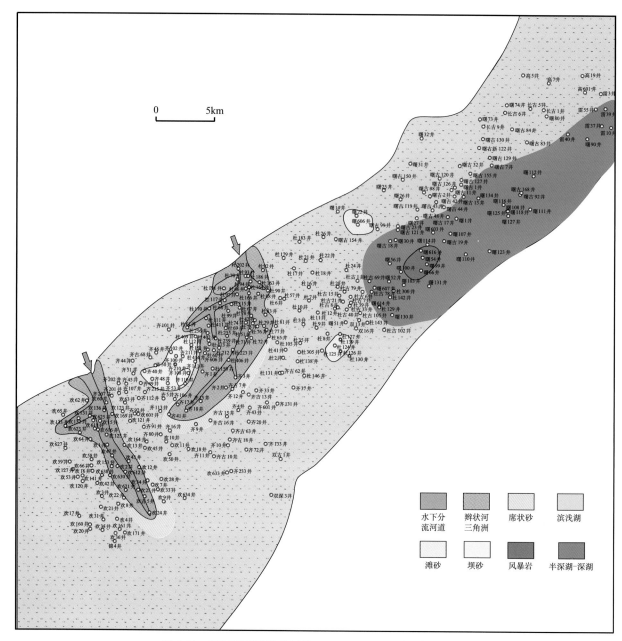

图 5-31 辽河西部凹陷沙四段 SQ2-TST-PSS8 平面沉积相图

4）淹没改造型滩坝

此类滩坝通常发育于湖侵体系域早期。由于湖平面上升，水体加深，波浪作用对低位体系域砂体进行改造后重新沉积，形成淹没改造型滩坝。岩性上为褐色泥质粉细砂岩和深灰色泥岩互层，泥岩颜色加深，反映水体变深。沉积构造上可见浪成沙纹层理、波状交错层理、植物碎屑等。自然电位曲线为反韵律旋回特征，电阻率曲线表现为异常幅度较高的"尖刀状"指形密集组合（图 5-35）。

图 5-32　侧缘改造型滩坝模式图

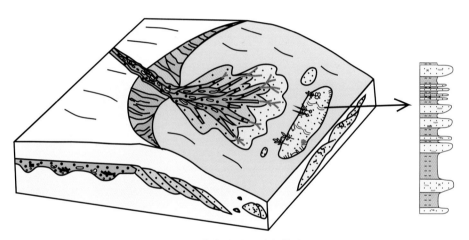

图 5-33　前缘改造型滩坝模式图

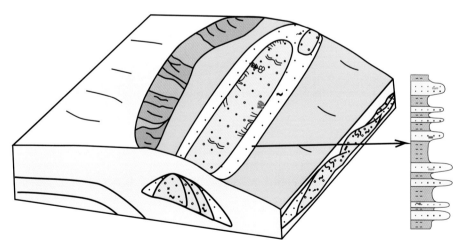

图 5-34　基岩改造型滩坝模式图

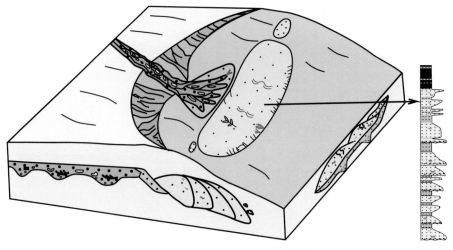

图 5-35　淹没改造型滩坝沉积模式

5）风暴改造型滩坝

西部凹陷沙四段时期，除了发育正常滨浅湖滩坝外，在曙北地区东部曙井区半深湖泥岩中还发育风暴改造型滩坝。岩性主要为细砂岩、粉砂岩、深灰色泥岩。砂泥岩呈频繁互层，多具有下粗上细、底面突变和顶面渐变的特征。具有明显的风暴成因构造，如丘状层理、泥岩撕裂屑、截切构造、生物逃逸迹等（Wang et al.，2015）。自然电位曲线表现为呈宽幅正向齿化的箱形（图 5-36）。

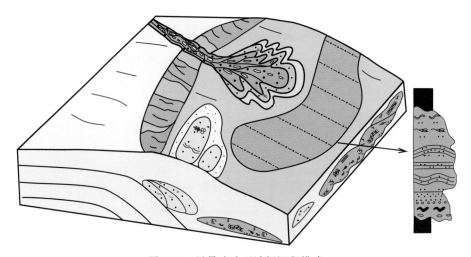

图 5-36　风暴改造型滩坝沉积模式

5.3.4　辽河凹陷沙四上亚段风场-物源-盆地系统的划分

辽河西部凹陷沙四段 SQ2 时期的沉积相平面展布和沉积体系演化特征，可以用风场-物源-盆地系统进行可靠的研究。通过解释贯穿研究区的连井剖面相（图 5-37），分析研究区不同沉积体系的控制因素，可以将辽河西部凹陷沙四段沉积体系划分为四种。

1）物源-盆地体系

辽河凹陷是一个狭长状的箕状断陷湖盆，古地貌呈现南高北低的特点，所以由南至北湖盆水体逐渐加深。沉积砂体类型与分布范围随之发生变化，其成因与控制因素不尽相同。凹陷南部欢喜岭地区、

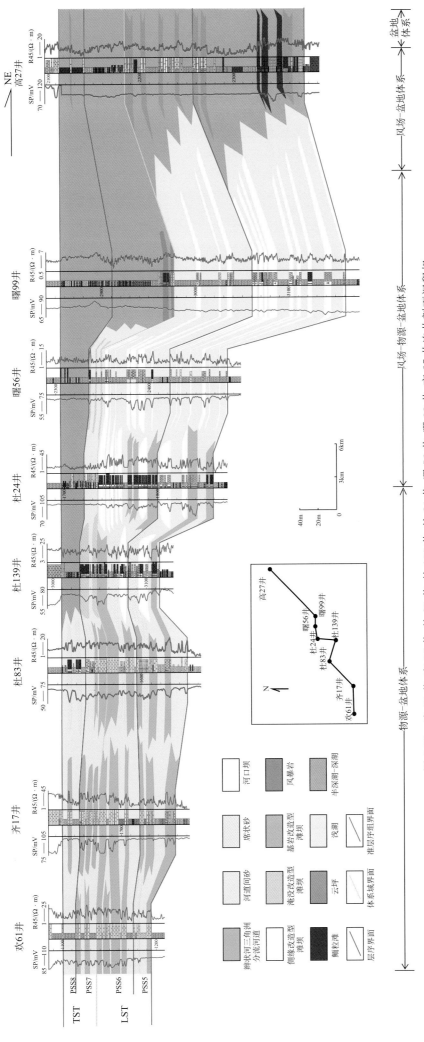

图 5-37　欢 61 井-齐 17 井-杜 83 井-杜 139 井-杜 24 井-曙 56 井-曙 99 井-高 27 井连井剖面沉积相

齐家地区和杜家台地区的沉积体系发育特征主要受到物源和盆地的控制。西部凸起发育三个主要的点物源，由于断裂作用产生的坡度，陆源碎屑进入湖盆后形成辫状河三角洲沉积体系，构成了欢喜岭地区、齐家地区、杜家台地区的主力沉积体系格架。欢喜岭地区位于凹陷南段，水体最浅，所受物源作用最强，沉积物粒度最粗，发育的辫状河三角洲规模最大。由南向北，水体逐渐加深，物源作用逐渐减弱。至杜家台地区，发育的辫状河三角洲规模小，在三角洲前缘部位受到东南风影响，出现前缘改造型滩坝，风的作用开始逐渐体现。总体上，由南至北，陆源注入作用越来越弱，风场对沉积物的影响作用开始体现。

2) 风场–物源–盆地体系

西部凹陷曙北地区沙四段主要发育滩坝沉积，呈北东向分布，分布范围广。沉积时期的风场、物源和盆地特征（包括盆地演化过程中的构造特征、地貌特征、水深变化等）共同控制了这类滩坝砂的沉积模式，因此曙北滩坝砂是风场–物源–盆地三端元相互作用的产物。"风场"是指沉积时期的古风场特征，观察曙北地区部分取心井（曙103井、曙52井、曙603井），波痕、波状交错层理、浪成沙纹层理等沉积构造明显，说明沉积时期波浪作用发育，反映风力作用强；湖侵体系域时期，观察部分取心井（曙99井、曙100井、曙66井），发现深灰色泥岩上覆盖了呈截切构造的粉砂岩，可见生物逃逸迹、丘状层理等沉积构造，这是受风暴作用改造形成的滩坝，反映更大的风力强度。"物源"是指滩坝砂体的沉积物质来源，曙北滩坝的物源主要来自杜家台三角洲的侧向改造；同时曙北潜山的暴露剥蚀，也会提供局部的物源；西部凸起提供了少部分基岩改造型滩坝。"盆地"是指形成滩坝砂体的古地貌和古水深特征，水下隆起、水下斜坡和水下台地是滩坝形成的有利古地貌，曙北滩坝形成最有利的古地貌是曙北古潜山披覆带；通过"波痕法"和"坝厚法"计算得到曙北滩坝形成时期古水深为 $4\sim6\mathrm{m}$，是形成滩坝砂的有利水深。整体上，风的作用形成波浪，波浪的水动力分带控制曙北滩坝砂体的分布格局；物源是形成滩坝的物质基础，物源的注入方向会影响滩坝的平面分布特征与沉积模式；盆地演化过程中古地貌与古水深决定了滩坝的发育位置与范围。

3) 风场–盆地体系

西部凹陷最北部的高升地区为深凹区，沙四段时期主要为半深湖–深湖相，基本没有陆源碎屑的供应。在部分井区的低位体系域，可以观察到鲕粒滩（高27井、曙古84井）、生物碎屑滩（高19井、高25井）。这类碳酸盐岩滩坝主要受古气候和湖盆条件的控制，形成于缺少陆源碎屑注入的湖水环境下。其中适宜的古气候条件是碳酸盐岩滩坝形成的基础，滩坝发育于较干旱的温热适中的气候环境，较干燥的环境促进蒸发作用，利于化学岩的形成和碳酸盐岩滩坝的发育，同时，适宜的气候下腹足类、介形类、藻类和底栖生物大量发育，有利于形成生物湖相碳酸盐岩；风成波浪作用对各种异化颗粒的形成也是相当重要的，大多数湖泊粒屑灰岩是内源异化颗粒经过古湖泊中风浪及其产生的湖流的搬运、分选和再分配的结果；古地貌对碳酸盐岩发育的控制作用最大，水下隆起以及斜坡的古地貌环境和较低的古物源供给指数是碳酸盐岩滩坝形成的条件；古水深控制着碳酸盐岩的产率，是碳酸盐岩滩坝形成的保障条件。

4) 盆地体系

西部凹陷高升地区是比较封闭的沉积环境，碎屑物源供给不足。进入湖侵体系域后，湖盆处于湖水最深期。此时湖水较为平静，沉积作用仅以盆地自身的营力作用为主，沉积物主要为泥灰岩、深灰色泥岩，具水平层理和块状层理。

5.4　滩坝砂体精细研究

曙北地区是西部凹陷滩坝砂体发育的主力地区，其沉积特征典型，控制因素多样，是研究滩坝砂体沉积作用的理想地区。因此在前文研究的基础上，对曙北地区重点层段进行了更为细致的层序地层划分和沉积体系研究。

5.4.1　精细地层格架的建立

准层序是层序地层分析中最基本的沉积单元，是一个以海泛面或与之对应的面为界的、成因上有联系的层或层组构成的相对整合序列。在层序内的特定部位，准层序的顶、底边界可与层序边界一致。准层序沉积厚度一般为几米到几十米，持续地质时间为几万年到几十万年，并可用露头、岩心和测井资料加以识别。

准层序的边界是一个海泛面及与之相关的界面。海泛面是一个将新老地层分开的界面，跨过这个界面存在着水体突然增加的证据。海泛面在海岸平原和陆棚地区均存在相应的沉积界面，所以在海岸平原、三角洲、浅滩、河口湾和陆棚等沉积环境中可以识别准层序。

准层序的边界是能够分割新老地层的海泛面，就意味着所有的准层序都必须是一个向上沉积水体不断变浅的序列，否则，就不能根据海泛面来划分确定准层序。一个典型的准层序除了具备水体深度向上变浅的沉积序列特征外，还具有单层沉积厚度向上增加、生物扰动构造向上减少、沉积相类型向上变浅以及水动力能量向上变强的沉积特征。

据此，本书对曙北地区重点层段——SQ2 的低位体系域进行了准层序的划分，将其分为 9 个准层序（图 5-38）。

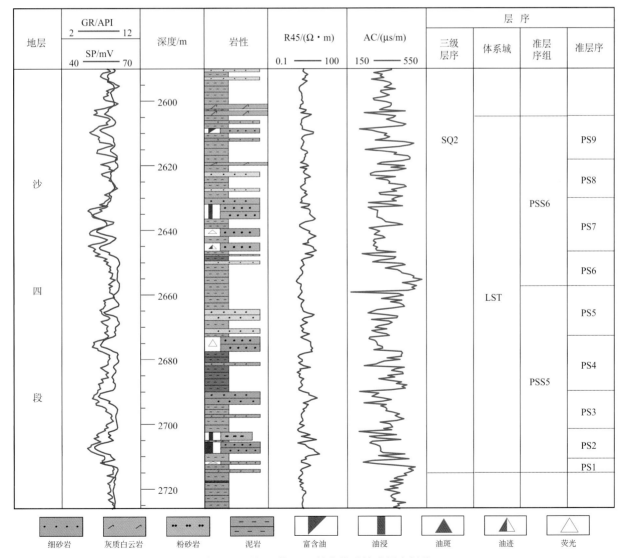

图 5-38　曙 52 井 SQ2 低位体系域准层序划分

在综合辽河西部凹陷曙北地区岩心资料、测井资料、录井资料和地震资料的基础上，建立曙北地区的高精度层序地层格架：在沙四段分为两个三级层序，自下而上为 SQ1 和 SQ2。SQ1 自下而上发育低位体系域、湖侵体系域和高位体系域，并且低位体系域可分为两个准层序组，湖侵体系域和高位体系域分别对应一个准层序组；SQ2 自下而上发育低位体系域和湖侵体系域，它们可分别分为两个准层序组。本书将研究的重点层段，SQ2 的低位体系域分为 9 个准层序（表 5-3）。特别地，在曙北古潜山不发育 SQ1 及 SQ2 的低位体系域，只发育 SQ2 的湖侵体系域。

表 5-3　辽河西部凹陷沙四段层序地层单元划分表

组	段	层序	体系域	准层序组	准层序
沙河街组	沙四段	SQ2	湖侵体系域	PSS8	
				PSS7	
			低位体系域	PSS6	PS9
					PS8
					PS7
					PS6
				PSS5	PS5
					PS4
					PS3
					PS2
					PS1
		SQ1	高位体系域	PSS4	
			湖侵体系域	PSS3	
			低位体系域	PSS2	
				PSS1	

5.4.2　曙北地区滩坝沉积体系研究

1. 岩心单井相分析

岩心是油田地质研究最为宝贵的第一手资料，通过岩心观察，可以获取各种相标志，确定沉积相类型，分析沉积环境、形成水动力等。在曙北地区共观察取心井 7 口，下面对典型井曙 52 井进行重点的单井相分析。

曙 52 井位于辽河西部凹陷曙北地区南部，与杜家台地区较近，其在沙四段时期有三次取心，主要位于 SQ2 时期。该井整体上为湖相的沉积环境，SQ1 整体上为浅湖亚相的沉积环境，低位体系域以灰绿色玄武岩和灰色泥岩为特征，湖侵体系域和高位体系域以沉积大套的灰色泥岩和油页岩为沉积特征。

在 SQ2 的低位体系域时期，主要为砂、泥岩的薄互层沉积，泥岩呈灰绿色，表明沉积时水体较浅。测井曲线主要表现为宽幅的"指形"的坝砂沉积特征（李国斌等，2008a）。同时从岩心观察上，可见到波状层理、波状交错层理、平行层理、冲洗交错层理等波浪作用改造砂体的沉积构造特征（田继军和姜在兴，2012）。综合这些因素，可以确定在低位体系域时期该井处于典型的滩坝发育区，且在曙 52 井主要发育坝砂沉积。同时根据测井曲线及单井上砂体厚度的变化，可以识别出坝主体与坝侧缘等沉积微相。

在 SQ2 的湖侵体系域时期，随着湖水的快速上升，水体加深，以沉积泥岩为主，夹薄层的砂岩。泥岩颜色较深，在较深水环境中形成，推测此时沉积的砂岩为风暴沉积（图 5-39）。

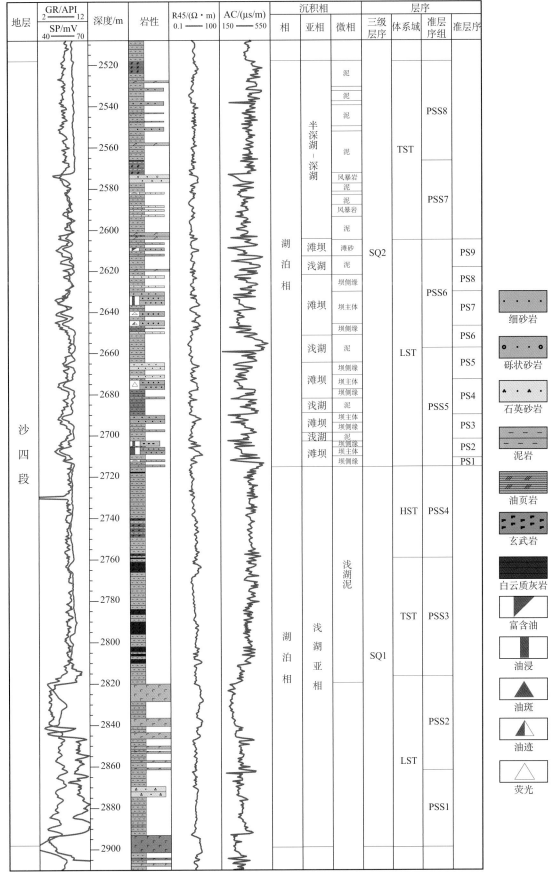

图 5-39　曙 52 井单井综合柱状图

2. 滩坝砂体剖面对比

为了确定曙北地区沙四段滩坝砂体的垂向演化及横向展布特征及其与其他沉积体系之间的关系，依据辽河西部洼陷的构造特征，结合已掌握的岩性、测井及相应的其他基础地质资料，在四条剖面上对滩坝砂体进行了对比（图 5-40）。

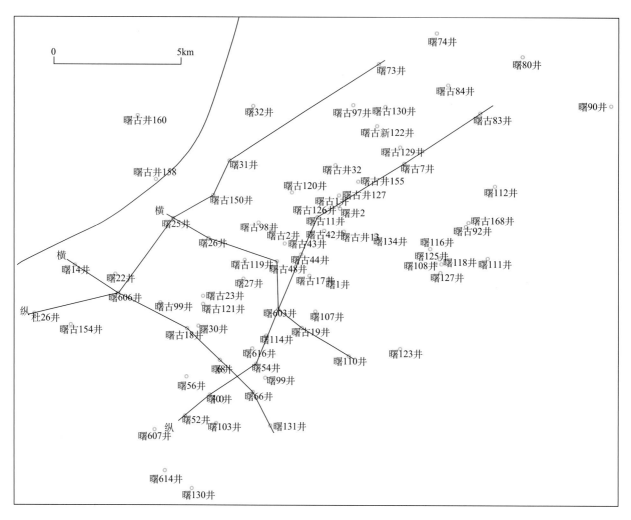

图 5-40　连井剖面位置分布图

1）横一砂体对比剖面

此为曙北地区南部东西向的一条连井砂体对比剖面，从剖面图中可以看出，曙北地区滩坝砂体发育，且集中在 SQ2 的低位体系域。以曙北古潜山为界，在其东西两侧砂体发育，在潜山上变薄变少。到 SQ2 的湖侵体系域时期，潜山东侧，在靠近湖盆中心一侧变为半深湖的沉积环境，发育风暴沉积。在 SQ1 以浅湖泥岩沉积为主（图 5-41）。

2）横二砂体对比剖面

此为曙北地区偏南部东西向的一条连井砂体对比剖面，剖面穿过曙北古潜山。从剖面图中可以看出，曙北地区滩坝砂体发育，且集中在 SQ2 的低位体系域时期。以曙北古潜山为界，在其东西两侧砂

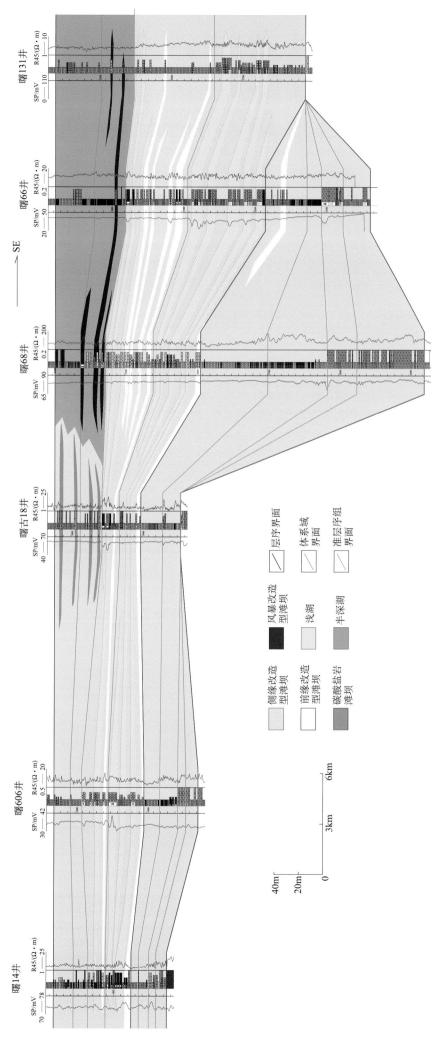

图 5-41 曙 14 井-曙 606 井-曙古 18 井-曙 68 井-曙 66 井-曙 131 井连井剖面图

体发育。由于潜山在 SQ1 和 SQ2 的低位体系域时期暴露水面，潜山暴露剥蚀，其两侧的滩坝砂体向潜山尖灭。到 SQ2 的湖侵体系域时期，潜山东侧，在靠近湖盆中心一侧变为半深湖的沉积环境，发育风暴沉积。在 SQ1 以浅湖泥岩沉积为主（图 5-42）。

3）纵一砂体对比剖面

此为曙北地区南北向的一条连井砂体对比剖面，剖面靠近湖盆岸线。从剖面图中可以看出，在杜家台地区主要发育辫状河三角洲的水下分流河道、河道间砂等沉积体。到曙北地区相变为滩坝砂体。靠近杜家台地区，滩坝砂体发育，向北随着距离杜家台的距离变远，砂体越来越薄，可见杜家台地区的辫状河三角洲为曙北滩坝砂体的物源区。在最北端的曙 73 井砂体发育，且周围井可见砂砾岩，推测此处为基岩改造型滩坝沉积（图 5-43）。

4）纵二砂体对比剖面

此为曙北地区南北向的一条连井砂体对比剖面，剖面靠近湖盆中心。从剖面图中可以看出，曙北地区滩坝砂体发育，且集中在 SQ2 的低位体系域。在曙北地区南部靠近杜家台地区，滩坝砂体发育，厚度大，向北随着距杜家台的距离变远，砂体越来越薄，向北在曙北潜山尖灭，可见杜家台地区的辫状河三角洲为曙北滩坝砂体的物源区。在 SQ2 的湖侵体系域时期，曙 52 井、曙 100 井等井区变为半深湖的沉积环境，在此时期，有风暴沉积发生（图 5-44）。

3. 滩坝砂体平面展布特征

沉积体系的平面展布研究是在各种相标志、单井相、岩心相及剖面相等研究的基础上，结合砂岩等厚图、砂地比等值线图、地震属性图等图件，对沉积相在平面上的展布做出分析和划分。本书对沉积体系平面展布的研究工作是以准层序组为单元进行的，共分析了重点层段 SQ2 内自下向上三个准层序组的沉积体系展布特征。

准层序组 5 为 SQ2 低位体系域最底部的准层序组，此时水体较浅，滩坝砂体发育。分析准层序组 5 的沉积相图，可以看出在曙北地区主要发育了两列坝，分别为靠近湖岸的近岸坝和位于靠近湖盆中的远岸坝。这一时期砂体沉积厚度大，坝砂的累积厚度都在 20m 以上，远岸坝砂最厚处坝砂厚度可达 40 多米。且砂地比较高，两列坝砂的砂岩百分含量都在 30%～40%，远岸坝可大于 40%。滩砂沿坝砂的边缘及曙北古潜山的边缘发育，分布面积较广（图 5-45）。

准层序组 6 为 SQ2 低位体系域上部的准层序组，此时水体缓慢上升，滩坝砂体较发育。继承发育了准层序组 5 的特点，只是砂体范围有小范围的减少。同准层序组 5 相类似，准层序组 6 砂体比较发育，从沉积相来看，其最重要的砂体类型仍为两列坝砂沉积。准层序组 6 的两列坝砂砂体累积厚度可达 15m 以上，特别是远岸坝坝砂的累积厚度可达 30m，且这两列坝砂砂岩的百分含量可达 30%～40%。滩砂围绕坝砂边缘及曙北古潜山的边缘发育（图 5-46）。

准层序组 7 为 SQ2 湖侵体系域底部的准层序组，在这一时期内，湖平面快速上升，水体加深较快，砂体不发育。从准层序组 7 的沉积相图中可以看出砂体发育的范围较小且砂体薄。只有在靠近湖盆中心的砂体厚度主要为 12m，砂岩百分含量主要为 20%。这一时期，水体上升较快，在湖盆中心可达到半深湖-深湖的沉积环境，同时，在岩心中观察的风暴浪的沉积构造，所以推测此时在靠近湖盆中心处以沉积风暴岩为沉积特征，靠近湖岸处为滩砂的沉积特征（图 5-47）。

准层序组 8 为 SQ2 湖侵体系域上部的一个准层序组，此时，水体进一步加深，物源供应减弱，在曙北地区此时以泥岩、油页岩和灰质白云岩沉积为主，砂体不发育。

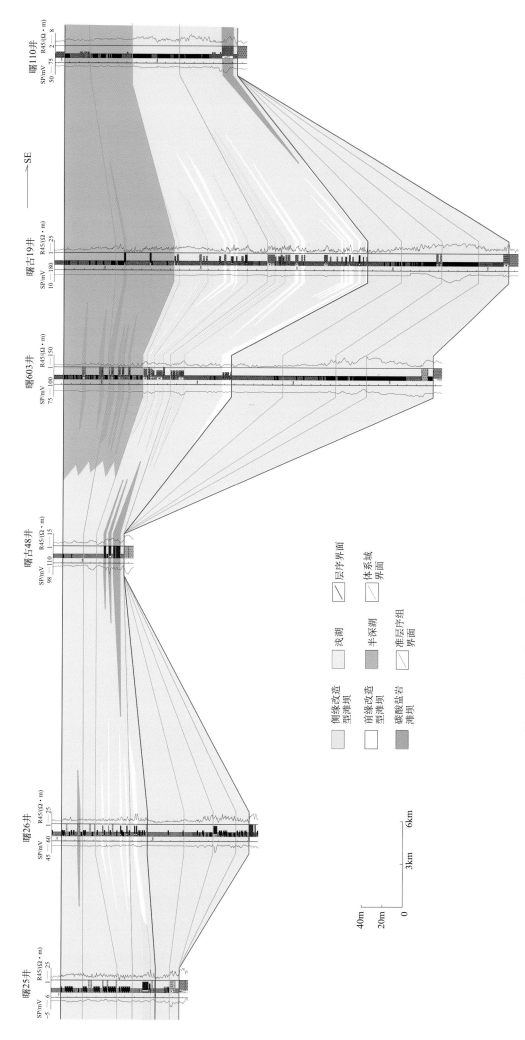

图 5-42 曙 25 井-曙 26 井-曙古 48 井-曙 603 井-曙古 19 井-曙 110 井连井剖面图

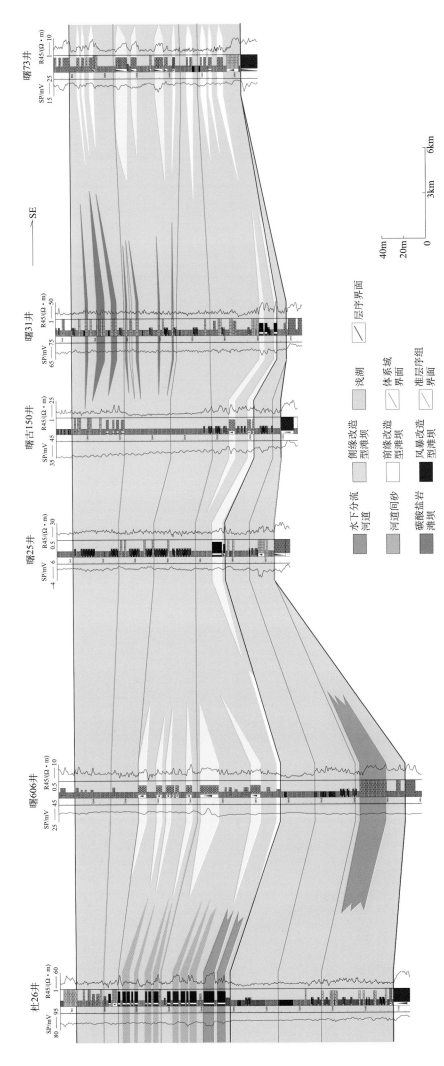

图 5-43 杜 26 井-曙 606 井-曙 25 井-曙古 150 井-曙 31 井-曙 73 井连井剖面图

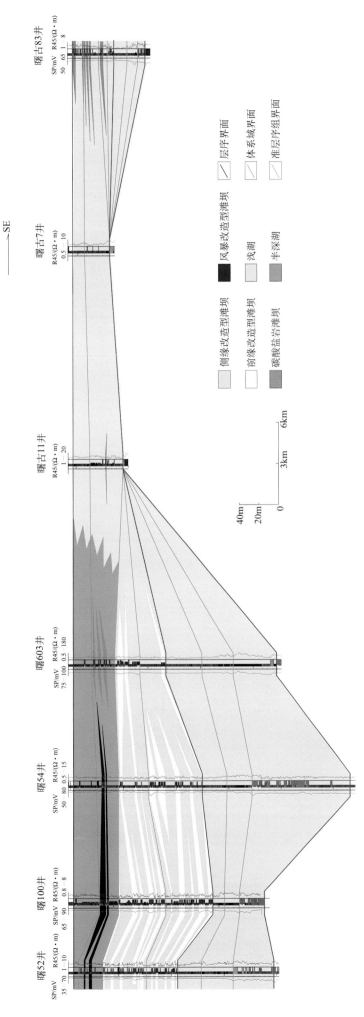

图 5-44　曙 52 井-曙 100 井-曙 54 井-曙 603 井-曙古 11 井-曙古 7 井-曙古 83 井连井剖面图

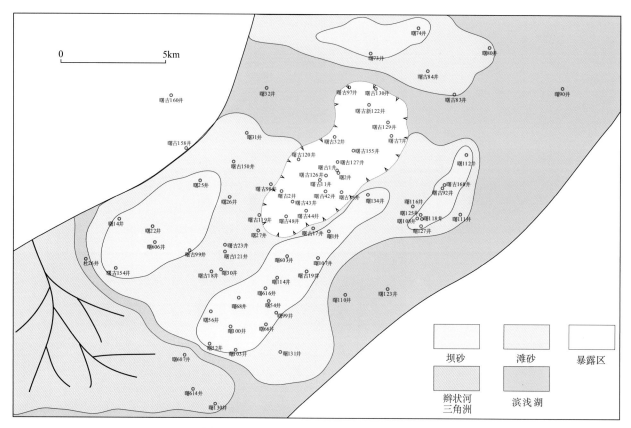

图 5-45　曙北地区 SQ2 准层序组 5 沉积相图

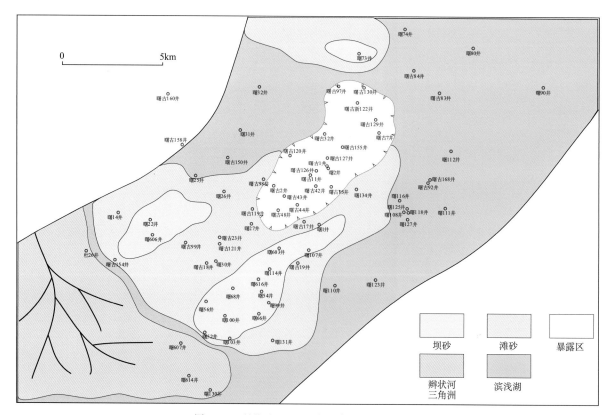

图 5-46　曙北地区 SQ2 准层序组 6 沉积相图

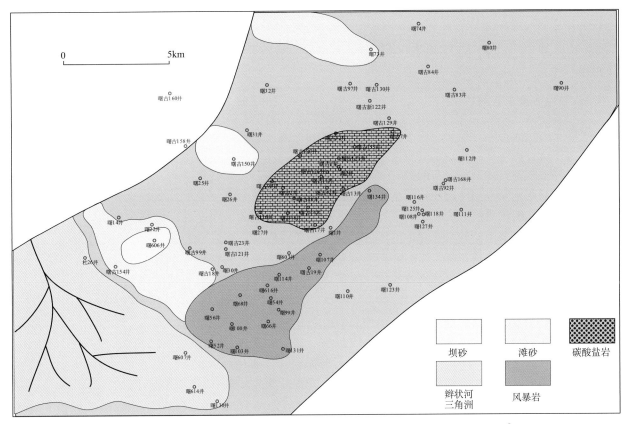

图 5-47　曙北地区 SQ2 准层序组 7 沉积相图

5.5　滩坝砂体形成分布控制因素研究

　　研究区内曙北地区是滩坝砂体的主要发育区，滩坝砂体总面积约为 $60km^2$，占全区滩坝砂体面积的一半以上，且曙北地区沉积环境复杂。其形成和分布受多种因素的控制，归纳起来主要包括古地貌、古物源、古水深和古风场等因素，各种因素不是孤立的发挥作用，而是共同控制了滩坝砂体的发育。

　　在辽河西部凹陷沙四段沉积时期，湖盆处于断陷初期，盆底地形宽缓，水体总体较浅，广阔的区域处于滨浅湖环境。尤其在曙北地区，由于远离西部凹陷主体供源区，在波浪的作用下以改造其南部的辫状河三角洲沉积为主，并且曙光古潜山的存在也为这里的滩坝发育提供了有利因素。归结起来曙北地区滩坝砂体主要受"风场（古风力、古风向）-物源（古物源）-盆地（古湖盆地貌，古水深）"三端元系统的控制，三因素在曙北地区都较有利，相辅相成，互相作用，共同控制了曙北滩坝沉积体系的发育。

5.5.1　古地貌恢复

　　古地貌是控制一个盆地后期沉积相发育与分布的主要因素，同时在一定程度上控制着后期油藏的储盖组合。古地貌形态受到了所处的区域构造位置、气候、基准面变化及构造运动等因素综合作用的影响。曙北地区沙四段沉积时期由于受到前期火山运动的影响，基底凹凸不平，沙四段主体滩坝沉积特征明显受到微古地貌的影响。对 SQ2 沉积前古地貌准确恢复，可以分析古地貌对滩坝砂体的控制作用。

本书古地貌的恢复采用印模法的方法原理，在研究思路上主要利用地震、测井及钻井资料。首先，制作地层残留厚度图和进行井震残余厚度校正；其次，进行视厚度校正；再次，应用盆地模拟软件 Basin Mod 1D 进行单井埋藏史模拟和压实恢复；最后，利用三维成图软件进行古地貌成图，综合分析古地貌特征。

1）残余厚度求取与校正

要想恢复某一地层古地貌，必须了解该区该层位目前残留的地层厚度。残留厚度就是地层在沉积后，经过压实、剥蚀以及构造运动后所剩下的地层厚度。残留地层厚度是恢复古厚度的基础，它的分布可以大体上指示古地貌的分布趋势。

本书古地貌恢复采用印模法。根据印模法的原理，若要残余地层能够反映古地貌的形态，其底界必须为滩坝砂体沉积之前的层位，而顶界需要沉积物大体上铺满整个盆地，以达到沉积厚度与地面形态呈现印模镜像的关系。针对曙北地区沙四段层序发育的特点，选取 SQ2 底界作为地层底界面，SQ2 最大湖泛面（即沙四段的顶界）作为地层的顶界面。同时以 SQ2 内部的界面作为恢复地层顶底面，既可以保证地层内部不存在广泛的剥蚀现象，确保地层的连续性，也可以利用单井和地震解释的层位数据，与沉积和层序特征相联系。

在本书残余厚度恢复的过程中，采用井震结合、井间古地貌趋势补偿的方法，综合利用单井数据与地震解释数据。该方法将井中的数据作为控制点，利用地震资料对井间趋势进行弥补，主要包括四步：做多井合成记录，利用地震资料解释 SQ2 目的层层位，通过时深转换，得到地层厚度数据；将地震解释得到的地层厚度数据进行网格化，扩展网格节点范围使其包含钻井数据区域，在钻井处提取网格节点数据值，并与井中处理得到的古厚度数据求差值；对得到的差值数据，利用自适应拟合算法进行处理；将差值数据网格与地震地层厚度网格合并，重新生成平面等值线图。

根据以上方法，首先进行地震层位的标定解释与多井合成记录的时深转换得到目的层位的厚度，其次结合曙北地区 80 余口井的单井层位划分结果，运用上述方法得到曙北地区差值数据网格，将差值网格数据与地震解释地层数据相合并，得到井震结合的目的层残余厚度图。

2）倾角校正

地层顶面倾角的求取主要利用地震资料，求取的面为目的层的顶面（即沙四段的顶面），将地震解释的层面经时深转换转为深度面，将深度面的数据网格化，求取网格的倾角数据，提取出倾角数据并求其余弦值，最后将余弦值网格化后与残余厚度数据相合并，得到经倾角校正的残厚数据。具体方法原理参照 2.3.2 部分，如图 2-19、图 2-20 所示。

3）压实恢复

地层沉积后，在上覆地层的重力作用下，机械压实作用使孔隙度越来越小，地层厚度也减小。根据现有井所得到的地层厚度就是在压实之后的厚度，要恢复古地貌首先要将未被压实的厚度恢复出来，还原到地层刚沉积完全还未压实时地层的原始厚度。

根据 2.3.2 部分中式（2-16），只要有了不同深度地层岩石的孔隙度，就可以做出 ϕ-H 关系曲线，从而得到初始孔隙度 ϕ_0 和压实系数 C。压实系数 C 和初始孔隙度 ϕ_0 与岩性有关。岩性不同，压实系数就有所不同。曙北地区 SQ2 主要发育滩坝砂体和厚层油页岩，岩性上主要是砂岩、粉砂岩和泥岩。因此，以曙北地区实测孔隙度数据为基础，统计了泥岩、砂岩和粉砂岩的 ϕ-H 关系曲线，并分别求取三种岩性的初始孔隙度 ϕ_0 和压实系数 C。

由 ϕ-H 数据做出了三种岩性孔隙度随深度变化的关系曲线（图 5-48），并且拟合得出了砂岩、粉砂岩、泥岩的 ϕ-H 的关系，从而得出砂岩、粉砂岩和泥岩的初始孔隙度和压实系数（表 5-4）。

表 5-4　三种岩性初始孔隙度和压实系数

岩性	初始孔隙度/%	压实系数/(10^{-3}/m)
砂岩	48.908	0.421
泥岩	57.1773	0.672
粉砂岩	49.653	0.341

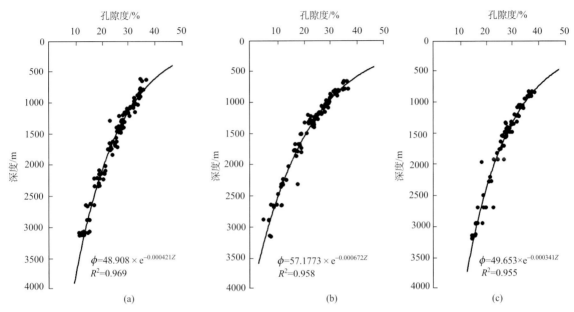

图 5-48　砂岩、粉砂岩、泥岩的 ϕ-H 关系曲线图
（a）砂岩；（b）泥岩；（c）粉砂岩

在得到初始孔隙度和压实系数以后，就可以进行压实恢复。压实恢复是埋藏史恢复的一个重要部分。埋藏史是指盆地的某一沉积单元或一系列单元（层序或地层）自沉积开始至今或某一地质时期的埋藏深度变化情况。埋藏过程中，地层的变化主要通过沉积物的变化表现出来。埋藏史恢复过程中就已经将压实恢复包含进去。目前没有一套软件专门用来进行压实恢复，但是用于埋藏史恢复的软件不少，如各种盆地模拟系统，利用此类系统进行埋藏史模拟，从中得出压实恢复数据。

进行单井埋藏史恢复，需要统计岩性数据。以曙 52 井为例，在确定了目的层的顶底深度后，需要统计各种岩性的厚度之和及其在地层中所占的比例。将统计的数据结合三种岩性初始孔隙度和压实系数数据导入盆地模拟软件，得到单井埋藏史与压实比例系数（图 5-49）。曙北地区共计算了 62 口井的压实比例系数，将压实比例系数数据网格化后与经过校正的残厚数据网格相合并，等到经过压实校正的地层厚度数据。此厚度数据与古地貌呈镜像关系，经逆镜像处理后就可以得到反映地貌高低起伏的古地貌图。

4）剥蚀区确定

需要恢复的古地貌为 SQ2 主体滩坝砂体沉积时期的古地貌，而前面得到的经过压实恢复的地层数据为 SQ2 底部到其最大湖泛面的地层。根据层序地层学原理，最大湖泛面相对于初始湖泛面，湖水的范围更广，沉积体分布于整个湖盆，而不是低位体系域时期的仅在湖盆较深处分布，更符合印模法恢复古地貌的理论基础。但由于低位体系域时期湖盆水体较浅，湖水分布范围较小，若沉积基底存在较大的起伏，可能存在暴露剥蚀区，因此需要进行剥蚀区的识别。

曙北地区由于曙光古潜山的存在而使西部斜坡带并不是平缓的倾斜，而是在潜山地区存在一个

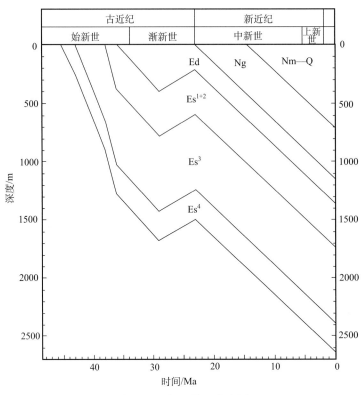

图 5-49 曙 52 井埋藏史图

沉积基底的古隆起。根据层序地层划分的结果，隆起之上并不发育 SQ1 和 SQ2 的低位体系域地层，多口井在房身泡组玄武岩地层之上直接覆盖 SQ2 湖侵体系域时期的厚层灰黑色泥岩与油页岩（图 5-50）。根据单井层序地层划分结果，结合恢复的地层厚度数据，在古地貌图中标定出潜山的分布范围。潜山在 SQ2 低位体系域时期为水上隆起暴露区，主要发生房身泡组玄武岩地层的剥蚀作用，而无沉积作用，直至 SQ2 湖侵体系开始时，由于湖盆水体的突然上升而使隆起淹没在水下，开始接受沉积。

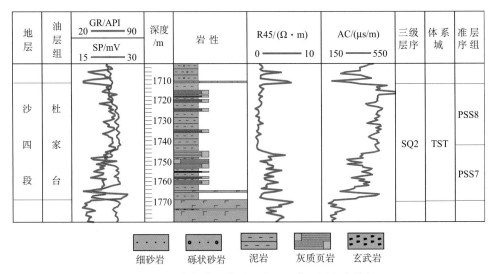

图 5-50 曙光古潜山范围曙古 129 井地层发育特征

5）古地貌恢复结果

经过以上各步骤后，将所得到的地层数据进行三维成图，结合所确定的剥蚀区数据，就得到了曙北地区沙四段 SQ2 主体滩坝砂体沉积时期的古地貌图（图 5-51）。

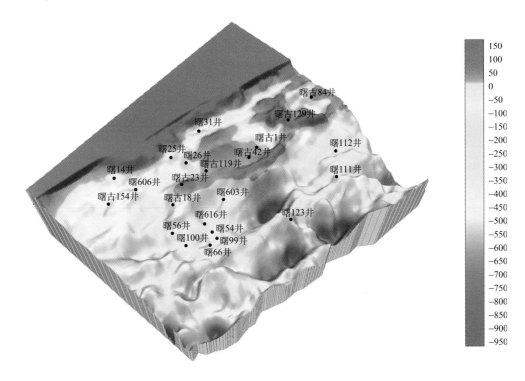

图 5-51　曙北地区沙四段 SQ2 古地貌图
色标数值＞0 表示正向地貌；色标数值＜0 表示负向地貌

5.5.2　古水深恢复

目前常用的古水深恢复方法包括沉积学法、地球化学标志法、古生物类型及古生态法等，这些方法仅能定性地恢复古水深。根据曙北地区以滩坝沉积为主的特征，采用两种特有技术恢复古水深：波痕法（Diem，1985）与坝砂厚度法。

1）波痕法恢复古水深

在系统观察曙北地区取心井岩心的基础上，挑选了 6 块典型的属于滩坝沉积并且发育波痕的岩心，进行古水深恢复（表 5-5）。从恢复的结果可以看出，滩坝发育时期水体普遍较浅，多在 8m 以下，此深度范围受波浪作用十分强烈，水动力条件复杂，强烈的改造作用使滩坝砂体普遍发育。

2）坝砂厚度法恢复古水深

利用前述坝砂厚度法也可恢复研究区古水深。以曙北地区主力滩坝发育区内岩心井曙 66 井为例进行详细分析（图 5-52）。通过对曙 66 井岩心观察和分析认为其属于滨浅湖滩坝沉积。示例段岩性主要为粉细砂岩和泥岩，向上泥岩颜色变浅，自下而上依次发育滨浅湖泥岩—远岸坝—近岸坝—沿岸坝—滨浅湖泥岩沉积，在岩心井段未见风暴坝沉积。根据研究区坝砂的特点，沿岸坝单个坝砂厚度为 1m，近岸坝的坝高为 3.49m，远岸坝的坝高为 2.5m。根据前面分析的计算原理，要计算出各个带的水深，还需要通过构造沉降压实校正。在进行压实恢复时已经得到了曙 66 井目的层的压实比例系数为 0.59，

表 5-5　波痕法恢复水深数据表

岩心照片	出现位置	平均粒径/mm	沉积物密度/(10^3kg/m³)	波痕波长/cm	古水深/m
	曙 52 井 2711.15m	0.1	2.31	4.56	6.31
	曙 52 井 2806.3m	0.21	2.30	5.96	6.34
	曙 66 井 3130.0m	0.12	2.27	4.77	6.29
	曙 66 井 3125.1m	0.29	2.26	6.26	5.49
	曙 99 井 3074.93m	0.13	2.23	4.78	6.25
	曙 51 井 2455m	0.097	2.3	3.71	4.61

经过压实恢复后最后计算出冲刷-回流带水深为 0～1m，校正后为 0～1.69m；碎浪带水深为 1～4.49m，校正后为 1.69～7.56m；破浪带水深为 4.49～6.99m，校正后为 7.56～11.85m；正常浪基面为 11.85m。

　　通过两种特有的利用滩砂沉积特征恢复古水深方法的恢复结果可以看出，滩坝砂体主要发育在正常浪基面之上，但事件性的风暴浪作用也可以在正常浪基面之下，即半深湖区域发育风暴滩坝。一期完整的滩坝砂体根据其形成的水动力学特征可以分为沿岸坝、近岸坝和远岸坝，沿岸坝由于其发育水深较浅，在曙北地区约 2m 水深之下，坝砂普遍较薄。近岸坝和远岸坝砂体较厚，且物性好于沿岸坝砂体。结合两种古水深恢复的结果认为滩坝砂体发育最好的区域其水深应处于 2～10m 的范围，即广泛的滨浅湖区域。

5.5.3　古物源恢复

　　物源区分析是古地理恢复和盆地分析的基本内容，可以解决母源区的位置和性质、沉积物的搬运过程、影响沉积物组分差异的成因、盆地性质等方面的问题，主要包括：①判断古陆或侵蚀区的

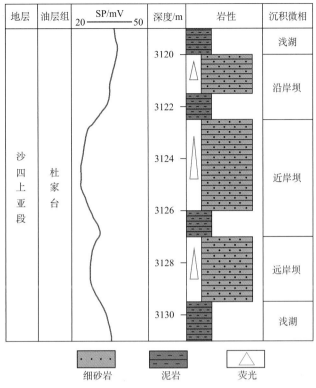

图 5-52　曙 66 井综合柱状图

存在；②表明古地形起伏的特征；③恢复搬运体系；④确定物源区母源性质和构造背景等。其中侵蚀区是指和沉积区相对的，在一定的时期内暴露在水面之上、向沉积区提供陆源碎屑及可溶性物质的剥蚀区。

　　物源区分析的方法概括起来主要包括两大类：宏观的沉积属性分析方法包括矿物、岩石、成熟度、生物、岩相五个方面，微观的地球化学属性分析方法包括常量元素、微量元素、稀土元素、同位素方法，其中稀土元素、裂变径等方法应用较为广泛。

　　根据辽河西部凹陷沙四段沉积相图，曙北地区物源来自于凹陷西部中生界洼陷，与杜家台地区三角洲具有相同的物源体系，是三角洲沉积向曙北地区的延伸。但是根据单井地层发育特征和层序地层划分结果，在沙四段 SQ1 和 SQ2 低位体系域时期，曙北地区古潜山之上为暴露剥蚀区，直至 SQ2 湖侵体系域才开始接受沉积。因此，曙光潜山带在沙四段时期相当长的时间内是侵蚀区，可以供源，侵蚀的层位为沙四段房身泡组玄武岩地层。利用岩屑法和地震剖面特征对曙光潜山物源区进行分析。

1）岩屑成分和成熟度分析

　　岩屑是母岩的碎块，是保持母岩结构的矿物合集。因此，岩屑是提供沉积物来源区的岩石类型的直接标志。本书研究共观察岩心井 18 口，其中曙北地区 9 口，磨制薄片 125 片，其中铸体薄片 28 片。

　　以曙 100 井为例，对观察到的岩屑进行分析（图 5-53）。曙 100 井的岩屑特征复杂，即使在同一张薄片中也可以见到多种岩屑。来自沉积岩方面，可见碎屑砂岩岩屑和白云岩岩屑，同时见到石英加大边，为再旋回石英的典型特征。来自火山岩方面，包括来自基性喷出岩的玄武岩岩屑、来自酸性喷出岩的石英斑岩岩屑，以及典型的喷出岩石英，为单晶石英，不具波状消光，不含包裹体，表面光洁如水。来自变质岩方面，可以见到板岩岩屑。镜下还可以观察到燧石岩屑、黑云母、凝灰岩的脱玻化现象和方解石交代石英现象等。总体上看，曙 100 井岩屑成分十分复杂，既有来自基性喷出岩的岩屑，也有来自中酸性喷出岩的岩屑，还包括一些沉积岩（砂岩、碳酸盐岩）和变质岩的岩屑，结构成熟度差，具有近源与多物源供给的特征。

(a) 2675.3m，砂岩岩屑　　　　　　　　　(b)2675.3m，白云岩岩屑

(c) 2684.5m，再旋回石英　　　　　　　　(d) 2675.3m，玄武岩岩屑

(e) 2578.5m，喷出岩石英　　　　　　　　(f) 2578.5m，石英斑岩岩屑

(g) 2684.5m，板岩岩屑　　　　　　　　　(h) 2684.5，燧石

(i) 2578.5，凝灰岩脱玻化　　　　　　　　(j) 2578.5m，方解石交代石英

图 5-53　曙 100 井镜下特征

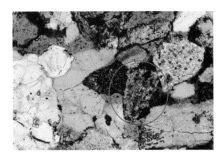

(a) 曙56井, 2332.0m, 蚀变玄武岩屑, 正交光　　　　(b) 曙56井, 2332.0m, 蚀变玄武岩屑, 单偏光

(c) 曙100井, 2675.3m, 玄武岩屑, 正交光　　　　(d) 曙100井, 2675.3m, 玄武岩屑, 单偏光

(e) 曙66井, 3025.4m, 玄武岩屑, 正交光　　　　(f) 曙66井, 3025.4m, 玄武岩屑, 单偏光

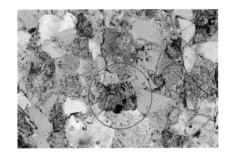

(g) 曙66井, 3204.15m, 玄武岩屑, 正交光　　　　(h) 曙66井, 3204.15m, 玄武岩屑, 单偏光

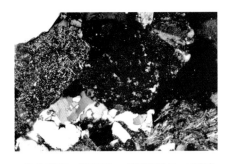

(i) 杜139井, 3054.25m, 流纹岩岩屑, 正交光　　　　(j) 杜139井, 3054.25m, 安山岩岩屑, 正交光

图 5-54　喷出岩岩性和分布位置

晚侏罗世或白垩纪初，中国东部普遍发生了以中-酸性安山岩、流纹岩、火山碎屑岩等岩浆的剧烈喷发。至新生代，岩浆活动明显减弱，但是岩浆的成分转为基性的玄武岩。若曙北地区滩坝砂体仅为改造南部三角洲沉积体系形成，则物源属中生代以前沉积，不应存在基性喷出岩。然而曙100井镜下观察到典型玄武岩屑，由于玄武岩在新生代广泛发育于曙北潜山之上的房身泡组地层，因此认为曙北潜山的存在导致基底隆起，在沙四段早期供源。

曙光潜山作为物源区，离潜山越远，所能见到的玄武岩岩屑含量应越低，而三角洲供源的岩屑含量在曙北地区由南至北逐渐减少。通过对取心井薄片的系统观察，发现在曙北地区潜山南部斜坡带可以见到大量玄武岩岩屑，岩屑含量向南减少，至杜家台地区喷出岩岩屑由基性玄武岩转变为中酸性安山岩和流纹岩（图5-54）。这一观察结果符合曙光潜山作为物源区的特征。但是在曙北地区仍能见到大量的沉积岩岩屑和中酸性喷出岩岩屑。综合以上特征，认为在曙北地区沙四段SQ1和SQ2早期除了南部三角洲供源外，潜山暴露在水面之上，也是物源区，至SQ2湖侵体系域湖水淹没潜山后才停止供源。

2）地震剖面特征分析

地层的不连续面由剥蚀作用或沉积间断作用产生，包括不整合面、假整合（平行不整合）面与沉积间断面。层面的不连续性在地震剖面上会显示出一定的特征，如存在超覆、削截界面等。通过对地震剖面特征的分析，可以识别出沉积不连续面。

从穿过潜山带的一条主测线和一条联络线解释结果可以看出（图5-55、图5-56），沙四段地层厚度在潜山之上陡然减薄，并且潜山斜坡带具有地层超覆尖灭的特征，这种特征在两条测线方向都存在，说明在沉积早期潜山暴露，潜山周围发育的沉积地层随着水体的动荡，在潜山斜坡带尖灭。潜山之上只存在薄层的SQ2地层，对应于连井剖面中的SQ2湖侵体系域与高位体系域，而SQ2低位体系域与SQ1在潜山之上不存在，在沙四段沉积早期为暴露剥蚀区。这种地层终结于潜山斜坡带的特征可以发育岩性油气藏。

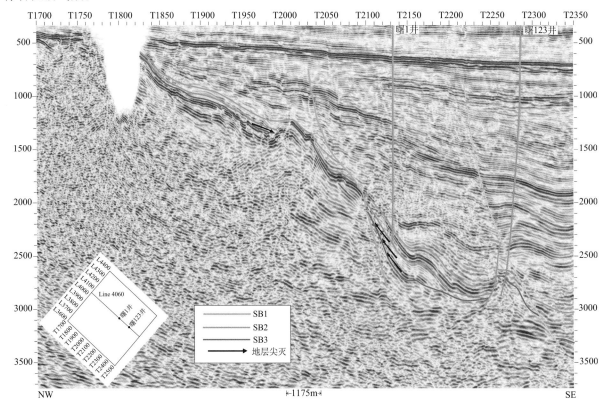

图 5-55　主测线 4060 解释结果

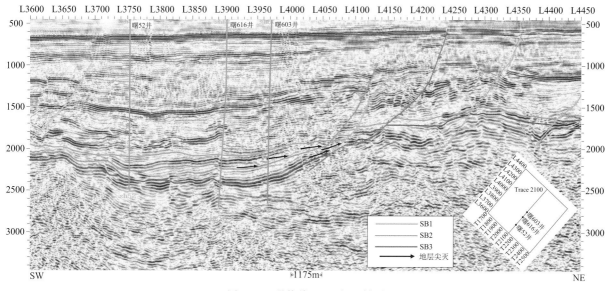

图 5-56　联络线 2100 解释结果

综合两种物源恢复方法的结果，曙北地区在沙四段沉积早期曙光潜山之上为暴露剥蚀区，对潜山周围的沉积提供了部分物源，包括 SQ2 低位体系域时期主力滩坝砂体。剥蚀地层为潜山之上房身泡组玄武岩地层。至 SQ2 湖侵体系域时期，湖盆水体快速上升，淹没了曙光古潜山，剥蚀作用结束，开始沉积。

5.5.4　古风场恢复

滩坝的形成主要受波浪的影响，其次是沿岸流的影响（Jiang，2011）。波浪的形成又受风的影响，在风的作用下产生的波浪是滩坝沉积的直接水动力，所以恢复古风场对于研究滩坝的形成具有重要的意义。对古风场的恢复包括两方面的内容：古风力的恢复和古风向的恢复。

1）古风力的恢复

对古风力的恢复主要是依据风浪关系的经验公式计算得到。以曙北地区曙 52 井波痕法计算古水深时示例的 2711.15m 处岩心为例，恢复古水深为 6.57m，计算波高为 1.55m，风区长度根据对湖盆的测量取 20000m，最终计算的风速为 17.655m/s。对波痕法计算的其他几处取心进行计算，计算结果见表 5-6。根据蒲福风力等级标准，可以得到相应的风级。

表 5-6　古风力计算结果

岩心位置	水深/m	波高/m	风区长度/m	风速/（m/s）	风级
曙 52 井，2711.15m	6.57	1.55	20000	17.655	8
曙 54 井，2806.3m	6.67	1.66	20000	20.034	8
曙 66 井，3130.0m	6.88	1.62	20000	18.207	8
曙 66 井，3125.1m	5.49	1.44	20000	19.531	8
曙 99 井，3074.93m	6.25	1.5	20000	18.096	8
曙 51 井，2455m	4.61	1.12	20000	13.941	7

2）古风向的恢复

根据前人对始新世（古近系中期）全球及中国古气候研究，始新世时期全球古气候呈明显的东西纬向分带性，表明当时古气候受行星风系影响而非受季风影响，东南季风直至渐新世才初步形成。从渤海湾盆地所处地理位置和气候分区来看，渤海湾盆地正处在行星风系西风带和副热带高压接触带，由于行星风系作用，北半球西风带在遇到副热带高压带处常出现顺时针外旋的反气旋，风向发生偏转，转为西北风或北风。由此认为在沙四上亚段时期，渤海湾盆地主要盛行西北风或北风（刘立安、姜在兴，2011）。

滩坝砂体主要受波浪作用的改造形成，滩坝砂体的走向大致与波浪主要传播方向垂直，而波浪的传播方向主要受风向的控制，因此依据滩坝沉积体的走向，可以定性地恢复古风向（李国斌等，2010）。通过对曙北地区滩坝砂体的分布位置和砂体形态的研究可以发现（图 5-57），在沙四段 SQ2 低位体系域主体滩坝砂沉积时期，存在两个主要的滩坝分布区，一个位于曙光古潜山西北部沿岸带区域，一个位于古潜山东南部斜坡区域，两个滩坝发育区的滩坝砂体走向大致与西部凹陷长轴方向相同，中间被曙光古潜山相分隔。

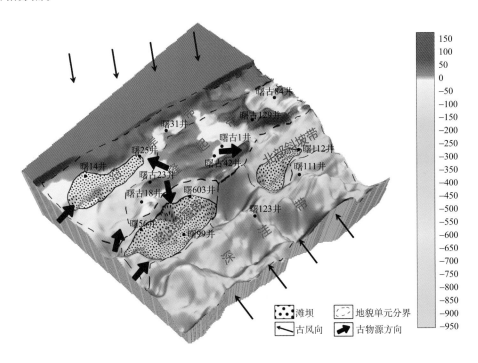

图 5-57　曙北地区滩坝控制因素示意图
色标数值＞0 表示正向地貌；色标数值＜0 表示负向地貌

如果按照前人研究成果，始新世时期西部凹陷仅存在西北风或北风，在沙四段 SQ2 早期，湖盆水体波浪向东南方向传播，受到曙光古潜山的阻挡，潜山西北部水动力强，发育滩坝砂体，而由于波浪主要能量无法传播至潜山东南部，在潜山东南部水动力较弱，不应该存在滩坝砂体的发育。这一理论与曙北地区实际滩坝砂体分布范围产生了矛盾，潜山东南部滩坝砂体的发育，说明此时还存在东南风。注意到季风在此地区的盛行风向为东南风，西北风与东南风的同时存在，说明西部凹陷在沙四段时期，已经不是单一的受行星风系的控制，而是可能已经产生了季风。

5.5.5　风场-物源-盆地系统对滩坝的控制

滩坝砂体的发育受风场-物源-盆地三端元系统的控制，具体包括古地貌、古水深、古风场、古物源等方面，三要素相辅相成，共同作用，控制了滩坝砂体的发育特征（姜在兴等，2015）。从理论分析，形成滩坝砂体的有利条件包括：具有持续风的作用，风速和风区长度达到一定范围从而可以产生足够强的波浪作用；水体深度较浅，使波浪能够触及湖底发生破碎，改造沉积物；物源供给充足，物源不是来自盆地外部的主体物源，而是对先期沉积物的改造，或是盆内的局部物源区，基本不受盆外主体物源的影响；地貌较平缓，滨浅湖范围广（Jiang et al.，2014）。

通过前面对曙北地区古地貌、古水深、古物源和古风场的恢复，结合曙北地区滩坝砂体的特征，分析具体的控制机制。依据滩坝砂体沉积时期的古地貌形态特点，将曙北地区分为五个亚带：沿岸带、隆起带、潜山披覆带、北部斜坡带和深洼带，分别对每一个亚带进行分析（图 5-57）。

1）沿岸带

沿岸带地貌较平缓，整体较浅，由南向北地势逐渐抬升，至北部过渡为水上剥蚀区。此带靠近岸边，水体极浅，因为曙光潜山的阻挡作用，基本不受东南风产生波浪的影响，主要受北风产生波浪的改造作用。由于沿岸带靠近岸边，水体较为狭窄，导致北风风区很短，造成波浪水动力较弱，改造作用较差。物源供给包括南部三角洲和东部曙光古潜山两方面，供源量由南至北逐渐减少。总体上看，沿岸带具有发育滩坝的有利水动力、物源、地貌等方面的条件，但由于水体较浅和水动力较弱的影响，单期滩坝砂体应较薄，以滩砂为主，从水动力分带上看应该以发育沿岸滩坝为主。如图 5-58 所示，选取沿岸带的曙 14 井进行分析。曙 14 井位于沿岸带南部，在 SQ2 低位体系域时期滩坝砂较发育，但单期砂体较薄。曙 26 井位于沿岸带北部，与曙 14 井相比砂体更薄，砂体含量更少。两口井的地层发育特征与预测结果相吻合。

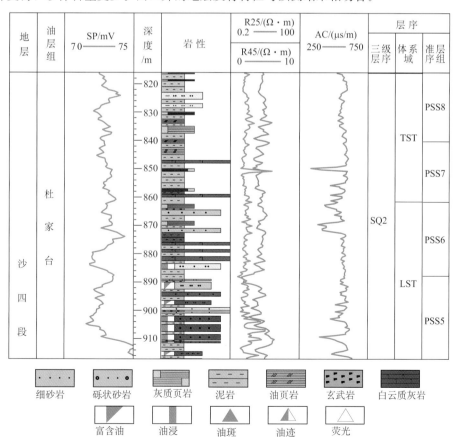

图 5-58　沿岸带曙 14 井综合柱状图

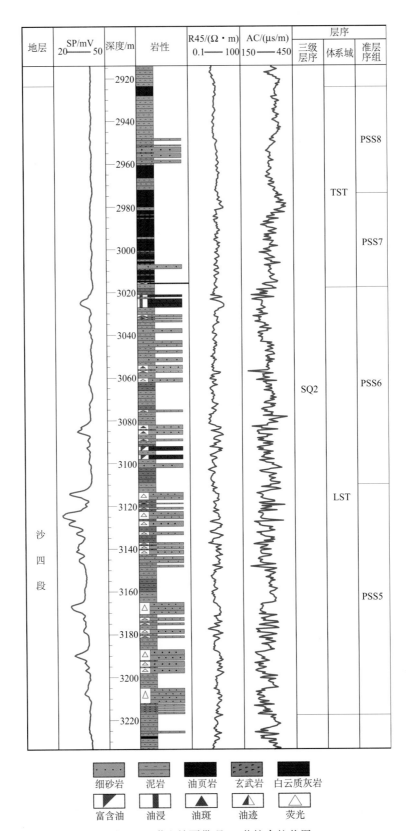

图 5-59 潜山披覆带曙 66 井综合柱状图

2）潜山带

潜山带为受曙光古潜山影响的范围，其古地貌最高，在沙四段早期为暴露剥蚀区，属供源区，至SQ2湖侵体系域时期没于水下接受沉积。由于接受沉积时间短，沙四段早期大部分地层缺失，沙四段地层较薄，直接覆盖在房身泡组玄武岩之上。此带主要作为供源区，不具发育砂质滩坝的条件，其典型井特征如图 5-59 所示。

3）潜山披覆带

潜山披覆带位于曙光古潜山东南部，为潜山南部水下斜坡区域，斜坡倾角较小，从靠近潜山处向东南部水体逐渐加深。此带物源区包括南部三角洲和曙光古潜山，物源供给充足。从靠近古潜山至东南部水深逐渐加大，冲浪-回流带、破浪带、碎浪带皆存在，沿岸坝、近岸坝和远岸坝都可发育，并且在更深水处存在发育风暴坝的潜力。由于古潜山的阻挡，该带主要受东南风的影响。综合分析，此带水深、地貌、供源、水动力等方面都很有利，应该是曙北地区发育滩坝砂体的最有利区域。以此带曙66 井进行分析（图 5-59）。在 SQ2 低位体系域时期，两口井的滩坝砂体都极为发育，呈明显的砂泥岩互层，具有较好的物性和含油性，至湖侵体系域早期仍可以见到滩坝砂体的发育。砂体总厚度大，砂地比高。单井特征与预测结果相同。

4）北部斜坡带

此带位于潜山东北部，地貌特征与潜山披覆带相似，水动力同样受东南风的控制。由于此带与披覆带之间隔一个深洼槽，同披覆带相比，此带没有南部三角洲的供源，仅有古潜山供源，物源不充足，是此带最大的限制因素，决定了此带不会形成大规模的滩坝砂体，但仍然可以见到由潜山供源的小规模滩坝砂。

5）深洼带

此带位于盆地中心较深区域，水体深，波浪无法触及盆底，因而不存在波浪改造作用，物源供给无法到达，不具有发育正常滩坝砂体的潜能，应以半深湖-深湖相泥岩、油页岩为主。在此带的东部，水体相对较浅，可能发育事件性风暴沉积。此井位于深洼带中部的低隆起区，在整个 SQ2 时期以发育厚层油页岩夹泥岩为主，局部可见少量粉砂质泥岩。

参 考 文 献

鲍志东，赵立新，王勇，等. 2009. 断陷湖盆储集砂体发育的主控因素——以辽河西部凹陷古近系为例. 现代地质，23（4）：676-682.

操应长，姜在兴，王留奇，等. 1996. 陆相断陷湖盆层序地层单元的划分及界面识别标志. 中国石油大学学报（自然科学版），20（4）：1-5.

代大经，唐正松，陈鑫堂，等. 1995. 铀的地球化学特征及其测井响应在油气勘探中的应用. 天然气工业，15（5）：21-24.

冯磊，姜在兴，田继军. 2009. 东营凹陷沙四上亚段层序地层格架研究. 特种油气藏，16（1）：16-19.

冯有良，鲁卫华，门相勇. 2009. 辽河西部凹陷古近系层序地层与地层岩性油气藏预测. 沉积学报，27（1）：57-63.

姜在兴. 2010a. 沉积学（第二版）. 北京：石油工业出版社.

姜在兴. 2010b. 沉积体系及层序地层学研究现状及发展趋势. 石油与天然气地质，31（5）：535-541.

姜在兴. 2012. 层序地层学研究进展：国际层序地层学研讨会综述. 地学前缘，19（1）：1-9.

姜在兴，王俊辉，张元福. 2015. 滩坝沉积研究进展综述. 古地理学报，17（4）：427-440.

姜在兴，向树安，陈秀艳，等. 2009. 淀南地区古近系沙河街组层序地层模式. 沉积学报，27（5）：931-938.

李国斌，姜在兴，陈诗望，等. 2008a. 利津洼陷沙四上亚段滩坝沉积特征及控制因素分析. 中国地质，35（5）：911-921.

李国斌，姜在兴，杨双，等. 2008b. 利津洼陷沙四上亚段沉积相及演化研究. 特种油气藏，15（5）：35-39.

李国斌，姜在兴，王升兰，等. 2010. 薄互层滩坝砂体的定量预测——以东营凹陷古近系沙四上亚段（Es^{4上}）为例. 中国地质，37（6）：1659-1671.

李濰莲，孙红军，唐文连. 2004. 辽河盆地东部凹陷北段古近系层序地层特征及油气藏分布. 中国石油大学学报（自然科学版），28（5）：1-5.

刘立安，姜在兴. 2011. 古风向重建指征研究进展. 地理科学进展，30（9）：1099-1106.

刘圣乾，姜在兴，王夏斌，等. 2015. 辽河西部凹陷西斜坡沙四段储层特征及成岩作用对其影响. 现代地质，29（3）：692-701.

漆家福，李晓光，于福生，等. 2013. 辽河西部凹陷新生代构造变形及"郯庐断裂带"的表现. 中国科学（辑 D），43（8）：1324-1337.

田继军，姜在兴. 2012. 惠民凹陷与东营凹陷沙四上亚段滩坝沉积特征对比与分析. 吉林大学学报（地球科学版），42（3）：612-623.

王林，姜在兴，冯磊，等. 2007. 深水湖盆层序地层单元识别方法——以 Muglad 盆地 Fula 坳陷为例. 大庆石油地质与开发，26（6）：24-27.

王卫红，姜在兴，操应长，等. 2003. 测井曲线识别层序边界的方法探讨. 西南石油学院学报，25（3）：1-4.

杨勇强，邱隆伟，姜在兴，等. 2011. 陆相断陷湖盆滩坝沉积模式——以东营凹陷古近系沙四上亚段为例. 石油学报，32（3）：417-423.

Diem B. 1985. Analytical method for estimating palaeowave climate and water depth from wave ripple marks. Sedimentology，32：705-720.

Hu L G, Fuhrmann A, Poelchau H S, et al. 2005. Numerical simulation of petroleum generation and migration in the Qingshui sag, western depression of the Liaohe basin, northeast China. AAPG，89（12）：1629-1649.

Jiang Z, LiuH, Zhang S, et al. 2011. Sedimentary characteristics of large-scale lacustrinebeach-bars and their formation in the Eocene Boxing Sagof Bohai Bay Basin, East China. Sedimentology，58：1087-1112.

Jiang Z, Liang S, Zhang Y, et al. 2014. Sedimentary hydrodynamic study of sand bodies in the upper subsection of the 4th Member of the Paleogene Shahejie Formation in the eastern Dongying Depression, China. Petroleum Science，11：189-199.

Orr F M Jr, Yu A F, Lien C L. 1981. Phase behavior of CO_2 and crude oil in low. temperature reservoirs. SPE Journal，21（4）：480-492.

Wang J, Jiang Z, Zhang Y. 2015. Subsurface lacustrine storm-seiche depositional model in the Eocene Lijin Sag of the Bohai Bay Basin, East China. Sedimentary Geology，328：55-72.

Zeng H, Backus M M. 2005. Interpretive advantages of 90°-phase wavelets：Part 1—Modeling. Geophysics，70（3）：7-15.

Zeng H, Hentz T F. 2004. High-frequency sequence stratigraphy from seismic sedimentology：Applied to Miocene，Vermilion Block 50, Tiger Shoal Area, offshore Louisiana. AAPG Bulletin，88（2）：153-174.

Zeng H, Backus M M, Barrow K T, et al. 1998. Stratal slicing Part 1：Realistic 3-D seismic model. Geophysics，63（2）：502-513.

第6章 廊固凹陷古近系砾岩体沉积特征
与物源-盆地系统沉积动力学研究

6.1 地 质 概 况

廊固凹陷是渤海湾盆地冀中拗陷北部的一个北东走向的古近纪箕状断陷。北与大厂凹陷相接，西靠大兴凸起，南为牛驼镇凸起，东邻武清凹陷，南北长约90km，东西宽20～40km，勘探面积2600km²（金凤鸣等，2006；王志宏和柳广弟，2008）（图6-1）。

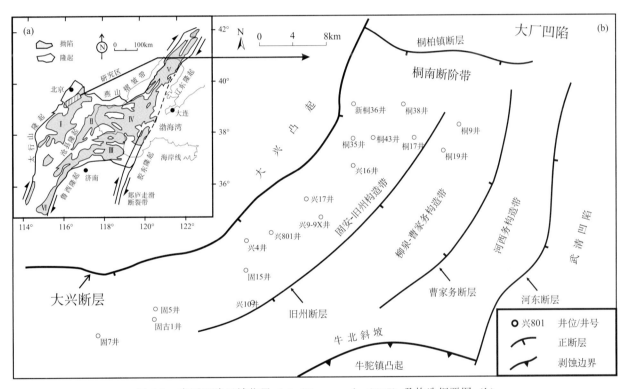

图 6-1 廊固凹陷区域位置（a）（Jiang et al.，2007）及构造纲要图（b）
Ⅰ. 冀中拗陷；Ⅱ. 黄骅拗陷；Ⅲ. 济阳拗陷；Ⅳ. 渤中拗陷；Ⅴ. 辽河拗陷；Ⅵ. 东濮拗陷

廊固凹陷的基底由前中元古代结晶基底和中元古代-中生代沉积基底组成。现今构造格局主要是燕山期和喜马拉雅期构造运动综合作用的结果，中生代末的燕山运动以左旋剪切挤压、褶皱变形和差异隆升剥蚀为主，发育一系列北东、北北东向走滑断裂及其配套的北西、北西西向断层，奠定了新生代盆地及拗陷伸展断陷的基础，对古近纪盆地的构造格局及其盖层的沉积分布具有重要影响（高慧君，2004；杨军侠，2004）。

古近纪，廊固凹陷以凹陷西缘具拆离滑脱性质的走向北北东、倾向南东东的大兴断层为主导，并与断面倾向北西的正断层联合构成反"Y"字型伸展断裂系统，呈现为靠近大兴断层一侧强烈沉降、向东逐渐掀斜抬升的箕状断陷。受早期构造及区域应力的影响，在平面上廊固凹陷主要发育两组断裂，一组是北东、北北东走向的断裂，大体平行于凹陷长轴方向，主要有大兴断层、旧州断层、旧州东断层、曹家务断层、杨税务断层及河东断层；另一组为近东西走向的断层，主要有桐柏镇断层、刘其营断层、半截河断层及牛北断层等。断层在剖面上主要有"Y"字型、反"Y"字型、"包心菜"型、地垒型等多种组合形态。控制凹陷的Ⅰ级断层有大兴断层、河东断层，控制构造带的Ⅱ级断层有桐柏镇断层、旧州断层、曹家务断层和牛北断层（杨军侠，2004；宋荣彩等，2006）。在上述主要断层的控制下，廊固凹陷被六条断层分为五个主要构造带：旧州-固安构造带、柳泉-曹家务构造带、河西务构造带、牛北斜坡及凤河营构造带（郑敬贵，2006）。

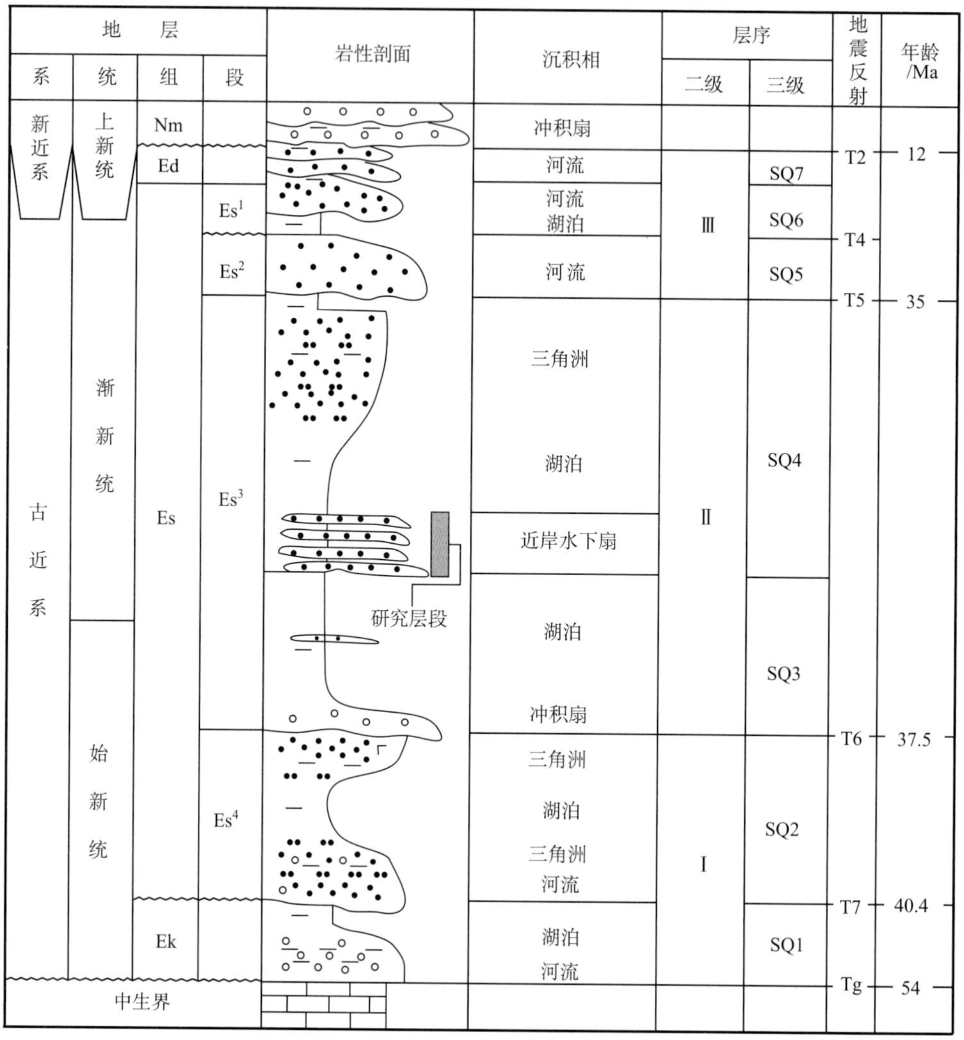

图 6-2　廊固凹陷古近系沉积相与层序划分（郑敬亭，2006，修改）

西部的大兴断层作为盆地的边界断层，控制着廊固凹陷的构造和沉积演化，其开始活动于古近系孔店组时期，在沙四段-沙三段时期达到最大活动强度（赵红格和刘池洋，2003）。在大兴断层的控制下，廊固凹陷基岩断块呈西低东高的翘倾式状态，古近纪地层逐层超覆在寒武系—奥陶系碳酸盐岩和石炭系—二叠系煤系之上，形成潜山披覆构造带和区域不整合（金凤鸣等，2006），发育西深东浅、西厚东薄的古近系伸展断陷型内陆河湖相沉积层系，古近系自下而上发育孔店组（Ek）、沙河街组（Es）和东营组（Ed），沙河街组根据岩性特征自下而上又可以进一步划分为沙四段（Es^4）、沙三段（Es^3）、沙二段（Es^2）和沙一段（Es^1）（图 6-2），其中沙三段和沙四段是主力含油层系（赵红格和刘池洋，2003；宋荣彩等，2007）。

廊固凹陷古近系砾岩体主要位于廊固凹陷固安-旧州构造带上，由一系列不同地质时期形成的、纵向上相互叠置、平面上沿大兴断面呈北东向展布的砾岩群组成，因此俗称"大兴砾岩体"。大兴砾岩体的发育和分布主要受大兴断层的控制，沙三段沉积早期，大兴断层强烈活动（张舒亭等，1998；赵红格和刘池洋，2003），大兴凸起持续抬升，上覆的寒武系—中上元古界地层遭受强烈风化剥蚀，风化产物在洪水携带作用下，进入凹陷较深水湖盆中，形成多期次相互叠加的近岸水下扇扇体（朱庆忠等，2003a，2003b；宋荣彩等，2006，2007）[图 6-3(a)]，即大兴砾岩。近岸水下扇沿大兴断层成裙带状连片分布 [图 6-3(b)]，扇体砾石成分主要为灰岩、白云岩，砾石磨圆度一般为棱角状-次圆状，大小混杂，排列无序。扇体之间发育深灰色富含有机质的泥岩夹油页岩和泥灰岩，其中富含华北叶肢介（董国臣等，2002），表明大兴砾岩发育于半深湖-深湖沉积环境。

大兴砾岩体主要产出于沙三下亚段，部分产出于沙四上亚段和沙三中亚段，与大套成熟烃源岩相接触或为后者所包围，有着巨大的资源潜力。钻探表明，部分砾岩体储集空间发育，含油气显示活跃，且在兴 9 井区等砾岩体获得良好的开发效益。通过近两年的滚动评价，兴 9 井砾岩体钻探成效显著，兴 9-7 井、兴 9-2 井、兴 9-6 井均获得高产工业油气流。

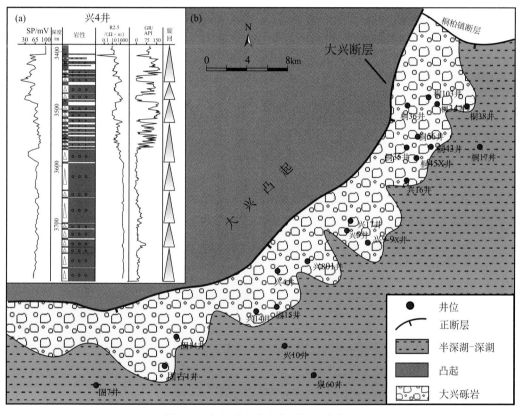

图 6-3 大兴砾岩分布范围与垂向序列

6.2 砾岩体沉积特征

砾岩属于粗碎屑岩，主要由粗大的碎屑颗粒——砾石组成。这决定了它的一系列特征，首先，它的绝大部分碎屑都是岩屑而不是矿物碎屑；其次，碎屑的颗粒粗大，便于在野外或岩心上进行研究，作为填隙物质的杂基几乎总是存在的，与砂岩相比，杂基的粒度上限有所提高，通常为细粒的砂、粉砂和黏土物质，它与粗粒碎屑同时或大致同时地沉积下来，胶结物常是从真溶液或胶体溶液中沉淀出的一些化学物质，如方解石、二氧化硅、氢氧化铁等。沉积构造常见大型交错层理和递变层理，有时由于层理不明显而呈均匀块状（姜在兴，2010）。

6.2.1　岩石类型

根据岩心观察、薄片鉴定及录井分析，从不同分类角度分析了大兴砾岩的岩石类型。

根据砾石大小的进行分类包括：细砾岩，砾石直径为 2～10mm；中砾岩，砾石直径为 1～10cm；粗砾岩，砾石直径为 1～10dm；巨砾岩，砾石直径大于 1m（图 6-4），其中以中砾岩和细砾岩为主，粗砾岩和巨砾岩少见。

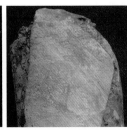

(a) 固15井，3905.65m，　　　　(b) 桐35井，2714.05m，　　　　(c) 兴4井，3647.37m，　　　　(d) 兴9-9X井，4093.15～4096.57m，
　　细砾岩　　　　　　　　　　　　中砾岩　　　　　　　　　　　　粗砾岩　　　　　　　　　　　　巨砾岩

图 6-4　砾岩类型（不同的砾石大小）

根据砾岩成分进行分类，大兴砾岩主要为单成分砾岩，砾石成分单一，碳酸盐岩砾石含量大于90％，反映砾岩体主要由侵蚀区不坚固的岩石（石灰岩）遭受破碎，就地堆积或短距离搬运快速堆积形成。

根据颗粒的支撑类型，大兴砾岩的岩石类型可以分为杂基支撑砾岩和颗粒支撑砾岩（图 6-5），杂基支撑砾岩中杂基主要为泥质和粉砂质，杂基含量高，砾石甚至呈"漂浮"状态；颗粒支撑砾岩中砾石含量高，颗粒与颗粒之间以点线接触为主，杂基主要为与砾石同质的碳酸盐岩粉砂。

(a) 固古1井，4082.24m，杂基支撑砾岩　　　　　　　　(b) 桐45X井，3015.4m，颗粒支撑砾岩

图 6-5　砾岩类型（不同的支撑类型）

6.2.2　结构特征

大兴砾岩主要发育于沙三中、下亚段，砾石成分以碳酸盐岩为主，兼有碎屑岩砾石，碎屑颗粒表现为无分选到中等偏差分选、颗粒棱角状到次棱角状的近物源沉积特征 ［图 6-6(a)］，结构成熟度低，杂基支撑砾岩颗粒之间基本不接触，胶结类型主要为基底式胶结，一般反映快速堆积的密度流沉积特征；颗粒支撑砾岩颗粒之间点线接触，胶结类型以孔隙式、接触式胶结为主。另外，砾岩常具有复杂的双模态结构或复模态结构，即以砾石为骨架的孔隙空间全部或部分被砂级颗粒充填，而在由砂粒组成的孔隙中，又被黏土颗粒充填 ［图 6-6(b)］。

(a) 固15井，3903.54m　　　　　　　　(b) 桐43井，2619.84m

图 6-6　大兴砾岩的结构特征

6.2.3　沉积构造

大兴砾岩沉积构造类型单一，主要以反映重力流沉积特征的块状层理、递变层理及同生变形沉积构造为主，基本不发育各种层理、波痕、暴露成因构造、化学成因构造及生物遗迹构造等。

1. 块状层理

层内物质均匀、组分和结构上无差异、不显纹层构造的层理，称为块状层理，在泥岩及厚层的粗碎屑岩中常见。大兴砾岩中发育丰富的块状层理（图 6-7），主要为粗碎屑的砾岩快速堆积形成，在采育、旧州及固安大套的砾岩体中，块状层理非常常见，是研究区主要的沉积构造。

(a) 固古1井，4082.24m　　　　　　　　(b) 桐35井，2734.05m

图 6-7　沉积构造——块状层理

2. 递变层理

大兴砾岩属于典型的重力流沉积，递变层理在大兴砾岩中是非常发育的（图 6-8），并且主要为正粒序层理，这些层理主要出现在细砾岩中，或者是细砾岩向薄层砂岩转变的岩性中，属于重力流后期水动力逐渐减弱的产物，在厚层的中粗砾岩中很少发育。

3. 冲刷面

大兴砾岩体由于水道微相较为发育，因而发育比较多的冲刷面（图 6-9），其一般位于正粒序的底部，表现为砂砾质沉积物对下伏细粒沉积物的侵蚀。

4. 截切构造

由于水动力条件、物源供给等条件的改变，作为一种事件性沉积体，大兴砾岩体中发育一些截切构造（图 6-10），主要表现为泥质沉积物对砂质或细砾质沉积物的削截，是沉积过程中水动力条件突变的标志。

(a) 固15井，3902.21m　　　(b) 固古1井，4071.25m　　　(c) 桐37井，1480.6m　　　(d) 桐103井，1671.15m

图 6-8　沉积构造——递变层理

(a) 固15井，3903.59m　　　　　(b) 桐35井，2342.31m　　　　　(c) 桐103井，1671.15m

图 6-9　沉积构造——冲刷面

(a) 桐35井，2713.25m　　　(b) 桐34井，1430.8m　　　(c) 固古1井，4079.25m　　　(d) 固15井，3907.25m

图 6-10　沉积构造——截切

5. 负载构造、火焰及球枕构造

大兴砾岩中负载构造与火焰构造发育较少，这主要与大兴砾岩主要为厚层的砾岩块体有关，少量的负载构造与火焰构造发育在扇体边缘或水道之间的砂砾质沉积物与泥岩沉积物互层的岩性组合中（图 6-11）。球枕构造在大兴砾岩中相比重荷模更为少见，只在局部较细的沉积物中有所发现（图 6-11）。

(a) 桐34井，1427.5m，负载构造　(b) 桐53井，2291.96m，负载构造　(c) 固古1井，4073.04m，球枕构造　(d) 桐33井，1668.05m，球枕构造

图 6-11　沉积构造——负载构造与球枕构造

6. 砂岩岩脉

大兴砾岩体中发育一些砂岩或者砾岩岩脉，砂（砾）质物呈细脉状不规则地分布在暗色泥岩中（图 6-12），垂直或倾斜层面分布，宽度几毫米至几厘米，是饱含孔隙水的砂（砾）质沉积物在压力作用下注入到泥质沉积物中所致，一般指示深水环境。

7. 滑塌变形构造

大兴砾岩作为事件性重力流沉积物，其中发育比较多的滑塌变形构造（图 6-12），这些滑塌变形构造一般出现在扇体的边缘或者水道之间，表现为砂岩或泥岩的混杂沉积，一些砂岩条带强烈扭曲变形呈现蛇曲状、肠状等。

(a) 固古1井，4068.36m，
砂岩脉　　　　　(b) 固古1井，4071.06m，砂岩脉　　　(c) 桐33井，1835.06m，
变形　　　(d) 固古1井，4217.32m，
变形

图 6-12　沉积构造——砂岩脉与滑塌变形

8. 泥砾、泥岩撕裂屑

泥砾和泥岩撕裂屑在重力流或风暴流沉积环境中最为常见，大兴砾岩体发育一些泥砾，主要为粗碎屑沉积物搅动半固结泥质沉积物而成，泥砾以深灰色泥岩为主，偶尔可见紫红色泥砾（图 6-13）。

大兴砾岩中发育较多的泥岩撕裂屑，主要为深灰色泥岩（图 6-13），多呈弯曲片状、漩涡状、撕裂状，不规则地分布在砂岩和细砾岩中。

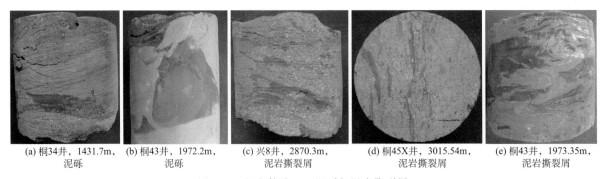

(a) 桐34井，1431.7m，　　(b) 桐43井，1972.2m，　　(c) 兴8井，2870.3m，　　(d) 桐45X井，3015.54m，　　(e) 桐43井，1973.35m，
　　　泥砾　　　　　　　　　　　泥砾　　　　　　　泥岩撕裂屑　　　　　　　泥岩撕裂屑　　　　　　　泥岩撕裂屑

图 6-13　沉积构造——泥砾与泥岩撕裂屑

9. 植物碎屑或碳屑

大兴砾岩中基本不发育生物遗迹和生物扰动，但在岩石层面上发育丰富的植物碎屑或碳屑，有些甚至能够看到完整的植物叶片和植物茎（图 6-14），部分碳屑层含有硫化物，这些可以作为良好的深水沉积的识别标志。

(a) 固15井，3904.54m　　　　(b) 固古1井，4073.91m　　　　(c) 固古1井，4087.96m　　　　(d) 固古1井，4095.31m

(e) 桐33井，1667.22m　　　　(f) 兴801井，3620.5m　　　　(g) 桐37井，1478.63m　　　　(h) 兴8井，3656.42m

图 6-14　植物碎屑与碳屑

6.2.4　砾石组分

砾石是砾岩的重要组成部分，砾石的性质、含量及其组合关系能够反映砾岩的物质来源，同时在一定程度上还会影响砾岩的储集性能，因此将砾岩砾石的组分特征作为砾岩沉积特征研究的重要方面。砾石组分的研究主要通过岩心观察、薄片分析（普通薄片、铸体薄片）、扫描电镜及全岩 X 衍射分析等资料来完成。

大兴砾岩砾石成分总体包括碳酸盐岩和碎屑岩两大类。碳酸盐岩类占主体，主要由灰岩和白云岩砾石组成，含量超过 90%；而碎屑岩只在局部地区发育，主要由泥岩和粉砂岩类组成，类型多样但含量较低。

1. 灰岩类砾石

1）颗粒灰岩

颗粒灰岩在灰岩砾石中的比例大约为 30%，砾石粒径不等，一般为 0.5～10cm，其类型主要有竹叶状灰岩[图 6-15(a)]、鲕粒灰岩[图 6-15(b)、(c)]、藻灰岩[图 6-15(d)]和生物碎屑灰岩[图 6-15(e)、(f)]。竹叶状灰岩[图 6-15(a)]主要由灰岩砾屑组成，砾屑呈扁平状，微平行排列，一般长 2～20mm，胶结物主要为微晶方解石；鲕粒灰岩[图 6-15(b)、(c)]中鲕粒粒径一般为 0.3～1.0mm，核心一般为内碎屑或陆源碎屑，胶结物以微晶方解石和亮晶方解石为主；藻灰岩主要是藻团粒灰岩[图 6-15(d)]，粒径一般为 0.05～0.3mm，胶结物主要为微晶方解石或亮晶方解石。生物碎屑灰岩中的生物碎屑主要为海百合、腕足、三叶虫、海绵等生物碎屑[图 6-15(e)、(f)]，碎屑粒径大小不一，胶结物主要为泥晶方解石和微晶方解石。

2）泥晶灰岩

泥晶灰岩在灰岩砾石中的比例大约为 45%，砾石直径较颗粒灰岩小，一般为 0.5～5cm，岩石组分单一，几乎全由灰泥组成 [图 6-15(g)]，仅含少量异化粒（小于 5%），在结构上相当于陆源黏土岩，部分泥晶灰岩因不均匀白云化而显黄色不规则斑纹。

3）泥灰岩

泥灰岩 [图 6-15(h)] 在灰岩砾石中较发育（25%），砾石直径较小，一般为 0.3～2cm，其主要由灰泥和硅质陆源碎屑组成，含量分别在 70% 和 30% 左右。

2. 白云岩类砾石

1）颗粒白云岩

颗粒白云岩在白云岩砾石中所占的比例较小（5%），砾石直径一般为 0.5～2.5cm，其类型主要为亮晶藻团粒白云岩 [图 6-15(i)]，颗粒大小均匀，在 0.2cm 左右，轮廓清楚，其中白云石非常细小，以泥晶和微晶结构占优势，颗粒间胶结物以亮晶方解石为主。

2）细晶白云岩

细晶白云岩砾石约占白云岩砾石的 15%，砾石直径一般为 0.5～5cm，由交代成因及重结晶形成的白云石晶体组成，晶粒结构发育良好，晶体多呈自形-半自形镶嵌状，也有呈他形镶嵌状，亦有部分具有环带和雾心亮边结构的特征 [图 6-15(j)]。

3）粉晶白云岩

粉晶白云岩砾石约占白云岩砾石的 30%，砾石直径一般为 0.5～7cm，主要由粉晶白云石构成，岩石晶粒结构清楚，晶体呈自形-半自形 [图 6-15(k)]，晶体之间呈点线接触。

4）微晶白云岩

微晶白云岩砾石约占白云岩砾石的 30%，砾石直径一般为 0.5～10cm，主要由微晶白云石组成，含少量细、粉晶白云石，微晶结构清楚，结构均一，晶粒细小 [图 6-15(l)、(m)]，晶形以半自形-他形为主。

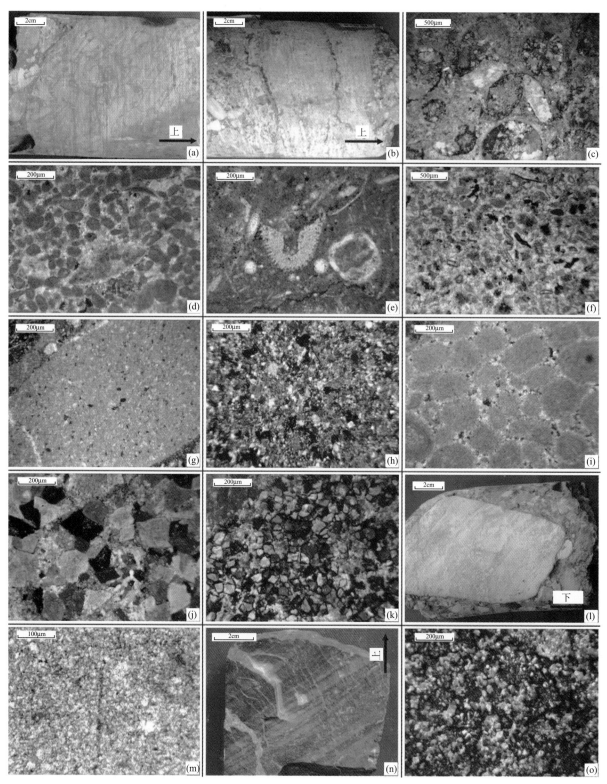

图 6-15　大兴砾岩砾石组分类型及特征

（a）竹叶状灰岩，桐 103 井，2095.85m；（b）岩心中的鲕粒灰岩，桐 56X 井，2977.11m；（c）薄片中的鲕粒灰岩（+），兴 4 井，3647.37m；（d）藻团粒灰岩（+），桐 56X 井，2976.5m；（e）生物碎屑灰岩（+），桐 35 井，3017.5m；（f）生物碎屑灰岩（−），桐 103 井，2090.0m；（g）泥晶灰岩（+），桐 35 井，3208.5m；（h）泥灰岩（+），桐 35 井，3209.6m；（i）藻云岩（+），桐 45X 井，3015.54m；（j）细晶白云岩（+），桐 34 井，1518.25m；（k）粉晶白云岩（+），兴 801 井，3410.8m；（l）岩心中的微晶白云岩，兴 4 井，3647.37m；（m）薄片中的微晶白云岩（−），兴 9-9X 井，4095.4m；（n）岩心中的硅质白云岩，兴 9-9X 井，4094.5m；（o）薄片中的硅质白云岩，兴 4 井，3648.02m

5）硅质白云岩

硅质白云岩砾石约占白云岩砾石的 20%，砾石直径一般为 1~20cm，硅质白云岩主要由微晶白云石和硅质碎屑组成，结构均匀，白云石含量在 60% 左右，硅质成分主要为燧石，其次为石英，含量在 40% 左右 [图 6-15(n)、(o)]。

3．碎屑岩类

大兴砾岩中除了主要的碳酸盐岩类砾石，还有部分（10% 左右）的碎屑岩类砾石（图 6-16），这些砾石的岩性主要为泥岩、泥质粉砂岩、粉砂岩、石英砂岩、钙质石英砂岩、含海绿石石英砂岩，这些碎屑岩类砾石虽然含量比较低，但是其具有比较重要的物源意义，特别是在廊固凹陷的南部固安地区，这些碎屑岩的砾石以及大量的泥质杂基很可能指示了固安地区的砾岩的物源地层以中生界碎屑岩地层为主。

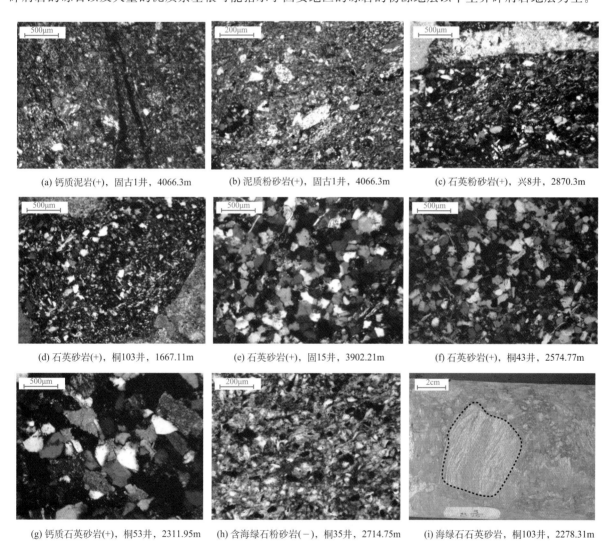

(a) 钙质泥岩(+)，固古1井，4066.3m　　(b) 泥质粉砂岩(+)，固古1井，4066.3m　　(c) 石英粉砂岩(+)，兴8井，2870.3m

(d) 石英砂岩(+)，桐103井，1667.11m　　(e) 石英砂岩(+)，固15井，3902.21m　　(f) 石英砂岩(+)，桐43井，2574.77m

(g) 钙质石英砂岩(+)，桐53井，2311.95m　　(h) 含海绿石粉砂岩(−)，桐35井，2714.75m　　(i) 海绿石石英砂岩，桐103井，2278.31m

图 6-16　岩心中的碎屑岩类砾石

1）泥岩

泥岩砾石约占泥岩类岩砾石的 60%，砾石直径一般为 0.2~5cm，主要包括紫红色、灰黑色及深灰色泥屑。颗粒塑性较强，常被挤压变形，呈扁平状或撕裂状（图 6-16）。

2）粉砂质泥岩

粉砂质泥岩约占泥岩类岩砾石的 40％，砾石直径一般为 0.5～2cm，主要包括灰色砾石颗粒。镜下观察可以发现泥岩中包含一定量的石英颗粒（图 6-16）。

3）粉砂岩

粉砂岩约占砂岩类岩砾石的 25％，砾石直径一般为 0.5～2.5cm，镜下观察可以发现主要由颗粒微小的石英组成，部分含有泥质（图 6-16）。

4）石英砂岩

石英砂岩约占砂岩类岩砾石的 10％，砾石直径一般为 0.2～5cm，镜下观察可以发现主要由石英组成，几乎不含泥质（图 6-16）。

5）钙质石英砂岩

石英砂岩约占砂岩类岩砾石的 20％，砾石直径一般为 0.5～5cm，镜下观察可以发现主要由石英组成，几乎不含泥质，胶结物主要为钙质。由于钙质胶结物的存在，为后期次生溶蚀作用提供了物质基础（图 6-16）。

6）海绿石石英砂岩

海绿石石英砂岩约占砂岩类岩砾石的 45％，砾石直径一般为 0.5～7cm。手标本观察最显著的特征是砾石为浅绿色，镜下观察可以发现主要由石英组成，同时含有一定量的海绿石。海绿石石英砂岩具有指示作用，主要来自上元古界青白口系（图 6-16）。

6.2.5　填隙物组分

大兴砾岩填隙物成分总体包括钙质和泥质两大类。胶结物包括钙质、硅质及黏土矿物；杂基以泥质、粉砂质为主，含少量钙质成分（表 6-1）。

表 6-1　大兴砾岩填隙物成分

填隙物	类	小类	含量/％
胶结物	钙质	泥晶方解石	35
		亮晶方解石	25
		白云石	10
	黏土矿物	高岭石	10
		伊利石	5
	硅质		5
杂基	泥质	高岭石	40
		伊利石	10
	粉砂质		40
	钙质	泥晶方解石	10

1. 胶结物

1）钙质胶结

碳酸盐矿物是研究区内最主要的胶结物，代表了一种碱性流体的成岩环境，主要有以下三种类型：

泥晶方解石、亮晶方解石、白云石（图 6-17）。

泥晶方解石：含量较高，可达 35%，分布较广，主要呈分散状充填于颗粒中间。亮晶方解石：呈粒状、镶嵌状产出。白云石：主要分布在旧州地区，埋深较大。主要呈衬边状、栉状产出。

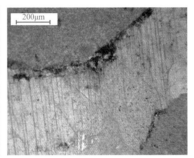

(a) 泥晶方解石胶结物(−)，兴5井，2978.05m　　(b) 亮晶方解石胶结物(+)，桐56X井，2976.5m　　(c) 亮晶方解石胶结物(+)，固15井，3908.64m

(d) 白云石胶结物(+)，兴9-9X井，4095.57m　　(e) 颗粒间的方解石，桐35井，2714.75m　　(f) 白云石晶体，兴9-9X井，4095.5m

图 6-17　钙质胶结物

2）黏土矿物胶结

自生黏土矿物的含量比较低，以孔隙衬垫（黏土矿物垂直颗粒边缘向外生长）或孔隙充填两种形式产生。本地区见到的黏土矿物胶结物主要有高岭石和伊利石（图 6-18）。高岭石：通过扫描电镜，观察到的高岭石呈多种形态，主要有六方片状、书栅状或粒状，以孔隙充填或交代其他矿物产出。自生高岭石的沉淀要求孔隙水中有足够的 SiO_2 和 Al^{3+}，以及酸性的孔隙水性质，它们主要源于循环的孔隙水。伊利石：伊利石主要以丝缕状等形态出现。集合体形态多呈鳞片状、碎片状及羽毛状。伊利石形成于富钾离子的弱碱性溶液中或在成岩过程中由其他矿物转变而来。

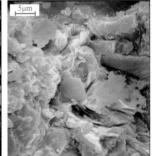

(a) 书栅状高岭石，兴9井，2571.9m　　(b) 粒状高岭石，桐43井，2574.77　　(c) 片状高岭石、伊利石，桐35井，2714.75m　　(d) 高岭石、伊利石，固古1井，4079.9m

图 6-18　黏土矿物胶结物

3）硅质胶结

硅质胶结包括方英石、石英及石英次生加大等（图 6-19）。方英石一般呈纤维状雏晶出现，除了可以从溶液中直接沉淀外，还可以由蛋白石转变而成。石英次生加大主要是受温度、压力的控制，随埋深和成岩作用程度的增加而增加，它的形成是在碎屑石英颗粒上以雏晶的形式开始的，可见明显的"尘线"。

（a）石英次生加大(+)，桐103井，1673.68m　　　　　（b）方英石(+)，兴4井，3647.37m

图 6-19　硅质胶结物

2. 杂基

根据岩心观察的情况，可以发现大兴砾岩的杂基成分以泥质和钙质为主（图 6-20）。

（a）固古1井，4079.81m　　（b）固古1井，4218.28m　　（c）桐34井，1521.07m　　（d）桐56X井，2978.9m

（e）兴4井，3647.77m　　　（f）兴5井，2979.2m　　　（g）兴4井，3648.97m　　（h）兴9-9X井，4094.25m

图 6-20　大兴砾岩杂基类型

（a）～（d）为泥质杂基；（e）～（h）为灰质杂基

泥质杂基主要分布在固安和采育的部分地区。泥质杂基的存在决定了砾岩体结构的不同，碎屑颗粒在杂基中大多彼此不相接触而呈漂浮状孤立分布。

钙质杂基主要分布在旧州地区。杂基含量较少，胶结类型以孔隙式胶结、接触式胶结为主。颗粒以点线接触为主，局部缝合接触。

6.2.6　砾岩体之间泥岩特征

砾岩体之间发育富含有机质的泥岩（图 6-21），偶夹油页岩，泥岩颜色以深灰色、灰黑色为主，多数呈现块状，有些可见水平纹层，在层面发育比较多的炭化的植物碎屑，可以见到完整的植物叶片和植物茎，有些含有黄色粉末状硫化物（图 6-21），根据前人研究成果，泥岩中富含华北叶肢介（董国臣等，2002），表明大兴砾岩发育于半深湖-深湖沉积环境。

(a) 固15井，3875.54m，　　　(b) 桐35井，2713.75m，　　　(c) 固15井，3904.54m，　　　(d) 兴801井，3407.15m，
　　黑色泥岩　　　　　　　　　顶部灰黑色泥岩　　　　　　　　植物叶片　　　　　　　　　　植物茎，含硫

图 6-21　大兴砾岩砾间泥岩特征

6.3　古地貌恢复

古地貌是控制沉积体系发育的关键因素之一，决定了物源和沉积体系的基本格局与发育历史，研究古地貌有助于揭示物源体系、沉积体系的发育特征与空间配置关系，有利于指导下一步的油气勘探。本章主要从凸起、控盆断层及凹陷三个方面对廊固凹陷盆地古地貌进行了恢复。

6.3.1　凸起残留地层地貌

大兴凸起残留地层古地貌的恢复主要依据布格重力异常数据进行分析，数值越大代表地形越高，反之表示地形越低，等值线越密集代表地形越陡，反之表示地形较缓。根据大兴凸起上的布格重力异常等值线图（图 6-22），大兴凸起呈北东-南西走向，主要表现为北高南低、沟梁相间的总体特征，在大兴凸起上北部发育两个高点，高度由中北部向南、向北逐渐降低，地形变缓，在凸起上发育多条古冲沟，这些古冲沟成为大兴凸起上的粗碎屑物质进入盆地的主要物源通道。利用 Surfer 8.0 软件依据布格重力异常数据对大兴凸起残留地层的地貌进行了立体成图（图 6-23），在立体图上，大兴凸起残留古地貌地形特征表现得更为清晰。

6.3.2　控盆断层断面形貌特征

大兴断层断面形貌的恢复，有助于砾岩体分布规律和物源方向的研究。大兴断层断面形态依据大兴断层面埋深进行恢复。首先，根据地震资料对大兴断层进行精细解释，然后提取大兴断层断面埋深数据（图 6-24），最后利用 Surfer 8.0 软件进行成图（图 6-25）。在大兴断层断面立体图上，可以看出，大兴断层断面上发育很多的冲沟，冲沟由凸起之上延伸至凹陷内部，成为凸起上碎屑物质进入凹陷的

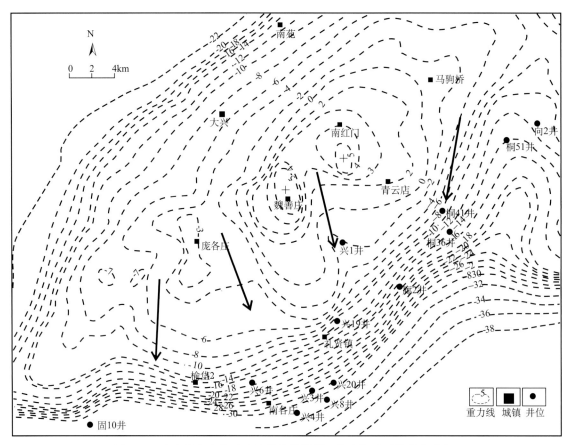

图 6-22　大兴凸起布格重力异常等值线图（箭头指示可能的古冲沟）

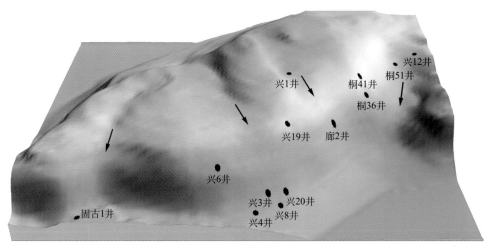

图 6-23　大兴凸起残留古地貌立体图（箭头指示可能的古冲沟）

物源供给通道，砾岩体的发育与古冲沟具有较好的对应关系，如兴 8 井砾岩体、兴 9 井砾岩体、固古 1 井砾岩体等，这些砾岩体往凸起方向追索，都可以找到相应的物源供给通道。

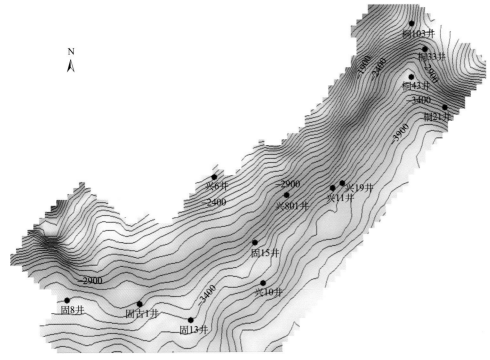

图 6-24　大兴断层断面埋深等值线图

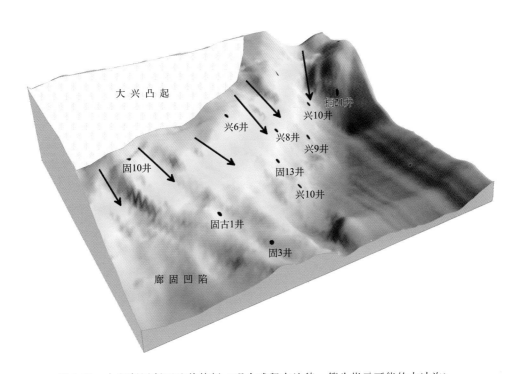

图 6-25　大兴断层断面地貌特征（现今残留古地貌，箭头指示可能的古冲沟）

6.3.3　盆地古地貌

1. 古地貌恢复的方法

目前，古地貌研究主要采用构造分析、沉积学分析或两者结合的方法（邓宏文等，2001；Lu et

al.，2005)。沉积学分析方法可进一步引申出高分辨率层序地层法等（王家豪等，2003；赵俊兴等，2003)。古地貌恢复研究目前大都停留在定性阶段，沉积记录资料越多则恢复精度越高，一些定量化手段有待进一步开发研究。同时，应考虑不同岩性的压实率差异，使用沉积原始厚度，所得到的计算结果精度更高（漆家福和杨桥，2001；Davies et al.，2007)。

　　本书主要以沉积学为主的研究方法，以沉积厚度作为古地貌恢复的一个重要的指标，适用该方法的一个重要假设就是沉积表面是大致水平的，也就是说某一时期沉积之后，沉积物将沉积区填平使之成为一个平面。因此在这个假设前提下，可以使用沉积时的厚度进行沉积之前古地貌的恢复，沉积厚度大的地方洼陷深度大，沉积厚度小的地方，洼陷深度小。

　　为了较为准确地恢复古地貌，通常要将现今观察到的地层视厚度进行一系列的校正，恢复出地层沉积时的原始沉积厚度。这些校正一般包括视厚度校正、剥蚀量恢复及压实恢复等（Perrier and Quilbier，1974；加东辉等，2007)。在不追求精确的情况下，如果地层没有发生剥蚀，并且地层倾角变化不大，岩性接近的情况下，也可以近似地用现今的视地层厚度进行定性的恢复沉积时的古地貌，通过这种方法恢复出来的古地貌能够定性地反映出盆地总体的高低起伏、物源方向等信息。

　　研究区在沙三中下亚段沉积时期，在大兴断层下降盘主要发育了一套与深湖相指状接触的砾岩体，并且该沉积层段在后期的构造演化过程中基本没有发生剥蚀，因此本章用现今的视地层厚度近似地对廊固凹陷古地貌进行了定性的恢复。本书研究过程中，直接使用根据地震数据解释的各层位顶底面时间深度，然后根据时深关系 [式(6-1)]，将时间深度转化为地层深度，然后计算出各层位的地层厚度，最后依据地层厚度对廊固凹陷古近系沙三中下亚段的古地貌特征进行定性的恢复。

$$Z = 2649.0 \times \exp(0.000329t)^{-1} \qquad\qquad (6\text{-}1)$$

式中，Z 为地层深度；t 为地震时间。

2. 盆地古地貌特征

　　利用地震数据，计算沙三中下亚段的地层厚度，然后应用 Surfer 8.0 软件进行成图，可以恢复出大兴砾岩主要沉积时期的古地貌特征（图 6-26、图 6-27)。

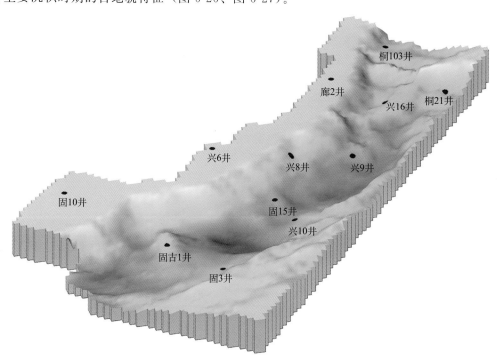

图 6-26　廊固凹陷沙三下亚段沉积时期古地貌特征

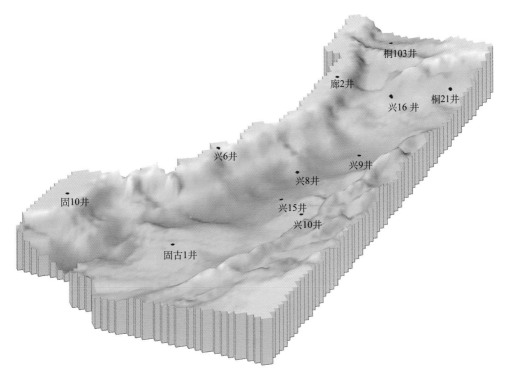

图 6-27　廊固凹陷沙三中亚段沉积时期古地貌特征

　　沙三下亚段沉积时期，盆地总体表现为"高山深湖"的古地貌特征，地形高差超过 2000m。在北部采育地区，地貌以凸起和断层组合控制的断槽发育为特征，地形坡度较缓，同时在大兴凸起上发育一些冲沟，在断槽的控制下，来自凸起上的碎屑物质进入湖盆以后很容易形成沿盆地轴向流动的碎屑物质供给体系；在中部旧州地区，地貌单元相对比较简单，表现为高山-峡谷（冲沟）-深湖的特征，地形坡度比较陡，发育典型的近岸粗碎屑的扇形沉积体；在南部固安地区，基本上具有和中部类似的地貌特征，由于该地区断层活动较早，早期（沙四段沉积时期）就发育一些砾岩沉积，因此，冲沟向凸起方向切割比较深，并且早期的砾岩体在局部表现为相对的水下高地，如固古 1 井区（图 6-26）。

　　沙三中亚段沉积时期，盆地的地貌格局整体继承了沙三下亚段沉积时期的地貌特征，但是也有区别。经历了沙三下亚段沉积时期的剥蚀以及大兴断层持续地向凸起方向的活动，大兴凸起高度有所降低，古冲沟进一步向凸起方向切割，因而凹陷陡坡坡度与沙三下亚段沉积时期有所降低，地形变得相对比较平缓。在盆地地貌单元上，采育地区、旧州地区及固安地区，总体特征与沙三下亚段沉积时期类似，北部地形平缓，以断槽为特征，中部旧州地区地貌简单，坡度较陡，发育古冲沟控制下的扇体沉积，南部地形坡度介于北部采育地区和中部旧州地区之间，同样以古冲沟为物源通道，在深湖区发育扇体沉积（图 6-27）。

6.3.4　古地貌模式

　　综合大兴凸起残留地层地貌、大兴断层断面形貌特征及沙三中下亚段沉积时期的凹陷古地貌特征，建立了大兴砾岩沉积时期的古地貌模式（图 6-28）。大兴砾岩体发育的古地貌背景总体表现为"山高、坡陡、谷多、水深"的特征。大兴砾岩沉积时期，凸起与凹陷之间地形高差大，坡度陡，在山与山之间发育众多的峡谷，来自凸起之上的粗碎屑物质经短距离搬运由古冲沟进入湖盆深水区，形成近源就地堆积的砾岩体。

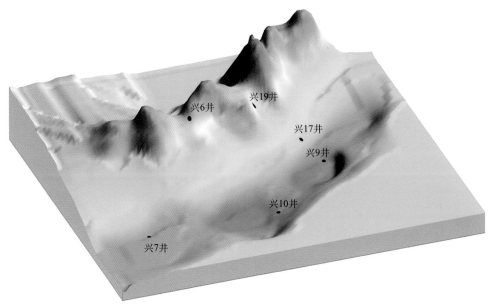

图 6-28　大兴砾岩沉积时期古地貌模式

6.4　古物源恢复

大兴凸起控制了廊固凹陷大兴砾岩的物质来源，通过恢复大兴凸起在古近系时期的古地质演化，对于研究大兴砾岩体的碎屑物质组成以及其垂向上的变化趋势，进而对大兴砾岩的沉积特征、储层类型及预测具有宏观的指导作用和现实的勘探意义。

盆地古地貌特征表明凸起上的粗碎屑物质主要通过古冲沟进入湖盆，就近堆积形成砾岩体，因此可以通过砾岩体的砾石组成，将其就近恢复到凸起之上，近似地推测大兴砾岩沉积时期的凸起上的古地质特征。该项工作主要在前古近纪残留地层分析的基础上，依据现今大兴砾岩体的砾石类型及其组成和大兴凸起残留地层特征，遵循"沉积倒序"的原则，沿物源方向将砾岩体中的砾岩组分恢复到凸起之上，进而恢复出大兴砾岩沉积时期大兴凸起的古地质特征及其演化规律。

6.4.1　残留地层

目前为止，大兴凸起上钻遇基底地层的井主要有固 10 井、兴 6 井、兴 19 井、兴 1 井和向 2 井。固 10 井底部钻遇中元古界蓟县系硅质白云岩和白云岩地层，厚度为 227m，未见底；兴 6 井底部钻遇太古宇片麻岩地层，厚度约 200m，未见底；兴 19 井底部钻遇太古宇花岗岩，厚度约 400m，未见底。另外，根据《中国石油地质志·卷五——华北油田》以及兴 1 井钻井记录，兴 1 井钻遇中上元古界蓟县系硅质白云岩，向 2 井钻遇太古宇花岗岩。结合冀中地区前古近纪地质图，建立大兴凸起及廊固凹陷地区前古近纪的古地质图（图 6-29），大兴凸起上残留地层主要有太古宇，以及中上元古界长城系、蓟县系、青白口系，地层呈北东-南西走向，这些地层自东南向西北，地层年代逐渐变新。

6.4.2　砾岩砾石组分分布特征

1. 砾石成分特征

大兴砾岩体砾石主要由碳酸盐岩砾石组成，含量大于 90%，除此之外还包括少量（小于 10%）的石英砂岩、泥砾等碎屑岩砾石。碳酸盐岩砾石主要包括两种类型，一类是灰岩砾石，另一类是白云岩砾石。灰岩砾石包括颗粒灰岩、泥晶灰岩和泥灰岩，白云岩砾石包括颗粒白云岩、细晶白云岩、粉晶白云岩、微晶白云岩和硅质白云岩（表 6-2）。大兴砾岩中除了主要的碳酸盐岩类砾石，还有部分（小于 10%）碎屑岩类砾石（表 6-2），这些砾石的岩性主要为泥岩、泥质粉砂岩、粉砂岩、石英砂岩、钙质石英砂岩、含海绿石石英砂岩，这些碎屑岩类砾石虽然含量比较低，但是其具有比较重要的物源意义，特别是在廊固凹陷的南部固安地区，这些碎屑岩的砾石以及大量的泥质杂基很可能指示了固安地区砾岩的物源地层以中生界碎屑岩地层为主。各类砾石的详细特征见 6.2.4。

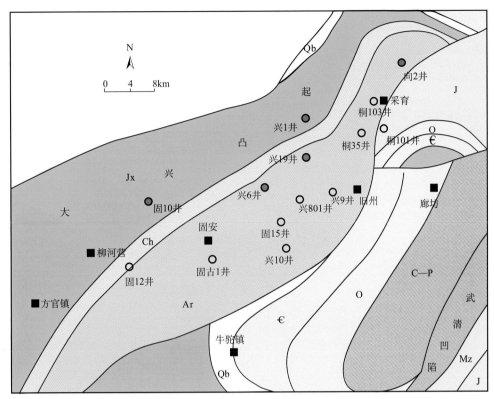

图 6-29　大兴凸起及廊固凹陷前古近系古地质图

Ar. 太古宇；Ch. 长城系；Jx. 蓟县系；Qb. 青白口系；Є. 寒武系；O. 奥陶系；C—P. 石炭系—二叠系；
J. 侏罗系；Mz. 中生界

表 6-2　大兴砾岩砾石组分特征

砾石类别	砾石岩性	含量/%	粒径/cm
灰岩	颗粒灰岩	30	0.5～10/3
	泥晶灰岩	45	0.5～5/1.5
	泥灰岩	25	0.3～2/3
白云岩	颗粒白云岩	5	0.5～2.5/1.5
	细晶白云岩	15	0.5～5/2
	粉晶白云岩	30	0.5～7/4
	微晶白云岩	30	0.5～10/5
	硅质白云岩	20	1～20/10
泥岩	泥岩	60	0.2～5/2
	粉砂质泥岩	40	0.5～2/1
砂岩	粉砂岩	25	0.5～2.5/1
	石英砂岩	10	0.2～5/2
	钙质石英砂岩	20	0.5～5/2
	含海绿石石英砂岩	45	0.5～7/3

大兴砾岩体砾石成分在平面上具有明显的分区特征：①沙三中亚段，北部采育地区砾岩体砾石成分以泥晶灰岩、硅质白云岩、泥粉晶白云岩为主，含少量海绿石石英砂岩、硅质岩和泥岩，中部旧州地区砾岩体砾石成分以泥粉晶白云岩、硅质白云岩为主，泥晶灰岩次之，南部固安地区在沙三中亚段沉积时期，基本不发育砾岩（图 6-30）；②沙三下亚段，北部采育地区砾岩体砾石成分以泥晶灰岩、颗粒灰岩为主，泥粉晶白云岩次之，含少量海绿石石英砂岩、泥岩，中部旧州地区砾岩体砾石成分以泥粉晶白云岩为主，硅质白云岩、泥晶灰岩次之，南部固安地区砾岩体砾石成分以泥晶灰岩、泥粉晶白云岩、泥岩为主，含少量硅质白云岩和海绿石石英砂岩（图 6-31）。

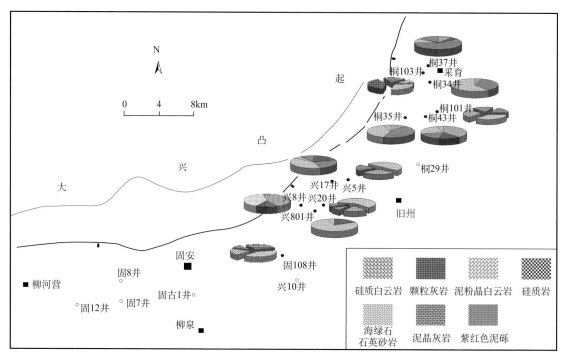

图 6-30　廊固凹陷沙三中亚段砾岩体砾石成分分布图

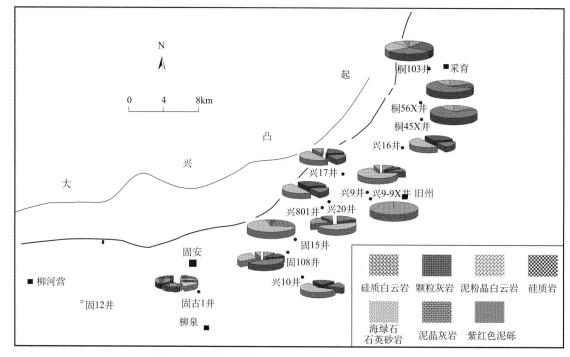

图 6-31　廊固凹陷沙三下亚段砾岩体砾石成分分布图

2. 砾石年代特征

根据砾石的岩性组合特征以及其中含有的古生物化石，参考物源区物源地层的岩性、古生物特征（表 6-3），对这些砾石的时代来源进行了推测分析，并且对其在平面上的分布特征进行了研究（图 6-32、图 6-33）。

表 6-3　大兴砾岩主要物源地层岩性特征及化石组合（中国石油地质志·卷五）

物源地层	特征岩性	化石组合
中生界	红色砂岩、泥质岩、含砾砂岩、砂砾岩	
奥陶系	灰质白云岩、泥粉晶白云岩、豹斑白云质灰岩	笔石、鹦鹉螺类
寒武系	泥灰岩、竹叶状灰岩、鲕粒灰岩、泥晶灰岩、生屑灰岩（三叶虫）、藻灰岩、紫红色页岩、粉砂岩	三叶虫；棘、刺类化石
青白口系	含海绿石石英砂岩、泥晶灰岩	个体较大（50～100μm）、表面粗糙的微古植物组合
蓟县系	硅质白云岩、硅质岩、泥粉晶白云岩，以及黑色和黄绿色页岩、藻云岩	膜厚、10～50μm、表面粗糙或疣状纹饰微古植物组合
长城系	燧石白云岩、石英砂岩、泥质粉砂岩、部分火山角砾岩、泥晶白云岩	形态简单、个体微小的分子类微古植物组合
太古宇	花岗岩、密云群变质岩	

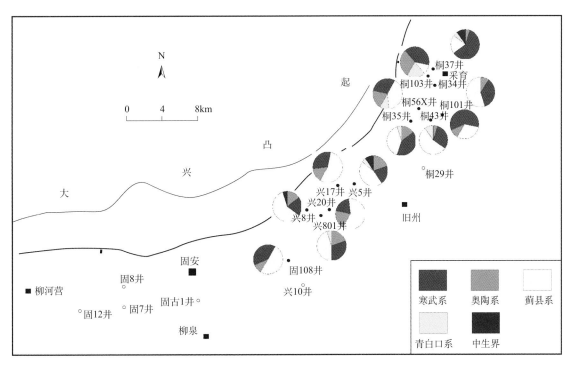

图 6-32　廊固凹陷沙三中亚段砾岩体砾石时代分布图

沙三中亚段，北部采育地区的砾岩体砾石主要来自寒武系的灰岩地层和中上元古界蓟县系白云岩地层，其次为奥陶系灰岩和中上元古界青白口系碎屑岩及少量中生界碎屑岩地层，中部旧州地区的砾岩体砾石主要来自中上元古界蓟县系白云岩地层，其次为寒武系、奥陶系灰岩地层；南部固安地区该时期砾岩体不发育；沙三下亚段，北部采育地区的砾岩体砾石主要来自寒武系的灰岩地层，其次为奥

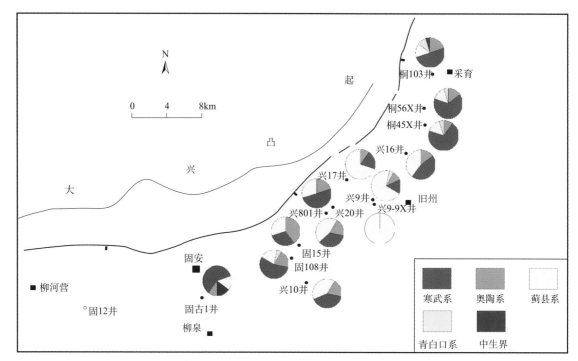

图 6-33　廊固凹陷沙三下亚段砾岩体砾石时代分布图

陶系灰岩，另外还有部分砾石来自中上元古界蓟县系白云岩地层以及中生界碎屑岩地层，中部旧州地区的砾岩体砾石主要来自中上元古界蓟县系白云岩地层，其次为寒武系、奥陶系灰岩地层，南部固安地区砾岩体砾石主要来自寒武系灰岩地层，中上元古界蓟县系白云岩地层和中生界碎屑岩地层次之。

6.4.3　大兴凸起古地质演化

通过对盆地古地貌、凸起残留地层以及砾岩砾石组分和时代的分析，可以将大兴砾岩的砾石组分分时期地恢复到大兴凸起之上，进而重建大兴砾岩沉积时期的大兴凸起的古地质演化。

沙三下亚段沉积之前，在大兴凸起上自南东向西北主要发育中上元古界蓟县系和青白口系、古生界寒武系和奥陶系、中生界（图 6-34），其中寒武系、奥陶系分布范围广泛，出露面积大，其次是中上元古界蓟县系，这些地层构成了沙三下亚段沉积时期大兴砾岩的主要物源地层，而青白口系和中生界地层只在局部分布，提供的物源量较少，只影响到了北部采育地区的砾岩体和南部固安地区的砾岩体，特别是南部固安地区的砾岩体中的泥质成分很大一部分来自于中生界的碎屑岩。

随着沙三下亚段砾岩的沉积，大兴凸起之上的地层不断被剥蚀，然后进入凹陷之中，到沙三下亚段沉积之后（沙三中亚段沉积前），大兴凸起之上的中生界地层基本上被剥蚀殆尽，出露的地层主要有中上元古界蓟县系、青白口系，以及古生界寒武系和奥陶系（图 6-35），其中寒武系和奥陶系地层分布范围有所减小，特别是奥陶系地层已经呈局部斑块状分布，与之对应的是随着上覆地层的剥蚀，下伏的蓟县系地层出露面积得到扩大，在剥蚀强烈的地区，甚至蓟县系地层已经被完全剥蚀掉，出露太古宇片麻岩地层。在这些地层中，中上元古界蓟县系和古生界寒武系成为沙三中亚段沉积时期大兴砾岩主要的物源地层，在局部受到奥陶系和青白口系地层物源的影响。

随着沙三中亚段砾岩的发育，大兴凸起之上的地层经受进一步的风化剥蚀，其出露的地层与砾岩体沉积之前已经发生了很大变化，主要的地层有太古宇、中上元古界蓟县系，在北部地区局部发育青白口系（图 6-36），由于不断的风化剥蚀，大兴凸起的高度明显降低，同时由于盆地由强烈断陷期向断陷回返上升期转换，盆地的古地理环境已经不适合近岸砾岩体的发育，大兴凸起已经不作为盆地主要的物源区为沉积砂体提供物源。

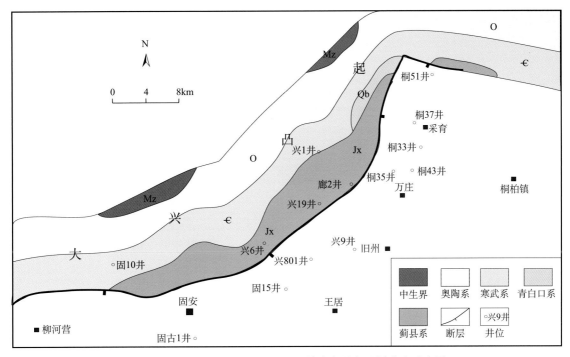

图 6-34　廊固凹陷沙三下亚段沉积前大兴凸起地层分布示意图

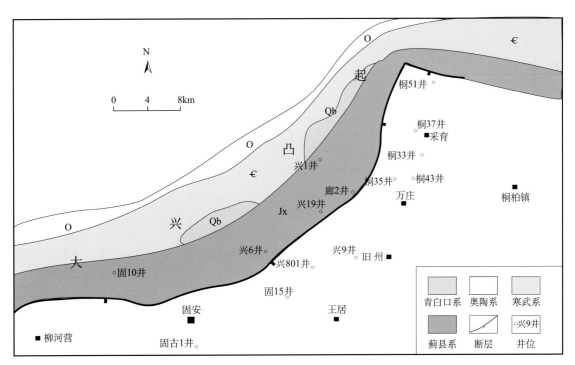

图 6-35　廊固凹陷沙三下亚段沉积后大兴凸起地层分布示意图

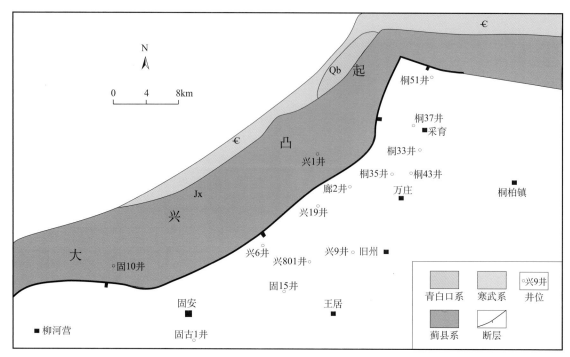

图 6-36　廊固凹陷沙三中亚段沉积后大兴凸起地层分布图

6.5　物源-盆地作用与沉积模式

湖盆砂（岩）体的成因类型、形态、大小和岩性直接受湖盆及四周陆地上的地形和物源控制（吴崇筠，1986）。根据大兴砾岩的岩性、沉积构造、垂向序列等特征，同时考虑砾岩体沉积的物源组成以及古地貌特征，将大兴砾岩划分为断槽重力流、碎屑流型近岸水下扇和泥石流型近岸水下扇三种成因类型。

6.5.1　断槽重力流

北部采育地区古地貌背景表现为由凸起和断层控制的条带状凹槽，由盆地边缘的凸起之上沿断层下降盘延伸至湖盆深水区，地形坡度较缓，来自凸起之上的寒武系—奥陶系及部分蓟县系和中生界的物源随水流沿断槽进入湖盆，形成轴向的断槽重力流沉积。

该类型砾岩体主要由杂基支撑砾岩和颗粒支撑砾岩两种类型的砾岩组成，砾石成分以泥晶灰岩、颗粒灰岩、泥粉晶白云岩为主，硅质白云岩次之，颗粒支撑砾岩填隙物主要为灰质，杂基支撑砾岩填隙物主要为泥质；在垂向层序上自下而上表现为主水道、次水道叠加的正韵律组合，主水道以颗粒支撑砾岩为主，泥质含量少，单层厚度大，可达数十米甚至百米，次水道以杂基支撑砾岩为主，含较多的泥质填隙物，单层厚度较小，一般小于5m，并且与湖相泥岩频繁互层；在SP、RT曲线水道沉积表现为高幅的箱形或齿化箱形，漫溢沉积表现为齿化钟形，主水道-次水道-漫溢沉积在垂向上一般形成钟形组合；在地震剖面上，槽型重力流在横向上表现为楔状的下凹充填、具有侧积或近乎水平的上超结构，在纵向上体现为明显的前积结构（图 6-37）。

6.5.2　碎屑流型近岸水下扇

中部旧州地区古地貌背景表现为"高山深湖"的特征，地形坡度陡，来自凸起之上的中上元古界蓟县系及古生界寒武系—奥陶系的物源沿古冲沟直接进入深湖区，堆积在大兴断层下降盘，形成以碎

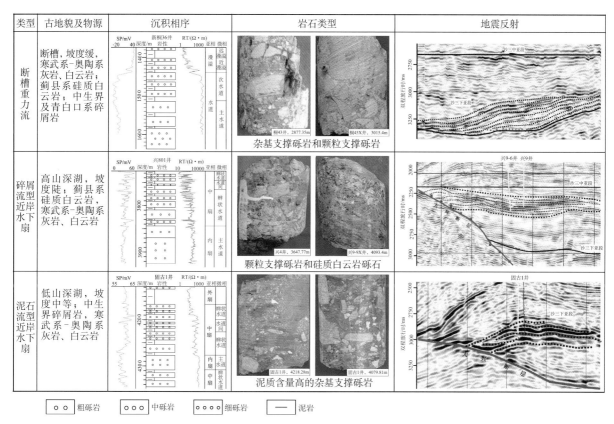

类型	古地貌及物源	沉积相序	岩石类型	地震反射
断槽重力流	断槽，坡度缓，寒武系–奥陶系灰岩、白云岩；蓟县系硅质白云岩；中生界及青白口系碎屑岩		杂基支撑砾岩和颗粒支撑砾岩	
碎屑流型近岸水下扇	高山深湖，坡度陡；蓟县系硅质白云岩，寒武系–奥陶系灰岩、白云岩		颗粒支撑砾岩和硅质白云岩砾石	
泥石流型近岸水下扇	低山深湖，坡度中等；中生界碎屑岩，寒武系–奥陶系灰岩、白云岩		泥质含量高的杂基支撑砾岩	

⬜ 粗砾岩	⬜ 中砾岩	⬜ 细砾岩	▬ 泥岩

图 6-37　大兴砾岩体成因类型与沉积特征

屑流为特征的近岸水下扇沉积。

碎屑流型近岸水下扇岩石类型主要为颗粒支撑砾岩，砾石以泥粉晶白云岩、硅质白云岩为主，泥晶灰岩、颗粒灰岩次之，填隙物主要为灰质；在垂向上自下而上依次发育内扇、中扇和外扇，表现为向上变细的正旋回水进序列，内扇正对沟谷，紧贴凸起，为主水道沉积，岩性为颗粒支撑的粗-巨砾岩，基本不发育沉积构造，单层砾岩厚度大，几十米至数百米，中扇主要是辫状水道沉积，岩性以粗-中砾岩为主，具块状层理和冲刷面，沉积物呈正韵律，单层厚度一般数十米，外扇主要是深灰色泥岩夹薄砂砾岩；碎屑流型近岸水下扇在测井曲线上表现为箱形或齿化箱形组合，具"高电阻率"的特征；在地震剖面上表现为强振幅的向湖盆延伸的楔状体（图 6-37）。

6.5.3　泥石流型近岸水下扇

南部固安地区地形坡度介于北部采育地区和中部旧州地区之间，其主要的物源地层为中生界碎屑岩地层及寒武系—奥陶系碳酸盐岩地层，因此其沉积物中泥质含量非常高，形成以泥石流为特征的近岸水下扇沉积。

其主要的岩石类型为杂基支撑的砾岩，砾石成分以泥晶灰岩为主，颗粒灰岩、泥粉晶白云岩及泥岩次之，杂基以泥质为主，含量非常高，砾石呈"漂浮状"分布其中；在垂向层序上，和碎屑流型近岸水下扇一样，也是自下而上表现为内扇-中扇-外扇的水进型沉积序列，相比碎屑流型近岸水下扇，各亚相沉积物中泥质含量高是其典型特征，砾岩单层厚度较薄，一般为十几米，并且表现为砾岩与湖相泥岩的频繁不等厚互层；在 SP 和 RT 曲线上表现为齿化的钟形或箱形组合；在地震剖面上，砾岩体内部表现为强振幅的杂乱反射特征，边缘与湖相泥岩反射呈指状接触，扇体向湖盆延伸范围较小（图 6-37）。

6.5.4　砾岩体分布特征

　　沙三下亚段沉积时期，大兴断层强烈活动，大兴断层下降盘为深湖-半深湖沉积环境，砾岩最为发育，受古地貌和凸起母岩类型的控制，从南向北依次发育泥石流型近岸水下扇、碎屑流型近岸水下扇和断槽重力流［图6-38(b)］。南部的泥石流型近岸水下扇虽然发育范围较大，但是泥质含量较高；中部的碎屑流型近岸水下扇是该时期有利的储集砂体，主要发育在兴8井和兴9井区；北部的断槽重力流呈近北东-南西向的条带状沿大兴断层分布。沙三中亚段沉积时期，砾岩体继承了沙三下亚段沉积时期的发育特征，相比而言，砾岩体发育范围有所减小［图6-38(a)］。

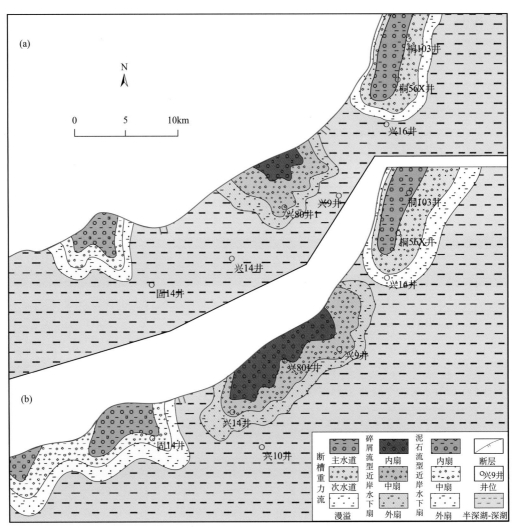

图6-38　大兴砾岩沉积相平面图

(a) 沙三中亚段；(b) 沙三下亚段

6.6　与储层和油气的关系

6.6.1　砾石组分对储层的控制

1. 砾石组分与砾岩储层的关系

　　在微观上，不同成分的砾石其面孔率存在明显差异，总体来看，白云岩砾石的面孔率大于灰岩砾石的面孔率（图 6-39）。白云岩类的砾石面孔率一般大于 10%，其主要的储集空间为砾内继承性的溶蚀孔隙、粒间孔、晶间孔以及次生的粒间溶孔、粒内溶孔、晶间溶孔；灰岩类砾石的面孔率一般较小（小于 10%），其主要的储集空间为粒间孔及次生的粒间溶孔和粒内溶孔，继承性的溶蚀孔和晶间孔不发育。

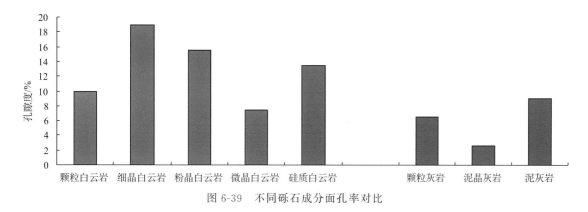

图 6-39　不同砾石成分面孔率对比

在宏观上，砾石成分的差异也造成了不同砾石成分的砾岩体具有不同的储层物性特征，云岩砾岩体孔隙度一般为 5%～15%，渗透率一般大于 $1×10^{-3}\,μm^2$；灰岩砾岩体孔隙度一般小于 10%，渗透率一般小于 $1×10^{-3}\,μm^2$（图 6-40），由此可见，云岩砾岩体的储层物性明显好于灰岩砾岩体。

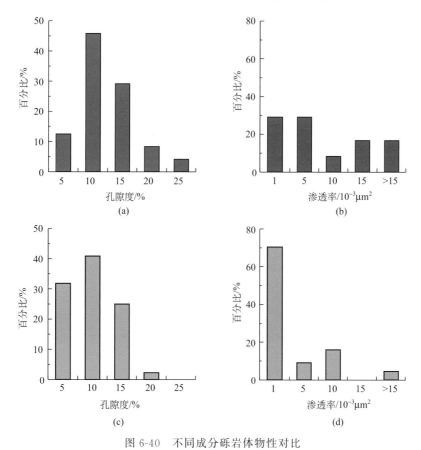

图 6-40　不同成分砾岩体物性对比

（a）和（b）以白云岩砾石为主的砾岩体；（c）和（d）以灰岩砾石为主的砾岩体

砾岩体砾石成分不仅控制了砾岩储层的物性特征，而且砾石成分通过控制储层物性进而控制了砾岩体的含油气性。通过对砾石成分与油气产能（根据试油资料并将天然气产量折合成原油产量能，1000m³ 天然气≈1t 原油）的关系进行分析，砾岩体的油气产能与砾岩体的砾石组分关系密切，油气产能与白云岩砾石含量成呈相关关系，而与灰岩砾石含量呈负相关关系（图 6-41），也就是说云岩砾岩体比灰岩砾岩体具有更好的含油气性，并且这一点已经被勘探实践所证实。

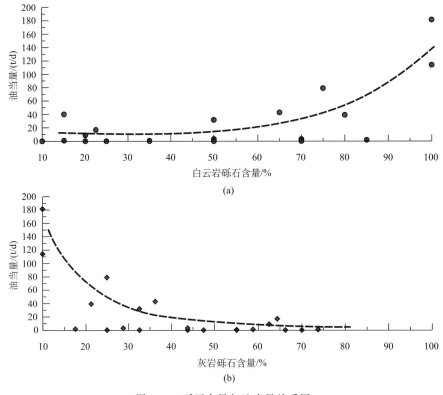

图 6-41　砾石含量与油当量关系图

通过以上分析，在微观上白云岩类砾石比灰岩类砾石具有更高的面孔率，在宏观上云岩砾岩体比灰岩砾岩体具有更好的储层物性和含油性，因此可以说砾石成分对于砾岩体储层性质具有明显的控制作用。

2. 砾石组分控储的作用机制

对于砾石成分控制砾岩储层性质的作用机制，作者从母岩类型和岩石性质两个方面进行了探讨。

在母岩类型上，根据华北地台基岩地层的岩性和化石组合特征（表 6-3），结合大兴砾岩体砾石成分分析，认为大兴砾岩体母岩主要来自于下古生界和中上元古界碳酸盐岩地层，其中白云岩砾石主要来自于中元古界蓟县系和长城系（图 6-42），而灰岩砾石主要来自于下古生界寒武系和奥陶系。

作为大兴砾岩体的母岩，下古生界及中上元古界的白云岩和灰岩本身的储层性质就存在很大差别（Sun，1995；萧德铭和杨玉峰，1997）。根据统计，古生代及更老的地层中白云岩常比石灰岩有更多的孔隙（Schmoker et al.，1985），更容易形成优质储层（马永生等，2007；朱金富等，2009），如北美白云岩储层中的油气占碳酸盐岩中油气可采储量的 80%（Zenger et al.，1980），而在国内白云岩储层的孔隙度一般也要比灰岩好，特别是在同一层位这种差别更为明显（刘若冰等，2007），白云岩储层也成为我国碳酸盐岩油气田（塔中油田和普光气田）主要的油气储层（马永生等，2007；郑和荣等，2007；刘永福等，2008；胡明毅等，2009；朱金富等，2009）。另外，通过野外露头的观察，中元古界蓟县系白云岩发育非常丰富的溶蚀孔隙（图 6-42），可以作为非常好的油气储层。因此，从母岩类型来看，古生代及更老的地层中白云岩物性好于灰岩物性。

大兴砾岩体砾石较大，粒径一般为 2～20cm，有些大的砾石粒径能够达到几十厘米甚至数米，这些较大的砾石进入深湖沉积区被迅速埋藏（张舒亭等，1998；王志宏和柳广弟，2008），非常有利于砾石中业已形成的储集空间的保存。因此，在以碳酸盐岩为主要组分的大兴砾岩体中，云岩砾岩体的储

图 6-42　蓟县系硅质白云岩中的溶蚀孔隙（北京延庆）

层物性优于灰岩砾岩体储层物性也是十分合理的。

　　另外，白云岩砾石和灰岩砾石本身的颗粒结构、物理性质及溶蚀特征是造成云岩砾岩储层物性优于灰岩砾岩储层物性的一个重要因素。母岩区不同的砾石抗风化能力不同，硅质白云岩、白云岩抗风化能力强，易形成大的滚砾，可以保存大量的继承性孔隙。同时，在酸性流体的作用下，不同的砾石在一定的温压下产生的溶蚀作用不同。

　　首先，在颗粒结构上，具有晶粒结构的白云岩在白云化和重结晶过程中形成了丰富的晶间微孔，并且随着晶粒的加大，晶间孔也在增加，所以白云岩比泥晶结构占优势的灰岩更容易溶蚀形成孔隙（黄尚瑜和宋焕荣，1997；张守鹏等，2009），与白云岩有关的晶间孔、晶洞、裂缝构成了世界上许多碳酸盐岩油田中的重要孔隙系统（Roehl and Choquette，1985；刘永福等，2008；盛贤才等，2009）。另外，白云岩中硅质成分的存在也非常有利于白云岩储层的发育（刘永福等，2008）。大兴砾岩体白云岩砾石中具晶粒结构的白云岩占白云岩砾石含量的 75%，其次是硅质白云岩（20%），而在灰岩砾石中泥晶灰岩和泥灰岩占灰岩砾石含量的 70%，因此，云岩砾岩由于晶粒结构白云岩和硅质白云岩的存在，其储层物性要优于灰岩砾岩。

　　其次，在物理性质上，实验室实验和野外观察均证实：①白云岩比灰岩对埋深使孔隙度减小的效应（如机械和化学压实、胶结作用）更具抵抗力（Schmoker and Halley，1982），因此，白云岩不像石灰岩那样孔隙度随埋深的增加而急速减小（Sun，1995；萧德铭和杨玉峰，1997）；②在类似条件下白云岩比灰岩具有更大的极限强度和较小的韧性（Handin et al.，1963；Stearns and Friedman，1972；Hugman and Friedman，1979），因此白云岩砾石比灰岩砾石更可能产生裂缝（Sun，1995；萧德铭和杨玉峰，1997）。此外，由于白云岩具有较强的机械粗糙度使裂缝保持开启状态，所以白云岩砾石中的裂缝与灰岩砾石相比更可能成为有效的渗透通道（Hugman and Friedman，1979）。正是由于这种倾向，在埋深增加的条件下白云岩相对于灰岩具有更好的储集特性（Schmoker et al.，1985）。因此，大兴砾岩体中以白云岩砾石为主的云岩砾岩比以灰岩砾石为主的灰岩砾岩发育更多的裂缝和孔隙，因而具有更好的储层物性。

　　最后，在溶蚀特征上（图 6-43），虽然在地表条件下白云岩的初始溶解速率只有灰岩的 1/3～1/60（刘再华等，2006），但是随着埋深的增加，温度和地层压力逐渐增加，白云岩的溶蚀速率逐渐超过灰岩的溶蚀速率（杨俊杰等，1995a，1995b；肖林萍，1997；朱庆忠等，2003a；蒋小琼等，2008）（图6-43），因而在深埋藏条件下，白云岩溶解形成的次生孔隙比灰岩中的次生溶孔更发育（朱庆忠等，2003a；崔振昂等，2007；徐维胜等，2008）。另外，灰岩的溶蚀以差异性溶蚀为主，而白云岩以均匀溶蚀为主（刘再华等，2006），因而白云岩次生孔缝和含油（水）性更均匀。大兴砾岩体埋深一般大于3000m，砾岩体储集层地层温度一般为110℃（朱庆忠等，2003a），地层压力一般为12～18MPa，压力系数一般为1.0～1.4（王志宏和柳广弟，2008），因而在埋藏的高温高压条件下白云岩砾石比灰岩砾石具有较高的溶蚀速率，使云岩砾岩储集层较灰岩砾岩孔隙度更发育，储层物性更好。

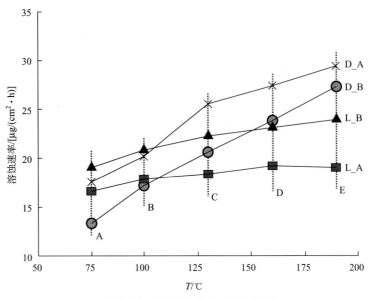

图 6-43　碳酸盐岩溶蚀速率曲线（崔振昂等，2007）

A. 75℃、20MPa，B. 100℃、25MPa，C. 130℃、30MPa，D. 160℃、35MPa，E. 190℃、40MPa；

L_A. 白云质灰岩；L_B. 泥灰岩；D_A. 灰质白云岩；D_B. 粉晶白云岩

6.6.2　成因类型对油气的控制

砂砾岩体的成因类型对于油气成藏、分布、产能等具有明显的控制作用，砾岩油气藏也不例外。大兴砾岩成因类型对油气的控制在微观上表现为对储集空间和孔渗特征的控制，在宏观上表现为对油气产能的控制。

1. 储层特征

碎屑流型近岸水下扇主要以中扇辫状水道为储层砂体，主要为白云岩、硅质白云岩砾石组成的粗-中砾岩，岩石结构为颗粒支撑，灰质胶结。其储集空间类型以砾石内溶蚀孔隙、晶间孔隙和裂缝为主［图 6-44（a）～（c）］。一方面，较大的白云质砾石继承了母岩丰富的溶蚀孔隙［图 6-44（a）］，并被迅速埋藏得以保存；另一方面，白云岩质砾石为主要组分、灰质胶结的颗粒支撑砾岩在深埋藏成岩阶段非常有利于次生孔隙和裂缝的发育。因此，碎屑流型近岸水下扇储层中发育非常丰富的储集空间，储层物性较好，孔隙度一般为 5%～9%，平均为 6.93%，渗透率一般为 6×10^{-3}～$14\times10^{-3}\mu m^2$，平均为 $11.16\times10^{-3}\mu m^2$（表 6-4）。

断槽重力流的储集层相带属于水道亚相，砾石以灰岩砾石为主，兼有部分白云岩砾石，岩石类型既有颗粒支撑灰质胶结的砾岩，又有杂基支撑的泥质填隙物发育的砾岩，其储层孔隙类型以次生孔隙为主，主要表现为碳酸盐岩砾石内组分的溶蚀以及砾石颗粒间灰质填隙物的溶蚀［图 6-44（d）、（e）］，另外还发育一些裂缝［图 6-44（e）］。一方面，灰岩砾石相对白云岩砾石不利于继承性孔隙的保存，同时在深埋条件下与白云岩砾石相比次生溶孔和裂缝发育程度较差；另一方面，杂基支撑砾岩由于泥质填隙物的发育，其孔隙和裂缝相对更不发育。因此其储层物性一般，孔隙度一般为 3%～7%，平均为 5.83%，渗透率一般为 3×10^{-3}～$6\times10^{-3}\mu m^2$，平均为 $4.99\times10^{-3}\mu m^2$（表 6-4）。

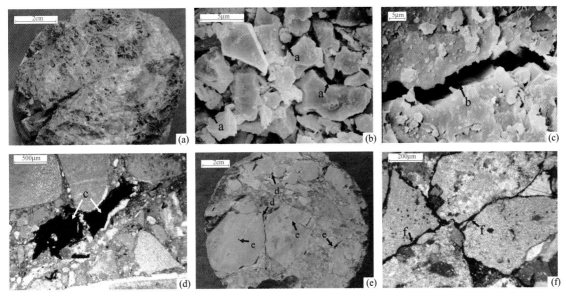

图 6-44　砾岩体储集空间类型

（a）硅质白云岩砾石中的蜂窝状溶蚀孔隙，兴 9-9X 井，4093.4m；（b）白云岩砾石中的晶间孔 a，兴 801 井，3410.8m；
（c）白云岩砾石中的开启裂缝 b，兴 4 井，3648.02m；（d）竹叶状灰岩砾石内胶结物溶蚀孔隙 c，桐 35 井，2714.75m；
（e）砾石间灰质胶结物溶蚀孔隙 d 与裂缝 e，桐 43 井，2876.35m；（f）灰岩砾石中的贴粒缝 f，固 15 井，3902.21m

表 6-4　不同成因类型砾岩体储层孔渗特征

成因类型	孔隙度/%				渗透率/$10^{-3}\mu m^2$			
	区间	一般	平均	样品数	区间	一般	平均	样品数
碎屑流型近岸水下扇	0.8～24.8	5～9	6.93	68	0.1～131.7	6～14	11.16	20
断槽重力流	0.6～16.5	3～7	5.83	48	0.1～47.2	3～6	4.99	30
泥石流型近岸水下扇	0.8～11.95	2～6	4.99	15	0.1～9.8	1～3	2.5	8

　　泥石流型近岸水下扇储层同样以中扇辫状水道为主要的储集砂体，岩石类型主要为由灰岩、白云岩及少部分碎屑岩砾石组成的中-细砾岩，岩石结构为杂基支撑，泥质含量较高，孔隙类型以砾内溶蚀孔隙为主［图 6-44(f)］，发育少量的砾内晶间孔，砾间孔隙及裂缝不发育，储层物性相对较差，储层孔隙度一般为 2%～6%，平均为 4.99%，渗透率一般为 1×10^{-3}～$3\times10^{-3}\mu m^2$，平均为 $2.5\times10^{-3}\mu m^2$（表 6-4）。

2. 油气产能

　　大兴砾岩体形成油气藏的条件十分优越：砾岩体处于大套的沙三段暗色泥岩包围之中，大套的暗色泥岩既可作为生油岩，又能作为有利的盖层，埋深大于 3900m 的暗色泥岩已进入湿气阶段，生成的油气直接进入砾岩储层，形成油气藏，因而砾岩体储层的微观特征差异反映在宏观上就是不同成因的砾岩体油气产能的差异。根据勘探阶段钻遇不同成因类型砾岩体的探井试油数据对不同砾岩体的油气产能进行了分析：以断槽重力流水道为主要储层的砾岩体单井平均日产石油 18.06t，产天然气 $1.27\times10^3 m^3$；以碎屑流型近岸水下扇辫状水道为主要储层的砾岩体单井平均日产石油 29.34t，产天然气 $13.22\times10^3 m^3$；以泥石流型近岸水下扇辫状水道为主要储层的砾岩体单井平均日产石油 0.84t，产天然气 $2.41\times10^3 m^3$（图 6-45）。

　　由此可见，碎屑流型近岸水下扇储层物性和油气产能明显好于其他两种成因类型的砾岩体，并且得到了勘探实践的证实。

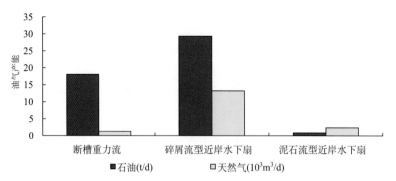

图 6-45　不同成因砾岩体单井平均油气产能比较

参 考 文 献

崔振昂, 鲍征宇, 张天付, 等. 2007. 埋藏条件下碳酸盐岩溶解动力学实验研究. 石油天然气学报, 29（3）: 204-207.

邓宏文, 王红亮, 王敦则. 2001. 古地貌对陆相裂谷盆地层序充填特征的控制——以渤中凹陷西斜坡区下第三系为例. 石油与天然气地质, 22（4）: 293-296.

董国臣, 孙景民, 张守鹏, 等. 2002. 廊固凹陷古近系层序地层特征及油气储集规律探讨. 中国地质, 29（4）: 397-400.

高慧君. 2004. 廊固凹陷气层电测解释标准研究. 成都: 西南石油学院硕士学位论文.

胡明毅, 蔡习尧, 胡忠贵, 等. 2009. 塔中地区奥陶系碳酸盐岩深部埋藏溶蚀作用研究. 石油天然气学报, 31（6）: 49-54.

华北油田地质志编写组. 1988. 中国石油地质志·卷五. 北京: 石油工业出版社: 93-96.

黄尚瑜, 宋焕荣. 1997. 油气储层的深岩溶作用. 中国岩溶, 16（3）: 189-198.

加东辉, 徐长贵, 杨波, 等. 2007. 辽东湾辽东带中南部古近纪古地貌恢复和演化及其对沉积体系的控制. 古地理学, 9（2）: 155-166.

姜在兴. 2010. 沉积学（第二版）. 北京: 石油工业出版社. 112-113.

蒋小琼, 王恕一, 范明, 等. 2008. 埋藏成岩环境碳酸盐岩溶蚀作用模拟实验研究. 石油实验地质, 30（6）: 643-646.

金凤鸣, 傅恒, 李仲东, 等. 2006. 冀中坳陷廊固凹陷古近系层序地层与隐蔽油气藏勘探. 矿物岩石, 26（4）: 75-82.

刘晖, 姜在兴, 张锐锋, 等. 2012. 廊固凹陷大兴砾岩体成因类型及其对油气的控制. 石油勘探与开发, 39（5）: 545-551.

刘若冰, 田景春, 黄勇, 等. 2007. 川东南震旦系灯影组白云岩与志留系石牛栏组灰岩储层特征. 成都理工大学学报（自然科学版）, 34（3）: 245-250.

刘永福, 殷军, 孙雄伟, 等. 2008. 塔里木盆地东部寒武系沉积特征及优质白云岩储层成因. 天然气地球科学, 19（1）: 126-132.

刘再华, Dreybrodt W, 李华举. 2006. 灰岩和白云岩溶解速率控制机理的比较. 地球科学——中国地质大学学报, 31（3）: 411-416.

马永生, 郭彤楼, 赵雪凤, 等. 2007. 普光气田深部优质白云岩储层形成机制, 中国科学（D辑）, 37（增刊2）: 43-52.

漆家福, 杨桥. 2001. 关于碎屑岩层的去压实校正方法的讨论——兼讨论李绍虎等提出的压实校正法. 石油实验地质, 23（3）: 351-356.

盛贤才, 郭战峰, 刘新民. 2009. 秦岭-大别造山带南侧兴山地区中上寒武统白云岩储层特征. 石油实验地质, 31（2）: 172-176.

宋荣彩, 张哨楠, 董树义, 等. 2006. 廊固凹陷陡坡带古近系砂砾岩体控制因素分析. 成都理工大学学报（自然科学版）, 33（6）: 587-592.

宋荣彩, 张哨楠, 董树义, 等. 2007. 非补偿陆相断陷盆地层序地层学研究——以廊固凹陷古近系为例. 地层学杂志, 31（3）: 254-260.

王家豪, 王华, 赵忠新, 等. 2003. 层序地层学应用于古地貌分析——以塔河油田为例. 地球科学——中国地质大学学报, 28（4）: 421-430.

王志宏, 柳广弟. 2008. 廊固凹陷异常高压与油气成藏的关系. 天然气工业, 28（6）: 69-72.

吴崇筠. 1986. 湖盆砂体类型. 沉积学报，4（4）：1-27.

萧德铭，杨玉峰. 1997. 白云岩储层：孔隙度演化和储层特征. 国外油气勘探，（2）：138-152.

肖林萍. 1997. 埋藏条件下碳酸盐岩实验室溶蚀作用模拟的热力学模型与地质勘探方向：以陕甘宁盆地下奥陶统马家沟组第五段为例. 岩相古地理，17（4）：57-72.

徐维胜，赵培荣，聂鹏飞，等. 2008. 石灰岩、白云岩储层孔隙度-渗透率关系研究. 石油与天然气地质，29（6）：806-811.

杨军侠. 2004. 廊固凹陷低电阻率油气层形成机理及识别. 西安：西北大学硕士学位论文.

杨俊杰，黄思静，张文征，等. 1995a. 表生和埋藏成岩作用的温压条件下不同组成碳酸盐岩溶蚀成岩过程的实验模拟. 沉积学报，13（4）：49-54.

杨俊杰，张文征，黄思静，等. 1995b. 埋藏成岩作用的温压条件下，白云岩溶解过程的实验模拟研究. 沉积学报，13（3）：83-88.

张守鹏，滕建彬，王伟庆，等. 2009. 胜利油区深层砂砾岩体成岩差异与储层控制因素. 油气地质与采收率，16（6）：12-16.

张舒亭，王锋，黄海华. 1998. 廊固凹陷西部大兴砾岩体油气藏形成条件研究. 西安石油学院学报，13（4）：31-33.

赵红格，刘池洋. 2003a. 廊固凹陷的拆离滑脱构造. 西北大学学报（自然科学版），33（3）：315-319.

赵俊兴，陈洪德，向芳. 2003b. 高分辨率层序地层学方法在沉积前古地貌恢复中的应用. 成都理工大学学报（自然科学版），30（1）：76-81.

郑和荣，吴茂炳，邬兴威，等. 2007. 塔里木盆地下古生界白云岩储层油气勘探前景. 石油学报，28（2）：1-8.

郑敬贵，李仲东，傅恒，等. 2006. 廊固凹陷古近系陆相断陷湖盆层序地层发育主控因素研究. 成都理工大学学报（自然科学版），33（3）：240-245.

朱金富，于炳松，樊太亮，等. 2009. 沉积成岩环境对白云岩储层的影响. 新疆地质，27（1）：43-48.

朱庆忠，李春华，杨合义. 2003a. 廊固凹陷大兴砾岩体成因与油气成藏. 石油勘探与开发，30（4）：34-36.

朱庆忠，李春华，杨合义. 2003b. 廊固凹陷沙三段深层砾岩体油藏成岩作用与储层孔隙关系研究. 特种油气藏，10（3）：15-17.

Davies R J, Posamentier H W, Wood L J, et al. 2007. Seismic Geomorphology: Applications to Hydrocarbon Exploration and Production. London: The Geological Society.

Handin J, Hagar R V, Friedman G M, et al. 1963. Experimental deformation of sedimentary rocks under confining pressure: pore pressure tests. AAPG Bulletin, 47: 717-755.

Hugman R H H, Friedman G M. 1979. Effects of texture and composition on mechanical behaviour of experimentally deformed carbonate rocks. AAPG Bulletin, 63: 1478-1489.

Jiang Z X, Chen D Z, Qiu L W, et al. 2007. Source-controlled carbonates in a small Eocene half-graben lake basin (Shulu Sag) in central Hebei Province, North China. Sedimentology, 54: 265-292.

Liu H, Jiang Z X, Zhang R F, et al. 2012. Gravels in the Daxing Conglomerate and their effect on reservoirs in the Oligocene Langgu Depression of the Bohai Bay Basin, North China. Marine and Petroleum Geology, 29: 192-203.

Lu H B, Fulthorpe C S, Mann P, et al. 2005. Miocene-Recent tectonic and climatic controls on sediment supply and sequence stratigraphy: Canterbury basin, New Zealand. Basin Research, 17: 311-328.

Perrier R, Quilbier J. 1974. Thickness changes in sedimentary layers during compaction history. AAPG Bull, 58: 507-520.

Roehl P O, Choquette P W. 1985. Introduction. In: Roehl P O, Choquette P W (ed). Carbonate petroleum reservoirs. New York: Springer-Verlag. 1-15.

Schmoker J W, Halley R B. 1982. Carbonate porosity versus depth: a predictable relation for south Florida. AAPG Bulletin, 66: 2561-2570.

Schmoker J W, Krystinik K B, Halley R B. 1985. Selected characteristics of limestone and dolomite reservoirs in the United States. AAPG Bulletin, 69: 733-741.

Stearns D W, Friedman G M. 1972. Reservoirs in fractured rock. In: King R E (ed). Stratigraphic oil and gas fields--classification, exploration methods, and case histories. AAPG Memoir, 16: 82-106.

Sun S Q. 1995. Dolomite reservoirs: porosity evolution and reservoir characteristics. AAPG Bulletin, 79（2）: 186-204.

Zenger D H, Dunham J B, Ethington R L. 1980. Concepts and models of dolomitization. SEPM Special Publication, 28: 320-328.

第7章　束鹿凹陷古近系沉积特征与物源-盆地系统沉积动力学研究

7.1　地 质 概 况

7.1.1　概述

束鹿凹陷位于中国东部渤海湾盆地冀中拗陷的西南部 [图 7-1(a)]，呈北东-南西向展布，是一个东断西超的单断箕状凹陷。东南以新河大断裂为界，西至宁晋凸起，其北部经北西向的衡水断裂与深县凹陷相接 (Jiang et al.，2007；梁宏斌等，2007)，长约40km，宽14～18 km [图 7-1(b)]，勘探面积约700km²。

图 7-1　束鹿凹陷区域位置（a）及构造纲要图（b）（Jiang et al.，2007，有修改）

Ⅰ. 冀中拗陷；Ⅱ. 黄骅拗陷；Ⅲ. 济阳拗陷；Ⅳ. 渤中拗陷；Ⅴ. 辽河拗陷；Ⅵ. 东濮拗陷

中侏罗世至晚白垩世燕山期造山运动在束鹿凹陷内形成了三条近东西断裂，分别为衡水断裂、台家庄断裂和荆丘断裂，凹陷内的断陷活动形成了荆丘、台家庄两个古隆起，湖盆自南向北被分割成南、中、北三个次级洼槽（Jiang et al.，2007；Zhao et al.，2014），自西向东分为缓坡带、坡折带、洼槽带和陡坡带，由此形成南北分区、东西分带的构造格局（梁宏斌等，2007）。本书的主要研究区位于束鹿凹陷的中南部，即车城附近区域。

束鹿凹陷的基底岩石由位于基底深部的太古宇、元古宇变质岩和其上的古生界寒武系、奥陶系的碳酸盐岩以及石炭系、二叠系的海相含煤碎屑岩夹少量灰岩组成，古近系的湖相沉积超覆在古生代地层之上（图7-2）（Zhao et al.，2014）。凹陷从上到下发育五套地层：平原组、明化镇组、馆陶组、东营组和沙河街组。沙河街组地层可以分为三段：沙一段（Es^1）、沙二段（Es^2）和沙三段（Es^3）。沙三段可以分为上、中、下三个亚段。沙三上亚段的岩性主要是深灰色泥岩和砂岩互层（Jiang et al.，2007），沙三中亚段的岩石由泥灰岩和页岩组成，本书研究的目的层位是沙三下亚段，主要岩性是碳酸盐角砾岩和泥灰岩，盆地中心最厚的地方约1200m。东、南、西三面的古生界碳酸盐岩和前古生界地层为束鹿凹陷内古近纪沉积提供了物源，以碳酸盐岩碎石、泥沙或溶液的形式被河流或洪水带入到湖盆当中（Gierlowski-Kordesch，1998；Gierlowski-Kordesch，2010）。

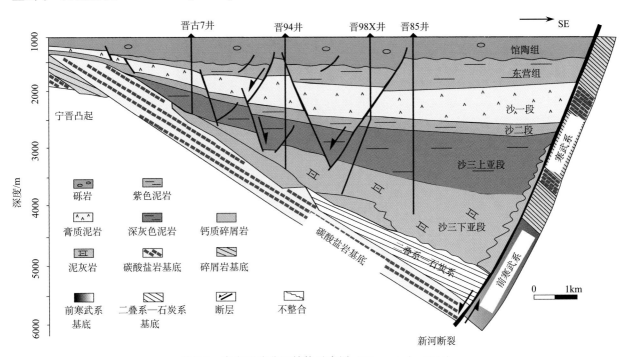

图 7-2　束鹿凹陷盆地结构示意图（Zhao et al.，2014）

7.1.2　区域构造特征

1. 两套断裂体系

王少春（2014）认为束鹿凹陷经历了早晚两期构造运动，并在早晚两期构造运动中发育了两类不同性质的断层：基底卷入断层及盖层滑脱断层。

基底卷入断层与断陷湖盆同期形成，并持续发育到沙三下、中亚段沉积期，具有张性断层的特点。层发育较少，有北东、北西两个组系，断距大，主断层最大断距达200～500m，对湖盆古地貌和沙三下亚段的沉积有明显的控制作用。

束鹿凹陷的基底卷入断层主要有四条：新河断层、台家庄断层、荆丘断层及西曹固断层（图7-3）。

其中，新河断层呈北东向，位于湖盆东侧，长期继承性发育，是束鹿凹陷的边界断裂，控制着湖盆的演化；台家庄断层呈北西向，位于湖盆北侧，最大断距 200～300m；荆丘断层位于湖盆南侧，分为北断层和南断层两部分，北断层呈北东向，最大断距 700m，南断层呈北西向，最大断距 500m；西曹固断层是新河断裂的补偿断层，呈北东向，位于西斜坡中北部。这些断层活动，形成了台家庄断层的下降盘和荆丘南断层的下降盘两个沉降中心。

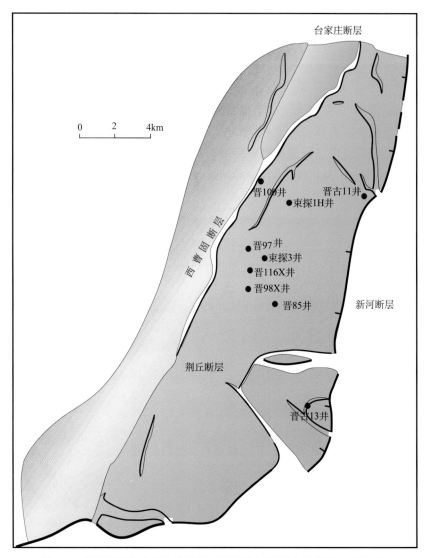

图 7-3 束鹿凹陷基底简化构造图（据华北油田研究院资料，有修改）

盖层滑脱断层活动开始于沙三段沉积末期，从沙三段末期至沙一段沉积期活动最为剧烈。平面上可以划分为两个组系，一是分布在斜坡西曹固地区的北北东向断层，二是分布在台家庄和荆丘地区的北西向断层。一般断距都较小，多数小于 200m。断层产状浅部陡，深部缓，次级补偿断层发育。

2. 构造格局

整体上，束鹿凹陷为一东断西超的箕状凹陷，平面上具有南北分区和东西分带的特点。台家庄和荆丘两个继承性发展的近东西向古隆起构造，将束鹿凹陷在南北方向上分割成三个相对独立的沉积中心，分别是南洼槽、中洼槽及北洼槽，其中，中洼槽是本次研究的重点。在东西方向上，自西向东分为缓坡带、坡折带、洼槽带和陡坡带（图 7-4）。

晋104井　晋97井

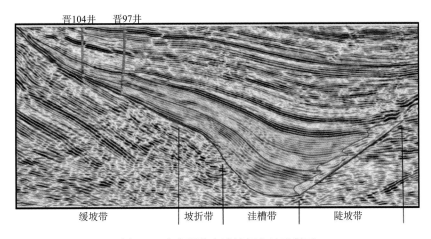

缓坡带　　　　坡折带　洼槽带　　陡坡带

图 7-4　束鹿凹陷中洼槽倾向地震剖面

7.1.3　盆地演化

束鹿凹陷主要形成于古近纪始新世，在经历过印支期、燕山期构造运动的改造后，从古近纪开始，束鹿凹陷形成并进一步发展，到第四纪结束，构造演化经历了以下六个阶段（孔冬艳等，2005；杨君，2010；王少春，2014；李庆，2015）。

1）初始断陷期（Ek）

晚白垩世渤海湾盆地大部分地区出现地幔热异常，使得岩石圈膨胀隆起。宁晋凸起和新河凸起开始隆升，地层向宁晋凸起翘倾，古近纪初期束鹿凹陷形成简单的东断西超的格局，构造运动表现为强烈拉张断陷活动，沿宁晋凸起东坡沉积厚层的砾岩。

2）断陷扩张期（Es^{3x}—Es^{3z}）

在初始断陷的基础上，沙三早中期，北北东向新河断层强烈活动，生长指数为 1.3～1.9（图7-5），其分解成多条北北东向同沉积断层，这些断层首尾连接处断距小，上盘和下盘的高差需要横向断层调节，于是形成了台家庄横向调节带和荆丘潜山横向调节带。这一时期，湖盆快速下陷，是区内主要成湖期和烃源岩发育期，在西高东低的背景上，形成了深水湖盆、东西分带的局面。在阵发性洪水的作用下，周围碳酸盐岩古隆起提供的碎屑从西侧进入湖盆形成扇三角洲沉积，岩性以碳酸盐砾岩、碳酸盐岩岩屑砂岩为主。与此同时，东部陡坡发育近岸水下扇沉积，岩性主要是碳酸盐角砾岩。

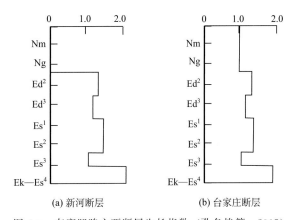

(a) 新河断层　　　　　　(b) 台家庄断层

图 7-5　束鹿凹陷主要断层生长指数（孔冬艳等，2005）
Nm 明化镇组；Ng 馆陶组；Ed^2 东二段；
Ed^3 东三段；Es^1 沙一段；Es^2 沙二段；
Es^3 沙三段；Ek—Es^4 孔店组—沙四段

3）断陷萎缩期（Es^{3s}—Es^2）

沙三晚期到沙二段沉积时期，拉张断陷活动逐渐减弱，湖盆缓慢抬升、振荡作用增强，平面上以大型扇三角洲相为主导，沉积厚度仍然受边界断层控制。

4）断拗扩展期（Es¹ˣ）

沙一下亚段沉积是在早期湖盆抬升、剥蚀的基础上沉积，此时期新河断裂活动较强烈，束鹿凹陷再次发育一期时间较短的湖侵，形成了一套滨浅湖亚相的灰色泥岩及油页岩等，湖盆发生咸化。

5）断拗消亡期（Es¹ˢ—Ed）

沙一晚期，区域构造抬升作用加强，湖盆再次抬升并迅速萎缩。沙一下亚段到东营组主要为一套陆上红色碎屑岩沉积。

6）拗陷期（Ng—Q）

从馆陶组开始，新河断层已基本停止活动，断陷湖盆结束、消亡，进入拗陷期，凹陷变得较平坦和广阔，之后区域隆升作用进一步减弱，演变为河流沉积环境，最终形成现今的平原地貌。

7.1.4　地层发育特征

束鹿凹陷地层可分为基底岩石及古近系湖相沉积两部分。基底岩石是由位于基底深部的太古宇、元古宇变质岩和其上的古生界寒武系、奥陶系的碳酸盐岩以及石炭系、二叠系的海相含煤碎屑岩夹少量灰岩组成。古近系的湖相沉积超覆在古生代地层之上，从下到上主要发育了沙河街组、东营组、馆陶组、明化镇组及平原组地层，沙河街组又可以进一步分为三段：沙三段、沙二段、沙一段。沙三段厚度为0~2200m，沙三下亚段是本书研究的重点层段，主要发育碳酸盐质角砾岩及细粒的泥灰岩，沙三上亚段主要发育黑色泥页岩夹细砂岩。沙二段厚度为0~400m，主要由棕色-紫红色泥岩夹浅灰色细砂岩组成，与上覆沙一段为不整合接触。沙一段厚度为0~800m，底部主要由膏岩、含膏泥岩、棕色泥岩及油页岩组成，向上变为浅灰色细砂岩、粉砂岩及紫红色泥岩。

7.1.5　沉积期次划分及特征

李海鹏（2015）利用三维地震资料对束鹿凹陷中南部沙三下亚段地层进行了层序地层划分，确定二级层序和三级层序界面的主要依据是地震反射界面的上超和削截关系。同时，通过井震结合，参考测井、录井、岩心及有机碳含量（TOC）等地球化学分析数据，建立了研究区的层序地层格架。最终，将束鹿凹陷沙三下亚段划分为五个三级层序，从下到上依次为层序1（SQ1）、层序2（SQ2）、层序3（SQ3）、层序4（SQ4）和层序5（SQ5）（图7-6），本书研究也将沿用此划分方案。

束鹿凹陷沙三下亚段自西向东分为缓坡带、坡折带、洼槽带和陡坡带（图7-6）。砾岩主要分布在盆地缓坡和陡坡的边缘以及层序Ⅰ、层序Ⅱ和层序Ⅲ坡折带的位置，陡坡带发育近岸水下扇沉积，缓坡带为冲积扇与湖泊作用形成的扇三角洲或地震作用形成的滑塌扇沉积，洼槽带内发育少量浊积体。

7.2　沉　积　特　征

综合岩心观察、薄片鉴定及测井资料，对束鹿凹陷的岩石类型、砾石成分、测井识别等特征进行了详细研究。

7.2.1　岩石类型

束鹿凹陷沙三下亚段的岩性主要为碳酸盐岩，根据岩心观察及镜下薄片鉴定，可以将其划分为碳酸盐砾岩、碳酸盐岩岩屑砂岩和泥灰岩。依据支撑类型和颗粒来源，可以将碳酸盐砾岩分为六类（表7-1）：颗粒支撑陆源砾岩、颗粒支撑混源砾岩、颗粒支撑内源砾岩、杂基支撑陆源砾岩、杂基支撑混源砾岩、杂基支撑内源砾岩。其中，杂基支撑内源砾岩在研究区不发育；泥灰岩根据构造特征分为两

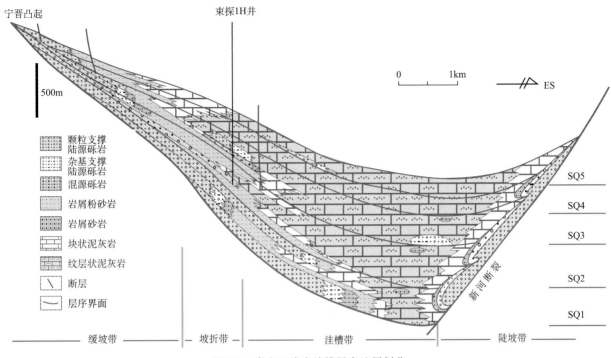

图 7-6　束鹿凹陷中洼槽层序地层划分

表 7-1　砾岩分类标准

砾岩类型	陆源砾石	内源砾石	杂基
颗粒支撑陆源砾岩	>75%	很少	很少
颗粒支撑混源砾岩	50%~75%	25%~50%	很少
颗粒支撑内源砾岩	<50%	>50%	很少
杂基支撑陆源砾岩	>75%	很少	较多
杂基支撑混源砾岩	50%~75%	25%~50%	较多
杂基支撑内源砾岩	<50%	>50%	较多

类，即纹层状泥灰岩和块状泥灰岩；其他岩性包括岩屑（粉）砂岩。

1. 颗粒支撑陆源砾岩

颗粒支撑陆源砾岩中，陆源颗粒含量大于砾石总含量的 75%，内源砾石和杂基相对较少，颗粒之间为点-线接触。岩心上一般以深灰色、浅灰色为主，砾石形态为次圆-次棱状，大小为 0.2~80cm，多数砾石分选很差[图 7-7(a)]，也有少数分选较好[图 7-7(b)]。大多为块状[图 7-7(a)、(c)]，少数呈现粒序[图 7-7(b)]。砾石种类多样，主要有泥晶灰岩[图 7-7(d)]、微晶白云岩、细晶灰岩、中晶灰岩等，也有少量的竹叶状灰岩、砂屑灰岩、球粒灰岩、生屑灰岩，其中泥晶灰岩及微晶白云岩占大多数。杂基主要是泥晶碳酸盐，胶结物主要是方解石，黏土矿物含量很低。颗粒支撑陆源砾岩的单层厚度从几米到十几米不等。

2. 颗粒支撑混源砾岩

颗粒支撑混源砾岩的砾石包括两种类型，一类是陆源砾石，含量为 50%~75%；另一类是内源砾石，含量为 25%~50%，砾石之间杂基含量低。陆源颗粒以浅灰色、灰白色为主，比颗粒支撑陆

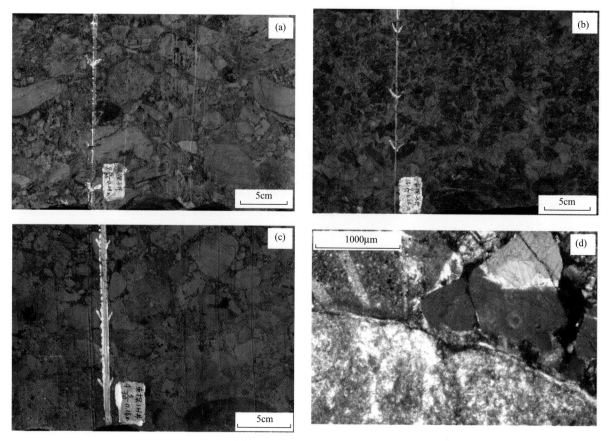

图 7-7　颗粒支撑陆源砾岩

(a) 颗粒支撑陆源砾岩,块状构造,束探 3 井,$9\frac{75}{85}$（取心次数$\frac{块号}{总块号}$）;（b) 颗粒支撑陆源砾岩,正粒序,灰黑色砾石与灰白色砾石紧密接触,束探 3 井,$14\frac{9}{35}$;（c) 颗粒支撑陆源砾岩,块状构造,束探 1H 井,$4\frac{5}{30}$,3965.25~3969.41m;（d) 颗粒紧密接触,束探 1H 井,3969.35m,正交光

源砾岩中砾石小[图 7-8(a)],包括泥晶灰岩、微晶白云岩等,分选较差,次圆-次棱状,点-线接触[图 7-8(b)~(d)]。内源颗粒由盆地内未固结的泥灰岩发生再次搬运形成,与陆源颗粒类似,同样具有较明显的砾石边界,但易变形,形状不规则,或为条带状,带有剪切变形的尾部,或为不规则圆状 [图 7-8(a)]。镜下观察来看,为泥晶碳酸盐岩,内部含有少量介壳化石及陆源碎屑物质,可见黄铁矿及有机质条带。

3. 颗粒支撑内源砾岩

颗粒支撑内源砾岩中,内源颗粒占到砾石总量的 50% 以上,颜色以深灰色-浅灰色为主,排列略有定向,颗粒大小不等,形状不规则,多数被挤压呈长条状,有些呈不规则方形 [图 7-9(a)]。内源砾石明显比陆源砾石大很多,磨制的薄片里可以看到内源砾石的轮廓 [图 7-9(b)],虽然不像陆源砾石那样平直,但是边界确实比较明显。陆源颗粒以细砾为主,充填于内源颗粒之间,次圆-次棱角状,分选较差,颗粒之间呈点-线接触 [图 7-9(c)、(d)]。内源砾石的成分、结构与盆地内细粒的泥灰岩类似,都含有砂级的陆源石英或者长石（根据 X 衍射资料）、较少的碳酸盐岩岩屑、有机质和介壳生物碎屑等,略微不同的是,内源砾石含有的碎屑颗粒比泥灰岩内部少一些,粒径也略小。

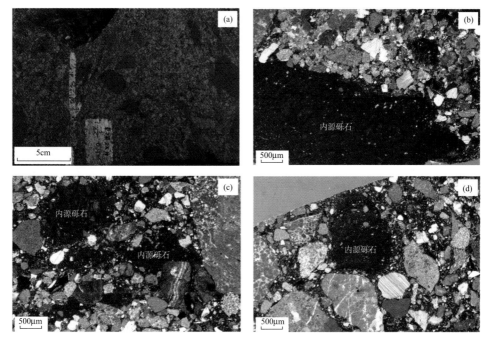

图 7-8　颗粒支撑混源砾岩

（a）颗粒支撑混源砾岩，内源砾石为深灰色，具有颗粒的形状，略显变形，陆源砾石为灰白色或浅灰色，粒度比内源砾石小，排列紧密，束探 2X 井，$1\frac{5}{45}$；（b）颗粒支撑混源砾岩，内源砾石较大，只能看到其中一部分，束探 2X 井，$1\frac{5}{45}$，正交光；（c）颗粒支撑混源砾岩，有的内源砾石被陆源砾石挤压变形，束探 2X 井，$1\frac{5}{45}$，正交光；（d）颗粒支撑混源砾岩，陆源砾石大小混杂，内源砾石边界明显，束探 2X 井，$1\frac{5}{45}$，正交光

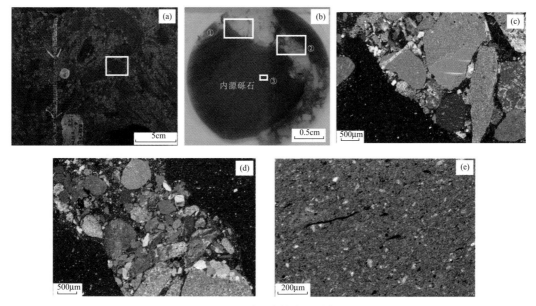

图 7-9　颗粒支撑内源砾岩

（a）颗粒支撑内源砾岩，扫描的岩心，束探 2X 井，$1\frac{4}{45}$；（b）岩心（a）中白框区域磨制的薄片，整个薄片几乎被内源砾石占据，束探 2X 井，$1\frac{4}{45}$；（c）颗粒支撑内源砾岩，内源砾石和陆源砾石边界清晰，束探 2X 井，$1\frac{4}{45}$，正交光，为（b）中区域①的放大；（d）颗粒支撑内源砾岩，陆源砾石充填于内源砾石之间，分选差，束探 2X 井，$1\frac{4}{45}$，正交光，为（b）中区域②的放大；（e）颗粒支撑内源砾岩的内源砾石内部，有机质呈条带状，见粉砂级碳酸盐碎屑，束探 2X 井，$1\frac{4}{45}$，正交光，为（b）中区域③的放大

4. 杂基支撑陆源砾岩

杂基支撑陆源砾岩，与颗粒支撑陆源砾岩类似，它的砾石主要为陆源砾石，占砾石总量的 75％以上，单层厚度可达 0.5m，颜色以深灰色、灰色、浅灰色为主，所不同的是，杂基支撑陆源砾岩的陆源颗粒大小混杂，分选差，彼此不相接触而呈漂浮状孤立地分布[图 7-10(a)～(c)]。填隙物主要为碳酸盐成分的砂级或泥级碎屑[图 7-10(d)]，形态多为次棱角-次圆状，分选差，有机质含量较高，呈斑状或条带状[图 7-10(e)]，另外，含一定量的生物碎屑，如介形类等[图 7-10(f)]。黄铁矿多与有机质伴生[图 7-10(g)]，反射光下见黄铁矿多呈圆球形[图 7-10(h)]，或孤立产出或成群分布。杂基与内源砾石比较，由于填隙物多为陆源砂级或泥级碎屑，颜色比内源砾石略浅；含的小碎屑颗粒较内源砾石多，粒度也相对较粗；有机质含量与内源砾石相比，相差不多，都比较富集。

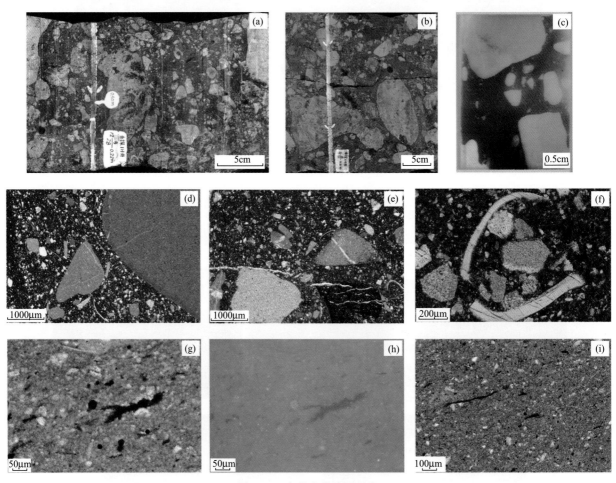

图 7-10　杂基支撑陆源砾岩

(a) 陆源颗粒之间点接触或者不接触，块状构造，束探 1H 井，$12\frac{3}{28}$；(b) 砾石大小混杂，分选很差，束探 1H 井，$8\frac{8}{31}$；(c) 杂基支撑陆源砾岩磨制的薄片，颗粒之间不接触，束探 1H 井，$7\frac{22}{30}$；(d) 杂基支撑，颗粒之间填隙物为砂级或者泥级的碳酸盐岩碎屑，束探 1H 井，$11\frac{7}{26}$，单偏光；(e) 有机质条带零散分布，束探 1H 井，$11\frac{7}{26}$，正交光；(f) 见生物碎屑，束探 1H 井，$11\frac{7}{26}$，正交光；(g) 黄铁矿，多与有机质伴生，束探 1H 井，$7\frac{22}{30}$，单偏光；(h) 黄铁矿呈圆球形成群分布，具有金属光泽，束探 1H 井，$7\frac{22}{30}$，反射光；(i) 内源砾石内部，见有机质条带和黄铁矿，束探 2X 井，$1\frac{4}{45}$，单偏光

5. 杂基支撑混源砾岩

与颗粒支撑内源砾岩相似，杂基支撑混源砾岩的砾石既有陆源颗粒又有内源颗粒，内源砾占到砾石总量的 25%～50% ［图 7-11(a)］，整体表现为块状构造，颗粒之间表现为不接触或点接触，杂基支撑。陆源砾石岩心上为浅灰色，形态多为次棱角-次圆，大小混杂，分选差，成分复杂，以泥晶灰岩为主 ［图 7-11(b)］；内源颗粒边界比较清晰，岩心上为深灰色，多呈圆状、似圆状，部分受陆源颗粒挤压呈不规则状，内含少量泥级、粉砂级碎屑，镜下还可以看到内源砾石中含有黄铁矿、有机质及少量的介壳生物碎片等 ［图 7-11(c)、(d)］。

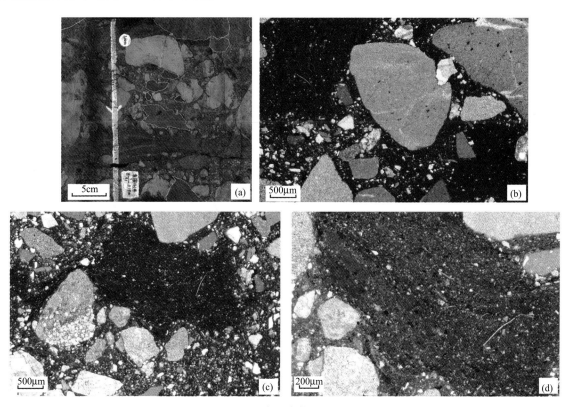

图 7-11　杂基支撑混源砾岩

(a) 灰黑色内源砾石被灰白色陆源砾石挤压，呈各种形状，束探 1H 井，$8\frac{7}{31}$；(b) 陆源砾石多为泥晶灰岩，内源砾石具有颗粒的形状，束探 1H 井，$8\frac{12}{31}$，单偏光；(c) 陆源颗粒分选差，束探 1H 井，$8\frac{12}{31}$，单偏光；(d) 内源砾石含有泥级、粉砂级碎屑和黄铁矿及少量介壳生物碎片，束探 1H 井，$8\frac{12}{31}$，单偏光

6. 岩屑（粉）砂岩

碳酸盐岩岩屑砂岩（简称岩屑砂岩）岩心上为浅灰色 ［图 7-12(a)］，碳酸盐岩岩屑粉砂岩（简称岩屑粉砂岩）多与泥灰岩互层 ［图 7-12(b)］，它们主要由砂级或者粉砂级碳酸盐岩岩屑、黏土矿物和少量石英等陆源颗粒构成（表 7-2）。岩屑砂岩次圆-次棱角状，粒度为 0.2～1mm，分选中等，粒间主要充填自生方解石 ［图 7-12(c)］。岩屑粉砂岩中可见颗粒向上变细的正粒序，逐渐过渡为泥灰岩，粉砂级碳酸盐岩岩屑中还可以见到少量的生物碎屑 ［图 7-12(d)］。

表 7-2　束鹿凹陷沙三下亚段岩屑（粉）砂岩成分统计表

成分	平均/%	样品数	最小值/%	最大值/%
方解石	38.7	42	1	79
白云石	36.9	42	3	76
黏土	11.9	42	1	44
石英	10.9	42	2	35
长石	0.07	42	0	1
黄铁矿	0.17	42	0	2
菱铁矿	1.36	42	0	15

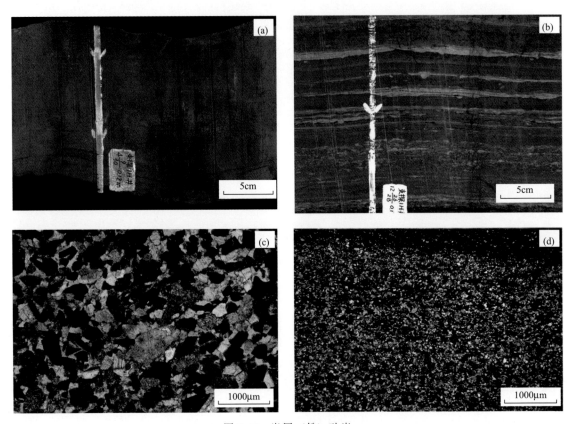

图 7-12　岩屑（粉）砂岩

（a）岩屑砂岩，浅灰色，束探 1H 井，$4\frac{9}{30}$；（b）岩屑粉砂岩，浅色粉砂岩与深色泥灰岩互层产出，束探 1H 井，$12\frac{26}{28}$；（c）岩屑砂岩，主要由陆源碳酸盐岩组成，分选较好，次圆状–次棱角状，颗粒间彼此相互接触，基本没有杂基，束探 1H 井，$8\frac{19}{31}$，单偏光；（d）纹层粉砂岩，由粉砂级陆源碳酸盐碎屑和泥晶方解石组成，颗粒间呈点–线接触，见少量生物碎屑，向上变细，过渡为泥灰岩，束探 1H 井，3973.4m，单偏光

7. 纹层状泥灰岩

纹层状泥灰岩在岩心上呈灰色、深灰色，可见明显的层理、页理发育[图 7-13（a）、（b）]。镜下呈亮暗相间的层偶组合[图 7-13（c）、（d）]，纹层厚度不等，一般单个纹层的厚度为 100～300 μm。纹层状泥灰岩的主要成分是方解石，其次是白云石、黏土矿物、石英和黄铁矿，长石含量很少（表 7-3）。

镜下观察纹层状方解石由三个部分组成[图 7-13（c）、（d）]，即浅色的微亮晶方解石(a)、深色的泥

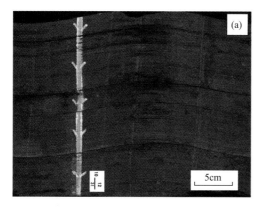
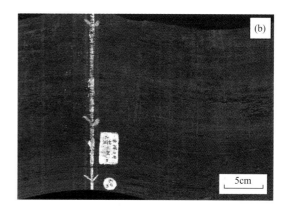
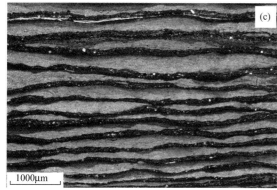
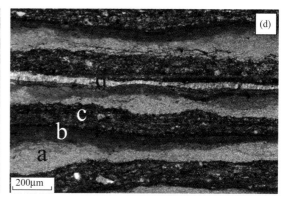

图 7-13　纹层状泥灰岩

（a）灰褐色，层理发育，束探 1H 井，10$\frac{12}{31}$；（b）深灰色，束探 3 井，2$\frac{30}{76}$；（c）明暗相间的纹层，水平或波状分布，束探

1H 井，13$\frac{17}{57}$，单偏光；（d）为（c）的局部放大，由微亮晶方解石 a、深色的泥晶方解石 b 和含黏土陆源碎屑层 c 组成，部

分方解石重结晶 d 呈马牙状，束探 1H 井，13$\frac{17}{57}$，正交光

晶方解石（b）和含黏土陆源碎屑层（c）。其中，方解石纹层是春夏两季生物诱导化学沉淀形成的自生方解石沉积，含黏土陆源碎屑层是秋冬季节沉积物悬浮沉降的产物（Valero-Garcés et al.，2014）。含黏土陆源碎屑层由黏土、碳酸盐矿物颗粒、黄铁矿和石英等组成，有机质富集。纹层状泥灰岩的 TOC 为 0.65%～5.41%，平均为 1.85%。纹层间发育层间缝，可发育重结晶的方解石（d），呈栉壳状，它的形成与有机质的演化有关。

表 7-3　束鹿凹陷沙三下亚段纹层状泥灰岩成分统计表

成分	平均/%	样品数	最小值/%	最大值/%
方解石	57.3	105	22	93
白云石	15.9	105	2	57
黏土	14.5	105	2	40
石英	10.4	105	2	30
长石	0.4	105	0	2
黄铁矿	1.43	105	0	7

8. 块状泥灰岩

块状泥灰岩颜色在岩心上以深灰色或灰褐色为主 [图 7-14(a)、(b)]，无层理，块状构造，偶夹薄层的碳酸盐岩粉砂条带，单层最厚可达到 4.05m（束探 3 井，3986.27～3990.32m），与纹层状泥灰岩一样，块状泥灰岩的主要成分是方解石，其次是白云石、黏土矿物、石英和黄铁矿，长石含量很少（表 7-4）。主要由泥粒级方解石、粉砂级陆源碳酸盐岩岩屑、石英及黄铁矿和少量生物碎屑组成 [图 7-14(c)、(d)]。镜下这些组分随机分布，结构具有均质特征，介壳化石和部分矿物长轴趋于水平排列，介壳化石，常常显示鱼钩状的末端（上弯边缘）。块状泥灰岩的 TOC 为 0.77%～5.54%，平均为 1.68%。

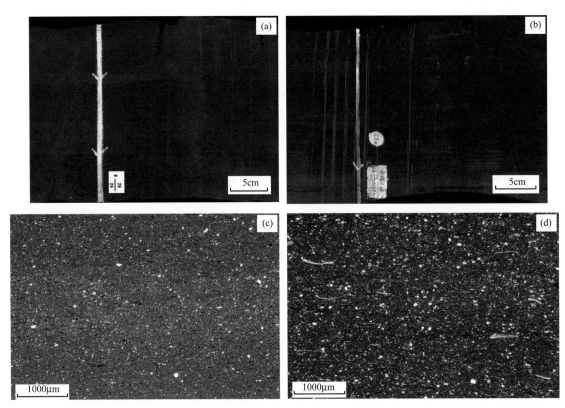

图 7-14　块状泥灰岩

(a) 灰褐色，无层理构造，束探 1H 井，$9\frac{29}{29}$；(b) 深灰色，束探 3 井，$4\frac{73}{80}$；(c) 以泥晶方解石为主，束探 1H 井，$11\frac{21}{26}$，

单偏光；(d) 可见粉砂级陆源碎屑颗粒和介壳化石，束探 1H 井，$9\frac{25}{29}$，正交光

表 7-4　束鹿凹陷沙三下亚段块状泥灰岩成分统计表

成分	平均/%	样品数	最小值/%	最大值/%
方解石	61.2	89	22	92
白云石	13.6	89	3	44
黏土	13.5	89	2	39
石英	10	89	2	29
长石	0.3	89	0	2
黄铁矿	1.3	89	0	8

7.2.2　砾石成分

　　束鹿凹陷沙三下亚段的砾岩成分主要来自于西侧宁晋凸起的碳酸盐岩颗粒，包括以泥晶灰岩和颗粒灰岩为主的灰岩砾石（图 7-15）、以微晶白云岩和粉晶白云岩为主的白云岩砾石（图 7-16）两种类型。

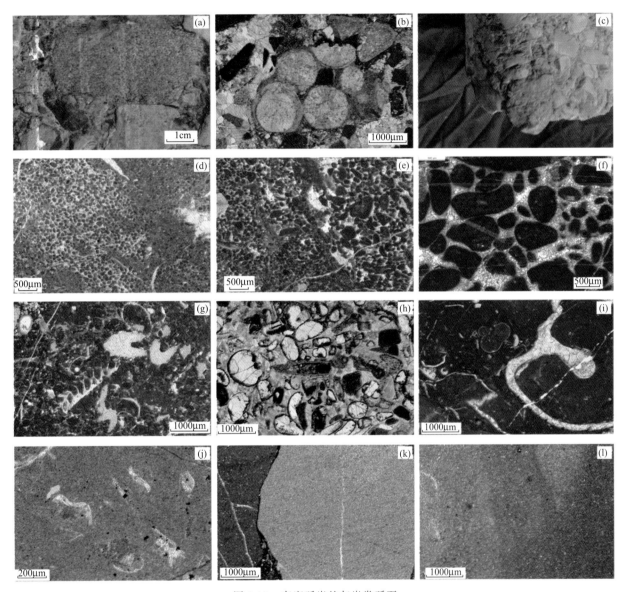

图 7-15　束鹿砾岩的灰岩类砾石

（a）岩心中的鲕粒灰岩，束探 3 井，$9\frac{17}{85}$；（b）薄片中的鲕粒灰岩，晋 404 井，$9\frac{9}{13}$，单偏光；（c）竹叶状灰岩，束探 3 井，$9\frac{66}{85}$；（d）球粒灰岩，束探 2X 井，$1\frac{20}{45}$，单偏光；（e）球粒灰岩，晋 98X 井，$7\frac{8}{20}$，单偏光；（f）球粒灰岩，束探 3 井，4254.3m，单偏光；（g）生物碎屑灰岩，晋 94 井，$5\frac{17}{20}$，单偏光；（h）生物碎屑灰岩，束探 1H 井，$5\frac{29}{32}$，单偏光；（i）生物碎屑灰岩，晋 97 井，$5\frac{10}{13}$，单偏光；（j）生物碎屑灰岩，束探 2X 井，$1\frac{27}{45}$，正交光；（k）泥晶灰岩，束探 2X 井，$1\frac{42}{45}$，正交光；

（l）泥晶灰岩，束探 1H 井，$2\frac{23}{23}$，单偏光

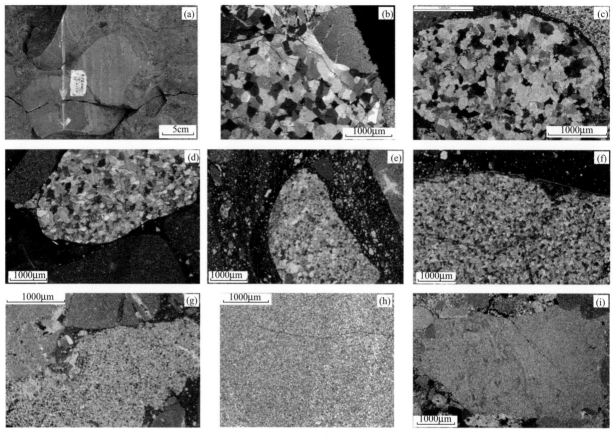

图 7-16　束鹿砾岩的白云岩类砾石

(a) 岩心中的中晶白云岩，束探 3 井，$9\frac{79}{85}$；(b) 中晶白云岩，束探 1H 井，3979.98m，正交光；(c) 中晶白云岩，束探 3 井，3871.19m，正交光；(d) 中晶白云岩，束探 1H 井，$2\frac{1}{23}$，正交光；(e) 细晶白云岩，束探 1H 井，$8\frac{9}{31}$，正交光；(f) 细晶白云岩，束探 1H 井，$5\frac{27}{32}$，正交光；(g) 粉晶白云岩，束探 2X 井，3729.12m，正交光；(h) 微晶白云岩，束探 3 井，4255.6m，单偏光；(i) 微晶白云岩，晋 97 井，3863.5m，正交光

1. 灰岩类砾石

研究区的灰岩砾石在总砾石中的比例为 60%，主要有颗粒灰岩和泥晶灰岩两种，其中颗粒灰岩大约占 40%，包括鲕粒灰岩[图 7-15(a)、(b)]、竹叶状灰岩[图 7-15(c)]、球粒灰岩[图 7-15(d)～(f)]和生物碎屑灰岩[图 7-15(g)～(j)]。鲕粒灰岩中鲕粒粒径一般为 0.5～1.0mm，隐约看到放射状晶体结构和同心层，胶结物以微晶方解石和亮晶方解石为主；竹叶状灰岩主要由大小不等的灰岩砾屑组成，砾屑呈长条状，大多具有氧化圈，较大的砾屑呈微平行排列，小砾屑排列方向略显杂乱；球粒灰岩中球粒粒径一般为 0.05～1mm，同一块样品中的球粒大小相对一致，胶结物主要为亮晶方解石；生物碎屑灰岩中的生物碎屑主要为海百合、腹足类、海绵、三叶虫等生物碎屑。泥晶灰岩在灰岩砾石中的比例大约为 60%，主要由泥晶方解石组成，镜下看到部分泥晶灰岩的裂缝或溶蚀孔内部被亮晶充填[图 7-15(k)、(l)]。

2. 白云岩类砾石

研究区的白云岩砾石占总砾石的 30%，多为晶粒结构，主要有中晶白云岩[图 7-16(a)～(d)]、细晶白云岩[图 7-16(e)、(f)]、粉晶白云岩[图 7-16(g)]、微晶白云岩[图 7-16(h)、(i)]。中晶白云岩、细晶白云岩和粉晶白云岩分别由不同大小的晶粒构成，晶形较好，多呈自形-半自形镶嵌状，晶体为交代成因及重结晶形成，集合体常呈砂糖状。微晶白云岩主要由微晶白云石组成，结构均一，晶粒细小，晶形以半自形至它形为主。

3. 硅岩类砾石

研究区除了碳酸盐岩砾石外，还有少量的硅岩砾石(约占 10%)，主要包括燧石、玉髓和石英。燧石为隐晶、微晶或者细晶石英的集合体[图 7-17(a)～(c)]，玉髓是一种隐晶状的石英，呈细小粒状、纤维状或放射球粒状[图 7-17(b)]，石英内部有裂纹，个别石英发育次生加大边[图 7-17(d)]。

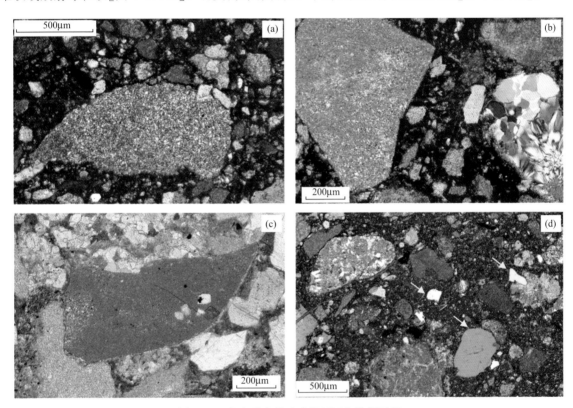

图 7-17　束鹿砾岩的硅岩类砾石和陆源石英

(a) 束探 3 井，3808.57m，燧石，正交光；(b) 束探 1H 井，$6\frac{4}{6}$，燧石和玉髓，正交光；

(c) 束探 1H 井，$8\frac{2}{31}$，燧石，正交光；(d) 晋 404 井，$9\frac{4}{13}$，石英，正交光

7.2.3　测井识别

1. 颗粒支撑陆源砾岩

颗粒支撑陆源砾岩的厚度较大，GR 呈现极低值，电阻率呈现高值（图 7-18），这是在测井上识别该类岩相的主要特征。此外，高 DEN、低 CNL、电阻率和声波时差交会区间大也是识别该砾岩的有利特征。测井显示白云石含量高，虽然部分井存在方解石含量高的砾岩段，但高白云石含量也可作为识别标准之一。

2. 杂基支撑陆源砾岩

该类砾岩发育厚度明显小于前者。由于杂基含量及成分的变化，测井曲线具有锯齿状特征（图 7-19），

如 GR 和电阻率，这一点不同于颗粒支撑陆源砾岩。此外，与颗粒支撑陆源砾岩相比，GR 值略大。DEN 与 CNL 交会区间、电阻率与声波时差的交会区间变小。

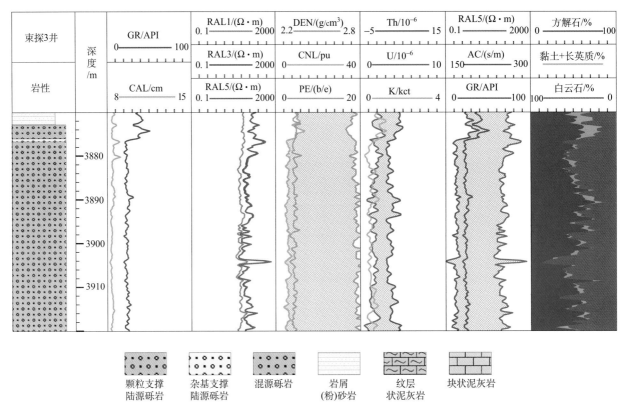

图 7-18　颗粒支撑陆源砾岩测井识别图版

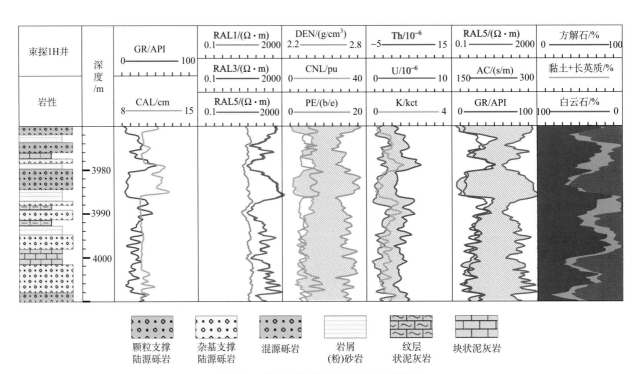

图 7-19　杂基支撑陆源砾岩测井识别图版

3. 混源砾岩

该类砾岩包括颗粒支撑混源砾岩、杂基支撑混源砾岩和颗粒支撑内源砾岩。主要发育于束探 2X 井，在束探 3 井、束探 1H 井也有少量分布。它往往位于陆源砾岩上部，单层厚度较薄，测井识别难度较大。从曲线特征来看，混源砾岩的 GR 值与陆源砾岩相比，GR 略有增高，数值处于细粒碳酸盐岩的 GR 值区间范围，AC 值较低，可以作为区别于细粒碳酸盐岩的一个特点。此外，DEN 与 CNL 的交会区间明显小于颗粒支撑陆源砾岩和杂基支撑陆源砾岩（图 7-20）。

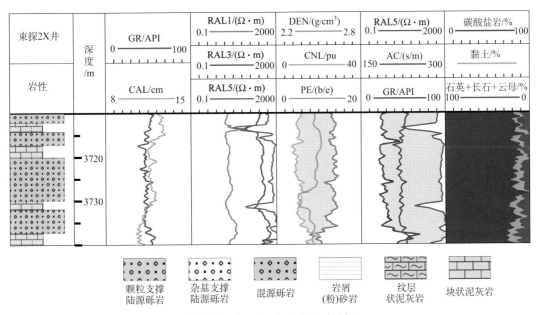

图 7-20　混源砾岩测井识别图版

4. 岩屑（粉）砂岩

岩屑砂岩和岩屑粉砂岩，在研究区发育较少，单层厚度薄。岩心上，岩屑砂岩夹于块状泥灰岩之间，局部发育杂基支撑陆源砾岩，因此测井上具有突变的特征。测井曲线上表现为电阻率偏低、DEN 较大、GR 值变化幅度大等特征，方解石含量低、白云石和黏土含量高是其区别于泥灰岩的主要特征之一（图 7-21）。

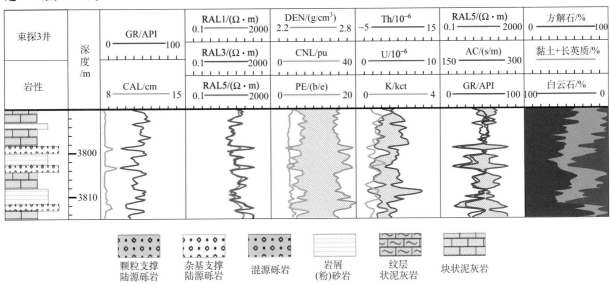

图 7-21　岩屑（粉）砂岩测井识别图版

5. 纹层状泥灰岩

该类泥灰岩在研究区比较发育，其 GR 值高于颗粒支撑陆源砾岩和杂基支撑陆源砾岩，处于中值或低值。电阻率比岩屑（粉）砂岩高，测井显示方解石含量高，白云石含量低（图 7-22），这一点与块状泥灰岩不同。

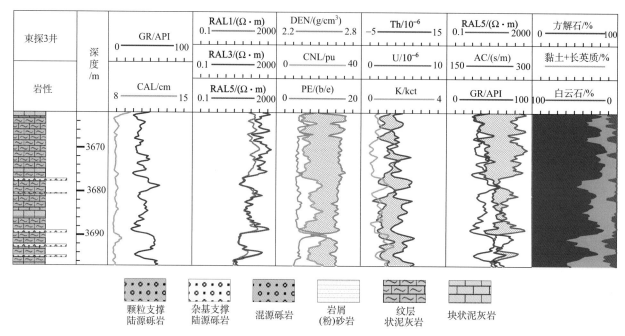

图 7-22　纹层状泥灰岩测井识别图版

6. 块状泥灰岩

块状泥灰岩是研究区另一主要的细粒碳酸盐岩，单层厚度较大。测井上，黏土含量较高，导致 GR 值升高，电阻率较低。AC 较大，其与电阻率交会区间小（图 7-23）。

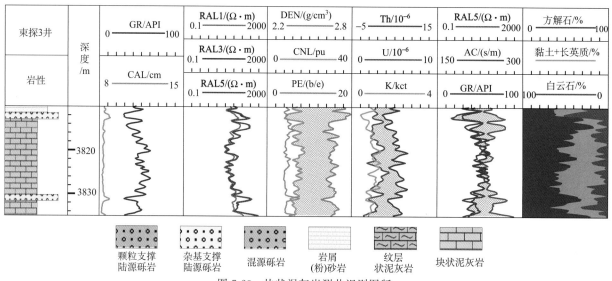

图 7-23　块状泥灰岩测井识别图版

7.2.4　重点井岩性分布

依据岩心、井壁取心及测井资料，对束鹿凹陷沙三下亚段的重点井岩性进行标定。选择靠近湖盆边缘位于斜坡外带的晋 100 井、斜坡内带的晋 97 井和位于坡折带的束探 3 井，做连井剖面，分析其岩性变化（图 7-24）。总体来看，研究区中颗粒支撑陆源砾岩、杂基支撑陆源砾岩、纹层状泥灰岩和块状泥灰岩最为发育。层序 1 沉积时期，各井发育以颗粒支撑陆源砾岩和杂基支撑陆源砾岩为主的厚层砾岩段，测井显示低 GR、低 AC、高电阻率，曲线平直。层序 2 沉积时期，只有靠近湖盆边缘的区域发育颗粒支撑陆源砾岩，其他区域以纹层状泥灰岩和块状泥灰岩为主。层序 3 沉积时期，湖盆边缘发育厚层的颗粒支撑陆源砾岩，斜坡内带逐渐过渡为纹层状泥灰岩和岩屑砂岩，坡折带位置的部分井开始发育混源砾岩，颗粒支撑陆源砾岩厚度很大。层序 4 及层序 5 沉积时期，各井以块状泥灰岩和纹层状泥灰岩为主，偶尔发育杂基支撑陆源砾岩。砾岩主要分布在层序 1 和层序 3 中，在层序 2 的湖盆边缘，砾岩比较发育。层序 1 和层序 2 的砾岩主要是扇三角洲沉积，层序 3 的砾岩主要是地震诱发的滑塌扇沉积。

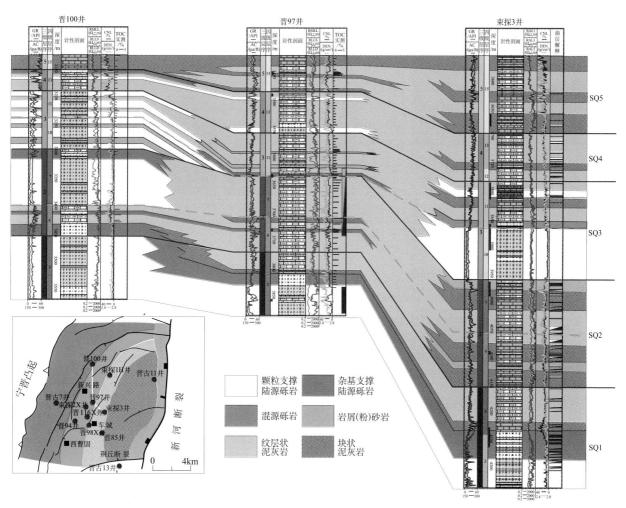

图 7-24　晋 100 井-晋 97 井-束探 3 井岩相连井剖面图

7.3　构造活动对沉积作用的影响

通过对大量岩心、薄片观察以及区域地质分析，在束鹿凹陷中南部沙三下亚段的地层中首次识别出湖相碳酸盐岩原地震积岩，主要标志有软沉积物液化变形和脆性变形。另外，还发现有异地沉积的震浊积岩，与典型的原地震积岩紧密伴生，认为其属于地震成因。

7.3.1　震积岩的类型和特征

1. 液化脉

液化脉是最为常见的一种软沉积物变形构造，主要发育于三级层序 3 中。脉体多与层面垂直或者斜交，少数与层面基本平行。脉体填充物的粒度级别可以是粉砂、粗砂，也可以是细砾，颜色呈土黄色或灰色。根据粒度和成分的不同可以划分为砂岩脉、角砾岩脉和微晶碳酸盐岩脉。脉体的长度和宽度变化多样，最长的脉体垂向上能超过 10cm [图 7-25(a)]。液化脉的形态多不规则，向下终止，垂向上或平直或弯曲，呈肠状、圆锥状。脉体的末端，由于能量降低，常常逐渐变细。图 7-25(c)中，砾岩脉由分选差、次圆状-次棱角状的细砾大小的碳酸盐碎屑组成。束探 2X 井中，由碳酸盐岩岩屑砂岩构成的脉体向下变细，被小断层错开分成几部分 [图 7-25(c)～(e)]。

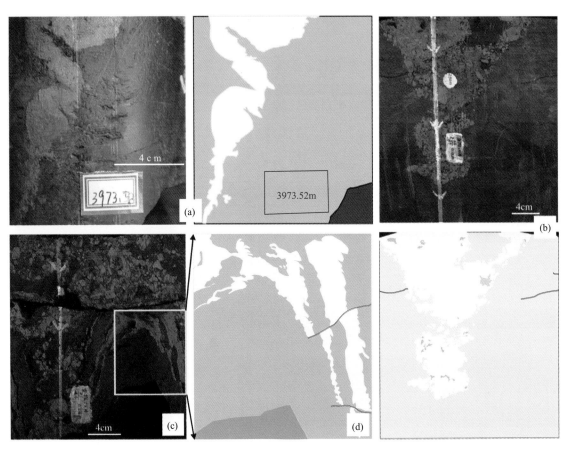

图 7-25　束鹿凹陷沙三下亚段三级层序Ⅲ液化脉

(a) 肠状的碳酸盐岩岩屑砂岩脉，束探 1H 井，3973.52m；(b) 砾岩脉，束探 1H 井，3961.6m；(c) 脉体被小断层错开，束探 2X 井，3725.17m；(d) (c) 中白框部分的放大。箭头指示着地层的底

沉积物的准同生期（Martel and Gibling，1993），来自于上覆地层呈流化态的沉积物在异常压力的挤压下，向下伏地层贯穿形成液化脉（Berra and Felletti，2011），向下逐渐变细的形态代表剪切力减少和流化速度降低（Törő and Pratt，2015）。向下填充的液化脉的成因可以解释为裂缝充填形成（Montenat et al.，1991，2007）以及压实作用（Tanner，1998）或者地震活动（Pratt，1998）导致的脱水收缩作用。考虑到研究区液化脉的延伸方向，几何形态和填充物的特征（Törő and Pratt，2015），认为可以解释为地震诱发成因，液化脉被小断层切割，推测原因是，地层基本固结时，地震诱发的液化泄水作用发生以后有小的震动导致脉体错断。

2. 液化水压构造

束探 1H 井三级层序 3 的块状泥灰岩中出现一组碳酸盐岩岩屑砂岩构成的平行脉体，在脉体周围，有许多细小的水平或略微倾斜的脉。这种构造是液化水压构造，它以成组出现的液化脉为特征［图 7-26(a)］，在液化脉中有一个 4cm 宽、由粗砂构成的、透镜状的团块。单个的脉体呈肠状或者扁平状，被线性的小脉体包围，整个构造的轴面基本直立。

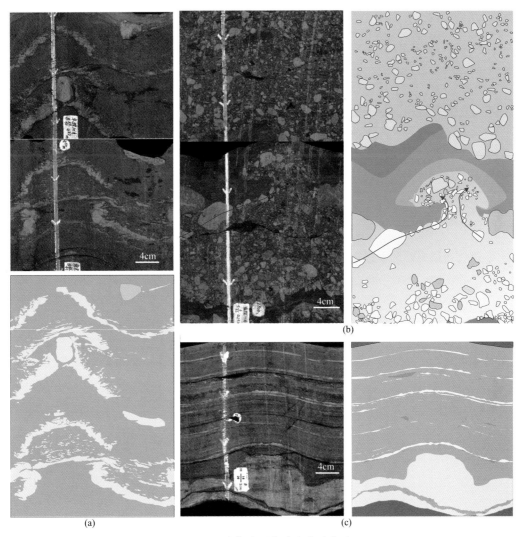

图 7-26　液化水压构造和底辟构造

(a) 液化水压构造，一组平行的碳酸盐岩岩屑砂岩脉，周围是细小的脉体，束探 1H 井，3993.1m；(b) 由杂基支撑陆源砾岩和泥灰岩构成的蘑菇状底辟，束探 1H 井，3974.73m，注意砾石长轴的排列方向（红色箭头）；(c) 穹形底辟，饱含水的碳酸盐岩岩屑砂岩向上侵入，使得上覆地层发生变形，束探 1H 井，4080.1m。箭头指示着地层的底

巨大的压力使得碳酸盐岩岩屑砂岩团块爆炸性向其围岩侵位，形成液化水压构造（Obermeier，1996；Zhang et al.，2007；Ettensohn et al.，2011），它需要的能量比形成液化脉要大得多。研究区液化水压构造中脉体的排列形态，尤其是周围大量的细小脉体，展现了明显的液化和流化特征。这一特征与地震诱发的液化作用一致，显然，形成液化水压构造的时候，有一个短暂的、突然向上的水压力作用于液化的碳酸盐砂团（Obermeier，1996）。

3. 底辟构造

研究区在束探 1H 井三级层序 3 中，观察到蘑菇状底辟和穹形底辟，由碳酸盐岩岩屑砂岩或杂基支撑陆源砾岩构成，向上穿刺上覆泥灰岩，使其发生弯曲变形。蘑菇状底辟中有许多砾级碎屑，最大的一个长 6cm，整个蘑菇头宽约 8cm，高 4cm [图 7-26(b)]，蘑菇头的外部轮廓由含粉砂泥灰岩组成。穹形底辟由中粗粒的碳酸盐岩岩屑砂岩组成，宽 10cm，高 5cm [图 7-26(c)]，上覆地层被拱起呈背形构造，穹丘的正上方可以看到两组相向的小断裂。

许多学者描述过黏土沉积物或者细粒砂岩侵入上覆地层的底辟构造（Chapman，1983；Hempton and Dewey，1983；Scott and Price，1988；Mohindra and Bagati，1996；Moretti，2000；Rodríguez-Pascua et al.，2000，2010；McLaughlin and Brett，2004；Berra and Felletti，2011），这些构造与未穿透上覆沉积物的"沙火山"类似（Montenat et al.，2007），它们的形成原因可以解释为地震活动形成的液化流动构造或者重力负载引发的变形构造（Berra and Felletti，2011）。"负载体的快速下陷"这个解释不适合研究区，因为通过观察这些底辟的形态特征发现，蘑菇状底辟的砾级碎屑的长轴方向表现出向上流动的特征，大小不一的碎屑以准流态向上穿刺上覆地层。穹形底辟的丘体上方地层的背形特征以及相向的小断裂表明存在一种向上侵入的力。因为，底辟构造可以被认为是地震成因，而不是重力负载引发的结果。

4. 液化卷曲变形

研究区液化卷曲变形层的厚度变化范围较大，小到 1cm，大到 20cm。形态大多没有规律，有的类似于侧向上连续分布的向斜和背斜，单个褶皱的幅度为 5～10cm 高、5～10cm 宽[图 7-27(a)、(b)]。这些液化卷曲变形层由碳酸盐岩岩屑粉砂岩和泥灰岩薄互层构成，向斜的两翼没有明显的滑动构造或者注入岩脉体，褶皱轴的方向近于直立[图 7-27(a)、(b)]，图 7-27(c) 和 (d) 中褶皱轴的中心线随机排列，有的略微倾斜，有的近水平，变形的幅度比较小，约 2cm。

卷曲变形是一种小规模的变形构造，常常局限在层内，其上覆和下伏层一般不受影响。它形成于沉积物没有完全固结之时，类似的沉积构造可能是负载压力（Dzulynski and Smith，1963）、沿坡滑塌（Strachan，2002；Alsop and Marco，2011）或沉积物在水流或者地震造成的剪切作用力下的弹性-塑性反应（Dzulynski and Smith，1963；Hibsch et al.，1997；Rodríguez-Pascua et al.，2000；Rodríguez-López et al.，2007；Rana et al.，2013）。鉴于卷曲变形层和上覆地层的岩性比较接近，而且轴面不是往同一方向倾斜，沉积物负载和滑塌这两个原因可以排除。由于卷曲变形层和上覆沉积之间缺少侵蚀不整合，水流造成的剪切这一原因也可以排除。因此，这一构造很可能是地震造成的水塑性变形。

5. 负载构造和球枕构造

负载构造，主要发育于层序 3 中，是浅灰色的碳酸盐岩岩屑砂岩下陷落入深灰色泥灰岩形成的构造，表现为宽几厘米且不对称的下凸面（图 7-28）。图 7-28(a) 和 (b) 中，火焰状的泥灰岩表现为向上贯入碳酸盐岩岩屑粉砂岩中，在下伏的地层中，有分散的砾石大小的碳酸盐岩砾石和中粗粒的碳酸盐岩岩屑砂岩。负载-火焰构造的顶部，由碳酸盐岩岩屑粉砂岩和泥灰岩构成的薄互层基本没有受到影响。图 7-28(c) 和 (d) 中，在小同沉积断层的下方可以看到负载-球枕构造，这些球枕构造由细粒的碳酸盐岩岩屑砂岩组成，几毫米宽，呈细长的透镜体状。

这些构造是上覆粗颗粒的沉积物落入下伏的细粒层形成的（Suter et al.，2011），火焰构造常常和负载构造相伴生，球枕构造是负载构造脱离母岩层后形成的，代表负载构造晚期阶段（Ghosh et al.，2012）。这些构造可能形成于密度差异或者不均匀负载造成的重力失稳（Lowe，1975；Moretti et al.，1999；Neuwerth et al.，2006；Moretti and Sabato，2007）。当然，负载构造可能是地震（Du et al.，2008；Fortuin and Dabrio，2008；Rana et al.，2013）诱发的液化过程中形成的，正如 Owen（1996）的

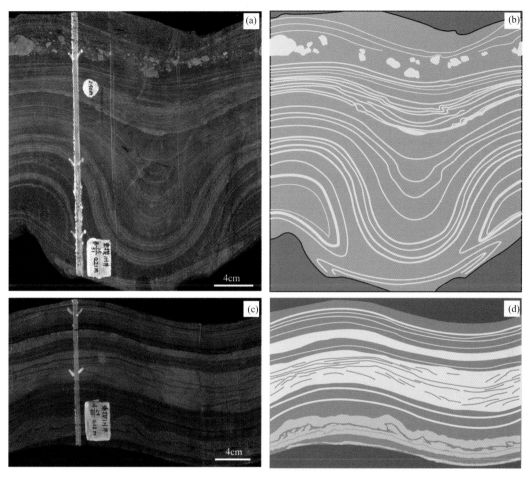

图 7-27　液化卷曲变形构造

(a)和(b)变形构造以横向交替出现的背斜和向斜为特征，束探 1H 井，3992.07 m；(c)和(d)卷曲变形只发生在层内，褶皱轴不规则分布，束探 1H 井，3972.55 m。箭头指示着地层的底

模拟实验描述的那样。规模较大的负载构造（大于 0.5m）可以认为是震积岩（Moretti and Sabato，2007），但是由于岩心的尺寸限制，这样大规模的负载构造在岩心中一般观察不到。

6. 环形层

环形层在晋 97 井和束探 3 井中比较发育，主要分布在层序 3 和层序 5 中，单独出现或连续分布，赋存岩性为碳酸盐岩岩屑粉砂岩和泥灰岩薄互层，同心环圈层比较清晰。研究区的环形层大多十几厘米宽，高度 3～10cm 不等（图 7-29）。这种构造可以与液化卷曲变形构造伴生［图 7-29(a)、(b)］，图 7-29(c)和(d)环形层中的最大环下部可以看到具有不规则形状的碳酸盐岩岩屑砂岩团块。乍看之下，图 7-29(e)和(f)中的变形可以称为是简单的环形层，仔细一看，环形层的各单层都发生了卷曲变形，并且在两组环形层中发育一个小的正断层，断层内部有方解石充填。

这些环形层构造由薄层的同心环连接构成，形状上与 Calvo 等（1998）和 Rodríguez-Pascua 等（2000）描述的链条状环形层略有不同。研究区的环形层发育卷曲变形和微断层，表现出未固结到逐步固结的沉积物塑性和脆性变形的特征［图 7-29(e)、(f)］。这种构造一般被解释为由弱地震诱发的张应力造成的（Calvo et al.，1998；Rodríguez-Pascua et al.，2000；袁静等，2006），是地震作用的重要记录。

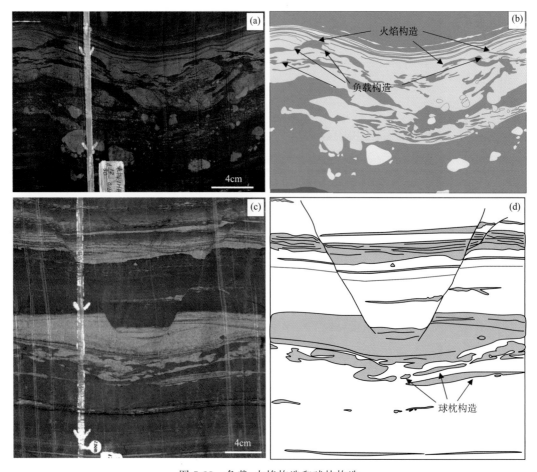

图 7-28　负载-火焰构造和球枕构造

（a）和（b）负载-火焰构造，束探 1H 井，3970.41 m；（c）和（d）小同沉积断层下的球枕构造，

束探 1H 井，4084.2 m。箭头指示着地层的底

7. 沉陷构造

沉陷构造主要分布在层序 3 和层序 5 中，在这种构造中，砾石大小的碎屑，其成分是风化的碳酸盐岩，使泥灰岩的纹层向下弯曲（图 7-30），这些碎屑的大小为 0.5～5cm，长轴的方向多种多样，直立、斜卧或平躺，碎屑正下方的纹层变形比较严重。推断认为，由于陆源砾石的挤压，泥灰岩内部的剪切力迅速减少，孔隙压力迅速增大，泥灰岩的纹层向下弯曲，发生了一定程度的变形。其重要的驱动力可能是密度差异，这个过程与砾石迅速落入下伏软沉积物诱发的液化作用有关（Moretti et al.，2001），变形作用发生在下伏富含水的纹层状泥灰岩处于弱固结的情况下。这些风化的碎屑来自附近的宁晋凸起，它们从一定的高度沉落入本区未固结的塑性沉积物中，形成此类型沉积构造，触发机制可能是地震活动。

8. 同沉积断层

在层序 3 和层序 5 中，许多井发育同沉积断层，类型各种各样，如束探 3 井、束探 1H 井、晋 85 井的小地堑[图 7-31（a）～（c）]，束探 1H 井的小断层[图 7-31（d）、（e）]和晋 97 井的一系列的微断层[图 7-31（f）]。这些断层使得当时已固结或者弱固结的地层发生位移，多为正断层，其上覆和下伏岩层均没有受到影响。断层的岩性主要是细粒-中粒的碳酸盐岩岩屑砂岩和泥灰岩，也有例外，在图 7-31（b）中的同沉积断层中出现砾石大小的碳酸盐岩碎屑。这些断层的断层面有的较平直，被沉积物充填

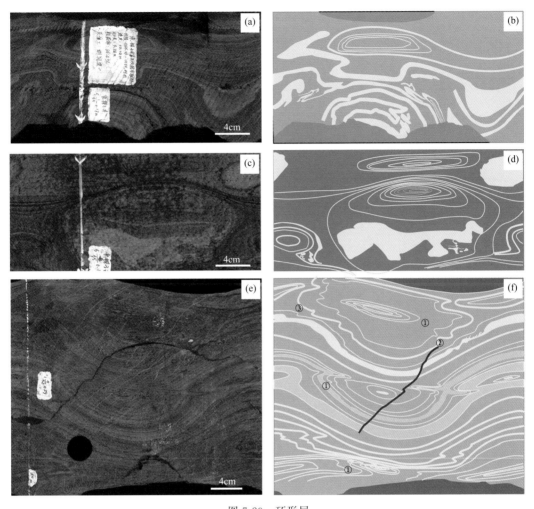

图 7-29　环形层

（a）和（b）环形层与液化卷曲变形构造，束探 3 井，3865.56m；（c）和（d）环形层大环内部发育碳酸盐岩岩屑砂岩
团块，束探 3 井，3866.29m；（e）和（f）①环形层，②微断层，③卷曲变形，晋 97 井，3449.24m。箭头指示着地
层的底

[图 7-31（c）]，有的断层面则不太规则[图 7-31（b）、（d）、（e）]。研究区的同沉积断层倾角较大，有的近于垂直，为 50°～ 80°，位移为 0.2～2cm，图 7-31（b）、（d）、（e）中断层两盘的厚度不一致。

　　一些同沉积断层的断层面并不平直，这是由于断层形成的时候，沉积物没有完全固结，略微弯曲的断层面是塑性变形的结果（Mohindra and Bagati，1996；Rossetti and Góes，2000；Neuwerth et al.，2006），平直的断层面反映了相对固结的地层发生了脆性断裂。许多同沉积断层被解释为地震活动的产物（Pratt，1994；Mohindra and Bagati，1996；Bhattacharya and Bandyopadhyay，1998；Kahle，2002；Fortuin and Dabrio，2008；Taşgin et al.，2011；El Taki and Pratt，2012；Törő and Pratt，2015）。差异压实也可能造成小规模的断层（Fortuin and Dabrio，2008；Törő and Pratt，2015），这种形成机理不适合本研究区，因为断层的上覆地层多是纹层状泥灰岩或块状泥灰岩，与断层所在地层的岩性一致，因此地震成因的解释更为合理。

　　9. 震浊积岩

　　束探 3 井层序Ⅲ发育近 100m 厚的颗粒支撑陆源砾岩，砾石是从宁晋凸起搬运来的古生代碳酸盐岩碎屑，分选很差，整体呈正粒序或者块状构造。砾石大小从几毫米到几十厘米，棱角状、次棱角状

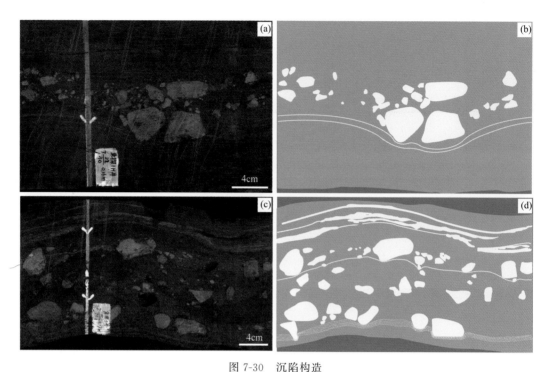

图 7-30　沉陷构造

(a) 和 (b) 砾石使泥灰岩的纹层发生弯曲, 束探 1H 井, 3988.05m; (c) 和 (d) 砾石使泥灰岩发生变形, 束探 3
井, 3676.84m。箭头指示着地层的底

或次圆状, 填隙物是泥级或粉砂级的碳酸盐岩碎屑。砾石长轴方向杂乱分布, 平躺、斜卧或直立 [图
7-32(a)、(b)], 成分多样, 包括白云岩、微晶灰岩、鲕粒灰岩、生屑灰岩和竹叶状灰岩。

束探 1H 井杂基支撑砾岩, 砾石漂浮在暗色灰泥中, 长 0.5～10cm, 次棱角状-次圆状, 填隙物是
灰泥、粉砂级的碳酸盐岩碎屑、有机质和黄铁矿。图 7-32(c)中大小不一的碳酸盐岩碎屑构成一个近
10cm 宽、8cm 高的环, 图 7-32(d)和(e)杂基支撑砾岩中具有漩涡状的构造, 赋存岩性为碳酸盐岩岩屑
粉砂岩和泥灰岩。杂基支撑砾岩中含有大量的软沉积物变形构造, 如碳酸盐岩砂岩脉 [图 7-32(d)] 和
液化水压构造 [图 7-32(f)]。另外, 在束探 1H 井 3992.18m 杂基支撑砾岩中发现具有 2cm 断距的同
沉积断层 [图 7-32(f)]。

一般来说, 地震诱发的重力流沉积和其他触发机制, 如气候变化和沉积速率变化形成的重力流沉
积很难区分 (Gorsline et al., 2000; Shiki et al., 2000; Bertrand et al., 2008; Carrillo et al., 2008;
Fanetti et al., 2008; Wagner et al., 2008; Van Daele et al., 2014), 这是由于它们都具有所有典型的重
力流沉积构造(如块状层理或粒序层理)(Nakajima and Kanai, 2000)。岩性、地球化学、地质测年和
物理性质可以用来评估细粒沉积物经历过的古地震活动 (Gorsline et al., 2000; Wagner et al., 2008;
Leroy et al., 2010; Faridfathi and Ergin, 2012), 但是在砾石构成的沉积物中很难实施。震浊积岩是地
震活动诱发的重力流沉积的产物 (Mutti et al., 1984), 包括泥石流沉积和浊积岩。巨浊积岩已经被认
为是地震活动的产物 (Mutti et al., 1984; Séguret et al., 1984)。束探 3 井层序 3 中颗粒支撑陆源砾岩
的厚度近 100m[图 7-32(a)、(b)], 可以看成是巨浊积岩。沿着束鹿凹陷的斜坡, 束探 1H 井区没有
形成重力流沉积的陡峭地形 (图 7-6)。如此连续的厚层碳酸盐砾岩不可能是波浪作用或者洪水沉积
的产物, 因为构成砾岩的砾石分选很差, 很多都是棱角状。另外, 这些沉积物中也没有沉积学的证
据证明是风暴活动的产物。鉴于缺乏其他可行的形成机制, 认为这些砾岩是地震诱发的滑塌作用形
成的。

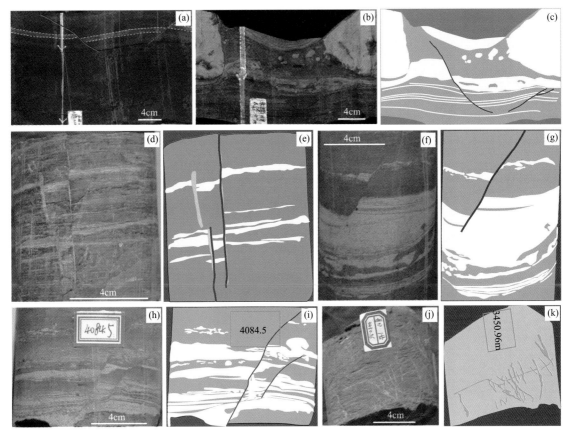

图 7-31　同沉积断层

(a) 小地堑，束探 3 井，3800.94 m；(b) 和 (c) 同沉积断层中出现砾石大小的碎屑，断层向下收敛，没有影响下伏的沉积层，束探 1H 井，3992.18 m；(d) 和 (e) 小地堑，晋 85 井，3770.95 m；(f) (g) 正断层，束探 1H 井，4084.43 m；(h) 和 (i) 正断层，束探 1H 井，4084.5 m；(j) 和 (k) 一系列的微断层，晋 97 井，3450.96m。箭头指示着地层的底

　　与原地震积岩共生的浊积岩应为地震引发的震浊积岩。束探 1H 井层序 3 3992.18m 的浊积岩中同沉积断层的发现 [图 7-32(f)]，表明地震的发生和浊积岩的形成是同一时间的，并且，在束探 1H 井层序 3 的杂基支撑砾岩中发育大量的软沉积物变形构造 [图 7-32(d)~(f)]，这些都为解释研究区"泥石流或者浊流的触发机制是地震活动"提供了强有力的证据。

10. 混源砾岩

　　混源砾岩在束鹿凹陷层序 3 中普遍存在。这种岩性包括两种砾石，一种是来自于宁晋凸起、寒武纪和奥陶纪的碳酸盐岩，另一种是盆内的、古近纪的具有砾石形状的微晶内碎屑，前者的颜色是浅灰色、灰色，砾石尺寸比盆内微晶内碎屑要小[图 7-33(a)]。来自宁晋凸起的陆源碎屑主要成分是分选较差的、次棱角状或次圆状的微晶灰岩和微晶白云岩，古近纪的内碎屑也有明显的砾石边界，只是常常被挤压发生变形，具有软沉积物变形的特征，被拉长或者压扁[图 7-33(b)、(c)]，呈长条状或次圆状 [图 7-33(a)~(c)]，砾石长轴或直立[图 7-33(a)]或平卧[图 7-33(b)、(c)]，边缘多具有毛刺。它的成分与深灰色块状泥灰岩类似，内部含有介壳化石、小的石英颗粒、黄铁矿和少量有机质。推测其是在泥灰岩未固结成岩时，被外力打碎然后与陆源碎屑一起搬运堆积形成的。在束探 2X 井层序 3 的混源砾岩中，发现长约 20cm 的碳酸盐岩岩屑砂岩脉和断距 0.5cm 的小断层[图 7-25(c)、(d)]。

　　混源砾岩可以被认为是地震活动引发的泥石流的一种特殊产物，在未固结时被搬运形成的砾石大小的微晶内碎屑与阿尔沃兰盆地东部的撕裂状的内碎屑成因类似（Braga and Comas，1999），它们可

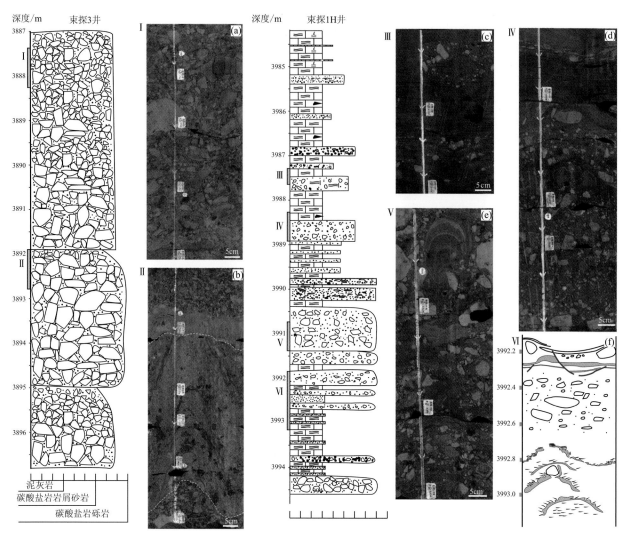

图 7-32　震浊积岩

主要分布在束鹿凹陷束探 3 井和束探 1H 井沙三下亚段层序 3 中，束探 3 井中颗粒支撑陆源砾岩由棱角状-次棱角状、分选较差的粗碎屑构成，砾石长轴方向分布杂乱，束探 1H 井杂基支撑的碳酸盐岩砾岩中有丰富的软沉积物变形构造，如碳酸盐岩砂岩脉和液化水压构造。箭头指示着地层的底。

能是在重力流侵蚀下伏软沉积物并携带向前搬运的过程中形成的。碳酸盐岩岩屑砂岩脉和微断层通常被认为是地震活动诱发的（Pratt，1998；Fortuin and Dabrio，2008；Taşgin et al.，2011；Törő and Pratt，2015），它们与混源砾岩伴生出现，说明混源砾岩和地震活动的直接联系。

11. 其他沉积构造

在束鹿凹陷层序 3 中，还有一些变形构造的形态与液化作用引起的负载构造类似，成因却不一样。碳酸盐岩岩屑砂岩下部的泥灰岩中，可以看到 1cm 宽、近于对称的椭圆形砂球 [图 7-34（a）、（b）]，在它的右侧，有个近水平的孔被上覆的碳酸盐岩岩屑砂岩充填，这些可以解释为被碳酸盐岩岩屑砂岩充填的生物潜穴。图 7-34（c）和（d）泥灰岩中有许多微小球粒，岩性与上覆的岩层一样，是碳酸盐岩岩屑粉砂岩，这些球粒大多 0.1cm 宽，形状各式各样，很不规则，它们的成因可以认为是生物在碳酸盐岩岩屑粉砂岩和泥灰岩中交替穿梭的结果（Moretti and Sabato，2007）。

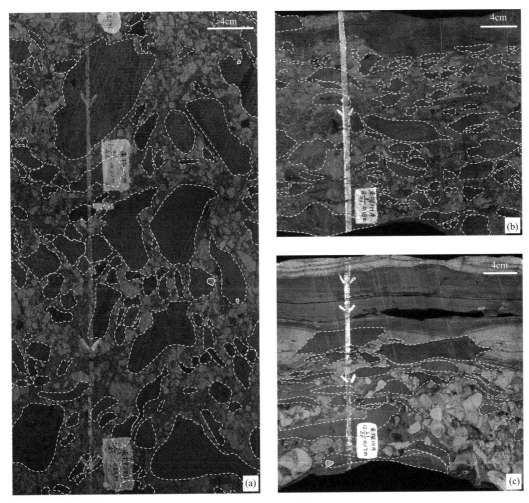

图 7-33　混源砾岩

由古近纪盆内的、深灰色微晶内碎屑和古生代浅灰色碳酸盐岩碎屑组成。填隙物是碳酸盐岩岩屑粉砂岩，微晶内碎屑
被拉长或压扁，或者呈撕裂状或次圆状。(a) 束探 2X 井，3725.2～3725.61m；(b) 束探 1H 井，3989.89m；(c) 束
探 1H 井，4086.34m。箭头指示着地层的底

7.3.2　震积岩序列

对地震活动最敏感的岩性是细粒沉积物（Moretti et al.，1999；Owen and Moretti，2011）。因此，震积岩在三角洲平原和湖泊环境中更发育，这些环境中细粒沉积物常常富含水，更容易被液化。

在岩心观察的过程中，束探 1H 井的层序 3 可见约 2.4m 厚的较为完整的震积岩垂向序列，从下往上依次是下伏未变形层（A）、同沉积断层（B）、液化碳酸盐岩层（C）、异地震浊积岩（D）和上覆未变形层（E）（图 7-35）。

在地震发生前，固结的地层即下伏未变形层（A），由泥灰岩夹薄层的碳酸盐岩岩屑粉砂岩组成。震动初期，这些已固结层没有受到影响，在压力的作用下，其上覆的弱固结层发生脆性变形，形成同沉积断裂（B），即一小型的地堑（图 7-35），与之伴生的是一些小的负载和球枕构造。随着地震活动的能量达到顶点，开始发生液化，液化碳酸盐岩层（C）的主要岩性是泥灰岩和少量碳酸盐岩岩屑粉砂岩，这一层中发育槽模、砂球和一些变形构造，这一单元的顶部通过显微镜观察到一些小型的微断层。然后能量开始衰减，来自西侧宁晋凸起的异地震浊积岩（D）开始沉积，岩性是杂基支撑砾岩，里面的陆源砾石大小不等，多直立排列，是来自于古生代的碳酸盐岩，另外还看到有角砾岩脉。地震

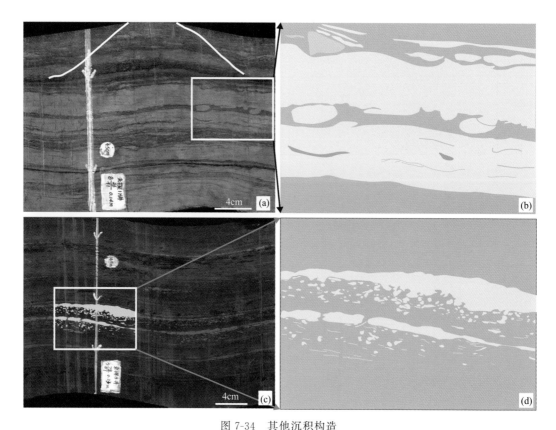

图 7-34　其他沉积构造

(a) 和 (b) 生物扰动遗迹, 束探 1H 井, 3993.97 m; (c) 和 (d) 泥灰岩中的小砂球, 束探 3 井, 3802.78m。
箭头指示着地层的底

过后, 地层恢复正常。上覆未变形层 (E) 为泥灰岩夹薄层的碳酸盐岩岩屑粉砂岩, 约 2m 厚 (图 7-35 中展示了其中一部分), 为地震结束后未受影响的正常沉积岩层, 与下伏浊积岩段突变接触。震积岩序列反映了地震发生时能量先增加后衰减的变化过程。

　　沉积序列反映了地震发生时的沉积过程。很多情况下, 震积岩序列的构成可能并不完全一致 (Mutti et al., 1984; Song, 1988; 乔秀夫等, 1994)。Seilacher 首次描述了地震事件的序列, 从下到上依次由下伏未震层、层内阶梯状断层 (fault-grading beds)、碎石带、均一层和上覆未震层组成 (Seilacher, 1969, 1984)。地震诱发的碳酸盐岩巨型浊积岩的一个单元可厚 5~30m (Mutti et al., 1984; Séguret et al., 1984), 完整的序列平均厚度为 30~134m, 同样反映了能量先增加后衰减的变化过程。具有丘状层理的地震-海啸序列反映了与海啸事件有关的地震过程 (Song, 1988; 乔秀夫等, 1994; 杜远生等, 2001)。震积岩序列 A-B-C-D-E 反映了地震事件初期到能量达到高潮然后衰减直至停止的整个过程 (图 7-35)。与其他沉积序列一样 (如鲍马序列), 观察到的剖面中可能会缺失某个单元或者某些单元 (乔秀夫等, 1994), 不完整的组合很常见, 如 C-D-E 和 D-E 组合。震积岩序列的完整程度受控于地震震级、剖面位置及地震发生处的岩性 (袁静, 2004)。

7.3.3　震积岩的判定标准

1. 变形机制

　　沉积物变形的形态特征受沉积物最初的流变性和驱动力系统控制, 而不受触发机制影响 (Owen, 1987; Ezquerro et al., 2015)。因此, 很难区分软沉积物变形是地震诱导还是其他非地震因素引发 (Owen and Moretti, 2011)。但是, 通过分析软沉积物变形的形态以及沉积和构造背景可以帮助确定是

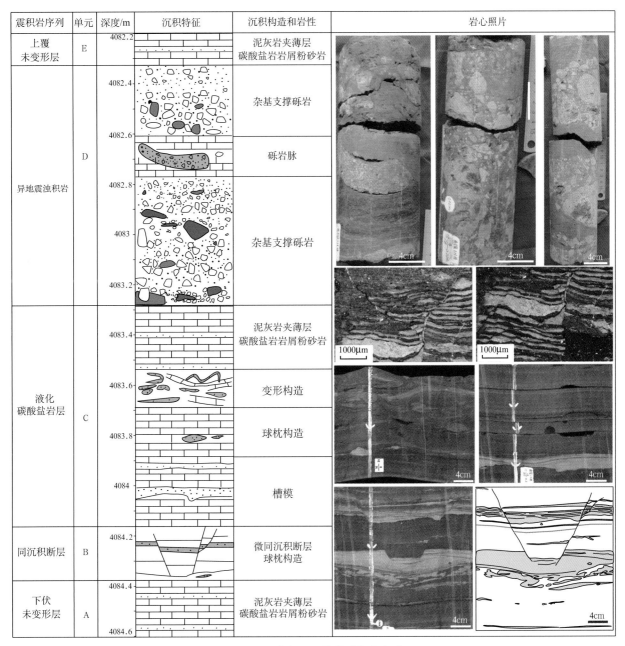

图 7-35　束探 1H 井的震积岩序列

从下往上依次是下伏未变形层（A）、同沉积断层（B）、液化碳酸盐岩层（C）、异地震浊积岩（D）和上覆未变形层（E）。
震积岩序列反映了地震过程中能量先增加后衰减的变化过程。箭头指示着地层的底

什么导致沉积物变形（Törő et al.，2015；Törő and Pratt，2015）。

一些软沉积物变形可以归因于生物扰动（图 7-34）。缺少陆上暴露的证据排除了干旱成因，并且研究区沙三下亚段没有风暴沉积的典型构造——丘状交错层理（Molina et al.，1998；Alfaro et al.，2002）。

考虑到构造背景，研究区这些软沉积物变形构造触发机制最好的解释就是同沉积时期的地震活动。根据下面几个方面可以推断研究区沙河街组湖相沉积的软沉积物变形构造是地震诱发的：①它们在研究区平面上广泛分布，如束探 1H 井、束探 3 井、晋 97 井和晋 116X 井等；②垂向上多期叠置，被未变形的正常沉积层分隔开；③在研究区附近的晋县凹陷古近系，发现类似的软沉积物变形（杨剑萍等，2014），这些软沉积物变形构造主要包括泄水通道、液化卷曲变形构造、球枕构造、火焰状构造和微同

沉积断层等，被认可为地震活动诱发的；④与同沉积断层共生的沉积岩脉、负载构造和环形层已经被解释为与地震同时期的（Kahle，2002；El Taki and Pratt，2012；Wallace and Eyles，2015）；⑤通过模拟地震对富含水的软沉积物造成的影响，在实验室中模拟出了相似的软沉积物变形构造（Owen，1996；Moretti et al.，1999）；⑥沙三段沉积时期，附近北西向的台家庄断层和北北东向的新河断层的生长指数（孔冬艳等，2005）表明这些断层控制了盆地的地形起伏，对沉积物的分布和变形产生了很大影响。

2. 幕式活动

与现今的地震发生频率类似，古地震也具有周期性（乔秀夫和李海兵，2009；冯增昭，2013）。一个地震活跃期通常有许多连续的地震事件，一次古地震记录包含很多沉积物变形层（冯增昭，2013）。若干个地震变形相对密集的层可理解为一个地震活跃幕，两个地震活跃幕之间被未变形层分隔，许多个地震活跃幕构成一个地震活跃期。两个地震活跃幕之间的时间间隔要比一个幕内部地震事件之间的时间长，时间间隔的长短通过地层剖面中两个地震活跃幕或两次地震事件之间的未变形层的厚度来判断。在野外露头或者岩心中，如果在一段一定厚度的沉积岩中垂向上出现多个软沉积物变形层和脆性变形层，这些变形层很有可能是古地震成因而不是其他因素造成的（乔秀夫和李海兵，2009）。

在新河断层上盘束探1H井的岩心中，根据软沉积物变形的分布情况识别出了近20次地震事件（蓝色），这些地震事件可以解释为9个地震幕和两次活跃期，一个是3959～3994.4m，标记为粉色，另一个是从4072～4087m，标记为浅绿色（图7-36）。10m长的岩心中发育十多层软沉积物变形构造（如3985～3994.4m和4077.6～4087m），这些变形构造如此密集出现，最好的成因解释便是地震。

3. 震积岩、地震活动和层序

震积岩可以提供古地震的震级和发生频率等信息。研究区软沉积物变形构造主要分布在沙三下亚段层序3中（图7-37），异地震浊积岩和混源砾岩在这一层序非常发育。相反，其他几个层序中震积岩发育较少，这可能与取心的位置有一定关系。从地震对下伏已固结地层的影响来看，层序3的裂缝比层序1和层序2少很多，这说明在层序3沉积时期地震活动性可能比在层序4和层序5沉积时期强，在层序4和层序5沉积时期也可能有地震发生，但是总体程度要弱一些。在层序5中震积岩的主要类型是环形层和沉陷构造（图7-37），前文介绍过，环形层一般认为是弱地震诱发的张应力造成的；晋97井在层序4中的取心长度不到5m，主要是没有发生变形的纹层状泥灰岩，所以推测在层序4中地震活跃程度较低；在层序2的岩心中，基本上没有软沉积物的液化构造，只有一两条小规模的微断层；在层序1中不发育震积岩。因此，研究区沙三下亚段沉积期间，地震在层序3中最为活跃（图7-38）。

通过大量岩心、薄片观察及区域地质分析，在束鹿凹陷中南部沙三段地层中首次识别出湖相碳酸盐岩原地震积岩，主要标志有软沉积物变形构造（液化脉、液化水压构造、底辟构造、液化卷曲变形、负载和球枕构造、环形层和沉陷构造）和脆性变形（微同沉积断裂）。另外，还发现有混源砾岩，它由陆源砾石和塑性内源砾石组成，与典型的原地震积岩紧密伴生，认为其属于地震成因。在束探1H井约10m长的岩心中发现十多层软沉积物变形构造密集出现，最好的成因解释便是地震。同时，在束探1H井岩心中发现完整的震积岩序列，在剖面结构上自下而上分为下伏未震层、同沉积断层、液化碳酸盐岩层、异地沉积震浊积岩段、上覆未震层。震积岩在该区横向分布较广，束探1H井、束探3井、晋85井、晋97井等都有发育，并且垂向有多套产出，据前人研究发现，沙三段沉积时期新河断层生长指数为1.3～1.9，这与该时期的震积岩匹配良好。由于岩心中软沉积物变形构造主要分布在层序3中，在其他层序中分布较少，据此推断，地震活动在层序3最为活跃，其他层序中活动性较弱。

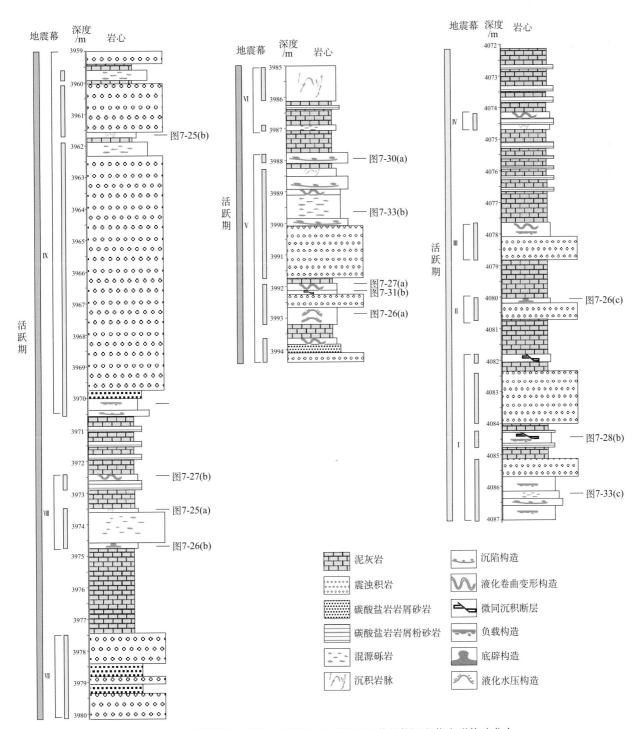

图 7-36　束鹿凹陷沙三下亚段层序 3 中束探 1H 井的软沉积物变形构造分布

一次地震事件保存下来的沉积记录包括软沉积物变形构造、震浊积岩或混源砾岩。右侧标记蓝色的单个剖面可以看做是一次地震事件记录，被相对较薄的未变形层分隔。几次地震事件密集出现，可以看做一个地震活跃幕，幕和幕之间未变形层的厚度比两次地震事件之间的厚度大。许多个地震活跃幕构成一个地震活跃期。在束探 1H 井的岩心中，根据软沉积物变形的分布情况识别出了近 20 次地震事件（蓝色），这些地震事件可以解释为 9 个地震幕和两次活跃期，一个是 3959～3994.4m（粉色），另一个是 4072～4087m（浅绿色）

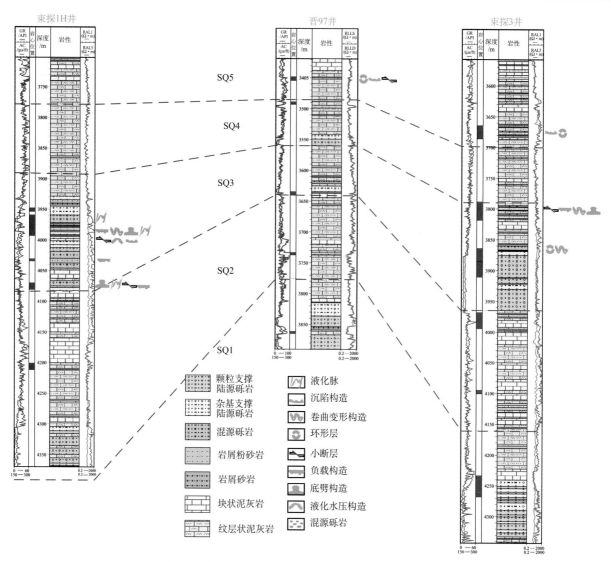

图 7-37　束鹿凹陷沙三下亚段重点井岩心中震积岩的分布

软沉积物变形构造主要分布在层序 3 中，在其他层序中分布较少，可以推断，地震活动在层序 3 最为活跃，其他层序中活动性较弱。

每口井中第二列红色的柱子代表取心的位置

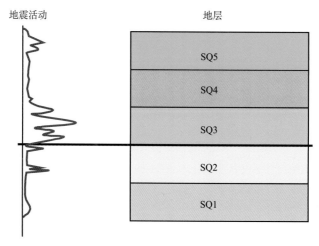

图 7-38　束鹿凹陷沙三下亚段地震活跃程度（推测）

衡量尺度是相对的，不是精确值

7.4　物源-盆地作用

通过对研究区地质、钻井、测井和地震资料的综合研究，特别是对束探 1H 井、束探 3 井、晋 116X 井、晋 100 井等进行岩心分析，根据砾岩的沉积构造及展布特征，从成因上将砾岩分为两大类：一类是冲积扇与湖泊作用形成的扇三角洲砾岩；另一类是地震诱发的滑塌扇砾岩。扇三角洲发育扇三角洲平原辫状河道、前缘水下分流河道等微相；地震诱发的滑塌扇砾岩与大量的软沉积物变形构造（如液化脉、液化水压构造、负载-火焰构造和球枕构造等）伴生。在沙三下亚段层序 1 和层序 2 沉积期发育扇三角洲和半深湖-深湖沉积，层序 3 沉积期发育地震诱发的滑塌扇及湖相沉积，层序 4 和层序 5 沉积时期，砾岩体发育较局限。根据砾岩在各层序的分布特征以及取心井资料的丰富程度，选取层序 1 和层序 3 为例，详细介绍两类砾岩的沉积特征。

7.4.1　砾岩成因类型

1. 扇三角洲

1）沉积特征

层序 1 沉积时期，砾岩分布范围比较广泛，在束探 2X、束探 3、晋 94、晋 97、晋 116X 等多口井都比较发育，据沉积特征分析，这些砾岩是扇三角洲沉积。扇三角洲的水动力机制主要是突发性洪流与常态水流的不规则交替，但以事件性洪流为主（张春生等，2000），常展现出一种瞬时的，甚至是灾变性的沉积作用的记录（薛良清和 Galloway，1991；朱筱敏和信荃麟，1994）。由于扇三角洲紧邻物源区，流程短，沉积物受物源区母岩控制，多砂砾混杂，泥质含量高，分选性和磨圆度较差，矿物成分成熟度较低。总体上，它可被划分为扇三角洲平原、扇三角洲前缘和前扇三角洲三个亚相。

扇三角洲平原是扇三角洲沉积的陆上部分，多表现为碎屑流和近源的砾质辫状河沉积（姜在兴，2010），研究区常见的为辫状河道沉积，以颗粒支撑陆源砾岩为主［图 7-39（a）、（b）］，颜色以灰白色、浅灰色为主，粒度最大者为十几厘米，呈正序，底部见冲刷面，砾石大小混杂，分选较差，多紧密接触［图 7-39（c）］，磨圆相对较好，多为次圆状，砾石成分主要为泥晶灰岩和球粒灰岩，白云岩含量较少，砾石之间填充的是砂级、粉砂级或黏土级的陆源碳酸盐岩碎屑。

扇三角洲前缘主要由颗粒支撑陆源砾岩或者杂基支撑陆源砾岩［图 7-39（d）～（g）］夹泥灰岩组成。辫状河道沉积为主体，单层厚度在 1m 左右，大多呈块状构造，岩性既有杂基支撑陆源砾岩又有颗粒支撑陆源砾岩。典型的水下辫状河道沉积并不常见，仅在束探 3 井第 14 次取心中看到叠瓦状排列、呈现正序的沉积层［图 7-39（d）］，整体为颗粒支撑陆源砾岩，底部为中砾，砾石大小为 4～5cm，向上逐渐变为细砾，砾石大小在 1cm 左右，分选中等-好，次圆状，以深灰色、灰色为主，砾石类型以泥晶灰岩［图 7-39（f）］为主，见少量球粒灰岩和微晶白云岩。河道间岩性主要是纹层状泥灰岩和粉砂岩，含植物茎杆化石和碳屑。河口坝沉积在束探 3 井第 16 次取心的下部可见，同一个旋回内部上为颗粒支撑、下为杂基支撑［图 7-39（e）］，呈现反粒序，下部杂基为灰绿色，砾石大小均匀，磨圆较好，多为次圆状，砾石主要为泥晶灰岩［图 7-39（g）］、微晶白云岩、生物灰岩。

前扇三角洲为扇三角洲与半深湖过渡地带，深灰色纹层状泥灰岩与薄层状粉砂岩或细砂岩互层是其典型的岩性特征［图 7-39（h）～（k）］，前缘的沉积物常常不稳定，在外界触发机制下，发生滑动形成重力流沉积，常形成一些岩屑砂岩或岩屑粉砂岩，薄层粉砂岩具有不完整的鲍马序列，常见 DE 段或 CDE 段，缺少 AB 段。块状泥灰岩也是前扇三角洲重要的岩性之一，多含石英、碳酸盐岩碎屑有机质等。

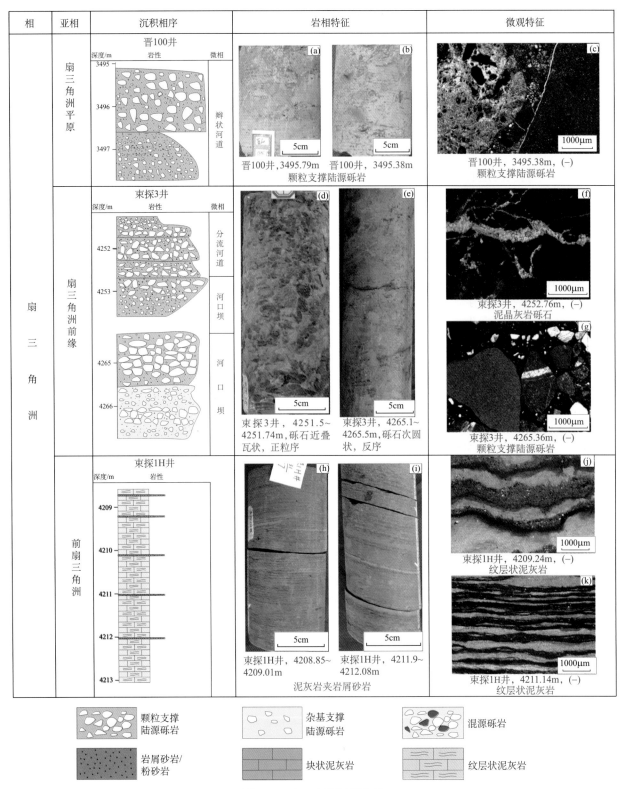

图 7-39　扇三角洲沉积特征

2）沉积模式

国外对扇三角洲的描述多以海相或近海盆地为主（Wescott and Ethridge，1980；Vos，1981；

Dutton，1982；Tamura and Masuda，2003；Mcconnico and Bassett，2007），关于湖泊扇三角洲的文章不多（Sneh，1979；Pollard et al.，1982；Pondrelli et al.，2008），国内学者对扇三角洲的研究大都是陆相湖盆扇三角洲（李应暹，1982；盛和宜，1993；朱筱敏和信荃麟，1994；胡晓强等，2005；张福顺，2006；罗水亮等，2009）。湖泊中形成扇三角洲和海盆中形成扇三角洲的水动力强度不同，在较小的湖泊中所形成的扇三角洲没有经受湖浪的改造，使得湖相三角洲的沉积特征在有些方面不同于典型的海相三角洲。另外，湖平面波动常常比较频繁，导致完整的扇三角洲沉积层序发育不普遍。

　　盆地断陷扩张发育阶段缓坡带可发育扇三角洲体系（王寿庆，1993）。束鹿凹陷沙三段早期进入强烈伸展断陷时期，宁晋凸起西抬东倾，其东坡即束鹿凹陷的西斜坡（孔冬艳等，2005），沙三段早期具有大坡降、窄斜坡的地貌特征（崔周旗等，2003），物源供给充足，气候干旱，在突发性洪流的作用下，从西侧宁晋凸起搬运而来的碎屑物质在滨湖形成扇三角洲平原，岩性主要是颗粒支撑陆源砾岩。较大的辫状河道穿越平原进入湖区，成为水下辫状河，即扇三角洲前缘水下河道，岩性是颗粒支撑陆源砾岩和杂基支撑陆源砾岩。扇三角洲的分流河道限定性差，导致河口坝常常发育很差或者缺失（李应暹，1982；薛良清和Galloway，1991）。前缘由于砂体快速堆积，沉积物不稳定，在外界触发机制下常常发生滑动，形成重力流沉积（邹才能等，2009）。半深湖和深湖水体较深，细粒陆源物质多以悬浮沉积的方式为主，与浮游藻类一起形成富有机质的泥灰岩（图7-40）。砂砾岩的发育受事件作用控制明显，垂向上岩性的变化，反映了湖平面的相对变化与陆源沉积物供应速率的大小。

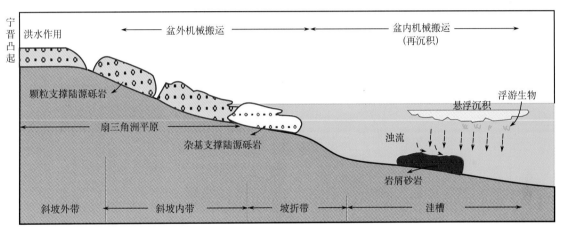

图 7-40　束鹿凹陷扇三角洲沉积模式

2. 滑塌扇

1）沉积特征

　　滑塌扇是在地震或者其他触发机制的诱导下，大量碎屑物质从物源区由重力滑塌作用形成的扇体。研究区滑塌扇主要发育在层序三沉积时期，砾岩分布范围较局限，除靠近盆地边缘的晋94井外，仅在晋100井、束探1H井和束探3井有砾岩发育，在束探3井砾岩厚度达近百米，从盆地边缘到束探3井之间的晋98X井、束探2X井、晋116X井三口井中却基本没有砾岩，也就是说从物源区到束探3井途中基本没有粗碎屑沉积，按照常规的沉积相分析思路来看，难以理解。在岩心观察过程中，发现了大量的软沉积物变形构造，如液化砂岩脉、液化水压构造、底辟构造、液化卷曲变形、环形层、负载-球枕构造等，还发现了很多同沉积的小断层，在第4章中详细介绍了这些软沉积物变形构造，它们都是典型的震积岩，在束探1井和束探3井中分布最广，尤其是束探1井的3959～3994.4m和4072～4087m井段，震积岩密集出现。束探3井那套近百米厚的颗粒支撑陆源砾岩也在这一层序当中，可以称为"震浊积岩"。根据这一思路，认为层序三的沉积物是地震诱发的滑塌扇沉积。

　　滑塌扇的内扇主水道沉积便是束探 3 井那套巨厚的颗粒支撑陆源砾岩，以束探 3 井第 5～9 次取心最为典型，主要发育块状构造的颗粒支撑陆源砾岩［图 7-41(a)、(b)］，颜色以灰白色、浅灰色为主，砾石粒度变化很大，分选极差，砾石颗粒大小从 0.3～80cm 均有分布，且呈棱角状，磨圆差，砾石常有直立现象，杂基很少，多为碳酸盐岩。大部分无粒序，局部层段呈正粒序，经过短搬运距离，是快速堆积的产物，主要砾石类型包括泥晶灰岩、微晶白云岩、细晶白云岩、含红色氧化圈的竹叶状灰岩、球粒灰岩，偶见鲕粒灰岩，年代基本上都是下古生界的寒武系或者奥陶系。

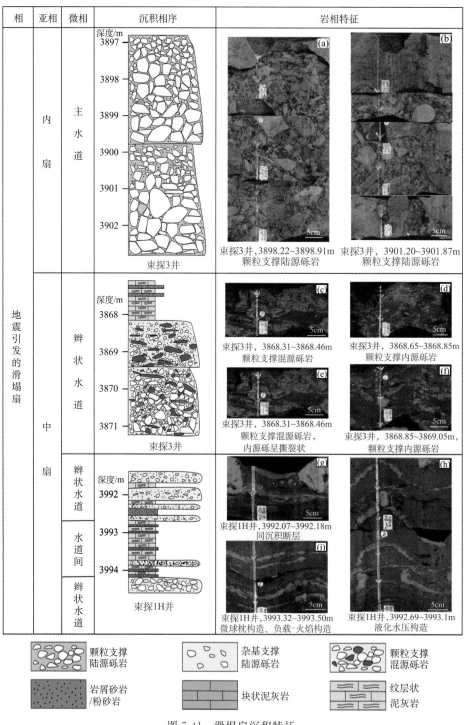

图 7-41　滑塌扇沉积特征

滑塌扇的中扇辫状水道主要由颗粒支撑陆源砾岩或者杂基支撑陆源砾岩组成，也可见到少量颗粒支撑混源砾岩、杂基支撑混源砾岩和颗粒支撑内源砾岩。这些混源砾岩［图 7-41(c)～(f)］是由较强的水动力或者重力作用使得砾石落入泥灰岩层将泥灰岩搅起形成的沉积物，或为原地形成或经过一定距离的搬运，原地形成的混源砾岩中的内源砾石呈撕裂状或砾石边缘具有毛刺，经过短距离搬运后具次棱角状或次圆状。混源砾岩中的陆源砾石相对较小，最大在 2cm 左右，内源砾石较大，为 5～15cm，成分与盆内的泥灰岩相同，陆源砾石充填于内源砾石之间，是研究区滑塌扇沉积形成的一类特殊岩性。

地震发生时，首先会对先存沉积物进行改造，产生脆性变形、挤压变形、液化变形等现象，如在研究区见到一些小断层［图 7-41(g)］、液化水压构造［图 7-41(h)］、微重荷模、微球枕［图 7-41(i)］及液化砂岩脉等，即原地的震积岩。这些原地的震积岩和薄层连续或者不连续的（粉）砂岩一起，称为滑塌扇的辫状水道间沉积或者外扇沉积。

2）沉积模式

不像扇三角洲沉积那样，已有较为成熟的理论做指导，对于事件性地震滑塌扇的沉积模式，国内外文献中描述较少，与之相关的研究多侧重于震积岩的形成条件和识别标志（Obermeier，1996；Owen，1996；Pope et al.，1997；Bhattacharya and Bandyopadhyay，1998；Fortuin and Dabrio，2008；Mugnier et al.，2011；Owen and Moretti，2011；Owen et al.，2011），也有少量文章解析了龙门山谢家店震积体的形成过程和发育特征（王威，2010；田敏，2010）。一般来说，震积体的形态受当时的地貌和地震的震级影响。研究区北西向的台家庄断层在沙三段沉积时期生长指数为 1.1～1.8，北北东向的新河断层生长指数为 1.3～1.9。在凹陷的西斜坡发育一些同沉积断层，呈北东向分布，多表现为顺向正断层。这些活跃的断层很可能是层序三沉积时期震积岩的发震构造。

层序 3 这一时期，缓坡带的地势较缓，整个缓坡带可以分为斜坡外带、斜坡内带、坡折带和洼槽带。地震作用初期，首先对先存沉积物进行改造，形成底辟构造、液化脉等原地震积岩以及碳酸盐岩岩屑砂岩、碳酸盐岩岩屑粉砂岩等（图 7-42）。地震使得山坡上出露的基岩破碎，形成碎屑流，向前搬运的过程中，震积体侵蚀下伏的软沉积物，并携带其一起向前搬运到坡折带处，由于坡度迅速变化，能量在此处释放，沉积物大量堆积，岩性包括颗粒支撑陆源砾岩、杂基支撑陆源砾岩、颗粒支撑混源砾岩、杂基支撑混源砾岩和颗粒支撑内源砾岩（图 7-42），与下伏的沉积物突变接触。在斜坡内带的地势低洼处，碎屑流在向盆地滑动的过程中会有一些滞留沉积（图 7-42），但规模和厚度比在坡折带附近的沉积体小很多。斜坡内带和坡折带之间，存在一个平衡位置，沉积物在此处不能有效保存，这也可以解释为什么晋 98X 井、晋 116X 井等主要沉积泥灰岩，束探 3 井却可以形成百米厚的砾岩。

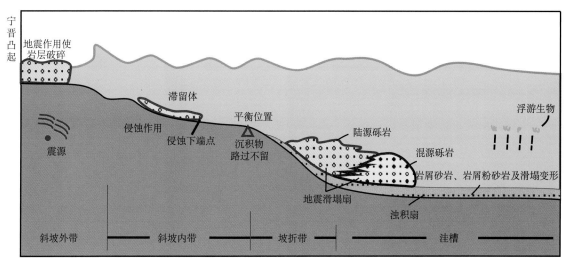

图 7-42　束鹿凹陷滑塌扇沉积模式

7.4.2 砾岩分布规律

1. 垂向分布特征

选择沿盆地倾向的晋 104 井-晋 97 井-束探 3 井（图 7-43）以及北东-南西向的束探 1H 井-束探 3 井-晋 116X 井-晋 98X 井（图 7-44）连井剖面对砾岩的垂向分布特征进行分析。

1）晋 104 井-晋 97 井-束探 3 井

层序 1 沉积时期，湖盆边缘主要发育扇三角洲沉积，晋 97 井和束探 3 井都可以看到扇三角洲的平原和前缘的水道沉积，岩性主要是颗粒支撑陆源砾岩和杂基支撑陆源砾岩。层序 2 沉积时期，主要是湖相沉积，只在晋 104 井中下部看到少量扇三角洲沉积。层序 3 沉积时期，地震诱发的滑塌扇主要分布在坡折带附近，束探 3 井下部发育滑塌扇的内扇主水道沉积，可以看到巨厚的颗粒支撑陆源砾岩，上部发育辫状水道和湖相沉积，岩性为颗粒支撑内源砾岩、颗粒支撑混源砾岩和泥灰岩，晋 97 井发育很少的滑塌扇沉积，晋 104 井则基本不发育。层序 4 和层序 5 沉积时期，主要发育湖相沉积，岩性主要为纹层状泥灰岩和块状泥灰岩。

2）束探 1H 井-束探 3 井-晋 116X 井-晋 98X 井

在连井剖面上（图 7-44）可以看到，层序 1 沉积时期，扇三角洲沉积分布比较广泛，束探 3 井和晋 116X 井都有发育，根据预测，晋 98X 井和束探 1H 井也发育厚层的扇三角洲沉积。层序 2 沉积时期，扇三角洲沉积范围有所减少，主要在束探 1 井和晋 98 井发育，其余两口井为湖相沉积。层序 3 沉积时期，发育地震诱发的滑塌扇沉积，束探 3 井发育内扇主水道沉积，岩性主要为颗粒支撑陆源砾岩，束探 1H 井为中扇辫状水道沉积，岩性比较复杂，主要由颗粒支撑陆源砾岩或者杂基支撑陆源砾岩组成，也可见到少量颗粒支撑混源砾岩、杂基支撑混源砾岩和颗粒支撑内源砾岩，其余两口井为湖相沉积。层序 4 和层序 5 沉积时期，主要发育湖相细粒沉积，如束探 3 井、晋 116X 井、晋 98X 井。

2. 平面分布特征

采取"点-线-面"相结合的方法对束鹿凹陷沙三下亚段的沉积体系进行研究，以单井沉积相分析为基础，结合连井沉积相分析，共同约束沉积体系的平面展布。利用三维地震数据体和岩性反演数据体，通过 Landmark、Jason、Surfer、Petrol 等地质软件绘制层序 1 和层序 3 的地层厚度等值线图、砾岩厚度等值线图、砾岩百分含量等值线图，并结合单井资料对各等值线图进行校正。根据这些等值线图，同时结合均方根振幅等地震属性分析，建立研究区砾岩体沉积微相的平面展布图。本书研究重点为束鹿凹陷西斜坡，东部陡坡带的沉积相是根据前人的研究结论以及已有资料进行绘制的结果，文中不做详细介绍。

1）层序 1 平面分布特征

扇三角洲的形成通常受湖盆边界类型、源区距湖盆距离及古气候三个主要背景条件约束（李文厚，1998）。研究区的西部为斜坡，东部为新河大断层，扇三角洲沉积的物源主要来自西侧的宁晋凸起，盆地的沉积中心位于靠近新河断裂的一侧。根据孢粉资料统计，沙三下亚段层序 1 沉积时期，研究区以被子植物和裸子植物为主，要求湿热环境的蕨类植物较为少见。该地区当时的气候与今天北亚热带气候相似，年平均温度为 16～17℃（任韵清，1986）。这种气候条件下，降雨集中，多暴雨，容易形成突变性洪流，携带大量的粗碎屑冲出山口，在山前堆积，构成扇三角洲沉积的主体。

层序 1 沉积时期，缓坡带扇三角洲沉积非常发育，有些扇体连片分布，如晋 53 井附近和晋 116X 井附近。扇三角洲平原的岩性以颗粒支撑陆源砾岩为主，扇三角洲前缘发育辫状河道和分支间湾，河道

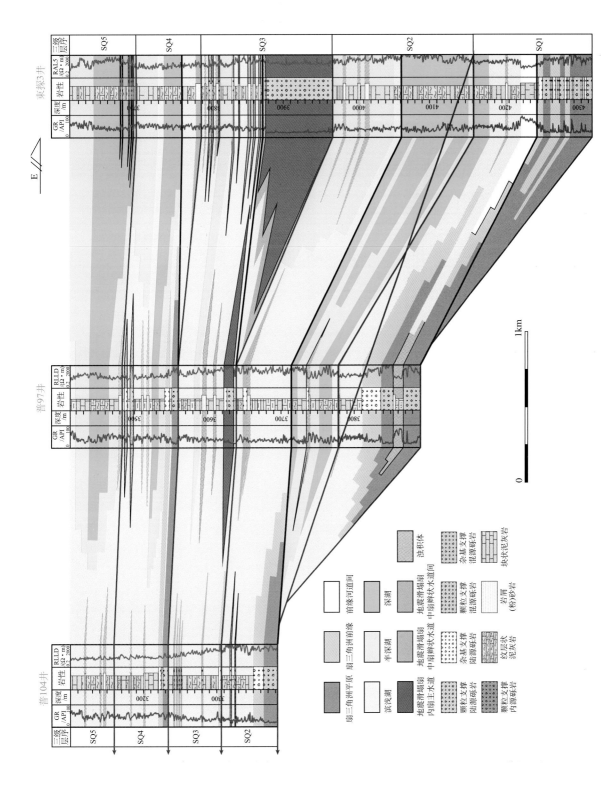

图 7-43　过晋 104 井–晋 97 井–束探 3 井的连井剖面

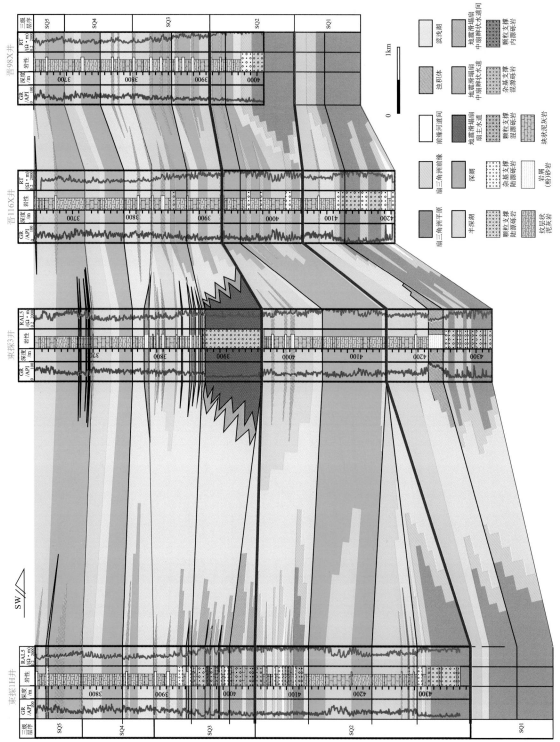

图 7-44 过束探 1H 井-束探 3 井-晋 116X 井-晋 98X 井的连井剖面

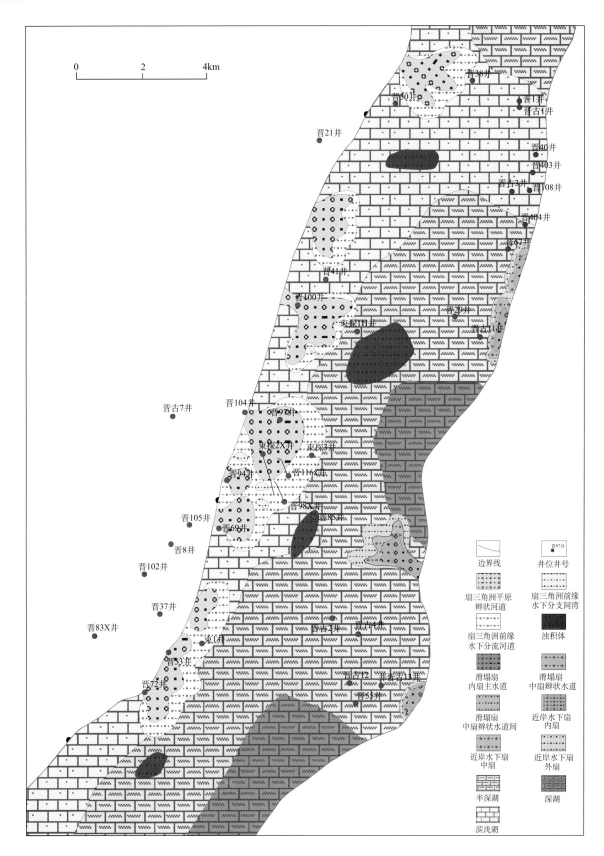

图 7-45　束鹿凹陷沙三下亚段层序 1 沉积相分布

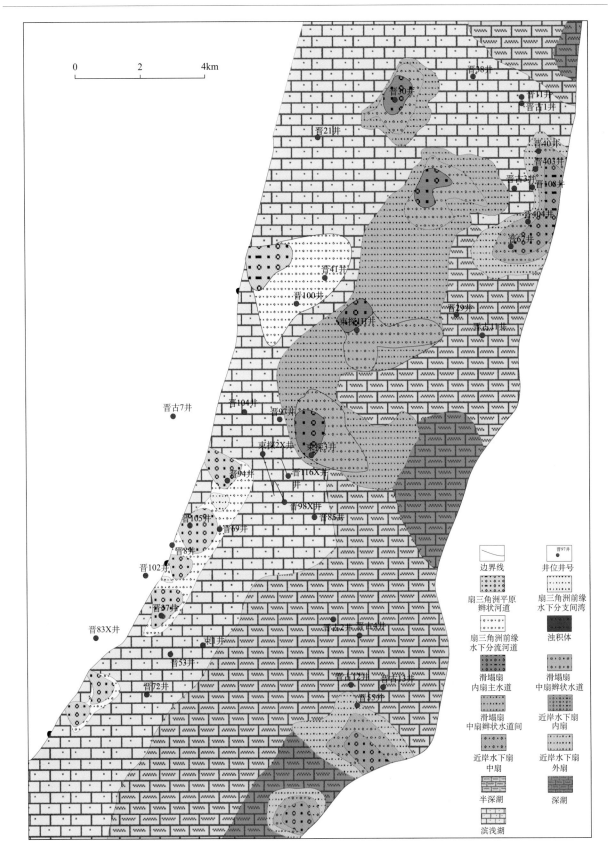

图 7-46　束鹿凹陷沙三下亚段层序 3 沉积相分布

岩性主要是颗粒支撑陆源砾岩和杂基支撑陆源砾岩，河道间主要沉积的是碳酸盐岩岩屑砂岩。在前扇三角洲，浊流作用会形成一些碳酸盐岩岩屑砂岩，变形构造及滑塌构造较少见。半深湖和深湖主要沉积富有机质的纹层状泥灰岩和块状泥灰岩（图 7-45）。东部的新河断裂附近，有三处发育近岸水下扇沉积，规模都不太大。

2）层序 3 平面分布特征

层序 3 沉积时期，束鹿凹陷西部坡度较层序 1 沉积时期要缓，扇三角洲的分布范围比较局限，在晋 100 井、晋 94 井和晋 37 井附近（图 7-46），主要岩性为颗粒支撑陆源砾岩。这一时期，研究区以裸子植物和被子植物为主，裸子植物的比例比层序 1 时期要高一些，蕨类植物仍较为少见。据束探 1H 井岩心推断，这一期间发生的地震约 20 次（Zheng et al.，2015），由地震引发的原地震积岩在整个湖盆中分布范围比较广泛，多为各种软沉积物变形构造，如底辟构造、液化卷曲变形等，由液化作用或挤压、拉伸、剪切作用或者重力震动形成，深湖半深湖的细粒沉积物（饱含水的碳酸盐岩岩屑细砂岩）对液化作用更为敏感，并且深湖和半深湖为保存震积岩的主要环境（李元昊等，2008）。

地震诱发的滑塌扇主水道和辫状河水道沉积主要分布在坡折带附近（图 7-44），如束探 3 井和束探 1H 井所在的位置，滑塌扇主水道的岩性主要是颗粒支撑陆源砾岩，辫状河水道沉积的岩性既有颗粒支撑陆源砾岩和杂基支撑陆源砾岩，又有颗粒支撑混源砾岩、颗粒支撑内源砾岩和杂基支撑混源砾岩（图 7-44）。陡坡带的近岸水下扇沉积的规模比层序 1 沉积时期大很多，主要在晋 403 井和晋 404 井处以及湖盆南部的深湖区附近，岩性为颗粒支撑陆源砾岩和杂基支撑陆源砾岩。半深湖和深湖同样主要沉积富有机质的纹层状泥灰岩和块状泥灰岩。

7.4.3　两种成因砾岩的关系

层序 3 沉积时期，晋 100 井处是扇三角洲沉积，岩性为颗粒支撑陆源砾岩，砾石分选中等，磨圆次棱角状-次圆状[图 7-47（a）]，束探 1H 井为滑塌扇沉积，岩性为颗粒支撑陆源砾岩或杂基支撑陆源砾

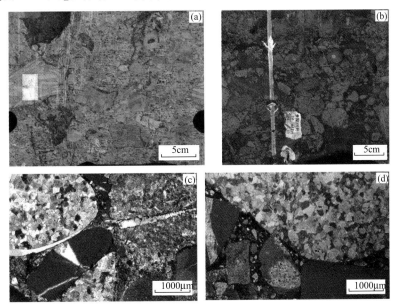

图 7-47　层序 3 时期晋 100 井和束探 1H 井沉积特征

（a）陆源颗粒之间排列紧密，块状构造，晋 100 井，$4\frac{18}{32}$；（b）陆源颗粒之间点接触或者线接触，束探 1H 井，$2\frac{22}{23}$；（c）（a）中岩心的镜下特征，砾石有中晶白云岩和泥晶灰岩等，晋 100 井，$4\frac{18}{32}$；（d）砾石之间点接触或者线接触，砾石有中晶白云岩和泥晶灰岩等，束探 1H 井，$2\frac{20}{23}$

岩，砾石分选相对较好，次圆状[图7-47(b)]。从显微镜下来看，砾石种类相似，主要是白云岩和泥晶灰岩等[图7-47(c)、(d)]。束探1H井和晋100井砾石大小接近，沉积物的分选、磨圆程度类似，沉积规模都不太大，因此，束探1H井的沉积可能来自晋100井处的扇三角洲沉积。

束探3井的滑塌扇沉积整体厚度接近百米，其中的砾石有的很大，为80～90cm，有的很小，只有几毫米，分选很差，砾石的长轴大多直立排列（图7-48）。另外，根据潜能恒信能源技术股份有限公司提供的岩性反演数据体，束探3井与湖盆边缘之间约3km的范围并没有砾岩沉积，因此推测束探3井滑塌扇沉积的砾石直接来自于物源区宁晋凸起。

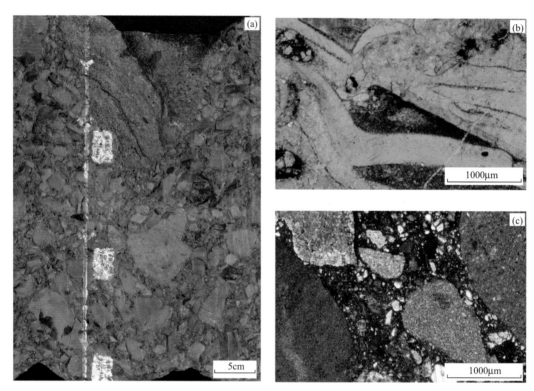

图7-48　层序3时期束探3井沉积特征

(a) 陆源颗粒大小混杂，分选差，块状构造，束探3井，$9\frac{49-51}{85}$；(b) 生物碎屑灰岩砾石，束探3井，3893.68m；

(c) 泥晶灰岩和白云岩砾石，束探3井，3907.21m

7.5　与储层的关系

在沙三下亚段沉积时期，古生界的碳酸盐岩砾石经过事件性沉积作用被搬运到束鹿凹陷，这些砾石经过一系列物理的、化学的和生物的作用改造以后，形成现今的碳酸盐岩砾岩。本章利用岩心、薄片、分析测试及试油资料对研究区砾岩的成岩作用、储集空间和储层主控因素进行了详细研究，重点介绍两种类型砾岩，即冲积扇与湖泊作用形成的扇三角洲砾岩和地震作用形成的震积砾岩。

7.5.1　成岩作用

1. 压实和压溶作用

束鹿凹陷沙三下亚段的砾岩经历了强烈的压实作用，岩心中经常看到砾石呈凹凸接触或线接触[图7-49(a)、(b)]，在薄片中也可以看到这样的现象[图7-49(c)]。另外，压溶现象也非常普遍，砾石和砾石之间可以看到明显的缝合线[图7-49(d)～(f)]。

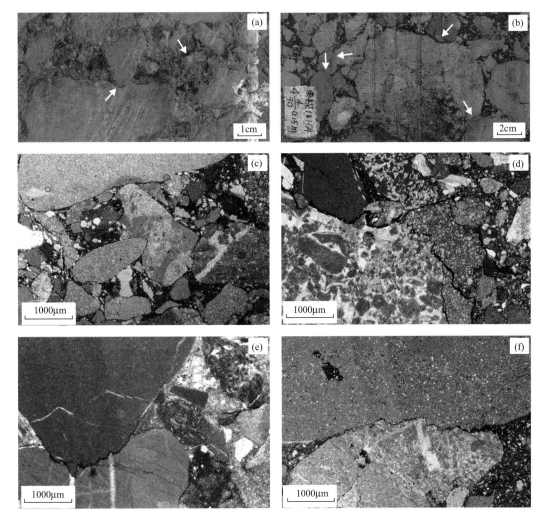

图 7-49　束鹿凹陷砾岩的压实作用特征

(a) 砾石凹凸接触，束探 3 井，$8\frac{5}{45}$；(b) 砾石凹凸接触，束探 1H 井，$4\frac{4}{30}$；(c) 砾石凹凸接触，束探 1H 井，$2\frac{20}{23}$，

单偏光；(d) 砾石缝合接触，晋 98X 井，$7\frac{6}{20}$，单偏光；(e) 砾石缝合接触，晋 100 井，3591.2m，单偏光；(f) 砾石

缝合接触，束探 2X 井，$1\frac{42}{45}$，单偏光

2. 胶结作用

束鹿凹陷砾岩的胶结物主要有碳酸盐矿物、硅质、黏土矿物（高岭石、伊利石等）及黄铁矿等。碳酸盐矿物胶结物在研究区最为常见，主要成分是方解石或铁方解石，茜素红染色后变红色[图 7-50(a)]。硅质胶结物以石英次生加大的形式存在[图 7-50(b)]，在研究区比较少见。黏土矿物胶结物有高岭石、伊利石、伊蒙混层和少量的绿泥石。在扫描电镜下，高岭石呈书页状或假六方片状[图 7-50(c)]，伊利石呈发丝状、搭桥状。黄铁矿呈凝块状分布，反射光下呈浅黄色或黄白色，具有金属光泽。

3. 溶蚀作用

溶蚀现象在研究区沙三下亚段非常普遍，在束探 2X 井颗粒支撑内源砾石中看到燧石被溶解[图 7-51(a)]，近年的研究发现，酸性条件下石英也能发生溶解，如果有铁离子存在，溶解作用会更容易发生（于雯泉等，2014）。另外，经常发现灰岩砾石和白云岩砾石边缘呈齿状或港湾状[图 7-51(b)～(d)]，尤

图 7-50　束鹿凹陷砾岩的胶结作用特征

(a) 方解石胶结, 晋 100 井, $4\frac{18}{32}$, 单偏光; (b) 硅质胶结, 石英次生加大, 束探 1H 井, $4\frac{14}{30}$, 正交光;

(c) 自生黏土矿物胶结, 晋 98X 井, 4008.4m, 扫描电镜; (d) 铁质胶结, 束探 1H 井, $3\frac{28}{33}$, 单偏光

其是在颗粒支撑混源砾岩或颗粒支撑内源砾岩中。在铸体薄片下, 可以看到泥晶灰岩砾石内部被溶蚀产生粒内孔 [图 7-51(e)], 砾石之间的胶结物被溶解形成粒间孔 [图 7-51(f)]。

4. 交代作用

研究区沙三下亚段的交代作用主要有黄铁矿交代方解石、方解石交代燧石或石英、白云石交代方解石等。区内黄铁矿交代方解石的现象比较常见, 黄铁矿呈凝块状, 将灰岩砾石交代成大大小小的碎屑 [图 7-52(a)]。石英或者燧石的边缘常常被方解石交代呈蚕食状或港状 [图 7-52(b)]。白云石交代方解石的现象也非常普遍 [图 7-52(c)], 阴极发光显微镜下泥晶方解石发暗黄色光, 白云石发紫红色光, 可以看到白云石中残存有橘黄色的白云石 [图 7-52(d)], 这种交代残余组分可以作为判断交代或被交代的依据。

5. 石英沉淀作用

在束探 1H 井 3971.9m 处的碳酸盐岩岩屑砂岩生物体腔中, 发现有自生石英垂直于生物体腔面从边缘向中心生长, 单个石英结晶良好, 呈柱状、锥柱状, 棱角明显, 整体呈簇状 (图 7-53)。石英与生物体腔内深褐色的有机质直接接触, 有机物质的充填并未影响石英的生长。

7.5.2　储集空间类型

该区碳酸盐角砾岩储层具有低孔低渗-致密的特征, 孔隙度主要集中在 0.4%～6%, 渗透率为 $0.04\times10^{-3}\sim40\times10^{-3}\mu m^2$, 局部裂缝发育的地方渗透性好, 总体属于裂缝-孔隙型。通过岩心、铸体薄片、荧光薄片及扫描电镜等观察分析, 认为束鹿凹陷中部砾岩储层具有多种类型的储集空间, 包括

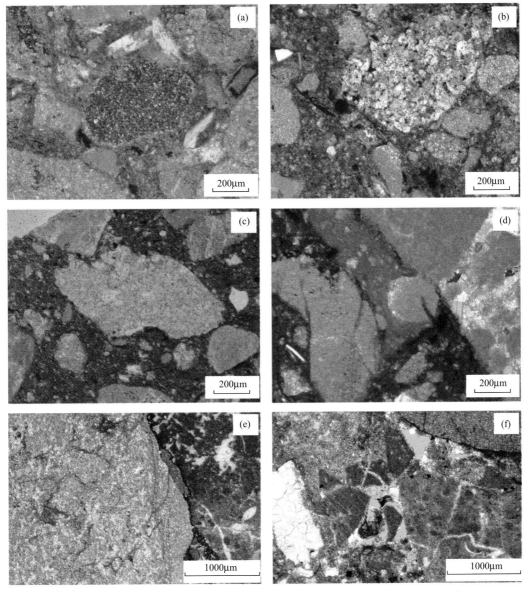

图 7-51　束鹿凹陷砾岩的溶解作用特征

(a)燧石被溶蚀，束探 2X 井，$1\frac{4}{43}$，正交光；(b)白云岩砾被溶蚀，束探 2X 井，$1\frac{4}{43}$，正交光；(c) 白云岩砾被溶蚀，束探 2X 井，$1\frac{38}{43}$，单偏光；(d) 灰岩砾被溶蚀，束探 2X 井，$1\frac{21}{43}$，正交光；(e) 灰岩砾被溶蚀，蓝色为孔隙，晋 98X 井，4007.8m，铸体薄片，单偏光；(f) 粒间胶结物被溶解，蓝色为孔隙，晋 98X 井，4007.8m，铸体薄片，单偏光

砾内孔（燧石等颗粒的溶解孔、晶粒白云岩的晶间孔和晶间溶孔）、砾间孔、裂缝（构造缝、贴粒缝、收缩缝、砾内缝）及有机质孔隙。

颗粒支撑陆源砾岩以灰岩的溶蚀孔、白云岩晶间（溶）孔和砾内缝为主；颗粒支撑混源砾岩储集空间类型比较丰富，泥晶灰岩等溶蚀孔、晶间孔、收缩缝、砾内缝、贴粒缝等都可见到；颗粒支撑内源砾岩由于陆源砾石含量少，与陆源砾石有关的孔隙少，储集空间发育较差，主要发育贴粒缝、收缩缝，偶尔见到燧石的溶蚀孔含油；杂基支撑陆源砾岩以白云岩晶间（溶）孔为主，同时发育贴粒缝、收缩缝等；杂基支撑混源砾岩的特点与颗粒支撑内源砾岩类似，内源物质所占比例较大，因此主要发育与软沉积物（内源砾石）相关的收缩缝，泥晶灰岩等溶蚀孔、晶间孔和砾内缝不发育。另外，构造缝多与构造活动有关，与砾岩的类型关系不大。

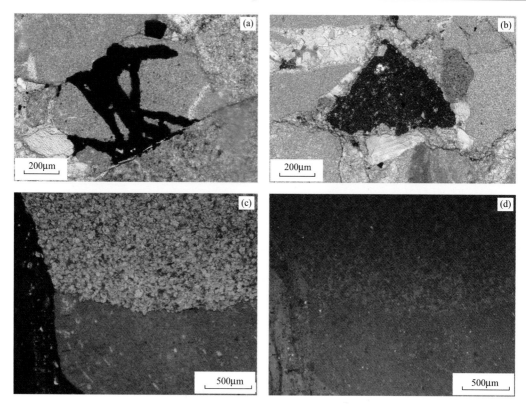

图 7-52 束鹿凹陷砾岩的交代作用特征

(a) 黄铁矿交代方解石，束探 1H 井，$3\frac{28}{33}$，单偏光；(b) 方解石交代燧石，束探 1H 井，$3\frac{28}{33}$，正交光；(c) 白云石交代方解石，束探 2X 井，$1\frac{4}{43}$，单偏光；(d) 白云石交代方解石，与 (c) 同区域，阴极发光

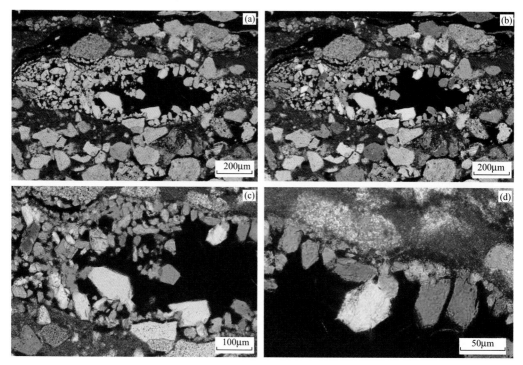

图 7-53 束探 1H 井生物体腔中的自生石英

(a) 生物体腔内石英呈柱状、锥柱状，$4\frac{20}{30}$，3971.9m，单偏光；(b) 与 (a) 同视域，正交光；(c) (a) 中部分区域放大，正交光；(d) (a) 中部分区域放大，正交光

1. 粒内孔

粒内孔指的是颗粒支撑陆源砾岩、杂基支撑陆源砾岩、颗粒支撑混源砾岩、杂基支撑混源砾岩及颗粒支撑内源砾岩几种砾岩中陆源砾石的溶蚀孔，这种孔隙在研究区比较发育，包括燧石、泥晶灰岩等的溶蚀孔以及晶粒白云岩的晶间孔和晶间溶孔。溶解孔在研究区各井中分布不太均匀，非均质性较强。一般来说，沿着白云岩的晶间孔，溶蚀作用更容易发生。

1）燧石等颗粒的溶解孔

显微镜下，除了泥晶灰岩被溶蚀［图 7-54(a)、(b)］以外，还可以看到燧石的溶蚀孔，正交光下呈港湾状，荧光下呈现亮黄色，证明有油气存在［图 7-54(c)、(d)］。在晋 98X 井的岩心中，发现很多针眼或米粒大小的孔隙［图 7-54(e)、(f)］，仔细辨认后，认为这些孔隙存在于一个直径约 2m 的巨砾岩中，巨砾岩由球粒灰岩、生物灰岩及泥晶灰岩组成。灰岩砾石内部的溶蚀孔发育与地下酸性流体的活动有关，酸性液体可来自烃类演化过程中释放的有机酸、黏土矿物转化过程中形成的酸性液体等。

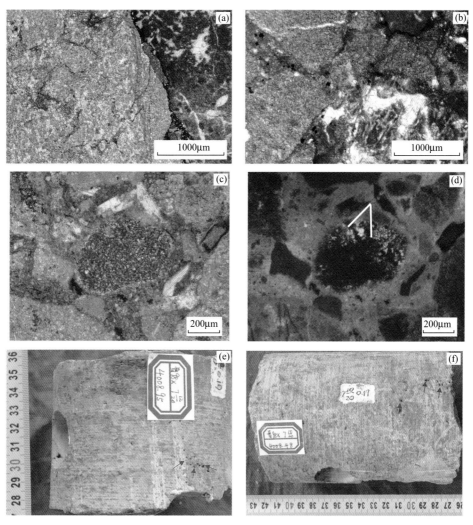

图 7-54　砾岩中的溶蚀孔特征

(a) 颗粒支撑混源砾岩，泥晶灰岩砾石溶蚀孔（蓝色），束探 2X 井，3729.12m，铸体薄片；(b) 颗粒支撑陆源砾岩，砾内溶蚀孔（蓝色），晋 98X 井，4007.9m，铸体薄片；(c) 燧石被溶蚀孔呈港湾状，颗粒支撑内源砾岩，束探 2X 井，$1\frac{4}{45}$，正交光；(d) 燧石溶蚀孔（荧光），孔内含油，发亮黄色光，与 (b) 同视域，束探 2X 井，$1\frac{4}{45}$；(e) 岩心中针眼状溶孔密集分布，颗粒支撑陆源砾岩，晋 98X 井，4008.95m；(f) 米粒大小的溶孔，最大约 0.4cm，颗粒支撑陆源砾岩，晋 98X 井，4008.48m

2）晶间孔

粒内孔隙的发育往往与母岩岩性有关，因为即使孔隙在后期风化或成岩过程中形成，原始岩性的孔隙结构也为其提供了基础，白云岩砾石最为典型，粒内孔隙也最为发育。由白云石组成的云岩颗粒内部孔隙多沿晶体边缘分布，白云岩砾石中晶间孔普遍发育[图 7-55(a)～(h)]，局部晶间孔被溶蚀形成规模较大的晶间溶孔，单偏光下见棕褐色物质，荧光下呈现亮黄色[图 7-55(a)～(d)]，烃类较为富集。此外，对于灰岩砾石来说，由于内部的白云石化作用和重结晶作用，导致了粒内晶间孔的形成，并

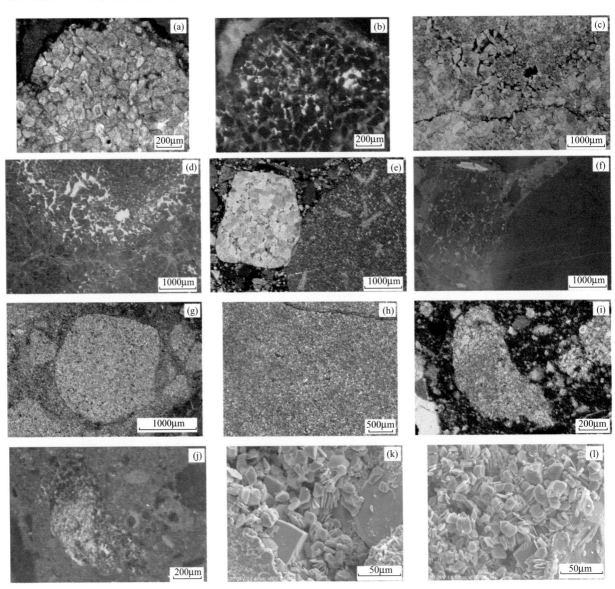

图 7-55　砾岩晶间孔特征

(a)白云石晶间见棕褐色物质，晋 98X 井，4006.4m，单偏光；(b)与(a)同视域，荧光，(a)中棕褐色的地方呈现亮黄色，说明含油；(c)白云石晶间见棕黑色物质，部分晶格被溶蚀，束探 1H 井，$6\frac{3}{6}$，单偏光；(d)与(c)同视域，荧光，黄色显示含油；(e)白云石晶间见棕褐色物质，束探 1H 井，$1\frac{31}{33}$，单偏光；(f)白云石晶间含油，与(e)同视域，荧光，束探 1H 井，$1\frac{31}{33}$；(g)白云石晶间孔（蓝色），晋 98X 井，4007.1m，单偏光，铸体薄片；(h)白云石晶间孔（蓝色），束探 3 井，4264.91m，单偏光，铸体薄片；(i)方解石晶间含油，束探 2X 井，$1\frac{11}{45}$，单偏光；(j)与(i)同视域，黄色显示含油，荧光；(k)自生高岭石集合体之间，保留了良好的储集空间，晋 98X 井，4008.4m，扫描电镜；(l)自生高岭石集合体间微孔发育，晋 98X 井，4008.4m，扫描电镜

在这些区域有较好的荧光显示[图 7-55(i)、(j)]。晶间孔的发育主要是继承了母岩内部的孔隙结构特征，因此母岩类型对于砾石内部孔隙的发育有直接的控制作用。

在扫描电镜下，晶形较好的自生高岭石单晶呈假六方板片状，集合体呈典型的书页状或蠕虫状，堆积松散，集合体之间存在几微米到几十微米的微观孔隙[图 7-55(k)、(l)]。

2. 粒间孔

粒间孔隙是指在沉积过程中形成的，存在于陆源碎屑骨架颗粒之间和晶体矿物之间的孔隙。这种类型孔隙在研究区主要发育在砾岩中的砂质填隙物[图 7-56(a)、(b)]、碳酸盐岩岩屑砂岩[图 7-56(c)、(d)]及碳酸盐岩岩屑粉砂岩中，单偏光下，颗粒之间被棕褐色物质充填，荧光下呈亮黄色，说明粒间孔隙中含有油气。但是，碳酸盐岩岩屑砂岩在研究区内分布范围及厚度都十分有限，粒间孔隙在研究区整体发育丰度较低，陆源碎屑骨架颗粒之间的粒间孔隙在研究区并非主要孔隙类型。

图 7-56　砾岩粒间孔特征

(a) 颗粒之间见棕褐色物质，束探 1H 井，$11\frac{4}{26}$，单偏光；(b) 与 (a) 同视域，荧光，(a) 中棕褐色的地方呈现亮黄色，说明粒间含油；(c) 砂岩颗粒间见棕黑色物质，束探 1H 井，$11\frac{4}{26}$，单偏光；(d) 与 (c) 同视域，荧光，黄色显示含油

3. 裂缝

1) 构造缝

构造缝是构造应力作用的结果，可以分为高角度构造缝和低角度构造缝，研究区以前者为主。构造缝可以大量连通各个孤立的孔隙，对改善储集层的渗透性极其重要，另外，油气可以通过构造缝进行运移。沿着构造缝，溶蚀作用更容易发生[图 7-57(a)]，形成较大的孔洞。构造缝一般切穿砾石，延伸较远[图 7-57(b)、(c)]，未充填、局部充填或全部充填，部分构造缝与贴粒缝相连。有些构造缝可能是母岩中早已存在的，不是沙三下亚段时期形成的，图 7-57(d)和(e)裂隙中充填纤维状方解石，缝内两侧伴随有油气的残余，表明它们曾经可能是油气运移的重要通道。

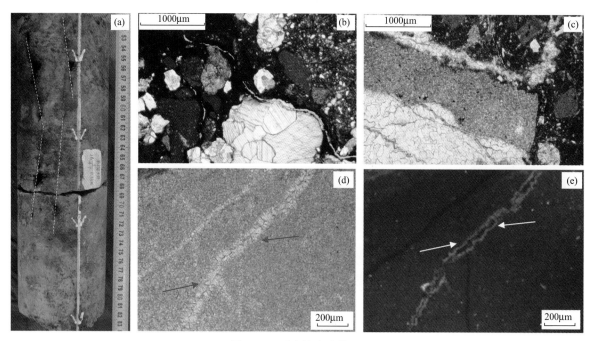

图 7-57　砾岩构造缝特征

（a）岩心中发育高角度缝，沿构造缝见大量溶蚀孔，束探 3 井，$16\frac{5}{47}$；（b）构造缝（蓝色）切穿砾石，延伸较远，束探 1H 井，3989.6m，单偏光；（c）构造缝（蓝色）切穿砾石，束探 1H 井，4085.27m，单偏光；（d）泥晶灰岩砾石内部的构造缝内充填纤维状方解石，束探 2X 井，$1\frac{30}{45}$，单偏光；（e）与（c）同视域，荧光，沿构造缝的两侧有油气显示，呈现黄绿色，束探 2X 井，$1\frac{30}{45}$

2）贴粒缝

　　贴粒缝发育的位置是砾石边缘，在砾岩中比较常见。由于砾石和基质之间常常留有缝隙，有机质热演化过程中有机酸容易侵入，对碳酸盐岩砾石边缘溶蚀形成这种贴粒缝，规模小，延伸距离有限，一般在颗粒的一侧或者两侧分布。单偏光下颗粒边缘呈港湾状，荧光下呈现亮黄色，说明有油气充注［图 7-58（a）～（d）］。通过扫描电镜和铸体薄片也可以见到这样的贴粒缝［图 7-58（e）、（f）］。

3）收缩缝

　　收缩缝是由内源砾或杂基脱水、转化导致收缩作用而产生的孔隙，多发育在颗粒支撑混（内）源砾岩或者杂基支撑的各类砾岩中。图 7-59（a）和（b）是束探 2X 井中杂基中的收缩缝，图 7-59（c）和（d）是内源颗粒与杂基间的收缩缝，荧光下可以看到其中都有油气分布。

4）砾内缝

　　砾内缝是砾石自物源区向盆地搬运过程中或在物源区已经形成的。裂缝规模较小，局限在砾石内部，一般未被方解石充填，普遍含油气［图 7-60］，有些沿着裂缝发生了溶蚀扩大［图 7-60（d）］，此类裂缝在陆源砾石中发育较广泛。成岩作用过程中强烈压实造成的砾内缝，只发育在相互接触挤压的砾石中，并且与砾石接触面垂直（李跃纲等，2012），在研究区取心井的岩心中少见。而构造作用产生的砾内缝多较为平直［图 7-57（d）、（e）］，大多被方解石半充填或全部充填。

图 7-58　砾岩贴粒缝特征

（a）灰岩砾石边缘被溶蚀成港湾状，晋 94 井，$5\frac{1}{20}$，单偏光；（b）与（a）同视域，荧光，颗粒边缘亮黄色的地方代表含油，晋 94 井，$5\frac{1}{20}$；（c）颗粒边缘缝，晋 98 井，4006.5m；（d）颗粒边缘被溶蚀，束探 2X 井，$1\frac{3}{45}$，单偏光；（e）与（d）同视域，荧光，颗粒边缘含油（黄色），束探 2 井，$1\frac{3}{45}$；（f）泥晶灰岩边缘缝（暗蓝色），束探 1H 井，3965.95m，正交光

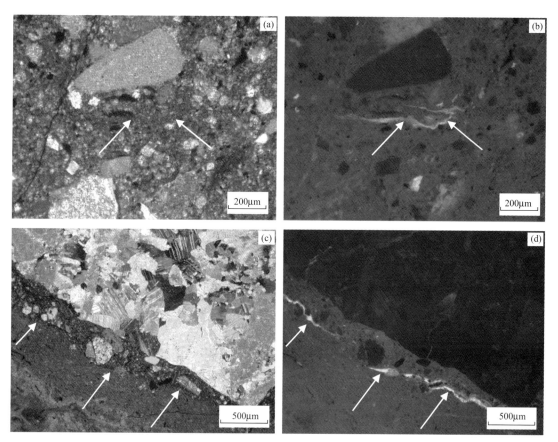

图 7-59　砾岩中收缩缝特征

（a）杂基中的收缩缝，束探 2X 井，$1\frac{3}{45}$，正交光；（b）与（a）同视域，荧光，黄色显示含油，束探 2X 井，$1\frac{3}{45}$；（c）内源颗粒与杂基间收缩缝，束探 2X 井，$1\frac{21}{45}$，正交光；（d）与（c）同视域，荧光，黄色显示代表收缩缝内含油，束探 2X 井，$1\frac{21}{45}$

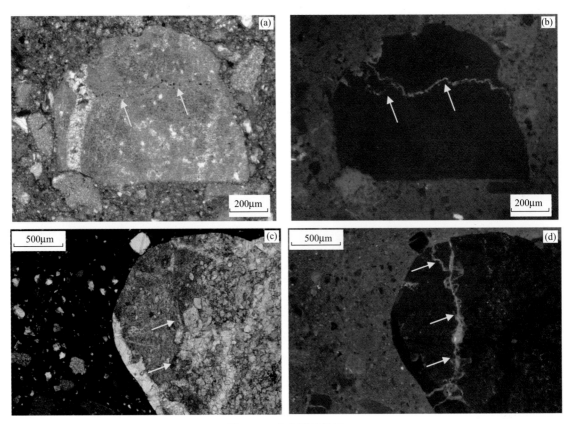

图 7-60　砾内裂缝特征

(a) 砾内缝, 边缘有零星黄铁矿, 束探 2X 井, $1\frac{3}{45}$, 正交光; (b) 与 (a) 同视域, 荧光薄片, 砾内缝中含油 (黄色), 束探

2X 井, $1\frac{3}{45}$; (c) 泥晶灰岩部分白云石化, 箭头所指地方隐约可见裂缝, 束探 1H 井, $12\frac{1}{28}$, 单偏光; (d) 与 (c) 同视域,

荧光薄片, 砾内缝中亮黄色地方含油, 束探 1H 井, $12\frac{1}{28}$

4. 有机质孔

有机质孔主要存在于颗粒支撑混源砾岩、颗粒支撑内源砾岩、杂基支撑混源砾岩的内源砾石和杂基的有机质中。研究区有机质的丰度相对较高, 以束探 2X 井层序Ⅲ 3722～3729m 颗粒支撑内源砾岩和颗粒支撑混源砾岩为例, 其中内源砾石的 TOC 为 0.94%～4.2%, 平均为 1.88%。不过, 并非所有的有机质都发育储集空间, 且不同的有机质发育的储集空间形状不同, 有的有机质孔隙呈长条状或微裂隙状, 有的呈椭圆或圆形 (Curtis et al., 2013), 这可能与有机质的成熟度不同有关。在晋 98X 井杂基支撑陆源砾岩中发现, 有机质中发育微裂隙状的有机质孔 [图 7-61]。有机质孔相对于晶间孔、砾内缝来说, 尺寸较小, 在砾岩孔隙中所占比例较低。

7.5.3　储集空间成因机制

束鹿凹陷沙三下亚段砾岩的母岩主要是寒武系和奥陶系碳酸盐岩, 抗压实能力差, 并且目的层位主要深度范围为 3100～4800m, 埋深大, 压实作用强烈, 原生孔隙很少被保存下来。成岩收缩缝在研究区发育较少, 因此按照成因可以将研究区储集空间类型归为四类: 次生溶蚀孔隙、继承性孔隙、构造裂缝及与有机质有关的孔隙。燧石、泥晶灰岩等颗粒的溶蚀孔, 晶粒白云岩的晶间溶孔, 碳酸盐岩砾石边缘被溶蚀形成的贴粒缝以及沿构造缝边缘发生溶蚀作用形成的储集空间都与溶蚀作用有关, 可以统称为次生溶蚀孔隙。继承性成因的孔隙主要包括晶粒白云岩的晶间孔、砾内缝及砾内被方解石部

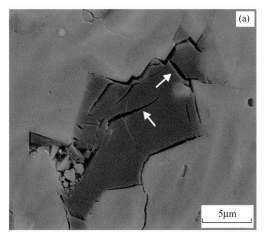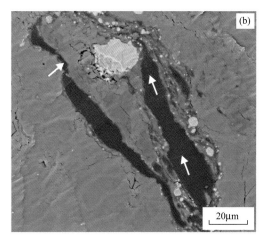

图 7-61　有机质孔特征

(a) 有机质颗粒中长条形有机质孔隙,黑色部分为有机质,晋 98X 井,4006.5m,扫描电镜;(b) 条带状有机质中长
条形有机质孔隙,黑色部分为有机质,晋 98X 井,4006.5m,扫描电镜

分充填的构造缝。束鹿凹陷是一个典型的东断西超的箕状凹陷,存在北东向伸展断裂系统和北西向派生断裂体系,在区域内形成了大量的构造张裂缝,裂缝形成时间不同,有的被部分充填,有的被保存下来,这些构造成因的裂缝可以作为油气运移的重要通道和储集空间。有机质孔隙,即存在于有机质内部或者边缘的孔隙,它的发育与否跟有机质的类型有关。

7.5.4　物性特征

束鹿凹陷中部的碳酸盐质砾岩总体上比较致密,具有低孔低渗的特征。通过对研究区束探 1H 井、束探 2X 井、束探 3 井、晋 98X 井等多口井的砾岩物性数据统计,孔隙度最小为 0.4%,最大为 5.6%,平均为 2.11%。渗透率从 $\leqslant 0.04 \times 10^{-3}\ \mu m^2$ 到 $40.5 \times 10^{-3}\ \mu m^2$,平均为 $1.8 \times 10^{-3}\ \mu m^2$。

从束鹿凹陷砾岩孔隙度及渗透率分布直方图来看,孔隙度 $\leqslant 1\%$ 的点占 26.3%,10.2% 的孔隙度大于 4%,其余的点占 63.5%[图 7-62(a)]。渗透率 $\leqslant 0.04 \times 10^{-3}\ \mu m^2$ 的样品占 27.0%,渗透率为 $0.04 \times 10^{-3} \sim 0.1 \times 10^{-3}\ \mu m^2$ 的样品占 11.3%,渗透率为 $0.1 \times 10^{-3} \sim 1.0 \times 10^{-3}\ \mu m^2$ 的样品占 35.6%,渗透率为 $1.0 \times 10^{-3} \sim 10 \times 10^{-3}\ \mu m^2$ 的样品占 22.6%,渗透率大于 $10 \times 10^{-3}\ \mu m^2$ 的样品占 3.5%[图 7-62(b)]。一般将孔隙度小于 10% 的储层定义为致密储层(邹才能等,2012),显而易见,束鹿凹陷沙三下亚段的砾岩岩层属于致密储层。

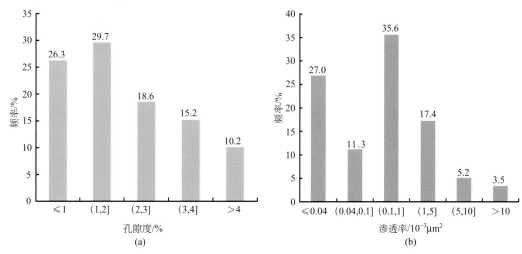

图 7-62　束鹿凹陷砾岩孔隙度及渗透率分布直方图

7.5.5　储层主控因素

研究表明，束鹿凹陷沙三下亚段致密砾岩储层主要受砾石成分、岩相、砾岩成因、有机质、成岩作用和构造作用的影响。

1. 砾石成分

束鹿凹陷沙三下亚段砾岩的母岩主要是古生界寒武系和奥陶系的碳酸盐岩，这些砾岩包括颗粒灰岩、泥晶灰岩、中晶白云岩、细晶白云岩、粉晶白云岩及微晶白云岩。陆源砾石的含量与种类直接影响到储集空间的类型和大小。作为母岩，古生界白云岩的物性好于灰岩物性，灰岩质纯、致密，成分结构单一，白云岩由于晶粒结构发育，本身孔隙性较好。另外，白云岩的抗压实和压溶的能力比灰岩强，随着埋藏深度的增大，白云岩孔隙度降低速度比灰岩小得多（Schmoker and Halley，1982；Lucia，1999），并且随着温度和压力的增加，白云岩溶蚀速率逐渐超过灰岩的溶蚀速率（杨俊杰和黄月明，1995）。因此，束鹿凹陷沙三下亚段的砾岩中白云岩砾石比灰岩砾石发育更多的储集空间，储层物性更好。

通过荧光薄片和铸体薄片观察发现，白云岩砾石的晶间普遍含有油气[图 7-63(a)、(b)]，部分晶间溶蚀扩大形成晶间溶孔，颗粒灰岩和泥晶灰岩多数不含油，荧光显微镜下，少数在砾内缝中能看到亮黄色的油气[图 7-63(c)、(d)]。

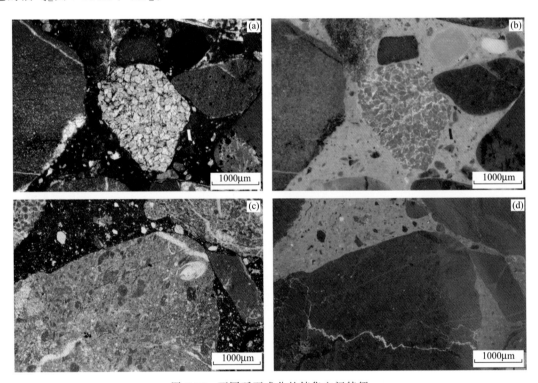

图 7-63　不同砾石成分的储集空间特征

(a) 白云岩晶间呈黑褐色，束探 1H 井，$2\frac{1}{23}$，单偏光；(b) 与 (a) 同视域，荧光薄片，白云岩晶间含油（黄色），束探 1H 井，$2\frac{1}{23}$；(c) 颗粒灰岩砾内缝（蓝色虚线），缝内含有黄铁矿小颗粒，束探 2X 井，$1\frac{30}{45}$，单偏光；(d) 与 (c) 同视域，荧光薄片，砾内缝中亮黄色地方含油，束探 2X 井，$1\frac{30}{45}$

2. 岩相

从结构上讲，颗粒支撑比杂基支撑、陆源砾岩比内源砾岩更容易保存原生孔隙及构造裂缝。同时，内源杂基比陆源杂基对储集空间的发育来说更有利，陆源杂基多为砂级或者泥级碳酸盐质碎屑，它们充填在砾石之间，不利于原生孔隙的保存，也不利于溶蚀作用的进行〔图 7-64(a)〕；内源杂基中有机质条带更丰富，有机质生烃排酸可以促进溶蚀作用的发生从而形成溶蚀孔和贴粒缝。此外，内源杂基的存在有利于产生收缩缝〔图 7-64(b)～(d)〕。

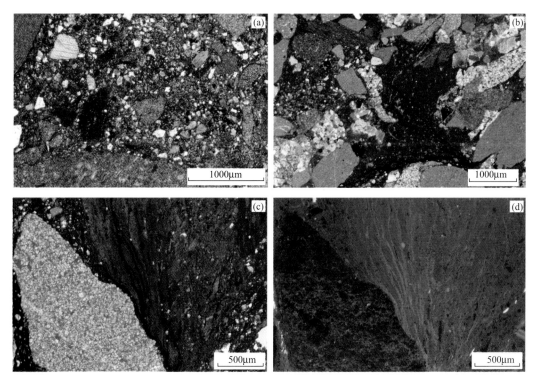

图 7-64　不同砾石成分的储集空间特征

(a) 砾石之间的陆源杂基，束探 3 井，3907.21m，正交光；(b) 内源杂基的收缩缝，束探 1H 井，$8\frac{2}{31}$，正交光；

(c) 内源杂基的收缩缝，束探 2X 井，$1\frac{38}{45}$，单偏光；(d) 与 (c) 同视域，荧光薄片，内源杂基收缩缝中线状烃类聚

集体，束探 2X 井，$1\frac{38}{45}$

受母岩类型的影响，束鹿凹陷中部的碳酸盐质砾岩抗压实能力差，岩性致密，导致其自身的孔隙少，渗透率低，物性较差（表 7-5）。据现有薄片和物性资料统计，颗粒支撑陆源砾岩孔隙度最大值为 5.6%，平均为 2.59%，渗透率平均为 $2.03\times10^{-3}\ \mu m^2$，储集物性最好，其次是杂基支撑陆源砾岩和颗粒支撑混源砾岩，杂基支撑陆源砾岩孔隙度为 0.4%～1.7%，平均为 1.12%，渗透率平均为 $2.23\times10^{-3}\ \mu m^2$，颗粒支撑混源砾岩孔隙度为 0.6%～2.0%，平均为 1.06%，渗透率平均为 $0.62\times10^{-3}\ \mu m^2$。颗粒支撑内源砾岩和杂基支撑混源砾岩的样品点较少，物性较差，颗粒支撑内源砾岩的孔隙度为 0.6%～0.9%，平均为 0.7%，渗透率平均为 $0.0075\times10^{-3}\ \mu m^2$，杂基支撑混源砾岩的孔隙度为 0.6%～0.8%，平均为 0.7%，渗透率平均为 $0.08\times10^{-3}\ \mu m^2$。

表 7-5　岩石类型与储集物性的关系

岩石类型	样品块数	孔隙度/%			渗透率/$10^{-3}\mu m^2$		
		最大	最小	平均	最大	最小	平均
颗粒支撑陆源砾岩	83	5.6	0.6	2.59	40.50	0.04	2.03
颗粒支撑混源砾岩	14	2.0	0.6	1.06	4.50	0.04	0.62
颗粒支撑内源砾岩	3	0.9	0.6	0.7	0.11	0.04	0.0075
杂基支撑陆源砾岩	20	1.7	0.4	1.12	9.11	0.04	2.23
杂基支撑混源砾岩	3	0.8	0.6	0.7	0.11	0.04	0.08

3. 砾岩成因

扇三角洲以平原和前缘的辫状水道沉积为储集体,岩石类型为颗粒支撑陆源砾岩或者杂基支撑陆源砾岩,储集空间以砾石内晶间孔隙[图 7-65(a)、(b)]、粒内方解石脉的溶孔[图 7-65(c)]、贴粒缝[图 7-65(d)]和构造裂缝[图 7-65(e)]为主,构造裂缝尤其发育。地震滑塌扇以内扇主水道和中扇辫状水道为主要储集层,岩石类型除了颗粒支撑陆源砾岩和杂基支撑陆源砾岩外,还有颗粒支撑混源砾岩和杂基支撑混源砾岩及颗粒支撑内源砾岩,储集空间以砾石内晶间孔隙、粒间孔隙[图 7-65(f)]及贴粒缝、收缩缝[图 7-65(g)、(h)]为主,构造缝的规模不如扇三角洲发育,多为微小的裂缝。

通过统计已有的物性资料得知,研究区沙三下亚段砾岩总体上较致密,储集性能较差,扇三角洲平原砾岩的孔隙度平均为 2.35%,渗透率平均为 $1.86\times10^{-3}\mu m^2$,扇三角洲前缘辫状水道砾岩孔隙度平均为 1.90%,渗透率平均为 $0.51\times10^{-3}\mu m^2$(表 7-6),孔隙度大于 1% 的占 90.9%(图 7-66),渗透率大于 $0.04\times10^{-3}\mu m^2$ 的占统计数据的 50%(图 7-66);地震滑塌扇主水道砾岩的孔隙度平均为 3.01%,渗透率平均为 $1.29\times10^{-3}\mu m^2$,地震滑塌扇中扇砾岩孔隙度平均为 1.4%,渗透率平均为 $1.8\times10^{-3}\mu m^2$(表 7-6)。总体上,滑塌扇砾岩有 71.4% 的孔隙度大于 1%,渗透率 $\geqslant0.04\times10^{-3}\mu m^2$ 的样品占 65.1%。

表 7-6　不同成因类型砾岩体储集层的孔渗特征

成因类型	样品块数	孔隙度/%			渗透率/$10^{-3}\mu m^2$		
		最大	最小	平均	最大	最小	平均
扇三角洲平原	6	3.2	1.5	2.35	7.26	0.04	1.86
扇三角洲前缘辫状水道	14	3.9	0.8	1.90	3.09	0.0064	0.51
地震滑塌扇主水道	12	5.8	1	3.01	11.56	0.02	1.29
地震滑塌扇中扇	44	2.6	0.6	1.4	14.7	0.04	1.8

根据试油数据(表 7-7)和气测资料来看,目前油气显示较好的井段多为扇三角洲沉积,分布在层序 1 和层序 2 中,如晋 98X 井 3959~4070m 井段试油结果显示油层,日产油 13.45t,日产气 $0.068\times10^4 m^3$;束探 1H 的水平井 4620~4953m 井段取得了日产油 36.14t,日产气 $23.1\times10^4 m^3$ 的喜人效果。滑塌扇沉积的砾岩也有油气显示,总体效果没有扇三角洲沉积好。其原因主要包括:①研究区白云岩砾石的晶间孔隙以及砾石内方解石脉的溶孔是非常重要的储集空间,以陆源砾石为主要成分的颗粒支撑陆源砾岩和杂基支撑陆源砾岩占优势,混源砾岩中陆源砾石较少,内源砾石提供的孔隙空间比较有限,因此以颗粒支撑陆源砾岩和杂基支撑陆源砾岩为储集层的扇三角洲沉积物性好于滑塌扇沉积;②扇三角洲前缘的河道和河口坝沉积中砾石分选磨圆较好,物性比分选磨圆极差的滑塌扇略优。

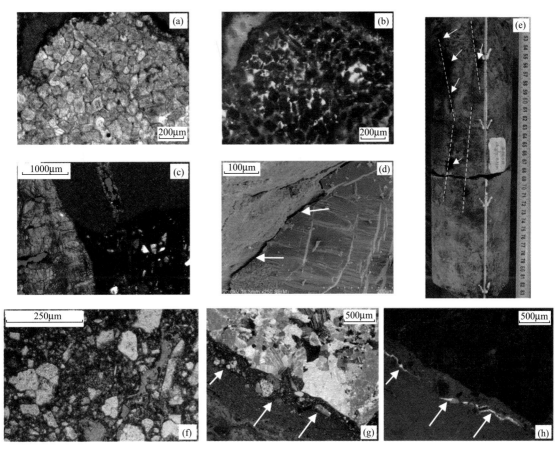

图 7-65　砾岩储集空间类型

（a）白云岩砾石内的晶间孔见棕褐色物质，晋 98X 井，4006.4m，单偏光；（b）与（a）同视域，荧光下发亮黄色光，说明白云石晶间含油；（c）灰岩裂缝中方解石脉的溶孔，束探 3 井，4262.79m，单偏光；（d）颗粒边缘缝即贴粒缝，晋 98X 井，4006.5m；（e）岩心中发育高角度缝，沿构造缝见大量溶蚀孔，束探 3 井，$16\frac{5}{47}$；（f）颗粒间孔隙，束探 3 井，3908.9 m，单偏光；（g）内源颗粒与杂基间收缩缝，束探 2 井，$1\frac{21}{45}$，正交光；（h）与（f）同视域，荧光，黄色显示代表收缩缝内含油

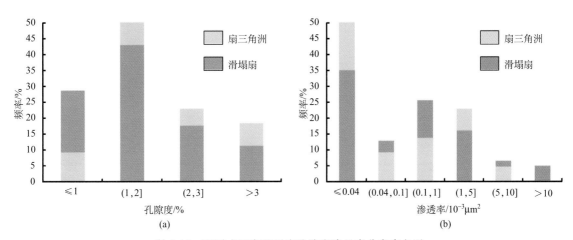

图 7-66　不同成因类型砾岩孔隙度渗透率分布直方图

表 7-7　束鹿凹陷沙三下亚段探井试油层位及试油结果统计表

井号	试油井段/m	层序地层	主要成因类型	试油结果	密度/(g/cm³)	黏度/(Pa·s)	压力系数	日产油/t	日产气/10⁴m³
晋 97	3623～3747	SQ2—SQ3	湖相和滑塌扇	油水同层	0.8902	19.87	0.97		
	3838～3886	SQ1	扇三角洲	油层	0.8957	26.14	1.33		
晋 98X	3959～4070	SQ1—SQ2	扇三角洲	油层	0.8717	11.91	1.28	13.45	0.068
晋 116X	4082～4120	SQ1	湖相和扇三角洲	油水同层	0.8897		1.03		
束探 1	4620～4953	SQ2	扇三角洲	油气层	0.8427	7.45		36.14	23.1
束探 2X	3685～4947	SQ1+SQ2+SQ3	滑塌扇和扇三角洲	油水同层	0.8702	21.02			
束探 3	4057～4321	SQ1—SQ2	湖相和扇三角洲	油水同层	0.8951	35			

4. 成岩作用

束鹿凹陷沙三下亚段的地层在沉积后，经历了压实、压溶、胶结和溶蚀等成岩作用，最终，形成整体致密、局部发育溶蚀孔缝和构造缝的储层。成岩作用的发育受控于埋深、有机质演化、构造活动和矿物自身等因素。

研究区沙三下亚段主要深度范围为 3100～4800m，其中晋 94 井顶深 3101m，晋古 13 井底深 4787m。主要研究范围为 3100～4400m（束探 3 井底深 4325m）。垂向上，在 3100～4800m 研究范围内，随埋深变化，镜质体反射率 R_o 从 0.37% 增加到 1.18% [图 7-67(a)]，属于低成熟-成熟阶段，以生油为主，在 3600～4400m 范围内，R_o 为 0.37%～0.77%，由于样品检测时测量颗粒有限，R_o 具有不确定性（据华北油田资料），测得的结果可能比实际值低。李庆（2015）利用最大热解峰温度 T_{max} 与 R_o 的关系公式计算得出研究区 R_o 为 0.47%～0.98%，平均为 0.83%，属于成熟阶段。

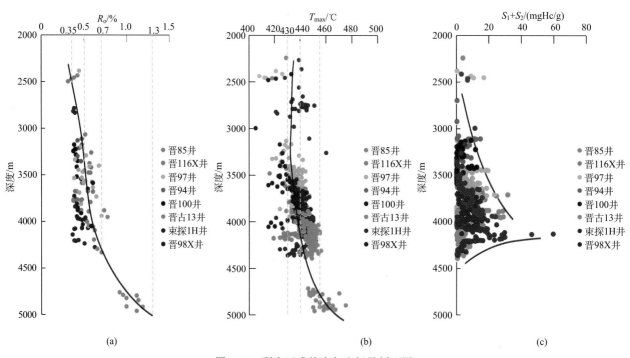

图 7-67　研究区成熟度与生烃量剖面图

一般来说，最大热解峰温度 T_{max} 小于 430℃代表有机质未成熟，430～440℃代表低成熟，440～455℃代表成熟阶段，455～476℃代表高成熟阶段，大于 476℃代表过成熟阶段（Espitalie et al.，1986；Mukhopadhyay et al.，1995）。研究区 T_{max} 从 430℃增加到 470℃［图 7-67(b)］，表明研究区沙三下亚段有机质处于成熟阶段。

研究区富有机质块状泥灰岩和纹层状泥灰岩中含有大量成熟的Ⅰ型和Ⅱ型干酪根，具有好的生烃潜力（Zhao et al.，2014）。从生烃总量的剖面图［图 7-67(c)］来看，在 3100～4400m 范围内生烃量增加，其中 3600～4400m 达到最大。

依据图 6-20，可以将伊/蒙混层的演化分为无序混层带、部分有序混层带及有序混层带三个转化带。3000～3600m 范围内，为伊/蒙混层的无序混层带，该带中的蒙皂石已经开始明显地向伊/蒙混层转化；混层中，蒙皂石层（S）占 40%～60%。在 3600～4100m 范围内，蒙皂石层（S）在混层中占 15%～40%（图 7-68），为部分有序混层带；在 4100m 以下，为有序混层带，该带中伊/蒙混层黏土矿物已变为有序，蒙皂石层（S）仅占 15%左右。据此推断目的层位所处的成岩阶段。

李庆（2015）认为束探 3 井 3600m 以下经历了强烈压实作用，处于热成熟阶段。综合来看，考虑到地层致密且裂缝发育，认为研究区目的层位处于中成岩阶段。

1）压实/压溶作用对储层的影响

压实和压溶作用是地下碳酸盐岩最重要的成岩作用。机械压实会导致岩石脱水、厚度减薄和孔隙度减少。Shinn 和 Robbin（1983）对现代泥级碳酸盐岩沉积物进行了人工压实，当厚度减少 50%时，孔隙度从 65%～75%降至 35%～45%。在埋深 300～1000m 时，压实脱水作用是早期孔隙度降低的主要原因。当埋深足够时，静岩压力和构造应力促使碳酸盐矿物发生压溶作用，导致晶体的次生加大（或颗粒间发生胶结作用）和缝合线构造的出现。在机械压实之后，化学压实作用会导致孔隙度从早期埋深的 30%～50%降至后来的 28%，甚至到零（Bathurst，1980）。化学压实作用导致的孔隙度降低发生在埋深 2000～4000m（Moshier，1989）。

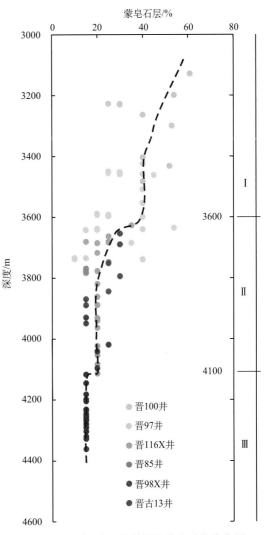

图 7-68　研究区伊/蒙混层中黏土矿物演化图

Ⅰ. 无序混层带；Ⅱ. 部分有序混层带；Ⅲ. 有序混层带

从束探 3 井孔隙度、渗透率与埋深的关系图来看（图 7-69），孔隙度与渗透率对深度的变化并不敏感，储层物性基本不受埋深的控制。研究区沙三下亚段地层埋深基本超过 3000m（晋 94 井顶深 3101m），已达到或接近压实和压溶作用发生的极限，在地层埋深至 3000m 时，压实和压溶作用已导致原始孔隙度降至很低，因此孔隙度与渗透率的剖面图上没有明显的随深度的变化规律。

2）胶结作用对储层的影响

研究区的胶结作用主要有碳酸盐矿物胶结、硅质胶结、黏土矿物胶结和黄铁矿胶结。碳酸盐矿物

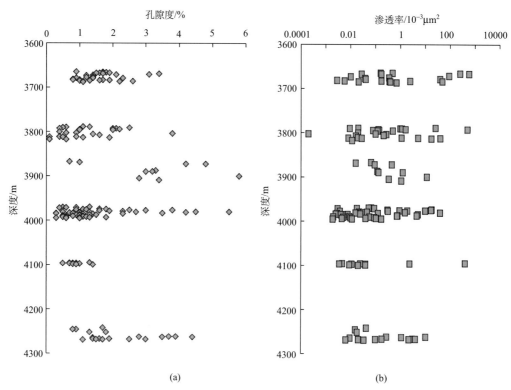

图 7-69　束探 3 井孔隙度和渗透率分布图（洗油后）

　　胶结作用在各岩性中分布不太均匀，在碳酸盐岩岩屑砂岩和纹层状粉砂岩中最为明显［图 7-70(a)］，杂基含量少的砾岩中也比较常见。黄铁矿胶结在研究区比较常见［图 7-70(b)］，硅质胶结和黏土矿物胶结相对较少。胶结作用对于储层物性影响较大，胶结作用发育的地方，储层的孔隙度和渗透率大大降低。

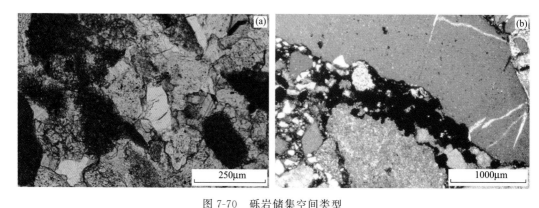

图 7-70　砾岩储集空间类型

(a)碳酸盐岩岩屑砂岩中方解石胶结物，束探 3 井，3807.78m，单偏光；(b)砾岩中的黄铁矿胶结，束探 1H 井，3968.72m，单偏光

3）溶解作用对储层的影响

　　溶解作用是次生孔隙发育的主控因素，前面提到，除了白云岩砾石内部的晶间孔缝是直接继承母岩，大部分储集空间的发育都与溶解作用相关。在岩心上可以看到明显的砾内溶蚀孔［图 7-54(e)、(f)］，束探 3 井第 16 次取心段也在岩心上看到沿裂缝发育的溶蚀孔缝［图 7-57(a)］。在铸体薄片中可以看到灰岩砾石内部发育溶蚀孔［图 7-54(a)、(b)］。溶蚀孔隙的发育多与有机质有关，束探 2X 井颗粒支撑内源砾岩中，

内源砾石的成分与盆内泥灰岩类似,含有大量有机质,有机质演化过程中释放的有机酸可以使燧石发生溶解[图 7-54(c)、(d)]。这些现象说明溶蚀作用对改善研究区储集特性具有重要作用。

4)交代作用对储层的影响

区内交代作用中白云石交代方解石对于储层物性最为有利,这是由于白云石化作用常使泥晶方解石转变为细晶甚至中-细晶镶嵌结构的白云石,白云石晶体呈半自形-自形[图 7-52(c)、(d)],晶体之间可形成晶间孔隙。方解石交代燧石或石英以及黄铁矿交代方解石对于储层物性没有改善作用,甚至还会使储层更致密。

5. 有机质

总有机质含量(TOC)和热解烃(S_2)是评价烃源岩生烃潜力的有效指标(Alias et al.,2012;Shalaby et al.,2012)。束探 2X 井层序 3(3722~3729m),TOC 为 0.94%~4.2%,平均为 1.88%,游离烃(S_1)值为 0.46mg HC/g 岩石到 2.49mg HC/g 岩石,平均为 1.37mg HC/g 岩石,S_2 值为 3.47mg HC/g 岩石到 25.1mg HC/g 岩石,平均为 12.43mg HC/g 岩石。根据 Zhao 等(2014)建立的标准,束探 2X 井有 90.0%的样品 TOC 大于 1.0%,具有非常好的生烃潜力。

有机质对于储层的改善作用体现在:①有机质演化早期裂解脱羧产生有机酸,形成少量的烃类、H_2S、H_2O、CO_2 等组分,它们可以溶蚀灰岩砾石或燧石形成粒内孔隙(图 7-54),或对白云岩砾石晶粒边缘溶蚀产生溶蚀扩大的晶间孔隙[图 7-55(a)~(h)]或形成非组构型溶孔或溶缝。②在热演化过程中,成熟有机质排烃会在有机质中留下孔隙。

6. 裂缝

研究区内北西向的台家庄断层在沙三段沉积时期生长指数为 1.1~1.8,北北东向的新河断层生长指数为 1.3~1.9(孔冬艳等,2005),另外,在凹陷的西斜坡发育一些同沉积断层,呈北东向分布,这些断层的构造活动会产生裂缝,促进地下流体的运移。在岩心中可以看到大量的高角度构造缝,沿着构造缝更容易产生一些继承性的溶蚀孔[图 7-57(a)]。

裂缝对于改善储层的储集性能起了非常重要的作用,扇三角洲沉积发育的层序 1 和层序 2 多以高角度缝为主(表 7-8),其次为垂直缝(赵贤正等,2015),以滑塌扇沉积为主的层序 3 发育水平裂缝及低角度裂缝。层序 3 沉积时期发育大量的软沉积物变形即典型的震积岩(Zheng et al.,2015),震积岩的发育要求地震震级在 5 级以上,因此可以说,层序 3 沉积时期地震活动频繁,且震级较高,层序 1 和层序 2 沉积时期的裂缝极有可能是由层序 3 时期的地震造成的。沿着这些构造缝容易产生一些继承性的溶蚀孔,构造缝延伸较远,虽然实测的物性数据不能体现这一点(实验条件有限),但是这些构造缝对于油气运移和聚集做出的贡献不容忽视。地震发生时,不但会对当时未固结的软沉积物进行改造,形成软沉积物变形和同沉积断层,更重要的是,地震也会对下伏已经固结的地层产生很大的影响,如产生大量高角度缝或者垂直缝等,这些裂缝大大提高了储层的渗透性。

表 7-8　岩心中裂缝发育情况

井名	深度/m	层序	裂缝条数	裂缝密度/(条/m)	裂缝类型	充填物组成	充填情况
束探 3 井	3969.64~3996.04	SQ2	23	0.87	高角度	油、方解石和沥青	全充填
束探 3 井	4094.85~4100.4	SQ2	16	3.1	高角度	油、方解石和沥青	全充填
束探 3 井	4250.26~4269.44	SQ1	21	1.09	高角度	油、方解石和沥青	全充填
束探 1H 井	4203.82~4213.48	SQ2	14	1.45	高角度	方解石	全充填

注:高角度的含义是断层角度大于 60°

7.5.6　储层评价方法

1. 储层分类

通过上述讨论,研究区砾岩储层主要受砾石成分、岩相、砾岩成因、成岩(溶解)作用、有机质和裂缝的控制。在储层主控因素分析的基础上,建立了"砾石成分-岩相-砾岩成因-裂缝-成岩作用-有机质"六位一体的评价方法。六种参数相互制约,相互影响,如扇三角洲平原和滑塌扇内扇主水道的岩性主要是颗粒支撑陆源砾岩,沿着裂缝或者白云岩砾石晶间更容易发生溶蚀作用,有机质含量高的地方溶蚀作用比较发育。总的来说,构造裂缝、砾岩成因及砾石成分最为重要。依据这套评价方法,将研究区的砾岩储层划分为三种类型,见表 7-9。

表 7-9　研究区砾岩储层分类与评价参数

储层类型	砾石成分	沉积相	岩相	储集空间类型	TOC/%	裂缝发育	溶解作用
Ⅰ类	颗粒灰岩、白云岩等	扇三角洲前缘	颗粒/杂基支撑陆源砾岩	砾内孔、贴粒缝等	—	发育	强
	颗粒灰岩、白云岩等	扇三角洲平原	颗粒支撑陆源砾岩	砾内孔、贴粒缝等	—	较发育	中等
Ⅱ类	颗粒灰岩、泥晶灰岩等	地震滑塌扇内扇/中扇	颗粒支撑陆源砾岩	砾内孔、贴粒缝	—	发育中等	弱
	颗粒灰岩、泥晶灰岩等	扇三角洲平原/前缘	颗粒/杂基支撑陆源砾岩	砾内孔、贴粒缝等	—	发育中等	弱
Ⅲ类	泥晶灰岩、白云岩等	地震滑塌扇中扇	杂基支撑陆源砾岩混源砾岩	砾内孔	1~2	不发育	中等

　　Ⅰ类储层包括两种:一种是位于层序 1 和层序 2 内部以发育颗粒支撑陆源砾岩和杂基支撑陆源砾岩为主的扇三角洲前缘辫状水道沉积,此储层内以发育砾内孔、贴粒缝和构造缝为主,溶蚀作用明显,如束探 3 井第 16 次取心 [图 7-57(a)],孔隙度和渗透率较高,且平面分布较广,因此划为Ⅰ类储层,是目前产油的主要层段;另一种是以发育颗粒支撑陆源砾岩为主的扇三角洲平原,此储层内以发育砾内孔、贴粒缝为主,构造缝发育中等,如晋 98X 井第 7 次取心,同样是产油的主要层段。
　　Ⅱ类储层也包括两种:一种是发育厚层颗粒支撑陆源砾岩为特征的地震滑塌扇内扇主水道沉积(如束探 3 井第 5~9 次取心)和中扇辫状水道沉积,此类储层虽然并不是主要产油层段,且裂缝以低角度裂缝为主,但砾岩内部有很多直径 20~30cm 甚至 80~90cm 的砾石,砾内孔缝相对发育,孔隙度高。砾岩单层厚度大,但平面分布范围有限,就储集性能而言,将其划分为Ⅱ类;另一种是以颗粒支撑陆源砾岩和杂基支撑陆源砾岩为主裂缝不太发育的扇三角洲平原或者前缘沉积,同样是Ⅱ类储层。
　　岩性以杂基支撑陆源砾岩、颗粒支撑混源砾岩、杂基支撑混源砾岩和颗粒支撑内源砾岩为主的地震滑塌扇中扇辫状水道沉积,是Ⅲ类储层,单层厚度较薄,发育砾内孔、贴粒缝及收缩缝等,构造裂缝发育少。

2. 单井储层评价

　　依据上述评价方法,以束探 1H 井砾岩为例,进行单井储层分类评价,如图 7-71 所示。束探 1H 井底部 4320~4370m,位于层序 2 中,为扇三角洲沉积,主要发育颗粒支撑陆源砾岩,且裂缝发育,砾内孔发育,为Ⅰ类储层;4080~4130m,主要发育扇三角洲沉积颗粒支撑陆源砾岩和杂基支撑陆源砾岩,为Ⅱ类储层;3985~4060m,主要为杂基支撑陆源砾岩、颗粒支撑混源砾岩、杂基支撑混源砾岩与泥灰岩互层,为滑塌扇的中扇辫状水道沉积,TOC 大于 2%,裂缝发育中等,为Ⅲ类储层;3930~3985m

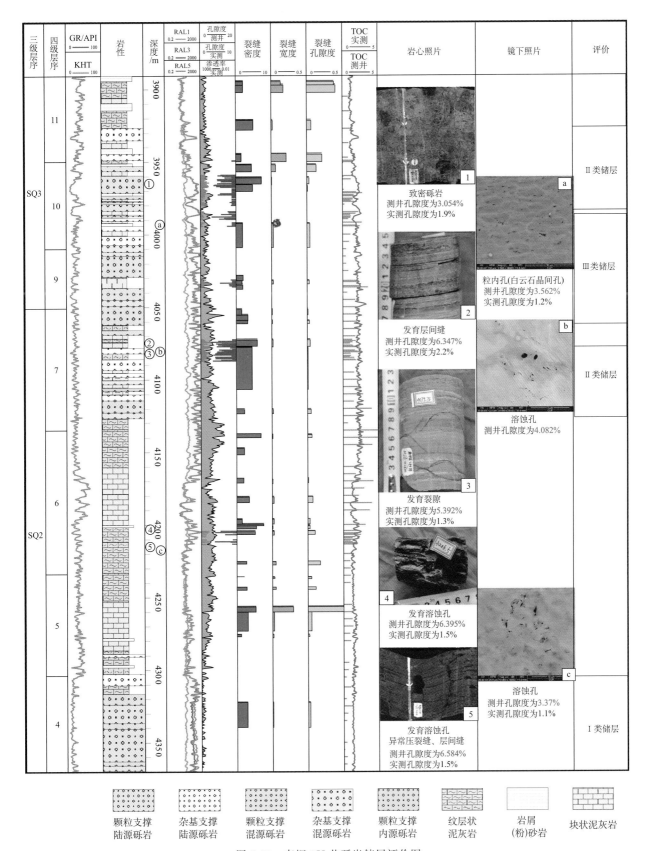

图 7-71　束探 1H 井砾岩储层评价图

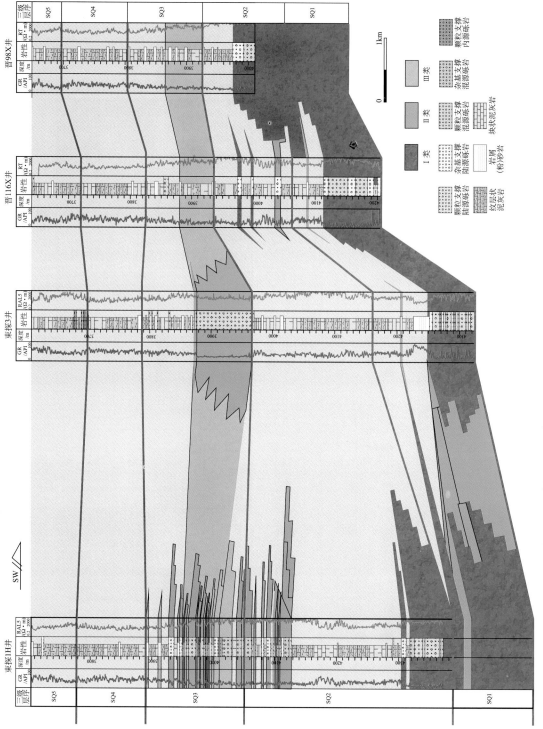

图 7-72　过束探 1H 井-束探 3 井-晋 116X 井-晋 98X 井的砾岩储层评价图

以发育颗粒支撑陆源砾岩、杂基支撑陆源砾岩为主，为滑塌扇的中扇辫状水道沉积，构造裂缝发育，发育粒内孔、贴粒缝等，为Ⅱ类储层。总体来看，束探 1H 井层序 2 储层发育较好，Ⅰ类储层都发育在层序 2 内。

3. 剖面储层评价

研究区的砾石成分、岩相、有机质、裂缝在纵向上和横向上分布不均，导致储层的储集性能差异较大，具有纵向分层、横向分带（图 7-72）的特点。

纵向上，在层序 1 沉积时期，主要发育颗粒支撑陆源砾岩和杂基支撑陆源砾岩，为扇三角洲沉积，砾岩在平面上分布广泛，砾石主要是颗粒灰岩和白云岩等，砾间孔和构造裂缝发育，为Ⅰ类储层。层序 2 为扇三角洲沉积，发育颗粒支撑陆源砾岩和杂基支撑陆源砾岩，为Ⅱ类储层；层序 3 发育地震滑塌扇的内扇主水道和中扇辫状水道沉积，主要岩性为颗粒支撑陆源砾岩、杂基支撑陆源砾岩、颗粒支撑混源砾岩、杂基支撑混源砾岩、颗粒支撑内源砾岩和泥灰岩，其中滑塌扇的内扇主水道沉积和中扇辫状水道沉积的颗粒支撑陆源砾岩发育处，砾岩厚度大，砾石中很多是粗砾，砾石主要是颗粒灰岩和泥晶灰岩等，溶解作用较弱，裂缝中等发育，为Ⅱ类储层，地震滑塌扇中扇辫状水道，发育杂基支撑陆源砾岩、颗粒支撑混源砾岩、杂基支撑混源砾岩和颗粒支撑内源砾岩的地方，砾石主要为泥晶灰岩和白云岩等，有机质含量高，溶解作用弱，裂缝不太发育，为Ⅲ类储层（图 7-72）。

4. 平面储层评价

平面上，依据岩相、砾石成分、砾岩成因、有机质、溶蚀作用和裂缝的评价标准，根据砾岩岩相平面分布图、沉积微相图及潜能恒信能源技术股份有限公司提供的每个层序裂缝发育平面分布图（图 7-73）和烃源岩厚度图，制作储层分类评价平面图。以层序 1 和层序 3 为例介绍砾岩储层平面分类情况。

(a)　　　　　　　　　　　　　　　　　　　(b)

图 7-73　层序 1 和层序 3 裂缝分布平面图
(a) 层序 1；(b) 层序 3

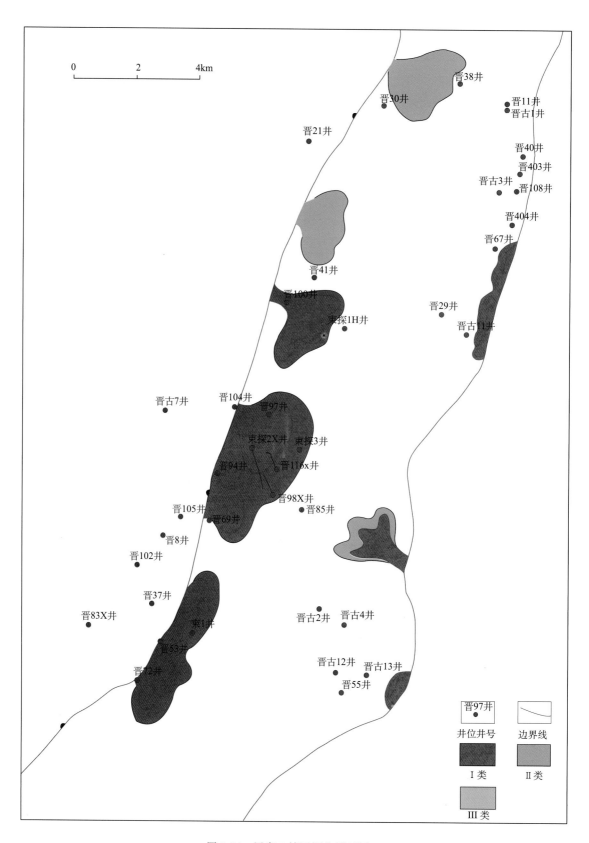

图 7-74　层序 1 储层评价平面图

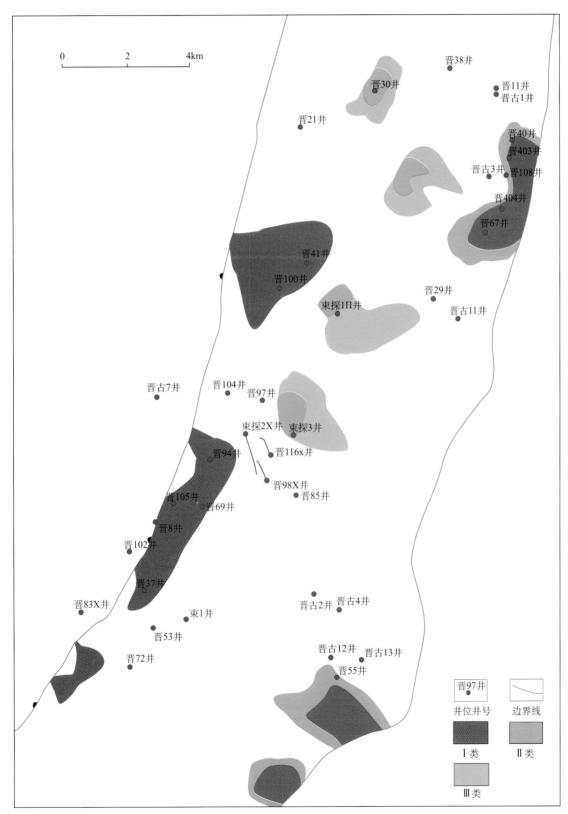

图 7-75　层序 3 储层评价平面图

在层序 1 沉积时期，扇三角洲沉积非常发育，以颗粒支撑陆源砾岩和杂基支撑陆源砾岩为主，在西斜坡和坡折带分布广泛（图 7-45），裂缝在斜坡带上北侧不太发育，中南部发育程度中等。该层位 I 类储层展布范围比较大，一是位于凹陷中南部的斜坡-坡折带内砾岩相发育区，裂缝相对发育，主要岩相包括颗粒支撑陆源砾岩、杂基支撑陆源砾岩（图 7-74）；二是位于陡坡带的近岸水下扇沉积，裂缝非常发育。II 类储层是位于凹陷北部裂缝不太发育的扇三角洲沉积，岩性是颗粒支撑陆源砾岩和杂基支撑陆源砾岩。

层序 3 沉积时期，扇三角洲沉积发育规模比层序 1 沉积时期小，这一时期洼槽内地震比较发育，形成了一些滑塌扇沉积（图 7-46），这一时期裂缝在斜坡带上中南部不太发育，北部发育程度中等。该层位 I 类储层主要是位于陡坡带的近岸水下扇沉积，岩性主要是颗粒支撑陆源砾岩，裂缝非常发育。I 类储层是凹陷南部的斜坡-坡折带内裂缝相对发育的扇三角洲沉积，主要岩相包括颗粒支撑陆源砾岩、杂基支撑陆源砾岩（图 7-75）。II 类储层包括两种：一是位于凹陷斜坡带裂缝不太发育的扇三角洲沉积，岩性是颗粒支撑陆源砾岩、杂基支撑陆源砾岩；二是地震诱发的滑塌扇的内扇主水道沉积，岩性主要是裂缝不太发育的颗粒支撑陆源砾岩。III 类储层是地震诱发的滑塌扇的中扇辫状水道沉积，主要岩性是杂基支撑陆源砾岩、颗粒支撑混源砾岩、杂基支撑混源砾岩和颗粒支撑内源砾岩等，裂缝不发育，混源砾岩的内源砾石中含有较多有机质，有机质演化早期裂解脱羧会产生有机酸，有利于溶蚀作用进行。

参 考 文 献

崔周旗，吴健平，李莉，等. 2003. 束鹿凹陷斜坡带沙三段扇三角洲特征及含油性. 西北大学学报（自然科学版），33（3）：320-324.

杜远生，张传恒，韩欣. 2001. 滇中中元古代昆阳群的地震事件沉积及其地质意义. 中国科学（D 辑），31（4）：283-289.

冯增昭. 2013. 中国沉积学（第二版）. 北京：石油工业出版社.

胡晓强，陈洪德，纪相田，等. 2005. 川西前陆盆地侏罗系三角洲沉积体系与沉积模式. 石油实验地质，27（3）：226-231.

姜在兴. 2010. 沉积学（第二版）. 北京：石油工业出版社.

孔冬艳，沈华，刘景彦，等. 2005. 冀中坳陷束鹿凹陷横向调节带成因分析. 中国地质，32（4）：166-171.

李海鹏. 2015. 束鹿凹陷古近系沙三下亚段层序地层与致密油藏特征. 北京：中国地质大学硕士学位论文.

李庆. 2015. 冀中坳陷束鹿凹陷中南部沙三下亚段砾岩及泥灰岩致密储层评价. 北京：中国地质大学博士学位论文.

李文厚. 1998. 塔西南坳陷侏罗系的扇三角洲沉积. 沉积学报，16（2）：150-154.

李应暹. 1982. 辽河裂谷渐新世初期的扇三角洲. 石油勘探与开发，9（4）：17-23.

李元昊，刘池洋，王秀娟. 2008. 鄂尔多斯盆地三叠系延长组震积岩特征研究. 沉积学报，26（5）：772-779.

李跃纲，巩磊，曾联波，等. 2012. 四川盆地九龙山构造致密砾岩储层裂缝特征及其贡献. 天然气工业，32（1）：22-26.

梁宏斌，旷红伟，刘俊奇，等. 2007. 冀中坳陷束鹿凹陷古近系沙河街组三段泥灰岩成因探讨. 古地理学报，9（2）：167-174.

罗水亮，林承焰，翟启世，等. 2009. 滨南油田毕家地区沙三下亚段沉积特征及沉积模式. 中国石油大学学报（自然科学版），33（2）：12-17.

乔秀夫，李海兵. 2009. 沉积物的地震及古地震效应. 古地理学报，11（6）：593-610.

乔秀夫，宋天锐，高林志，等. 1994. 碳酸盐岩振动液化地震序列. 地质学报，68（1）：16-34.

任韵清. 1986. 用微古植物群探讨束鹿凹陷的沉积环境. 沉积学报，4（4）：101-107.

盛和宜. 1993. 辽河断陷湖盆的扇三角洲沉积. 石油勘探与开发，20（3）：60-66.

田敏. 2010. 汶川地震"震积体"形成模式研究. 成都：西南石油大学硕士学位论文.

王少春. 2014. 束鹿凹陷湖相泥灰岩油气藏的形成与分布研究. 北京：中国矿业大学博士学位论文.

王寿庆. 1993. 扇三角洲模式. 北京：石油工业出版社.

王威. 2010. 龙门山谢家店震积体发育特征及其控制因素分析. 成都：西南石油大学硕士学位论文.

薛良清，Galloway W E. 1991. 扇三角洲，辫状河三角洲与三角洲体系的分类. 地质学报，65（2）：141-153.

杨剑萍，王海峰，聂玲玲，等. 2014. 冀中坳陷晋县凹陷古近系震积岩的发现及地质意义. 沉积学报，32（4）：634-642.

杨君. 2010. 束鹿凹陷西斜坡沙河街组沉积微相及成岩作用研究. 东营：中国石油大学硕士学位论文.

杨俊杰，黄月明. 1995. 表生和埋藏成岩作用的温压条件下不同组成碳酸盐岩溶蚀成岩过程的实验模拟. 沉积学报，13（4）：49-54.

于雯泉，陈勇，杨立干，等. 2014. 酸性环境致密砂岩储层石英的溶蚀作用. 石油学报，35（2）：286-293.

袁静. 2004. 山东惠民凹陷古近纪震积岩特征及其地质意义. 沉积学报，22（1）：41-46.

袁静，陈鑫，田洪水. 2006. 济阳坳陷古近纪软沉积变形层中的环状层理及成因. 沉积学报，24（5）：666-671.

张春生，刘忠保，施冬，等. 2000. 扇三角洲形成过程及演变规律. 沉积学报，18（4）：521-526.

张福顺. 2006. 白音查干凹陷扇三角洲与辫状河三角洲沉积. 地球学报，26（6）：553-556.

赵贤正，姜在兴，张锐锋，等. 2015. 陆相断陷盆地特殊岩性致密油藏地质特征与勘探实践. 石油学报，36（增刊）：1-9.

朱筱敏，信荃麟. 1994. 湖泊扇三角洲的重要特性. 石油大学学报（自然科学版），18（3）：6-11.

邹才能，赵政璋，杨华，等. 2009. 陆相湖盆深水砂质碎屑流成因机制与分布特征——以鄂尔多斯盆地为例. 沉积学报，27（6）：1065-1075.

邹才能，朱如凯，吴松涛，等. 2012. 常规与非常规油气聚集类型、特征、机理及展望——以中国致密油和致密气为例. 石油学报，（2）：173-187.

Alfaro P，Delgado J，Estévez A，et al. 2002. Liquefaction and fluidization structures in Messinian storm deposits（Bajo Segura Basin，Betic Cordillera，southern Spain）. International Journal of Earth Sciences，91（3）：505-513.

Alias F L，Abdullah W H，Hakimi M H，et al. 2012. Organic geochemical characteristics and depositional environment of the Tertiary Tanjong Formation coals in the Pinangah area，onshore Sabah，Malaysia. International Journal of Coal Geology，104：9-21.

Alsop G I，Marco S. 2011. Soft-sediment deformation within seismogenic slumps of the Dead Sea Basin. Journal of Structural Geology，33（4）：433-457.

Bathurst R G C. 1980. Deep crustal diagenesis in limestones. Revista del Instituto de Investigaciones Geologicas，Deputacion Provincial，Universidad Barcelona，34：89-100.

Berra F，Felletti F. 2011. Syndepositional tectonics recorded by soft-sediment deformation and liquefaction structures（continental Lower Permian sediments，Southern Alps，Northern Italy）：Stratigraphic significance. Sedimentary Geology，235（3）：249-263.

Bertrand S，Charlet F，Chapron E，et al. 2008. Reconstruction of the Holocene seismotectonic activity of the Southern Andes from seismites recorded in Lago Icalma，Chile，39°S. Palaeogeography，Palaeoclimatology，Palaeoecology，259（2）：301-322.

Bhattacharya H N，Bandyopadhyay S. 1998. Seismites in a Proterozoic tidal succession，Singhbhum，Bihar，India. Sedimentary Geology，119（3）：239-252.

Braga J C，Comas M C. 1999. Environmental significance of an uppermost Pliocene carbonate debris flow at site 978. In：Zahn R，Comas M C，Klaus A（eds.）. Proceedings of the Ocean Drilling Program，Scientific Results，161：77-81.

Calvo J P，Rodriguez-Pascua M，Martin-Velazquez S，et al. 1998. Microdeformation of lacustrine laminite sequences from Late Miocene formations of SE Spain：an interpretation of loop bedding. Sedimentology，45（2）：279-292.

Carrillo E，Beck C，Audemard F A，et al. 2008. Disentangling late Quaternary climatic and seismo-tectonic controls on Lake Mucubají sedimentation（Mérida andes，Venezuela）. Palaeogeography，Palaeoclimatology，Palaeoecology，259（2）：284-300.

Chapman R E. 1983. Petroleum Geology. Amsterdam：Elsevier.

Curtis M E，Sondergeld C H，Rai C S，et al. 2013. Relationship between organic shale microstructure and hydrocarbon generation. SPE-164540 Unconventional Resources Conference-USA.

Du Y S，Xu Y J，Yang J H. 2008. Soft-sediment deformation structures related to earthquake from the devonian of the eastern north Qilian Mts. and its tectonic significance. Acta Geologica Sinica，82（6）：1185-1193.

Dutton S P. 1982. Pennsylvanian fan-delta and carbonate deposition，Mobeetie Field，Texas Panhandle. AAPG Bulletin，66（4）：389-407.

Dzulynski S，Smith A J. 1963. Convolute lamination，its origin，preservation，and directional significance. Journal of

Sedimentary Research，33（3）：616-627.

El Taki H，Pratt B R. 2012. Syndepositional tectonic activity in an epicontinental basin revealed by deformation of subaqueous carbonate laminites and evaporites：Seismites in Red River strata（Upper Ordovician）of southern Saskatchewan，Canada. Bulletin of Canadian Petroleum Geology，60（1）：37-58.

Espitalie J，Deroo G，Marquis F. 1986. Rock-Eval pyrolysis and its applications. Revue de l' Institut Francais du Petrole，41：73-89.

Ettensohn F R，Zhang C H，Gao L Z，et al. 2011. Soft-sediment deformation in epicontinental carbonates as evidence of paleoseismicity with evidence for a possible new seismogenic indicator：Accordion folds. Sedimentary Geology，235（3）：222-233.

Ezquerro L，Moretti M，Liesa C L，et al. 2015. Seismites from a well core of palustrine deposits as a tool for reconstructing the palaeoseismic history of a fault. Tectonophysics，655：191-205.

Fanetti D，Anselmetti F S，Chapron E，et al. 2008. Megaturbidite deposits in the Holocene basin fill of Lake Como（southern Alps，Italy）. Palaeogeography，Palaeoclimatology，Palaeoecology，259（2）：323-340.

Faridfathi F Y，Ergin M. 2012. Holocene sedimentation in the tectonically active Tekirdağ Basin，western Marmara Sea，Turkey. Quaternary International，261：75-90.

Fortuin A R，Dabrio C J. 2008. Evidence for Late Messinian seismites，Nijar Basin，south-east Spain. Sedimentology，55（6）：1595-1622.

Ghosh S K，Pandey A K，Pandey P，et al. 2012. Soft-sediment deformation structures from the Paleoproterozoic Damtha Group of Garhwal Lesser Himalaya，India. Sedimentary Geology，15（261-262）：76-89.

Gierlowski-Kordesch E H. 1998. Carbonate deposition in an ephemeral siliciclastic alluvial system：Jurassic Shuttle Meadow Formation，Newark Supergroup，Hartford Basin，USA. Palaeogeography，Palaeoclimatology，Palaeoecology，140：161-184.

Gierlowski-Kordesch E H. 2010. Lacustrine carbonates，in Carbonates in Continental Settings，Volume 1：Facies，Environments，and Processes. In：Alonso-Zarza A M，Tanner L H（eds.）. Developments in Sedimentology 61. Amsterdam：Elsevier. 1-101.

Gorsline D S，De Diego T，Nava-Sanchez E H. 2000. Seismically triggered turbidites in small margin basins：Alfonso Basin，western Gulf of California and Santa Monica Basin，California borderland. Sedimentary Geology，135（1）：21-35.

Hempton M R，Dewey J F. 1983. Earthquake-induced deformational structures in young lacustrine sediments，East Anatolian Fault，southeast Turkey. Tectonophysics，98（3）：T7-T14.

Hibsch C，Alvarado A，Yepes H，et al. 1997. Holocene liquefaction and soft-sediment deformation in Quito（Ecuador）：a paleoseismic history recorded in lacustrine sediments. Journal of Geodynamics，24（1）：259-280.

Jiang Z，Chen D，Qiu L，et al. 2007. Source-controlled carbonates in a small Eocene half-graben lake basin（Shulu Sag）in central Hebei Province，North China. Sedimentology，54（2）：265-292.

Kahle C F. 2002. Seismogenic deformation structures in microbialites and mudstones，Silurian Lockport Dolomite，northwestern Ohio，U S A. Journal of Sedimentary Research，72（1）：201-216.

Leroy S A G，Schwab M J，Costa P J M. 2010. Seismic influence on the last 1500-year infill history of Lake Sapanca（North Anatolian Fault，NW Turkey）. Tectonophysics，486（1）：15-27.

Lowe D R. 1975. Water escape structures in coarse-grained sediments. Sedimentology，22（2）：157-204.

Lucia F J. 1999. Carbonate Reservoir Characterization. New York：Springer-Verlag.

Martel A T，Gibling M R. 1993. Clastic dykes of the Devono-Carboniferous Horton Bluff Formation，Nova Scotia：storm-related structures in shallow lakes. Sedimentary Geology，87（1）：103-119.

Mcconnico T S，Bassett K N. 2007. Gravelly Gilbert-type fan delta on the Conway Coast，New Zealand：Foreset depositional processes and clast imbrications. Sedimentary Geology，198（3）：147-166.

McKee E D，Goldberg M. 1969. Experiments on formation of contorted structures in mud. Geological Society of America Bulletin，80（2）：231-244.

McLaughlin P I，Brett C E. 2004. Eustatic and tectonic control on the distribution of marine seismites：examples from the

Upper Ordovician of Kentucky, USA. Sedimentary Geology, 168 (3): 165-192.

Mohindra R, Bagati T N. 1996. Seismically induced soft-sediment deformation structures (seismites) around Sumdo in the lower Spiti valley (Tethys Himalaya). Sedimentary Geology, 101 (1): 69-83.

Molina J M, Alfaro P, Moretti M, et al. 1998. Soft-sediment deformation structures induced by cyclic stress of storm waves in tempestites (Miocene, Guadalquivir Basin, Spain). Terra Nova, 10 (3): 145-150.

Montenat C, Barrier P, d'Estevou P O, et al. 2007. Seismites: An attempt at critical analysis and classification. Sedimentary Geology, 196 (1): 5-30.

Montenat C, Barrier P, d'Estevou P O. 1991. Some aspects of the recent tectonics in the Strait of Messina, Italy. Tectonophysics, 194 (3): 203-215.

Moretti M, Alfaro P, Caselles O, et al. 1999. Modelling seismites with a digital shaking table. Tectonophysics, 304 (4): 369-383.

Moretti M, Sabato L. 2007. Recognition of trigger mechanisms for soft-sediment deformation in the Pleistocene lacustrine deposits of the Sant'Arcangelo Basin (Southern Italy): Seismic shock vs. overloading. Sedimentary Geology, 196 (1): 31-45.

Moretti M, Soria J M, Alfaro P, et al. 2001. Asymmetrical Soft-Sediment Deformation Structures Triggered by Rapid Sedimentation in Turbiditic Deposits (Late Miocene, Guadix Basin, Southern Spain). Facies, 44 (1): 283-294.

Moretti M. 2000. Soft-sediment deformation structures interpreted as seismites in middle-late Pleistocene aeolian deposits (Apulian foreland, southern Italy). Sedimentary Geology, 135 (1): 167-179.

Moshier S O. 1989. Development of microporosity in a micritic limestone reservoir, Lower Cretaceous, Middle East. Sedimentary geology, 63 (3): 217-240.

Mugnier J L, Huyghe P, Gajurel A P, et al. 2011. Seismites in the Kathmandu basin and seismic hazard in central Himalaya. Tectonophysics, 509 (1): 33-49.

Mukhopadhyay P K, Wade J A, Kruge M A. 1995. Organic facies and maturation of Jurassic/Cretaceous rocks and possible oil-source rock correlation based on pyrolysis of asphaltenes Scotian Basin Canada. Organic Geochemistry, 22 (1): 85-104.

Mutti E, Lucchi F R, Séguret M, et al. 1984. Seismoturbidites: a new group of resedimented deposits. Marine Geology, 55 (1): 103-116.

Nakajima T, Kanai Y. 2000. Sedimentary features of seismoturbidites triggered by the 1983 and older historical earthquakes in the eastern margin of the Japan Sea. Sedimentary Geology, 135 (1): 1-19.

Neuwerth R, Suter F, Guzman C A, et al. 2006. Soft-sediment deformation in a tectonically active area: the Plio-Pleistocene Zarzal Formation in the Cauca Valley (Western Colombia). Sedimentary Geology, 186 (1): 67-88.

Nichols R J, Sparks R S J, Wilson C J N. 1994. Experimental studies of the fluidization of layered sediments and the formation of fluid escape structures. Sedimentology, 41 (2): 233-253.

Obermeier S F. 1996. Use of liquefaction-induced features for paleoseismic analysis-an overview of how seismic liquefaction features can be distinguished from other features and how their regional distribution and properties of source sediment can be used to infer the location and strength of Holocene paleo-earthquakes. Engineering Geology, 44 (1): 1-76.

Owen G. 1987. Deformation processes in unconsolidated sands. In: Jones M E, Preston R M F (eds.). Deformation of Sediments and Sedimentary Rocks. Geological Society Special Publications, 29: 11-24.

Owen G. 1996. Experimental soft-sediment deformation: structures formed by the liquefaction of unconsolidated sands and some ancient examples. Sedimentology, 43 (2): 279-293.

Owen G, Moretti M. 2011. Identifying triggers for liquefaction-induced soft-sediment deformation in sands. Sedimentary Geology, 235 (3): 141-147.

Owen G, Moretti M, Alfaro P. 2011. Recognising triggers for soft-sediment deformation: current understanding and future directions. Sedimentary Geology, 235 (3): 133-140.

Pollard J, Steel R, Undersrud E. 1982. Facies sequences and trace fossils in lacustrine/fan delta deposits, Hornelen Basin (M. Devonian), western Norway. Sedimentary Geology, 32 (1): 63-87.

Pondrelli M, Rossi A P, Marinangeli L, et al. 2008. Evolution and depositional environments of the Eberswalde fan delta,

Mars. Icarus, 197 (2): 429-451.

Pope M C, Read J F, Bambach R, et al. 1997. Late Middle to Late Ordovician seismites of Kentucky, southwest Ohio and Virginia: Sedimentary recorders of earthquakes in the Appalachian basin. Geological Society of America Bulletin, 109 (4): 489-503.

Pratt B R. 1994. Seismites in the Mesoproterozoic Altyn Formation (Belt Supergroup), Montana: A test for tectonic control of peritidal carbonate cyclicity. Geology, 22 (12): 1091-1094.

Pratt B R. 1998. Syneresis cracks: subaqueous shrinkage in argillaceous sediments caused by earthquake-induced dewatering. Sedimentary Geology, 117 (1): 1-10.

Rana N, Bhattacharya F, Basavaiah N, et al. 2013. Soft sediment deformation structures and their implications for Late Quaternary seismicity on the South Tibetan Detachment System, Central Himalaya (Uttarakhand), India. Tectonophysics, 592: 165-174.

Rodríguez-López J P, Meléndez N, Soria A R, et al. 2007. Lateral variability of ancient seismites related to differences in sedimentary facies (the synrift Escucha Formation, mid-Cretaceous, eastern Spain). Sedimentary Geology, 201 (3): 461-484.

Rodríguez-Pascua M A, Calvo J P, De Vicente G, et al. 2000. Soft-sediment deformation structures interpreted as seismites in lacustrine sediments of the Prebetic Zone, SE Spain, and their potential use as indicators of earthquake magnitudes during the Late Miocene. Sedimentary Geology, 135 (1): 117-135.

Rodríguez-Pascua M A, Garduño-Monroy V H, Israde-Alcántara I, et al. 2010. Estimation of the paleoepicentral area from the spatial gradient of deformation in lacustrine seismites (Tierras Blancas Basin, Mexico). Quaternary International, 219 (1): 66-78.

Rossetti D F, Góes A M. 2000. Deciphering the sedimentological imprint of paleoseismic events: an example from the Aptian Codó Formation, northern Brazil. Sedimentary Geology, 135 (1): 137-156.

Schmoker J W, Halley R B. 1982. Carbonate porosity versus depth: a predictable relation for south Florida. AAPG Bulletin, 66: 2561-2570.

Scott B, Price S. 1988. Earthquake-induced structures in young sediments. Tectonophysics, 147 (1): 165-170.

Seilacher A. 1969. Fault-graded beds interpreted as seismites. Sedimentology, 13 (1-2): 155-159.

Seilacher A. 1984. Sedimentary structures tentatively attributed to seismic events. Marine Geology, 55 (1): 1-12.

Shalaby M R, Hakimi M H, Abdullah W H. 2012. Organic geochemical characteristics and interpreted depositional environment of the Khatatba Formation northern Western Desert, Egypt. AAPG Bulletin, 96: 2019-2036.

Shiki T, Kumon F, Inouchi Y, et al. 2000. Sedimentary features of the seismo-turbidites, Lake Biwa, Japan. Sedimentary Geology, 135 (1): 37-50.

Shinn E A, Robbin D M. 1983. Mechanical and chemical compaction in fine-grained shallow-water limestones. Journal of Sedimentary Research, 53 (2): 595-618.

Sneh A. 1979. Late Pleistocene fan-deltas along the Dead Sea rift. Journal of Sedimentary Research, 49 (2): 541-552.

Song T R. 1988. A probable earthquake-tsunami sequence in Precambrian carbonate strata of Ming Tombs District, Beijing. Science Bulletin, 33 (13): 1121-1124.

Strachan L J. 2002. Slump-initiated and controlled syndepositional sandstone remobilization: an example from the Namurian of County Clare, Ireland. Sedimentology, 49 (1): 25-41.

Suter F, Martínez J I, Vélez M I. 2011. Holocene soft-sediment deformation of the Santa Fe-Sopetrán Basin, northern Colombian Andes: Evidence for pre-Hispanic seismic activity. Sedimentary Geology, 235 (3-4): 188-199.

Séguret M, Labaume P, Madariaga R. 1984. Eocene seismicity in the Pyrenees from megaturbidites of the South Pyrenean Basin (Spain). Marine Geology, 55 (1): 117-131.

Tamura T, Masuda F. 2003. Shallow-marine fan delta slope deposits with large-scale cross-stratification: the Plio-Pleistocene Zaimokuzawa formation in the Ishikari Hills, northern Japan. Sedimentary Geology, 158 (3): 195-207.

Tanner P W G. 1998. Interstratal dewatering origin for polygonal patterns of sand-filled cracks: a case study from late Proterozoic metasediments of Islay, Scotland. Sedimentology, 45: 71-89.

Taşgin K C, Orhan H, Türkmen I, et al. 2011. Soft-sediment deformation structures in the late Miocene Şelmo Formation around Adiyaman area, Southeastern Turkey. Sedimentary Geology, 235 (3): 277-291.

Törő B, Pratt B R, 2015. Eocene paleoseismic record of the Green River Formation, Fossil Basin, Wyoming-implications of synsedimentary deformation structures in lacustrine carbonate mudstones. Journal of Sedimentary Research, 85 (8): 855-884.

Törő B, Pratt B R, Renaut R W. 2015. Tectonically induced change in lake evolution recorded by seismites in the Eocene Green River Formation, Wyoming. Terra Nova, 27 (3): 218-224.

Valero-Garcés B, Morellón M, Moreno A, et al. 2014. Lacustrine carbonates of Iberian Karst Lakes: Sources, processes and depositional environments. Sedimentary Geology, 299 (15): 1-29.

Van Daele M, Cnudde V, Duyck P, et al. 2014. Multidirectional, synchronously-triggered seismo-turbidites and debrites revealed by X-ray computed tomography (CT). Sedimentology, 61 (4): 861-880.

Vos R G. 1981. Sedimentology of an Ordovician fan delta complex, western Libya. Sedimentary Geology, 29 (2): 153-170.

Wagner B, Reicherter K, Daut G, et al. 2008. The potential of Lake Ohrid for long-term palaeoenvironmental reconstructions. Palaeogeography, Palaeoclimatology, Palaeoecology, 259 (2): 341-356.

Wallace K, Eyles N. 2015. Seismites within Ordovician-Silurian carbonates and clastics of Southern Ontario, Canada and implications for intraplate seismicity. Sedimentary Geology, 316: 80-95.

Wescott W A, Ethridge F G. 1980. Fan-delta sedimentology and tectonic setting-Yallahs fan delta, southeast Jamaica. AAPG Bulletin, 64 (3): 374-399.

Zhang C, Wu Z, Gao L, et al. 2007. Earthquake-induced soft-sediment deformation structures in the Mesoproterozoic Wumishan Formation, North China, and their geologic implications. Science in China Series D: Earth Sciences, 50 (3): 350-358.

Zhao X, Li Q, Jiang Z, et al. 2014. Organic geochemistry and reservoir characterization of the organic matter-rich calcilutite in the Shulu Sag, Bohai Bay Basin, North China. Marine and Petroleum Geology, 51: 239-255.

Zheng L, Jiang Z, Liu H, et al. 2015. Core evidence of paleoseismic events in Paleogene deposits of the Shulu Sag in the Bohai Bay Basin, east China, and their petroleum geologic significance. Sedimentary Geology, 328: 33-54.